AF376242

Springer-Verlag Berlin Heidelberg GmbH

Schriften der
Margot-und-Friedrich-Becke-Stiftung
(Hrsg.)

Band 3 (2004)

Alois Haas - Ludwig Hödl - Horst Schneider

ISBN 978-3-642-62167-3   ISBN 978-3-642-18572-4 (eBook)
DOI 10.1007/978-3-642-18572-4

Bibliographische Information der Deutschen Bibliothek.

Die Deutsche Bibliothek verzeichnet diese Publikation in der Deutschen Nationalbibliografie;
detaillierte bibliografische Daten sind im Internet über <http://dnb.ddb.de> abrufbar.

http://www.springer.de

© Springer-Verlag Berlin Heidelberg 2004
Originally published by Springer-Verlag Berlin Heidelberg New York in 2004
Softcover reprint of the hardcover 1st edition 2004

Gestaltung und Layout: AKN, Grafisches Datenmanagement, 75181 Bad Wildbad

Lithografie: Matthias Schmid, 68519 Viernheim

DIAMANT

Margot-und-Friedrich-Becke-Stiftung

Zauber und Geschichte eines Wunders der Natur

Schriften der
Margot-und-Friedrich-Becke-Stiftung

Gespräche und Gedanken

Band 3 (2004)

Alois Haas - Ludwig Hödl - Horst Schneider

Unter Mitwirkung von Ekkehard Fluck

Springer

Dieses Buch ist die Gemeinschaftsarbeit von Wissenschaftlern aus den verschiedensten Bereichen, die sich von einem Wunder der Natur - altbekannt und immer noch voll von Rätseln - faszinieren ließen.

Die Anregung zu diesem gleichsam schriftlichen „Gespräch" erfuhren die Beteiligten durch zufällige Berührung mit einer ausführlichen Forschungsstudie von Dr. Karl Rumpf (1908 bis 1997), der diese als freier Mitarbeiter des Gmelin-Instituts anfertigte. Karl Rumpf stellte keine Manuskripte für das Institut her. Er suchte vielmehr nach den Wurzeln, deren Kenntnis den Direktoren des Instituts helfen konnte und sollte, Prioritäten für die Bearbeitung der unermeßlichen Felder der Anorganischen Chemie zu setzen. Das Ziel war, der Schilderung der Gegenwart und der Zukunft zu dienen. Um dies zu vollbringen, sollte man die Vergangenheit kennen.

Schon im Altertum wurde der Diamant seiner ungewöhnlichen Eigenschaften wegen zum Symbol für die verschiedensten Inhalte. Augenfällig war er Symbol für Reichtum, Macht, Erfolg. Er sollte eine mythische Waffe sein, ein "Blitzstrahl vom Himmel", ein Werkzeug für Erleuchtung oder für Zauberei. Er war Symbol für Schönheit, Reinheit, Härte, Unbezwingbarkeit und Unzerstörbarkeit. Menschliche Bearbeitung und Tradition schienen diese Vorstellungen zu unterstützen. Manchmal vergaß man so über Träumen und Geldgier das Wunder der unter irdischen Bedingungen stabilsten Form des Kohlenstoffes, das uns erfreuen kann und das uns durch seine technische Verwendung hilft, die Geheimnisse der Erde zu erforschen. Karl Rumpf hat nach der Geschichte des Diamanten gesucht. Seine Forschungen sollten den neueren Ergebnissen und deren Schilderung den Bildungshintergrund geben. Er kam nicht mehr dazu, da das Institut geschlossen wurde. Wir aber meinten, daß Forschung nicht vergeblich sein sollte, so möchten wir - die Stiftung - diesen Band dem Andenken von Karl Rumpf widmen.

Margot Becke-Goehring

Ekkehard Fluck

ALOIS HAAS · LUDWIG HÖDL · HORST SCHNEIDER

VORWORT

Die ursprünglich sehr umfangreiche Materialsammlung wurde gekürzt und überarbeitet. Den mittelalterlichen Teil kontrollierte Ludwig Hödl, den neuzeitlichen Alois Haas. Den antiken Part übernahm Horst Schneider.

Einzelne Kapitel wurden neu hinzugefügt. Schreibweisen antiker bzw. fremdsprachiger Namen wurden vom vorliegenden Material übernommen oder den deutschen Sprachgewohnheiten angepaßt. Der Verzicht auf die komplizierte wissenschaftliche Schreibweise fremdsprachiger Namen soll das Buch leserfreundlicher machen. Aus diesem Grund wurde auch auf den Abdruck fast aller fremdsprachigen Texte verzichtet.

Die Kooperation der Kollegen aus verschiedenen wissenschaftlichen Disziplinen aus Geistes- und Naturwissenschaften vollzog sich im fruchtbaren Gespräch, das oft spannend und interessant war. Die Kluft und Sprachlosigkeit, die sonst zwischen Geistes- und Naturwissenschaften herrschen kann, konnte immer wieder überwunden werden. Das Buch ist vor allem anderen eine Zeitreise durch die Wissenschaftsgeschichte und macht den Fortschritt der menschlichen Erkenntnis am Beispiel dieses Wunders der Natur über die Jahrhunderte hinweg von legendenumwobenen Anfängen und nebulösen Vorstellungen an bis hin zur modernen wissenschaftlichen Analytik deutlich. Daß es zu neuen Forschungen und Einsichten anregen kann, ist die große Hoffnung aller Beteiligten.

Herzlich danken möchten die Autoren an erster Stelle Margot Becke, Heidelberg, die das Projekt erst ermöglicht hat, Wilhelm Geerlings, Bochum, und Ekkehard Fluck, Heidelberg, für vielfache Unterstützung, Rosemarie Werner, Berlin, und Rose Marie Reinisch für vielfältige Hilfe und Hinweise beim Korrekturlesen sowie zahlreichen weiteren Wissenschaftlern, die direkt oder indirekt an diesem Werk beteiligt waren.

Alois Haas

Ludwig Hödl

Horst Schneider

Die Feuerfestigkeit des Diamanten: das Ende der Legende Kap. 8

DIE BEZEICHNUNG DES

DIAMANTEN

IN DER ANTIKE

HERKUNFT UND BEDEUTUNG

Der Diamant hat überraschenderweise bei seinem Einzug in den Mittelmeerraum nicht, wie es bei ausländischen Waren sonst üblich war, die Bezeichnung des Herkunftslandes /14/ beibehalten, sondern in der griechischen Sprache, die über kein eigenes Wort für den Begriff „Diamant" verfügt /19/, ein längst vorhandenes Wort, nämlich ἀδάμας (Adamas) erhalten /13/. Das griechische Wort Adamas, das von den Lateinern übernommen wurde, ist aus zwei Bestandteilen zusammengesetzt: 1. aus dem Alpha privativum (A-damas), 2. aus dem Stamm der griechischen Verbform δαμάζω (= „bezwingen"; weitere Formen: δαμάω/δάμνημι). Es heißt also wörtlich: „unbezwingbar". Diese Etymologie findet sich bereits bei PLINIUS (23/24 bis 79 n. Chr.) in seiner *Naturalis Historia* („Naturkunde") bei der Beschreibung des Diamanten: „Überhaupt ist seine Härte unbeschreiblich, und gleichzeitig ist er von Natur aus feuerbeständig und kann niemals in Glut gesetzt werden, woher er auch den Namen erhalten hat. Die Übersetzung des griechischen Wortes ist ‚unbezwingbare Kraft'" *(vgl. S. 58)* /1/. Diese Herleitung des Namens wurde von zahlreichen späteren antiken und mittelalterlichen Autoren übernommen. Auch die modernen Etymologen wissen keine andere Ableitung /2;3/.

ÜBERBLICK ÜBER DEN GRIECHISCH-LATEINISCHEN SPRACHGEBRAUCH

In den Epen HOMERs (8. Jh. v. Chr.), der Edelsteine überhaupt nicht erwähnt, kommt das Wort Adamas nur als Eigenname vor /5/. Erst nach HOMER findet es sich bei Dichtern im Sinne eines sehr harten, unzerstörbaren Metalls, also wohl „Stahl" /4/, da in Griechenland wahrscheinlich bis zum 4. Jh. v. Chr. keine Diamanten bekannt waren. So erwähnt HESIOD (um 700 v. Chr.) in seiner *Theogonie* eine Sichel aus dem mythischen Metall Adamas. Gaia stellt diese Sichel aus dem unzerstörbaren Metall eigens dazu her, damit Kronos seinem Vater Uranos mit dieser Waffe die Genitalien abschneiden kann. An einer anderen Stelle charakterisiert Hesiod Eurybie, die Tochter des Pontos, daß sie ein Gemüt aus Adamas in ihrer Brust trage /6/. In der pseudohesiodeischen Beschreibung des Schildes des Herakles findet sich etwa ein Helm aus Adamas /7/. PINDAR (6./5. Jh.) spricht z.B. von Nägeln oder einem Pflug aus Adamas /8/. In der Tragödie „Der gefesselte Prometheus" (5. Jh.), die vielleicht von AISCHYLOS stammt, ist der Held mit „Fesseln aus Adamas" an einen Fels geheftet /9/. Auch bei HERODOT (5. Jh.) ist das Wort belegt, nämlich in dem Orakelspruch der Pythia über die Verteidigung Athens hinter „hölzernen Mauern": „Doch dir sag ich ein anderes Wort, wie Adamas fest gegründet" /10/. PLATON (428/7 bis 349/48 v. Chr.) benutzt das Wort z.B. im *Timaios*. Er spricht im Zusammenhang mit der Schmelze von Waschgold von einem sehr harten Nebenprodukt, das er ebenfalls Adamas nennt *(vgl. Kap. „Platons Adamas im Gold", S. 16-22)*. An einer anderen Stelle dagegen in der *Politeia*, wo er von der Weltachse spricht, kann wohl nur Stahl gemeint sein /19; 21/. Im ersten platonischen Brief an den Tyrannen DIONYSIUS von SYRAKUS, der in seiner Echtheit umstritten ist, findet sich ebenfalls das Wort Adamas, allerdings nur als Zitat von Versen eines unbekannten Dichters. Hier kommt es im

Zusammenhang mit Gold und Silber vor, so daß wahrscheinlich ebenfalls ein Metall damit bezeichnet werden soll /11; 12/. In dem Steinbuch des THEOPHRAST von ERESUS (ca. 371 bis 287 v. Chr.) wird der Begriff Adamas vielleicht zum ersten Mal auf einen Stein, das heißt den Diamanten, bezogen. *(vgl. Kap. „Der Diamant bei den alten Griechen", S. 53f).* Wann und wo der Bedeutungszuwachs geschehen ist, läßt sich nicht genauer bestimmen /15/. C. W. KING /18/ nimmt an, daß er aus der technischen Verwendung des Steines als Gravierspitze resultiere.

In der römischen Literatur wird Adamas z.B. gerne von augusteischen Dichtern wie VERGIL (70 bis 19 v. Chr.) /20/ oder OVID (43 v. Chr. bis 17 n. Chr.) /16/ in mythologischen Zusammenhängen verwendet, um - wie oft auch bei den griechischen Dichtern und Schriftstellern - die härteste aller Substanzen zu bezeichnen, d.h. wohl sehr harten Stahl. Der erste römische Schriftsteller, der sicher den Diamanten erwähnt, ist Manilius, *Astronomica* Buch 4, Vers 926. Die wichtigste Quelle für die Kenntnis des Diamanten in der griechisch-römischen Antike ist die Naturkunde des PLINIUS, der das verfügbare Wissen der Zeit über den Diamanten sammelte und zusammenstellte. Teils abhängig von PLINIUS, teils aber auch unabhängig, erscheint das Wort in der Folgezeit in der antiken paganen und christlichen Literatur *(vgl. Kap. „Die römische Literatur", S. 55-60).* Die wichtigste Quelle für die christlichen Deutungen des Adamas in Antike und Mittelalter ist der *Physiologus*, eine kleine christliche Naturkunde aus dem 2. oder 3. Jh. n. Chr. *(vgl. Kap. „Der Diamant in der antiken christl. Literatur", S. 65-69).*

Bei den sogenannten griechischen Alchemisten hat das Wort Adamas die Bedeutung eines Metalls, doch handelt es sich dabei wohl nicht um Stahl. Außerdem wird es in einen unklaren Zusammenhang mit „Androdamas" gebracht, einem Stoff, der zum Weißfärben des Kupfers gebraucht wird /23/. In einer Schrift, die dem ersten, als Person faßbaren griechischen Alchemisten, nämlich ZOSIMUS von Panopolis (4. Jh.), zugeschrieben wird und die in syrischer Sprache überliefert ist, bezeichnet Adamas möglicherweise eine Legierung, die Silber ersetzen soll /22/. An einer anderen Stelle (Buch 7, 5)

dient der Adamas als Zusatz zum Silber bei der Spiegelherstellung /26/. In der ausgehenden Spätantike faßt der Lexikograph HESYCH (5./6. Jh. n. Chr.) die Bedeutungen von Adamas zusammen und spricht von einer Art Eisen und dem Stein /17; 24/. Im größten erhaltenen, um etwa das Jahr 1000 kompilierten byzantinischen Lexikon *Suda* heißt es über den Adamas /25/: „Adamas der Stein und das wie Adamas Harte."

Literatur:

/1/ Vgl. C. Plinius Secundus, Naturalis Historiae Libri XXXVII, Buch 37, Kap. 15, 57 (= Pliny, Natural History, Vol. X), ed. D.E. Eichholz, The Loeb Classical Library, London-Cambridge Mass. 1962, S. 206/8; C. Plinii Secundi Naturalis Historiae libri XXXVII, Liber XXXVII, C. Plinius Secundus d. Ä., Naturkunde, Lateinisch-deutsch, Buch XXXVII (hrsg. von R. König in Zusammenarbeit mit J. Hopp), Zürich 1994, 48f. - /2/ A. Vanicek, Griechisch-Lateinisches etymologisches Wörterbuch, Bd. l, Leipzig 1877 (Neudruck Wiesbaden 1977) S. 341; A. Ernout, A. Meillet, Dictionnaire Étymologique de la Langue Latine, Histoire des Mots, 4. Aufl., Paris 1959, S. 9. - /3/ Weil das Wort erst spät und zudem als kennzeichnendes Beiwort für einen metallischen Werkstoff oder auch substantivisch für ein solches Material in der poetischen Literatur gebraucht wird, vermutet H. FRISK allerdings, daß es als von „fremder Herkunft mit volksetymologischer Angleichung" zu betrachten sei; vgl. H. Frisk, Griechisches etymologisches Wörterbuch, Heidelberg 1960, S. 14. - /4/ H. Rommel in: W. Kroll, K.M. Mittelhaus, Pauly's Realencyclopädie der Classischen Altertumswissenschaft, Neue Beabeitung, 2. Reihe, Bd. 3, Stuttgart 1929, S. 2126/31. - /5/ M. Pinder, De Adamante Commentatio Antiquaria, Berlin 1829, S. 23; Homer, Ilias Buch 12, Vers 140; 13, 560; 13, 759; 13, 771 (hrsg. von M. L. West) München-Leipzig 1998-2000, Bd. 1, S. 356; Bd. 2, S. 28,37; vgl. R. J. Forbes, Bergbau, Steinbruchtätigkeit und Hüttenwesen, Archaeologia Homerica II,K, Göttingen 1967, S. 11: „Bei Homer ist von Edel- und Halbedelsteinen nirgends die Rede." Weitere Literatur zu Homer z.B. im neuen Gesamtkommentar zur Ilias von J. Latacz, München-Leipzig 2000ff. - /6/ Hesiod, Theogonie, Vers 161, 188; vgl. 239; Werke und Tage, 147, hrsg. von F. Solmsen, 2. Aufl. Oxford 1983, S. 12f,15,55. Vgl. zu Homer und Hesiod Fr. Sieveking, Lexikon des frühgriechischen Epos 1 (1979) 137f. - /7/ Hesiod, Schild des Herakles, Vers 137, weitere Belege: 144, 231, hrsg. von F. Solmsen, 2. Aufl. Oxford 1983, S. 93,97. - /8/ Pindar, Vierte Pythische Ode, Vers 71, 224 (nach B. Snell hrsg. von H. Mähler), 7. Aufl. Leipzig 1984, S. 80,87. - /9/ Aeschylus, Prometheus Bound, Vers 6, vgl. 64, 148, hrsg. von M. Griffith, Cambridge, 1983. – /10/ Herodot, Historiae, Buch 7, 141 (hrsg. von C. Hude) 3. Auflage 1927, Bd. 2, S. 204, deutsche Übersetzung nach J. Feix, München 1963, S. 970/1. - /11/ Platon, Briefe, Erster Brief an Dionysos, in: Platon, Sämtliche Werke, griechisch und deutsch, hrsg. von K. Hülser, Bd. 10, Frankfurt am Main-Leipzig 1991, S. 264/5. - /12/ Doch nimmt beispielsweise S. H. BALL an, daß in diesem Text „a luxury and presumably a gem" mit unserem Wort bezeichnet werden soll. Das würde aber bedeuten, daß es zu dieser Zeit (4. Jh. v. Chr.) als Bezeichnung für einen Edelstein geläufig war; vgl. S. H. Ball, A Roman Book of Precious Stones, Los Angeles 1950 S. 243. - /13/ Ähnlich lautet eine weitere im Sanskrit vorkommende Bezeichnung des Steins *abhedya* („der Unspaltbare"). Vgl. T. Schreger in: J.G. Ersch, J.G. Gruber, Allgemeine Encyclopädie der Wissenschaften und Künste, Section 1, Bd. 24, Leipzig 1833, S. 457. - /14/ Die Bezeichnung lautet im indischen Sanskrit *wadschra* oder *vajra* und findet sich in manchen anderen Sprachen, z. B. dem Mongolischen und Mandschurischen als Bezeichnung für den Stein wieder; vgl. B. Laufer, The Diamond, in: Field Museum of Natural History, Publ. 184, Anthropological Ser., Bd. 15, Nr. 1, Chicago 1915, S. 16; 65; E. Jannettaz, E. Fontenay, E. Vanderheym, A. Coutance, Diamant et Pierres Précieuses, Paris 1881. - /15/ H. Blümner in: Pauly's Real-Encyclopädie der Classischen Altertumswissenschft, 2. Auflage, 4. Halbband, Stuttgart 1903, S. 322. - /16/ Vgl. Oxford Latin Dictionary, S. 35 s.v. adamas 1: „(mythol.) The hardest of all substances ,adamant', (perh. hard steel.)"; vgl. z.B. Ovid, Metamorphosen, Buch 4, Vers 453 (hrsg. von W. B. Anderson), 2. Aufl. Leipzig 1982; S. 91. - /17/ Hesychii Alexandrini Lexicon, ed. I. Albert, Bd.1 1858 (Neudruck Amsterdam 1965) Nr. 990, S. 40. - /18/ C.W. King, The Natural History, Ancient and Modern, of Precious Stones and Gems and of the Precious Metals, London- Cambridge 1865, S. 19. - /19/ PLATON hat wohl nicht - wie H. BLÜMNER meinte - das Wort „Adamas" erstmals auf den Stein bezogen; H. Blümner, Technologie und Terminologie der Gewerbe und Künste bei Griechen und Römern, Bd. 3, Leipzig 1884, S. 228. - /20/ Z.B. P. Vergilius Maro, Aeneis, Buch 6, Vers 552 (hrsg. von R. A.B. Mynors), 10. Aufl. Oxford 1990, S. 244. - /21/ Platon, Politeia, 10, 616a in: J. Adam, D.A. Rees, The Republic of Plato, 2. Aufl., Bd. 2, Cambridge 1963, S. 448; E.O. v. Lippmann, Beiträge zur Geschichte der Naturwissenschaften und der Technik, Berlin 1923, S 70. - /22/ Vgl. Travail de l'argent d'Egypt (Arbeit über ägyptisches Silber, Buch 2, Nr. 7; Buch 7, Nr. 8; vgl. Buch 1; Nr. 55): Zosimos, Traité de Zosime in: M. Berthelot, La Chimie du Moyen Âge, Bd. 1, Paris 1873, S 210/1; 217; 218; 233/4; 235/6. - /23/ K. MIELEITNER hielt ihn für Galenit; vgl. K. Mieleitner, Fortschr. Mineral. 7 (1922) 427/80, 451. - /24/ Forscher, die sich wie J. G. SCHNEIDER um die Klärung dessen bemühten, was die Antike mit dem Begriff ,Metall' bezeichnete, kamen zu der Meinung „Adamas" müsse *ferrum* (= „Eisen") oder gar, verführt durch den platonischen Gebrauch des Wortes *vena ferri* (= „Eisenerz") bedeutet haben; vgl. J.G. Schneider, Analecta ad Historiam Rei Metallici Veterum, Trajecti ad Viatrum 1788, S. 5. - /25/ I. Bekker, Suidae Lexicon, Berlin 1854, S. 23. - /26/ Die Behauptung von J. H. MIDDLETON auf Grund seiner Untersuchungen an gravierten Edelsteinen der Antike, es habe das Wort „Adamas" sowohl für Diamant als auch Saphir gestanden, konnte bei der Durchsicht der Literatur nicht bestätigt werden. Vgl. J.H. Middleton, The Engraved Gems of Classical Times, Cambridge 1891, S. 139.

ANDERE ABLEITUNGEN VON ADAMAS

Im Jahre 1834 äußerte JULIUS KLAPROTH /2/ in einem Brief an ALEXANDER v. HUMBOLDT die Meinung, das griechische Wort Adamas gehe auf ein orientalisches zurück: „... es scheint mir orientalischen Ursprungs zu sein und von almâs zu kommen, das heute noch der hauptsächliche Namen des Diamanten in ganz Vorderasien ist. Man kann nicht unterstellen, daß *almâs* vielmehr eine Ableitung von *adamas* ist, denn gerade aus Vorderasien haben die Griechen Kenntnis vom indischen Diamanten erhalten, da Europa keine Minen für diesen Edelstein besitzt." Diese Meinung scheint schon früher ausgesprochen worden zu sein, denn schon im Jahre 1695 sagte G. J. VOSSIUS /5/ in seinem *Etymologicon Linguae Latinae*, daß es zweifelhaft sei, ob es vom Arabischen abzuleiten sei. Ohne nähere Quellenangabe schrieb im Jahre 1924 J. W. MELLOR /3/: „The scholars tell us it is probable that both the Greek ,adamas' and the Persian term ,almas' are derived from the Hebrew word ,achlamah', or ,chalam', in plying in one of its senses to be hard, and compact."

Die Herkunft des Wortes Adamas aus einem anderen Wort, das aus der Mitte des dritten Jahrtausends v. Chr. in Mesopotamien stammte, das den Diamant nicht kannte, wohl aber den Korund (= *al-ga-mis*) hielt R. C. THOMPSON /4/ für nicht unmöglich.

Eine andere Ableitung des Wortes Adamas gab im ausgehenden 17. Jh. JOHANNES BRAUNIUS /1/, als er die Meinung vertrat, der erste Stein im Brustschild des jüdischen Hohepriesters mit der Benennung *odem*, meist als Rubin interpretiert, müsse den Diamanten bezeichnen. Er will dann von diesem hebräischen Wort das griechische abgeleitet wissen: „...denn nur klein ist der Unterschied zwischen Odem und Adamas, das letztere scheint vom ersteren abgeleitet zu sein ... Natürlich weiß ich, woher von den Philologen, die außer Latein und Griechisch zu wenig (sc. andere Sprachen) kennen, Adamas abgeleitet zu werden pflegt, nämlich vom griechischen ἀδάμας ... Allerdings ist mir klar, daß ich das vergeblich sage und von den Steinkundlern verlacht werde, doch ist es viel wahrscheinlicher, daß der Adamas nach dem hebräischen *odem* als nach dem griechischen δαμάω (= domo, „ich bezwinge") benannt ist." Ein Kommentar erübrigt sich wohl, zumal wenn man wenige Seiten später lesen muß, wie die barocke Etymologie des JOHANNES BRAUNIUS demonstriert, daß sowohl das griechische „Adamas" (= „Diamant") als auch das arabische „Âlmas" (= „Diamant") von dem hebräischen „Yahalom" - also auch dieses wird mit dem „Diamant" gleichgesetzt - abzuleiten sei!

Literatur

/1/ J. Braunius, De Vestitu Sacerdotum Hebraeorum, Liber II, Cap. IIX, V, Amsterdam 1680, S. 632. - /2/ J. Klaproth, Lettre à Mr. le Baron A. de Humboldt sur l'Invention de la Bussole, Paris 1834, S. 16. - /3/ J.W. Mellor, A Comprehensive Treatise in Inorganic and Theoretical Chemistry, Bd. 5, London-New York-Toronto 1924, Nachdruck 1960, S. 710. - /4/ R.C. Thompson, Dictionary of Assyrian Chemistry and Geology, Oxford 1936, S. 168/9. - /5/ G.I. Vossius, Etymologicon Linguae Latinae, Amsterdam 1695, S. 9.

PLATONS ADAMAS IM GOLD

Das Wort Adamas gebraucht PLATON (428/7 bis 349/48 v. Chr.) an zwei Stellen zur Bezeichnung eines Materials, das beim Schmelzprozeß von Waschgold übrigbleibt und durch den Schmelzvorgang „nicht bezwungen werden kann", und zwar einmal in seinem späten Dialog *Timaios* /1/, das andere Mal, ebenfalls in einem Spätwerk, nämlich in dem Dialog *Politicus* (Vom Staatsmann) /2/. Dadurch, daß in diesen Zusammenhängen die Bedeutung des griechischen Wortes Adamas (ἀδάμας) völlig mißverstanden und mit dem Stein Adamas, das heißt mit dem Diamant, gleichgesetzt wurde, statt einfach mit Adamas („unzerstörbarer Stoff"), gaben diese Stellen Veranlassung zu einer ganzen Anzahl von Irrtümern.

PLATON beschrieb im *Timaios* 59b /1/ die Schmelzung von Waschgold. Dabei trete eine Fremdsubstanz auf, die sehr hart sei: „Von allen diesen Arten, die wir zuvor als durch einen Schmelzprozeß erzeugte Flüssigkeiten bezeichnet haben, entsteht die dichteste aus den feinsten und gleichmäßigsten Teilchen, ein einzigartiger Stoff mit schimmernder und gelber Farbe und (gleichzeitig) der kostbarste Besitz: das Gold, das, wenn es durch felsiges Gestein hindurchgesickert ist, erstarrt. Eine Abscheidung aus dem Gold (χρυσοῦ δὲ ὄζος), die schwarz und wegen ihrer Dichte sehr hart ist, hat man ‚Adamas‘ genannt."

Die zweite Erwähnung des Adamas (ἀδάμας) durch PLATON in dem Dialog *Politicus* 303e, weist auf die Schwierigkeit, aber auch Notwendigkeit der Entfernung dieses Stoffes hin /2/: „Der Fremde: ‚... Und ich habe den Eindruck, daß es uns so ergeht wie denjenigen, die Gold waschen. ... Erde und Steine und vieles andere entfernen auch jene Handwerker zuerst. Danach bleiben miteinander vermischt die kostbaren Metalle übrig, die mit dem Gold verwandt sind und nur durch Feuer abgesondert werden können, nämlich Erz (sc. Kupfer) und Silber, manchmal aber auch Adamas. Wenn diese in mühevoller Arbeit durch wiederholte Schmelzen und Läuterungen ausgesondert sind, lassen sie uns endlich das unvermischte Gold in reinem Zustand sehen.'"

Plinius übersetzte die platonische Formulierung χρυσοῦ δὲ ὄζος mit *nodus auri*, also „Knoten", „Zusammenklumpung" oder „Zusammenballung im Gold" und unterscheidet den Adamas im (Wasch-)Gold vom indischen und arabischen Diamanten (*nat. hist.* 37,55). Nur der indische Diamant und wohl auch der arabische, der wahrscheinlich auch aus Indien stammt und nur wegen seiner Provenienz über den arabischen Handel so genannt wurde, sind echte Diamanten (*vgl. S. 60ff*).

Für diese Unterscheidung und Übersetzung („Adamas im Gold") konnte sich Plinius auf den Bericht des Xenokrates über den „Adamas im Gold" stützen, den er an dieser Stelle zwar ebenso wenig wie seine anderen Quellen nennt, aber mit großer Wahrscheinlichkeit benutzt hat. Der entsprechende Passus, das heißt ein Auszug aus dem verlorenen Buch „Über die Natur der Steine und Edelsteine" des XENOKRATES, ist nämlich durch HIERONYMUS (um 347 bis 419/20) überliefert worden /3/: „Kommen wir zu dem Auszug aus XENOKRATES, der über die Natur der Steine und der Edelsteine schreibt: Der Adamas ... Ich habe selbst im Gold einen Adamas gesehen von der Größe eines Hirsekorns; während das umgebende Gold durch langen Gebrauch und sehr hohes Alter verbraucht war, ist allein der Adamas nicht abgerieben und kann auch durch keine Feile verkleinert werden, sondern im Gegenteil, er nutzt die Feile ab, und alles, was mit ihm in Berührung kommt, furcht er mit Kratzern."

Die Interpretation der PLATON-Stellen hat große Schwierigkeiten gemacht. Noch im Jahre 1970 vermochte J. R. PARTINGTON /5/ nur, ohne eine eigene Meinung zu äußern, die bekannt gewordenen Deutungen aufzuzählen. Obwohl aus beiden Zitaten eigentlich klar zu erkennen ist, daß es sich bei diesem „Adamas" nicht um einen Stein handeln kann, trat trotzdem J. H. KRAUSE in seinem Buch *Über die Edelsteine der Alten* /7/ dafür ein, daß es sich hier um den Diamanten handeln müsse, überraschenderweise unter Berufung auf PLINIUS /8/ („… so wurde er (sc. der Adamas) auch Goldknoten genannt, wenn er, allerdings selten, in Bergwerken /8/ als Begleiter des Goldes gefunden wurde, und dieser (Adamas) schien nur im Golde vorzukommen") sowie unter Berufung auf das Wörterbuch des POLLUX /9/, in dem von einer χρυσοῦ ἄνθος (= „Blüte, Ausblühung aus dem Gold") gesprochen wird. Danach habe man den Diamanten für die kostbarste Blüte des Goldes gehalten, „in welcher der reinste und edelste Theil des Goldes in einer lichten Masse condensirt sei" - so interpretierte diese „Übersetzung" des platonischen Ausdrucks H. BLÜMNER /10/ -, was 50 Jahre früher schon M. PINDER /6/ fälschlicherweise als „ein durch nur seltene und sehr geringe Dichte vom übrigen Gold unterschiedenes Gold" geglaubt hatte, auslegen zu müssen. K. E. KLUGE /11/ leitete aus den Zitaten die Meinung ab, es solle damit ausgedrückt werden, daß Diamant und Gold in den gleichen Bergwerken gefunden werden könnten, unter Hinweis darauf, daß im sogenannten Seifengebirge, das heißt in Sand, Geschiebe- oder Lehmablagerungen, Gold und Diamant stets zusammen (richtiger: nebeneinander) vorkommen. Doch auch andere Forscher verschiedener Disziplinen wie O. SCHRADER /12/, F. M. CROWFORD /13/ und N. ROSSBACH /14/ blieben, wenn sie über PLATONs *Timaios* sprachen, der Übersetzung „Diamant" treu. Auch

T. H. MARTIN /15/, der bei der Wiedergabe dieser Stelle selbst sogar von einem „métal noirâtre" spricht, hielt diesen Adamas für den Stein, hat aber darauf hingewiesen, daß schon J. G. SCHNEIDER /16/ der Meinung war, daß dem Wort Adamas hier, bei der Beschreibung der Reinigung von Gold, noch die alte Bedeutung als Metall, nämlich „Eisen", zukommen könne. Das hatte 50 Jahre früher schon J. H. SCHULZE /17/ behauptet und rund 200 Jahre später wurde es wieder von O. APELT /18/ angenommen. Eisen hielt aber schon M. PINDER /6/ natürlich für falsch.

Allen diesen Auffassungen des Wortes widersprechen die Angaben über die auffallende Härte und Schwere des Stoffes. Den Gedanken an eine metallische Beimischung im Waschgold vertrat, wie es scheint, als Erster der Philologe und Medizinprofessor G. W. WEDEL (1645 bis 1721) in Jena, der an eine Gold-Kupfer-Legierung dachte /40/. In England tat dies W. J. LEWIS /19/, wenn er die Meinung aussprach, es müsse sich hier bei PLATONs Adamas um Hämatit handeln, der sich gelegentlich beim Goldwaschen auch findet, doch fehlen gerade ihm die diesen Adamas kennzeichnenden Eigenschaften der Feuerbeständigkeit und Härte. Interessant ist, daß H. BLÜMNER /20/, wohl wegen der Schwierigkeit der Übersetzung der PLATON-Stelle darauf hinweist, daß die Zeitenfolge im Zitat den Schluß zulasse, der Autor habe diese Ansicht als veraltet bezeichnen wollen.

Alle diese Deutungsversuche sind mehr als unbefriedigend. Um was für einen als extrem hart beschriebenen Stoff es sich bei diesem Adamas wohl gehandelt haben könnte, ließ sich bereits zur Zeit von JOHANN JOACHIM BECHER (1635 bis 1682/5) ahnen, als dieser von einem sonderbaren „Spanischen Schmirgel" sprach, wie sein bedeutendster Schüler GEORG ERNST STAHL (1659 bis 1734), der Begründer der Phlogistonlehre, berichtet; doch wurde die Möglichkeit des Zusammenhangs mit den PLATON-Stellen nicht erkannt. Der STAHLsche Text läßt aber gut erkennen, welche alten Vorstellungen es waren, die neben der Unschmelzbarkeit und Schmirgelhärte dazu führten, diese anscheinend neue, im Gold vorkommende Substanz als einen Stein zu betrachten. Als Übersetzung des lateinischen Texts sei eine spätere Ausgabe des STAHLschen Werkes in deutscher Sprache wiedergegeben /22/: „Welcher eine experimentalische Probe betrachten will, wie die zusammenziehenden erdigten (sc. erdartigen) Extracte in die Metallen einen Eingang haben, die können die BECHERische Erinnerung überlegen, welche er etliche mal bald eigentlich, bald uneigentlich anführet von dem Extracte eines gewissen Spanischen Schmirgels, daß er mit dem Gold so subtil vereiniget werden könne, daß er nebst demselben alle Proben halte, ausgenommen der einzigen der Amalgation, in welcher er das Gold wieder unter der Gestalt eines rothen trockenen irdischen (sc. erdartigen) Pulvers, welches auf dem Quecksilber schwimmt, verläßt."

Genaueres weiß im Jahre 1763 im Zusammenhang mit dem Gold aus Südamerika WILLIAM LEWIS in seinem *Commercium Philosophico-Technicum* zu berichten /23/ und verrät dabei, warum dieser Schmirgel nicht in weiterem Umkreis bekannt geworden ist und auch die neue und richtige Benennung desselben: „The smiris is said to be found in gold mines and its exportation is prohibited; ... and to be separable from it (sc. gold) by amalgamation by mercury, which throws out the smiris and retains the gold, properties strongly characteristic of platinum (gemeint sind Platinerze!), and which did not belong to any known substance besides." Über diese Platinerze im Gold berichteten auch noch später die spanischen Wissenschaftler DON ANTONIO de ULLOA y Garcia de La Torre (1716 bis 1795) und DON JORGE JUAN y Santacilia (1713-1773) in ihrem Reisebericht über ihre Erlebnisse in Südamerika /24/: „ ... die *platina* (= das kleine Silber; Deminuitiv zu plata = Silber)... ein Stein von solcher Festigkeit, daß er nicht leicht zerkleinert werden kann durch die Gewalt eines Schlages auf einem stählernen Amboß". Die Beschreibung der Härte erinnert an die des PLINIUS für den Adamas und an das von ihr ausgehende Märchen der Schlagfestigkeit des Diamanten. Tatsächlich besitzen einige der Platinerze eine sehr große Härte - die Werte dafür liegen nach Angaben in der Literatur

(gemessen in H_v) zwischen 750 und 1000 - sie sind darum auch mit heutigen Mitteln mechanisch nicht verformbar /25/. Daß der platonische „Adamas im Gold" nichts anderes war als die im flüssigen Gold unlöslichen Anteile der gelegentlich anfallenden Platinerze, zeigt auch die Behauptung, der „Diamant", richtiger: dieser „Adamas im Gold", besäße magnetische Eigenschaften, denn manche Platinerze „attract iron filings more powerfully than any ordinary magnet", wie E. A. SMITH /27/ sagt. Auch diese Tatsache ist den frühen Kennern der Platinerze bekannt gewesen, wie im Jahre 1785 J. B. LEBLOND in seinem Bericht über das südamerikanische, im Waschgold gefundene Platinerz an die Pariser Akademie /28/ weiß. Schon den frühen spanischen Goldwäschern sei diese Eigenschaft aufgefallen, und er selbst habe das spezifische Gewicht dieses Anteils bestimmt.

Es ist schon früher behauptet worden, daß die Antike die Platinerze gekannt habe, doch halten solche Angaben einer Nachprüfung nicht stand. So hat im Jahre 1790 DON ANGELO MARIA CORTINOVIS eine Veröffentlichung mit dem Titel *Della Platina Conosciuta degli Antichi* („Über das schon den Alten bekannte Platinerz") herausgegeben /29/ und darin behauptet, man habe in der Antike unter der Bezeichnung *electrum* nicht die in der Natur vorkommende Gold-Silber-Legierung, sondern die Platinerze verstanden. Im Jahre 1850 hat der französische Chemiker C. de PARAVAY /30/ gemeint, das *plumbum album* (weißes Blei = Zinn), das nach PLINIUS auf der iberischen Halbinsel in Goldbergwerken gefunden wurde, sei Platinerz gewesen. Doch erst J. M. OGDEN /25/ wies darauf hin, daß unter den Stoffen, die PLINIUS unter Adamas aufzählt, zwar sicher der Diamant als „Adamas aus Indien und Arabien" vorkomme, daß der antike Schriftsteller aber auch andere, von ihm selbst als minderwertig eingestufte Arten Adamas kenne, darunter eine aus den Bergwerken Mazedoniens und aus Nubien oder dem Sudan, die nur im Gold vorkomme, und hier könne es sich nur um das platinhaltige Gold der genannten Lagerstätten handeln, von deren Platingehalt nicht nur Reisende neuerer Zeit zu berichten wissen /32/, sondern auch moderne Geologen /37/. Außerdem kam J. M. OGDEN

/25/ auf Grund ausführlicher eigener Untersuchungen zur Überzeugung, daß „judging by the experience of native gold washers in many parts of the world in historic times and the plaintive comments by goldsmiths over the last century or so it seems hardly plausible that early people could have remained in total ignorance of the platin group of metals."

Den sicheren Beweis, um was es sich bei dem oben beschriebenen „Adamas im Gold" - wie ihn PLATON und XENOKRATES beschreiben - handeln muß, hat bereits im Jahre 1839 FRIEDRICH WÖHLER (1800 bis 1882), ohne es selbst zu bemerken und ohne daß es anderen Forschern aufgefallen wäre, unter dem Titel *Osmium-Iridium in verarbeitetem Gold* aufgezeigt; er schrieb /26/:

„Bei der Verarbeitung einer großen Goldmedaille zu anderen Gegenständen bemerkte ein Goldarbeiter an vielen Stellen der letzteren stahlgraue Punkte, welche die Feile stumpf machten und in solcher Menge vorhanden waren, daß die aus diesem Gold verfertigten Gegenstände ganz unbrauchbar wurden. Bei dem Umgießen dieses Goldes zeigten sich nachher diese stahlgrauen Körner an der unteren Seite der kleinen Barre angesammelt, so daß sie sich augenscheinlich als specifisch schwerere in dem flüssigen (14 karätigen) Golde, ohne sich mit ihm zu vereinigen, ausschieden und zu unterst gesenkt hatten. Dieses ganze Verhalten machte es wahrscheinlich, daß diese Körner Osmium-Iridium seyen, und durch die Analyse fand ich diese Vermutung vollkommen bestätigt."

Neuere Untersuchungen haben nach einer Zusammenstellung von J. M. OGDEN /25/ gezeigt, daß neben Osmium-Iridium-Erzen auch Iridium-Osmium-Ruthenium-Erze angetroffen werden.

Die schon in der Antike beobachtete Härte und Unverformbarkeit des „Adamas im Gold" erklärt die dem Diamanten angedichtete Schlagfestigkeit, aber auch die angeblichen magnetischen Eigenschaften des Diamanten haben hier ihren Ursprung: In einem modernen Lehrbuch findet sich die bereits zitierte Bemerkung, daß manche Platinerze stärkere magnetische Kräfte haben als jeder gewöhnliche Magnet /20/, eine Tatsache, die schon im Jahre 1785 J. B. LEBLOND in seinem bereits zitierten Bericht über das im südamerikanischen Waschgold aufgefundene Platinerz hervorhebt /27/. Außerdem soll es auch Platinerzkörner geben, die einen schwarzen Überzug von magnetischem Eisenoxid besitzen /23/.

Eigene Schmelzversuche an platinerzhaltigem Waschgold, die J. M. OGDEN /25/ anstellte, ergaben, genau wie PLATON angibt, daß die Beimengung, besonders, wenn das Gold silber- und kupferhaltig ist, am Grunde der Schmelze zusammenklumpt (daher die Übersetzung des platonischen ὄζος χρυσοῦ durch PLINIUS mit „nodus" = „Knoten" oder „Klumpen"), und zur Abtrennung benutzt werden kann, ein Verfahren, das nach einem amtlichen Bericht des spanischen Vizekönigs von Neu-Granada (heute: Kolumbien) auch im Jahre 1766 zur Abtrennung der Platina als einer Art Schlacke benutzt wurde /23/.

Diese also von PLATON erstmals beschriebene Abtrennungsmethode der die Verarbeitung des Goldes störenden „Adamas"-Platinerze ist sicher die älteste literarische Erwähnung dieser Erze, allerdings unter fal cher Flagge; als Arbeitsmethode muß sie wohl unter den europäischen und kleinasiatischen Metallarbeitern ohne erkennbaren literarischen Niederschlag weitergegeben worden sein, wenn sie auch erst rund 1500 Jahre nach PLATONs Mitteilungen wieder in Rezeptsammlungen als Reinigungsmethode des Goldes auftaucht und zwar in zwei etwa gleichaltrigen Schriften. Die erste ist der sogenannte *Liber Sacerdotum* /34/, ein wohl im 11. oder 12. Jh. abgefaßtes, dem AL-RĀZĪ (RHAZES), einem arabischen Arzt (865 bis 925), zugeschriebenes Buch, das im 12. oder 13. Jh. von einem nicht näher bekannten JOHANNES ins Lateinische übersetzt worden sein soll. Bei der zweiten handelt es sich um das so genannte WAYsche Manuskript /35/, die *Mappae clavicula de efficiendo auro* („Schlüssel zur Malkunst"). Als Verfasser dieser Anleitung zur Buchmalerei galt ADELHARD von BATH, ein hoch gebildeter englischer Mönch, der um das Jahr 1130 von weiten Reisen zurückkehrte, die ihn bis in den Orient geführt hatten. In der erstgenannten Textstelle /34/ findet man: „149. Über den Diamant. Der Stein Adamas entsteht aus der Cathinia und beim langsamen Schmelzen des Goldes. Beim ersten langsamen Schmelzen des Waschgoldes entsteht er, sobald du nach der ersten Schmelzung das Waschgold zerbrichst (das Ganze kann leicht zerbrochen werden); der aber, dem das Eisen keinen Widerstand leistet und auch keiner der anderen Steine, bleibt mal groß, mal klein zurück. Er selbst ist stärker als alles, ihn aber, obwohl er stärker ist als alles, besiegt allein das Blei" /34/.

In der zweiten Handschrift steht im wesentlichen der gleiche Text /35/. Der Weg, den diese Vorschrift aus der Antike über die arabische Technik und Literatur nach Europa genommen hat, konnte nicht festgestellt werden, auch ist nichts bekannt über einen doch recht wahrscheinlichen Zusammenhang zwischen beiden Schriften. Ergänzend mag noch hinzugefügt werden, daß der „Stein"-Charakter der Beimischung in moderneren arabischen Schriften sich zu einer „irdischen Beimengung" abgeschwächt hat, wie die wohl um etwa das Jahr 1722 von einem MANSUR IBN BA'RA ADH DHAHABI AL-KAMILI verfaßte Schrift *Technical Manual on the Ayyubid Mint in Cairo* erkennen läßt /41/.

Es ist interessant, daß kein Geringerer als DANIEL GABRIEL FAHRENHEIT (1686 bis 1736), wohl ohne Kenntnis der oben zitierten Stellen aus PLATON, wahrscheinlich aber mit einigen Kenntnissen der Methoden der Abtrennung der störenden Verunreinigung des Goldes im spanischen Südamerika, die mehr als 2000 Jahre alten Angaben bestätigte; und zwar in seinen Arbeiten zu der am 30. April 1724 der Royal Society in London vorgelegten Untersuchung mit dem Titel: „Experiment über das spezifische Gewicht eines Minerals, das zusammen mit dem Golderz gefunden wird". Bald nämlich nach seiner Niederlassung in Amsterdam hatte FAHREN-HEIT /39/ physikalische Vorlesungen aufgenommen, in denen er seinen Hörern auch ein kleines „Chemicum" gab. In einem Kollegheft, das einer seiner Hörer namens PLOOS van AMSTEL geführt hat, findet sich unter anderem

eine kleine Abhandlung über das Gold. Darin hat FAHRENHEIT Vorkommen, Gewinnung und Eigenschaften des Goldes besprochen. Es enthält eine Bemerkung, deren Übersetzung aus dem Holländischen folgendermaßen lautet:

„Wiewohl das Gold immer für das schwerste der Metalle gehalten wird, so behaupten besonders einige der Essayeure (das sind Münzmeister), daß da noch ein Metallstoff sein müsse, der schwerer als Gold wäre. Die Hauptursache, die sie das glauben läßt, ist, daß dieser Stoff (der in einem bestimmten Gold, das aus dem spanischen Westindien kommt, gefunden wird) beständig beim Schmelzen des Goldes durch dieses sinkt und auf dem Schmelztiegelgrund gefunden wird. Wofür sie noch andere Beweise und Beweggründe beibringen, die wir übergehen. – Aber nachdem ich von dem Stoff (der von den Essayeuren ‚grob' genannt wird, es dürfte sich dabei um rohes Waschgold gehandelt haben) eine sorgfältige Wasserprobe (gemeint ist wohl eine Schlämmung) genommen habe, befand ich ihn nicht nur leichter, sondern, daß der Unterschied der Schwere schon frei deutlich war. Denn das spezifische Gewicht davon war nur 17, während das des Goldes 19 ist. Der Grund, warum der Stoff durch das Gold hindurch sinkt, ist aller Wahrscheinlichkeit nach der, daß das Gold beim Schmelzen durch die Kraft des Feuers sich stark ausdehnt und anschwillt, während die erwähnte Materie ihr Volumen behält oder aber sehr wenig verändert. Woraus leicht zu begreifen ist, daß der Stoff bei solcher Fällung zeitweise spezifisch schwerer als das geschmolzene Gold werden kann."

Die Experimente, die zu diesen Beobachtungen führten, muss FAHRENHEIT schon bald nach seiner Niederlassung in Amsterdam im Jahre 1717 aufgenommen haben, da das Kolleg im März 1718 begonnen hat. Vermutlich hat FAHRENHEIT bei der ihm eigenen Gründlichkeit die Untersuchungen über die Materie, die schwerer als Gold sein sollte, überprüft, bevor er das Experiment in London vorführte. Auch nach seiner Ernennung zum Mitglied der Royal Society bemühte er sich weiter um die Aufklärung dieser Frage, nachdem er von einem naturwissenschaftlich interessierten holländischen Geistlichen namens LAMBERT ten KATE hinreichend genug von der umstrittenen Materie erhalten hatte, um das spezifische Gewicht des „Beigoldes", wie der Geber es nannte, genauer zu bestimmen. Am 17. April 1729 schrieb er an den berühmten Arzt HERMANN BOERHAAVE über Versuche, die er Mitte Juli 1725 ausgeführt hatte und die ihn erkennen ließen, daß das „Beigold" aus Teilen unterschiedlicher Dichte bestehen muss; genauere Untersuchungen wurden zu seinem Leidwesen durch den Essayeur M. HARTOG, in dessen Hause er experimentierte, verhindert. FAHRENHEIT berichtete weiter, daß man ihm geraten hatte, die von LAMBERT ten KATE erhaltene Probe mit sechs Teilen Kupfer zu schmelzen, um das Metall gegenüber dem Beigold spezifisch leichter zu machen. Er berichtete weiter: „Als es so geschmolzen war, war auch das Beigold durchgesunken, das beim Ausgießen der Schmelze kraus blieb ..." /39/.

Literatur

/1/ Platon, Timaios, 59 B (hrsg. von J. Burnet) Oxford 1902 (Nachdruck 1984 o.S.); deutsche Übersetzung von H. Schneider unter Hinzuziehung der Übersetzungen von F. Schleiermacher und R. Rufener. - /2/ Platon, Politicus, 303 E (hrsg. von J. Burnet) Oxford 1900 (Nachdruck 1979), S. 512f; zur Übersetzung siehe /1/. - /3/ Der Kommentar des Hieronymus zum Propheten Amos gehört zu seinen Kommentaren zu den sogenannten kleinen Propheten und wurde von M. Adriaen kritisch ediert: Commentarii in prophetas minores (Osee, Ioelem, Amos, Abdiam, Ionam, Michaeam hrsg. von M. Adriaen = Corpus Christianorum Series Latina Bd. 72). Das Xenokrates-Fragment findet sich in Buch 3, Kap. 7, 7-9. Vgl. hierzu auch die Dissertation von B. Höhmann, Der Amos-Kommentar des Eusebius Hieronymus, Münster 2002, S. 265-270, deren Übersetzung aber nicht immer zuverlässig ist. XENOKRATES aus Ephesus war ein Zeitgenosse des Plinius. Sein Steinbuch, das Plinius benutzt hat, stammte aus neronischer Zeit. Davon sind auch Fragmente einer arabischen Übersetzung erhalten. Er beschrieb jeweils die Natur eines Steines unter verschiedenen Aspekten: Unterarten, Herkunftsland, Farbe, Form, Gewicht, Konsistenz, Verwendungsmöglichkeit, physikalische Eigenschaften, medizinische Wirkung /4/. Daß PLINIUS Xenokrates auch in seinem Abschnitt „Adamas" (= Diamant) zitiert, macht die sonst nicht nachweisbare Größenangabe „Hirsekorn" für den „Adamas im Gold" wahrscheinlich, außerdem nennt er ihn im 37. Buch mehrfach (Kap. 37,25: Xenocrates Ephesius; 37, 27.37.40.173). - /4/ K. Ziegler in: W. Kroll, K. Mittelhaus, Paulys Real-Encyklopädie der classischen Altertumswissenschaft, 2. Reihe, 18. Halbband, Stuttgart 1967, Spalte 1529. - /5/ J.R. Partington, A History of Chemistry, Vol. 1, Part 1, London-New York 1970, S. 80. /6/ M. Pinder, De Adamante Veterum Commentatio Antiquaria, Berlin 1829, S. 84f. - /6/ M. PINDER, De Adamante Veterum Commentatio Antiquaria, Berlin 1829, S. 84/5, sprach denn auch auf Grund dieser beiden PLATON-Stellen sogar die sicher richtige Meinung aus, der große Philosoph habe den Edelstein Diamant überhaupt nicht gekannt. - /7/ J.H. Krause, Pyrgoteles oder die edeln Steine der Alten im Bereiche der Natur und der bildenden Kunst, Halle an der Saale 1856, S. 10. - /8/ Zu *in metallis* = „in Bergwerken". Besser wäre „im (geschmolzenen) Metall", wie aus den PLATON-Zitaten erkennbar, doch ist nicht klar, ob Plinius hier den Unterschied bemerkt hat, zumal im nächsten Satz wieder *in metallis*, wohl im Sinne von „in Bergwerken", vorkommt. C. Plinius Secundus, Naturalis Historiae Libri XXXVII, Buch 37, Kap. XV, 55/61 in: Pliny, Natural History, Vol. X, ed. by D.E. Eichholz, The Loeb Classical Library, London-Cambridge Mass. 1962, 206/11. - /9/ Pollux, Onomasticon, Buch 7, 99 in: E. Bethe, Pollucis Onomasticon, Bd. 2, Stuttgart 1968, S. 79/80. - /10/ H. Blümner, Technologie und Terminologie der Gewerbe und Künste bei Griechen und Römern, Bd. 3, Leipzig 1884, 5.239 Fußnote 1. - /11/ K.E. Kluge. Handbuch der Edelsteinkunde für Mineralogen, Steinschneider und Juweliere, Leipzig 1860, S. 221. - /12/ O. Schrader, Reallexikon der indogermanischen Altertumskunde, Berlin 1917, Bd. 1, 2. Aufl. (hrsg. von A. Nehring) S. 211. - /13/ F.M. Cornford, Platos Cosmology. The Timaios of Plato, translated with a running Commentary, London 1937, S. 251. - /14/ R.D. Archer-Hind, The Timaeus of Plato, Text, Traduction, London 1888 (Neudruck 1973) S. 214 Fußnote. - /15/ T.H. Martin, Études sur le Timée de Plato, 2 Bde, 1891 laut J.R. Partington, A History of Chemistry, Bd. 1, Tl. 1, S. 60. - /16/ J.G. Schneider, Analecta ad Historiam Rei Metallicae Veterum, Trajecti ad Viatrum 1788, S. 4. - /17/ J.H. Schulze, De Adamante Diss. Inaugur. Medica, Cap 1. § 2, Halle an der Saale-Magdeburg 1737, S. 5/6. - /18/ O. Apelt, Platons Dialoge Timaios und Kritias, 2. Aufl., Leipzig 1922, S. 89/90, 177; Platons Dialog Politicus oder vom Staatsmann, Philosophische Bibliothek Meiner, Bd. 151, Leipzig 1914, S. 104. - /19/ J.W. Lewis, The Chemical Works of Caspar Neumann, London 1759, S. 43 laut D. McDonald, L.B. Hunt, A History of Platinum and its Allied Metals, London 1982, S. 6. - /20/ H. Blümner in: Pauly's Real-Encyklopädie 2,6 der Altertumswissenschaft, 2. Aufl., 4. Halbband, Stuttgart 1903, S.322. - /21/ G.E. Stahl, Specimen Beccherianum, quibus Principia Mixtionis Subterraneae et Instrumenta Naturalia atque Artificia demonstrantur, Pars Secunda LXV, Leipzig 1703, S. 293. - /22/ G.E. Stahl, Anweisung zur Metallurgie oder der metallischen Schmeltz- und Probierkunst, Leipzig 1744, S. 392. - /23/ W. Lewis, Commercium Philosophico-Technicum, London 1763, S. 607/8. - /24/ Jorge Juan, A. de Ulloa, Relación histórica del Viage a la América Meridional, Primera Parte, Tomo Segundo, Lib. VI, Cap. X, Madrid 1748, S. 606. - /25/ J.M. Ogden, J. Hist. Metallurgy Soc. 11 (1977) 53/7. - /26/ L.F. Capitán-Valley, Platinum Metals Rev. 33 (1989) 73/80, 77. - /27/ E.A. Smith, The Sampling and Assay of Precious Metals, 2nd Edition, London 1947 laut Lit. 25. - /28/ J. L. Leblond, Observations et Mémoirs sur la Physique, sur l'Histoire Naturelle et sur les Arts et Métiers, Paris 27 (1785) 362/73, 369. - /29/ A.M. Cortinovis, Opuscoli Scalti sulle Scienza e sulle Arte, Tom.

XIII, (4) S. 217/42 laut D. MacDonald, L.B. Hunt, A. History of Platinum and its Allied .Metals, London 1982, S. 2, 11. - /30/ Siehe dagegen GMELIN, Systemnummer 46, Zinn, Teil A, 1971, S. 40/1. Paravay hatte mit seiner Auffassung in J. S. C. SCHWEIGGER /31/ und in PINA de RUBIES /36/ einen Nachfolger. C. de Paravey, Compt. Rend. 31 (1850) 179. - /31/ J.S.C. Schweigger, J. Prakt. Chem. 34 (1845) 385/420. - /32/ F. Caillard, Voyage à Méroé, au Fleuve Blanc, au-delà de Fazoql, Bd. 3, Paris 1826 (Neudruck Westnead 1972) S. 19. - /33/ F. Wöhler, Ann. Pharm. 29 (1839) 336/7. - /34/ M. Berthelot, La Chimie au Moyen Âge, Paris 1893, S. 215. Vgl. LMA 5, 1947-1948; C. Du CANGE, Glossarium Mediae et Infimae Latinitatis, Bd. 2, Paris 1842, S. 243 s.v. Cathinia: „Gesteinsart, aus der das zyprische Erz (wohl Messing) gemacht wird. Es entsteht in Erzbergwerken und in Silberöfen, wo es sich aus dem Schmauch absetzt. Und wie der Stein, aus dem das Erz gemacht wird, Cathinia genannt wird, so hat auch das, was in den Öfen entsteht, den ursprünglichen Namen empfangen. Cathinia ist auch der Ursprung des Calcit-Erzes …" Vgl. Mittellateinisches Wörterbuch, Bd. 2, Sp. 15f s.v. cadmia. C. Du CANGE, Glossarium Mediae et Infimae Latinitatis, Bd. 4, Paris 1845, S. 311, s.v. massa 3 = aurum infectum (= „unbearbeitetes Waschgold"). - /35/ T. Phillips, A. Way, Archaeologia (London) 32 (1847) 183/244, 213; vgl. LMA 6,214. - /36/ P. de Rubies, An. Soc. Espanola Fisica y Quimica 1915, 420/33 laut D. McDonald, L.B. Hunt, A History of Platinum and its Allied Metals, London 1982, S. 2, 11. - /37/ W. F. Hune, Geology of Egypt, Vol. 2, Pt. 3, p. 857 laut Lit. 25. - /38/ E.O. v. Lippmann, Entstehung und Ausbreitung der Alchemie, Berlin 1919 (Nachdruck Hildesheim-New York 1978) S. 470. - /39/ F.A. Meyer, Z. Erzbergbau Metallhüttenwesen 4 (1951) 221/2. - /40/ G.W. Wedel, Centuria Exercitationum Medico-Philologicarum, Sacrarum et Profanarum, Centuria I, Dcas X, Exercitatio VIII, De Iaspide Scripturae, Jena 1702, S. 64/71, 66. - /41/ A.S. Ehrenkreutz, Bull. School Oriental African Studies (London) 15 (1953) 423/47 432.

Jaspis: die alte Benennung für den Diamanten?

Die Tatsache, daß in der frühen griechischen Literatur Edelsteine überhaupt nicht genannt werden und in dem (irrtümlich für früh gehaltenen) *Orphischen Steinbuch* der Diamant unter den 20 darin abgehandelten Edelsteinen nicht vorkommt, ließ A. Y. GOGUET, A. C. FUGÈRE /1/ vermuten, dieser Stein sei bei ORPHEUS /2/ mit „Jaspis" bezeichnet worden; er vergleicht diesen nämlich mit Glas und dem Bergkristall, dessen Verwendung als Brennglas er deutlich erwähnt, und meint, der Jaspis zünde wie dieser. Er nennt ihn durchsichtig und sagt, er habe die Farbe der Luft. Bei der Wiederholung dieser

Vermutung wandte J. BECKMANN /3/ zwar ein, daß dem ORPHEUS sicherlich kein so großer Diamant, der als Brennglas hätte verwendet werden können, vorgekommen sein dürfte, aber die glasartige Beschaffenheit des Steins habe ihn zu dieser Vermutung gebracht; er machte auch darauf aufmerksam, daß DIOSKORIDES (wohl der Arzt aus der Zeit Kaiser NEROs) und andere (nicht genannte) Autoren unter den Jaspis-Arten auch eine durchsichtige, luftfarbene nennen. BECKMANN meint auch, man könne die Identität Jaspis = Diamant aus der Nennung des Jaspis in der Offenbarung des Johannes 21,11 und 18,19 ableiten, wo er als der köstlichste, durchsichtigste, bergkristallartige Edelstein beschrieben wird. J. H. KRAUSE /4/ nennt aus der Bibel noch die LUTHERsche Übersetzung von Exodus 28, 8; 34, 11. Später, bei der Diskussion eines Lobgedichtes des römischen Dichters CLAUDIAN, der in den Jahren 395 bis 404 in Rom und Mailand lebte und berichtete /5/, daß ein kaiserliches Prachtgewand mit Jaspis verziert war, fühlte sich J. BECKMANN /6/ erneut zur Verteidigung der These Jaspis = Diamant veranlaßt: „Aber wie kömt Jaspiß unter die seltensten Edelsteine (sc. des kaiserlichen Gewandes)? Zwar werden noch jetzt wohl von unserem schwarzen (!) Jaspiß facetirte Olivetten, in Gold gefaßt, um den Hals oder als Armbänder getragen; aber unmöglich kan ich glauben, daß unser Jaspiß zur Verzierung eines kayserlichen Prachtkleides gebraucht worden ist. Dazu ist er wohl jederzeit zu gemein gewesen. Ich glaube hier ist unter Jaspiß der Diamant gemeint, den der Dichter mit dem ältesten Namen benant hat."

Als Begründung wiederholt er die eben vorgelegte ORPHEUS-Interpretation. Wie unhaltbar diese Identifizierung bei der Mehrdeutigkeit fast aller antiken Benennungen von Edelsteinen aber ist, haben E. R. CALEY, J. F. C. RICHARDS /7/ aufgezeigt, indem sie die verwirrende Vielfalt dessen, was in der Antike unter der Bezeichnung Jaspis geführt wurde, zusammenstellten:

„Though ‚jasper' is derived from the Greek ἴασπις (iaspis) and is often used to translate the Greek word and its Latin equivalent ‚iaspis', the one fact that is most certain about the ancient name is that

it did not designate the kinds of opaque colored silica that are now called jasper. The descriptions of ancient writers usually show that the name denoted certain transparent or translucent stones, and there is no definite evidence that it was ever applied to an opaque mineral substance. Though THEOPHRASTUS /7/ does not allude clearly to iaspis as a transparent stone, there is no such uncertainity about the descriptions left us by other ancient writers. PLINIUS /8/ opens his account of the stone with the words: Viret et saepe tralucet iaspis (iaspis is green and often translucent). Later he mentions a kind that resembles rock crystal. PLINIUS /8/ also alludes to imitations of ‚iaspis“ made of glass. Moreover, the descriptions of DIOSKORIDES /9/ show that the name was not applied to an opaque stone. DIONYSIUS PERIEGETES describes /10/ it as being watery (ὑδατοέσσαν), green and translucent (χλωρὰ διαυγαζοῦσαν) and cloudy (ἠεροέσσαν). This is not an appropriate description of the stone that is now called jasper. Though there can be no doubt that it was not our modern jasper, there is less certainity about its positve identification. Since THEOPHRASTUS shows its relationship to ‚smaragdos‘ in this passage, one might infer that ‚iaspis‘ was a green stone, and this color is mentioned by all ancient writers who describe it. Indeed, some of them mention this color only, and in the ‚Stockholm Papyrus‘ /11/, where a recipe is given for the preparation of an artificial ‚iaspis‘, it is clear from the ingredients that the resulting product was a green stone. On the other hand, PLINIUS /8/ refers to ‚iaspis‘ of various other colors, such as blue and rose, as well as to a colorless variety. In fact, he classifies the best as having a shade of purple and assigns only third place to the green kind. He also mentions smoky and turbid kinds. DIOSKORIDES /9/ gives a similar but less extensive list of the varieties of this stone. The ancient descriptions seem to show, that ‚iaspis‘ was a generic term that usually denoted those varieties of transparent or translucent quartz to which special names such as ‚sardion‘ or ‚crystallos‘ were not applied. Thus the green kind was probably plasma or chrysoprase, the smoke-colored kind was smoky crystalline quartz or smoky chalcedony, the rose-colored kind was rose quartz, and the blue kind was common blue chalcedony.

All these varieties of quartz were used as materials for ancient engraved stones. It is significant that PLINIUS includes ‚sphragis‘ or seal stone under the term ‚iaspis‘. This suggests that ‚iaspis‘ was a name applied to some varieties of chalcedonic or clear quartz used for seals. It seems likely, however, that other minerals besides quartz which were similar in appearence were included under the ancient name. Thus it has suggested that jade or nephrite was called ‚iaspis‘ in antiquity. Certainly the kind of ‚iaspis‘ mentioned by PLINIUS /8/, who describes it as a green stone with one or more white lines running through it, would seem to correspond to jade or nephrite. PLINIUS implies that this stone was used as an amulet, and had its origin in the East, and both these clues tend to support this particular identification. In the same way, still other minerals such as fluorite, which in some of its forms resembles certain varieties of colored quartz, may have been classified under ‚iaspis‘ in ancient times. THEOPHRASTUS /7/ shows by his remarks that certain kinds of true jasper used in antiquity were given particular names.“

Die oben zitierte Vermutung, das antike Jaspis habe Jade oder Nephrit bezeichnet, mag auf die Angaben des EPIPHANIUS aus Judäa, Bischof von Salamis (Konstantia) auf Zypern (310/320 bis 403), zurückgehen, der den Jaspis im Brustschild des jüdischen Hohepriesters als grünlich oder rahmfarben bezeichnet /13/. Sie wird noch bestärkt durch die Tatsache, daß bei seinen großen Untersuchungen über den legendären „Stein Iu“ der Chinesen M. ABEL-RÉMUSAT /12/ zu dem Schluß kommen konnte, daß der Jaspis der Antike stets nichts anderes als Jade bezeichne.

Literatur

/1/ A.J. Goguet, A.C. Fugère, De l'Origine des Lois, des Arts et des Sciences et de leur Progrès chez les Anciens Peuples, Bd. 2, Paris 1758, S. 103. - /2/ Orpheus, Lithica Vers 267 (S. 23), Vers 613 (S. 33); Lithica Kerygmata (hrsg. von E. Abel) Berlin 1881, S 138f; 141. - /3/ J. Beckmann, Beyträge zur Geschichte der Erfindungen, Bd, 3, Leipzig 1805, S. 82/3. - /4/ J.H. Krause, Pyrgoteles, oder die edeln Steine der Alten im Bereich der Natur und der bildenden Kunst, Halle 1856, S. 2. - /5/ Claudius Claudianus, Panegyricus I, 99 in: Claudi Claudiani Carmina, hrsg. von T. Birt, Monumenta Germaniae Historica, Auctores Antiquissimi, Tomus X, Berlin 1892, S. 7. - /6/ J. Beckmann, Vorrat kleiner Anmerkungen über mancherlei gelehret Gegenstände, 3. Stück, Göttingen 1806, S. 418. - /7/ E.R. Caley, J.F.C. Richards, Theophrastus, On Stones, Introduction, Greek Text, English Translation, and Commentary, Columbus Ohio 1956, S. 107/8. - /8/ C. Plinius Secundus, Naturalis Historiae Libri XXXVII, Buch 37, 115/8 in: Pliny, Natural History, Vol. X ed. by D.E. Eichholz, The Loeb Classical Library, London-Cambridge Mass. 1962, S. 206/11. - /9/ Dioskorides, De Materia Medica Libri V, Buch 4, 56 in: M. Wellmann, Pedanii Dioscoridis Anazarbei, De Materia Medica Libri V, Bd. 1, Berlin 1958, S. 260. - /10/ Dionysios Periegetes, Orbis descriptio, Vers 724, 1120 in: Geographi Graeci Minores, hrsg. von C. Müller, Paris 1861 (Nachdruck Hildesheim 1965) S. 148, 172. - /11/ F. Lagercrantz, Papyrus Graecus Holmiensis, Uppsala 1913, S.15. - /12/ M. Abel-Rémusat, Recherches sur la Substance Minerale appelée par les Chinois Pierre de Iu, et sur le Jaspe des Anciens in: Histoire de la Ville de Khotan, Paris 1820, S. 197/239. - /13/ Epiphanius, De XII Gemmis Rationalis Summi Sacerdotis Hebraeorum, De Lapide Jaspide in: J.-P Migne, Patrologiae Cursus Completus, Series Graeca, Tomus 43, Paris 1858, Spalte 334/5.

DER **DIAMANT**

I N   D E R   A L T E N   W E L T

DER DIAMANT IN DEN FRÜHEN REICHEN KLEINASIENS UND MESOPOTAMIENS

Handelsbeziehungen zwischen Indien und Europa bzw. dem Mittelmeerraum bestanden bereits in frühester Zeit: „Disregarding the extraordinary discoveries of Sir JOHN MARSHALL in Punjab, suggesting a connection between a people of that region and the Sumerians early in the third millenium B.C., India on the one hand, and Mesopotamian countries and Europe on the other, have been in commercial intercourse practically continuously since about 900 B.C. From about 900 B.C. to 562 B.C. the Assyrians imported from India teak wood and many other products, and thereafter the Persians, the Greeks and the Romans consecutively had commercial intercourse with India" /1/. Später wird sogar der Handel mit kostbaren Steinen bestätigt durch KTESIAS von Knidos, der 405 bis 398 v. Chr. Leibarzt des Perserkönigs ARTAXERXES II. gewesen war und in seinen Schriften angibt, Assur habe aus Indien das Material für seine kostspieligeren Siegel erhalten, was durch Ausgrabungen bestätigt erscheint, doch kannte man dort weder Rubine noch Saphire noch Diamanten. S. H. BALL /1/ ist der Meinung, wer eine so frühe Kenntnis des Diamanten in Indien annehme, sollte berücksichtigen, daß die damals regierenden Herrscher den Export des Steines kaum erlaubt haben dürften. Trotzdem nehmen F. DELITZSCH /2/ und G. BOSON /3/ an, die alten Sumerer und Assyrer hätten den Diamanten gekannt und ihn mit ^{oban} elmesu = ^{na} SUD.UD.AG bezeichnet, wobei sie als Begründung das arabische Wort für den Stein ‚âlmas' als davon abgeleitet glauben machen wol-

len. Ähnliches ist auch von M. MUSS-ARNOLD /4/ angenommen worden, doch ist eine solche Annahme nach T. CHENEY, J. S. BLACKE /5/ höchst unsicher, und A. H. SAYCE /6/ möchte das assyrische Wort mit „Glas" wiedergeben. Wenn es schon etwas Mineralisches bedeute, dann wohl „Bergkristall". Im Jahre 1883 hat W. M. FLINDERS PETRIE die Meinung geäußert /9/, man habe in Babylon schon den Diamanten als Werkzeug benutzt, da man dort sehr schöne Diorit-Statuetten gefunden hat, die in ihrer technischen Bearbeitung den besten Stücken dieser Art in Ägypten glichen, und von diesen glaubte er irrtümlich, sie seien mit Diamanten bearbeitet worden. In seiner Annahme fühlte er sich bestärkt durch den (nicht nachprüfbaren) Hinweis eines Mr. BOSCAWIN, daß in frühen babylonischen Inschriften von einem „piercing stone" die Rede sei, eine Bezeichnung, die in späteren Zeiten für den Diamanten benutzt worden sein soll. Bei all diesem kann es sich nur um Vermutungen handeln. J. R. PARTINGTON /7/ bemerkte denn auch dazu, daß bei den gesamten Ausgrabungen in Mesopotamien niemals ein Diamant gefunden worden ist, und R. C. THOMPSON /9/ kam bei seinen Untersuchungen für sein *Dictionary of Assyrian Chemistry and Geology* zu dem Ergebnis, daß man im frühen Mesopotamien den Diamanten nicht kannte.

Das oben erwähnte Wort „elmesu" bedeutet nach dem neueren *Assyrian Dictionary* /10/ „a precious stone of characteristic sparkle and brillancy", besitzt aber eine ebenso charakteristische Farbe und wird gelegentlich unter den Steinen genannt, die Farbkörper liefern; es gibt aber auch Gründe, die zeigen, daß das Wort sich auf eine Art mythischen Edelstein bezieht, dessen Farbe man mit anderen Farbstoffen wiederzugeben versuchte. W. von Soden /11/ präzisierte die Farbe und sprach von einem kostbaren gelben Stein.

Zusammenfassend kann gesagt werden, daß der Diamant im alten Zweistromland weder als Sache noch als Wort bekannt war. Zu Unrecht wurde 80 Jahre hindurch (1896-1976), nur wegen des Anklangs an arabisch ,almas' „Diamant", babylonisch-assyrisch elmešu, elmušu als solcher gehandelt. Die Standardlexika Chicago Assyrian Dictionary (1958) und Akkadisches Handwörterbuch (1965) ließen zwar die Deutung „Diamant" fallen, ohne sich auf eine neue Übersetzung festzulegen. B. Landsberger /12/ schlug 1967 „Bernstein" vor. M. Heltzer /13/, bis zu seiner Emigration in Litauen lebend und forschend, verifizierte sie 1997 durch Aufzeigen der baltischen Etymologie *helmes „Bernstein". S. Parpola /14/ verbuchte elmešu „Bernstein" sogleich in seiner neuassyrischen Datenbank an der Universität Helsinki.

Literatur

/1/ S.H. Ball, Econom. Geol. 26 (1931) 681-738, 706. - /2/ F. Delitzsch, Assyrisches Handwörterbuch, Leipzig-Baltimore-London 1896, S. 74. - /3/ G. Boson, Riv. Studi Orient. (Rom) 7 (1918) 379/420, 410/1. - /4/ W. Muss-Arnold, Concise Dictionary of the Assyrian Language, Berlin 1905, S. 47 laut Lit. 7. - /5/ T.K. Cheney, J.S. Blake, Encyclopaedia Biblica, Bd. 1, New York 1899, S. 1097/8. - /6/ A. Sayce, Religion of the Babylonians and Assyrians, London 1898, S. 246 laut Lit. 7. - /7/ J.R. Partington, Origin and Development of Applied Chemistry, London-New York-Toronto 1935, S. 291. - /8/ W.M.Flinders Petrie, J. Anthrop. Inst. 13 (1883) 88/109, 91. - /9/ R.C. Thompson, Dictionary of Assyrian Chemistry and Geology, Oxford 1936, S. 168/9. - /10/ I.J. Gelb, T. Jacobsen, B. Landsberger, A.L. Oppenheim, The Assyrian Dictionary, Bd. 4, Chicago Ill.- Glückstadt 1958, S. 107/8. - /11/ W. v. Soden, B. Meissner, Akkadisches Handwörterbuch, Bd. 1, Wiesbaden 1985, S. 205. /12/ B. Landsberger, Akkadisch-hebräische Wortgleichungen, in: Festschrift W. Baumgartner, Leiden 1967, 176-204 (darin II. elmešu = hašmal „Bernstein"). - /13/ M. Heltzer, On the Origin of the Near Eastern Archaeological Amber (Akkadian elmešu; Hebrew hašmal), Michmanim 11 (Haifa 1997) 29-38. - /14/ S. Parpola, Assyrian Prophecies (State Archives of Assyria, vol. IX), Helsinki 1997, CV fn. 258-259; 7 III 25' mit Kommentar; 48b Glossary.

DER DIAMANT IM ALTEN ÄGYPTEN

Daß im Alten Ägypten schon in der BADARI-Periode (3700 bis 3400 v. Chr.) der Diamant bekannt gewesen sei, diese Behauptung stellte im Jahre 1946 P. GRODZINSKI /1/ auf und „bewies" sie folgendermaßen: „About 3650 B.C., to the ancient Egyptians, the diamond which incorporates both equilateral triangles and the square, symbolized the perfection of symmetry. lt is possible, too, that they conceived the shape of the Pyramids from the form of the diamond." Diese Behauptung wurde nicht nur in einer Fachzeitschrift, sondern auch auf einem illustrierten, gratis verteilten Faltblatt verbreitet. G. LENZEN /2/ verschob in seinem Bericht über eine angebliche Inspiration zum Bau pyramidenförmiger Gräber durch die Form des Diamantkristalls das angegebene frühe Datum der Kenntnis des Diamanten wenigstens auf die Zeit des Pyramidenbaus in der 4. Dynastie (2650 bis 2540 v. Chr.) und meinte dazu, daß, da GRODZINSKI seine Spekulation mit nichts begründen könne, diese für die Datierung der Kenntnis des Diamanten keinerlei Bedeutung habe. Erstaunlicherweise wurde die angegebene frühe Datierung der Diamantenkenntnis im Alten Ägypten im Jahre 1953 von F. van DEUN /4/ wiederholt mit der Erweiterung, daß die Ausgrabungen aus dem 4. Jahrtausend v. Chr. durch die noch feststellbaren Spuren der Bearbeitungsmethoden der Bauteile auf die Verwendung von Diamanten deuteten: „De opgegraven producten getuigen van ,fijn-werkmethodes' op gehaade rotsgesteenten. Ook voor het snijden van steenblokken voor de bouw van den beroemde tempel van SALOMON moeten diamanten gebruikt zijn worden." Abgesehen davon, daß mit dieser letzten Bemerkung ein Sprung über 3000 Jahre gemacht wird, ist diese Behauptung einer so frühen technischen Verwendung des Diamanten nicht haltbar. Ernsthaftere Betrachter /3, 6/ der Situation kommen dagegen zu der Feststellung, daß die alten Ägypter den Diamanten überhaupt nicht gekannt haben, und der Ägyptologe A. LUCAS /7/ fügt hinzu, der härteste in Ägypten aufgefundene Stein sei der Beryll, und der sei erst in der griechischen Periode des Landes bekannt geworden. Gelegentlich aufgefundene ägyptische Aufzählungen von Edelsteinen wie etwa der Katalog auf der sogenannten Hungersnot-Stele auf der Insel Sehêl im ersten Nil-Katarakt, die eine in der Ptolemäerzeit verfertigte Kopie des verlorenen Originals einer Belehrung des Königs ZOSER (Altes Reich, 3. Dynastie, etwa 2650 bis 2190 v. Chr.) durch den weisen IMHOTEP darstellt, lassen die Frage nach dem Diamanten offen, da viele der angetroffenen Bezeichnungen für Steine bis jetzt noch nicht interpretiert werden konnten /8/.

Aus Beobachtungen von Bearbeitungsspuren an dem oft recht harten Steinmaterial alter ägyptischer Bauten und Kunstwerke aus Diorit und Granit kam im Jahre 1883 W. M. FLINDERS PETRIE /9/, abweichend von der bisherigen Annahme, es seien Säge- und Bohrwerkzeuge mit Sand- oder Steinpulver angewendet worden, zu der Vorstellung, daß die benutzten Werkzeuge mit eingesetzten sehr harten Edelsteinen besetzt gewesen sein müssten, wofür nur Beryll, Korund, Topas, Chrysoberyll, Saphir und Diamant in Frage kommen konnten. FLINDERS PETRIE hatte - wir berichten zusammenfassend aus einer großen Zahl von Ausgrabungsberichten - in einer ganzen Anzahl runder, bis 5 Zoll weiten und bis zu 18 Zoll tiefen Bohrlöchern in Alabaster, Kalkstein und Granit die stehengebliebenen Bohrkerne herausgeschlagen und war aus den erkennbaren Schnittspiralen zu dem Schluß gekommen, daß die 1/30 bis 1/5 Zoll starken bronzenen Bohrrohre wegen der Gleichmäßigkeit des Angriffs auf die Komponenten etwa des Granits nicht mit einem Pulver als reibendem Mittel, sondern mit montierten Edelsteinspitzen gearbeitet haben müssten; für einen Granitkern mit dem Umfang von 6 Zoll sank dabei die Spirale bei einem Umlauf um 0,1 Zoll, „eine für Granit ganz Staunen erregende Leistung verratend", für die nach seiner Rechnung ein Minimaldruck von 1 bis 2 Tonnen auf das Gerät erforderlich war. Eigene Versuche

mit Beryll und Saphir als Einsätze im Bohrgerät verliefen aber so ungünstig, daß er die Meinung aussprach, es könne nur Diamant verwendet worden sein. Zwei Jahre später sprach er sich dann für die Verwendung von Korund aus, da der Diamant im Lande nicht vorkommt /10/. Zwanzig Jahre später kam F. FREISE in seiner Geschichte der Bergbautechnik /11/ noch einmal auf die Annahme der Verwendung von Diamant bei den ägyptischen Handwerkern zurück: Ihm war aufgefallen, daß die Schriftzeichen in Steinsäulen, Vasen usw. nicht ausgeschabt oder ausgeschliffen, sondern gefurcht, und dabei außerordentlich fein in sehr geringem Abstand parallel eingeschnitten sind, so daß die schneidende Spitze wesentlich härter sein mußte als der Quarz, den sie schnitt. J. R. PARTINGTON /12/ ist allerdings der Meinung, es habe sich nur um Schmirgel handeln können.

Neuere lexikographische Untersuchungen über die Minerale im Alten Ägypten kommen allerdings zu dem Schluß, „that none of the most nobel gems, diamond, ruby, sapphire, and opal, was known, and that emerald, if known was extremly rare." Erst in der griechisch-römischen Zeit wurden sechs Steinarten in ihrem Wert höher geschätzt, von denen fünf - alle farbig - als Lapislazuli, Türkis, roter Jaspis, Karneol und grüner Feldspat identifiziert werden können, der sechste, ägyptisch: „thnt", könnte sich auf ein natürliches Glas beziehen, da das Wort gewöhnlich für Glas und Glasur (faience) steht /5/. Doch erzählt S. H. BALL /11/, ohne Quellenangabe und ohne daß in der einschlägigen antiken Literatur ein Hinweis gefunden werden konnte, daß im Jahre 33 v. Chr. MARCUS ANTONIUS an seinem Purpurmantel, den er bei der Krönung CLEOPATRAs trug, Diamanten als Knöpfe gehabt habe. Sicherer ist der Bericht des JUVENAL (60 bis 140 n. Chr.) über den Diamantring, den der Hasmonäer HERODES AGRIPPA II. an die Hand der BERENIKE steckte *(vgl. S. 52, 56)*.

Literatur

/1/ P. Grodzinski, Ind. Diamond Rev. 6 (1946) 49. - /2/ G. Lenzen, Produktions- und Handelsgeschichte des Diamanten, Berlin 1960, S. 2, 21. - /3/ E. Jannettaz, E. Vanderheym, E. Fontenay, A. Coutance, Diamant et Pierres Précieuses, 2. Aufl. Paris 1881, S. 160. - /4/ F. van Deun. Het Kartel in de internationale Diamanthandel, Antwerpen 1953, S. 9. - /5/ J.R. Harris, Lexicographical

Studies in Ancient Egyptian Minerals, Deut. Akad. Wiss. Berlin, Inst. Orientforschung, Veröff. Nr. 54, Kap. 5, Semi-Precious Stones, Berlin 1961, 95/140, 95 Fußnote 1; 140. - /6/ M.E. Boutan, Diamant in: Encyclopedie Chimique, Bd. 2, Metaloides, Complement T1. 2, Paris 1886, S. 4. - /7/ A. Lucas, Ancient Egyptian Materials and Industries, 3. Aufl. London 1948, S. 87, 442. - /8/ G. Roeder, Urkunden zur Religion des Alten Ägypten, Jena 1915, S. 181. - /9/ W.M.Flinders Petrie, J. Anthrop. Inst. 13 (1883) 88/109, 89/91. - /10/ - W.M.Flinders Petrie, The Pyramids and Temples of Gizeh, 2. Aufl., London 1885, S. 74. - /11/ S.H. Ball, Econom. Geol. 26 (1931) 681/738, 708. - /12/ J.R. Partington, Origins and Development of Applied Chemistry, London 1935, S. 84.

DER DIAMANT IN DER BIBEL UND IN DER JÜDISCHEN LITERATUR

Im Alten Testament

Überblick

In den ersten Büchern des Alten Testamentes werden in zwei Aufzählungen je zwölf und an Einzelstellen weitere, insgesamt 16 verschiedene Edelsteine genannt /26/, in einem späteren Prophetenbuch findet sich noch eine unvollständige Wiederholung dieser Aufzählung. Die Frage, welchen Edelstein die einzelnen Benennungen wirklich bezeichnen, ist selbst für die beiden Steine, die etymologische Entsprechungen im Griechischen haben, Saphir und Jaspis, nur teilweise und mit Vorbehalt zu beantworten. Schon die alten Übersetzungen der biblischen Bücher wie Septuaginta oder Vulgata waren oft unsicher in der Wiedergabe der hebräischen Steinnamen. Trotz dieser Deutungsschwierigkeiten ist bei Übersetzungen von mehreren der 16 Steinarten die Identität mit dem Diamanten angenommen worden. So wird in sehr vielen Werken /5; 10; 21/, die sich mit der Geschichte der Edelsteine befassen, ernsthaft die Behauptung aufgestellt, der früheste literarische Nachweis der Verwendung eines Diamants sei in den Edelsteinlisten von Exodus 28, 15-30 und

39, 8-14 zu finden. Träfe dies zu, so wäre die Datierung der frühesten Kenntnis des Diamanten für die Zeit des MOSES (um 1250 v. Chr.) oder zumindest für die Zeit der Abfassung der Exodus-Texte anzunehmen. Doch beziehen sich die Autoren dabei stets nur auf Übersetzungen des Alten Testamentes aus der Reformationszeit, wo jeweils der sechste Stein der Auflistungen als „Demant" beziehungsweise „Diamond" bezeichnet wird. Ältere Autoren, die sich mit der Geschichte der Edelsteine befassen, /30/ und auch neuere /35/ sowie einschlägige Handwörterbücher /41/ lehnen die Interpretation eines der aufgezählten Steinnamen als Diamant jedoch strikt ab. Eine der biblischen Enzyklopädien geht sogar so weit, den Artikel „Diamond" mit der fettgedruckten Spitzmarke: „Unknown to the Hebrews" zu versehen /45/, nachdem schon 70 Jahre vorher J. J. BELLERMANN /33/, ein gelehrter Berliner Theologe, der sich wohl am ausführlichsten mit den Benennungen der Edelsteine der Bibel im Originaltext und ihren Übersetzungen befaßt hat, seine Untersuchung abgeschlossen hatte mit den Worten: „Unter den Edelsteinen am hohenpriesterlichen Brustschmuck fehlen also: der Demant, Opal, Türkis ..." Für den Diamanten wiederholt er nur, was schon im Jahre 1680 JOHANNES BRAUNIUS /46/ festgestellt hat. Ein Autor /21/ kommentiert: „We accept here the translation yahalom-diamond, since no other seems reasonable" ohne schlagkräftige Argumente zu liefern, wie G. LENZEN /15/ mit Recht betont hat.

Wie die Nachprüfung der Original-Texte zeigen wird, kann man G. LENZEN /15/, der ausdrükklich hervorhebt, daß in den frühen Übersetzungen und den entsprechenden außerbiblischen Berichten des FLAVIUS JOSEPHUS der Begriff Adamas (= Diamant) überhaupt nicht vorkommt, nur beipflichten, wenn er die genannte Behauptung als ein Abgleiten in Spekulation beurteilt.

Yahalom:
Der angebliche Diamant im Pentateuch

An den genannten Bibelstellen ist in einem möglicherweise vom Ende des 5. Jh. v. Chr., eher noch aus dem 4. Jh. v. Chr. stammenden Text

Abbildung 1:

Die Rekonstruktion der Kleidung des Hohepriesters nach Johann Baptist Ott 1736

(so WOLFGANG ZWICKEL, *Die Edelsteine in der Bibel*, Mainz 2002, S. 49) die Herstellung eines Teilstücks der Amtstracht des Hohenpriesters AARON während des Auszugs des Volkes ISRAEL aus Ägypten beschrieben, dessen hebräische Bezeichnung „hoschen mischpat" von den verschiedenen Übersetzern unterschiedlich wiedergegeben wird. So spricht, um nur einige Beispiele anzuführen, E. KAUTZSCH /22/ von „Orakeltasche", MARTIN BUBER /23/ von „Gewappen des Rechtsspruchs", J. J. BELLERMANN /33/ einfach von „Gemmenschildchen" und MARTIN LUTHER /24/ von „Amtsschild", französische Bibelübersetzer geben ihn oft auch mit „rational" (Rationale vgl. griechisch λογεῖον) wieder, viele andere sagen „Brustschild" oder „Pektorale"; der letztere Ausdruck soll, um Assoziationen an ein festes Schutz- oder Wappenschild zu vermeiden, wenn nicht wörtlich zitiert wird, im folgenden gebraucht werden.

Das beschriebene Kleidungsstück *(siehe Abb. 1)* ist mit 12 Edelsteinen geschmückt, deren Reihenfolge, mit 1. von rechts unten beginnend, in den beiden folgenden Tabellen in unterschiedlichen Übersetzungen nach W. ZWICKEL, *Die Edelsteine in der Bibel*, Mainz 2002, 51f dargestellt ist *(siehe die Abb. 2 und 3)*. Der hier interessierende Stein Nr. 6, „yahalom". ist nach J. R. PARTINGTON /28/ erstmals als Dia-

	Name nach Exodus 28,17–20	Septuaginta Exodus 28,17–20	Vulgata Exodus 28,17–20	Flavius Josephus, Ant III,168	Flavius Josephus, BellJud V,234	Liber Ant. Biblicarum 26,10f.
1	'odæm	sardion	sardius	sardonyx	sardion	sardinus
2	piṭ'dā	topazion	topazius	topazos	topazos	de dente, similitudo topazionis
3	bāræqæt	smaragdos	zmaragdus	smaragdos	smaragdos	smaragdino lapidi similis
4	nopæk	anthrax	carbunculus	andrax	andrax	cristallus, lapidi carbunculo similabatur
5	sappīr	sappheiros	sapphyrus	iaspis	iaspis	prasinus, lapidis saphiri color
6	jāhᵃlom	iaspis	iaspis	sappheiros	sappheiros	iaspis
7	læšæm	ligurion	ligurius	ligyros	achatēs	ligurius
8	šᵉbō	achatēs	achates	amethysos	amethysos	adamante, ametisto lapidi assimilabatur
9	'aḥlāmā	amethystos	amethistus	achatēs	ligurion	achates
10	taršīš	chrysolithos	chrysolitus	chrysolithos	onyx	similitudinem lapidis Theman, lapis crisolitus assimilabatur
11	šoham	bēryllion	onychinus	onyx	bēryllos	berillus
12	jāšᵉpe	onyxion	berillus	bēryllos	chrysolithos	onychinus

Abbildung 2

Namen der Edelsteine des hohepriesterlichen Brustschildes in verschiedenen Übersetzungen und Überlieferungen nach W. Zwickel

	Luther 1984	Einheitsübersetzung = Gute Nachricht	Zürcher Bibel	Rev. Elberfelder	Revised Standard Version
1	Sarder	Rubin	Karneol	Karneol	Ruby
2	Topas	Topas	Topas	Topas	Topaz
3	Smaragd	Smaragd	Smaragd	Smaragd	Beryl
4	Rubin	Karfunkel	Rubin	Rubin	Turquoise
5	Saphir	Saphir	Saphir	Saphir	Sapphire
6	Diamant	Jaspis	Jaspis	Jaspis	Emerald
7	Lynkurer	Achat	Hyazinth	Hyazinth	Jacinth
8	Achat	Hyazinth	Achat	Achat	Agate
9	Amethyst	Amethyst	Amethyst	Amethyst	Amethyst
10	Türkis	Chrysolith	Chrysolith	Türkis	Chrysolite
11	Onyx	Karneol	Soham	Onyx	Onyx
12	Jaspis	Onyx	Onyx	Nephrit	Jasper

Abbildung 3

Übersicht über die Bezeichnungen der Edelsteine im Brustschmuck des Hohenpriesters in unterschiedlichen modernen Bibelübersetzungen nach W. Zwickel

mant interpretiert worden durch einen Kommentar zum Pentateuch (Fircush hathora, nach G. SARTON /37/ Erstdruck Neapel 1488) des IBN ESRA (aus Toledo, etwa 1089 bis 1164). Wie bereits erwähnt, wurde diese Interpretation von den deutschen und englischen Bibelübersetzern der Reformationszeit übernommen, in der LUTHERschen Übersetzung als „demant" und in der „Authorized Version of the Bible, Issued in 1611" als „diamond" /26/, ohne daß der Weg dieser Deutung von Spanien nach dem Norden aufgezeigt werden könnte. Wirkliche Kenntnisse über Edelsteine spricht allerdings S. H. BALL /29/ mindestens den Übersetzern der „King James Version" völlig ab. Groß dürften auch die Kenntnisse MARTIN LUTHERs über Edelsteine nicht gewesen sein, wenn er gleich drei der 16 vorkommenden hebräischen Steinbezeichnungen mit „demant" wiedergibt /41/. Nach J. J. BELLERMANN /33/ bestand für LUTHER noch ein weiterer Grund zur Einführung des Diamanten: Verwirrt durch die unterschiedliche Wiedergabe der Steinnamen in der Septuaginta, der er hauptsächlich gefolgt sei, habe er für „yahalom" einen neuen Stein einführen müssen, und tat dies eben mit dem „demant".

Der Text der ersten Exodus-Stelle sei hier nach einer im Jahre 1955 erschienenen deutschen Übersetzung /1/ (mit der ihr eigenen Interpretation der Steine) wiedergegeben:

„Weiter sollst du ein Brustschild des Schiedsspruchs herstellen; als Kunstwirkerarbeit wie die Arbeit des Ephod stelle es her; fertige es aus Gold(fäden), blauem und rotem Purpur, Karmesin und gezwirntem Byssus. Es soll zu einem Quadrat zusammengelegt werden, eine Spanne (sei) seine Länge, eine Spanne seine Breite. Besetze es mit einem Besatz von Edelsteinen, (insgesamt) vier Reihen von Steinen: eine Reihe Karneol, Topas und Smaragd, so die erste Reihe. Die zweite Reihe: Karfunkel, Saphir und Jaspis. Die dritte Reihe: Hyazinth, Achat und Amethyst. Die vierte Reihe: Tarsis, Onyx und Beryll. Man setze sie in Goldgeflecht gefaßt ein. Die Steine sollen den Namen der Söhne Israels entsprechen, zwölf entsprechend ihren Namen; Siegelstecherarbeiten, jeweils mit den entsprechenden Namen, sollen es sein, entsprechend den zwölf Stämmen."

Im Anschluß werden noch Anweisungen zur Tragbefestigung gegeben, die hier nur insofern von Interesse sind, als durch sie klar erkennbar wird, daß eine Art Tasche gebildet wurde: „In das Brustschild des Schiedsspruches aber sollst du die Urim und die Tummin (sc. Lossteine) legen: sie sollen auf dem Herzen AARONs liegen, wenn er vor JAHWE tritt" /1/.

Der ganz ähnliche Text der zweiten Exodus-Stelle, nach der gleichen Übersetzung /1/, lautet:

*„Darauf stellte er das Brustschild her, in Bunt-
wirkerarbeit wie die Arbeit des Ephod, aus Gold,
blauem und rotem Purpur, Karmesin und gezwirntem Byssus. Es war quadratisch; sie machten
das Brustschild doppelt gelegt; eine Spanne war
seine Länge und eine Spanne seine Breite, und
zwar doppelt gelegt. Sie besetzten es mit vier
Reihen von Steinen; eine Reihe: Karneol, Topas
und Smaragd, so die erste Reihe.*

*Die zweite Reihe: Karfunkel, Saphir und Jaspis.
Die dritte Reihe: Hyazinth, Achat und Amethyst.
Und die vierte Reihe: Tarsis, Onyx und Beryll.
Die Steine entsprachen den Namen der Söhne
ISRAELs, zwölf waren es entsprechend ihren
Namen, Siegelstecherarbeiten, jeweils mit dem
entsprechenden Namen, entsprechend den zwölf
Stämmen.“*

Es folgen auch hier nicht interessierende
Anweisungen zur Befestigung. Das Pektorale des
jüdischen Hohenpriesters geht vielleicht zurück
auf Riten der Pharaonenzeit /2/. Man könnte sich
bei einer Rekonstruktion an alte ägyptische
Monumente anlehnen und erhielte unter
Benutzung biblischer Größenangaben das Resultat, daß die Steine jeweils in einem Rechteck von
6x4 cm gefaßt gewesen sein mußten. Wäre einer
davon ein Diamant gewesen, so hätte er (bei nur
einigermaßen vollständiger Flächendeckung) den
berühmten Diamant Kohi-Noor an Größe um
Einiges übertroffen, was manche Autoren als ge-
wichtigen Einwand gegen die Übersetzung
„yahalom“ mit „Diamant“ betrachten.

Die Tatsache, daß auf jedem dieser zwölf Steine
je der Name eines der zwölf Stämme Israels eingraviert werden mußte, läßt noch mehr daran
zweifeln, daß einer dieser Edelsteine ein Diamant gewesen sein kann, was schon im Jahre
1758 A. Y. GOGUET, A. C. FUGÈRE /6/ aus-
sprachen. Es müsste nämlich dann schon zur
Zeit des MOSES die Kunst des Gravierens des
Diamanten bekannt gewesen sein. Gegen dieses
Argument, das auch J.J. BELLERMANN /33/
gelten läßt, hatte S. TOLANSKY /4/ den schwachen Einwand, es habe die Gravierung ja nicht
aus dem ganzen Stammesnamen, sondern auch
nur aus einem einzigen Buchstaben bestehen

können, und ein solcher hätte bei der einfachen
Form alter hebräischer Buchstaben (vor der
Benutzung der heute noch üblichen Quadrat-
schrift) durch die eigenartigen Striche und
Linien vorgetäuscht sein können, wie sie nach
J. R. SUTTONs Angaben /5/ über die Oberflächenstruktur von Diamanten durch Einschlüsse verschiedener Art beim Wachstum und
durch Lösungserscheinungen auftreten können.
Ein moderner Forscher meinte sogar, wohl etwas
ironisch, wenn der sechste Stein der Listen „was
an engraved stone, and could therefore hardly
have been the gem we know under the name
diamond, it was probably quartz“ /10/. Es gibt
weder im Originaltext noch in den Übersetzungen den geringsten Hinweis darauf, daß der sechste Stein oder auch ein anderer farblos gewesen
ist, und dies ist denn auch ein weiterer Einwand
gegen die Gleichsetzung von „yahalom“ mit
„Diamant“ für FELICIE d' AYZAC /12/, die in
der Unscheinbarkeit des ungeschliffenen
Diamanten und seiner Farblosigkeit ein
Hindernis für die Aufnahme in das Pektorale
sieht: Nach ihr wurden für seine Herstellung nur
farbige Steine als geeignet betrachtet. Diese
Überzeugung äußern auch Theologen wie J. J.
BELLERMANN /33/, nämlich: bei dem den
Stamm GAD symbolisierenden sechsten Stein
könne es sich nur um den Jaspis gehandelt haben.
Auch neuere Werke /35/ betonen, daß vor der
Kenntnis des Schleifens allein die Farbe eines
Edelsteins seinen Wert ausmachte, nicht seine
Durchsichtigkeit. S. v. GLISZCZYNSKI /36/
geht aus ästhetischen Gründen im Jahre 1947 so-
gar so weit, daß er annimmt, die erste der Reihen
habe nur rote, die zweite nur grüne Steine ent-
halten, und interpretiert daher „yahalom“ mit
Chrysopras.

Auch die Betrachtung des Pektorale als Amulett
und die Anschauung der Wunderkräfte seiner
Steine führte E. A. Wallis BUDGE /44/ zur
Ablehnung des Auftretens eines Diamanten in
dem Kleidungsstück. Geradezu einen unumstöß-
lichen Beweis gegen die These „yahalom“ =
„Diamant“ sieht H. JETTER /3/ darin, daß diese Behauptung, wie oben erwähnt, erst nach den
reformatorischen Bibelübersetzungen auch in
profanen Schriften auftritt. So war noch im 15.

Jh. das hebräische Wort als „Jaspis" gedeutet worden, wie aus einer, das hohepriesterliche Pektorale (formal falsch, nämlich als massives Schild) darstellenden Miniatur in einer Handschrift der Pariser Nationalbibliothek des Lapidarium von JEHAN DE MANDEVILLE hervorgeht /3/.

Welche Bedeutung dem angeblichen Auftreten des Diamanten in der Bibel gelegentlich zugesprochen wurde, zeigt die überraschende Bemerkung des sonst sehr kritischen Leibarztes Kaiser RUDOLFs II., ANSELMUS BOETIUS de BOODT (etwa 1550 bis 1634) in seinem Steinbuch /20/: „Den Wert des Diamanten erhöht einmal sein Glanz ... vor allem aber die göttliche Autorität, die wollte, daß der Hohepriester mit diesem Edelstein geschmückt werde, wenn er das Allerheiligste betrat. Er wurde auf der Brust des Hohepriesters getragen, wenn jener seinen Talar und über diesem das Numerale angelegt hatte." Und weniger deutlich ein englisches Steinbuch. Im Jahre 1652 schrieb THOMAS NICOLS /19/, ohne sich direkt auf die obengenannte Bibelübersetzung zu beziehen, eine sehr allgemeine Begründung gebend: „It is of esteem for that it hath been of sacred use; what was the sacred use of it may be read in the book of Exodus, where we find it to be one of those excellent stones which was to have a place in one of those foure rows of ouches of gold set in their several orders upon the breast-place of Judgement, upon the Ephod of the High-priest. It is of esteem for its owen irresistible hardnesse, and for the puritie of its perfect glory, in which it doth excell all other gemms of price, and stones of worth."

Herkunft des Wortes Yahalom

Ehe aber auf die Interpretationen des Wortes in älteren Bibelübersetzungen eingegangen wird und Berichte über das Heiligtum in außerbiblischen Schriften nach der Bedeutung des Wortes geprüft werden, mag das Wort selbst über seine Herkunft befragt werden, nach H. QUIRING /25/ soll es sprachlich nämlich nicht zu erklären sein. daß „Yahalom" = „Diamant" von JOHANN MATHESIUS (1504 bis 1565), dem

Tischgenossen MARTIN LUTHERs, übernommen wurde /11/, ist verständlich: „In AARONIS ampts schildlein (war) auch ein Demant unter den zwölff edeln gesteinen;" erstaunlich aber ist, wenn er fortfährt: „MOSES ... gibt jim sein eigenen Namen", und so den Schöpfer des Wortes aufzuzeigen vermeint. Tatsächlich kann das hebräische Wort, wie A. HERMANN /16/ demonstriert, aus keiner der Edelsteinbezeichnungen der benachbarten Kulturvölker abgeleitet werden. E. F. C. ROSENMÜLLER /18/ ist denn auch der Ansicht, „yahalom" müsse richtig „yasepha" gelesen werden, das (nicht näher gekennzeichneten) ägyptischen Ursprungs sei; A. HERMANN /16/ will es dagegen von einem akkadischen „(i)aspu" ableiten. Eine andere, zu einem überraschenden Ergebnis führende Interpretation des Wortes „yahalom" gab H. QUIRING /25/ bekannt: Es habe ihn nämlich Professor EBELING darauf aufmerksam gemacht, daß dem „yahalom" lautlich am nächsten das akkadische „uhulu" stehe, R. C. THOMPSON /31/ hat das letztere Wort aber als Basalt, Lava, Bimsstein gedeutet. QUIRING möchte nun hier eine Beziehung zu dem „hulalu"-Stein der Amarna-Briefe des Königs von Mitanni TUSHRATTA (1390 bis 1352 v. Chr.) annehmen, die Abarten des darin erwähnten „hulal eni" (sumerisch: ^{nâ}NINI) werden „elallum" und „madallam" genannt. Eine Identifizierung des „hulal eni" ist bisher nicht gelungen, vielleicht handelt es sich um den bläulichweiß schillernden „Mondstein", aus dem nach J. A. KNUDTZON /38/ hauptsächlich Mondsicheln verfertigt wurden. Es ist möglich, daß Mondsteine seit TUSHRATTAs Sendungen an die Pharaonen im Osten des Mittelmeeres einen hohen Rang erhielten und im Ablauf der Jahrhunderte auch behielten, denn noch der Hauptstein (Orphanus = „die Waise") in der im Jahre 966 in Konstantinopel gefertigten deutschen Kaiserkrone war ein Mondstein /39/. Daher mag wohl doch eine Beziehung zwischen „hulalu", „elallum", „yahalom" bestanden haben, so daß der 6. Stein ein milchweiß schillernder Mondstein gewesen wäre /25/. Eine anscheinend einfache, auf „yahalom" = „Diamant" führende Deutung gab in einer Kurzfassung im Jahre 1876 JULIUS FÜRST /42/, der schrieb, das hebräische Wort „yahalom" sei wie das griechische „adamas" ursprünglich ein Eigenschaftswort gewesen, das mit dem Zeitwort „halaj" = „stark sein" zusammenhängen könnte, wie der oben erwähnte IBN ESRA in seinem Werk „Jak Tussi" angenommen habe. Eine ähnliche Ansicht vertrat auch JOHANNES BRAUNIUS in seinem Buch *Über die Kleidung des Hohepriesters* aus dem Jahre 1680 /46/, das seiner eigenartigen Philologie wegen hier ausführlich zitiert sei:

„daß ‚yahalom' aber die Bezeichnung für den Diamant ist, ist viel wahrscheinlicher. Erstens: Es scheint nämlich gerade ‚Adamas' in dem Wort ‚yahalom' verborgen zu sein. Ich weis zwar um die Griechenfreunde, deren Gepflogenheit es ist, fast alle Worte, die aus dem Osten zu uns herübergekommen sind, aus ihrer Sprache ableiten zu wollen; sie lehren, daß adamas abzuleiten sei von wamal (lateinisch: domo = ich bezwinge), und daß es durch das Alpha privativum bedeute, daß er nicht bezwungen werden könne, weil er Allem durch seine Härte überlegen sei und von keiner Sache überwunden werde, was wir bald auch von PLINIUS hören werden. Aber da die Sprache der Hebräer viel älter ist als die griechische, und da ‚Adamas' aus dem Hebräischen als Quelle abgeleitet werden kann, wird man den Ursprung dieses (Wortes) vergebens bei den Griechen suchen; um so mehr, als man im Hebräischen die gleiche Wortbedeutung anführen kann, die man in gleicher Weise im Griechischen glaubt anführen zu können. Anstelle von ‚yahalom' wird zu sagen sein ‚halam', wobei der Buchstabe ‚Jod' unterdrückt wird: was bei den Hebräern nicht ungewöhnlich ist. Daß indessen in diesem Wort der Buchstabe Jod überflüssig ist, darauf machte ABEN EZRA (sc. IBN EZRA aus Toledo, etwa 1089 bis 1164) aufmerksam. Es ist also das Jod nur ein Hilfsbuchstabe, während die Wurzel ‚halam' ist. Weiter wissen die Gelehrten genau, daß die Buchstaben Jod, He & Aleph dauernd vertauscht werden, so daß ‚Alam' anstelle von ‚Yahalom' geschrieben wurde, oder auch ‚Alma' und schließlich ‚Almas'. Daß in der Tat ‚yahalom' ‚Almas' gesprochen wurde, lehrt ABEN EZRA (im Kommentar zu) Exodus XXVIII: ‚Der hochgelehrte Spanier sagte, daß für ‚yahalom' zu sagen sei ‚Almas', weil er alle Steine zerbricht und Perlen durchbohrt.

Also ist ‚Yahalom' dasselbe wie ‚Almas'. Und wer kann nicht sehen, wie leicht ‚Adamas' aus ‚Almas' entstehen kann? Es muß nur das (große griechische) Lambda mit (dem großen griechischen) Delta verwechselt werden - nichts ist häufiger als diese Verwechslung, da die Buchstaben Groß-Lambda und Groß-Delta den selben Schreibverlauf haben und daher verwechselt zu werden pflegen. Glänzendste Beispiele haben wir dafür in (griechisch) ‚DALIDA' anstatt (hebräisch) ‚DALILA' ... Es ist also nicht zu verwundern, wenn statt ‚Almas' ‚Admas' und endlich ‚Adamas' gesagt wurde."

Es folgt ein Exkurs über die Härte des Diamanten, der hier übergangen werden kann; dann fährt BRAUNIUS fort:

„Aber diese (sc. die außerordentliche Härte) müsste, wenn von irgend einem Stein, dann von ‚yahalom' gesagt werden, und man sagt es auch. ‚Yahalom' wird nämlich abgeleitet von der Wurzel ‚halam'. Und ‚halam' bedeutet jedoch ‚zerbrechen', ‚zerschlagen'. Davon kommt ‚Halmut', der Hammer in: Richter 5, 22; Isaias 41, 7 & Richter 5, 26. Man sagt also selbstverständlich ‚yahalom' (kommt) vom Zeitwort ‚halam' zerbrechen, weil natürlich seine Härte alle Steine zerbricht & Perlen durchbohrt, wie wir eben aus ABEN EZRA gehört haben. Der gleichen Meinung ist auch ABARBANEL PARASCHA THEZAVE. Denn nachdem er gesagt hat, ‚yahalom' sei gleich ‚diamant', fügt er hinzu: ‚Es ist ein Stein, der alle Steine zerbricht, selbst aber nicht zerbrochen wird wegen allzu großer Wärme und Trockenheit. Dasselbe hat auch ONKELOS (Herausgeber einer chaldäisch-aramäischen Fassung der Bücher des Alten Testaments) gedacht, der ‚yahalom' wiedergibt als ‚sabalom'. Es ist aber dieses Wort zusammengesetzt aus ‚siba' = Ursache, & ‚halam' = zerreibend, man könnte also fast sagen: Ursache oder Instrument der Zerreibung, (kurz:) etwas, was alles zerreibt."

Nimmt man die referierte etymologische Herkunft für richtig an, so wäre „yahalom" eine Bezeichnung, die einem Gegenstand zuerkannt wird, der befähigt ist, andere Gegenstände zu überwinden, im konkreten Fall jeden Edelstein, mit dem sich - als Folge seiner überragenden Härte - alle anderen Edelsteine bearbeiten lassen. Das ist für unsere Kenntnis der Diamant, der in der Härteskala nach MOHS *(siehe die Abb. 4)* die höchste Ritzhärte versinnbildlicht. Doch war er es auch zur Zeit des JEREMIA und des EZE-CHIEL? Oder gar noch früher? C. W. KING /17/ hat hier eine dies verneinende Meinung vertreten: „But the adamas of the Babylonians and Egyptians must have been the corundum." Abgesehen von der anachronistischen Verwendung des klassisch-griechischen Epithetons, meint G. LENZEN /15/, ist diese Auffassung nicht von der Hand zu weisen: Korund ist mit der Ritzhärte 9 nächst dem Diamanten das härteste Mineral. Die Möglichkeit einer solchen Substitution zeigt, daß die sichere Kenntnis des Diamanten im Jerusalem auch des 7. Jh. v. Chr. nicht behauptet werden kann. Wenn S. TOLAN-SKY /16/ sich zur Stützung seiner Auffassung der frühen Kenntnis des Diamanten in alttestamentlichen Zeiten schließlich auf die mit einem Diamantkristall besetzten „Schreibringe" der Elisabethanischen Zeit beruft, so beweist das nichts und verstößt außerdem gegen ein Grundprinzip jeder historischen Forschung: Es ist zu fragen, welchen Sinn die Worte zu der Zeit hatten, die erforscht werden soll /18/.

Yahalom in den alten Übersetzungen der Thora

Die älteste und bedeutendste Übertragung der Bücher des Alten Testamentes ist die in die griechische Umgangssprache (Koine) der Antike in der östlichen Hälfte des Mittelmeers, die Septuaginta /54/, die aus mehreren ursprünglich selbständigen Übersetzungsteilen besteht und auch die von Anfang an griechisch geschriebenen Bücher des Alten Testamentes enthält; sie ist noch heute in offizieller Geltung in den orthodoxen Kirchen. Bereits hier fällt auf, was für viele spätere Übersetzungen gilt, daß Unterschiede in der Reihenfolge in den verschiedenen Aufzählungen bestehen, deren Ursache recht verschieden sein kann, wie G. F. H. SMITH, F. C. PHILLIPS /35/ zeigen. Das Wort „yahalom" an der sechsten Stelle beider Aufzählungen des „Exodus" wird mit „jaspis" wiedergegeben; ebenso haben die meisten anderen frühen, aber weniger bedeutenden Übersetzungen der biblischen Bücher in verschiedene, meist morgenländische Sprachen nach der sorgfältigen Zusammenstellung von J. J. BELLERMANN /33/ ebenso wie die Vetus Latina das Wort in der gleichen Weise wiedergegeben.

Nach diesen Beobachtungen wundert es nicht, wenn für ältere hebräisch-aramäische Wörter-

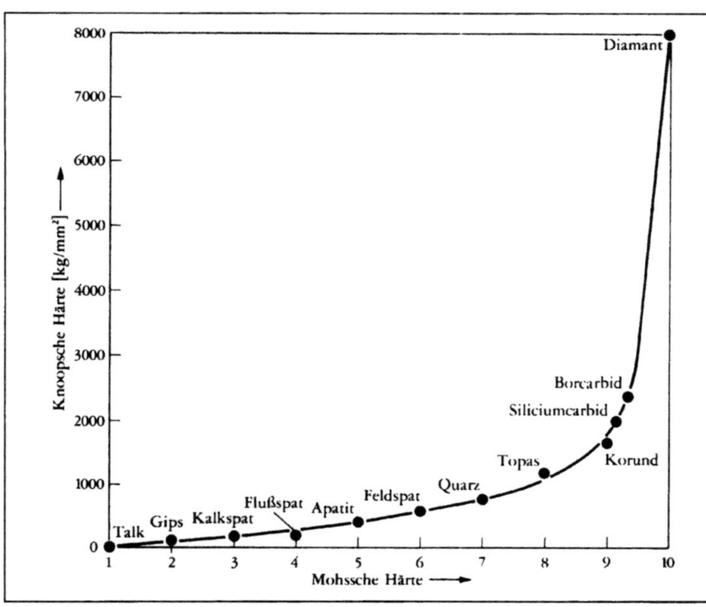

Abbildung 4
Die Mohssche Härteskala: Härte des Diamanten im Vergleich zur Härte einiger anderer Materialien. Die Mohssche Härte wird durch Reiben zweier Substanzen gegeneinander bestimmt. Der Stoff, der den anderen ritzen kann, wird als härter bezeichnet. Einige ausgewählte Mineralien dienen als Standards. Die Knoopsche Härte wird dagegen durch Eindrücken eines speziell zugeschliffenen Diamanten ermittelt. Insbesondere bei sehr harten Mineralien gibt es eine stärkere Aufspreitung der Härteskala. Nach C. G. Suits, Amer. Scientist 52, 395 (1964).

bücher (etwa z.B. das von E. KÖNIG /49/) die in
der Septuaginta angenommene Übersetzung
selbstverständlich richtig ist, einem jüngeren
Spezialwörterbuch von L. KOEHLER /50/ erscheint sie jedoch fraglich. Es kommt nämlich
der Jaspis (hebräisch: „yaschpeh"), das mit dem
assyrischen „aspu" zusammenhängen dürfte, in
direkter Nennung als zwölfter Stein in den
Aufzählungen vor. Dabei ist es völlig unklar, was
für ein Stein mit diesem Wort bezeichnet wurde.
Nach Dr. FRAAS hat sich nämlich der Begriff,
den wir heute mit dem Namen Jaspis verbinden,
erst mit dem 17. Jh. eingebürgert und bezeichnet
undurchsichtige Quarz-Arten von roter, brauner,
gelber, grünlicher, grauer und schwarzer Färbung
/41/. Auch H. LÜSCHEN /51/ macht darauf
aufmerksam, daß der Jaspis des Altertums sich
nicht mit dem unsrigen deckt. Zwar war auch er
verschiedenfarbig wie der unsrige, doch so, daß
Grün als Hauptfarbe, gelegentlich sogar als einzige, aufgezählt wurde, noch im Nibelungenlied,
Strophe 1783 steht: Im Knauf von SIEGFRIEDs
Schwert Balmung sitzt „ein sehr heller Jaspis,
grüner als Gras." daß solche Vorstellungen in die
Antike zurückgehen, zeigt das weitverbreitete
und mehrfach übersetzte geographische Lehrbuch des DIONYSIUS PERIEGETES /71/, in
dem sich folgende Angaben über den Jaspis finden: „Sie (die Natur) zeigt noch viel anderes, den
Menschen Erstaunliches, sie bringt auch hervor
den Bergkristall und den luftfarbenen Jaspis, ver-
haßt den Gespenstern und anderen Trugbildern."
Einige Verse weiter sagte er: „Andere gewinnen
(Edelsteine) an den Ufern der Ströme, so den
glänzenden Beryll oder den schimmernden
Diamanten oder den grün durchsichtigen Jaspis."
Nach E. C. A. RIEHM /41/ gehört noch zum
Wortfeld „Jaspis" in der Antike, vor allem wegen
der Verwendung des Wortes im Neuen
Testament der stark glänzende, in vielen Farben
spielende gemeine Opal. Wie unsicher die Interpretation der Edelstein-Benennungen schon in
der Antike war, zeigt auch die Tatsache, daß eine
der frühen Übersetzungen, die J. J. BELLER-
MANN /33/ untersuchte, „yahalom" mit dem
Wort „Onyx" wiedergab, so daß ein älteres Handbuch der biblischen Altertumskunde /13/ dies als
Interpretation des hebräischen Wortes empfahl
(vgl. Jaspis S. 22ff).

Anak als Diamant beim Propheten AMOS

In der dritten Gerichtsvision des Propheten
AMOS (7, 7), der zur Zeit der Könige USIA und
JEROBEAM II. (8. Jh. v. Chr.) lebte, kommt das
Wort „anak" nicht weniger als viermal vor; es
wurde in der Septuaginta /54/, wie schon
J. BRAUNIUS /46/ zeigte, fälschlich als „diamantene Mauer" interpretiert. In einer deutschen
Übersetzung /47/, in der das Wort so übertragen
ist, wie auch BRAUNIUS es für richtig hält, lautet die Stelle: „Er stand auf einer Mauer, das Bleilot in seiner Hand. Da sprach der Herr zu mir:
Was siehst du, AMOS? Ich erwiderte: Ein Bleilot. Darauf sagte der Herr: Siehe das Bleilot lege
ich an inmitten meines Volkes Israel." BRAU-
NIUS versucht nachzuweisen, daß das Wort am
wahrscheinlichsten soviel wie Blei bedeutet, mindestens aber ein Gerät, das bei Maurern gebraucht wurde. Von MARTIN LUTHER /24/
wurde es mit „bleyshnur" wiedergegeben und von
Hieronymus in der Vulgata /48/ mit „Maurer-
kelle" *(trulla cementarii)*, was andere Übersetzungen in *libella* oder *perpendiculus* (Senkblei,
Richtschnur, Lot) geändert haben sollen. Weitere
und neuere Literatur zu dieser umstrittenen
Frage bei B. HÖHMANN, *Der Amos-Kommentar des Eusebius Hieronymus*, Münster 2002, S.
266, Anmerkung 11.

Yahalom beim Propheten EZECHIEL

Im Buche des Propheten EZECHIEL, dem
Propheten des Exils (Beginn 597 v. Chr.) aus
priesterlichem Geschlecht, werden im Klagelied
über den Fürsten von Tyrus Kap. 28, 13 einige
Edelsteine aufgezählt, wobei auch der Stein
„yahalom" vorkommt. Eine deutsche Übersetzung
/9/ lautet: „In Eden, dem Gottesgarten, warst du,
allerlei Edelsteine waren deine Decke: Karneol,
Topas, und Jaspis, Tarsis, Onyx und Beryll,
Saphir, Karfunkel und Smaragd, von Gold war
deine Fassung." Unser hebräisches Wort, in dieser
Aufzählung an dritter Stelle stehend, ist hier mit
Jaspis wiedergegeben, wie dies auch die Vulgata
/48/ tut. Die Septuaginta /54/ hat an sechster
Stelle den Jaspis. Die reformatorischen Übersetzungen geben nach M. LUTHER /24/ „demant",
die englische Version /27/ hat „diamond".

Edelsteine im Buch Tobit

Ein Beispiel für die Wechselhaftigkeit der Überlieferung von Edelsteinbenennungen kann die Reihe der Edelsteine im Buch Tobit abgeben: In dem zwischen 4. und 2. Jh. v. Chr. entstandenen Buch Tobit werden im Loblied des TOBIT (13, 17) einige Edelsteine genannt; eine deutsche Übersetzung /52/ gibt folgenden Wortlaut: „Denn Jerusalem wird mit Saphir und Smaragd aufgebaut, und mit Edelsteinen deine Mauern und die Tore und Vorwerke mit reinem Golde, die Straßen Jerusalems werden mit Beryll und Diamant und (Edel)stein aus Ophir ausgelegt." Die Septuaginta /54/ hat dagegen: „Beryll, Anthrax und den Stein aus Ophir". Die deutsche Einheitsübersetzung der Bibel /53/ gibt das fragliche griechische Wort mit „Rubinen" wieder.

Schamir als Diamant

Das hebräische Wort „schamir" findet sich an nur wenigen Stellen der Bibel, sein frühestes Auftreten ist zu beobachten in den Schriften des Propheten JEREMIA (Anfang 6. Jh.). In Jeremia 17, 1 steht nach einer deutschen Übersetzung: „Judas Sünde ist geschrieben mit eisernem Griffel, eingegraben mit Demantstift *(schamir)* auf die Tafel ihres Herzens," /55/. Die Vulgata übersetzt „schamir" mit *ungue adamantino* (= „diamantene Spitze") /48/, MARTIN LUTHER mit „spitzigem demant"/24/ und die englische KING JAMES Bibel mit „a point of diamond" /27/. Außerdem kommt das Wort „schamir" bei dem Propheten EZECHIEL vor (Anfang 6. Jh. v. Chr.). In seiner Sendung an das widerspenstige Israel Kap. 3, 8/9 sagt er nach einer deutschen Übersetzung /9/: „Siehe ich mache dein Angesicht so hart wie ihr Angesicht, deine Stirn wie ihre Stirn, wie Diamant, härter als Kiesel". Die Stelle wird in der Vulgata interpretiert mit Adamas (= „Diamant") /48/; MARTIN LUTHER /24/ gibt „demant" und die englische Bibel-Version /27/ spricht von „adamant".

Der zur Zeit des Wiederaufbaus des Tempels, wohl in den Jahren 520 bis 515 v. Chr. in Jerusalem tätige Prophet SACHARJA benutzt das Wort in einer Rede über das Fasten; der Vers 7, 12 lautet nach einer neueren deutschen Übersetzung /47/: „Sie verhärteten ihr Herz wie Diamant." Die Vulgata interpretiert wieder mit *adamas* /48/, MARTIN LUTHER /24/ mit „demant" und die „Authorized Version" mit „an adamant stone" /27/.

Weiter ist das Wort zu finden im Buch Ijob, dessen Abfassungszeit - vielleicht zwischen dem 5. und 3. Jh. v. Chr. - nicht genau datiert werden kann; die Stelle (41, 16) wird von einer neueren deutschen Übersetzung /43/ und der deutschen Einheitsübersetzung /53/ wiedergegeben mit: „Sein Herz ist fest wie ein Stein, fest wie ein unterer Mühlstein." Die Septuaginta hat hier einfach *giros lithos* = Stein /54/, die Vulgata ebenfalls einfach *lapis* (= Stein) /48/, M. LUTHER /24/ „Stück vom untersten Mülstein."

Das Wort kommt auch im nachbiblischen jüdischen Schrifttum vor, so im talmudischen Traktat Gittin 68a, wo es heißt: „Dort ist der Schamir, den MOSES benutzte für die Juwelen des Ephod"; es muß sich also um ein sehr hartes Material gehandelt haben /56/! Nach J. H. HARRIS /57/ hat das Wort aber einen großen Deckungsbereich, nach LENZEN-DRIS /56/ bedeutet es nicht nur den (pflanzlichen) Dorn, sondern wie das akkadische „asmur" die harte Spitze und den Schmirgel, im Aramäischen auch Kiesel, Feuerstein und Diamant, letzteres die traditionelle Übersetzung /57/. Doch hat schon S. BORCHART /58/ im Jahre 1675 in seinem *Hierozoicon*, das heißt Buch über die Tiere der Heiligen Schrift im Kapitel *De Verme Schamir* („Über den Wurm Schamir") Zweifel an der letztgenannten Interpretation angemeldet: „Die meisten glauben, daß (das Wort Schamir) den Diamanten bedeute. Für mich ist aber ‚Schamir' identisch mit ‚smiris' (griechisch für Schmirgel), ein Stein, der so hart ist, daß die Steinschleifer ihn zum Polieren der Edelsteine benutzen. Dazu ist er schon von den Alten angewendet worden; gegen diese Annahme wendete sich aber schon CARDANUS, *De Subtilitate*, Lyon, 1554."

Einen kurzen Abriß über das Wort gibt J. R. HARRIS /57/:

„KOEHLER's ‚Lexikon' /50/ renders ‚emery' and suggests a loan-word, comparing ªAS.MUR. G. R. DRIVER /59/ quotes the JEREMIAH reference and says of a pen or stylus with a point of diamond – or rather emery. But if samir is derived from (sumerian) ªAS.MUR, corundum or amethyst would be equally applicable, and emery is not the only possible translation … H. G. LIDDELL, R. SCOTT /60/ render ‚emery-powder' used by lapidaries, quoting DIOSKORIDES and HESYCHIUS. But DIOSKORIDES /61/ merely says that smyris is a stone with which jewelers polish gems and refers to smiris used by lapidaries. While HESYCHIUS /62/ explains smyris as a form of sand by which the hard parts of stones are polished. To these descriptions may be added that of ISIDORUS /63/ who comments „smyris, lapis asper et indomitus et omnia adterrens, ex quo lapide gemmae teruntur (sc. „smyris, rauher und unbezwinglicher und alles abreibender Stein, mit diesem Stein werden die Gemmen geglättet"). While these passages make it clear that smyris was a form of corundum or a ferruginous sand, they do not necessarily suggest emery. The Sumerian ªAS.MUR is probably the origin of the Hebrew and hence the Greek words, as well as of the Egyptian ‚ismr', and so must be investigated first. The meaning is not necessarily emery, and C. THOMPSON /64/ gives pumice-stone, powder or clay, powder of lead, corundum and emery as possible translations, pointing out that ªAS.MUR is prescript for eye diseases, where anything gritty is clearly inappropriate.. Elswhere he translates ªalgamisu and ªAS.MUR as corundum, emery or amethyst, so that even as an abrasive, ªAS.MUR cannot be specified as emery alone."

M. E. WEEKS /65/ vertritt die gleiche Meinung, während E. C. A. RIEHM /41/ im Gegenteil vermutet, „schamir" beschreibe bei JEREMIA wirklich den Diamanten, der bei den Arabern ja auch „samûr" genannt werde, und die alten Hebräer hätten ihn zunächst nicht als Edelstein betrachtet, sondern nur als technisch gebrauchten Steinsplitter gekannt; die Gleichsetzung „schamir" = „Schmirgel" soll nach RIEHM nicht möglich sein, weil zwar die

Verwendung desselben zum Polieren bekannt gewesen sei, die Anwendung als Gravierspitze aber nicht nachgewiesen sei, „da der Schmirgel hierzu nicht zu taugen pflegt."

Daß mindestens spätantiken jüdischen Goldschmieden die diamantene Grabstichel bekannt gewesen sein dürfte, schließt J. RUSKA /70/ aus einem erstmals im Jahre 1898 veröffentlichten griechischen Steinbuch des SOKRATES und DIONYSIOS, wo im Bericht über den Smaragd steht: „Wenn du diesen Stein (den Smaragd) erworben hast, lasse einen Käfer mit dem Diamant eingravieren", dann soll er durchbohrt und mit goldener Spange als Ring getragen werden; daß dieser Bericht aus jüdischen Kreisen stammen dürfte, läßt sich darum annehmen, weil als Fundort des Smaragds der Fluß Phison in Indien angegeben wird, der „aus dem Paradies kommt". Dieser Fluß ist aber nach Genesis 2, 11 einer der vier Ströme des Paradieses. Sehr früh schon muss eine Legendenbildung um den Schamir eingesetzt haben: Nach L.-I. RINGBOM /66/ wurden bereits im 4. Jh. in der Grabeskirche in Jerusalem am Karfreitag drei heilige Reliquien zur Verehrung ausgestellt, eine rein christliche, das „wahre Kreuzholz", und zwei alttestamentliche, das Salbhorn der Könige von Juda und der Ring König SALOMOs, dessen Siegelstein nach christlichen Pilgerberichten aus *electrum* (wohl: Bernstein) bestand, während jüdische Legenden in ihm den harten, alles zerschneidenden Wunderstein Schamir sahen, mit dem SALOMON die Bausteine seines Tempels geteilt und bearbeitet haben soll in Ausdeutung des 1. Buchs der Könige 6, 7: „ … Hämmer, Meißel und sonstige eiserne Werkzeuge waren beim Bau des Hauses nicht zu hören." Es ist aber doch verwunderlich, wenn daraufhin im Jahre 1956 F. van DEUN /14/ schreibt: „voor het snijden van steenblokken voor de bouw van de beroemde tempel van SALOMON moeten diamanten gebrukt zijn worden", ähnlich wie es die Ägypter schon 3000 Jahre früher getan hätten, eine Möglichkeit, die G. LENZEN /15/ mit Recht bestreitet. In mittelalterlichen Legenden verliert jedoch der steinschneidende Schamir seine steinerne Natur und wird zu einem Wurm oder einem winzigen Lebewesen von der Größe eines Gerstenkorns, dem nichts Hartes zu widerstehen vermag. Ausführliches zur Entstehung und Verbreitung der Legende, auf die hier nicht näher eingegangen werden kann, gibt G. SALZBERGER /67/; über die Ausbreitung der Legende in arabischen Schriften berichtete G. WEIL /68/.

Zekhukhith = Diamant im Buche Ijob?

MARTIN LUTHER gibt noch ein drittes hebräisches Wort einer Stelle des Buches Ijob 28, 17 mit Diamant wieder /24/; in einer deutschen Übersetzung /43/ lautet die Stelle: „Nicht Gold noch Bergkristall kommt ihr (der Weisheit) gleich, noch tauscht man sie ein für Geräte aus Feingold." Das entscheidende hebräische Wort „zekhukhith", hier mit „Bergkristall" wiedergegeben, interpretiert W. C. A. RIEHM /41/ sogar mit „Glas", das von der deutschen Einheitsübersetzung /53/ übernommen wird. Die Septuaginta /54/ hat ebenfalls „Glas", die Vulgata /48/ ebenso *vitrum* = „Glas" und die „Authorized Version" übersetzt mit „crystall" /27/.

Urim und Thumim als Diamanten?

Zu den oben erwähnten Urim und Thumim genannten Los-Steinen oder Stäbchen bemerkt E. A. WALLIS BUDGE /44/:

„What these objects were like is not known, for, curiously enough, the Bible does not give any directions for making them; and the exact meaning of their names are unknown. As they were to be kept in the breast-piece … we can only assume that they were small plaques or tablets made of stone, wood, bone or ivory. It is very probable that they were two small natural stones, precious or semiprecious, and perhaps of different colours. There is no doubt that like the ‚sortes' (Losstäbchen) of the Latin peoples, they were used in drawing or casting lots. Whether the Urim and Thumim were inscribed cannot be said. As these lots were only two in number, only one question could be put at a time, and the answer was Yes or No. Or it might be arranged beforehand what Urim was to indicate and what Thumim, as we see from 1. Sam. chap. XIV, 40ff where SAUL asked God to indicate the guilt of himself or JONATHAN by Urim and that of the people by Thumim. It is clear that Urim

must have had a form or shape or colour by which it was labelled Urim and the other Thumim. The custody of Urim and Thumim was in the hands of high priest, whose duty it was to manipulate the lots for those who enquired of them, and to regularize this form of divination. There is no doubt that the custom of casting lots with the view of discovering the designs of God is very ancient, and that the lots Urim and Thumim were used in connection with some kind of idol, or the ephod figure, long before the ephod became a linnen garment for the high priest, with a front inlaid with precious stones."

Im Jahre 1577 erschien in Rom ein Buch über Edelsteine von ANDREA BACCI /8/, in dem ein besonderes Kapitel über den Diamanten, den der jüdische Hohepriester trug, wenn er dreimal im Jahr das Allerheiligste betrat, handelte. Danach soll der Hohepriester außer dem Brustschild einen zwischen zwei Smaragden in Gold gefaßten, wasserklaren (*aerem colore referens* d.h. luftfarbenen) Diamanten getragen haben. Wenn er gesündigt hatte, verfärbte der Stein sich dunkel; wenn Gott sein Volk einem Strafgericht unterziehen wollte, färbte der Stein sich blutig, wenn der Tod drohte, wurde er schwarz.

Ähnliches findet sich auch in der Schrift von R. de BERQUEN /13/ aus dem Jahre 1661, in der er sein Kapitel über den Diamanten mit den Worten beendete: „… um das Kapitel zu beenden, füge ich hinzu, was die Juden über den Diamanten berichten, daß nämlich AARON, der israelische Hohepriester, im Ephod einen trug, der seinen Glanz je nach den Vorfällen änderte: denn, wenn es sich darum handelte, einen Schuldigen zu überführen, wurde er trübe und dunkel, oder wenn es darum ging einen Unschuldigen zu rechtfertigen, strahlte er und warf ein unvergleichlich stärkeres Licht aus als gewöhnlich."

Außerbiblische Beschreibungen des Brustschildes

Wir besitzen auch außerbiblische Beschreibungen des Pektorale, so gleich zwei des FLAVIUS JOSEPHUS (37 bis nach 100), eines Angehörigen des jüdischen priesterlichen Hochadels, die J. J. BELLERMANN /33/ deswegen für sehr wichtig hält, weil der Verfasser „den Brustschmuck gewiß oft gesehen hat" - eine Vermutung, die durch die Genauigkeit der Schilderung gerechtfertigt erscheint. Es sei vorweggenommen, daß er von einem „Adamas-Diamant" nichts weiß. Die ausführlichere von beiden Beschreibungen findet sich in seinem Werk *Jüdische Altertümer* /32; 32a/:

„Die Lücke, welche dieses Kleidungsstück läßt, ist von einem handbreiten Latz ausgefüllt, der aus denselben Farben und Gold gewebt ist. Dieser heißt Essenes, was im Griechischen ‚logion‘, das ist Orakel, bedeutet, und füllt genau die leere Stelle am Ephod vorn auf der Brust aus. Dem Ephod ist er durch Ringe an jeder Ecke angeheftet, denen gleiche Ringe am Ephod entsprechen; zur Verbindung der Ringe untereinander dient ein hyazinthenes Band. Damit übrigens an den Ringen keine freie Stelle durchscheine, sind dieselben mit hyazinthenen Streifen unterlegt. Dieser Schultermantel wird auf den Schultern von zwei Sardonyxen festgehalten, welche an jeder Seite einen goldenen Ansatz haben, damit sie als Agraffen dienen können. In diesen Steinen sind in hebräischen Buchstaben die Namen der Söhne Jakobs eingraviert, sechs auf jedem Steine, und die Namen der älteren auf der rechten Schulter. Auch der Brustlatz ist mit zwölf großen und prächtigen Edelsteinen geschmückt, einem so kostbaren Schmuck wie die wenigsten Menschen ihn besitzen können. Diese Steine sind zu je drei in vier Reihen in den Stoff eingewebt; überdies sind sie in Gold gefaßt, welches spiralig mit diesem Gewebe genau verbunden ist, damit sie nicht herausfallen können. In der ersten Reihe stehen ein Sardonyx, ein Topas und ein Smaragd; in der zweiten ein Granat, Jaspis und Saphir; in der dritten ein Zirkon, Amethyst und Achat, in der vierten ein Chrysolith, Onyx und Beryll. Auf jedem Stein steht der Name eines der Söhne Jakobs eingraviert, die wir für die Stammväter der einzelnen Stämme

halten, in der Ordnung, in der sie der Zeit nach geboren sind. Da aber die Goldringelchen zu schwach sind um das Gewicht der Edelsteine zu tragen, so fügte man noch zwei größere oben an dem Brustlatz hinzu, in welche kunstvolle Ketten eingreifen, die oben auf der Schulter durch goldene Spangen in durchbrochener Arbeit zusammengehalten werden. Die Enden dieser Ketten laufen über den Rücken und greifen in den Ring am Saume des Ephod, wodurch der Brustlatz unbeweglich festgehalten wird. An den Brustlatz schließt sich ein Gürtel, in den erwähnten Farben und in Gold gestickt, der rund um den Leib geht, auf der Nahtstelle in eine Schleife verschlungen ist und dann frei herabfällt. An seinen beiden Enden sind Fransen angebracht, die von goldenen Röhrchen umschlossen sind."

Später gibt FLAVIUS JOSEPHUS eine interessante symbolische Deutung der Ausführung des Pektorales /32a/:

„Die aus vier Stoffen gewebten Vorhänge bezeichnen die Natur der Elemente, der Byssus nämlich entspricht der Erde, aus der der Flachs hervorwächst, der Purpur dem Meer, das vom Blut der Fische gefärbt ist, der Hyazinth der Luft, und der Scharlach dem Feuer. Ebenso bedeutet das Gewand des Hohenpriesters, weil es von Leinen ist, die Erde, der Hyazinth aber den Himmel. Die Granatäpfel bedeuten den Blitz, der Schall der Glocken den Donner. Das Ephod, das aus vier Stoffen gewebt ist und unter dem Auge Gottes steht, zeigt die ganze Natur an, und das ihm beigewirkte Gold bedeutet nach meinem Dafürhalten den Lichtglanz, der alles überstrahlt. Der Brustlatz in der Mitte des Ephods entspricht gleichfalls der Erde, die in der Mitte der Welt gelegen ist, der Gürtel aber den Ozean, der die ganze Welt umfließt. Sonne und Mond bedeuten die beiden Sardonyxe auf den Schultern, die hier das Gewand des Hohepriesters zusammenheften. Die zwölf Edelsteine aber kann man mit den zwölf Monaten vergleichen, oder auch den zwölf Sternbildern in dem Kreise, den die Griechen Zodiakus nennen."

Diese Deutungen des FLAVIUS JOSEPHUS stimmen überein mit denen des nur wenig älteren PHILO von Alexandrien (25 v. Chr. bis 40 n. Chr.), der in einem seiner Werke die Kleidung des Hohenpriesters ebenfalls beschrieb /40/, von den zwölf Steinen des Pektorales an zwei Stellen nur sagt, daß sie Gravierungen trugen und von verschiedenen Farben waren.

Die andere, ältere und kürzere Beschreibung des Pektorale durch FLAVIUS JOSEPHUS steht in seinem Werk *De Bello Judaico* („Der jüdische Krieg"), das möglicherweise in den Jahren 75/79 aus einer verschollenen aramäischen Fassung ins Griechische übersetzt wurde. Sie weicht in der Anordnung der Steine der dritten und vierten Reihe ab /34/:

„Aus dem gleichen buntfarbenen Material war auch das Schulterkleid, das der Hohepriester trug, verfertigt, jedoch befand sich an ihm mehr Gold. Es hatte das Aussehen eines Panzerhemdes, das zwei goldene Schildspangen befestigten, in die sehr schöne und große Sardonyxsteine eingesetzt waren. Auf diesen standen die Namen der Männer, nach denen die Stämme des Volkes benannt waren. An der vorderen Seite waren, auf vier Reihen mit je drei Steinen verteilt, zwölf weitere Steine befestigt: ein Sarder, Topas und Smaragd, ein Karfunkel, Jaspis und Saphir, ein Achat, Amethyst und Ligurer, ein Onyx, Beryll und Chrysolith. Auf jedem stand wieder ein Name der Stammeshäupter. "

Literatur

/1/ H. Schneider, Das Buch Exodus, Kap. 28, 15/21 in: Die Heilige Schrift in deutscher Übersetzung, (Echter-Bibel), Bd. 1, Würzburg 1955, S. 235. - /2/ E. Jannettaz, E. Vanderheym, E. Fontenay, A. Coutance, Diamant et Pierres Précieuses, 2. Aufl., Paris 1881, S. 158. - /3/ H. Jetter, Der Diamant, Mythos, Magie und Wirklichkeit, Freiburg-Basel-Wien 1981, S. 12/3. - /4/ S. Tolansky, J. Roy. Soc. Arts 109 (1961) 743/61, 743/4. - /5/ J.R. Sutton, Diamond, a Descriptive Treatise, London-New York 1928, S. 101/2. - /6/ A.Y. Goguet, A.C. Fugère, De l'Origine des Lois, des Arts et des Sciences et de leur Progrès chez les Anciens Peuples, Bd. 2, Section I. Chap. II, Article III. De la Découverte et de l'Emploi des Pierres Précieuses, Paris 1758, S. 111/25, 114. - /7/ J.J. Scheuchzer, Job, Physica Sacra oder Hiobs Naturwissenschaft verglichen mit der Heutigen, Zürich 1721, S. 207. - /8/ A. Bacci, De Gemmis ac Lapidibus Pretiosis eorumque Virtutibus et Usu Tractatus Cap. 15, De Adamante, ins Latein übersetzt von W. Gabelschover, Frankfurt am Main 1603, S. 109/15 (Erstausgabe Rom 1577). - /9/ J. Ziegler, Das Buch Ezechiel, XXVIII, 13, in: Echter-Bibel, Altes Testament, Bd. 3, Würzburg 1958, S. 460; 533. - /10/ H.T. Hall, Proceedings of the Third Conference on Carbon, University of Buffalo, Pergamon Press 1959, S. 75/84, 75. - /11/ J. Mathesius, Bergpostilla oder Sarepta, Die zwölfte Predigt Nürnberg 1587, fol. 129v/130v. - /12/ F. d'Ayzac, Ann. Archeol. de Didron 5 (1848) 216/33. - /13/ R. de Berquen, Les Merveilles des Indes Orientales et Occidentales ou Nouveau Traité des Pierres Précieuses et des Perles, Paris 1661, S. 12. - /14/ F. van Deun, Het Kartel in de Internationale Diamanthandel, Amsterdam-Brüssel-Gent-Leuwen 1953, S. 9.- /15/ G. Lenzen, Produktions- und Handelsgeschichte des Diamanten, Berlin 1966, S. 1/3. - /16/ A. Hermann, Edelsteine, in: Reallexikon für Antike und Christentum, Bd. 4, Stuttgart 1959, Spalte 517/8. - /17/ C. W. King, The Natural History of Precious Stones and of the Precious Metals, London 1870, S. 328/9. - /18/ E.F.C. Rosenmüller, Handbuch der biblischen Altertumswissenschaft, Bd. 4, Biblische Naturgeschichte, Leipzig 1830, S. 36. - /19/ T. Nicols, A Lapidary or the History of Precious Stones, Cambridge 1652, S, 51. - /20/ A. Boetius de Boodt, Gemmarum et Lapidum Historia, Buch 2, Kap. 5, Hanau 1609, S. 63. - /21/ S. Tolansky, The History and Use of Diamond, London 1962, S. 14, 15 Fußnote; J. Roy. Soc. Arts 109 (1961) 743/61, 743. - /22/ E. Kautzsch, Die Heilige Schrift, Tübingen 1909 laut H. Lüschen Die Namen der Steine. Das Mineralreich im Spiegel der Sprache, Thun-München 1968, S. 35. - /23/ M. Buber, F. Rosenzweig, Bücher der Kündung, Köln-Ölten 1958, S. 517. - /24/ M. Luther, Biblia, das ist die gantze hailige Schrift verdeutscht durch D. Martin Luther, Wittenberg 1558, fol. 51r; 57v; 279v; 284v; angebunden: Die Propheten Deudsch, Doc. Mart. Luth., Wittenberg 1561, fol. 42r; 83v; 124r; 134r; 165v. - /25/ H. Quiring, Sudhoffs Archiv 38 (1954) 193/213. - /26/ H. Lüschen, Die Namen der Steine. Das Mineralreich im Spiegel der Sprache, Thun-München 1968, S. 34/7. - /27/ The Holy Bible, King James authorized Version 1611, Containing the Old and New Testament and the Apocrypha, Cambridge o. J., S. 64, 74, 400, 539, 576, 597, 640, 656; Apocrypha S. 42. - /28/ J.R. Partington, Origines and Development of Applied Chemistry, London-New York-Toronto 1935, S. 504/7. - /29/ S.H. Ball, A Roman Book on Precious Stones, Los Angeles 1950, S. 343. - /30/ M. Pinder in: J.S. Ersch, J.G. Gruber, Allgemeine Encyklopädie der Wissenschaften und Künste, 1, Section, 24. Bd., Leipzig 1838, S. 456; C.W. King, The Natural History of Precious Stones and of the Precious Metals, London 1870, S. 328/9. - /31/ R.C. Thompson, Dictionary of Assyrian Chemistry and Geology, Oxford 1936, S. 160. - /32/ Flavius Josephus, Antiquitates Iudaicae, Buch 3, Kap. 7, 163/71 in: H.St.J. Thackeray, Josephus, Bd. 4, Jewish Antiquities, London 1957, S. 392/7. - /32a/ H. Clementz, Des Flavius Josephus Jüdische Altertümer, Bd. 1, Berlin-Wien 1923, S. 163/4. - /33/ J.J. Bellermann, Die Urim und Tummim, die ältesten Gemmen, Berlin 1824, 5/9/21, 24/7, 47/9, 88/105. - /34/ O. Michel, O. Bauernfeind, Flavius Josephus, De Bello Judaico Der Jüdische Krieg, Buch 5, Kap. 7, 233/4, Zweisprachige Ausgabe, Bd. II, 1, Darmstadt 1963, S. 142/3. - /35/ G.F.H. Smith, F.C. Phillips, Gemstones, 13. Aufl., London 1953, S. 221/6. - /36/ S. v. Gliszczynski, Forsch. u. Fortschritte 21/23 (1947) 234/8. - /37/ G. Sarton, Introduction of History of Science, Bd. 2, Baltimore 1938, S. 187/9). - /38/ J.A. Knudtzon, Die El-Amarna-Tafeln I, Leipzig 1915, S. 199). - /39/ H. Quiring, Carinthia (Klagenfurt) 143 II

(1953) 14/22. - /40/ Philo Judaeus, De Vita Mosis Libri Duo, Buch 2, §§ 109/35, 112, 124 in: R. Arnaldez, C. Mondesert, J. Pouilloux, P. Savinel, De Vita Mosis I-II, Les Oeuvres de Philon d'Alexandrie Bd. 22, Paris 1967, S. 240/1, 246/7. - /41/ E.C.A. Riehm, Handwörterbuch des biblischen Altertums, Bd. 1, Bielefeld-Leipzig 1884, S. 294/5. - /42/ J. Fürst, Hebräisches und Chaldäisches Handwörterbuch über das Alte Testament, Bd. 1, Leipzig 1876, S.497. - /43/ H. Junker, Das Buch Job in: Die Heilige Schrift in deuscher Übersetzung (Echter-Bibel), Bd. 4, Würzburg 1959, S. 328. - /44/ E.A. Wallis Budge, Amulets and Superstitions, London 1930 (Nachdruck New York 1978) S. 327/30. - /45/ T.K. Cheyne, J.S. Black, Encyclopaedia Biblica, Bd. 1, New York 1899, Spalte 1097/8. - /46/ J. Braunius, De Vestibus Sacerdotum Hebraeorum, Liber II, Cap. III, Amsterdam 1680, S. 683/92. - /47/ F. Nötscher, Zwölfprophetenbuch oder die kleinen Propheten, in: Echter-Bibel, Altes Testament, Bd. 3, Würzburg 1958, S. 733/4; 822. - /48/ Siehe jeweils zur Stelle nach folgender Vulgata-Edition: Biblia Sacra iuxta Vulgatam versionem (hrsg. von R. Weber / R. Gryson, bearb. von B. Fischer u.a.), Stuttgart 4. Aufl. 1994. - /49/ E, König, Hebräisches und aramäisches Wörterbuch zum Alten Testament, 3. Auflage, Leipzig 1922, S. 144. - /50/ L. Koehler, Lexicon in Veteris Testamenti Libros, Leiden 1948/52, S. 371. - /51/ H. Lüschen, Die Namen der Steine, Thun-München 1968, S. 243/4. - /52/ F. Stummer, Das Buch Tobit (Tobias) in: Echter-Bibel, Bd. 2, Würzburg 1956, S. 509. - /53/ Die Bibel. Altes und Neues Testament. Einheitsübersetzung, Freiburg-Basel-Wien 1980, S. 494; 613. - /54/ A. Rahlfs, Septuaginta, id est Vetus Testamantum Graece iuxta LXX Interpretes, 3. Aufl. Stuttgart 1949, Bd. 1, S. 134, 156, 1035; Bd. 2, 316, 341, 509, 683, 723, 820. - /55/ F. Nötscher, Das Buch Jeremias, in: Echter-Bibel. Altes Testament, Bd. 3, Würzburg 1958, S. 276. - /56/ P. Lenzen-Dris SJ, Hochschule St. Georgen, Frankfurt am Main, private Mitteilung. - /57/ J.R. Harris, Lexicographical Studies in ancient Egyptian Minerals in: Deut. Akad. Wiss. Berlin Inst. Orientforschung Veröff. Nr. 54, Berlin 1961, 1/262, 163/5. - /58/ S. Bochart, Hierozoicon sive Bipertitum Opus de Animalibus S. Scripturae, Pars Posterior, Cap. XI, Frankfurt am Main 1675, S. 842. - /59/ G.R. Driver, Semitic Writing, from Pictograph to Alphabeth, London 1954, p. 84. - /60/ H.G. Liddell, R. Scott, A Greek-English Lexicon, New Edition, Oxford 1961, s.v. - /61/ Dioskorides, De Materia Medica, Buch 5, ed. M. Wellmann, Berlin 1907, S 147. - /62/ Hesychius Alexandrinus, Hesychii Alexandrini Lexicon, ed. I. Albert, Bd. 1 1858 (Neudruck Amsterdam 1965) Nr. 990, S. 40. - /63/ Isidor von Sevilla, Etymologiarum sive Originum Libri XX, Buch 16, De Lapidibus et Metallis, Kap. 13, 2 (hrsg. von W.M. Lindsay) Oxford 1911 (o.S.). - /64/ C. Thompson, A dictionary of Assyrian Chemistry and Geology, Oxford 1936, S. 52; 167. - /65/ M.E. Weeks, J. Chem. Educ. 20 (1943) 63/76, 67). - /66/ L.-I. Ringbom, Gralstempel und Paradies, Stockholm 1951, S. 480/1. - /67/ G. Salzberger, Salomons Tempelbau und Thron in der semitischen Sagenliteratur, Berlin 1912, S. 36/54. - /68/ G. Weil, Biblische Legenden der Muselmänner, Frankfurt am Main 1845, S. 38. - /70/ J. Ruska, Griechische Planeten-darstellungen in arabischen Steinbüchern in: Sitz.-Ber. Heidelberger Akad. Wiss. Phil. Hist. Kl. 1914, Nr. 3, S. 13. - /71/ Dionysius Periegetes, Orbis descriptio, Vers 723/6; 1118/22 in: Geographi Graeci Minores, hrsg. von C. Müller, Paris 1861 (Nachdruck Hildesheim 1965) S. 148f, 172. - /72/ F. Hoefer, Histoire de la Botanique, de la Minéralogie et de la Géologie, Paris 1872, S. 290/300.

DER DIAMANT IM NEUEN TESTAMENT

In den Schriften des Neuen Testamantes kommen nur an wenigen Stellen Pretiosen wie z.B. Perlen vor. Von Edelsteinen ist z.B. die Rede bei der Beschreibung der Hure Babylon (Offenbarung 17,4). In der Apokalypse des Johannes werden (Offenbarung 21, 19f) - ähnlich wie im Buche Exodus bei dem Brustschmuck des Hohenpriesters - 12 Edelsteine aufgezählt, und zwar als Grundsteine des himmlischen Jerusalem: „Die Grundsteine der Stadtmauer sind mit edeln Steinen aller Art geschmückt; der erste Grundstein ist ein Jaspis, der zweite ein Saphir, der dritte ein Chalzedon, der vierte ein Smaragd, der fünfte ein Sardonyx, der sechste ein Sardion, der siebente ein Chrysolith, der achte ein Beryll, der neunte ein Topas, der zehnte ein Chrysopras, der elfte ein Hyazinth, der zwölfte ein Amethyst" /2/.

Wenige Verse zuvor (21, 11) wird bei der Beschreibung des himmlischen Jerusalem eine Aussage über einen der Steine, den Jaspis, gemacht /1/: „Sie glänzte wie der kostbarste Edelstein, wie ein kristallklarer Jaspis" /2/. Diese Charakterisierung des Edelsteins könne, meint E. C. A. RIEHM /3/, Veranlassung sein, an den Diamanten zu denken, wie dies etwa der Jenenser Medizinprofessor und Philologe G. W. WEDEL (1645 bis 1721) in einer Abhandlung *Über den Jaspis in der Heiligen Schrift* getan hat /4/, da der hier genannte Stein nicht identisch gewesen sein könne mit dem, was heute unter diesem Namen verstanden werde. Auf die Frage nach dem offenbaren Bedeutungswandel des Wortes Jaspis im Laufe der Zeiten kann hier nicht eingegangen werden, es sei auf die angegebene Literatur und H. LÜSCHEN /5/ verwiesen *(vgl. S. 22ff)*.

Literatur

/1/ Nestle-Aland, Novum Testamentum Graece, 27. Aufl., Stuttgart 1981, S. 679/8. - /2/ Die Offenbarung des Johannes, in: Die Bibel, Altes und Neues Testament, Einheitsübersetzung, Freiburg-Basel-Wien 1980, S. 1410. - /3/ E.C.A. Riehm, Handwörterbuch des biblischen Alterthums, Bd. 1, Bielefeld-Leipzig 1884, S. 294/5. - /4/ G.W. Wedel, Centuria Exercitationum Medico-Philologicarum, Sacraminum et Profanorum, Centuria 1, Dcas X, Exercitatio VIII, De Iaspi de Scripturae, Jena 1709, S. 64/71, 66. - /5/ H. Lüschen, Die Namen der Steine, Thun-München 1968, S. 243/4.

DER DIAMANT IM ALTEN INDIEN

Die frühesten Zeugnisse für eine Kenntnis des Diamanten in Indien gehen nach B. Laufer /9/ nicht in eine so tiefe Vergangenheit zurück, wie manche Autoren gemeint haben:

„The knowledge of the diamond does not go back in India into that infathomable antiquity, as pretended by some mineralogical and other authors. It was wholly unknown in the Vedic period, from which no specific names of precious stones are handed down at all. The word mani, which has sometimes been taken to mean the diamond, simply denotes a bead used for personal ornamentation and as an amulet, and the arbitrary notion that it might refer to the diamond is disproved by the fact that it could be strung on a thread. The word vajra, which at a subsequent period became an attribute of the diamond, originally served for the designation of a clubshaved weapon and of INDRA's thunderbolt in particular. Philological considerations show us that the diamond had no place in times of Indian antiquity, for no plain and specific word has been appropriated for it in any ancient Indian language. Either, as in the case of vajra, a word long familiar whith another meaning was transferred to it, or epithets briefly indicating some characteristic feature of the stone were created".

Die früheste Erwähnung des Diamanten findet sich nach G. LENZEN /1/ in dem Buche *Arthasastra* (etwa: „Lehre vom Nutzen") des KAUTILYA, dem bedeutendsten Werk der altinidischen Staatskunde. Über diesen Verfasser schrieb A. Hillebrand /2/: „Kautilya oder Cânakya hieß der Minister des von ihm auf den Thron von Mâgada erhobenen CANTRAGUPTA (griechisch: SANDROKOTTOS), an dessen Hofe im 3. vorchristlichen Jahrhundert jener MEGASTHENES lebte und Nachrichten über das Reich sammelte, die lange Zeit das Einzige waren, was wir (und die alten Griechen!) über das frühe Indien erfuhren." Es ist strittig, ob der Text vom genannten Verfasser oder nur aus seiner Schule stammt, doch zeigt dieser Text, daß Diamanten zur Zeit des CANDRAGUPTA-MAURYA im 3./4. Jh. v. Chr. nicht nur bekannt, sondern Gegenstand des Handels, ja sogar Steuerobjekt waren. B. LAUFER referiert den wichtigen Text folgendermaßen /9/: „KAUTILYA mentions six kinds of diamonds classified according to their mines, and described as differing in lustre and degree of hardness. He points out those of regular cristalline form and those of irregular shape. The best diamond should be large, heavy, capable of bearing blows, regular in shape, able to scratch the surface of metal vessels, refractive and brillant."

Einzelheiten sind aber erst aus Steinbüchern viel späterer Zeit zu erhalten, die allerdings auf ein uns unbekanntes Werk als gemeinsame Quelle zurückgehen. Das älteste der Bücher, wohl aus dem 5. Jh. stammend, trägt den Titel *Ratnapariksa* (etwa: „Beurteilung der Edelsteine"), sein Verfasser BUDDHABHATTA beginnt seinen Bericht über den Diamanten damit, daß er nur eine Kurzfassung seiner Vorlage geben werde. Er läßt dann eine Art Schöpfungsgeschichte der Steine und einige Sätze über den Wert derselben folgen, dann schreibt er (deutscher Text nach der französischen Übersetzung /3/):

„(16) Wegen der großen Kraft, die die Gelehrten dem Diamanten zumessen, muß der Diamant als erster (Edelstein) behandelt werden ... (18) Die acht großen Lagerstätten des Diamanten sind: Surastra, am Himalaya, in Matanga, Paundra, Kalinga, Kocala, die Ufer des Vainya und des Surpara. (19) Der Diamant von Paundra ist grau, der von Matanga hat eine leicht gelbe Farbe, der von Surpara gleicht einer weißen mit Regen beladenen Wolke, der von Surastra ist rot; der vom Himalaya ist kupfrig; der von Vainya gleicht dem Mond, der von Kalinga hat den Glanz des Goldes und der von Kocala gleicht der Blume Cirisa.

(20) Wenn sich irgendwo auf dieser Welt ein Diamant bildet, vollkommen transparent, leicht, von schöner Farbe, mit sehr gleichen Flächen, ohne Kratzer, ohne Flecken, ohne Makel, ohne Krähenfuß, ohne Zeichen eines Bruches – habe er auch nur die Größe eines Atoms –, dann ist er in Wahrheit ein Geschenk eines Gottes, vorausgesetzt, daß die Ecken und Kanten gut ausgebildet sind. (21) Entsprechend der Farbe nehmen die Götter die Diamanten in Besitz. Die Verteilung der aufgezählten Farben entspricht den Kasten. (22) Die Farben grün, weiß, gelb, braun, grau, kupfrig, alle in ihrem natürlichen Glanz, sind geheiligt BUDDHA, VARUNA, CAKRA, AGNI, YAMA und den MARUT. (23) Der Diamant des Brahmanen muß die Weiße einer Muschel haben, des Lotos, des Bergkristalls; der des Ksatriya die Farbe braun des Hasenauges; der des Vaicya die schöne Farbe eines Kadali-Blütenblattes; der des Cudra die eines blanken Degens. (24) Die Weisen ordnen nur den Königen, keiner der Kasten zwei Diamantfarben zu: nämlich den Diamant, der rot ist wie ein Stück Koralle oder wie eine China-Rose, und den, der gelb ist wie Safran. (25) Es gehört sich, daß der, der Herr ist über alle Kasten, es auch ist über alle Farben (des Diamanten): Der König kann sie alle tragen nach seinem Belieben, nicht aber die dem König Untergebenen. (26) So Unglück bringend auch die Verwirrung sein mag, die die Vermischung der Kasten hervorbringt, viel mehr Unglück bringend ist die Verwechslung der Farben des Diamanten. (27) Für einen Weisen genügt es nicht, bei der Wahl des Diamanten die Zuordnung der Farben zu beachten; wenn der Diamant ausgesuchte Qualität besitzt, ist er eine Quelle des Segens; wenn nicht, die Ursache von Unglück. (28) Der Diamant, bei dem auch nur eine einzige Spitze abgebrochen oder gesprungen ist, mag er auch sonst alle Qualitäten haben, darf nicht von denen getragen werden, die sich auf dieser Welt Glück wünschen. (29) Ein Diamant, der eine weniger scharfe Spitze hat, etwas gespalten, das Innere übersät mit farbigen Flecken, Tropfen, ein solcher vajra ist einer für VAJRABHRT (INDRA); er würde alsbald bei CRI das Verlangen nach einem anderen Aufenthalt erregen. (30) Ein Diamant, von dem ein Teil blutfarben ist, oder der befleckt ist mit roten Tröpfchen, würde dem, der ihn trägt, sicher den Tod bringen, er würde der Herr des Todes sein. (31) Die Spitzen, die Flächen, die Kanten, der Zahl nach 6, 8, 12, scharf, gleichmäßig, glatt, bilden die natürlichen Eigenschaften des Diamanten. (32) Ein Diamant mit sechs Spitzen, rein, ohne Flecken, mit deutlichen und glatten Kanten, von schöner Farbe, leicht, gut geschnittenen Flächen, ohne Fehler, funkelnd in den Farben des Regenbogens, ein Diamant solcher Art wird nicht leicht auf der Erde gefunden. (33) Wer, reinen Leibes, immer einen Diamanten trägt mit scharfen Spitzen, ohne Flecken, ohne jeden Fehler, dem wächst an jedem Tag, so lange sein Leben währt, irgend etwas Glückliches zu, Kinder, Reichtum, Korn, Kühe, Vieh. (34) Er hält weit von sich ab die Gefahren durch Schlangen, durch Feuer, durch Gifte, durch Krankheiten, durch Diebe, durch Wasser und die atharvanischen Schäden. (35) Wenn ein Diamant ohne Fehler 20 Tandula wiegt, messen ihm die Kenner einen höheren Preis zu, nämlich 2 Lakh an Rupaka. (36) Ein Dreifaches wenigstens, – die Hälfte, – die Hälfte der Hälfte, – das Sechsfache - das Dreizehnfache, – das Dreißigfache, – die Hälfte des Dreißigfachen, das Achtzigfache, - das Hundertfache, - 1000: das ist der Überblick über die Reihenfolge der Preise. (37) Der höchste Preis wird einem Diamanten mit dem Gewicht von 20 Tandula beigemessen, die Preise sind dann festgesetzt für solche Diamanten, die jedesmal um 2 Tandula weniger wiegen. (38) Aber nicht allein in Tandula wird die Gewichtsserie angegeben: ein Tandula entspricht 8 Sarsapa.

Ein Diamant im Gewicht von	20 Tandula gilt	200.000 Rupaka.
	18	150.000 Rupaka.
	16	100.000 Rupaka.
	14	50.000 Rupaka.
	12	33.333 1/6 Rupaka.
	10	15.384 2/6 Rupaka
	8	6.666 3/6 Rupaka.
	6	3.333 1/4 Rupaka.
	4	2.500 Rupaka.
	2	2000 Rupaka.
	1	1000 Rupaka.

(39) Wenn ein Diamant - alle (guten) Qualitäten vorausgesetzt - auf dem Wasser aufschwimmt, dann ist das der, den man zu tragen wünscht, er ist allen anderen Schmucksteinen vorzuziehen. (40) Bei allen anderen Edelsteinen ist die Schwere eine Grundlage für die (positive) Bewertung; im Gegensatz dazu wird sie beim Diamanten als Fehler betrachtet. (41) Der Diamant, behaftet selbst mit einem sehr kleinen, kaum wahrnehmbaren Fehler, hat nur ein Zehntel oder weniger des (oben angegebenen) Wertes. (42) Der Diamant, groß oder klein, der mehrere erkennbare Fehler hat, hat nicht mehr als ein Hundertstel des (angegebenen) Wertes. (43) Ein Weiser darf einen Diamanten, der einen sichtbaren Fehler hat, nicht als Schmuck tragen. Er kann nur zum Polieren anderer Edelsteine dienen, und sein Wert ist gering. (44) Wenn ein Diamant, der zuerst alle (guten) Eigenschaften hatte, durch das Einfassen beschädigt wird, dann laß die Finger von einem solchen Schmuckstück; fehlerhafte Edelsteine sind keinesfalls zum Schmuck für einen König geeignet. (45) Die Frau, die sich Söhne wünscht, darf keinesfalls einen als gut bezeichneten Diamanten tragen, außer er sei lang, flach, dreieckig und frei von andern (guten) Qualitäten. (46/7) Mit dem Eisen, dem Topas, dem Hyazinth, dem Katzenauge, dem Bergkristall und verschiedenen Gläsern machen geschickte Leute Nachahmungen des Diamanten; man soll sie nachweisen durch Säuren, Anritzen und den Probierstein. (48) Die Edelsteine und die Metalle, die auf der Erde vorkommen, werden alle durch den Diamanten geritzt: der Diamant aber von keinem von ihnen. (49) Eine edle Substanz ritzt auch die, die edel ist und die die es nicht ist; der Diamant ritzt auch den Rubin. Der Diamant ritzt alles und wird selbst durch nichts geritzt. (50) Selbst wenn er abgestumpfte Spitzen hat, wenn er einen Flecken hat, einen Kratzer, einen Riß, der Diamant, der die Farben des Regenbogens zeigt, verschafft Reichtum, Korn, Söhne. (51) Der König, der, entsprechend dem, was gesagt worden ist, einen schönen, hell funkelnden Diamanten trägt, besitzt eine Kraft, die über alle anderen Mächte triumphiert, und wird zum Herrn des ganzen benachbarten Landes."

Ähnliches findet sich auch in dem, nur fragmentarisch erhaltenen, mit dem zitierten Text eng verwandten Buche *Brhatsamhita* des VAARHA-MIHIRA /4/. Das einer jüngeren Periode als die zuvor genannten angehörende Buch des AGASTIYA, *Agastimata*, schreibt /5/ über den Diamanten:

(1) „Alle Muni bitten Dich, den besten unter den Muni, AGASTYA - Huldigung sei Dir - (2) Sag uns den Ursprung der Edelsteine, welche die Deva, die Danava, die Könige der Daitya, die Vidyadhara, die Uraga bei ihren Diademen, ihren Gürteln, ihren Halsbändern und ihren anderen Schmuckstücken verwenden!" (3/4) Als er diese Worte der Muni gehört hatte, nahm der ausgezeichnetste der Muni das Wort: „Ursprung, Lagerstätten, Farben, Aussehen, Qualitäten und Fehler, Preis, Sachverständige, Käufer mit Handzeichen, ich werde Euch über all das berichten. Hört aufmerksam zu! (5) Unverwundbar für alle Götter war der große ASURA BALA. Für das Gut des Himmels forderten die Dreizehn ein Opfer. (6) Er selbst gab seinen Körper hin und hielt sich aufrecht den Göttern gegenüber. Als sein Körper so aufgestellt war, schlug der Blitz in sein mächtiges Haupt. (7) In seinem vom Blitz getroffenen Haupt entstanden Berge von Steinen. Den Namen vajra (Diamant) haben die Götter dem ersten unter den Edelsteinen gegeben. (8) Aus dem Kopf entstand der Brahmane, aus den Armen der Ksatriya, aus dem Bauch der Vaicya, aus den Füßen der Cudra (9). Die Sura, die Daitya, die Uraga, die Siddha, die Yaksa, die Raksasa, die Kinnara bemächtigten sich dieser Steine als leichte Beute und machten sie in den drei Welten bekannt. (10) Es gibt acht ausgezeichnete Diamantminen. Sie folgen dem Lager der yaga und sie folgen aufeinander zu zweit je yaga, beginnend mit KRTA. (11) Zur Krta-Zeit gehören die Minen von Kocala und Kalinga; zur Treta-Zeit die von Vanga und vom Himalaya; zur Vapura-Zeit die von Paundra und von Surastra; zur Kali-Zeit die von Surpara und des Flusses Venu. (12) Der Ruf und der Glanz einer Mine vergeht in einem Halb-yaga, und die Überlegenheit geht von einer auf die andere über. (13) Es sind die Minen von Jampudvipa, die aufeinander folgen, wie gerade gesagt in der Ordnung der yaga. Die anderen Minen sind nicht diesem Wechsel unterworfen. (14) Der Diamant hat, entsprechend seinen Kasten, vier Farben. (15) Der Diamant, der den samtigen Glanz des Perlmutts

hat, des Bergkristalls, des Mondsteins, ist ein Brahmane. Der, der ein wenig rot ist, affenbraun, schön und rein, wird Ksatriya genannt. Der Vaicya hat eine glänzende blaßgelbe Farbe. Der Cudra glänzt wie ein blanker Degen: nach seinem Glanz machen ihn die Kenner zur vierten Kaste. (16) Solcher Art sind die Zeichen, die die Kasten des Diamanten kennzeichnen. Ich will jetzt sagen, was die Menschen gewinnen, wenn sie ihn tragen. (17) Wer sich auskennt in den vier Vedas, wer an allen Opfern teilnimmt, im Zustand des Brahmanen während sieben Geburten, ist gehalten den Brahmanen-Diamant zu tragen. (18) Wer einen Ksatriya-Diamant trägt, wird vollkommen sein an allen Gliedern, tapfer, groß, unbesieglich, furchtbar für seine Feinde. (19) Tapferkeit, körperliche und geistige Frische, Glück, Geschicklichkeit, Reichtum, das sind die Früchte, die man erntet beim Tragen eines Vaicya. (20) Großen Gewinn, Überfluß an Reichtümern und Korn, Güte und Gefälligkeit, das erhält man, wenn man einen Cudra trägt. (21) Für einen Cudra zahlt man auch einen hohen Preis, wenn er gute Zeichen hat. Doch ist diese Kaste ohnmächtig, wenn die guten Zeichen fehlen. (22) Die Gefahr eines frühen Todes, Schlangen, Feuer, Feinde, Krankheiten weichen weit zurück, sobald ein Haus der Aufenthalt der vier Kasten ist. (23) Der Diamant hat fünf Fehler, fünf Qualitäten, vier Farben und zwölf Preise. (24) Flecken, Tropfen, Gerstenkorn, Kratzer, Krähenfuß, dies sind die Fehler eines Diamanten. Sie sind, entsprechend ihrer Anordnung, glückhaft oder unheilvoll. (25) Der Flecken tritt an drei Orten auf, sagen die in den Ratnacastra-Büchern Erfahrenen: an den Kanten, den Winkeln und im Innern des Diamanten. (26) Im Innern, dann besteht Gefahr durch Feuer, wenn an den Kanten, droht Gefahr durch Schlangen, wenn in den Winkeln (bedeutet es) Ruhm. So urteilen die Kenner. (27) Vier Arten Tropfen trifft man im Diamanten an, solche, die Gutes oder Schlechtes bedeuten; man nennt sie avarta, vartika, raktabindu, yavakrti. (28) avarta hat als Frucht ein langes und glückliches Leben, vartika Gesundheit; raktabindu den Verlust von Frauen und Kindern; yavakrti Verbannung. (29) Rot, gelb, weiß, das sind die Farben, die das Gerstenkorn hat. Wir werden die guten und die schlechten Einflüsse eines jeden beschreiben.

(30) Das rote Gerstenkorn hat als Folge den Verlust von Elefanten und Pferden; das gelbe den Zerfall der Familie; das weiße lange Dauer des Lebens, Korn, Reichtum, Glück. (31) Linke, rechte, quere, hochgelegene, dies sind beim Diamanten die Arten von Ritzern gemäß der Beschreibung der Weisen. (32) Die links verschaffen ein langes Leben; die rechts ein trauriges; die hochgelegenen ziehen Degenhiebe an und die queren Gefangenschaft. (33) Ein Diamant hat schön sechsspitzig zu sein, leicht, länglich, mit acht gut entwickelten Flächen; wenn er einen Krähenfuß enthält, bringt er den sicheren Tod. (34) Ein äußerlich oder innerlich gesprungener Diamant, eckig oder rund, ist unfähig gute oder schlechte Früchte zu bringen. (35) Leicht, oktaedrisch, sechsspitzig, glatte Kanten, ohne Flecken - der Diamant, der diese fünf Qualitäten besitzt, ist ein Schmuckstück für Götter. (36) Weiß, rot, gelb, schwarz - das sind die vier Farben des Diamanten. Alle rühren her vom Glanz eines Degens. Das ist die Bezeichnung der Farben. (37) Ein Diamant soll so sein, daß die Kanten, die Flächen, die Spitzen, die Oberfläche, der Kopf die gesuchten Eigenschaften haben. Man muß ihn zuerst auf der Waage wiegen und danach seinen Preis bestimmen ... (61) Mögen doch alle Muni hören, was die Edelsteinkundigen angeht. Man rufe den Mandalin, dessen Beruf es ist, den Preis festzusetzen. (62) Der, der einen Edelstein als einen einheimischen und als aus einer der acht Minen stammend erkennt, oder als fremden, aus anderen dvipa stammend, das ist ein Mandalin. (63) Art, Färbung, Glanz, Form (?), Größe, Qualitäten, Herkunft, Nuance, Preis, das sind die acht Grundwerte, die zu beurteilen sind. (64) Edelsteine werden verkauft in folgenden Gebieten: Akara, Purvadeca, Kaschmir, Madhyadeca, Ceylon und im Indus-Tal. (65) Wenn einer nicht einer der vier Kasten angehört, wer verstümmelte Glieder hat oder sonst schlechte Anzeichen, der darf weder Beamter werden und noch weniger zugelassen werden zu der Zahl der Mandaline. (66) Sowie ein Mandalin vorhanden ist, ziehen sich die Sura, die Daitya, die Uraga, die Graha sofort zurück und kommen nicht in die Mitte. Das ist nicht zu bezweifeln. (67) Man muß einen Mandalin von solchen Qualitäten haben. Aber es ist nicht leicht, einen zu finden,

selbst im Himmel, dem Ort, der einen solchen Schatz bewahrt; (68) daß der Käufer, der respektvoll seine Erfahrung angefordert hat, dem Haupt-Mandalin einen Sitz anbietet, Wohlgerüche, Blumengirlanden; (69) daß der zunächst befragte Kundige sorgfältig die Qualitäten und die Fehler prüft, dann den Preis heimlich bekannt macht mittels Handzeichen. (70) Es könnte vorkommen, daß der Verkäufer ohne Kenntnis (der Gebräuche) den Preis seiner Edelsteine festsetzt. Sie bilden kein Hindernis für den Leiter der Mandaline. (71) Man schlägt einen niedrigeren Preis für einen hochwertigen Edelstein vor, einen hohen Preis für einen geringwertigen, aus Furcht, Verwirrung, Gier: Das Unglück liegt immer auf den Lippen. (72) Zuerst strecke die Hand aus und gib sie dem Händler, dann gib den Preis, den du bieten willst, an mit der Fingersprache. (73) Es gibt Händler, die fordern einen übermäßigen Preis mit Bezug auf eine Eigenschaft, für sie gibt es weder Fehler noch Qualitäten. Das muß der Mandalin prüfen. (74) Alle Mandaline, als Kenner der Ratnacastra, bleiben unabänderlich unparteiische Schiedsrichter; aber es gibt viele, die sich bei der Preisbildung von Ort und Zeit leiten lassen. (75) Man findet bisweilen auch einen, vertraut mit Text und Sinn der castra und fähig, abzuschätzen alle Edelsteine. Man kann sich auf ihn allein verlassen, wenn man einen solchen zur Hand hat, bei der Sorge um die Preisfestsetzung. (76) Es gibt gemeine Menschen, die falsche Diamanten herstellen. Wer die castra kennt, kann sie entdecken durch den Probierstein, Anschlagen und Ritzversuche. (77) Alle Metalle und alle Edelsteine werden geritzt durch den Diamanten; der Diamant aber keinesfalls durch sie. (78) Der Diamant ist unschneidbar durch Metalle oder Steine anderer Art. Widerstand leistend jedem anderen Schneidwerkzeug, wird der Diamant durch den Diamanten geschnitten. (79) Das Quecksilber und der Diamant haben die Eigenschaft gemeinsam, sich der Geburt zu widersetzen und fest zu sein gegen die anderen. Der Diamant, den Göttern als Anbetungsopfer dargebracht, vertreibt Eingeweideschmerzen."

In dem Buch *Navaratnapariksa* eines unbekannten Verfassers, das nur 126 *clok* (Zweizeiler) umfaßt, findet sich über den Diamanten ein ähnlicher kürzerer Text /6/. Zu diesen Texten teilte der französische Herausgeber - ohne weitere Erklärung - /7/ mit, daß es außer dem angeblich von den Göttern stammenden Namen *vajra* des Diamanten, noch als indische Benennungen des Diamanten die Worte *hiraka, pavi, kulica und bhidura* gebe. Dann mußte er, was die angegebenen 8 Lagerstätten angeht, feststellen, daß keiner der Orte mit einer der wirklichen Vorkommen zusammenfällt, der Himalaya legendär ist, einige der Orte aber vielleicht als mögliche Handelsplätze interpretiert werden können. Aus noch jüngeren Schriften gehe hervor, daß man Schneiden und Polieren gekannt habe. Überraschend ist die Beschreibung eines Diamanten, der auf dem Wasser schwimmt, vielleicht abgeleitet aus der Beobachtung des geringen spezifischen Gewichts des Steines.

Literatur

Die Übersetzung der Texte aus dem Französischen stammt von K. Rumpf. /1/ G. Lenzen, Produktions- und Handelsgeschichte des Diamanten, Berlin 1966, S. 8/9. - /2/ A. Hillebrandt, Altindische Politik. Eine Übersicht auf Grund der Quellen in: Herdflamme Bd. 7, Jena 1923, S. 3. - /3/ Buddhabhatta, Ratnaparîksa 1/252, 1/51 in: L. Finot, Les Lapidaires Indiens, Paris 1896, S. 4/13. - /4/ Varâhamihira, Brhatsamhitâ, LXXX Diamant in: L. Finot, Les Lapidaires Indiens, Paris 1896, S. 59/63. - /5/ Agastiya, Agastimata 1 Diamant, in: L. Finot, Les Lapidaires Indiens, Paris 1896, S.79/90. - /6/ Buch Navaratnaparîksa 36/57 in: L. Finot, Les Lapidaires Indiens, Paris 1896, S. 148/51. - /7/ L. Finot, Les Lapidaires Indiens, Paris 1896, S. XXIV/XXX. - /8/ Pran Nath, Tausch und Geld in Alt-Indien, in: Wiener Staatswiss. Studien NF Bd. 7, Leipzig-Wien 1924, S. 39. - /9/ B. Laufer, The Diamond, in: Field Museum of Natural History, Publ. 184, Anthropological Ser., Bd. 15, Nr. 1, Chicago 1915, S. 16; 65.

DER DIAMANT IM ALTEN CHINA

Da das Vorkommen von Diamanten in China erst in den letzten Jahren des 19. Jh. entdeckt wurde /1/, kann ein Wissen um den Edelstein nur durch Beziehungen des Alten China zu Indien und den asiatischen hellenistischen Reichen herrühren. Die Handelsbeziehungen zwischen dem Westen und dem fernen Osten stellte E. SPECK anschaulich dar /5/:

„Die römisch-griechischen Kaufleute belebten nicht bloß den Handel bis Vorderindien, sondern wirkten mindestens anregend auf den Verkehr bis

Hinterindien und China. Sie selbst haben nur spärlich jene ungeheueren Reisen ausgeführt; in dieser Richtung scheinen die Inder eine Zeit lang aktiv, wie sie auch den Verkehr begonnen zu haben scheinen. ... Ein Verkehr zwischen dem Mutterlande (gemeint ist das römisch-griechische Mittelmeergebiet) und den östlichen Ländern muß nach verschiedenen Nachrichten, welche der Periplus (Maris Erythraei) über den Osten gibt, angenommen werden. Bald nach dessen Abfassung (1. Jh.) drangen die römischen Kaufleute über Ceylon (heute: Sri Lanka) hinaus ebenfalls in den fernen Osten vor. Nach PTOLEMAEUS reiste ein Kaufmann ALEXANDER nach dem Hafen Kattigara (d.i. wahrscheinlich der chinesische Hafen Kiautschi bei dem jetzigen Hanoi in Tongking). In demselben Hafen landete 158 n. Chr. die einzige indische Gesandtschaft, welche in jenen Zeiten den Seeweg nach Chinas Hauptstadt einschlug, ebenso die Gesandtschaft des Kaisers MARC AUREL im Jahre 166. Deuten diese Spuren auch auf einen regeren Verkehr von Indien aus durch Inder und Römer hin, so wurde derselbe durch die inneren Verhältnisse Chinas ebenso unterbrochen wie der Landverkehr vom Jahre 221 an bis Anfang des 5. Jahrhunderts."

Nach B. LAUFER /2/ war im Alten China die Kenntnis der Edelsteine sehr beschränkt und bezog sich in der Hauptsache auf nichttransparente, farbige, leicht bearbeitbare Steine; durchsichtige, glänzende Edelsteine waren es, die erst recht spät auf den Handelswegen ihren Einzug in dieses Land hielten. Mit den neuen unbekannten Wundersteinen kam auch ihre bisher unbekannte „Geschichte" ins Land, so die Legende ihrer Herkunft, und andere mit dem Diamanten bzw. den Edelsteinen verbundenen Märchen.

In dem von dem Dichter, Staatsmann und Maler der T'ang-Periode (618 bis 907) namens CHANG YÜE (667 bis 730) verfaßten merkwürdigen Buch *Liang se kung (tse) ki* („Memoirs of the Four Worthies or Lords of the Liang Dynasty") (502 bis 556) findet sich folgender Bericht:

„In the period T'ien-kien (502 bis 520) of the Liang-dynasty Prince KIE of Shu (Sze'ch'uan) paid a visit to the Emperor WU (the first emperor of the Liang dynasty, he bore the name SIAO YEN, 464 bis 549) *and in the course of conversations which he held with the Emperor's scholars on distant lands, told this story: ,In the west, arriving at the Mediterranean (literally: Western) Sea, there is in the sea an island of two hundred square miles (li). On this island is a large forest abundand in trees with precious stones and inhabited by over ten thousand families. These men show great ability in cleverly working gems (literally: ,implements or vessels of precious stones'), which are named for the country Fu-lin. In a northwesterly direction from the Island is a ravine hollowed out like a bowl, more than a thousand feet deep. They throw flesh into this valley. Birds take it up in their beaks, whereupon they drop the precious stones. The biggest of these have a weight of five catties.' There is a saying that this is the treasury of the Rupadhatu (a Sanskrit-Buddhist term meaning ,the Celestial King of the Region of Forms')."* /2/.

Daß zu den Edelsteinen auch der Diamant gerechnet wurde, zeigt die Weitergabe der Legende in der Sung-Periode (960 bis 1278), als CHOU MI (etwa 1230 bis 1320) in seinem Werk *T'si tung ye yü* zu berichten weiß, daß nach mündlichen Erzählungen „diamonds come from the Western Countries (Si yü) and the Uigures, that the stones stick to the food taken by eagles on the summits of high mountains, thus enter their boweles, and appear in the droppings, which are searched by men for the stones in the desert of Gobi, north of the Yellow River" - wie LI SHICHEN zitiert - „the honest author adds, ,I do not know whether is it so or not'" /2/. „FANG I-CHI, the author of the Wu *li siao shi* criticises in his Chap. 8 CHOU MI's story as erroneous and not clear" /2/.

Der nächste chinesische Bericht über den Diamanten stammt von CH'ANG TE, der im Jahre 1259 als Gesandter zu HULAGU, dem König von Persien, zog: „he mentions in his diary among the wonders of the Western countries, the diamond, of which he correctly says that it comes from India: ,The people take flesh,' his story goes, ,and throw it into the great valley. Then birds come and eat this flesh, after which diamonds are found in their excrement.'" In der Ming-Periode (1368 bis 1643) wurde die

Legende von TS'AO CHAO in seinem im Jahre 1387 veröffentlichten Werk *Ko ku yao lun* in folgender Form wiederholt: „Diamond-sand comes from Tibet *(si-fan)*. On the high summits of mountains with deep valleys, unapprochable to men, they make perches for the eagles, on which they set out food. The birds eat the flesh on the mountains and drop their ordure into desert places. This is gathered, and the stones are found in it" /2/.

Von der Unzerstörbarkeit des Diamanten berichtet in China erstmals im 4. Jh. n. Chr. KO HUNG /2/: „The kingdom of Funan (Cambodja) produces diamonds *(kin kang)* which are capable of cutting jade. In their appearance they resemble fluor-spar. They grow on stones like stalactites, on the bottom of the sea to the depth of a thousand feet. Men dive in search for the stones, and ascend at the close of a day. The diamond when struck by an iron hammer is not damaged; the latter, on the contrary, will be spoiled. If, however, a blow is dealt at the diamond by means of a ram's horn, it will at once be dissolved, and break like ice."

Das Motiv der ozeanischen Herkunft des Diamanten dürfte aus Indien stammen, das der Unzerstörbarkeit des Steines meint B. LAUFER /2/, müsse durch Vermittlung des *Physiologus* aus dem Westen stammen; die Zerstörbarkeit durch „a ram's horn" statt durch „ram's blood" stellte er als Folge eines Schreibfehlers hin.

Die Blei-Legende wanderte ebenfalls in China ein und taucht erstmals in der Sung-Periode (960 bis 1278) in dem Werk des Alchemisten TU KU-T'AO mit dem Titel *Tan fang kien yüan* auf, wonach eine besondere Art Blei („lead with purple back") - nach Ausweis anderer Schriften ein sehr reines und hartes Blei - den Diamanten zerbrechen kann. Im *Pen ts'ao kang mou* steht unter dem Stichwort „Yuen" (Blei): „Es gibt davon eine Art, die ist außen purpurfarben; dieses Blei ist von vollkommener Substanz. Es hat verschiedene Formen und verzehrt den Diamanten" /4/.

Nach F. de MÉLY /4/ findet sich auch die Diamant-Gold-Legende in China, allerdings erst recht spät, nämlich im *Pen ts'ao kang mu* des LI CHE-CHEN (16. Jh.): „Gewöhnlich sieht man

die Goldgräber einige Fuß tief graben, bis sie auf den Stein *fen tse* stoßen, der das Gold begleitet. Dieser Stein ist allgemein häufig. Er hat das Aussehen eines im Feuer geschwärzten Gegenstands. Der Philosoph KOAN TSE sagt dazu: ‚Wo man in den Bergen den Stein Ts'e (Adamas) findet, dort findet man darunter Gold.'" Trotz des Wortes „Adamas", auf dessen ursprüngliche Bedeutung der Berichterstatter sogar hinweist, dürfte leicht erkennbar sein, daß es sich hier um den Magneteisenstein, nicht um den Diamanten handelt. F. de MÉLY /4/ macht - ohne genaueres Zitat - die Andeutung, es könnte die Wortgruppierung *Fen tse che* ein Analogon zu PLATONs bzw. ‚PLINIUS' „Goldknoten" sein und übersetzt *kin kang che* mit „harter Stein im Gold". Eine ältere und ganz andere Version kennt B. LAUFER /2/:

„The earliest passage of fundamental historical value in which the diamond is clearly indicated occurs in the Tsin k'i kü chu (a peculiar class of historical records dealing with the acts of prominent persons and sovereigns), and is handed down to us in two different versions. One of these runs as follows: ‚In the third year of the period Hien-ning (A.D. 277), Tun-huang (in the north-Western corner of Kan-su, near the border of Turkistan) presented to the Emperor diamonds (kin-kang). Diamonds are the rulers in the midst of gold (or preside in the proximity of gold). They are neither washed, nor can they be smelted. They can cut jade, and come from (or are produced in) India.'

The other version of this text, ascribed to the same work, recorded thus: ‚In the thirteenth year of the reign of the Emperor WU (A.D. 277) there was a man in Tun-huang, who presented the Court with diamond jewels (kin kang pao). These are produced in the midst of gold. Their color is like that of fluor-spar, and in their appearance they resemble a grain of buck-wheat. Though many times fused, they do not melt. They can cut jade as though it were merely clayish earth.' It is manifest that these two texts, from their coincidence chronologically, are but variants referring to one and the same event, under the Tsin dynasty (265-419); and it is likewise apparent that the text as preserved in the T'ai p'ing yü lan, the great encyclopaedia published by LI FANG in 983, bears the stamp of true originality. From this memorable passage we may gather several interesting facts: diamonds were traded in the second part of the third century from India by way of Turkistan to Tun-huang for further transmission inland into China proper; and the chief characteristics of the stone were then perfectly grasped by the Chinese, particularly its property of cutting other hard stones. The most important gain, however, for our specific purpose, is the observation that a bit of Plinian folk lore, the ‚nodosity of gold‘, is mingled with the Chinese account."

Das mit *kin kang* wiedergegebene chinesische Ideogramm (vgl. F. de MÉLY /4/) sucht B. LAUFER /2/ zu erklären aus der eben berichteten Gold-Diamant-Legende, wonach der erste Teil des Ideogramms *kin* nicht wie üblich Metall allgemein, sondern Gold bedeute. Das zweiteilige Wort habe demnach die Bedeutung: „The hard stone originating in gold." Doch *kin kang* ist nach B. LAUFER /2/ möglicherweise nicht die einzige Bezeichnung für den Diamanten gewesen:

„In the book going under the name of the alleged philosopher LIE-TSE, which in the text now before us is hardly early than the Han period, we read the following story: ‚When King MU of the Chou Dynasty (1001 to 945 B.C.) was on an expedition against the Western Jung, the latter presented him with a sword of kun wu and with fire-proof cloth (asbestos). The sword was one foot and eight inches in length, was forged from steel, and had a red blade; when handled it would cut hard stone (jade) as though it were merely clayish earth." /2/.

Die meisten Sinologen geben das Ideogramm *kun-wu* mit Stahl oder Damaszener Stahl wieder, F. PORTER SMITH /3/ war der erste, der darunter einen Stein verstanden wissen wollte und anmerkte, daß außergewöhnliche Geschichten über einen Stein, der *kun-wu* genannt wurde, erzählt wurden. Er sei groß genug, um ihn in ein Messer einzuarbeiten, habe eine große Strahlkraft und könne Edelsteine leicht schneiden. Er ordnete den Stein richtigerweise dem Diamanten zu, ohne jedoch weitere Schlußfolgerungen zu ziehen. Weitere Geschichten wurden über diesen Stein erzählt:

„The Shi chou ki (Record of Ten Insular Realms), a fantastic description of foreign lands, attributed to the Taoist adept TUNG-FANG SO, who was born 168 B.C., has the following story: ‚On the Floating Island (Liu Chou) which is situated in the Western Ocean is gathered a quantity of stones called kun-wu. When fused, this stone turns into iron, from which are made cutting-instruments brilliant and reflecting light like crystal, capable of cutting through objects of hard stone (jade) as though they were merely clayish earth.' LI SHI-CHEN in his Pen ts'ao kang mu, Chap. 10, p. 12, quotes the same story in his notice of the diamond, and winds up with the explanation that the kun-wu-stone is the largest of diamonds. The text of the Shi chou ki, as quoted by him, offers an important variant. According to his reading, kun-wu stones occur in the Floating Sand (Liu sha) of the Western Ocean. The latter term, as already shown, in the Chinese records relative to the Hellenistic Orient, refers to the Mediterranean; and Liu-sha is well known as a geographical term of somewhat vague definition and said to be in the West of Ta Ts'in, the Chinese designation of the Roman Orient. Lui-sha, in opinion of B. LAUFER /2/, is the model of Liu-Chou, the Floating Island being distilled from Floating Sand in favor of the Ten Islands mechanically constructed in that fabulous book. Accordingly, we have here a distinct tradition relating the kun-wu stone to the Anterior Orient: and LI SHI-CHEN's identification with the diamond appears plausible to a high degree. His opinion is strongly corroborated by another text cited by him. This is the Hüan chung ki by KUO of the fifth century, who reports as follows: ‚The country of Ta Ts'in produces diamonds (king-kang), termed also ‚jade-cutting swords or knives‘. The largest reach a length of over one foot, the smallest are of the size of a rice or millet grain. Hard stone can be cut by means of it all round, and on examination it turns out that it is the largest of diamonds. This is what the Buddhist priests substitute for the tooth of BUDDHA" /2; 4/.

Die Herkunft des Ideogramms *kun-wu* ist nach B. LAUFER /2/ schwer zu ermitteln: *„It would be tempting to regard it as a transcription of the Greek or West-Asiatic word denoting the diamond-point; unfortunately, however, the*

Greek designation for this implement is not known. More probably the Chinese term may be derivated from an idiom spoken in Central Asia; at any rate, the word itself was employed in China before the introduction of diamond-points from the West. In a poem of SE-MA SIANG-JU, who died in 117 B.C., we meet a precious stone named kun-wu, as occurring in Sze'ch'uan, on the nature of which the opinion of the commentators dissent."

Die Deutungen schwanken zwischen Gold, Bezeichnung für eine Landschaft, goldführendes Gebirge und einem Jade-ähnlichen Stein. B. LAUFER /2/ meint schließlich, „That *kun-wu* originally served for naming some hard stone indigenous to Sze'ch'uan, and was subsequently transferred to the imported diamond-point." Der Begriff „jade-cutting knive" ohne Angabe über den schneidenden Stoff findet sich öfter in der Literatur: So soll der General LIANG-KI, zur Zeit des Kaisers HUAN (147 bis 167) neben unbrennbaren Kleidern auch „jade-cutting knives" besessen haben; nach einer anderen Tradition erhielt der Prinz von Ts'in „from the Western Jung a sharp knife capable of cutting jade as though it were wood." Der Dichter KIANG YEN (443 bis 504) schrieb in der Einleitung zu einem Gedicht von „knives of cast copper capable of cutting jade like clayish earth"/2/.

B. LAUFER /2/ ist sogar der Meinung, die Chinesen hätten die schwarze Form des Diamanten gekannt: „CHOU MI, quoted above regarding the legend of the Diamond Valley states: ‚The workers in jade polish jade by the persevering application of river-gravel, and carve it by means of a diamond-point. Its share is like that of the ordure of rodents; it is of very black color, and is at once like stone and like iron.'"

Das bisher Berichtete könnte den Eindruck erwecken, als sei der Diamant im Alten China nur als Werkzeug bekannt gewesen, doch entspricht dies nicht ganz der Wirklichkeit; es sind mehrere Nachrichten über diamantgeschmückte Fingerringe erhalten. So befand sich im Tribut des Landes Ho-lo-tan auf der Insel Java für das Jahr 430 n. Chr., wie PELLIOT berichtete, ein solches Schmuckstück, und schon zwei Jahre früher hatte der König von Kapila in Indien Diamant-

ringe an den Hof der Liu-Sung-Dynastie geschickt - nach dem Buch *Nan fang i wu chi* („Account of remarkable products of Southern China") des FAN TS'IEN-LI (5. Jh. oder früher). Ferner berichten die *Lin yi ki* („Records of Champa"), daß der dortige König FAN-MING-TA ebenfalls Diamantringe an den Hof des Kaisers geliefert habe /2/.

Literatur

Die Schreibweisen der chinesischen Wörter wurden nach den Vorgaben von Karl Rumpf übernommen. /1/ A.A. Fauvre, Engin. Mining J. 84 (1907) 11592. - /2/ B. Laufer, The Diamond, Field Museum of Natural History Publ. 184, Anthropological Ser. 15 Nr. 1 (1915) 1/75. - /3/ F. Porter Smith, Contributions towards the Materia Medica of China, S. 75 laut Lit. 2. - /4/ F. de Mély, Les Lapidaires de l'Antiquité et du Moyen Âge, Tome 1, Les Lapidaires Chinois, Introduction, Texte et Traduction, Paris 1896, S. LIX, LXVI, 13/4, 124, 163, 176, 234. - /5/ E. Speck, Handelsgeschichte des Altertums, Leipzig 1900, S. 198/99.

Der DIAMANT

IN DER KLASSISCHEN ANTIKE

ALLGEMEINES

In seiner großen „Geschichte der Edelsteine" vertritt C. W. KING /1/ mit Recht die Meinung, der Diamant könne in der Welt der klassischen Antike nicht eher bekannt geworden sein, bevor nicht direkte Handelsbeziehungen zwischen den südindischen Völkern als der lange Zeit einzigen Quelle für diesen Stein und den Kulturträgern des Mittelmeerraumes bestanden haben. Er glaubt aber, daß dies erst nach der Gründung des gräko-baktrischen Reiches nach dem Tode ALEXANDER des GROSSEN im Jahre 323 v. Chr. möglich gewesen sei, eine Ansicht, die häufig, so auch von J. N. FRIEND /2/, übernommen wurde. G. LENZEN /19/ macht aber darauf aufmerksam, daß keine Quelle aus dieser Zeit darauf hinweist, daß die griechischen Soldaten irgend welche Diamanten erworben hätten. Die Heere waren zu schnell durchgezogen, um mit solchen, dazu recht unscheinbaren Seltenheiten bekannt zu werden. Es dauerte denn auch mehrere Jahrhunderte, bis die inzwischen legendäre Gestalt ALEXANDERs mit Spekulationen über das Land des Diamanten in Zusammenhang gebracht wurde *(vgl. Kap. „Fundort-Legenden", S. 129ff).*

Indessen hat schon 200 Jahre vor ALEXANDER der Perserkönig KYROS II. (559 bis 529 v. Chr.) die Bedeutung dieser Landstriche für den Handel mit dem Süden erkannt, sie unter seine Herrschaft gebracht und so Handelsbeziehungen ermöglicht /3/. Außerdem könnte gegen die KINGsche These eine Bronzestatuette sprechen, die sich im British Museum in London befindet. Es ist die Bronze Nr. 192 des *Catalogue of the Bronzes* von 1892 /4/, die hier in das Jahr 480 v. Chr. datiert wird. Dem späteren Teil des 5. Jh. v.

Chr. ordnet sie auch L. N. MITCHELL /5/ zu und gibt eine enthusiastische Beschreibung des in Verona gefundenen Götterbildes, das zweifellos das Werk eines griechischen Meisters ist. Ein anderer Berichterstatter /6/ meint: „Minute natural crystals of diamonds are fixed in the pupils of the eyes, giving a wonderful look of live and spirit." Dieser historischen Einordnung ist von G. WERMUSCH /7/ widersprochen und ein sehr viel späteres Einsetzen der Steine behauptet worden. Zur Begründung gab er an, die angeblichen „natural crystals" seien „mugelig zugeschliffen". Danach könnten sie tatsächlich erst viele Jahrhunderte später eingesetzt worden sein. Kritik am Zeitpunkt des Einsatzes der Diamanten deutet vielleicht auch G. LENZEN /14/ an wenn er bemerkt, daß die Technik des Einsetzens von Edelsteinaugen in Bronzestatuetten zur römischen Kaiserzeit einen eigenen Gewerbezweig bildete.

Zwar wird die Verwendung des Diamanten als Schmuckstein in der Antike häufig bestritten /2/, doch haben einige römische Diamantringe mit ungeschliffenen, natürlichen Steinen unbeschädigt die Zeiten überdauert: Die „HERZ-Collection" enthält einen seiner Formgebung nach unbezweifelbar römischen Goldring mit einem wohlgebildeten oktaedrischen Diamanten von etwa 8 Karat Gewicht. Die „WATERTON-Collection" besaß ein noch schöneres Beispiel, einen Goldring in durchbrochener Arbeit *(opus intersistile)*, wie sie im frühen Kaiserreich häufig hergestellt wurden, mit zwei Diamanten von je einem Karat besetzt, von denen der eine ein vollkommenes Oktaeder von beträchtlichem Glanz, der andere aber matter und von mäßiger Kristallisation war /1/. Manche Diamantringe waren schon in der Antike sehr berühmt wie der Ring der Berenike, von dem der Dichter IUVENAL (88 bis 138 nach Chr.) in einer seiner Satiren berichtet /8/. Berenike war die Schwesterfrau des Herodes Agrippa II. (1. Jh. n. Chr.). Daß es sich bei diesem so gerühmten Stein wie auch bei den anderen antiken Diamanten nicht um geschliffene Steine, sondern nur um gut geformte natürliche Kristalle, sog. „Pointes naives" gehandelt haben kann, darauf weist nachdrücklich P. J. MARIETTE /15/ hin.

Auf Diamantringe weist auch eine Inschrift (wahrscheinlich 2. Jh.) an einer silbernen, im Jahre 1623 in Guadix (Spanien, Provinz Granada) gefundenen ISIS-Statue hin, die besagt, daß die Statue am kleinen Finger zwei Ringe mit Diamanten trug /9/. Es ist also sicher, daß man in der Antike den „richtigen" Diamanten „kannte", auch wenn der Stein eine große Seltenheit war; das lag nicht nur an den Handelswegen, sondern wie C. W. KING /1/ vermutet, auch daran, daß der Export der Steine aus Indien möglicherweise lange Zeit verboten war, vor allem der von größeren Exemplaren *(vgl. S. 41–46)*. Außerdem kommt die Tatsache der schon oben *(vgl. S. 13ff)* beschriebenen Mehrdeutigkeit der antiken Benennung Adamas hinzu, zu der Mineralogen wie E. S. DANA /10/ aus ihrer Erfahrung mit der antiken Literatur bemerkt haben: „This name was applied by the ancients to several minerals differing much in their physical properties. A few of them are quartz, specular iron ore, emery, and other substances of rather high degrees of hardness, which cannot now be identified. It is doubtful whether PLINY had any acquaintance with the real diamond."

Der Schluß auf den Kenntnisstand des PLINIUS kann aber nur als persönliche Ansicht gewertet werden. Ähnliche Meinungen sind schon früher, etwa im Jahre 1758 von A. Y. GOGUET und A. C. FUGÈRE /18/ und 1884 von A. NIES /20/ vertreten worden. Ein anderer Autor /11/ geht doch wohl zu weit, wenn er sagt: „It is more than doubtful if the true diamond was known to the ancients. The consensus of the best opinions is that the adamas whas a variety of corundum, probably our white sapphire." Die gleiche, kaum haltbare Meinung vertrat schon

K. MIELEITNER /17/ und später wieder H. TERTSCH /16/.

Über die Entstehung des Diamanten selbst sind in der antiken Literatur keine Vermutungen ausgesprochen worden. PLINIUS /21/ bringt nur gelegentlich die Meinung seiner Zeit zum Ausdruck, daß die Mineralien ähnlich wie Tier und Pflanze wachsen, und macht Andeutungen über eine Theorie zur Bildung transparenter und halbtransparenter Steine, wie sie wahrscheinlich von POSEIDONIUS aus Apameia in Syrien (2./1. Jh. v. Chr.) geschaffen wurde, nach der sie aus Wasser, erdigen Bestandteilen und Dämpfen verschiedener Art in der Kälte entstehen, ohne beide Vorstellungen beim Diamanten zu erwähnen /22/.

In der Antike ist der Diamant niemals abgebildet worden /12/. Erst mittelalterliche Handschriften des antiken *Physiologus* zeigen zu Kapitel 32 und 47 den Diamanten getragen von zwei hohen Stelen bzw. eine Szene, in welcher eine Königin zuschaut, wie man den „starken Diamanten" zu spalten versucht /13/ *(siehe Abbildung 5)*.

Literatur

/1/ C.W. King, The Natural History, Ancient and Modern of Precious Stones and Gems, and of Precious Metals, London 1865, S. 19, 21 Fußnote, 24/5. - /2/ J.N. Friend, Man and the Chemical Elements, London 1951, S. 55. - /3/ S.H. Ball, Econom. Geol. 26 (1931) 681/738, 706/7. - /4/ H.B. Walters, Catalogue of the Bronzes, Greek, Roman and Etruscan in the British Museum, London 1892, S. 17. - /5/ L.M. Mitchell, A History of Ancient Sculpture, London 1883, S. 280/1. - /6/ J.H. Middleton, The Engraved Gems of Classical Times, Cambridge 1891, S. 130. - /7/ G. Wermusch, Adamas, Diamanten in Geschichte und Geschichten, Berlin 1984, S. 29. - /8/ Decimus Iunius Iuvenalis, Satura VI, v. 156, hrsg. von U. Knoche, München 1950, S. 44. - /9/ E. Hübner, Corpus Inscriptionum Latinarum, Nr. 3386, Berlin 1869, S. 459. - /10/ E.S. Dana, System of Mineralogy, p. 3, 1850 zitiert nach B. Laufer, Field Museum of Natural History, Publ. Nr. 184, Anthropol. Ser. 15 (1915) Nr. 1, S. 43. - /11/ D. Osborn, Engraved Gems, New York 1912, S. 271. - /12/ A. Hermann, P. Stumpf in: T. Klauser, Reallexikon für Antike und Christentum, Bd. 3, Stuttgart 1957, Spalte 955/63. - /13/ J. Strzygowski, Der Bilderkreis des griechischen Physiologus, des Kosmas Indikopleustes und Oktateuch, Leipzig, 1899, Kap. 32, 41, Tafel 15, 22. - /14/ G. Lenzen. Produktions- und Handelsgeschichte des Diamanten, Berlin 1960, S. 7. - /15/ P.J. Mariette, Traité des Pierres Gravées, Bd. 1, Paris 1750, S. 155. - /16/ H. Tertsch, Geheimnis der Kristallwelt, Wien 1947, S. 25. - /17/ K. Mieleitner, Fortschr. Mineral. 7 (1922) 427/80, 435 Fußnote 2. - /18/ A.Y. Goguet, A.C. Fugère,

De l'Origine des Lois, des Arts, des Sciences et de leur
Progrès chez les Anciens Peuples, Bd. 2, Section I, Chap.
II, Article III, De la Découverte et de l'emploi des Pierres
Précieuses, Paris 1758, S. 111/25, 118. - /19/ G. Lenzen
in: R. Maillard, Der Diamant, Mythos, Magie und
Wirklichkeit, deutsch von H. Jetter, Freiburg i. Br. 1981,
S. 16. - /20/ A. Nies, Zur Mineralogie des Plinius, Mainz
1864, S. 5/6. - /21/ C. Plinius Secundus, Naturalis
Historiae Libri XXXVII, Buch 36, 125 in: Pliny, Natural
History, Vol. X. hrsg. von H.Eichholz, London-
Cambridge Mass. 1962, S. 98-100. - /22/ H. Eichholz in:
Pliny, Natural History, Vol. X, London-Cambridge Mass.
1962, Introd. XV.

Abbildung 5

*Die Hammer-Amboß-Legende im spätantiken
Physiologus (Codex Smyrnensis).*

*Die Miniatur zeigt links stehend eine Königin in
vollem Ornat, die in der linken Hand eine Kugel hält.
Rechts sind zwei Männer an einem Amboß tätig; der
eine, mit dem Rücken gegen das Feuer gewendet, hält
mit einer Zange einen eiförmigen Gegenstand auf dem
Amboß hin, der andere holt mit einem Hammer aus.
Nach J. Strygowski, Der Bilderkreis des griechischen
Physiologus, Leipzig 1899, S. 41.*

DER DIAMANT BEI
DEN ALTEN GRIECHEN

Von Edelsteinen, also auch vom Adamas-
Diamanten, ist in den Epen HOMERs nicht die
Rede /1;2;3/, „Adamas" ist in der *Ilias* nur als
Eigenname belegt /4;5;6/. Seit Hesiod kommt
das Wort Adamas in der griechischen Literatur
in der Bedeutung eines unzerstörbaren Stoffs
bzw. Metalls vor, womit zumeist wohl „Stahl" gemeint sein dürfte. Es überrascht /2/ allerdings,
wie bereits oben hervorgehoben *(vgl. S. 13)*, daß
der nur durch Import zu erhaltende Stein, nicht,
wie es sonst bei ausländischen Waren üblich war,
seinen heimatlichen Namen beibehalten hat /7/.
Offenbar war für die Übernahme eines fremden
Namens das Handelsvolumen des Steins nicht
groß genug, denn er wird nicht einmal in den für
die Griechen erstmals ausführlich über Indien
berichtenden Schriften des KTESIAS aus KNI-
DOS, der 405 bis 397 v. Chr. Leibarzt des
Perserkönigs ARTAXERXES II. gewesen war,

erwähnt /8/. Noch bei PLATON (428/7 bis
349/48 v. Chr.) scheint mit dem Wort „Adamas"
keinesfalls ein Stein bezeichnet worden zu sein.
Den ersten Beleg für die Kenntnis des
Diamanten liefert möglicherweise THEOPH-
RAST von Eresus (ca. 371 bis 287 v. Chr.), der
mit dem Wort vielleicht einen Stein, vielleicht
auch nur eine seiner Eigenschaften bezeichnen
wollte. Er erwähnt den Adamas-Diamanten in
seinem Steinbuch *De lapidibus* allerdings auch
nur beiläufig, indem er ihn mit dem roten, feuer-
beständigen ἄνθραξ („anthrax", was ursprünglich glühende Kohle bedeutet) benannten Stein,
wahrscheinlich dem Rubin, vergleicht. Er sei ein
Kristall γωνιοειδής (wörtlich: eckenförmig), und
zwar ein sechseckiger (ἑξάγωνος) /10/. Darin
kann man die Kristallisation des Rubins und des
Diamants, deren Grundform das Oktaeder ist,
richtig angegeben finden. Denn das Wort
*γῶνος/γωνία heißt soviel wie „Winkel, Kante
und Ecke" /2/.

Es ist aber unklar, ob hier tatsächlich eine Ähnlichkeit in der Form gemeint ist. Aus dem der angegebenen Stelle folgenden Text nahm etwa J. H. KRAUSE /3/ an, daß eine andere Eigenschaft gemeint sei: Der Anthrax und der Adamas seien wie der Bimsstein durch Feuer nicht zerstörbar, weil sie keine Feuchtigkeit (ὑγρόν) mehr enthielten, wodurch auch ihre Härte bewiesen sei. Und C. W. KING /11/ bezweifelte überhaupt, daß THEOPHRAST hier den Diamanten gemeint haben könne, er ist vielmehr der Überzeugung, daß er hier nur den Schmirgel habe kennzeichnen wollen. K. MIELEITNER /12/ ist sogar der Meinung, daß auch für den von ihm als Mineralogen hochgeschätzten THEOPHRAST wie für die übrigen antiken Schriftsteller als wahrscheinlich gelten müsse, daß keiner von ihnen jemals einen wirklichen Diamanten gesehen habe, sondern nur Quarz und Ähnliches, was dann als Diamant bezeichnet wurde; diese Meinung vertritt auch H. TERTSCH /20/. Der fragliche Text THEOPHRASTs lautet /10/:

„Es gibt noch eine andere Art Stein, geradezu entgegengesetzter Art, gänzlich unbrennbar, der ‚Anthrax‘ genannt wird; aus ihm schneiden sie auch Siegel, seine Farbe ist rot, und wenn er gegen die Sonne gehalten wird, sieht er aus wie eine brennende Kohle. Wie man sagt, ist er sehr kostbar; ein kleines Exemplar kostet 40 Goldstücke. Er wird aus Karthago und Massilia gebracht. Es brennt auch nicht der bei Milet gefundene (Stein), er ist ein Kristall mit sechs Spitzen. Man nennt auch diesen ‚Anthrax‘, und das ist auffallend, denn seine Form ist etwa auch die des Adamas. Allerdings ist diese Widerstandskraft gegenüber dem Feuer nicht wie beim Bimsstein und bei der Asche auf das Fehlen von Feuchtigkeit zurückzuführen, diese können nicht verbrannt oder entflammt werden, weil ihnen die Feuchtigkeit entrissen wurde. Indessen glauben manche, daß der Bimsstein gänzlich durch Verbrennung entstehe, mit Ausnahme der Art, die im Meerschaum entsteht.“

G. LENZEN /13/ meint, und darin ist er mit P. BRUNE / A. MIELI /19/ einig, der Text zeige deutlich, wie schwer es sei, einen sicheren Nachweis für die Kenntnis des Diamanten bei den Griechen zu führen. Er hält es für sehr bemerkenswert, daß, falls Adamas für

THEOPHRAST ein Mineral bedeute, es lediglich unter den unbrennbaren Stoffen aufgezählt wird. Es müsse doch sehr verwundern, daß von den einzigartigen Eigenschaften des Diamanten nicht einmal die Härte erwähnt werde. So kommt er zu der Meinung, daß die Griechen den Stein überhaupt nicht kannten, eine Ansicht, die schon im Jahre 1861 bei O. LENZ /17/ in seiner *Mineralogie der Griechen und Römer* ausgesprochen worden ist. E. BOUTAN /18/ hegte ähnliche Zweifel über die Kenntnis der Griechen von diesem Edelstein. Und auch S. TOLANSKY /14/ dürfte die gleiche Ansicht vertreten haben wollen, wenn er nach der (irrigen) Ansicht, der Diamant ließe sich in den ältesten Schriften des Alten Testamantes nachweisen, sofort, unter völligem Übergehen der Griechen, auf den Römer PLINIUS überging.

Verwunderlich erschien es schon JOHANN HEINRICH SCHULZE /15/ in seiner medizinischen Inauguraldissertation über den Adamas, daß die kurze Notiz des THEOPHRAST die einzige Bemerkung der griechischen Literatur über den echten Diamanten sein sollte; er und die anderen Bezweifler griechischer Diamantenkenntnis vergaßen dabei, daß die von ihnen gepriesenen reichen Angaben der lateinischen Schriften fast nur auf uns verlorengegangenen griechischen Quellen beruhen, wie sie bei genauerem Studium des Werkes von PLINIUS hätten merken können und im folgenden z. B. bei der Behandlung der Bocksblutlegende und anderswo erkennbar wird. R. HALLEUX, J. SCHAMP /16/ nennen außerdem noch das in seiner Gesamtheit verlorene Steinbuch eines SOTAKOS, den PLINIUS unter den ältesten seiner Quellen nennt. Nach einem in einer arabischen Handschrift erhaltenen Zitat dieses Werkes ist es wahrscheinlich, daß PLINIUS die vier ersten seiner Adamas-Arten nach diesem Werk aufgezählt hat. Weiter nennt die Suda, das umfangreichste byzantinische, wahrscheinlich um 1000 n. Chr. entstandene Lexikon ein im 2. Jh. v. Chr. von einem PHILOSTRATOS verfaßtes, ebenfalls verlorenes Steinbuch /16/.

Schließlich dürften dazu noch die griechisch geschriebenen Bücher der Magier oder Chaldäer gehören, deren berühmtester der Wahrsager des

Königs ATTALOS I. von Pergamon (241 bis 197 v. Chr.) namens SUDINES ist, den PLINIUS gelegentlich zitiert /16/. Es bleibt aber merkwürdig, daß erhaltene griechische Steinbücher wie etwa dem ORPHEUS zugeschriebene Werke (Verfasser und genaue, wohl recht späte Abfassungszeit unbekannt) mit dem Titel *Lithika* bzw. *Lithika Kerygmata* /21/ nur wenig über den Adamas überliefern. Auch in dem angeblich dem KALLISTHENES von Olynthos (4. Jh. v. Chr.) zugeschriebenen, aber erst im 3. Jh. n. Chr. in Alexandria von einem Unbekannten verfaßten Alexanderroman, der in der Antike schon in viele Sprachen übersetzt worden ist - im Mittelalter wurde er in etwa 30 Sprachen bearbeitet - , steht nur wenig über den Diamanten /23/. An einer Stelle ist von einer aus Gold und Elfenbein hergestellten, astrologischen, ägyptischen Wahrsagetafel die Rede, auf der die Sonne durch einen Bergkristall, der Mond aber durch einen Diamanten, die Planeten durch farbige Edelsteine wiedergegeben waren. In der *Kyraniden des Hermes* betitelten sehr späten griechischen Schrift, die nach E. O. v. LIPPMANN /23/ in oft recht formloser Weise ein Denkmal krassesten Aberglaubens, insbesondere der botanischen, mineralogischen und astrologischen Medizin darstellt, wird in dem Text, der ursprünglich in syrischer Sprache auf eisernen Säulen angetroffen worden sein soll, dann aber ins Griechische übersetzt, von Kyrene aus nach Ägypten gelangt sei, gleich im ersten Teil der mit Edelsteinen überladene Gürtel der Göttin APHRODITE geschildert. Unter ihnen befinden sich auch zwei Adamas-Steine /24/.

Literatur

/1/ J.-E. Hiller, Arch. Geschichte Math. Naturw. Technik 13 (1930) 358/402. - /2/ M. Pinder in: J.S. Ersch, J.G. Gruber, Allgemeine Enzyklopädie der Wissenschaften und Künste, Erste Section, Bd. 24, Leipzig 1833, S. 455/7 Fußnote. - /3/ J.H. Krause, Pyrgoteles oder die edeln Steine der Alten im Bereich der Natur und der bildenden Kunst, Halle an der Saale 1856, S. 5; 15/6 Fußnote. - /4/ Zu Homer, Ilias siehe das Kap. 1.2. - /5;6/ Gegenteilige Angaben französischer Autoren lassen sich nicht verifizieren. Es konnte zwar über eine scheinbar recht frühe Anwendung des Steins in einer Kleinplastik berichtet werden, die angeblich etwa aus der gleichen Zeit stammt, in welcher der Geschichtsschreiber HERODOT (5. Jh.) in seinen Büchern (an nicht näher angegebener Stelle) zum ersten Male in der griechischen Literatur überhaupt von Schmucksteinen gesprochen haben soll /3/, doch wird auch diese Datierung bezweifelt und bleibt daher spekulativ. Vgl. F. Hoefer, Histoire de la Chimie, Bd. 1, Paris 1866, S. 63 und E. Boutan, Diamant, in: Encyclopedie Chimique. Bd. 2 Metalloides, Complement Tl. 2, Paris 1886, S. 3. - /7/ H. Blümner in: Pauly's Real-Enzyklopädie der classischen Altertumswissenschaft, 2. Aufl., 9. Halb -Bd., Stuttgart 1903, Spalte 322/4. - /8/ S.H. Ball, Econom. Geol. 26 /1931/ 681/738, 706/7. - /9/ F. FREISE meint jedoch, es sei der rote Eisenkiesel gewesen, vgl. F. Freise, Z. Berg- Hütten- Salinenwesen Preuß. Staaten 56 (1908) 347/416, 406. - /10/ Theophrast von Eresus, De Lapidibus, cap. III, 19, hrsg. von D.E. Eichholz, Oxford 1965, S. 62/3. - /11/ C.W. King, The natural History, Ancient and Modern, of Precious Stones and Gems, and of Precious Metals, London 1865, S. 20 Fußnote. - /12/ K. Mieleitner, Fortschr. Mineral. 7 /1922/ 427/80, 435. - /13/ G. Lenzen, Produktions- und Handelsgeschichte des Diamanten, Berlin 1966, S. 6. - /14/ S. Tolansky, The History and Use of Diamond, London 1962, S. 17. - /15/ J.H. Schulze, De Diamante, Cap. 1, § 10, Diss. Halle an der Saale-Magdeburg 1737, S. 11/2. - /16/ R. Halleux, J. Schamp, Les Lapidaires Grecs, Paris 1985, S. XVI; XXVII Fußnote 9; XXI/XXIII. - /17/ O. Lenz, Mineralogie der Griechen und Römer, Gotha 1891 (Neudruck Wiesbaden 1967 S. 18). - /18/ E. Boutan, Diamant in: Encyclopedie Chimique, Bd. 2, Metalloides, Complement Tl. 2, Paris 1889, S. 3. - /19/ P Brunet, A. Mieli, Histoire des Sciences, Antiquité, Kap. 4, Paris 1935, S. 292/318. - /20/ H. Tertsch, Geheimnis der Kristallwelt, Wien 1947, S. 25 - /21/ Orpheus, Lithika, Vers 194, Lithica Kerygmata (hrsg. von E. Abel), Berlin 1881, S. 21, S.138-153. - /22/ H. van Thiel, Leben und Taten Alexanders von Makedonien, Vita Alexandri Magni, Darmstadt 1974, S. 6/7. - /23/ E.O. v. Lippmann, Entstehung und Ausbreitung der Alchemie, Berlin 1919, S. 233. - /24/ F. de Mély, Les Lapidaires de l'Antiquité et du Moyen Âge, Tome II, Les Lapidaires Grecs, Paris 1898, 5. 26/7; Tome III, Traduction, Paris 1902, S. 51.

DER ADAMAS-DIAMANT BEI DEN RÖMERN

Die römische Literatur

Die früheste sichere Erwähnung des Adamas-Diamanten in der römischen Literatur findet sich in den *Astronomica* des MANILIUS /1/, die unter Kaiser AUGUSTUS (reg. 30 v. Chr. bis 14 n. Chr.) begonnen, aber erst unter dem Kaiser TIBERIUS (reg. 14 bis 37 n. Chr.) vollendet und diesem gewidmet worden sind. Der Verfasser wußte wohl um die wertvollen Eigenschaften des Steines, die einen hohen Preis bedingten, und um seine geringe Größe, und benutzte dies zu einem Vergleich: „Verachte nicht deine, wenn auch in kleinem Körper verborgenen Kräfte ... | so ist der Diamant, der winzige Stein, wertvoller als Gold." *Nec contemne tuas quasi parvo in corpore vires | ... sic adamas, punctum lapidis, pretiosior auro est.* Diese kurze Bemerkung gilt zwar in der Literatur über Edelsteine ganz allgemein /2;3/ als die erste, sicher auf den Edelstein Diamant bezogene Aussage der römischen Literatur, doch ist dem auch schon widersprochen worden /4/. Viel früher habe bereits LUKREZ (1. Jh. v. Chr.) in seinem Lehrgedicht *De Rerum Natura* („Über die Natur der Dinge") vom Diamanten gesprochen. Lukrez erwähnt *adamantina saxa*, die gewohnt seien, Schlägen zu widerstehen /5;6/. Seine Ansicht, es seien *adamantina saxa* gleichzusetzen mit Adamas sieht S. H. BALL /4/ durch die Widerstandsfähigkeit gegenüber Schlägen bestätigt, in denen er den Beginn der Hammer-Amboß-Legende (vgl. Kap. *„In der griechisch-römischen Antike", S. 167-172*) glaubt erkennen zu können. Kenntnis des Diamanten bei den Römern zur Zeit des Kaisers AUGUSTUS setzt auch C. W. KING /2/ voraus, wenn er darauf hinweist, daß sich in dem Werk des um 400 n. Chr. lebenden Philologen MACROBIUS ein (fingierter?) Brief des Kaisers AUGUSTUS an seinen vertrauten Berater MAECAENAS (1. Jh. v. Chr.) befinde, in dem er ihn scherzhaft als die Ergänzung der Schätze Etruriens hinstellt. Dabei belegt er ihn mit den Namen der Etrurien fehlenden Güter, wozu auch Adamas gehört: „Lebe wohl, du Elfenbein aus Etrurien, Laser (kostbares importiertes Gewürz) aus Arezo, Diamant aus dem Bergland (Etrurien), Perle aus dem Tiber, Smaragd der Cilnier ...

Ebenfalls frühere Kenntnis setzt W. JONES /8/ voraus, wenn er schreibt, daß MARCUS ANTONIUS bei der Krönungszeremonie der KLEOPATRA im Jahre 33 v. Chr. eine Robe mit Diamantknöpfen getragen habe. Seine Quelle verschweigt JONES, und die Nachprüfung bei den einschlägigen Historikern, nämlich FLAVIUS JOSEPHUS (1. Jh. n. Chr.) /9/, PLUTARCH (1./2. Jh. n. Chr.) /10/, APPIAN (2. Jh.) /11/ und dem viel späteren CASSIUS DIO (2./3. Jh. n. Chr.) /12/ ergab, wenn nicht gerade wie bei APPIAN der Text über diesen Zeitraum nach dem Beginn des Armenienzuges verloren ist, zwar stets die Erwähnung des Ereignisses unter längerer oder kürzerer Beschreibung des Aufwands dabei, aber in keinem Fall die Erwähnung der Edelsteine.

Ebenso unsicher ist auch die angebliche Weitergabe eines Diamanten als Zeichen der Machtübergabe in der römischen Kaiserzeit. Er dürfte bei der geringen Größe der damals bekannten Steine kaum ungefaßt gewesen sein. AELIUS SPARTIANUS /28/, einer der angeblichen sechs Verfasser der vermutlich aus dem 4. Jh. stammenden *Historia Augusta* („Geschichte der römischen Kaiser"), berichtet: „Während der zweiten Expedition nach Dazien (Land zwischen den Flüssen Theiß, Donau und Pruth) machte er ihn (HADRIAN) zum Oberbefehlshaber der ersten Minervischen Legion (mit dem Standlager in Bonn) und nahm ihn mit sich; damals machten ihn viele hervorragende Taten berühmt. Darum gab TRAIANUS den Diamanten, den er von NERVA empfangen hatte, und der ein Zeichen für die Nachfolgerschaft bildete, weiter."

In der älteren römischen Geschichte und später in der Kaiserzeit gab es tatsächlich als Zeichen der Nachfolgerschaft die Weitergabe von Ringen, wie CASSIUS DIO (2./3. Jh.) in seiner (griechisch geschriebenen) *Römischen Geschichte* berichtet /29/; doch bei ihm sind es stets Siegelringe, deren Material nie genannt wird. In einigen Fällen wird vom Bild einer Sphinx und dem des Kaisers AUGUSTUS berichtet, was einen Diamant als Ringstein ausschließt. Daß - damals Diamantringe, auch ohne amtliche Bedeutung zu besitzen, getragen wurden, zeigt nicht nur der oben erwähnte Ring *(vgl. S. 52, 56)* der BERENIKE, sondern auch ein Epigramm des Dichters MARTIAL (1. Jh.) /30/: Sardonyx, Smaragd, Diamant, Jaspis | wendet mein Stella, Severus, an einem einzigen Finger hin und her. | Viele Edelsteine wirst du an seinen Fingern, mehr noch in seinen Gedichten | finden."

Die Gesamtheit dessen, was der antiken Welt unter dem Wort Adamas bekannt war, hat PLINIUS in seiner *Naturalis historia* zusammengetragen, über deren Abfassung er in der Vorrede /13/ schrieb: „Zwanzigtausend der Behandlung werte Gegenstände - weshalb auch, wie Domitius Piso meint, mein Werk eher Schatzkammer sei als Buch - habe ich aus der

Lektüre von ungefähr 2000 Büchern, von denen
sich die Gelehrten wegen der Abgelegenheit des
Stoffes nur mit recht wenigen befassen, aus 100
ausgewählten Schriftstellern in 36 Büchern zusammengefaßt und dazu eine Menge Dinge, die
meine Vorgänger noch nicht gekannt hatten oder
das Leben erst später erfunden hat. Ich bin mir
aber wohl bewußt, daß auch ich noch vieles übersehen haben werde."

Im weiteren Text zählt er in seinem ersten Buche
146 römische und 327 nichtrömische, meist griechische Quellenschriften auf, von denen wir annehmen dürfen /14/, daß er manche nur indirekt
aus anderen antiken Sammelwerken hat zitieren
können. Es ist daher nicht verwunderlich, wenn
das Werk des PLINIUS sich bei den
Literaturhistorikern großer Wertschätzung erfreut /15/. Einige Untersuchungen /16/ über die
Arbeitsweise des PLINIUS und interdisziplinäre
Nachprüfung der dabei entwickelten Vorstellungen /17/ zeigen, daß er zumindest in einigen
Fällen auch auf naturwissenschaftlichem Gebiet
Bewundernswertes geleistet hat.

Die meisten Angaben über den Adamas-
Diamanten finden sich im abschließenden 37.
Buch, für das ihm mehrere lateinische Quellen
zur Verfügung standen: aus augusteischer Zeit
möglicherweise ein verlorenes Buch des MAE-
CENAS /18/. Wesentlicher waren aber wohl die
griechischen Schriften, vor allem ein Gemmen-
lexikon des XENOKRATES von Ephesus, die
Periegese des METRODORUS von Skepsis (1.
Jh.), und die Werke einer Reihe weiterer, von
PLINIUS teilweise im laufenden Text namentlich angeführter Autoren. Das Ergebnis dieses
großen Arbeitsaufwands entspricht in seinem
Bericht über den Adamas nicht ganz den
Erwartungen, die man nach dieser Quellen-
menge hätte hegen können, auch wenn man berücksichtigt, daß PLINIUS nur wenig praktische
naturwissenschaftlichen Erfahrungen besaß; der
Grund für die Enttäuschung wird verständlich,
wenn man die Schilderung liest, die sein Neffe,
der jüngere PLINIUS in einem Brief an BAE-
BIUS MACER, Konsul des Jahres 104/5, von
der unermüdlichen Lesewut seines Onkels gab
/19/: Die Exzerpte oder Notizen, die dieser
machte oder meist durch Sklaven machen ließ,

während ihm ein Buch vorgelesen wurde, waren
in der Hauptmenge keine fortlaufenden Auszüge
und Referate, sondern Lesefrüchte, tatsächliche
Mitteilungen und Meinungsäußerungen, die ihm
auffielen, die etwas Neues zu enthalten schienen,
oder oft auch durch ihre Sonderbarkeit seine
Aufmerksamkeit erregt hatten, und die er dann
nach Stichworten zusammenfügte /20/.

Sein Werk wurde, wohl wegen seiner umfassen-
den Stoffmenge, für viele Jahrhunderte das maß-
gebende naturwissenschaftliche Lehrbuch, es
wurde immer wieder, mehr oder weniger ausführlich, oft sogar ohne wirkliche Kenntnis der
Bücher oder nach einer im 3. Jh. von einem
SOLINUS unter dem Titel: *Collectanea Rerum
Memorabilium* („Sammlung bemerkenswerter
Dinge") /21/ verfaßten Bearbeitung ausgewertet.

Die bei der geschilderten Arbeitsweise möglichen Fehler wurden erst von GEORG AGRI-
COLA (Arzt in Chemnitz, 1494 bis 1555) erkannt und im Widmungsbrief seines die
Mineralogie begründenden Buches *De Natura
Fossilium* an den Herzog MORITZ von Sachsen
offen dargestellt: „Weil C. PLINIUS SECUN-
DUS aber von manchem gar keine Kenntnis
gehabt hat und auch gar nicht gemerkt hat, daß
die verschiedenen Schriftsteller gelegentlich eine
einzige Sache mit zwei oder mehreren Namen
bezeichnen, und umgekehrt, zwei oder mehr
Sachen mit einem Wort, so ist es ihm unterlau-
fen, daß er aus ein und derselben Sache zwei oder
drei oder mehr machte, und aus zwei oder drei
Sachen eine einzige" /23/. Daß eben das Letztere
beim „Adamas" eingetreten ist, zeigt die nachstehende Wiedergabe des Textes.

Die Frage, wann die Römer den Adamas-
Diamanten kennengelernt haben, läßt PLINIUS
unbeantwortet, er weiß nur ganz allgemein zu
berichten, daß in Rom der Luxus mit Perlen und
Edelsteinen erst aufkam seit dem Triumphzug
des POMPEIUS über den König MITHRIDA-
TES VI. EUPATOR im Jahre 61 v. Chr. /24/.
Über den Adamas-Diamanten schrieb PLINIUS
im 37. Buche folgendes /25/:

*„Den höchsten Wert, nicht nur unter den
Edelsteinen, sondern unter allen den Menschen
bekannten Dingen, hat der Adamas, der lange nur*

Königen, und von diesen nur sehr wenigen, bekannt war. So wurde ein ‚Goldknoten' genannt, der in Bergwerken gefunden wurde, wenn auch nur ganz selten, als Begleiter des Goldes, und der auch nur im Gold zu entstehen schien. Die Alten glaubten, daß er nur in Äthiopien in Bergwerken zwischen dem Heiligtum des Merkur und der Insel Meroe (eine Insel im Nil im nördlichen Sudan) gefunden werde; sie behaupteten, daß man ihn nicht größer als einen Gurkensamen und ähnlich in der Farbe finde.

Jetzt kennt man sechs Arten: Die erste ist die indische, die nicht im Gold entsteht und einige Verwandtschaft zum Bergkristall besitzt, da sie sich nicht in ihrer durchscheinenden Farbe und durch den sechsspitzigen Aufbau ihrer glatten Flächen (von ihm) unterscheidet; sie ist jedoch, was uns umso mehr erstaunt, an zwei entgegengesetzten Seiten zugespitzt, wie wenn zwei Kegel (unklare Ausdrucksweise; gemeint ist wohl die Doppelpyramide) an ihrer Grundfläche miteinander verbunden wären; sie (die Diamanten) sind von der Größe einer Haselnuß. Diesem ähnlich ist der arabische Diamant, nur ist er kleiner und entsteht ähnlich.

Die übrigen (Arten) zeigen die hellgraue Farbe des Silbers und kommen nur im allerfeinsten Golde vor. Sie werden auf dem Amboß geprüft und widerstehen den Hammerschlägen so sehr, daß das Eisen nach beiden Seiten auseinanderspringt und der Amboß selbst zerbirst. Überhaupt ist seine Härte unbeschreiblich und gleichzeitig ist er feuerbeständig und kann niemals in Glut gesetzt werden, woher er auch seinen Namen erhalten hat. Die Übersetzung des griechischen Wortes ist: ‚unbezwingbare Kraft'. Eine von diesen Arten nennt man ‚kenchros', weil sie groß ist wie ein Hirsekorn, eine andere (Art) mazedonisch, weil man sie in einer Goldmine bei Philippi (Bergwerk im östlichen Makedonien) findet; diese gleicht Gurkensamen. Außer diesen (Arten) gibt es noch den zyprischen, weil dieser (Adamas) auf Zypern gefunden wird, der sich zur Farbe des Kupfers hinneigt, aber in seiner Kraft als Medizin, von der ich später sprechen will, am wirksamsten ist. Nach diesem ist der Siderites einzuordnen, der wie Eisen glänzt und schwerer ist als die übrigen Arten, aber von ganz andersartiger Natur, denn

er zerspringt unter den Hammerschlägen und kann mit einem anderen Diamanten durchbohrt werden, was auch bei dem zyprischen der Fall ist; kurzum: beide sollte man demnach für falsch halten, sie haben Wert nur wegen ihres Namens."

Was ich in allen diesen Büchern zu zeigen versucht habe über Zwietracht und Freundschaft der Stoffe – die Griechen nennen es Antipathie und Sympathie – kann man jetzt nirgends deutlicher erkennen, als wenn nämlich diese ‚unüberwindliche Kraft' (der Adamas), diese Verächterin der gewaltigsten Dinge der Natur, des Feuers und des Eisens, mürbe gemacht und endlich zerstört wird durch Bocksblut, jedoch nur, wenn es noch frisch und warm ist, und auch nur so durch viele Hammerschläge, daß er (der Adamas) selbst dann noch außerdem ausgezeichnete Ambosse und eiserne Hämmer zerbricht. Welcher Kopf hat dies erfunden oder durch welchen Zufall wurde das entdeckt? Oder welche Mutmaßung hat eine Sache von solch außerordentlichem Wert in Zusammenhang gebracht mit dem stinkigsten aller Tiere? Eine solche Entdeckung stammt sicher von den Göttern und das alles ist ein Geschenk, und man darf in keinem Teil der Natur nach dem Grund fragen, sondern nur nach dem Willen! Wenn es glücklich gelingt, den (Adamas) zu zerbrechen, zerfällt er in so kleine Stückchen, daß man sie kaum erkennen kann. Diese sind bei den Steinschneidern begehrt und werden in Eisen gefaßt, weil man damit jeden noch so harten Körper leicht durchbohren kann.

Der Adamas ist dem Magneten so feindlich, daß er, neben diesen gelegt, nicht zuläßt, daß das Eisen angezogen wird, oder, wenn der in der Nähe befindliche Magnet es schon erfaßt hat, es (seinerseits) an sich reißt und (wieder) wegnimmt.

Der Adamas besiegt auch die Gifte und macht sie unwirksam, er vertreibt Wahnsinn und verjagt törichte Ängste aus dem Herzen; deswegen haben ihn manche ‚Bezwinger' (Anancites) genannt. Metrodoros aus Skepsis sagt, und das als Einziger, soweit ich beim Lesen gefunden habe, er komme (auch) in Germanien vor, auf der Insel Basilia, auf der es auch den Bernstein gibt, und diesen Adamas setzt er über den arabischen. Daß dies falsch ist, wer könnte das bezweifeln?"

Wieviel von diesem Text PLINIUS aus den verlorengegangenen Steinbüchern, insbesondere den
Schriften seines Zeitgenossen XENOKRATES
/26/ übernommen hat, läßt sich dadurch nachprüfen, daß HIERONYMUS (um 347 bis
419/20) in seinem Kommentar zum Propheten
AMOS wörtlich aus dessen Schriften zitiert:

*„Laßt uns nun zur anagogischen Erklärung über-
gehen, und zwar nach XENOKRATES, der über
die Natur der Steine und Gemmen schreibt, indem
wir seine wenigen Worte hierher setzen: Der sogenannte Diamant ist ein Stein, den wir im
Lateinischen indomitus (unbezwingbar) nennen
können, deswegen, weil er von keinem anderen
Stoff, nicht einmal vom Eisen bezwungen wird.
Denn wenn er auf einen Amboß gelegt und dem
harten Schlag eines Hammers ausgesetzt wird, erhalten eher der Amboß und der Hammer Scharten,
als daß der Diamant zerstört wird. Und, obwohl
das Feuer alles bezwingt und alle Metalle zerstört, läßt es den Diamanten als den festeren (unbeschädigt), so daß auch die Gewalt der größten
Hitze nicht einmal die kleinste Ecke beschädigt.*

*Ich sah auch im Gold den Adamas von der Größe
eines Hirsekorns. Und wenn auch das benachbar-
te Gold durch langen Gebrauch und außerordent-
liches Alter verzehrt wird, wird allein der Adamas
nicht abgerieben und keine Feile kann ihn an-
greifen, sondern im Gegenteil, er reibt die Feile ab,
und was er auch berührt, zeichnet er mit
Kratzern.*

*Dieser härteste und unbezwingbare Stein wird
allein durch das Blut von Ziegenböcken aufgelöst,
und in das warme Blut gebracht, verliert er seine
ganze Festigkeit. Er ist klein und unscheinbar, hat
Eisenfarbe (blaßbläulich) und den Glanz des
Bergkristalls. Vier Arten des Adamas werden beschrieben; Als erste die indische, als zweite die arabische, als dritte die mazedonische und als vierte
die zyprische, je nach ihrer Herkunft besitzen sie
mehr oder weniger Härte. Er soll auch wie das
Elektrum (sc. eine natürliche Gold-Silber-
Legierung oder Bernstein) Gift abschwächen und
Zauberkünste abwehren. "*

Noch einmal kommt PLINIUS im gleichen
Buch an einer anderen Stelle auf den „Adamas"
zurück, wenn er von der Steinschneidekunst

spricht /31/: „Der Unterschied (zwischen den
verschiedenen Steinarten) ist so groß, daß die
einen mit einem Eisenwerkzeug nicht graviert
werden können, die anderen hingegen nur mit
einem stumpfen Eisen, alle aber mit dem
Diamanten."

Literatur

/1/ M. Manilius, Astronomica, Buch IV, Vers 923/26, her-
ausgegeben von G.P. Goold, Leipzig 1985, S. 112. - /2/
C. W. King, The Natural History, Ancient and Modern, of
Precious Stones and Gems, and of Precious Metals,
London 1865, S. 19/20. - /3/ E. Steiner, Der internationa-
le Diamantenmarkt, Betriebswirtschaftliche Forsch. des
Wirtschaftsverkehrs Heft 4, Wien 1933, S. 1. - /4/ S.H.
Ball, A Roman Book on Precious Stones, Los Angeles
1950, S. 256. - /5/ Vgl. T. Lucretius Carus, De Rerum
Naturae Libri VI, Buch 2, Vers 444/9, hrsg. von W.E.
Leonhard, S. B. Smith, Madison 1965, S. 354: „Basalt?". -
/6/ T. Lucretius Carus, De Rerum Naturae, ed. by W.H.D.
Rouse, The Loeb Classical Library, London-Cambridge
Mass., 1975, S. 130. - /7/ Ambrosius Macrobius
Theodosius, Saturnalia II, 4, 12, ed. Willis, Leipzig 1963,
S. 145. - /8/ W. Jones, Crowns and Coronations, London
1883, S. 333. - /9/ Flavius Josephus, Aniquitates
Judaeorum, Buch 15, 104, in: R. Marcus, Josephus Bd. 8,
The Loeb Classical Library, London-Cambridge Mass.,
1963, S. 50/1. - /10/ Plutarchos, Vitae Parallelae,
Antonius, Kap. 50, 4; 54, 3, 5 in: B. Perrin, Plutarch's
Lives, Bd. 9, The Loeb Classical Library, Cambridge
Mass.-London 1950, S. 254/5, 260/3. - /11/ Appianus,
Bellum Civile, Buch V, Kap. 14, 145 in: Appian's Roman
History, Bd. 4, ed. H. White, The Loeb Classical Library,
London-Cambridge Mass. 1955, S 616/7. - /12/ Cassius
Dio Cocceianus, Romanorum Historiae Libri, Buch
XLIX, Kap. 40, 4 in: E. Cary, Dio's Roman History, Tome
V, The Loeb Classical Library, London-Cambridge Mass.
1955, S. 422/3. - /13/ C. Plinius Secundus, Naturalis
Historiae Libri XXXVII, Buch 1, 17 in: R. König,
G. Winkler, C. Plinius Secundus der Ältere, Naturkunde,
Lateinisch und Deutsch, Bd. 1, München 1973, S. 14/5. -
/14/ C. Andresen, H. Erbse, Lexikon der Alten Welt,
Stuttgart-Zürich 1965, Spalte 2376. - /15/ W.Buchwald,
A. Hohlweg, O. Prinz, Tusculum-Lexikon. Hamburg
1974, S. 412/3. - /16/ O. Schaaber, Jahreshefte Archäolog.
Inst. Wien 51 (1976/77) 85/105. - /17/ H. Knoll,
A. Locher, R. Mauterer, H. Newesely, F, Preusser
P. Rosumek, R. Rottländer, O. Schaaber, G. Schulze,
G. Strunk-Lichtenberg, H. Vetters, Arch.
Eisenhüttenwesen 51 (1980) 487/93. - /18/ G. Oeh-
michen, Plinianische Studien zur geographischen und
kunsthistorischen Literatur, Erlangen 1880, S. 85/7. -
/19/ C. Plinius Caecilius Secundus, Epistularum Libri X,
Buch 3, Brief 5, lateinisch-deutsch herausgegeben von
H. Kasten, 5. Aufl., München-Zürich 1984, S. 136/43. -
/20/ F. Münzer, Beiträge zur Quellenkritik der
Naturgeschichte des Plinius,. Berlin 1897, S.1(5). -
/21/ C. Julius Solinus, Collectanea Rerum Memorabilium,
herausgegeben von Th. Mommsen, Berlin 1895, S. 193/4. -
/22/ S. Tolansky, The History and Use of Diamond,

London 1962, S. 17/20; J. Roy. Soc. Arts 109 (1931) 743/61, 744/6. - /23/ G. Agricola, De Natura Fossilium Libri X, Epistola, in: Opera Omnia, Basel 1556, S.163/380, 164. - /24/ C. Plinius Secundus, Naturalis Historiae Libri XXXVII, Buch 6, herausgegeben von P. Semi, Pisa 1978, S. 2339. - /25/ C. Plinius Secundus, Naturalis Historiae Libri XXXVII, Buch 37, Kap. XV, 55/61, in: Pliny, Natural History, Vol. X; ed. by D.E. Eichholz, The Loeb Classical Library, London-Cambridge Mass. 1962, S. 206/211. - /26/ K. Kutlien, in: dtv-Lexicon der Antike, Philosophie, Literatur, Wissenschaft Bd. 4, München 1970, S. 355. - /27/ Der Kommentar des Hieronymus zum Propheten Amos gehört zu seinen Kommentaren zu den sogenannten kleinen Propheten und wurde von M. Adriaen kritisch ediert: Commentarii in prophetas minores (Osee, Ioelem, Amos, Abdiam, Ionam, Michaeam hrsg. von M. Adriaen = Corpus Christianorum Series Latina Bd. 72). Das Xenokrates-Fragment findet sich in Buch 3, Kap. 7, 7-9. Vgl. hierzu auch B. Höhmann, Der Amos-Kommentar des Eusebius Hieronymus, Münster 2002, S. 265-270; *vgl. S. 21.* - /28/ Aelius Spartianus, De Vita Hadriani 3, 7 in: E. Hohl, Scriptores Historiae Augustae, Bd. 1, 5. Aufl., Leipzig 1971, S. 5; in: D. Magie, The Scriptores Historiae Augustae, Bd. 1, London-Cambridge Mass., 1943, S.8/11. - /29/ Cassius Dio Cocceianus, Epitome Historion 53, 30 in: U.P. Boissevain, Cassii Dionis Cocceiani Historiarum Romanarum, quae supersunt, Bd. 2, 2. Aufl., Berlin 1955, S. 355. - /30/ M. Valerius Martialis, Epigrammaton Libri, Liber V., 11 in: W.C.A.Kev, Martial Epigrams, Vol. 1, Cambridge Mass.-London, 1946, S. 302/3.- /31/ C. Plinius Secundus d. Ä., Naturkunde, Lateinisch-deutsch, Buch XXXVII, Kap. 200 (hrsg. von R. König in Zusammenarbeit mit J. Hopp), Zürich 1994, 134.

Die Adamas-Arten des PLINIUS und ihre späteren Deutungen

Wie aus dem oben angeführten Text erkennbar ist, hat schon PLINIUS selbst Zweifel an der Identität aller hier von ihm unter Adamas-Diamant aufgezählten Stoffe erkennen lassen; er zeigt dies besonders durch eine deutliche, meist völlig übersehene Aufteilung in der Aufzählung der Stoffe: Erst spricht er von dem, was die Alten unter dem Wort verstanden haben, dann gibt er die aktuelle zeitgenössische Auffassung bekannt, schließlich weist er auf Stoffe hin, die offenbar nur den Namen Adamas tragen, und endet mit einer als falsch erkannten Angabe über das Vorkommen des Steins.

Indessen wurde in der Literatur der folgenden Jahrhunderte, stets mit Bezug auf PLINIUS und ohne die Gliederung zu erkennen, der Text meist in seiner Gesamtheit, gelegentlich aber auch nur in Teilen, übernommen und zu verstehen ver-

sucht. Um was für Stoffe es sich bei den einzelnen Namensträgern ursprünglich gehandelt hat und als was sie interpretiert wurden, soll hier kurz verfolgt werden bis zu der Zeit, als die, wie es scheint, erstmals, noch vorsichtig von ULISSE ALDROVANDI /27/, etwas später eindeutig von R. de BERQUEN /6/ ausgesprochene Meinung sich durchgesetzt hat: „Was die Gegenwart angeht, macht man nicht mehr diese plinianische Unterscheidung, weil es nämlich davon (sc. von dem Diamanten) nur eine Art gibt." U. ALDROVANDI /27/ schienen die antiken Arten unbekannt und er glaubte die „echten" dadurch kennzeichnen zu müssen, daß sie die „Tinktur" annehmen *(vgl. Kap. „Das Färben des Diamanten", S. 225ff).*

Die Art der Alten

Von dem ungeheuer wertvollen und dazu sehr seltenen Adamas sagt PLINIUS zunächst, was früher nur über ihn bekannt war: „So wurde ein ‚Goldknoten' genannt, der in Bergwerken gefunden wurde, wenn auch nur ganz selten, als Begleiter des Goldes, und auch nur im Gold zu entstehen schien. Die Alten glaubten, daß er nur in Äthiopien in Bergwerken zwischen dem Heiligtum des Merkur und der Insel Meroe gefunden werde; sie behaupteten, daß man ihn nicht größer als einen Gurkensamen und ähnlich in der Farbe finde." Diese Art der Alten, die nur in Äthiopien vorkommen solle, trug den lateinischen Terminus „auri nodus", wörtlich „Goldknoten". Dieser Terminus beschreibt eigentlich nur eine, allerdings wirklich „älteste" der „Arten im Golde", die wir bereits bei Platon kennengelernt haben /30/ *(vgl. S. 16ff).*

Die zeitgenössischen Arten

Der indische Diamant

„Jetzt kennt man vor allem sechs Arten: Die erste ist die indische, die nicht im Gold entsteht und einige Verwandtschaft zum Bergkristall besitzt, da sie sich nicht in ihrer durchscheinenden Farbe und durch den sechsspitzigen Aufbau ihrer glatten Flächen (von ihm) unterscheidet, sie ist jedoch, was uns sehr umso mehr erstaunt, an zwei entgegengesetzten Seiten zugespitzt, wie wenn zwei Kegel an ihrer Grundfläche miteinander verbunden wären; sie (die Diamanten) sind von der Größe einer Haselnuß." Damit dürfte wirklich der Diamant aus Indien beschrieben sein, wenn man von den Übersetzungsmöglichkeiten des lateinischen *angulus* = „Winkel", „Ecke", „Spitze" eine der beiden letzten auswählt, und das Staunen über das Auftreten einer Doppelpyramide auch als deutliche Unterscheidung von dem zum Vergleich herangezogenen Bergkristall anerkennt, eine Ansicht, die auch J. F. Healy /25/ vertritt. Außerdem dürfte damit die vielfach geäußerte Meinung, PLINIUS habe hier den Quarz beschrieben, wie sie etwa J.-E. HILLER /26/ noch vertrat, endgültig als falsch erwiesen sein. Indien wird in der Folgezeit stets als Herkunftsland des Diamanten genannt. Ob er aber in den Fällen, in denen der indische Diamant in der mittelalterlichen Literatur allein, ohne die anderen plinianischen Formen, genannt wird, wie etwa von BARTHOLOMAEUS ANGLICUS im Jahre 1240 /17/, als der einzige wirkliche Diamantstein betrachtet worden ist, oder nur als Hauptvertreter, läßt sich nicht abschätzen.

Der arabische Adamas

„Diesem ähnlich ist der arabische Diamant, nur ist er kleiner und entsteht ähnlich." Auch hier dürfte es sich wirklich um echte Diamanten gehandelt haben, die ihre Benennung von ihrem letzten, der Antike erkennbaren Herkunftsland, das irrtümlich als Ursprungsland betrachtet wurde, erhalten haben. M. PINDER /19/ ist der gleichen Ansicht und weist darauf hin, daß auch der Zimt zur Zeit des Kaisers AUGUSTUS die gleiche, aber falsche Herkunftsbezeichnung getragen habe. Er fühlte sich bestätigt durch die Tatsache, daß SOLINUS (3. Jh. n. Chr.) in seinem Auszug aus dem Werk des PLINIUS den arabischen Diamanten nicht mehr erwähnt. Doch ist die Echtheit des arabischen Diamanten fast regelmäßig nicht erkannt worden; so steht bei MARBOD, dem Bischof von Rennes, der sein Werk in den Jahren 1067 bis 1081 verfaßt haben dürfte, Erstaunliches über den arabischen Diamanten /8/: „Der Araber bringt einen Adamanten anderer Art zu Tage: nicht so unüberwindlich, denn er wird ohne (Bocks)blut zerbrochen. Auch ist sein Glanz nicht diesem

(sc. aus Indien) gleich, und man kann ihn zu einem geringeren Preis haben, wenn er auch höheres Gewicht und übermäßige (gegen die Haselnuß) Größe hat." Hier dürfte MARBOD wohl einiges durcheinander geraten sein! Dies gilt auch für das Werk des ARNOLDUS SAXO (13. Jh.) /18/: Für ihn ist die arabische Adamas-Art „viel weicher und dunkel". Ähnlich schrieb auch JOHN MANDEVILLE in seinem fiktiven Reisebericht (14. Jh.) /15/. Im Vergleich mit dem indischen wird der arabische Diamant als „not so good" und „more tender" geschildert. Ausführliches findet sich in einem spanischen *Steinbuch* eines unbekannten Verfassers aus dem 15. Jh. (Brit. Mus. HS Add. 21245) mit folgendem Text /29/: „Arabien bringt Diamanten einer anderen Art hervor, nicht so harte, die ohne Bocksblut zerbrochen werden können. Ihr Glanz ist nicht dem des ersten (indischen) gleich, er ist zu haben für einen geringeren Preis, obgleich er mehr wiegt und bedeutend größer ist."

Für GEORG AGRICOLA (1494 bis 1555), den Begründer der Mineralogie, kommt der arabische (Diamant) ebenfalls nur im allerbesten Golde vor. In der posthumen Ausgabe seines Gesamtwerks /3/ ist sogar von einem Diamanten aus Skythien die Rede. Ein moderner Übersetzer des zitierten Werkes *De Natura Fossilium*, dem auch die Originalausgabe des Jahres 1546 zur Verfügung stand /30/, machte darauf aufmerksam, daß es sich dabei um den arabischen Diamanten handelt, weil das Wort „Scyticus" nur in der posthumen Werkausgabe von 1558 vorkomme. Der Herausgeber ist also möglicherweise der Erste, der an einem Vorkommen des Steins in Arabien Zweifel anmeldet. Erst später wird dies deutlicher ausgedrückt: Laut J. RUSKA /20/ hat ANSELMIUS BOETIUS de BOODT in seiner *Gemmarum et Lapidum Historia* festgehalten, es habe NICOLAUS MONARDES, der im 16. Jh. in Sevilla wirkende spanische Arzt, geschrieben, niemals habe er je etwas von arabischen Diamanten gehört oder gesehen, und darum auch die Meinung ausgesprochen, wenn es sie gäbe, würden die Türken, die den größten Teil der indischen Diamanten aufkauften, diese nicht so sehr begehrt haben. Doch irrte de BOODT in der Angabe seiner Quelle: Die war in Wirklichkeit das Werk über indische Medikamente des

portugiesischen Arztes GARCIA da ORTA, der
von 1533 bis 1563 als Leibarzt des portugiesischen Vizekönigs in Goa gelebt hat.

Die übrigen Arten im Golde

Sie alle kennzeichnet PLINIUS folgendermaßen: „Die übrigen (Arten) zeigen die hellgraue
Farbe des Silbers und kommen nur im allerfeinsten Golde vor. Sie werden auf dem Amboß geprüft und widerstehen den Hammerschlägen so
sehr, daß das Eisen nach allen Seiten auseinanderspringt und der Amboß selbst zerbirst.
Überhaupt ist seine Härte unbeschreiblich und
gleichzeitig ist er feuerbeständig und kann niemals in Glut versetzt werden, woher er auch seinen Namen erhalten hat. Die Übersetzung des
griechischen Wortes ist: ‚unüberwindliche
Kraft.‘" Daß diese Arten mit dem an erster Stelle
genannten „Adamas der Alten" identisch sind,
blieb dem antiken Autor erstaunlicherweise verborgen. Über das Wesen dieser Adamas-Arten ist
bereits im Kapitel über den platonischen Adamas
berichtet worden *(vgl. S. 16).* Einer der wenigen
Gelehrten, die bemerkten, daß es sich bei diesem
Adamas nicht um einen Stein handeln kann, war
H. O. LENZ /10/, der in seiner *Mineralogie der
alten Griechen und Römer* sagt: „Die silberbleichen
Sorten sind keine wahren Diamanten."

Unterart: Cenchros

„Eine von diesen Arten (sc. des silberfarbenen
Adamas) nennt man ‚cenchros‘, weil sie so groß
ist wie ein Hirsekorn." Das griechische Wort
kenchros bedeutet Hirsekorn, ist also eine reine
Größenangabe des „Adamas im Gold". Als solche wird das Wort auch meist interpretiert, so
beispielsweise von ANDREAS CAESALPI-
NUS /1/ oder H. O. LENZ /10/. BÖCKH hat in
seiner großen Abhandlung *Über die Silber-
bergwerke der Athener* /2/ untersucht, ob dem
Wort nicht noch eine besondere, metallurgische
Bedeutung zukomme, etwa im Sinne einer
Schlacke, doch blieb auch ihm keine Möglichkeit
einer anderen Interpretation als die einer einfachen Größenangabe. Er hatte im übrigen im
Jahre 1788 in J. G. SCHNEIDER /11/ einen
Vorgänger, dem es bei seinen Interpretations-
versuchen ähnlich ergangen ist.

Unterart: Der mazedonische Adamas

„ ... eine andere (Art) mazedonisch, weil man sie
in einem Bergwerk bei Philippi findet. Diese
gleicht Gurkensamen." Ob der Vergleich mit
dem Gurkensamen sich auf die Größe oder das
Aussehen beziehen soll, ist unklar, in jeden Falle
bleibt sie unverständlich. Diese, auch eine
„Adamas-im-Gold"-Art, ist, wohl um den
Steincharakter zu wahren, von M. PINDER /19/
im Jahre 1829 als der Bergkristall angesprochen
worden, wie er in Banato bei Marmoros gefunden wird. H. O. LENZ /10/ vermutete, wohl aus
dem gleichen Grunde, es handele sich hier um
den „Citrin" (Goldtopas). Anders dagegen ältere
Interpreten: Bei dem bereits erwähnten MAR-
BOD /8/ findet man überraschend: „Die vierte
Adamas-Art liefert die Eisen-Grube in Philippi
und sie hat die Eigenschaft, Eisen anzuziehen."
Diese Version übernahm dann THOMAS von
CANTIMPRÉ /14/ im 13. Jh. Er betont, daß
dieser Diamant in großen Stücken vorkommt, eisenfarben ist und ohne Bocksblut zerbrochen
werden kann und legt ihm alle Eigenschaften des
Magnetsteins zu *(vgl. Kap. „Die Magnetlegende",
S. 133-139).* ARNOLDUS SAXO (13. Jh.) /18/
sprach von einem *genus ferrarium,* einer „aus dem
Eisenbergwerk stammenden Art", die viel weicher und dunkel sei. Ebenso schrieb in der Mitte
des 13. Jh. VINCENTIUS BELOVACENSIS
/21/: „in der Eisengrube, welche bei Philippi ist"
- *in ferraria que philipiis,* während KONRAD
von MEGENBERG /22/ in völligem
Mißverstehen übersetzte: „zu Ferrara". In einem
spanischen Steinbuch eines unbekannten
Verfassers des 15. Jh. (HS. Add. 21245 British
Museum London) /23/ wird als vierte
Diamanten-Art die aus „Ferrara de Filipo" sogar
ausführlich beschrieben. Wie es zu der
Verwechslung von *Philippico auro* = philippisches
Gold" und *ferraria vena Philippis* =
Eisenbergwerk in Philippo und der Gleich-
setzung mit dem Magneteisenstein gekommen
ist, muß wohl im Dunkel bleiben. Nach J.
RUSKA /20/ hat ANSELMUS BOETIUS de
BOODT gegen den mazedonischen Diamanten
den gleichen Einwand aus der gleichen Quelle
gegen den arabischen erhoben *(vgl. S. 61).*

„Außer diesen (Arten) gibt es noch den zyprischen, weil dieser (Adamas) auf Zypern gefunden wird, der sich zur Farbe des Kupfers hinneigt, aber in seiner Kraft als Medizin, von der ich später sprechen will, am wirksamsten ist. Nach diesem ist der Siderites einzuordnen, der wie Eisen glänzt, und schwerer ist als die übrigen Arten, aber von ganz andersartiger Natur, denn er zerspringt unter den Hammerschlägen und kann mit einem anderen Diamanten durchbohrt werden, was auch bei dem zyprischen der Fall ist; kurzum: beide sollte man demnach für falsch halten, sie haben Wert nur wegen ihres Namens."

Dieser Adamas wird schon früh als Magnetstein interpretiert, so von ALDHELM im 7. Jh. /13/ *(vgl. Kap. „Die Magnetlegende", S. 133-139).* Im 11. Jh. kennzeichnet ihn MARBOD von Rennes /9/, kurz als magnetisch, und auch im 13. Jh. weist ALBERTUS MAGNUS ausdrücklich auf seine magnetischen Eigenschaften hin /16/: „Aber der zyprische (Adamas) ist viel weicher und dunkel. und, was vielen wunderbar erscheint, wenn er einem Magnetstein gegenübergestellt wird, vereint er sich mit dem Magnet und erlaubt ihm nicht, noch Eisen anzuziehen." Für seinen Zeitgenossen THOMAS von CANTIMPRÉ aber ist erstaunlicherweise die Ortsangabe „Zypern" unverständlich /14/. Nach J. RUSKA /20/ hat später ANSELMUS BOETIUS de BOODT gegen die Existenz zyprischer Diamanten den gleichen oben *(vgl. S. 61)* erwähnten Einwand aus der gleichen Quelle wie gegen den arabischen und mazedonischen vorgebracht, ihn also als ein Phantasieprodukt erklärt. In neuester Zeit ist er übrigens von J. F. HEALY /25/ als „hydrous sodium aluminium silicate" angesprochen worden. Andere, den Steincharakter des Zyperndiamanten eher wahren wollende Deutungen tauchen in der Moderne auf: Bei seinen Überlegungen, ob in der Antike schon Diamantpulver verwendet worden sei, machte im Jahre 1822 Hofrath HIRTH /7/ darauf aufmerksam, daß PLINIUS den Gebrauch des aus Zypern stammenden Schmirgels genau kenne, der von ihm *naxium* genannt werde. Aus der Beschreibung des zyprischen Diamanten hielt er es für nicht unwahrscheinlich, daß das Naxium aus dem Pulver oder den Splittern dieser Art des zyprischen Diamanten bestanden habe /7/. H. O. LENZ /10/ interpretiert die Farbangabe ganz anders und meinte, der himmelblaue zyprische Adamas könne Saphirquarz sein, eine Meinung, die von J.-E. HILLER /26/ übernommen wurde. Für echten Saphir hielt ihn F. CORSI /28/. Auch M. PINDER /19/ will die Steinqualität des zyprischen Diamanten wahren: Er ist, wie schon ULISSE ALDROVANDI, der Zeitgenosse von G. AGRICOLA, der sich dabei auf RUSCE-LIUS berief /27/, der Meinung, es handele sich um den bei Paphos auf Zypern anzutreffenden Bergkristall, der noch in der Neuzeit als Baffa-Diamant weiterlebe. *(vgl. Kap. „Falsche, alchemistische und künstliche Diamanten", S. 111ff).* Dagegen hielt ihn wohl A. CAESALPINUS /1/ für ein Erz, er bemerkte nur: „Nach diesen ist der zyprische Diamant zu nennen, zur Farbe des Erzes hin neigend, aber in der Medizin der wirksamste." Er zitiert dann weiter die Zweifel des PLINIUS und fügt schließlich seine eigene Ansicht zu: „Ich bin der Meinung, der zyprische (Adamas) ist einer der dem Diamanten ähnlich kristallisierenden Pyriten."

Die Angaben des PLINIUS über den Siderites (das Wort ist abzuleiten von dem griechischen σίδηρος = Eisen) veranlaßten GEORG AGRICOLA (1494 bis 1555) zu einer kritischen Bemerkung; er schrieb von diesem „Adamas" nämlich /3/: „Welcher aber Eisenglanz besitzt, wird Siderites genannt; über dessen Herkunftsort sagt PLINIUS nichts aus." Er hat dabei allerdings übersehen, daß PLINIUS an anderer Stelle noch einmal den Siderites nennt /9/, nämlich da, wo er ausführlich über den Magnetstein spricht; dort sagt er vom Eisen: „Es wird nämlich dieser alle Dinge bezwingende Stoff (Eisen) vom Magnetstein angezogen und rennt, ich weiß nicht, in was für eine Leere, und springt, wenn er näher kommt, sogar hoch, wird festgehalten und hängt in einer Umarmung fest. Darum nennt man ihn mit einem anderen Namen Siderites, manche auch Herkulesstein."

Und dann zählt er hier nicht interessierende Fundorte auf. Eine klare, dem Siderites die Diamant-Eigenschaft absprechende Erklärung hat ANDREAS CAESALPINUS (1519 bis 1603) gegeben, der nach Wiederholung der

antiken Angaben erläuterte /1/: „Den Siderites
(findet man) in Eisenbergwerken, in der gleichen
Art kristallisiert (*angulosum* = spitzig), beide werden aber nicht als Edelstein betrachtet." Ganz
anderer Ansicht war GEORG FABRICIUS
(1516 bis 1571), der am Diamant-Charakter des
Siderites festhielt. Er schrieb /5/, sich auf antike
Quellen stützend: „Vom Eisen erhielt der Edelstein Siderites den Namen, wie es bei SUIDAS im
Lexikon steht; daß aber dieser Stein derselbe ist
wie der Adamas, wird aus PLUTARCH offenbar,
der sagt, daß der Adamas bei den Indern Siderites,
bei den Ägyptern „Os Hori" genannt werde."

Ähnliches, aber mit ganz anderer Begründung,
wurde 200 Jahre später wieder versucht. In dem
weitverbreitete Werk des schwedischen
Mineralogen JOHANN GOTTSCHALK
WALLERIUS (1709 bis 1785) mit dem Titel
Mineralsystem fügt der Übersetzer des Werkes
ins Deutsche, NATHANAEL GOTTFRIED
LESKE, in seiner Erweiterung der Angaben über
die Farben des Diamanten hinzu: „Man hat auch
bläulich spielende, die von den Alten, ihrer
Stahlfarbe wegen, Siderites genannt werden"
/12/. H. O. LENZ /10/ hielt den Siderites überraschenderweise für Zinkblende.

Der Beiname Anancites

„Der Adamas besiegt auch die Gifte und macht
sie unwirksam, er vertreibt Wahnsinn und verjagt
törichte Ängste aus dem Herzen, deswegen haben
ihn manche ‚Bezwinger' (Anancites; zu griechisch ἀναγκάζω = bezwingen) genannt." Auf
diesen, als veraltet gekennzeichneten gelegent-
lichen Beinamen des Diamanten, ging nur
GEORG AGRICOLA /3/ insofern ein, als er
kommentarlos die PLINIUS-Stelle zitierte. Es
muß unklar bleiben, wie sein Zeitgenosse,
der Bologneser Medizinprofessor ULISSE
ALDROVANDI (1520 bis 1605) bei seiner Zusammenfassung der Synonyme des Steins zu der
abweichenden Formulierung kommt: „Von manchen wird er Anachites oder Anchites genannt,
wobei der Namen abzuleiten ist von (griechisch)
ἄγχος, was (lateinisch) *angor* = Angst bezeichnet, da beim gemeinen Volk die Meinung bestanden hat, daß durch Tragen des Diamanten einge-
bildete Furcht- und Angstzustände verhindert
würden. Überhaupt wird er ‚Versöhnungsstein'

genannt, weil man sagt, daß durch diesen Stein
Streitereien niedergeschlagen würden und die
Gattenliebe gestärkt."

Die Insel Basilia

„METRODORUS aus Skepsis (wahrscheinlich
der Jüngere, 1. Jh. v. Chr.) sagt, und das als
Einziger, soweit ich beim Lesen gefunden habe,
er komme auch auf der germanischen Insel
Basilia /31/ vor, auf der es auch den Bernstein
gibt, und diesen Adamas setzt er über den arabischen. Daß dies falsch ist, wer könnte das bezweifeln?" Die Begründung für die uns überraschende Nachricht des METRODORUS weiß
M. PINDER /19/ zu geben: Sie sei nicht verwunderlich, weil man in der Antike der Meinung
war, daß sowohl Bernstein als auch (gut) kristallisierte Steine nur durch Kälte entstünden und
daher am ehesten im Norden zu finden seien. Als
Beweis aus der Antike zitierte er DIONYSIOS
PERIEGETES /24/, einen griechischen Dichter
aus der Zeit des Kaisers HADRIAN (reg. 117 bis
138): „Von ihnen findet man nahe dem bespülten
Ufer des gefrorenen Meeres den honigfarbenen
Bernstein mit dem Glanz des aufgehenden
Mondes und den leuchtenden Adamas sammelt
man hinter dem Gebiet der in der Kälte lebenden
Agathyrsen /32/."

Literatur

/1/ A. Caesalpinus, De Metallicis. Buch 2, Kap. 20,
Nürnberg 1602, S. 100/1 (Erstausgabe 1596). - /2/ A.
Böckh, Abhandl. Phil.-Hist. Klasse Kgl. Preuß. Akad.
Wiss. 1814/1815, Berlin 1818, S. 85/140, 105/6. - /3/
G. Agricola, De Natura Fossilium Libri X, Buch 6 in:
Opera, Basel 1558, S.280. - /4/ G. Agricola, De Natura
Fossilium Libri X, Die Mineralien, deutsch von
G. Fraustadt, Berlin 1958, S. 158. - /5/ G. Fabricius, De
Metallicis Rebus ac Nominibus Observationes Variae et
Eruditae, Zürich 1565, S. 26v/27r. - /6/ R. de Berquen,
Les Merveilles des Indes Orientales et Occidentales ou
Nouveau Traité des Pierres Précieuses et des Perles, Paris
1661, S. 18. - /7/ Hirth, Über die griechische Bildkunst, 5.
und 6. Abschnitt in: C.A. Bötticher, Amalthea oder
Museum der Kunstmythologie und bildenden
Alterthumskunde, Bd. 2, Leipzig 1822, S. 3/18, 9. - /8/
MARBOD von Rennes, Liber de Lapidibus seu de
Gemmis, Buch 1, Vers 34/7, 39 in J.M. Riddle, Marbod of
Rennes' De Lapidibus, Sudhoffs Archiv Beiheft 20,
Wiesbaden 1977, 1/144, 36. - /9/ C. Plinius Secundus,
Naturalis Historiae Libri XXXVII, Buch 36, Kap. 16, 126
in: D.E. Eichholz, Pliny, Natural History, Bd. 10,
London-Cambridge Mass, 1962, S. 100. - /10/ H.O.
Lenz, Mineralogie der alten Griechen und Römer, Gotha
1861 (Neudruck Wiesbaden 1967) S. 163/4. - /11/ J.G.
Schneider, Analecta ad Historiam Rei Metallice Veterum,

Trajecti ad Viatrum, 1788, S. 4/5. - /12/ F.G. Wallerius, Mineralsystem, deutsch von N.G. Leske, Theil 1, Berlin 1781, S. 322/6 (lateinische Erstausgabe Stockholm 1772). - /13/ Aldhelmus, Aenigmatum Liber, 2. Aenigmata Pentasticha 8, De Magnete Ferrifero in: J.-P. Migne, Patrologiae Cursus Completus, Series Secunda, Tomus 89, Paris 1830, Spalte 186. - /14/ Thomas Cantimpratensis, De Natura Rerum nach Ms Rawlinson D 358 (15. Jh.) aus: Joan Evans, Magical Jewels in the Middle Ages and Renaissance particulary in England, Oxford 1922, S. 91/2. - /15/ Jehan de Mandeville, Travels, Chapter XVII in: M. Letts, Mandeville's Travels, Texts and Translations, Vol. 1, London 1953, S. 114/5. - /16/ Albertus Magnus, De Mineralibus et Rebus Metallicis, Buch 2, Traktat 2, Kap. 1, Köln 1569, S. 118/20. - /17/ Bartholomaeus Anglicus, De Proprietate Rerum, Buch 2, Kap. 9, De Adamante, Nürnberg 1492, unpaginiert. - /18/ E. Stange, Die Encyclopädie des Arnoldus Saxo in: Beiträge zum Jahresbericht des Königl. Gymnasiums zu Erfurt 1905/6, Erfurt 1906, S. 69. - /19/ M. Pinder, De Adamante Commentatio Antiquaria, Berlin 1829, S. 46/50. - /20/ J. Ruska in: Festschrift Hermann Baas in Worms zum 70. Geburtstag, Hamburg, Leipzig 1908, S. 129. - /21/ Vincentius von Beauvais, Speculum Naturale, Liber de Natura Rerum, Venedig 1494 fol. 87r laut Lit. /23/. - /22/ Konrad von Megenberg, Buch der Natur, hrsg. von F. Pfeiffer, Stuttgart 1861, S. 18 laut Lit. /23/. - /23/ K. Vollmöller, Ein spanisches Steinbuch, Heilbronn 1880, S. 2/4. - /24/ Prisciani Periegesis Vers 318/21, in Geographi Graeci Minores, hrsg. von C. Müller, Paris 1861 (Nachdruck Hildesheim 1965), S. 192. - /25/ J.F. Healy, Interdisciplinary Sci. Rev. 8 (1981) 166/80, 172/4. - /26/ J.-E. Hiller, Arch. Geschichte Math. Naturw. Technik 13 (1930) 358/402. - /27/ U. Aldrovandi, Musaeum Metallicum, Buch 4, Kap. 78 De Adamante, Bologna 1648, S. 945/51, 946. - /28/ F. Corsi, Delle Pietre Antiche, 2. Aufl., Rom 1833, S. 270. - /29/ K. Vollmöller, Ein spanisches Steinbuch, Heilbronn 1880, S. 2/4. - /30/ Allein B. LAUFER /30/ ist in seiner großen Untersuchung über den Diamanten in China von einem so bedeutenden indischen Handel nach dem Westen überzeugt, daß er meint, beim äthiopischen Adamas habe es sich um echte indische Diamanten gehandelt; vgl. B. Laufer, The Diamond, Field Museum of Natural History, Publ. 184, Anthropological Ser. 15 Nr. 1, Chicago 1915, 1/75 , 45 Fußnote 3. - /31/ Nach M. Ihm in: G. Wissowa, Paulys Realencyclopädie der classischen Altertumswissenschaft, 5. Halbband, Stuttgart 1897/8, S. 42/3 sind Basilia und Baltica zwei der vielen Benennungen für die von dem griechischen Entdeckungsreisenden Pytheas aus Marseille (4. Jh. v. Chr.) im Norden Europas entdeckte, Bernstein liefernde, nicht eindeutig zu identifizierende Insel. - /32/ Nach W. Tomaschek in: G. Wissowa, Realencyclopädie der classischen Altertumskunde, Bd. 1, Stuttgart 1894, S. 764/5, sind die Agathyrsen ein von den Skythen so benannter thrakischer Volksstamm, nördlich der Donau bis in die Karpathen hinein wohnend, von den Römern später Daker genannt. Von Claudius Ptolemaeus (2. Jh.) wurde ihr Wohnsitz ganz willkürlich in den äußersten Norden Europas verlegt. Dies und die Tatsache, daß der im 4. Jh. lebende römische Historiker Ammianus Marcellinus in seinem Geschichtswerk (Buch 21, 8, 31) große Adamas-Vorkommen bei den Agathyrsen erwähnt, dürfte für H. BLÜMNER, Technologie und Terminologie der

Gewerbe und Künste bei Griechen und Römern, Bd. 3, Leipzig 1884, S. 229/33/, 232, bei der damaligen Überschätzung ihres Umfangs die Veranlassung zu der Vermutung gewesen sein, die Antike habe bereits die Diamantvorkommen des Urals gekannt.

DER DIAMANT IN DER ANTIKEN CHRISTLICHEN LITERATUR

Den christlichen Autoren der Antike ist das Wissen ihrer heidnischen Umgebung über den Diamanten geläufig, sie erschließen uns sogar durch ihre Zitate sonst verlorene Quellen. Oft geben sie allerdings nur uns schon Bekanntes weiter, so bringt denn auch einer der größten Kompilatoren, ISIDOR von Sevilla (560 bis 636), in seinen *Origines sive Etymologiae* /1/, auf PLINIUS und SOLINUS fußend, alles der Antike über das Wort „Adamas" Bekannte wieder, so die indische Herkunft des Steines, die Namensgebung wegen der Härte sowie sein Verhalten zum Magneten und die anderen bekannten Mären. Bereits der *Physiologus* /2/ aus dem 2. oder 3. Jh. n. Chr., der vor allem Tiere (z.B. Adler, Löwe), aber auch Pflanzen (die Maulbeerfeige, der Baum Peridexion) und Steine schildert, erwähnt den Diamanten und deutet ihn symbolisch-allegorisch *(siehe die Abbildungen 5 auf S. 53 und 6) /2/:*

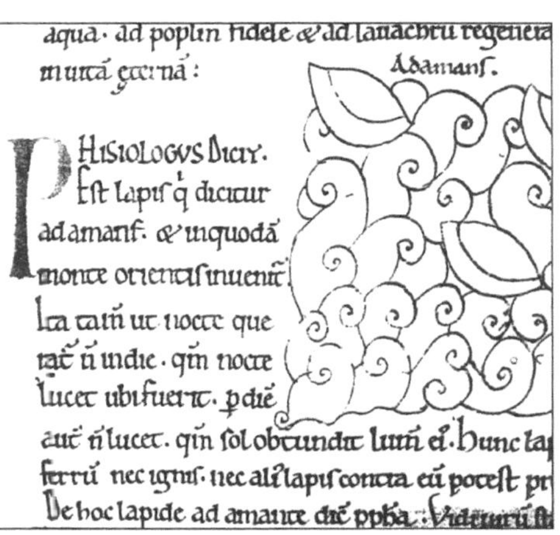

Abbildung 6
Das Bild zeigt eine Illustration zum Diamantkapitel aus dem Physiologus in einem mittelalterlichen Bestiarium aus dem 12. Jh. (Bodleian lib, Laud misc 247 f. 164v).

„32. Vom Diamanten. Der Physiologus hat vom diamantenen Stein gesagt, er werde gefunden im Morgenland; nicht gefunden aber wird er am Tage, sondern in der Nacht. Adamas, der Unbezwingliche, wird er genannt, weil er alles bezwingt, selbst aber von nichts bezwungen wird. Auch mein Herr JESUS CHRISTUS richtet über alles, selbst aber wird er von niemandem gerichtet (1 Kor 2, 15). Er selbst nämlich hat gesagt: Welcher unter euch kann mich einer Sünde zeihen? (Joh 8, 46). Und Aufgang ist sein Name (Sach 6, 12); und wiederum: Es wird ein Stern aus Jakob aufgehen (4. Mose 24, 17); und: Denen, die im Finsteren sitzen, ist ein Licht aufgegangen (Matth 4, 16; Jes 9, 2). Alle nun die heiligen Propheten und Apostel hatten ihren Aufgang gleich dem Diamanten, und in den Prüfungen gaben sie nicht nach, sondern harrten tapfer aus und wurden nicht überwunden.

Ist auch ein Stein, Adamas genannt, denn er wird nicht mit dem Eisen geschnitten, noch mit dem Meißel geformt, ja selbst nicht vom allverzehrenden Feuer geschmolzen, sondern allein durch das Blut eines Bockes darum, daß dieses heißer ist als jegliches andere Blut, wird die Starre und Unnachgiebigkeit dieses Steines erweicht. Aber man sucht ihn zur Nachtzeit, und er wird im Bereich der aufgehenden Sonne gefunden. Warum aber und um weswillen wurde diesem Dinge diese widersprüchliche Art verliehen? Damit, so einer befunden wird, daß er der göttlichen Botschaft und Christi Lehre von Herzen glauben möchte, aber wider seinen Willen sich nicht überzeugen kann, dennoch auch er das Geheimnis ohne Skrupel annehmen mag, im Hinblick auf eben diesen Adamas. Denn in der Nacht wurde auch der Herr aller, Christus, im Lande des Aufganges, in Bethlehem, gefunden als ein Mensch nach unserer Art. So ist er auch unüberwindlich jeder Gewalt; denn wie vielerlei Anschläge haben Herrschende, Könige und Machthaber wider ihn geschmiedet, aber sie alle haben ihr Ziel verfehlt; wie einem Diamanten haben sie zugesetzt, und sämtlich wurden sie als machtlos entlarvt. Daß aber der Diamant ein deutliches Gleichnis Christi ist, dafür vernimm auch das Wort des Propheten Amos, der da spricht: Siehe, ich werde den Adamas legen in die Mitte meines Volkes Israel, und die Altäre des Lachens werden zerstört und die Weihen Israels werden in Verbannung und Einöde verjagt werden (Amos 7, 8). Nun merke darauf, ob nicht ebenso durch den an Kraft unüberwindlichen Christus die Altäre der Götzenbilder zerstört und die Weihen Israels allenthalben verödet wurden mit Ausnahme dieses großen Christus, unbesiegbar an Kraft. Er aber, der allem anderen überlegen befunden wurde, wird durch das warme Blut, wie der Adamas, gebeugt, und dies ist offenbar, seitdem der Herr selber zu den Söhnen des Zebedäus, als diese zu ihm kamen und um den Sitz zu seiner Rechten und zu seiner Linken baten, sprach: Könnt ihr den Kelch trinken, den ich trinke? (Mk 10, 35/8; Matth 20, 20/2). Jedoch auch der große Paulus hat eben dies kundgetan, indem er also sprach: Denn ihr habt noch nicht bis aufs Blut widerstanden wider die Sünde (Hebr 12, 4). Vom warmen Blute also wird darnach, gleich dem Diamanten, auch der unbesiegliche Christus besiegt, und seine selbsteigenen Eingeweide werden aufgelöst, und dadurch wird ihm das Königtum des Himmels zuteil.“

Noch ein weiteres Kapitel behandelt den Diamanten:

„42. Vom starken Diamantstein. Es gibt noch eine andere Eigenart des starken Diamantsteines: Dieser nämlich fürchtet weder das Eisen, daß es ihn schneide, noch das Feuer, daß es ihn brenne, noch nimmt er des Rauches Geruch an. Wenn er sich im Haus befindet, so gehet dort weder ein böser Geist ein noch wird irgend ein Übel darin befunden, und der Mensch, der über ihn verfügt, besiegt jegliche teuflische Macht. Der Diamant ist unser Herr Jesus Christus. Wenn du also ihn hast in deinem Herzen, wird dir nichts Übles jemals widerfahren.“

Die Prüfung des Diamanten auf seine Echtheit zwischen Hammer und Amboß schildert ORIGENES (2./3. Jh.), der bedeutendste Gelehrte frühchristlicher Zeit /4/. Ferner erwähnt CLEMENS von Alexandrien (2. Jh.) /5/ die Härte des Diamanten als ein beispielhaftes Naturphänomen, in das die Anhänger des BASILEIDES (Basilianer, Gnostiker im 2. Jh.) als gnostische Ergründer der Naturgeheimnisse eingedrungen seien /6/. GREGOR von Nazianz (4. Jh.) beschäftigte sich in einem Gedicht /7/ mit den verschiedenen Eigenschaften von

Magnet und Diamant. Der eine besitzt Anziehungskraft, der andere verbreitet Glanz, besonders im Wasser. Unter Hinzuziehen der übrigen antiken Kenntnisse vom Diamanten fragt dann später KOSMAS von Jerusalem (8. Jh.) in seinem Kommentar zu GREGORs Werk /8/, worin die natürlichen und naturwidrigen Eigenschaften des Steines eigentlich bestünden.

Wie sehr das Wunderbare beim Diamanten das Staunen der Christen des Altertums erregte, zeigt der Kirchenlehrer AUGUSTINUS (354 bis 430). Er bemerkt zur Widerstandskraft und Härte des Steines /9/, daß wiederholte Erfahrung die Wirkung nicht mehr so groß erscheinen lasse. Das habe er oft selbst beobachtet, während er von anderen Experimenten, z.B. von der Wirkung des Magnetsteins durch eine Silberplatte hindurch und der Verhinderung der Magnetwirkung durch einen daneben liegenden Diamanten, nur vom Hörensagen berichten könne; die Inder, die diese Mineralien liefern, wundern sich nach AUGUSTINUS darüber längst nicht mehr.

Die magischen Kräfte des Diamanten spielen durch die christliche Spätantike hindurch bis ins Mittelalter lange Zeit eine Rolle. In seiner lateinischen Umdichtung der Erdbeschreibung des DIONYSIUS PERIEGETES (2. Jh.) fügte der aus Mauretanien stammende, in Konstantinopel lehrende PRISCIANUS (6. Jh.) wohl auf SOLINUS basierend, einige Verse über die Heil- und Schutzkraft des Diamanten gegen Wassersucht und Vergiftungen hinzu /10/. Der Name des Diamanten, Adamas (= der Unbezwingliche), wurde in der Gnosis auf die unterschiedlichsten Gestalten ihrer religiösen Vorstellungswelt übertragen. So kennt die gnostische Schrift *Pistis Sophia* (3. Jh.) den Adamas als großen Tyrannen und Herrscher der Steinmächte, die gegen das Licht Krieg führen /11/, er wird dort neben SABAOTH genannt. In der gnostischen Sekte der Ophiten wird in den Hymnen ein weiblich gedachter Mensch, der neben dem Menschensohn steht, als Adamas verehrt /11/. Daß man dabei aber auch an einen Stein dachte, zeigt die gnostische Erklärung des bei HOMER /12/ als Ruheplatz der Seelen Gestorbener beschriebenen

„Felsens": „damit meint HOMER den Adamas, dieser ist der Eckstein, den ich in die Feste Sion einfügen werde"; (vgl. dazu Jeremia 28, 16; Psalm 117,22). Dieser Adamas gilt auch als „innerer Mensch" /11/. Der „obere Adamas" wird nach der „Naasenerpredigt" Schlußstein des aus „beseelten Steinen" erbauten Sion /13/. In seiner Unerweichbarkeit durch Leiden und Lüste wird der wahre Christ von CLEMENS von Alexandrien /5/ mit dem Diamanten im Feuer verglichen. Die durch die Namensetymologie zum Ausdruck gebrachte Bedeutung des Diamanten machte es den Christen möglich, ihn als Sinnbild der Festigkeit und Härte im guten wie im schlechten Sinne auf Gestalten und Gegenstände ihres Vorstellungskreises zu übertragen. Nach dem Amoskommentar des HIERONYMUS entsprechen die Eigenschaften des Diamanten dem Herrn und Heiland selbst /14/. Als stärksten Diamanten bezeichnet HIERONYMUS /14/ den Apostel Petrus, weil nach Matthäus 16, 18 die Pforten der Hölle nichts gegen ihn vermögen. Wenn ORIGENES von EUSEBIUS von Cäsarea (260 bis 340) den Beinamen „Adamantios" erhielt /15/, sollte er wohl mit dem Diamanten verglichen und nicht als der „Stählerne" bezeichnet werden. Die „Mauer", auf der nach Amos 7, 8 der neue Mensch steht, bedeutet nach HIERONYMUS /14/, der *murum adamantinum* übersetzt, Gottes Apostel und Heilige. Im gleichen Zusammenhang wird das den Diamanten auflösende Bocksblut gedeutet: Der Bock steht sinnbildlich für die Natur und die Hitze seines Blutes für die Lust. Die Härte des Diamanten ist für AMBROSIUS (4. Jh.) Maßstab für die Widerstandskraft DANIELs in der Löwengrube /16/. Die Gläubigen sind nach ZENON von Verona (4. Jh.) besser als Diamanten /17/. Der Diamant - als „lebender Stein" - versinnbildlicht später in einer anonymen Biographie des heiligen Abtes WALRICUS /18/ Israels Hohenpriester. Unter Verwendung der Überlieferung von der Prüfung des Diamanten zwischen Amboß und Hammer vergleicht HIERONYMUS /19/ mit diesem Vorgang den Menschen in der Versuchung; dabei stellt er fest, daß niemand wissen könne, ob er als Diamant erfunden werde. Wie von einem diamantenen Siegelstein geprägt soll nach

JOHANNES CASSIAN (360 bis 430) /20/ der Charakter des Menschen sein. Der Diamant wird aber auch als Sinnbild für unmenschliche Härte herangezogen: So wird an ihm die steinerne Herzenshärte des Pharao und die Verstockung der Juden nach Hieronymus /22/ verdeutlicht. Nach gnostischer Vorstellung gibt es unter den sieben Himmelskreisen als dritten einen diamantenen, der zwischen dem hyazinthenen und dem malachitenen Himmel genannt wird, so daß man wohl nicht an einen stählernen zu denken braucht. Der Griffel, mit dem nach Jeremia 17, 1 Judas Sünden in die Herzen des Volkes geschrieben sind, wird in der Wiedergabe des HIERONYMUS /21/ zum Diamantstift. Die Jeremiastelle verwendet auch AMBROSIUS /23/. Die Kenntnis der Eigenschaften der Steine empfiehlt AUGUSTINUS ausdrücklich /24/: „Die Unkenntnis der Dinge erzeugt aber dunkle, figürliche Redeweisen, wenn wir Eigenschaften von Lebewesen, Steinen, Pflanzen oder anderen Dingen nicht kennen, die meistens wegen irgendeines Vergleichspunktes in der Hl. Schrift angeführt werden. ... Denn sogar die Kenntnis des Karfunkelsteines, der im Finstern leuchtet, erhellt viele dunkle Stellen in den Büchern, wo auch immer er wegen eines Vergleichspunktes angeführt wird; die Unkenntnis von Beryll oder Diamant verschließt sehr oft die Tore des Verständnisses ...“

Auch bei christlichen Dichtern wird der Adamas erwähnt, doch ist nicht immer klar, ob tatsächlich der Diamant oder Stahl gemeint ist. Von einem *adamas* als Siegelstein zum Abschluß eines Unterweltpaktes redet DRACONTIUS, Anwalt und Dichter in Karthago (5. Jh.) /25/. VENANTIUS FORTUNATUS (6. Jh.) /26/ läßt die unglückliche GELESMINTHA in ihrem Klagelied von einem „diamantenen Felsen" reden, den sie sich anstelle der sie freigebenden Pforten wünschte; an einer anderen Stelle, nach der Aufzählung verschiedener Edelsteine, worin auch der Diamant genannt wird, lobt VENANTIUS FORTUNATUS die westgotische BRUNHILDE in Spanien als einen neuen Edelstein. In der Lebensbeschreibung des heiligen HILARIUS nennt VENANTIUS FORTUNATUS /27 den Heiligen *adamantinus arte topazos*, wobei nicht ganz klar ist, in welcher Weise der Topas *adamantinus* sein soll. Schließlich spricht VENANTIUS FORTUNATUS /28/ vom Teufel als dem „diamantharten (oder stählernen) Feind". In einem in Prosa gehaltenen Bittbrief an PROCULUS, den Bischof von Marseille, fleht APOLLINARIS SIDONIUS (5. Jh.) den erzürnten Vater um Milde für seinen Sohn an und sagt unter anderem, er möge nicht länger „härter als der unzerschneidbare Diamant" sein /29/. Der Spanier HYDATIUS, Bischof von Aquae Flaviae und Fortführer der Chronik des heiligen HIERONYMUS, rühmt den heiligen HIERONYMUS als großen Kirchenlehrer und dabei besonders, daß er die pelagianische Häresie mit dem „stählernen (oder diamentenen?) Hammer der Wahrheit" zerschlagen habe /30/.

Literatur
Diesem Kapitel liegt der Artikel von A. Hermann /13/ zugrunde.

/1/ Isidor von Sevilla, Etymologiarum sive Originum Libri XX, Buch 16, De Lapidibus et Metallis, Kap. 13, 2, hrsg. von W.M. Lindsay, Oxford 1911 o.S. - /2/ Die Kapitel über den Diamanten sind bereits in der von F. Sbordone ermittelten ersten Redaktion in unterschiedlichen Varianten überliefert; vgl. Physiologus, Kap 32, Kap. 42, hrsg. von O. Seel, Zürich-Stuttgart 1960, S. 28/30, 39. Neuere Literatur: H. Schneider, Das Ibis-Kapitel im Physiologus, in: Vigiliae Christianae 56 (2002) 151-2002; O. Schönberger, Physiologus, Stuttgart 2001; rezensiert von H. Schneider in: Göttinger Forum für Altertumswissenschaft 2002, 1019-1034. - /3/ Die Auffindung zur Nachtzeit im Osten findet sich ähnlich bei EPIPHANIUS aus Judäa, Bischof von Constantia auf Zypern im 4. Jh., über den Karfunkelstein. Vgl. Epiphanius aus Judäa, De XII Gemmis Rationalis Summi Sacerdotis Hebraeorum Liber, De Lapide Carbunculo in: J.-P. Migne, Patrologiae Cursus Completus, Series Graeca, Tams LXIII, Paris 1858, Spalte 331. - /4/ Origenes, Homilia in Jeremiam III laut Hieronymus, Translatio Homiliarum Origenis in Jeremiam in: J.-P. Migne, Patrologiae Cursus Completus, Series Latina, Tomus XXV, Paris 1884, Spalte 607B. - /5/ Titus Flavus Clemens Alexandrinus, Stromateis, Buch 7, 67, 8 laut Lit. 13. - /6/ Basileides, Fragmente in: W. Völker, Quellen zur Geschichte der christlichen Gnosis, Tübingen 1932 in: Sammlung ausgewählter kirchen- und dogmengeschichtlicher Quellenschriften 5, 1932, 38/57. - /7/ Gregor von Nazianz, Carminum Liber I, Poemata Theologica, Sectio II, Poemata Moralia, Vers 371/3 in: J.-P. Migne, Patrologiae Cursus Canpletus, Series Graeca, Tomus CXXVII, Paris 1857, Spalte 624A. - /8/ Kosmas Hieropolitanus, Commentarii in Sancti Gregorii Nazianzeni Carmina Vers 584 in: J.-P. Migne, Patrologiae Cursus Completus, Series Graeca, Tomus XXXVIII, Paris

1858, Spalte 643. - /9/ Aurelius Augustinus, De Civitate Dei 21, 4, in: Corpus Scriptorum Christianorum, Ser. Lat., Bd. 48, 4. Aufl. Turnholt 1955, S. 763. - /10/ Priscianus, V. 1063f, in: Poetae Latini Minores Bd. 5, hrsg, v. A Baehrens, Leipzig 1883, S. 311. - /11/ H. Leisegang, Die Gnosis, 4. Aufl., Stuttgart 1955, S. 375, 252. - /12/ Homer, Odyssee 24, Vers 6/8. - /13/ A. Hermann, Reallexikon für Antike und Christentum, hrsg. von Th. Klauser, Bd. 3, Stuttgart 1957, 955/65, 960. - /14/ Der Kommentar des Hieronymus zum Propheten Amos gehört zu seinen Kommentaren zu den sogenannten kleinen Propheten und wurde von M. Adriaen kritisch ediert: Commentarii in prophetas minores (Osee, Ioelem, Amos, Abdiam, Ionam, Michaeam hrsg. von M. Adriaen = Corpus Christianorum Series Latina Bd. 72). Zur Interpretation des Diamanten benutzt Hieronymus ein Xenokrates-Fragment in Buch 3, Kap. 7, 7-9. Vgl. hierzu auch B. Höhmann, Der Amos-Kommentar des Eusebius Hieronymus, Münster 2002, S. 265-270, *siehe S.21*. - /15/ Eusebius, Kirchengeschichte, hrsg. von E. Schwartz, VI,14, Leipzig 1955, S.235. - /16/ Ambrosius, De Helia et Ieiunio 7, 20 in: Corpus Scriptorum Ecclesiasticorum Latinorum, Bd. 32, Tl. 2, Wien 1897, S 423. - /17/ Zenon, Tractatus (= Corpus Christianorum Series Latina 22 hrsg. von B. Löftstedt) II, 6, Turnhout 1971, S. 170. - /18/ Du Cange, Glossarium Mediae et infimae Latinitatis, Bd. 1, Neue Ausgabe D.P. Cartentier, G.A.L. Henschel 1833, (Neudruck Graz 1954), S. 69/70. - /19/ Hieronymus, Translatio Homiliarum Origenis in Jeremiam, homilia XIV in: J.-P. Migne, Patrologiae Cursus Completus, Ser. Latina, Tomus XXV, Paris 1884, Spalte 683B. - /20/ Johannes Cassianus, Conlationes 6, 2 in: Corpus Scriptorum Ecclesiasticorum Latinorum, Bd. 17, Wien 1888, S. 172. - /21/ Origenes, homilia in Jeremiam XII nach Hieronymus, Translatio Homiliarum Origenis in Jeremiam in: J.-P. Migne, Patrologiae Cursus Completus, Series Latina, Tomus XXV, Paris 1884, Spalte 683. - /22/ Hieronymus, Commentariorum in Zachariam Prophetam Libri II, Buch 2, Kap. 7, 8 (= Corpus Christianorum Series Latina 76A hrsg. von M. Adriaen),Turnhout 1970, S. 805. - /23/ Ambrosius, Apologia David Altera, 12, 66 in: Corpus Scriptorum Ecclesiasticorum Latinorum Bd. 32, Tl. 2, Wien 1897, S. 404. - /24/ Aurelius Augustinus, De Doctrina Christiana, Buch 2, Kap. 16, übersetzt von K. Pollmann, Stuttgart 2002, S. 66f. - /25/ Blossius Aemilianus Dracontius, De Laudibus Dei, Romulea, Carmen 10, 482 in: Poetae Latini Minores Bd. 5, S. 209 laut Lit. /13/. - /26/ Venantius Fortunatus, Carmina, VI, 5, 105/7 in: F. Leo, Venanti Honori Clementiani Fortunati Opera Poetica, Monumenta Germaniae Historica, Auctores Antiquissimi Tomus IV, 1, Berlin 1885, S. 139. - /27/ Venantius Fortunatus, Vita Hilarii cap. 6, 1. 100 in: B. Krusch, Venanti Honori Fortunati Opera Pedestria, Monumenta Germaniae Historica, Auctores Antiquissimi Tomus IV, 2, Berlin 1885, S. 300. - /28/ Venantius Fortunatus, Vita Sancti Martini Liber I, 136 in: F. Leo, Venanti Honori Clementiani Fortunati Opera Poetica, Monumenta Germaniea Historica, Auctores Antiquissimi Tomus IV, l, Berlin 1885, S. 392. - /29/ C. Sollius Apollinaris Sidonius, Epistulae 4, 23, 2 in: Monumenta Germaniae Historica, Auctores Antiquissimi 8, 74, 12. -

/30/ Hydatius, Fasti Hydatiani in: Monumenta Germaniae, Auctores Antiquissimi. Bd. 9, Berlin 1892, 197/247; Bd. 11, Berlin 1894, S. 1/369.

DIE WERTSCHÄTZUNG DES ADAMAS IN DER ANTIKE

Der moderne Leser mit seinem Wissen um die Schönheit wohlgeschliffener Diamanten pflegt die Bemerkung des PLINIUS über den Wert des Diamanten: „Den höchsten Wert unter allen menschlichen Gütern, nicht nur unter den Edelsteinen, hat der Diamant…" zu überlesen. Er findet sie in Erinnerung etwa an die im Tower in London gehüteten Brillanten der britischen Krone geradezu als selbstverständlich. Dabei kann diese hohe Einschätzung des Steines in der Antike keinesfalls auf die Verwendung desselben in Schmuckstücken zurückgeführt werden, da er allenfalls als Naturstein in Fingerringen getragen wurde.

Über einen anderen Schmuck mit einem Diamanten wird in der Literatur nur ein einziges Mal geschrieben und zwar von STATIUS (1. Jh. n. Chr.) in seinem Epos *Thebais* /8/, wo die Herstellung eines kreisförmigen Schmuckstücks aus Smaragden und einem Diamanten geschildert wird. Der Diamant ist dabei nicht ein einfacher Stein, sondern ihm sind eine Reihe von Bildern eingeschnitten. Doch schließt gerade dies nach unserer Kenntnis über die technischen Möglichkeiten der Antike jeden Realismus seiner Schilderung aus. Allerdings ist dieser Effekt wohl vom Dichter auch so intendiert, um den mythischen Ursprung dieses Schmuckstücks hervorzuheben.

Sichtet man die früheren Erörterungen der Frage nach dem Grund der Wertschätzung des Diamanten im Altertum, so erkennt man, wie berechtigt die Mahnung von L. BEUTIN /1/ ist, die Ausdeutung eines Wortes stets nur für die Zeit zu erfassen, die erforscht werden soll. Wohin die Mißachtung dieses so selbstverständlichen Prinzips führt, erkennt man bei H. BLÜMNER, der in Spekulationen verfällt /2/: „Man kann nicht umhin anzunehmen, trotz des Mangels eines bestimmten Zeugnisses, daß die Alten sich darauf verstanden haben, den Diamanten, wenn vielleicht noch unvollkommen, zu schleifen, da der Stein erst so im Stande ist, sein wunderbares Feuer, Farbenspiel, Durchsichtigkeit zu zeigen, sonst wäre die außerordentliche Werthschätzung desselben bei den Alten nicht recht erklärlich, wenn sie ihn nur in ungeschliffenem Zustand gekannt hätten."

Damit unterlegt BLÜMNER den Alten das rationale Denken seiner Zeit. Aber einen Nachweis seiner Vermutung kann BLÜMNER nicht geben und die in der Formulierung so elegante, doch in der Begründung ebenso schwache Behauptung von GOTTHOLD EPHRAIM LESSING (1729 bis 1781), die Alten hätten das Polieren des Diamanten nicht gekannt /3/, kann er nicht widerlegen. So fügte er an anderer Stelle hinzu: „Freilich waren die Diamanten im Alterthum offenbar so selten, daß die meisten Steinschneider nicht häufig werden in die Lage gekommen sein, Diamanten unter ihre Hände zu bekommen; so konnte sehr leicht der Glaube verbreitet sein, daß die besten Diamanten, welche die Römer vielleicht schon fertig hergerichtet vom Orient bekamen, unschleifbar wären und ihren Glanz und Politur von Natur aus hätten."

BLÜMNER verharrt also auf dem Vorurteil, daß nur der geschliffene Diamant eine außerordentliche Wertschätzung erfahren könne, ein Vorurteil, das nach G. LENZEN /4/ bis in die Gegenwart als solches nicht erkannt wurde. Begrenze man „Altertum", „die Alten" auf die früheste Zeit der nachweisbaren römischen und griechischen Kenntnis des Diamanten, mithin auf das 1. Jh. v. Chr., so findet die Voraussetzung BLÜMNERs, die außerordentliche Wertschätzung beruhe auf den optischen Eigenschaften, nicht nur keine Stütze, sondern erweist sich sogar als falsch. Es gibt nämlich keine griechische oder römische Natur beschreibende Quelle, aus der die Erwähnung von „Brillanz, Feuer, Farbenspiel" zu schöpfen wäre. Einer der wenigen antiken Autoren, die den Diamanten offenbar aus eigener Anschauung kannten - wie der oben *(vgl. S. 55)* zitierte Dichter MANILIUS - wundert sich über das Unverhältnis von Größe und Wert. Und noch der späte ISIDOR von Sevilla (560 bis 636), der einzige Autor, der zwischen dem Erscheinen der *Naturalis Historia* des PLINIUS und der

Gemmarum et Lapidum historia des ANSELMUS BOETIUS de BOODT im Jahre 1609 nicht nur das Werk des THEOPHRAST wiedergibt oder kommentiert, sondern eigene Beobachtungen beschreibt, nennt in kaum verhohlenem Erstaunen den Diamanten „klein und unansehnlich" /5/ im Verhältnis zu der außerordentlichen Wertschätzung, die aber zu seiner Zeit schon länger hinter jene des Rubins und der Perle zurückgetreten war. Die Gründe, die in römischer Zeit den Diamanten allen anderen irdischen Gütern in der Wertschätzung vorziehen ließen, sind weder aus den (damals unerkannten) optischen Eigenschaften noch aus der (damals bekannten) physikalischen Eigenschaft der überragenden Härte allein zu erklären, auch nicht aus der Seltenheit seines Auftretens. Geht man nur den Weg des begrifflich Faßbaren, so findet man keine wirklich in allen Punkten befriedigende Erklärung des Phänomens, daß eine unscheinbare, wenn auch härteste bekannte Substanz, in den Rang höchster Wertschätzung aufsteigen konnte. Diese Tatsache wird besser verständlich und erklärbar, wenn sie aus der mythisch-magischen Bewertung des Diamanten bei den Römern ebenso wie bei allen anderen Kulturvölkern verstanden wird. Wie sehr das Irrationale ein Motiv der Wertschätzung war, kommt bei PLINIUS besonders dann zum Ausdruck, wenn mythisch-magische Bewertung, symbolische Deutung und rationale Beobachtungen dicht nebeneinander stehen: Neben der Tatsache der Härte die Bocksblutlegende, das Hammer-Amboß-Märchen und die Magnet-Geschichte.

Wie die rationalen Einwände gegen die genannten Mythen auch immer sein mögen, jedenfalls dürfte man behaupten können, daß hier die Härte des Diamanten magisch-mythisch überhöht wird: Der Diamant wird vorgestellt als derjenige, der alles bezwingt und selbst von niemandem bezwungen wird. Er ist der Adamas, der unüberwindliche Stein. Diese Mythenbildung steht in unmittelbarem Gegensatz zu der Beobachtung, wie sich der Diamant bei der Zertrümmerung verhält: Das zwar außerordentlich harte, doch ebenso spröde Material zerfällt selbst bei leichtestem Schlag in eine Unzahl - infolge der guten Spaltbarkeit nach der Oktaederfläche - scharfkantige Splitter.

Möglicherweise spielte auch die relative Neuheit des Steines zur Zeit des PLINIUS eine Rolle, denn der Dichter TIBULL (1. Jh. v. Chr.) kennt den Diamanten offenbar überhaupt nicht und nennt in einer seiner Elegien /6/ als wertvollste Besitztümer des Menschen das Gold und den grünen Smaragd. In späterer Zeit scheint sich die Wertschätzung und die Seltenheit deutlich gemindert zu haben: Man ist doch etwas überrascht, wenn man bei AUGUSTINUS (354 bis 430) /7/ in seinem Werk *Über den Gottesstaat* erfährt: „Den Diamantstein besitzen bei uns viele, meistens Goldschmiede und Siegelsteinschneider ...", und wir damit über eine etwas größere Bekanntheit und Verbreitung des Steines unterrichtet werden als sie einige hundert Jahre zuvor gewesen sein dürfte; von seiner mythisch-magischen Bedeutung aber hat er nichts verloren. Außerdem fand er mit verschiedenen seiner echten und angedichteten Eigenschaften in vielen Vergleichen Eingang in die frühe christliche Literatur. Doch in der Folge drängen ihn, erkennbar am Verlust der ersten Stelle in der Aufzählung der Steinbücher, der mit dem Niedergang des römischen Reiches verbundene Rückgang des Handels mit dem fernen Orient und die Verknappung des Goldes sowie die Leuchtkraft der billigeren Farbsteine eine Zeitlang in den Hintergrund.

Literatur

/1/ L. Beutin, Einführung in die Wirtschaftsgeschichte, Köln-Graz 1958, S. 36. - /2/ H. Blümner, Technologie und Terminologie Römern, Bd. 3. Leipzig 1884, S. 232, 285. - /3/ G.E. Lessing, Briefe antiquarischen Inhalts, Erster Theil, Zwey und dreißigster Brief, Berlin 1768, S. 245. - /4/ G. Lenzen, Produktions- und Handelsgeschichte des Diamanten, Berlin 1966, S. 22/6. - /5/ Isidor von Sevilla, Etymologiarum sive Originum Libri XX, Buch 16, De Lapidibus et Metallis, Kap. 13, 2, hrsg. von W.M. Lindsay, Oxford 1911 o.S. - /6/ A. Tibullus, Gedichte, Lateinisch und Deutsch, Buch 2, Elegie 4 in: R. Helm, Schriften und Quellen der alten Welt, Bd. 2, Berlin 1958, S. 78/9. - /7/ A. Augustinus, De Civitate Dei, Buch 21, Kap. 4 in: Aurelii Augustini Opera Pars 14, 2, hrsg. B. Dombart, A. Kalb, Turnholt 1955, S. 763. - /8/ P. Papinius Statius, Thebaidos Buch 2, Vers 275/80 in: J.H. Mozley, Statius, with an English Translation, Vol. 1, London-Cambridge Mass. 1955, S. 414/5.

WEGE DES DIAMANTHANDELS IN DER ANTIKE

Im Alten Indien

Da der Diamant schon in der Antike weit von seinem - damals einzigen - Fundort Indien bekannt war, muß es einen, wenn auch gewiß nicht sehr bedeutenden Handel mit dem Edelstein gegeben haben. Doch die Quellen zur Handelsgeschichte des Diamanten im Altertum fließen außerordentlich spärlich.

Es muß aber schon im Alten Indien selbst einen Diamanthandel gegeben haben, denn die Erörterung der Topographie der Produktionsstätten in frühester Zeit - wie sie im *Ratnaparīksa* überliefert sind - *(vgl. Kap. „Der Diamant im Alten Indien", S. 41-46)* brachte Hinweise auf den Golf von Cambaya, auf die Küste von Kalinga und auf die Tiefebene des Ganges. Vergegenwärtigt man sich, daß Kalinga und die Gangestiefebene ihre Bedeutung aus der unmittelbaren Nähe der Fundorte schöpfen, der Golf von Cambaya jedoch trotz seiner ausdrücklichen Nennung als Herkunftsort der Diamanten weitab von jedem der Fundgebiete gelegen ist, so geht man für die Frühzeit des Diamanthandels nicht zu weit mit der Auffassung, hier werde ein bedeutendes Exportzentrum genannt /7/. Dies steht im Einklang mit den Ergebnissen der wirtschaftsgeschichtlichen Erforschung der Orte Somnat, Suppara und Barunsch für den Indienhandel des Abendlandes in hellenistischer Zeit /8/.

Während mit dieser Ortsbenennung das *Ratnaparīksa* als früheste Quelle den Nachweis des Außenhandels ermögliche, meint G. LENZEN /7/, es könne die Erwähnung der Gangestiefebene als Herkunftsgebiet des Diamanten nur eine Vermutung bestärken: Hier nahm die alte „von der Natur vorgezeichnete Straße über das Pundschab und die Hindukuschpässe" /11/ ihren Ausgang, deren Bedeutung für die Übermittlung indischer Diamanten nach Vorderasien und Europa in den Quellen jedoch nicht unmittelbar sichtbar werde.

Manche Behauptungen, für die keine Quellen angegeben werden, die aber von vielen Nachschreibern für absolut gültig betrachtet worden sind, können nicht aufrecht erhalten werden: So die Meinung von M. BAUER /9/, wonach „bis zum zehnten Jahrhundert ... alle in Indien gefundenen Diamanten im Lande blieben"; oder die von K. E. KLUGE /10/, daß Diamanten erst „seit den Zerstörungen Sultan MAHMUDs des GAZNEVIDEN (mit seinen 17 Raubzügen nach Indien in den Jahren 1001 bis 1028)... auch in andere Westländer der Erde verbreitet wurden".

Im Raum der klassischen Antike

Auf dem Weg des Alexanderzugs

Daß in der Antike auf dem Landwege Handelsbeziehungen mit Indien, dem Herkunftsland des für PLINIUS wichtigsten Diamanten, bestanden haben, zumindest seit der Zeit des Indienzuges ALEXANDERs des GROSSEN, ist für W. W. TARN /2/ eine unbestreitbare Tatsache, auch wenn Einzelheiten darüber nicht gegeben werden können. Beweisstücke lassen sich aber doch gelegentlich finden, etwa eine Elfenbeinstatuette der Göttin LAKSCHMI, die in Pompeji gefunden wurde /3/. Außerdem haben nach W. H. McNEILL /15/ Ausgrabungen in Südindien, in der Nähe der heutigen Stadt Pondicherry, ergeben, daß römische Kaufleute dort in der Zeit des Kaisers AUGUSTUS einen Handelsstützpunkt gegründet und etwa 200 Jahre lang besetzt gehalten haben. Einen literarischen Beweis für Beziehungen zwischen dem Mittelmeerraum und Indien liefern die sogenannten *Thomas-Akten*, deren unbekannter, vermutlich syrischer Verfasser den Namen eines indischen Königs GUNDAPHORUS, (1. Jh.) kennt, zu dem der Apostel THOMAS als Zimmermann oder Architekt gewandert sein soll /4/. In der anonym überlieferten im 1. Jh. verfaßten „Rundreise durch das Rote Meer" *(Periplus Maris Erythraei)* wird berichtet, daß man aus Indien nicht nur Gewürze und Elfenbein, sondern auch allerlei durchsichtige Steine und den Adamas und Hyazinth beziehe /20/.

Über Arabien

Die Angaben des PLINIUS über arabische Diamanten, bei denen es sich offenbar um echte Diamanten handelte, werfen, da in Arabien keine Diamantlagerstätten bekannt sind, die Frage auf, ob es nicht noch andere Wege als den bekannten direkten Landweg für die Edelsteine aus Indien zum Mittelmeerraum gab, zumal bekannt ist, daß im 1. und 2. Jh. n. Chr. dieser durch Einfälle der Perser und Mongolen stark behindert war /1/. Die Herkunft dieser arabischen Diamanten aus anderen Lagerstätten als den indischen, etwa aus West- oder Südafrika, ist trotz des regen phönizisch-karthagischen Karawanenhandels mit diesen Gegenden /5/ kaum anzunehmen, obwohl aus der antiken Handelsgeschichte des Goldes nach H. QUIRING /22/ bekannt ist, daß die Phönizier und Karthager sicher auf dem Landwege, später wahrscheinlich auch auf dem Seeweg Tauschhandel mit Westafrika betrieben haben, ferner daß die Römer, wie die Expedition der Feldherrn MATERNUS JULIUS und FLACCUS SEPTIMIUS im Jahre 86 n. Chr. zeigt, Ähnliches versucht haben /23/. Doch ist in den Berichten darüber immer nur von Gold und Sklaven die Rede, Edelsteine, noch weniger Diamanten, werden darin nie erwähnt. Die Steine können nach Arabien nicht nur durch Weitergabe von Stamm zu Stamm auf dem Lande, sondern auch durch eine ähnlich betriebene Küstenschiffahrt gelangt sein.

Für das Bestehen solcher wohl recht umfangreicher Handelsbeziehungen schon zur Zeit SALOMOS, des Königs von Israel und Juda (965 bis 926 v. Chr.) spricht der berühmte Reichtum, nicht nur an Gewürzen und Gold, sondern auch an sicher landfremden Edelsteinen des Volkes der Sabäer, die später durch die Minäer verdrängt wurden und im Süden der Halbinsel, dem heutigen Jemen, lebten. Die berühmte Königin von Saba brachte die genannten Kostbarkeiten bekanntlich /17; 21/ König SALOMO zum Geschenk. Dieser Reichtum war in der ganzen antiken Welt bekannt /18/: Man sprach von der *Arabia felix* („Glückliches Arabien"). E. SPECK /6/ meinte in einem großen Überblick dazu:

„Die vereinzelte Behauptung, daß Araber der Ost- und Südküste etwa um 500 bis 250 v. Chr. den Handel mit Indien durch Küstenfahrt von Stamm zu Stamm, also nicht direkt, vermittelt hätten, wird besonders durch den Reichtum der Sabäer gestützt, der sich aber erklären läßt durch

den gesteigerten Absatz arabischer und äthiopi-
scher Waren im Mittelmeergebiet zu dieser Zeit.
Die Sabäer waren ebenso wenig Seefahrer wie die
Perser; noch im 2. Jh. v. Chr. eigneten sich ihre
Fahrzeuge höchstens zur Überfahrt über den
Arabischen Busen; sie trieben den Handel nach
dem Mittelmeer wie nach dem Euphrat zu Lande,
nach dem letzteren Gebiete allerdings auch von
der Ostküste Arabiens aus innerhalb des Persischen
Busens auch zur See. Selbst die Anregungen durch
die Reisen der Ptolemäer haben die Araber nicht
zu nachweisbaren direkten Fahrten nach Indien
vermocht. Gerade in jenen zweieinhalb Jahrhunderten war dem Strom indischer Waren auf
den Landwegen erst die Perser-, dann die
Seleucidenherrschaft günstig.“

Er fährt fort /6/: „Wie jene Fahrt des SCYLAX
beweist auch die von ALEXANDERs Admiral
NEARCHOS vom Indus nach dem Persischen
Golf durchgeführte die vollständige Unkenntnis
des befahrenen Gebietes; NEARCHOS fuhr
durchweg wie auf einer Entdeckungsreise. Diese
Art der Ausführung seines Auftrags sollte eigentlich genügen, alle Illusionen über frühere
Schiffahrt im Indischen Ozean zu verscheuchen.
Die ausgesandten Seefahrer brachten es nicht fertig, auch nur den Ostrand Arabiens zu erforschen.
Daß ALEXANDER das Scheitern seines Planes
hinnehmen mußte, sollte als Beweis für den völli-
gen Mangel einer ausgedehnteren Seefahrt, sei es
auch nur Küstenfahrt, in den arabisch-persischen
Gewässern gelten. Die Gesandtschaften der
Seleuciden an die Maurya-Fürsten Indiens (321
bis 185 v. Chr.) förderten wiederum den
Landhandel. Von einem Seeverkehr ist nichts zu
vernehmen. Einen solchen beabsichtigte zwar für
Ägypten PTOLEMAIOS PHILADELPHOS
(306 bis 248 v. Chr.), als er den Gesandten DIO-
NYSIUS an BINDARA, den Sohn und
Nachfolger TSCHANDRAGUPTAs, schickte.
Der griechische Geograph STRABO (63 v. Chr.
bis 19 n. Chr.) bezeugt jedoch ausdrücklich, daß
unter den Ptolemäern nur wenige Kaufleute nach
Ägypten zu fahren wagten. Man geht wohl nicht
fehl in der Annahme, daß die direkte Seefahrt erst
emporgekommen sei, seitdem die Parther den
Landhandel vom Osten nach dem Mittelmeer
möglichst hinderten. Vor die Wahl gestellt, auf den

Handel mit den Waren Indiens und Central-
Asiens zu verzichten, oder dieselben auf dem bis
jetzt möglichst gemiedenen Seewege zu beziehen,
überwand man endlich die Scheu vor dem Meere,
lernte durch häufige Wiederholungen die Küsten
des Arabischen Busens und des nördlichen
Indischen Ozeans bis Indien kennen, wurde auf
die Regelmäßigkeit der Monsune aufmerksam, bis
dies HIPPALUS /25/ zur Hochseefahrt zu benutzen wagte. Nunmehr fuhren die Schiffe von
Berenice oder Myoshormus nach Muziris oder
Nelcynda. Es wirkten mehrere Ursachen zusammen, um den Handel Indiens mit dem Westen seit
etwa dem letzten Drittel des 1. Jh. v. Chr. zu der
Höhe zu steigern, die er im Altertum überhaupt
erreicht hat: Die Feindschaft der Parther gegen die
Römer, welche den Landhandel durch das
Euphrat-Gebiet nach Syrien unterbrach, die
Eroberung Ägyptens durch die Römer, deren
Wohlhabenheit seit den Eroberungen zumal
Kleinasiens und Syriens, endlich deren Kenntnis
und Nachahmung des orientalischen Luxus. Die
aber diesen Handel trieben, die Hochseefahrt
wagten, das waren römische Kaufleute. Kaiser
AUGUSTUS erschien der Handel so wichtig, daß
er besondere Unternehmungen ausschickte zur
Vernichtung der arabischen Seeräuber im Roten
Meer. Beachtenswert bleibt, daß auch nach
STRABO die Kaufleute des glücklichen Arabiens
Handel teils mit einheimischen Gewürzen trieben, teils mit denen aus Äthiopien, zu welchen sie
durch die Meerenge mit ledernen Booten schiff-
ten.“

Die Benutzung des direkten Seewegs zwischen
Indien und Afrika wurde vor allem durch das
Auftreten der Monsune ermöglicht /6/. Der
nördliche Indische Ozean ist wie kein anderer
Meeresteil der Erde von Festlandsmassen einge-
schlossen, die im Sommer außerordentlich stark
erwärmt werden. Infolge davon setzt sich die
Luft der nahen kühleren Meere landwärts in
Bewegung, es wehen dadurch im nördlichen
Indischen Ozean von Arabien bis nach
Hinterindien während der Monate Mai bis
September südwestliche Winde. In den
Monaten, in denen die Sonne ihren südlichsten
Stand hat, herrscht im nördlichen Indischen
Ozean der regelmäßige Nordostpassat zur

Ausgleichung der Luftmassen des Südens, also von November bis März. Auf Übergangszeiten und Störungen, die auftreten, kann hier nicht eingegangen werden. Im südlichen Teile des arabischen Busens herrschen von Oktober bis Mai Südwinde, vom Juni bis September Nordwinde. Diese Verhältnisse kannte die Antike bereits im 2. Jh. v. Chr. Wenn DIODORUS SICULUS, der im 1 Jh. v. Chr. schrieb /24/, recht hat, dürfte sogar schon SESOSTRIS III. (1878 bis 1841 v. Chr.) darum gewußt haben, als er eine Expedition nach Indien unternahm: „Dann aber schickte er in das Rote Meer eine Flotte von 400 Schiffen, als erster Ägypter Kriegsschiffe bauen lassend, nahm alle Inseln dieser Gewässer in seinen Besitz und unterwarf sich die am Meere liegenden Randteile des indischen Festlandes; er selbst aber machte sich mit seinen Fußtruppen auf den Marsch und unterwarf sich ganz Asien. Er eroberte nämlich nicht nur das später von dem Mazedonier ALEXANDER besetzte Land, sondern auch das einiger Völker, in deren Land jener nicht eingedrungen war. Er überschritt auch den Ganges und durchzog das ganze indische Land längs des Ozeans.“

Außer den römisch-griechischen Kaufleuten nahmen zu dieser Zeit Inder an diesem Seehandel teil. Nach dem *Periplus Maris Erythraei* (1. Jh. n. Chr.) fuhren Schiffe aus Barygaza nach Ommana in Persien (im Busen von Tschubar), nach den Häfen der Somalihalbinsel westlich und südlich von Kap Guardafui, und es hatten sich auch einige Inder auf Sokotra niedergelassen, während er von indischen Fahrten nach ägyptischen Häfen keine Kunde hat. Beachtenswert ist ferner die Einfuhr von Ommana; es erhielt aus Kane Weihrauch, aus Barygaza auf „großen Schiffen“ Kupfer, Balken vom Teakbaum, runde Pfosten des Maulbeerbaums, außerdem Sandel- und Ebenholz, also aus Indien besonders Schiffbaumaterial, woraus es Schiffe herstellte und nach Arabien verkaufte. Daß den Indern das Erscheinen der römischen Kaufleute willkommen war, beweisen die Gesandtschaften indischer Fürsten an die römischen Kaiser, denen sie Geschenke brachten nebst der wichtigeren Zusicherung, deren Untertanen den Zutritt in jeden Teil ihrer Herrschaft zu gestatten.

Es sind vier solcher Gesandtschaften bekannt, an die Kaiser AUGUSTUS, CLAUDIUS, HELIOGABAL und JULIAN. Nach den Funden römischer Münzen in Indien hat sich der Handel Roms mit diesem Lande vom Ende des 2. Jh. an beträchtlich vermindert. Nach der Teilung des Reiches übernahm Konstantinopel allmählich die Vermittlung. /6/

Ganz übersehen wurde im Zusammenhang mit den Handelswegen des Diamanten in der Antike die Existenz eines Handels zu dieser Zeit mit einer anderen wertvollen Ware, den Korallen, vom Mittelmeer nach Indien, von dem sogar PLINIUS berichtet /12/ (den umgekehrten Weg könnten die Diamanten genommen haben): „So hoch bei uns der Preis für indische Perlen ist … so hoch ist er bei den Indern für Korallen. Sie kommen zwar auch im Roten Meer vor, aber schwärzlicher, ebenso im Persischen Meer …“ Diese Behauptung wird bestätigt durch die Angaben des *Periplus Maris Erythraei*, in dem für den vom ägyptischen Hafen Alexandria ausgehenden Korallenhandel indische Zielhäfen aufgeführt werden /14/ und insbesondere dadurch, daß gezeigt werden kann, daß das Sanskritwort für Koralle vom Namen der ägyptischen Hafenstadt abzuleiten ist /13/.

Daß schon früh, ohne Angabe des Weges, Beziehungen zwischen Ägypten und Indien bestanden haben, weiß ATHENAIOS aus Naukratis /16/ in seinem um 200 n. Chr. verfaßten Werk zu berichten, in dem er ein im 2 . Jh. v. Chr. verfaßtes Werk des KALLIXENOS aus Rhodos zitiert, nach dem PTOLEMAIOS PHILADELPHOS (308 bis 246 v. Chr.) eine Fahrt nach Indien ausrüstete, als deren Zweck nur die Beschaffung indischer Gewürze, nicht aber die von Edelsteinen oder gar Diamanten angegeben wird.

Literatur

Neuere Literatur zu diesem Thema, die K. Rumpf nicht mehr berücksichtigen konnte: A. Dihles großer Indienartikel im Reallexikon für Antike und Christentum; ders. Die Griechen und die Fremden, München 1994; S. Faller, Taprobane im Wandel der Zeit (=Geographica Historica 14), Stuttgart 2000; K. Karttunen, India and the Hellenistic World (Studia Orientalia 83), Helsinki 1997; D.P.M. Weerakkody, Taprobane: Ancient Sri Lanka as known to Greeks and Romans, Turnhout 1997. - /1/ R.E.M. Wheeler, Roman Contact with India, Pakistan and Afghanistan in: Aspects of Archaeology, Essays presented to O.G.S. Crawford, ed. by W.F. Grimes, London 1951, S. 345/73, 346. - /2/ W.W. Tarn, The Greeks in Bactria and India, 2. Aufl. Cambridge 1951, S. 301. - /3/ A. Maiuri, Le Arti 1 (1838/39) 111/5. - /4/ M.R. James A., The Apocryphal New Testament, Oxford 1924, S. 364/438, 366, 371. - /5/ N.J. van der Merwe, The Advent of Iron in Africa in: Th. A. Wertime, J.D. Muhly, The Coming of Age of Iron, New Hawen-London 1980, S. 477/8. - /6/ E. Speck, Handelsgeschichte des Altertums, Bd. 1, II. Abschnitt, § 107/9, Leipzig 1900, S. 192; 194/99. - /7/ G. Lenzen, Produktions-und Handelsgeschichte des Diamanten, Berlin 1966, S. 45. - /8/ W. Heyd, Geschichte des Levantehandels im Mittelalter, Bd. 2, Stuttgart 1879, S. 143. - /9/ M. Bauer, Edelsteinkunde, Leipzig 1896, S. 177. - /10/ K.E. Kluge, Handbuch der Edelsteinkunde für Mineralogen, Steinschneider und Juweliere, Leipzig 1860, S. 203. - /11/ W. Heyd, Geschichte des Levantehandels im Mittelalter, Bd. 1, Stuttgart 1879, S. 9. - /12/ C. Plinius Secundus, Naturalis Historiae Libri XXXVII, Buch 32, 11 in: Pliny, Natural History, Vol. 8, ed. W.H.S. Jones, The Loeb Classical Library, London-Cambridge Mass. 1963, S. 476-9. - /13/ H. Scharfe, Untersuchungen zur Staatsrechtslehre des Kautalya, Wiesbaden 1968, S. 318/9. - /14/ W.H. Schoff, The Periplus of the Erythraean Sea, New York 1912, S. 19. - /15/ W.H. McNeill, Die großen Epidemien, deutsch von J.v. Richthofen, Bergisch-Gladbach 1983, S. 147. - /16/ S.P. Peppinki, Athenaei Deipnosophistarum Epitome, Buch V, 196a/-206d, Tl. 1, Leiden 1937, S. 71/5. - /17/ 3. Buch der Könige, 10, 1/10 in: M. Rehm, Die Bücher der Könige, in: Die Heilige Schrift in deutscher Übersetzung, Echter-Bibel, Bd. 2, Würzburg 1956, S. 170. - /18/ F. Freise, Z. Prakt. Geol. 15 (1907) 101/17, 107/8. - /19/ J.N. Wilford, Internat. Harald Tribune, 23 April 1992, S. 8. - /20/ Anonymus, Periplus Maris Erythraei § 56 in: C. Müller, Geographi Graeci Minores, Bd. 1, Paris 1855, S. 298 (Neudruck Hildesheim 1965); L. Casson, The Periplus Maris Erythraei, Princeton 1989, S. 18f. - /21/ 2. Buch Chronik 9, 1/9 in: M. Rehm, Die Bücher der Chronik in: Die Heilige Schrift in deutscher Übersetzung Echter-Bibel Bd. 2, Würzburg 1956, S. 356). - /22/ H. Quiring, Geschichte des Goldes, Stuttgart 1948, S. 179. - /23/ K. Kayser, Die berühmten Entdecker und Erforscher der Erde, Köln 1956, S. 288. - /24/ Diodorus Siculus, Bibliotheke, Buch 1, 55, 2 in: C.H. Oldfather, Diodorus of Sicily, Bd. 1, Cambridge Mass.-London 1947, S. 192/3. – /25/ Zu Hippalus und der Entdeckung der Direktpassage, die man gelegentlich erst ins 1. Jhd. n. Chr. datiert hat, vgl. A. Dihle, Indien: RAC 18,20.

Der **DIAMANT** im Mittelalter

EINLEITUNG (VON L. HÖDL)

In den Sammelwerken, den Lesebüchern der Kleriker und Prediger im Mittelalter, welche erst später Enzyklopädien heißen, wurden literarische Netze für Informationen alles Lesens- und Wissenswerten gespannt, auch über die Edelsteine und den Diamanten. Diese Informationen über den „Adamas" - über das Altfranzösische im Mittelalter „Diamant" genannt - wurden aus allen möglichen literarischen Quellen gesammelt: aus den (griechischen) Schulschriften des ARISTOTELES und des THEOPHRAST von ERESUS (†287 v. Chr.), der (lat.) Bildungsliteratur des PLINIUS D.Ä. (†79 n. Chr.), des PHYSIOLOGUS (2./3. Jh.), des SOLINUS (3. Jh.) oder aus den Steinbüchern der orphischen Tradition des DAMIGERON. Diese Nachrichten *(legenda)* waren reichlich durchsetzt von mythischen und magischen Elementen. Sie wurden im hohen Mittelalter (13. bis 14. Jh.) zusätzlich angereichert durch die Reiseberichte über die Edelsteinländer von MARCO POLO (1254 bis 1324) und NICCOLO di CONTI (†1469) oder den phantasievollen Reiseroman des JOHN (JEAN) MANDEVILLE (um 1356 entstanden). Die enzyklopädischen Sammelwerke boten Unterweisendes, Unterhaltendes, Interessantes über den Diamanten. Diese Enzyklopädien schrieben: ALBERT von SACHSEN (um 1225), *De finibus rerum naturalium*, BARTHOLOMAEUS ANGLICUS, engl. Franziskaner (†n.1250), *De proprietatibus rerum*, THOMAS von CANTIMPRÉ († ca. 1270), *Liber de natura rerum*, VINZENZ von BEAUVAIS OP (†1264), *Speculum Naturale*, KONRAD von MEGENBERG (†1374), *Liber de natura rerum* (Bearbeitung des Liber von THOMAS von CANTIMPRÉ), HEINRICH von HERFORD OP (†1370), *Catena aurea entium vel problematum*. Diese Nachschlagewerke stehen untereinander in literarischer Abhängigkeit, und leisten auch der Schultheologie und -philosophie notwendigen Informationsservice.

Seit dem 9. Jh. empfingen die Lateiner aus der arabischen Geistes- und Kulturwelt vielfältige Erkenntnisse. Das ps.-aristotelische Steinbuch kam von seinem syrisch-griechischen Ursprung über die Araber zu den Lateinern. In der großen Kosmographie des AL-QAZWĪNĪ (= KHWARIZMI) (†1283) ist das Steinbuch auch medizinische Unterweisung. Für die Araber ist die Philosophie Naturkunde des Menschen; AVICENNA (†1037) war Universalgelehrter, Philosoph und Hofmediziner! Die naturphilosophische Beschäftigung mit den *mineralia* in der Erklärung der *Parva Naturalia*, der kleineren Schriften des ARISTOTELES, hinderte ALBERTUS MAGNUS nicht, auch die „legendären" Inhalte der Diamant-Überlieferung zu berücksichtigen; auch die *legenda* müssen mit dem Wissbaren vereinbar sein. Der Bischof MARBOD von RENNES (†1123) verwirft in seinem Steinbuch die Abschreiberei all des antiken Unsinns - *quam magnum rei publicae literariae damnum ingerunt!* - trotzdem erwähnt er mit dem Diamanten die Bocksblut-Legende.

Die Steinbücher (Lapidarien) und Steingedichte haben das mit Mythos und Magie angereicherte Wissen popularisiert und publiziert: MARBOD von RENNES (†1123), *Liber lapidum seu de gemmis* (auch ins Altfranzösische übersetzt), PHILIPPE de THAON, *Bestiaire* (mit einem Lapidarium am Schluß, zw. 1121-1135 entstanden), HILDEGARD von BINGEN (†1179),

Liber subtilitatum diversarum naturarum creaturarum (Lib. IV *De lapidibus*), VOLMAR, *Das Steinbuch*, ein altdeutsches Gedicht (um 1250).

Ein Legendenkranz hat sich seit der antiken Überlieferung um den Diamant gebildet: die Legende vom Fundort vom fernen Indien bis zum nahen Osten, jene Legende vom Magneten, der durch den Diamanten entkräftet wird, vom Amboß und Hammer, welche dem Diamanten nichts anhaben können, jene von den Goldminen, in denen der Diamant gefunden wird, die Legende vom Bocksblut, das allein den Diamanten durchdringen kann. Die *legenda* sind (im Verständnis der mittelalterlichen Leser) nicht einfach okkulte Legende; sie sind „das unbegreifliche Wort eines Gewährsmannes" wie noch im 16. Jh. der italienische Arzt IULIUS CAESAR SCALIGER die Bocksblut-Legende bezeichnete. Die *legenda* sind das literarische Amalgam der Überlieferung, die sich selbst zu Wort meldet und zur Geltung bringt.

Die Wissenschaft hatte keinen Ansatz zu deren Überprüfung; nicht die Theorie, sondern der praktische Umgang mit den Edelsteinen, den echten und den gefälschten, half die Legende beseitigen. NIKOLAUS von ORESME (†1382 als Bischof von Lisieux), zusammen mit Johannes Buridanus Begründer der französischen Schule des Naturphilosophie, war ein entschiedener Gegner der Astrologie. L. THORNDIKE widmete ihm im 3. Band seiner siebenbändigen *Geschichte der Magie und Experimentalwissenschaft* drei Kapitel: „ORESME und die Astrologie", „O. und die Magie und Faszination", „O. und die sog. Wunder der Natur". Die Bocksblut-Legende konnte der Naturphilosoph mit seinem Wissen über die „Koordinaten zur quantifizierenden Bestimmung qualitativer Veränderungen" vereinbaren. Er ließ sie in seiner Schrift *Über die Gleichformung von Qualität und Bewegung* als Beispiel gelten *(Nicole Oresme and the Medieval Geometrie of Qualities and Motions....*Ed. MARSHALL CLAGETT 1968, 242-44). Seit THEOPHRAST sprach die Schule des ARISTOTELES von der Freundschaft und Feindschaft der Elemente; ORESME übersetzte diese Erkenntnis in die Geometrie und Mathematik. Ihm ging es um die Theorie der qualitativen Veränderung; die Realität brauchte ihn nicht zu interessieren.

Das Experiment räumte mit der Legende auf! Das wußte bereits der gelehrte Franziskanertheologe im 13. Jh. ROGER BACON (†1292). Dessen Erkenntnis nahm aber die Schultheorie nicht zur Kenntnis! Die medizinische Forschung mußte die Erfahrung ernst nehmen, obgleich dem bekanntesten spätmittelalterlichen Arzt PARACELSUS (THEOPHRASTUS BOMBASTUS VON HOHENHEIM, 1493 bis 1541) ein unheilvoller Gebrauch des Diamantenstaubes nachgesagt wurde. Die Prüfung und Untersuchung der echten und der gefälschten Diamanten, die angebliche „Diamantenmacherei", mußte selbstredend auch den Legenden auf die Spur kommen. Der Leibarzt Kaiser RUDOLFs II., ANSELMUS BOETHIUS de BOODT (etwa 1560 bis 1634), hat die Bocksblut-Legende zurückgewiesen. Einen bemerkenswert kritischen Anteil an dieser „mittelalterlichen Aufklärung" hatte die Alchemie, die ihrerseits der Magie verdächtigt wurde und wird. Die Alchemie hat zwei Aspekte, die nicht voneinander abgelöst werden dürfen: den mineralogischen und den kosmischen Aspekt. In globaler Betrachtung bricht sich im Edelstein kosmische Kraft, derer sich der Mensch bedienen kann, in mineralogischer Sicht sind auch diese Steine elementar zu analysieren. Der katalanische Universalgelehrte RAYMUNDUS LULLUS (1232 bis ca. 1316) mußte im nachhinein der Alchemie seinen Namen und seine Gedanken leihen. Ein ganzes Corpus von alchemistischen Schriften wurde ihm im 15. Jh. zuerkannt (vgl. Lex.MA VI, 2-3). Die kosmischen Proportionen durchwalten und bestimmen das All, verleihen ihm Maß, Zahl und Gewicht. Einen anderen berühmten Theologen, der alchemistische Forschungen anstellte, suchte man im nachhinein von diesem Makel freizusprechen, den bekannten Benediktinerabt von Sponheim (bei Würzburg) JOHANNES TRITHEMIUS, der neben seinen zahlreichen kirchengeschichtlichen und spirituellen Schriften auch einen Traktat über die Alchemie schrieb, der 1555 ins Deutsche übersetzt wurde. „Die Chemie der Neuzeit hat sich aus der Praxis der Alchemie, nicht aus deren Theorie entwickelt." (G. JÜTTNER, LexMA I, 329). Wir müssen die ganze Geschichte der *mineralia* lesen, auch deren Legende!

BENENNUNGEN DES STEINS IM MITTELALTER

In vielen lateinischen oder landessprachlichen Texten des Mittelalters ist entsprechend den Quellen der Autoren das lateinische Adamas übernommen worden, doch fanden sich auch andere Wortformen. So neben „adamas" und „adamans" vor allem das Wort „dyamas" („diamas"), das einige Verbreitung fand. Es kommt z. B. vor bei THOMAS von CANTIMPRÉ (ca. 1201 bis 1270) in seiner naturwissenschaftlichen Enzyklopädie *Liber de Natura Rerum* /1/ oder auch in der Schrift *Fontaine de toutes Sciences du Philosophe SIDRACH* („Quelle alles Wissens des Philosophen Sidrach"), einem etwa um das Jahr 1243 von einem unbekannten Verfasser aus dem Kreis um Kaiser FRIEDRICH II. geschriebenen Werk /2/. Über das Altfranzösische (frz. „diamant" aus „diamas", Genitiv: „diamantis") leitet sich wohl unsere heutige Form „Diamant" ab /5/. Als weitere Namensformen des Steines nannte ANSELMUS BOETIUS de BOODT, der Leibarzt Kaiser RUDOLFs II. in Prag /3/: „demut", „demant" (so auch LUTHER) und schließlich „diamant", während LEONHART THURNHEISSER zum THURN in Berlin im Jahre 1583 „Diemand" gebraucht /4/.

Literatur

/1/ Thomas von Cantimpré war um 1250 Schüler Alberts in Köln und verfaßte zwischen 1225 und 1241 den Liber de natura rerum, der in mehreren Fassungen überliefert wurde. Die erste kritische Ausgabe stammt von H. Boese aus dem Jahre 1973. Die Kurzfassung - Thomas III genannt - bestimmte die Überlieferung und wird unter Leitung von B. K. Vollmann herausgegeben. Vgl. Thomas Cantimpratensis, De Natura Rerum laut J. Evans, Magical Jewels of the Middle Ages and Renaissance particulary in England, Oxford 1922, S. 225; vgl. LexMA, VIII, 711-714. - /2/ J. Evans, Magical Jewels of the Middle Ages and Renaissance particulary in England, Oxford 1922, S. 92/3. - /3/ Anselmus Boetius de Boodt, Gemmarum et Lapidum Historia, Liber II, Cap. 1, Hanau 1609, S. 57. - /4/ L. Thurnheisser zum Thurn, Magna Alchemia, Das ist eine Lehr und Unterweisung von den offenbaren und verborglichen Naturen, Berlin 1583, S. 4. - /5/ F. Kluge, Etymologisches Wörterbuch der deutschen Sprache, 22. Auflage, Berlin-New York 1989, 141: „Der sich in den romanischen Sprachen entwickelnde Wortanfang dia- dürfte auf einer volksetymologischen Anlehnung an gr. diaphainein ,durchscheinen' beruhen, mit der eine Abgrenzung von der Bedeutung ,Metall' erreicht wird (vgl. frz. *aimant* ,Magnet' vs. frz. *diamant* ,Diamant')."

ÜBERBLICK UND DER DIAMANT IN DEN FRÜHEN REZEPTBÜCHERN

Das Mittelalter, das bei kostbaren Goldschmiedearbeiten gern Perlen und bunte Steine häufte, - die letzteren waren oft genug durch mugelig (gewölbt) geschliffene Farbgläser oder auch farblose, mit gefärbten Zinnfolien unterlegte Bleigläser oder Bergkristalle ersetzt - bevorzugte bis zum 13. Jh. vor den Diamanten andere Edelsteine wie Saphire, Rubine, Smaragde, Topase und die große Zahl der bunten Halbedelsteine /1/. Es dürfte richtig sein, wenn S. TOLANSKY /14/ meint, im Mittelalter sei der Diamant hauptsächlich als magisches Amulett, kaum als Schmuckstein betrachtet worden. Seine Zauberkräfte seien hoch geschätzt worden. Seine Härte ließ ihn besonders für Männer geeignet erscheinen. So trug ihn der Ritter in der Schlacht als Helmzier oder am Schwert- oder Dolchgriff oder am Wehrgehänge. Manch Kleinod ging so auf dem Schlachtfeld verloren. Erst spät wurde er zum Schmuck der Frauen. Als kleiner und unansehnlicher Stein fand er in mittelalterlichen Lapidarien seinen Platz erst hinter den eindrucksvolleren farbigen Edelsteinen. Der so erkennbare Wertverlust dürfte aber kaum, wie G. LENZEN /2/ annehmen möchte, mit der Ausbreitung des Christentums zu tun haben, sondern mit dem Fehlen des Steines auf dem Markt, das durch den Zerfall des Imperium Romanum und dem damit verbundenen Schwinden der Handelsbeziehungen nach dem Süden und Osten, und vor allem aber mit dem Mangel an Gold, das zum Kauf des Steines unbedingt nötig gewesen wäre, zusammenhängen. Dazu kommt noch, daß im Herkunftsland Indien möglicherweise bis in die Mitte des 12. Jh. ein Ausfuhrverbot bestand. Doch scheinen sich einige Steine aus früheren Zeiten erhalten zu haben, und einige andere fanden wohl doch den Weg nach Europa: So wissen A. Y. GOGUET, A. C. FUGÈRE im Jahre 1758 zu berichten, daß sich im Schatz von St. Denis an

der Agraffe eines Krönungsmantels, der vielleicht
aus der Zeit des heiligen LUDWIGs (1226 bis
1270) stammte, vier Diamanten befanden, ferner
an einem Reliquiar sogar neun Stück, alle aber
klein und dunkel; ein klarer Stein soll sich an einem Reliquiar des heiligen THOMAS befunden
haben /13/. Acht Jahre zuvor hatte P. J. MA
RIETTE /15/ offenbar über die gleiche Agraffe
geschrieben, ihr aber ein höheres Alter zugeschrieben: „Die vier Diamanten, die die Schließe
des Königsmantels KARLs des GROSSEN, den
man in der Schatzkammer von St. Denis verwahrt, so reich machen, sind nur Pointes Naives."

H. TERTSCH (s. S. 230) beschrieb solche Steine
als Diamanten, bei denen nur die natürlichen
Oktaederflächen ein wenig poliert sind, die
Kanten und Ecken dagegen rundlich abgeschliffen. Als der Diamant dann auf neuen
Handelswegen wieder zu haben war, fand man
erst Geschmack an ihm, seitdem man im 13. Jh.
gelernt hatte, ihn zu polieren und zu den
genannten Spitzsteinen zu verarbeiten, und zwar
am frühesten wohl in Kreisen der englischen und
französischen Hofkunst /1/. Als Beispiel sei angeführt, daß im Jahre 1261 der englische König
HEINRICH III. (1216 bis 1272) in einer Kirche
eine Fibel mit zwei Diamanten niederlegte /8/,
daß ferner im Jahre 1352 der französische König
JOHANN II. der GUTE (1350 bis 1364) seine
goldene Krone mit 15 Diamanten, Rubinen und
Perlen verzieren ließ /8/. In einer Beschreibung
der Kronjuwelen seines Nachfolgers, König
KARL V. der WEISE (1364 bis 1380), findet
sich die Bemerkung: „auf dem Fruitelet (wohl
Deminutivform zu frz. fruit) drei andere Perlen
und ein Diamant in der Mitte." /15/.

Ferner wissen wir aus einem im Jahre 1412 aufgestellten Inventar des Herzogs JEAN de BER
RY, eines Onkels König KARLs VI. von
Frankreich (1380 bis 1422), daß in seinem Besitz
eine mit 14 Diamanten geschmückte Kußtafel
war und daß in einem nur vier Jahre später geschriebenen Inventar mehrere Diamantringe aufgeführt werden /9/. Um diese Zeit hatte der
Stein schon eine solche Wertschätzung erreicht,
daß Fürsten ihn auf ihren Portraits abmalen ließen: „In the National Portrait Gallery in London

is a portrait of HENRY IV. (1399 to 1413), painted about A.D. 1400, and on the monarch's sleeves, are two enormous octahedral bluish stones,
recognizably natural diamonds. ... One meight
guess that each stone would be of formidable
weight, but of course the artist might have exaggerted the size deliberately, since no other decoration is worn on the sleeve. The diamond was
the king of magical stones, fit for kings" /14/.

Im Nachlaßinventar des im Jahre 1419 ermordeten Herzogs JOHANN von Burgund wird von
einem Anhänger mit einem großen, von Perlen
und Rubinen umgebenen Diamanten gesprochen
/10/; daß sein Enkel KARL der KÜHNE von
Burgund (1433 bis 1477) ein besonderer
Liebhaber von Diamanten war, wird später zu berichten sein (vgl. S. 237). Wann die Diamanten,
die eine unter der Krone zu tragende Mitra zusammen mit Rubinen, Perlen und Perlenschmelz
schmückten, in den Besitz der Habsburger gekommen sind, muß wohl unbekannt bleiben, weil
sie erstmals erwähnt werden, als König PHILIPP
II. sich im Jahre 1561 gezwungen sah, sowohl
den Kaiserornat MAXIMILIANs I. (1493 bis
1519) als auch den KARLs V. (1519 bis 1556),
aber auch den Ornat Kaiser FRIEDRICHs III.
(1440 bis 1493) zu verkaufen /11/. Dieses späte
und seltene Auftreten des Steines dürfte auch der
Grund gewesen sein dafür, daß in der ganzen
Zeit nur aus der antiken Literatur Übernommenes über den Edelstein bekannt war, er in vielen
der zahlreichen Steinbüchern fehlte, in der
Dichtung meist nur in einer seiner
Wundereigenschaften erwähnt wird und sich die
oben bereits besprochene Verwechslung Adamas
= Diamant und Adamas = Magnet ausbilden
konnte (vgl. S. 63, S. 133ff).

Das geringe Wissen vom Diamanten der
Handwerker und Künstler des frühen Mittelalters, der Karolingerzeit, zeigt am besten das
Lucca-Manuskript (Codex Lucensis 490, 8./9.
Jh.), dessen Erstveröffentlichung /3/ im Jahre
1739 noch den vollen Titel der oft nur mit den
ersten vier Worten („Compositiones ad tingenda
musiva") zitierten /4/ Handschrift gibt:
„Vorschriften zum Färben von Mosaiksteinen,
Fellen und anderem, zum Vergolden des Eisens,
zu Mineralien, zur Goldschrift, zur Herstellung

einiger Leim-Arten und andere Dokumente, die
die Künste betreffen ...". Der unbekannte
Verfasser schrieb /4/:

*„Vom Stein Adamas. Der Stein Adamas kommt zu
Tage beim Schmelzen von Galmei und Golderz
beim ersten Zerkleinern der Masse. Wenn man die
einmal geschmolzene Masse zerkleinert - die ganze Masse läßt sich leicht zerkleinern - bleibt dieser
Stein zurück, bald groß, bald sehr klein. Ihn vermag weder das Eisen noch irgend ein anderer
Stein zu überwinden. Er aber vermag das (bei
den anderen). Seiner aber wieder, der (hierin) alle
diese übertrifft, kann allein das Blei (Herr werden), und hierin äußert sich die Kraft des Bleis.
Du nimmst weibliches Blei, lockeres und weiches,
schmelzest es am geeigneten Orte und legst von
dem Adamas soviel ein, als du dünner (= schärfer)
machen willst; erhalte das Blei mit gelindem Feuer
heiß, und wenn der Adamas feiner zu werden beginnt, nimm ihn sogleich mit einer Zange heraus
und stecke ihn in Seife aus Öl; nimm ihn dann
langsam und vorsichtig heraus, weil er spröde (geworden) ist. Denn er ist (jetzt) zerbrechlicher als
Glas und weicher als Blei, weil er in Blei gelöst
wird: Nimm ihn dann aus der Seife und schleife
ihn unter Benützung dieser Seife auf einem
(durch) Wasser (umgetriebenen) Schleifstein, bis
du ihn genügend geschärft hast; bring ihn nun
achtsam ins Feuer und glühe ihn zwei bis drei
Stunden lang, bis er richtig glüht. Nimm ihn
dann heraus, reinige ihn, und du hast einen
Adamas, den das Feuer nicht bezwingt und das
Eisen nicht spaltet. Der Gebrauch nützt ihn nicht
ab. Darum kannst du (mit ihm) alles ausführen,
was du ins Werk setzen willst."*

In der (in seinem Grundbestand) etwa aus der
gleichen Zeit stammenden, ebenfalls anonymen
Vorschriftensammlung /5/ *Mappae clavicula de
efficiendo auro* („Schlüssel zur Malkunst"), die
allerdings nur in etwas jüngeren Handschriften
vorliegt, findet sich, in teilweise besserem Latein,
der gleiche Text. Überhaupt nicht erwähnt wird
der Diamant in dem zum Teil im 10., zum Teil
erst im 12. bis 13. Jh. kompilierten Rezeptbuch
/6/ *De coloribus et artibus Romanorum* („Über
die Farben und Künste der Römer"), das meist
unter dem Namen seines angeblichen Verfassers
HERACLIUS zitiert wird. Die einzige

Erinnerung darin an den Stein ist, daß hier das
Bocksblut zum Schneiden anderer kostbarer
Steine und des Glases gebraucht wird, das sonst
nur zur Bearbeitung des Diamanten benötigt
wird. Ähnlich verhält es sich für die
Rezeptsammlung /7/ des THEOPHILUS
PRESBYTER, die in der vorliegenden Form
vermutlich aus der Zeit um 1100 stammt und
auch das Bocksblut zur Bearbeitung des
Bergkristalls benötigt.

In der frühen mittelalterlichen Literatur spielte
mehr als „Schulbuch" denn als „Werkbuch" eine
große Rolle das Werk des Leiters der
Klosterschule Fulda HRABANUS MAURUS
(780 bis 856) mit dem Titel *De rerum naturis*,
das deutlich die Weitergabe antiken Wissens
zeigt; in ihm ist über den Diamanten zu lesen:

*„Der Diamant ist ein indischer, unscheinbarer
Stein und hat eine Farbe wie frisch bearbeitetes
Eisen (ferrugineum colorem) und die Pracht des
Bergkristalls. Niemals ist er größer als ein
Haselnußkern gefunden worden. Er weicht vor
keinem Stoff aus, nicht einmal dem Eisen, auch
dem Feuer nicht und wird nie glühend. Daher hat
er auch seinen Namen erhalten, der im
Griechischen ‚Unbezwingliche Kraft' bedeutet.
Mag er aber auch unüberwindlich, ein Verächter
von Eisen und Feuer sein, durch frisches Bocksblut
wird er zerbrochen, und in warmen (Bocksblut)
mazeriert nur durch viele Schläge mit dem
Eisen(hammer) zersplittert. Seine Bruchstücke
benutzen die Steinschneider, um Edelsteine zu
gravieren und zu durchbohren. Er unterscheidet
sich vom Magnetstein in so weit, als er neben
Eisen gelegt, nicht zuläßt, daß es vom Magneten
weggezogen werden kann, oder wenn der in die
Nähe gebrachte Magnet es erfaßt hat, er es raubt
und wegnimmt. Er soll auch, ähnlich dem
Elektrum (natürliche Gold-Silber-Legierung),
Gifte beseitigen, eitle Furcht vertreiben und
Zauberkünsten widerstehen. Es gibt von ihm sechs
Arten. Dieser Stein steht auch für die
Herzenshärte der Juden, die unüberwindlich und
nie zur Buße gebracht werden konnte. So liest man
daher bei dem Propheten JEREMIAS: Die Sünde
ist ein unzerstörbares Vergehen und (sozusagen)
auf keine Weise zu beseitigen, eingeschrieben mit
eisernem Griffel mit diamantener Spitze.*

*(Jeremia 17.1).' Durch eisernen Griffel bedeutet
feststehender Eintrag, diamantene Spitze bedeutet
für ewig" /12/.*

Literatur

/1/ H. Bethe, in: Reallexikon zur deutschen Kunst-
geschichte, hrsg. von E. Gall, L. Heydenreich, Bd. 3,
Stuttgart 1954, Spalte 1409/19, 1411. - /2/ G. Lenzen,
Produktions- und Handelsgeschichte des Diamanten,
Berlin 1966, S. 27/8. - /3/ L.A. Muratori, Antiquitates
Italicae Medii Aevi, Bd. 2, Diss. XXIV, Mailand 1734,
Spalte 365/88. - /4/ H. Hedfors, Compositiones ad
Tingenda Musiva, Uppsala 1932, S. 42/3. - /5/ T. Phillips,
A. Way, Mappae Clavicula in: Archaeologia (London) 32
(1847) 183/264, 213; vgl. LexMA VII, 214. - /6/
Heraclius, De Coloribus et Artibus Romanorum, hrsg. von
A. Ilg, Wien 1873, S. 8, 40, 60. - /7/ Theophilus Presbyter,
Schedula Diversarum Artium, hrsg. von A. Ilg, Wien
1874, S. 350/5. - /8/ V. Gay, Glossaire Archeologique, Bd.
1, Neudruck Paris 1928, S. 549. - /9/ J. Braun, Das christ-
liche Altargerät in seinem Sein und seiner Entwicklung,
München 1932, S. 572. - /10/ E. Bassermann, Jordan, Der
Schmuck, Leipzig 1909, S. 93. - /11/ P.E. Schramm,
Herrschaftszeichen und Staatssymbolik, Bd. 1, Stuttgart
1954, S. 93, Bd. 3, Stuttgart 1956, S. 1020 nach Pedro de
Madrazo, Über Königsinsignien und Staatsgewänder
Maximilians I. und Karls V. in: Jahrbuch der
Kunstsammlung des Allerhöchsten Kaiserhauses 10
(1889) 455ff. - /12/ Hrabanus Maurus, De rerum naturis,
Buch 18, Cap. 10 in: J.-P. Migne, Patrologiae Cursus
Completus, Series Latina, Vol. 111, Paris 1852, S. 473f. -
/13/ A.Y. Goguet, A. C. Fugère, De l'Origine des Lois,
des Arts et des Sciences et de leur Progrès chez les Anciens
Peuples, Bd. 2. Section I, Chap. II, Article III De la
Découverte et de l'Emploi des Pierres Précieuses, Paris
1758, S. 116. - /14/ S. Tolansky, J. Roy. Soc. Arts London
109 (1960/61) 743/63, 747. - /15/ U.T. Holmes, Speculum
9 (1934) 195/204, 198.

DER DIAMANT IN MITTELALTER-LICHEN REISEBERICHTEN

Durch die Kreuzzüge scheint trotz der zahlreichen Berichte über kriegerische Ereignisse von
Teilnehmern und Chronisten der Kenntnisstand
der Zeitgenossen über den Diamanten nicht wesentlich gefördert worden zu sein. Weitgereiste
Kaufleute haben im hohen und späten Mittelalter, von denen einige wenige ihre Berichte
schriftlich hinterlassen haben, mehr zum Sagen-
und Legendenkranz um den Edelstein als zum
tatsächlichen Wissen beigetragen. Die früheste
mittelalterliche Nachricht über die Möglichkeit
des Handels auf dem Landwege mit dem allgemein bekannten Herkunftsland des Diamanten,
mit Indien, findet sich in dem kurz vor dem Jahre
1173 geschriebenen *Buch der Reisen des Rabbi
BENJAMIN BAR JONA* aus Tudela (in Navarra,
Spanien), das in zahlreichen hebräischen
Handschriften und in vielen Übersetzungen ins
Lateinische und in europäische Volkssprachen
überliefert ist /1/. BENJAMIN ist der erste
Europäer, der (zwischen 1159 und 1172) einen
großen Teil Vorderasiens bereiste und dabei etwas über die Existenz von Handelsbeziehungen
zu Indien und China in Erfahrung brachte, selbst
diese Länder aber nicht besucht hat; ob seine
Schrift die späteren Reisenden beeinflußte, ist
nicht geklärt.

Der erste und bekannteste der wirklichen
Ostasienfahrer war der Venetianer MARCO
POLO (1254 bis 1324), der seinen, soweit es
eigenes Erleben angeht, wahrheitsgetreuen
Reisebericht nach der Rückkehr im Gefängnis in
Genua einem französischen Mitgefangenen diktierte /2/; er erzählte darin im 176. Kapitel, was
er vom Hörensagen über den indischen Diamanten wußte:

*„Der Reisende verläßt Maabar (das ist die
Koromandel-Küste) in Richtung Norden und er-
reicht nach tausend Meilen ein Reich, wo eine
weise Königin regiert. ... Es gibt hier Diamant-
vorkommen: Ich werde darüber berichten. In
Mutfili (eines der acht indischen Königreiche,
Lokalisierung ungesichert /3/, eventuell im
Bereich von Masulipatam, an der Mündung des
Kistna, im ehemaligen Königreich Golconda) er-
heben sich viele Berge, wo man Diamanten findet.
Wenn es regnet, strömt das Wasser in breiten
Bächen und rauscht in mächtigen Höhlen. Sobald
der Regen vorbei ist und die Wasserläufe austrok-
knen, gehen die Einheimischen auf die ergiebige
Diamantensuche. Im Sommer fällt kein Tropfen
Regen, dann steigen die Leute ins Gebirge, dort
finden sie Diamanten in Menge. Die Hitze ist
zwar kaum zu ertragen. Viele, viele Schlangen
trifft man in den Bergen an, furchteinflößende
Riesenschlangen. Angelockt von den prächtigen
Steinen, wagen es die Männer trotzdem, hinauf-
zusteigen. Die Schlangen sind hoch giftig und gefährlich, man muß sich hüten, eine von Schlangen
bewohnte Höhle zu betreten. Die Diamanten
werden noch auf andere Weise gewonnen. Ihr
müßt wissen, es gibt große tiefe Schluchten mit*

Wänden aus unzähligen spitzen Felsvorsprüngen, kein Mensch kann hinabklettern. Nun hört, was den Leuten eingefallen ist: Sie nehmen in Blut getauchte Fleischstücke und werfen sie in die Schlucht. Dort, wo die Fleischstücke hinfallen, liegen Diamanten, und diese kleben rasch am Fleisch fest. Im Gebirge horsten weiße Adler, sie jagen Schlangen. Sobald die Adler die Köder in der Tiefe der Schlucht erspähen, stürzen sie sich darauf und fliegen damit fort. Die Männer beobachten aufmerksam den Flug, und wenn sie sehen, wo sich ein Adler niederläßt und das Fleisch verzehrt, eilen sie so schnell sie können zu der Stelle. Der Vogel, erschreckt durch das plötzliche Auftauchen des Menschen, fliegt sofort weg und läßt die Beute liegen. Die Männer holen das Fleischstück und lösen die anklebenden Diamanten ab. Die Einheimischen beschaffen sich Diamanten auch wie folgt: Ein Adler, der den Fleischhappen frißt, verschlingt eigentlich Diamanten. Nachts sucht der Adler den Horst auf, dort hinterläßt er seinen Kot, der voller Diamanten ist. Die Männer klettern zum Horst und holen sich den Kot, der voller Diamanten ist. Drei verschiedene Arten von Diamantensuche habe ich jetzt geschildert, es gibt noch viele andere. Merkt es euch wohl: Einzig und allein in diesem Königreich findet man Diamanten, sonst nirgend auf der Welt. Sie kommen reichlich vor und sind wunderschön. Glaubt aber ja nicht, die Prachtsteine gelangten in die christlichen Länder. Sie werden dem Großkhan und den Königen und Fürsten der verschiedenen Regionen und Reiche angeboten, denn diese sind unvorstellbar reich und kaufen die teuren Steine. Nun wißt Ihr allerhand über den Diamanten." /2/.

Der zeitlich nächste Reisende bestätigt Indien nur als Herkunftsland des Diamanten. Es war dies der Mönch JORDANUS /4/: „The friar who travelled about 1300 A.D. says India has the best diamonds under heaven." Venetianer wie MARCO POLO war auch ein weiterer, einen ausführlicheren Bericht hinterlassender Indienreisender, nämlich NICCOLO di CONTI (de COMITIBUS), der von seiner im Jahre 1421 begonnenen Reise im Jahre 1444 zurückkehrte und seine Erfahrungen dem Sekretär des Papstes EUGEN IV. diktierte /5/. Dabei erfahren wir /6/:

„Nach einer Reise von fünfzehn Tagen von Bezenegalia (nach V. BALL /7/ ist Bijapur gemeint) nordwärts trifft man auf ein Gebirge mit Namen Albenigaras (nach V. BALL /7/ wahrscheinlich Beeragur mit arabischem Präfix al-), das von Wasserteichen umgeben ist, die von giftigen Tieren wimmeln, und das Gebirge selbst ist geplagt durch Schlangen. Dieses Gebirge bringt Diamanten hervor. Die Findigkeit des Menschen, der nicht im Stande war, einen Weg zum Eindringen in das Gebirge zu entdecken, hat indessen einen Weg eröffnet, um an die dort entstehenden Diamanten heranzukommen. Es gibt dort in der Nähe ein anderes Gebirge, das ein wenig höher ist. Dorthin bringen in einer bestimmten Jahreszeit die Leute Ochsen, die sie auf den Berggipfel treiben und nachdem sie sie in Stücke gehauen haben, werfen sie die warmen und blutigen Teile auf die Gipfel des anderen Berges mittels Maschinen, die sie zu diesem Zweck gebaut haben. Die Diamanten bleiben an diesen Fleischstücken kleben. Dann kommen Geier und Adler und fliegen an diese Stelle, packen das Fleisch als ihre Nahrung und fliegen damit an Orte, wo sie vor Schlangen sicher sind. An diese Plätze gehen dann anschließend auch die Menschen und sammeln die Diamanten, die von dem Fleisch abgefallen sind. Andere Steine, die auch als wertvoll betrachtet werden, können mit weniger Schwierigkeiten beschafft werden."

Ein genuesischer Kaufmann, der ebenfalls im 15. Jh. über das Rote Meer nach Kalkutta und Ceylon (heute: Sri Lanka) gelangte, berichtete nur ganz allgemein über das Vorkommen von Edelsteinen in Indien, nennt aber den Diamanten nicht in seiner Aufzählung /8/. Daß auch russische Kaufleute damals Indien bereisten, zeigt der im Westen bis ins 19. Jh. hinein unbekannt gebliebene Reisebericht des ATHANASIUS NIKITIN aus Twer (heute: Kalinin), der seine Reise nach Deccan und Golconda im Jahre 1470 unternahm /9/; seinem, dem Übersetzer (Graf WIELKOWSKY von der russischen Botschaft in London) nicht mehr ganz verständlichen Bericht, läßt sich folgendes entnehmen: „Die Natur bringt in Rachoor (Orachoor) den Diamanten hervor ... Der Posten wird mit fünf Rubel bezahlt, aber die besten mit zehn; ... Der Diamant wird auf einem felsigen Hügel ge-

funden und der Rohdiamant von diesem Hügel
wird bezahlt mit zweitausend Pfund Gold je
lokot; der kona Diamant wird bezahlt mit 10.000
Pfund Gold je lokot. Dieser Distrikt gehört dem
MELIKKHAN, einem Lehensmann des Sultans, und ist dreißig kors von Beder entfernt."

Andere Reisende, wie der Genuese HIERONYMO de SANTO STEPHANO (spätes 15. Jh.),
DUARTE BARBAROSA (Reise: 1501 bis
1516), LUDOVICO VARTHEMA (Reise: 1501
bis 1506) und später CESAR FREDERIC
(Reise: 1563 bis 1581) berichten, entsprechend
der damaligen Wertschätzung, nur von den farbigen Edelsteinen /10/.

Blieben diese echten Reiseberichte für das
Wissen um den Diamanten ohne Bedeutung, so
machte eine um 1355 in Lüttich in französischer
Sprache erschienene Beschreibung der Reisen
des Ritters JOHN MANDEVILLE durch das
Gelobte Land, Indien und China /11/ einen
umso größeren Eindruck: In Bibliotheken und
Museen sollen sich heute noch etwa 300 Handschriften dieses Werkes finden, und allein zwischen den Jahren 1470 und 1500 sollen sieben
französische, 13 italienische, vier lateinische, zwei
englische und zwei holländische Übersetzungen
gedruckt worden sein! Man geht kaum fehl,
wenn man das Buch als eine geschickt auf die
Erwartungen des Publikums abgestimmte
Münchhauseniade bezeichnet /12/. Vom
Verfasser ist wenig bekannt: In England in der
Stadt St. Albans geboren, soll er seine Heimat
am Michaelstag (29. September) 1322 wegen eines Totschlags verlassen haben, später unter dem
Namen JEAN de BOURGOGNE dit à la Barbe
in Lüttich als Arzt, Naturforscher, Philosoph und
Astrologe sich niedergelassen und seine
Kompilation in den Jahren 1357 bis 1372 geschrieben haben. Eine englische Handschrift
/11/ weiß:

*„Und du mußt verstehen, daß Indien in drei Teile
geteilt ist, nämlich Ober-Indien, welches ein
Hochland ist und heiß, und in Unter-Indien, welches ein gemäßigtes Land ist und sich nach Süden
erstreckt; der dritte Teil erstreckt sich nach Norden
und ist ein so kaltes Land, daß wegen der großen
Kälte und dem Dauerfrost das Wasser zu (Berg-)
Kristall gefriert. Und auf dem Felsen von Kristall
wachsen gute Diamanten; die sind von der Farbe
des Kristalls, aber sie sind etwas trüber gefärbt als
der Kristall und (manchmal) braun wie Öl. Und
sie sind so hart, daß sie kein Metall polieren noch
brechen kann. Andere Diamanten findet man in
Arabien, welche weicher sind, so daß sie nicht so
gut sind. Und einige werden in Zypern gefunden;
die sind noch weicher als die andern; und darum
können sie auch leichter poliert werden. Man findet auch einige in Macedonien; aber die von
Indien sind die besten. Und manche findet man
auch öfter in einer Masse, die aus einem Bergwerk
kommt, wo man Gold findet, und diese sind so
hart, wie die aus Indien. Und wenn es so ist, daß
man gute Diamanten findet in Indien auf dem
Felsen von Kristall, so findet man auch
Diamanten, gute und harte, auf dem
Magnetfelsen im Meer und auch auf den Bergen,
von der Milchfarbe der Haselnuß. Und sie sind
viereckig in ihrem eigenen Wachstum und vierflächig. Und sie wachsen zusammen, Männlein und
Weiblein, und sie werden ernährt vom Tau des
Himmels. Und sie empfangen und zeugen, wie es
in ihrer Art richtig ist, und bringen kleine Kinder
hervor, und so vermehren sie sich und wachsen
ständig. Ich habe es manchesmal geprüft und gesehen, daß, wenn ein Mensch sie wegnimmt mit
einem bißchen Felsen, wo sie angewachsen sind, so
daß sie genommen sind mit ihren Wurzeln und oft
benetzt werden mit Mai-Tau, daß sie in einem
Jahr sichtbar wachsen, so daß die kleinen zunehmend groß werden. Ein Mann soll den
Diamanten an seiner linken Seite tragen, und
dann ist er von größerer Wirkung als auf der rechten Seite, weil die Stärke seines Wachsens nach
Norden gerichtet ist, welches die linke Seite der
Welt ist und die linke Seite eines Mannes ist,
wenn er sein Gesicht nach Osten wendet. Und
wenn du die Kräfte des Diamanten kennenlernen
willst, so will ich dir erzählen von ISIDORUS
(von Sevilla) im 16. Buch der Ethik (=
Etymologiae), im Kapitel über den Bergkristall,
und von BARTHOLOMAEUS (ANGLICUS)
in: Über die Eigenschaften der Dinge, Buch 16,
Kapitel Über den Diamant:*

*,Der Diamant gibt dem, der ihn bei sich trägt,
Härte, wenn er ihm freiwillig gegeben ist, und er
hält die Glieder eines Mannes wohlbehalten. Er
gibt ihm die Gnade, seine Feinde zu besiegen,*

wenn seine Sache gerecht ist, im Kriege sowohl als auch in Streitigkeiten. Er macht ihm auch den Kopf klar. Er hält auch von ihm Streit fern, Gezänk und Aufruhr, schlechte Träume, Hirngespinste und böse Geister. Und wenn ein Mann betroffen wird von Zauberei und Verwünschungen und darunter leidet, und den Diamant trägt, so wird es ihm nicht schaden. Auch werden den keine wilden Tiere anfallen, der ihn trägt, auch kein giftiges Tier. Und du sollst wissen, daß der Diamant freiwillig gegeben werden muß, nicht erbeten oder bezahlt, dann nämlich ist er von größerer Kraft und macht einen Mann stärker gegen seine Feinde. Er heilt auch den, der mondsüchtig ist. Und wenn ein Gift in die Nähe eines Diamanten gebracht wird, so wird er auf einmal feucht und beginnt zu schwitzen, und man kann ihn gut polieren. Aber einige Werkleute wollen ihn aus Bosheit nicht polieren, weil diese Menschen glauben möchten, sie könnten nicht poliert werden. In Indien findet man auch Diamanten von violetter Farbe, auch etwas braun, welche recht gut sind und richtig wertvoll. Aber einige Leute lieben sie nicht so sehr wie die andern, die ich vorher besprochen habe. Ganz bestimmt, ich habe oft Orte gesehen, wo man ihn probiert hat. Sie haben auch andere, welche weiß sind wie Kristall, aber sie haben auch trübere und solche mit Flecken. Trotzdem sind sie recht gut und von großer Kraft. Und sie sind beinahe alle vierflächig und spitz, aber einige von ihnen sind auf eine eigene Art dreispitzig und einige sogar sechsfach. Aber ich will dir noch mehr erzählen von diesem Stein, nämlich über das, was dieser Stein bringt beim Verkaufen in den verschiedenen Ländern. Wer diesen Stein kaufen will, für den ist es nötig, daß er vollständig bekannt ist mit dem, was für Betrügereien der machen kann, der den Stein verkaufen will. Denn oftmals verkaufen sie dem, der kein großes Wissen über Steine hat, anstelle von Diamanten blasse Bergkristalle oder andere Arten von Steinen, die nicht so hart sind wie die Diamanten, und gewöhnlich sind ihre Spitzen abgebrochen und sie können leicht poliert werden. Trotzdem werden manche Werkleute sie nicht vollständig polieren, damit die Leute denken sollen, sie können nicht poliert werden. Trotzdem soll man den Diamanten auf diese Weise prüfen. Zuerst nimm den Diamant und reibe ihn an einem Saphir oder an Bergkristall oder einem andern wertvollen Stein oder an blankem polierten Stahl. Dann nimm einen Magnetstein, der die Nadel, durch die die Schiffer auf der See regiert werden, an sich zieht, und lege den Diamanten auf den Magnetstein und lege eine Nadel vor den Magnetstein. Und wenn der Diamant gut ist und wirksam, so zieht der Magnetstein die Nadel nicht zu sich, weil der Diamant da ist. Und dies ist die Probe, die sie auf See machen. Aber es kommt oftmals vor, daß der gute Diamant seine Kraft verliert durch Fehler und Unenthaltsamkeit dessen, der ihn trägt. Und deswegen ist es nötig, dafür zu sorgen, daß er seine Kraft wieder erhält, oder er ist weniger wert'." /11/.

Literatur

/1/ Benjamin von Tudela, Petachja von Regensburg, aus dem Hebräischen übersetzt von S. Schreiner, Sammlung Dieterich Bd. 416, Leipzig 1991, S. 99, 187. - /2/ Marco Polo, Il Milione, Die Wunder der Welt, deutsch von E. Guignard, Zürich 1983, S. 323/5; vgl. LexMA VII, 71f. - /3/ E.O. v. Lippmann, Z. Angew. Chem. 21 (1908) 1778/88, 1781; Abhandlungen und Vorträge zur Geschichte der Naturwissenschaften, Bd. 2, Leipzig 1913, S. 258/87, 268. - /4/ Friar Jordanus, The Wonders of the East, Hakluyt Society, p. 20 laut S.H. Ball, Econom. Geol. 26 (1931) 681/738, 708/9. - /5/ Poggio Bracciolini, De Varietate Fortunae Libri IV, hrsg. von Oliva, Paris 1723 laut Lit. 6; vgl. LexMA III, 197f. - /6/ R.H. Major, India in the Fifteenth Century, Hackluyt Society Nr, 22, London 1827, S. LX, 29/30. - /7/ V. Ball, Nature 23 (1881) 490/1. - /8/ R.H. Major, Account of the Journey Hieronimo di Santo Stefanoin Lit. 6, S. LXXX, 1/10. - /9/ Athanasius Nikitin, The Travels of Athanasius Nikitin in Lit. 6. S. LXXIX, 1/32, 21. - /10/ S.H. Ball, Econom. Geol. 26 (1931) 681/738, 713. - /11/ Jehan de Mandeville, Travels, Chapter XVII in: M. Letts, Mandeville's Travels, Texts and Translations, Vol. 1, London 1953, S. 114/5; vgl. LexMA VI, 188f. - /12/ G. Wermusch, Adamas, Diamanten in Geschichte und Geschichten, Berlin 1984, 52/3.

DIE MITTELALTERLICHEN LEHRBÜCHER, ENZYKLOPÄDIEN UND STEINBÜCHER

Die mittelalterlichen Verfasser von Lehrbüchern und die Enzyklopädisten waren besser unterrichtet über den Diamanten als die oben *(S. 79)* zitierten Sammler von Arbeitsvorschriften für Künstler und Handwerker, allerdings bringen sie kaum mehr als ihre antiken Quellen, die sie oft mißverstehen und so Ursache neuer Irrtümer werden. Der bekannteste Autor eines solchen

Werkes, ALBERTUS MAGNUS (etwa 1200 bis 1280), schrieb in seiner Mineralogie *De Mineralibus et Rebus Metallicis* /1/:

„Der Adamas aber ist, wie wir schon weiter oben bemerkten, der härteste Stein, ein wenig dunkler als der Bergkristall, von leuchtender blitzender Farbe; er ist so fest, daß er weder durch das Feuer noch durch das Eisen erweicht noch beschädigt wird. Doch wird er erweicht und beschädigt durch das Blut und das Fleisch eines Bockes, vor allem, wenn der Bock vorher eine Zeitlang Wein getrunken hat und Petersilie und Berg-Bachweide (siler montanum) gefressen hat, wodurch das Blut des Bockes auch zum Zerbrechen des Steines in der Blase geeignet wird bei Steinkranken. Angegriffen wird dieser Stein auch, was wunderbarer erscheint, durch das Blei, wegen des vielen Quecksilbers, das in ihm ist. Dieser Stein aber verletzt Eisen und alle Edelsteine mehr als Chalyps (Stahl), gegen das er nichts vermag. Er zieht aber das Eisen nicht an deswegen, weil der Ort seiner Entstehung ihm näher sei, wie einige lügenhaft behaupten. Der größere Anteil dieses Steines wird gefunden in der Größe einer Haselnuß. Er entsteht aber in Arabien und Zypern nach den meisten Angaben, aber der aus Zypern ist weicher und dunkler. Und was der Menge wunderbar erscheint, ist, daß dieser Stein, sobald er auf einen Magneten gelegt wird, den Magneten bindet und ihm nicht erlaubt, Eisen anzuziehen. Größer ist seine Kraft in Gold oder Silber oder Chalyps (gefaßt). Und es behaupten auch die Magier, wenn er an der linken Seite getragen wird, ist er stark gegen Feinde und Krankheit, wilde Tiere und böse Menschen, gegen Unrecht und Streit, gegen Gift, gegen Träume und Gespenster. Diesen Stein nennen einige auch Dyamant, und einige sagen auch fälschlich, daß er Eisen anziehe."

Die angesprochene erste Erwähnung lautet:

„Der Adamas hat aber mehr Wässrigkeit angezogen an das trockene Erdige, weswegen er dunkler ist und sehr hart, warum er alle anderen Metalle verletzt außer dem härtesten Chalyps, weil der Chalyps selbst von trockenster Wässrigkeit und Erdhaftigkeit ist. Daher geschieht es, daß der Adamas, sobald er eine scharfe Spitze hat, alles Eisen spaltet und ritzt und in alle Metalle spaltend eindringt."

An einer anderen Stelle (Buch 2, Tractat 13, Kapitel 2) weiß er mehr von den scharfen Spitzen zu berichten /2/:

„Mit diesem Hilfsmittel also werden Bilder gemacht, vertiefte oder erhabene. Jene aber, die durch Gravieren erscheinen, wüßte ich nicht, wie sie gemacht werden könnten, wenn nicht durch die Kunst und nicht auf eine natürliche Weise, sondern mit den härtesten Edelsteinen, sagt man, werden sie gemacht, durch spitze Teilchen des Diamanten, als die härtesten (bezeichnet) von denen, die über die Edelsteine schreiben, was ich für wahr halte; zu solcher Grabarbeit muß man hinreichend geeignete Instrumente haben, was man in Bezug auf den Diamanten nicht erreichen könnte, wenn er nicht durch Bocksblut erweicht werden könnte und er nun, ein nicht einmal viel Aufwand erforderndes Hilfsmittel sein könnte, damit wir zunächst wenig wertvolle Edelsteine als gravierte sehen können."

Weit weniger wußte der gelegentlich als erster mittelalterlicher Enzyklopädist angesprochene englische Franziskanermönch ALEXANDER NECKAM (1157 bis 1217) in seinen Distichen /3/ zu sagen: „Das Eisen, das der Magnet an sich zieht, nimmt die Kraft des Diamanten | hinweg und raubt ihm die Beute. | Durch das Eisen kann er nicht erweicht werden, doch besiegt ihn der Essig, | wenn Bocksblut ihm beigesellt wurde."

Früher als ALBERTUS MAGNUS, vielleicht schon in den Jahren 1067/1051, in denen er Lehrer an der Kathedralschule von Angers gewesen ist, schrieb sein Versepos *Liber Lapidum seu de Gemmis* der Bischof MARBOD von Rennes (ca. 1035 bis 1123); in der Einleitung behauptete er, es handele sich bei diesem Buch um die Übersetzung eines Werkes des (in der antiken Literatur nur einmal bei PLINIUS erwähnten) Araberkönigs EVAX, der es unter Kaiser TIBERIUS verfaßt, aber erst Kaiser NERO übergeben haben soll, tatsächliche Quellen für MARBOD sind aber PLINIUS, SOLINUS und ORPHEUS. Der Autor sagt darin über den Stein Adamas /4;5/:

„Als vorzüglichste Art der Kristalle bringt das fernste Indien den Diamanten hervor, | der in den Kristallminen entsteht und von dort geholt wird. | So blitzend macht ihn sein kristalliner Ursprung, | daß er nie aufhört, zu blinken wie

Stahl. | Seine äußerste Härte versteht nicht
nachzugeben, | weil sie das Eisen verachtet und
von keinem Feuer bezwungen wird. | Doch durch
warmes Bocksblut erlahmt sie. | Zum Schaden
des Amboß wird er mit Hammerschlägen bear-
beitet | und zersplittert in scharfe Bruchstücke,
mit denen die Gemmen geschnitten werden. |
Größer als eine Haselnuß wird er nicht gefun-
den. | Arabien bringt eine andere Art Diamant
hervor, | nicht so unüberwindbar, denn er wird
ohne Blut zerbrochen. | Er ist dem ersten nicht
gleich an Glanz, und hat einen geringeren Preis,
| obschon von Gewicht und Körper bedeutend
größer. | Eine dritte Diamantenart gibt die Insel
Zypern, | eine vierte bringt das Eisenbergwerk
von Philippi. | Allen gemeinsam ist jedoch die
Kraft, das Eisen anzuziehen. | Das kann auch der
mächtige Magnet, wenn der Diamant abwesend
ist, | denn die Gegenwart eines Diamanten
nimmt dem Magnet weg, was er anzieht. | Man
hält diesen Stein auch geeignet für magische
Künste. | Den Träger macht er durch wunderba-
re Kraft unüberwindbar, | nächtliche Gespenster
und böse Träume vertreibt er. | Schwarze Gifte
schlägt er in die Flucht, Kämpfe und Streitereien
vereitelt er. | Kranke heilt er und hartnäckige
Feinde schlägt er zurück. | Wird dieser Stein in
Silber gefaßt oder in Gold getragen, | so binde
man ihn an die linke Seite als funkelndes
Armband."

Etwa um die gleiche Zeit wie ALBERTUS
MAGNUS verfaßte, vermutlich im Jahre 1240,
die wohl vielgelesenste und maßgebendste
Kompilation des Mittelalters mit dem Titel *De
Proprietate Rerum* („Über die Eigenschaften der
Dinge") der Engländer BARTHOLOMAEUS
ANGLICUS (BARTHOLOMAEUS von
Glanville; † nach 1250), der als Zögling der
Schule von Montpellier gilt und angibt, daß er
sich auf 109 Gewährsmänner beziehe. Er
schreibt /6/:

*„Der Diamant ist ein indischer Stein, klein und
unscheinbar und von funkelnder Farbe wie frisch
gefeiltes Eisen und dem Aussehen des Bergkristalls, niemals aber wird er größer als ein
Haselnußkern gefunden. Er wird von keinem
Stoff angegriffen, nicht einmal vom Eisen oder
vom Feuer. Auch verbrennt er niemals, daher wird*

*er von den Griechen ‚unbezwingbare Macht' ge-
nannt, weil er auch nicht vom Eisen besiegt wird.
Er widersteht dem Feuer. Gebrochen wird er durch
warmes und frisches Bocksblut. Die Bruchstücke
gebrauchen die Steinschneider zum Gravieren und
Durchbohren von Edelsteinen. Wird ein Diamant
neben Eisen gelegt, erlaubt er nicht, daß es angezogen wird vom Magnetstein, der es sonst mit
Gewalt angezogen hätte. Man sagt, daß dieser
Stein nach Art des Elektrums Gifte entdecke,
Angstzustände vertreibe und gottlosen Künsten
entgegenwirke. Darüber bei ISIDORUS, Buch
16, De crystallis. Dieser Stein wird auch
‚Edelstein der Versöhnung und der Liebe' genannt;
wenn nämlich eine Frau mit ihrem Manne in
Streit ist, erhält sie durch die Kraft des Diamanten leichter die Gunst des Mannes wieder.
Weiter sagt er auch, man könne ganz genau erfahren, wenn ein echter Diamant unter den Kopf
eines schlafenden Weibes gelegt werde, ob sie ihrem
Gatten treu sei. Wenn sie treu ist, werde sie durch
die Kraft des Steines gezwungen, im Schlaf ihren
Gatten zu umarmen. Wenn sie aber untreu gewesen sei, werde sie durch den ihr unterlegten (Stein)
sich zusammenziehen und durch die Gewalt des
Steines als eine des unterlegten (Steins) Un-
würdige aus dem Bett fallen. Die Kraft dieses
Steines bespricht auch Dyas (DIOSCURIDES?).
Besonders, wenn er am linken Arm getragen werde, dann sei er gut gegen Wahnsinn, Zank und
Streit, gegen Alpträume, Trugbilder, Wahn-
vorstellungen und Gifte."*

Der erste der sogenannten Encyklopädisten des
13. Jh., ARNOLDUS SAXO (ARNOLD von
Sachsen = Niedersachsen), verfaßte um 1225 ein
aus fünf Büchern bestehendes Werk *De floribus
rerum naturalium*, dessen drittes Buch von den
Kräften der Edelsteine *(De virtutibus lapidum)*
handelt. Er beschreibt darin 81 Steine in alphabetischer Anordnung. Der Prolog zu diesem
Steinbuch lautet:

*„Um die Zweifel und Irrtümer der meisten
Menschen über die edlen Steine und deren Siegel
und Kräfte zu beseitigen, habe ich mich zum gemeinen Nutzen aller bemüht. Denn was an
Nützlicherem, Besserem und Bemerkenswerterem
von ARISTOTELES, AARON (vgl. Exodus 28,
117f), EVAX, dem König der Araber und*

DIOSKURIDES zerstreut überliefert worden ist, das habe ich ausgezogen und sowohl für Anfänger als auch für Fortgeschrittene als ein ‚Steinbuch‘ kurz zusammengestellt … Denn die Steine besitzen eine Eigenschaft, welche keiner (anderen) Körpereigenschaft zukommt, sondern mit dem ersten Bestandteile sind einfache gemischt, und aus ihnen entsteht eine einzige Kraft, wie die Anziehungskraft im Magnet … So sind auch die eigentümlichen Kräfte verschieden und verschiedenen edeln Steinen zugeteilt. … Es soll dieses Steinbuch ein Handbuch für Büchermacher sein.“

Über den Diamanten selbst schrieb er:

„Der Stein Diamant hat eine Farbe dunkler als der Bergkristall. Seine Farbe ist funkelnd. Dieser (Stein) ist weder durch Eisen noch durch Feuer zu zerstören, aber durch blutiges Bocksfleisch oder durch Blei. Er durchdringt Eisen und Edelsteine und zieht (das Eisen) an. Seine Größe ist nur die einer Haselnuß. Und was seine arabische und seine zyprische und ferrarische Sorte angeht, so ist diese weicher und dunkler. Er zerstört die Kraft des Magnetsteins. Seine Kraft (verlangt Fassung) in Gold oder Silber oder Eisen. Und an der linken Seite getragen ist er stark gegen Feinde und gegen Wahnsinn und gegen Unzähmbare und gegen Zwang und Streit und gegen Gifte und wilde Träume und gegen Gespenster und gegen den Incubus.“

Später, bei der Beschreibung des Magnetsteines, erfahren wir weiter, daß nach ARISTOTELES auch der Adamas magnetische Eigenschaften habe: „Auch der Diamant macht das und bändigt die Natur des Magnetsteins … Der Diamant überwältigt alle festen Körper, selbst das Eisen bricht ihn nicht. Gleicherweise geht die Rede über den Diamanten, daß er vom Feuer nicht verbrannt wird. Es ist die Eigenschaft des ‚Sambetus‘ (Schamir?) und des Diamanten, daß sie alle festen Steine durchdringen.“ /7/.

Wenig später verfaßte THOMAS VON CANTIMPRÉ (1201 bis 1270) sein berühmtes Werk *De Natura Rerum* /8/, das dem MEGENBERGER als Vorlage diente. Der folgende Text ist einer Handschrift des 15. Jh. entnommen. Darin heißt es:

„Der Diamant ist ein Stein, von dem es zwei Arten gibt. Man findet ihn in den fernsten Teilen Indiens zwischen Bergkristallfelsen, in der Farbe dem Bergkristall ähnlich. Aber von dem unterscheidet er sich, weil er funkelt wie frisch gefeiltes Eisen. Er ist so hart, daß er weder durch Eisen noch Feuer gebrochen werden kann, aber erwärmt in frischem Bocksblut wird er gespalten. Mit seinen spitzen Bruchstücken werden die härtesten Edelsteine bearbeitet. Seine Größe überschreitet nicht die Größe eines Haselnußkerns. Dieser Stein wird von manchen Dyamas genannt. Man sagt aber, daß er dem Träger Gunst bringt, wenn ihn einer umsonst von einem Freund erhalten hat, aber nicht förderlich ist, wenn man ihn sich selbst kauft. Durch Verwünschung oder eine Bezahlung wird der Wert halbiert. Seine Kraft wird größer, wenn man seine Fassung aus Eisen macht, doch wegen der Kostbarkeit des Steines macht man den Ring für ihn aus Gold. Eine andere Art des Diamanten wird in Arabien und in Zypern im Mittelmeer und in dem Eisenbergwerk, das bei Philippi ist, gefunden. Aber diese Art ist an Wertschätzung und Vorzügen sehr viel schwächer. Der Adamas dieser Art wird in viel größeren Stücken gefunden, aber mit unähnlicher Farbe: Er hat nämlich eine dunkle Eisenfarbe und wird ohne Bocksblut zerbrochen. Er zieht das Eisen an und nimmt dem Magnetstein das Eisen weg, wenn er anwesend ist. Den Meerstern (Polarstern), der ‚maria‘ heißt, soll er (anzeigen). Durch folgende Kunst verrät er ihn zwischen dunkeln Nebeln bei Tag und bei Nacht. Nachts nämlich, wenn im dunkeln Nebel die Schiffer den Weg zum Hafen nicht zu finden imstande sind, nehmen sie ein nadelförmiges spitzes Stück dieses Adamas und fügen es quer in einen kleinen Halm ein und legen es auf ein Gefäß voll Wasser. Und dann führen sie den Adamas-Stein im Kreis herum und bald folgt die Spitze des Steines der Bewegung im Umlauf. Den in schnelleres Kreisen gebrachten Stein halten sie plötzlich an, und bald zeigt die Spitze der Nadel, nachdem es seinen Antrieb verloren hat in

*Richtung auf den Meerstern. Und sofort bleibt er
stehen und bewegt sich nicht mehr. Die Schiffer
aber steuern nach dieser Richtungsweisung auf
den Hafen. Dieser Stein soll auch zu magischen
Künsten geeignet sein. Den Träger macht er stark
gegen seinen Feind. Eitle Träume vertreibt er.
Gifte verjagt er und verrät sie. Er soll auch schwitzen, wenn Gift im Spiel ist. Mondsüchtigen
nützt er und denen, die von Pein erfüllt sind. Dieser Stein will am linken Arm getragen werden."*

Literatur

/1/ Albertus Magnus, De Mineralibus et Rebus Metallicis,
Buch 2, Traktat 2, Kap. 1, Köln 1569, S. 118/20. -
/2/ Albertus Magnus, De Mineralibus et Rebus Metallicis,
Buch 2, Traktat 13, Kap. 2, Köln 1569, S. 212. -
/3/ Alexander Neckham, De Laudibus Divinae Sapientiae
Distinctiones, Distinctio Sexta, Vers 325/8, hrsg. von
T. Wright, London 1865 (Ndr 1967), S. 471. - /4/ Vgl. J.
Beckmann, Marbodi Liber Lapidum seu de Gemmis,
Göttingen 1799, S. 8/12. - /5/ J.M. Riddle, Marbod of
Rennes de Lapidibus in: Sudhoffs Archiv Beiheft 20,
Wiesbaden 1977, S. 36; PL 171, 1739f. - /6/ Bartholo-
maeus Anglicus, De Proprietate Rerum, Buch 16, Kap. 9,
De Adamante, Nürnberg 1492, unpaginiert. - /7/ E.
Stange, Die Encyclopädie des Arnoldus Saxo in: Beiträge
zum Jahresbericht des Köngl. Gymnasiums zu Erfurt
1905/6, Erfurt 1906, S. 69, 88; vgl. Bull. Phil. Méd. 34
(1992) 163-180; 35 (1993) 130-149); LexMA I, 1008f.;
VerfLex I, 485-488. - /8/ Thomas Cantimpratensis, De
Natura Rerum laut MS Rawlinson D 358 in: J. Evans,
Magical Jewels of the Middle Ages and Renaissance par-
ticulary in England, Oxford 1922, S. 91/2; vgl. LexMA
VIII, 711-714.

LANDESSPRACHLICHE MITTEL-
ALTERLICHE STEINBÜCHER

Das oben *(vgl. S. 85f)* zitierte, die Beschreibung
von 61 Steinen umfassende Steinbuch des MAR-
BOD von RENNES (Lehrer an der Kathedralschule von Angers in den Jahren 1067 bis 1081)
ist, wie es scheint, als eines der frühesten, auch in
die Landessprache, hier das Französische, übersetzt worden; ob dies schon zur Abfassungszeit
(spätestens 1090) geschah oder erst gegen Ende
des 12. Jh., darüber besteht keine Einigkeit unter
den modernen Herausgebern /4/. Etwa 100 Jahre
jünger ist die älteste erhaltene Dichtung aus
der anglonormannischen Zeit, das *Bestiarium*
des PHILIPPE de THAON /7/, der unter
HEINRICH I. von England (1100 bis 1135)
lebte und sein Buch der Königin AELIS (Adela)
de LOUVAIN widmete; als Quelle nennt er den

Physiologus, kannte aber wohl auch das Gedicht
des MARBOD. Das älteste deutschsprachige
Steinbuch des Mittelalters mit dem Titel: *Von
den Steinen* eines unbekannten Verfassers des 11.
oder 12. Jh. erwähnt den Diamanten überhaupt
nicht /1/. Ausführlich weiß dagegen KONRAD
von MEGENBERG (1309 bis 1374) in seinem
wohl um das Jahr 1349 geschriebenen *Buch der
Natur* über den Diamant zu berichten /2/. Das
Buch ist kein Originalwerk, sondern die Übersetz-
zung des Werkes von THOMAS von
CANTIMPRÉ, das KONRAD aber irrtümlich
für ein Werk des ALBERTUS MAGNUS hielt.
Die Übersetzung gehörte zu den beliebtesten und
meist gelesenen Schriften des 14. und 15. Jh. und
wurde in den ersten Jahrzehnten nach der
Erfindung der Buchdruckerkunst sechs oder sieben Mal gedruckt. Im VI. Kapitel „Von den stainen", die darin in alphabetischer Reihenfolge behandelt werden, schrieb er /2/:

*„Vom Diamant. Adamas ist ein Edelstein, der in
zweierlei Art vorkommt. Die eine findet man an
der Grenze von Indien unter anderen, dort häufigen (Berg-)Kristallen. In seiner Farbe gleicht er
auch den (Berg-)Kristallen, nur daß er einen
Glanz besitzt wie frisch gefeiltes Eisen. Der
Diamant ist sehr hart und kann weder durch
Eisen noch durch Feuer zerbrochen werden. Man
zerkleinert ihn aber mit noch warmem, frisch ent-
leertem Bocksblut. Mit seinen spitzen Splittern
schneidet man andere, besonders harte Edelsteine.
Ein solcher Diamant wird nicht größer wie eine
Haselnuß. Es heißt, er bringe dem Menschen, der
ihn von einem Freunde geschenkt erhält, Gnade,
sei aber für den nutzlos, der ihn kaufe. Die
Juweliere sagen, seine Kraft werde wesentlich ver-
mehrt, wenn man ihn in Eisen fasse, falls man ihn
in einen Ring setzen wolle. Der Ring soll aber,
dem Werthe des Steins entsprechend, von Gold
sein. Die zweite Art des Diamanten ist viel min-
derwerthiger und geringer wie die erst beschriebene. Man findet sie in Arabien, in den Ländern am
cyprischen Meere und bei Ferrara. Der Stein ist
dunkelfarbig wie Eisen und übertrifft den erstgenannten in der Größe. Dieser Diamant läßt sich
ohne Hülfe von Bocksblut zerkleinern. Er besitzt
die Fähigkeit, das Eisen anzuziehen, wie der
Magnetstein, aber der Diamant entzieht dem
Magnetstein das Eisen, wenn er gegenwärtig ist.*

Er zeigt auch die Stellung des Polarsterns an. Wenn die Schiffer auf dem Meere vor Nebel nicht erkennen können, wie sie das Land erreichen sollen, so nehmen sie eine Nadel, reiben ihre Spitze an dem Diamanten und stecken sie quer durch ein Rohrstückchen oder einen Holzspahn, bringen sie in ein mit Wasser gefülltes Becken oder Schale und einer führt dann mit der Hand den Diamanten auswendig um das Gefäß herum, in dem sich die Nadel befindet. Die Nadelspitze folgt im Inneren dieser Bewegung und beschreibt also in dem Gefäße auch einen Kreis. Dies wird einige Zeit fortgesetzt, dann aber zieht der, der den Stein umherführt, diesen plötzlich weg und versteckt ihn. Hat nun die Nadelspitze so ihren Führer verloren, so wendet sie sich sofort gegen den Polarstern hin, steht fest und bewegt sich nicht mehr. Danach richten sich dann die Schiffer, denn der Stern steht im Himmel im Norden, wo der Wagen sich befindet, dem Süden oder der Mittagsgegend gegenüber. Das ist so zu verstehen, daß sich die Schiffer an die Richtungen halten, die durch das Kreuz gegeben sind, das die ganze Welt umfaßt hat: Osten, Westen, Süden und Norden. Wissen sie nun, wo Norden ist, so richten sie sich danach. Es heißt auch, der Stein sei zum Zaubern nütze. Wer ihn trägt, den soll er gegen seinen Feind stark machen, üppige Träume vertreiben und Gifte anzeigen und verscheuchen. Man sagt, er schwitze, wenn Gift in seiner Nähe sich befinde. Für die Mondsüchtigen, deren Sinne durch die Mondphasen beeinflußt werden, ist er heilsam, ebenso auch für die vom Teufel Besessenen. Der Stein will an der linken Hand getragen werden." /3/.

Eine weitere, sonst dem Diamanten nachgesagte Eigenschaft findet sich bei KONRAD von MEGENBERG /2/ beim Magneten:

"Vom Magnet. Der Stein Magnes sieht aus wie Eisen. Er zieht Eisen an, wenn kein Diamant in der Nähe ist. Man erzählt, der Stein sei in der Kunst der Zauberer von Nutzen. Er besitzt eine wunderbare Eigenschaft, wie man sagt. Will ein Mann wissen, ob seine Frau die Ehe bricht oder nicht, so soll er ihr den Stein im Schlaf unter den Kopf legen. Ist sie treu und fromm, so umfängt sie ihren Ehemann im Schlafe mit den Armen, ist sie aber untreu und falsch, so fällt sie im Schlafe aus dem Bett, als wäre sie herausgestoßen. Der Stein tilgt auch Zank und Streit zwischen den Eheleuten." /3/.

In der Einleitung zu dem Kapitel „Von den edeln Stainen" zeigt es sich, daß KONRAD mit keinem Traktat seiner Vorlage weniger zufrieden ist als mit diesem Abschnitt; er schrieb:

„Es ist eine Frage, wie die Edelsteine in den Adern der Erde entstehen. Die Antwort darauf erhalten wir aus den Schriften der Naturforscher. In ihnen finden wir angegeben, daß die Steine in der Erde sich bilden aus dem irdischen Dunst und der Feuchtigkeit, die in den Adern und Höhlungen der Erde eingeschlossen ist. In diesen Dünsten und der Feuchtigkeit haben wir nämlich eine Mischung der vier Elemente: Feuer, Luft, Wasser und Erde in wechselnden Verhältnissen, und je nach der verschiedenen Art dieser Mischung ist auch die Natur der Steine eine verschiedene. Nun behauptet unser lateinischer Text, die Steine erhielten ihre Gestaltung in der Erde je nach der Beschaffenheit der Örtlichkeit, in der sie werden und sich vergrößern, und spricht die Meinung aus, daß, wenn die Umgebung einfach gestaltet ist, auch die Steine eine einfache Form erhielten, wogegen sie eckig würden, wenn ihre Umgebung derart beschaffen sei. Aber mit Verlaub zu sagen, das kann nicht richtig sein. Man findet doch viele edle Steine, die menschliche, thierische oder Vogelgestalt aufweisen, trotzdem die Stellen, an denen man sie findet, dazu gar keine Veranlassung geben können. Auch findet man kleine, rundliche Steine an geräumigen und eckigen Orten und umgekehrt eckige Steine an einfach gestalteten Lagerstätten. Deshalb sage ich, der MEGENBERGER: Form und Gestalt der Steine ist abhängig von besonderen Kräften der Gestirne, die im Stande sind, die Form und das Verhältnis zwischen der Feuchtigkeit und den Dünsten zu beeinflussen. Denn Form und Gestaltung aller aus den vier Elementen hervorgehenden Dinge wie auch die Elemente selbst unterstehen dem vom Himmel ausgehenden Einfluß. Ebenso äußert sich auch ARISTOTELES im zweiten Buch von der Entstehung und dem Untergang der Elemente, das den lateinischen Titel führt De generatione et corruptione. Aber die Farbe der Steine, weiß, schwarz, grün, roth, violett und so fort, entsteht unter dem Einfluß der Gestirne auf das wechselnde Mischungsverhältnis zwischen Dünsten und Feuchtigkeit. ... Darum sind auch die Steine wirksamer und kostbarer, die aus den Ländern herkommen, in denen die vier

Elemente reiner und weniger von fremdartiger Substanz durchsetzt sind, wie die aus dem Orient, das ist aus den gegen Sonnenaufgang gelegenen Ländern und die nach Angaben Einiger mit den vier Flüssen aus dem Paradies herausgeführt werden. Es ist auch eine große Frage, woher und auf welche Weise kommen die Steine zu der großen Kraft und wundersamen Wirksamkeit, die sie der menschlichen Gesundheit und anderen Dingen gegenüber äußern. In unserem lateinischen Buche heißt es, menschlicher Vernunft sei nicht erkennbar, woher die Steine ihre Eigenkräfte haben, wenn sie ihnen nicht von Gott gegeben sind. Denn ARISTOTELES sagt in dem Buch von den übernatürlichen Dingen, lateinisch Liber Metaphysicae genannt, daß alle Kräfte von Gott kommen. Die Kräfte indessen, die wir in den Kräutern, Bäumen und Früchten finden, sind von Gott in mittelbarer Weise mit Hülfe einer zwischenwirkenden Energie in sie gelegt. Gott läßt nämlich in den genannten Gegenständen die Kräfte mit Hilfe der Einflüsse der Natur sich entwickeln, also in den Kräutern mit Hülfe der Wärme, der Kälte, der Feuchtigkeit oder der Trockenheit, um sie für eine bestimmte Arznei brauchbar werden zu lassen. An den Steinen ist von diesen Momenten Nichts zu nennen, zu demonstrieren oder nachzuweisen. Die Kraft des Steins ist wesentlich durch Kälte oder Wärme bedingt und hieraus folgt, daß Gott den Steinen ihre Kräfte ohne zwischenwirkende Energie verliehen hat, lediglich aus seiner Allmacht heraus, wie unser lateinischer Text sagt. An Stelle des Wirkens der Naturkräfte hat er sie begnadigt aus seinem göttlichen Willen heraus, denn man findet an den Gesteinen noch andere wunderbare und bedeutende Kräfte. Der Magnetstein und der Adamas nämlich ziehen das Eisen an, und der Adamas zeigt den Schiffern auf der See den Polarstern am Himmel, wie wir noch sehen werden. ... Der letzte Grund aller dieser Wunder ist der göttliche Wille mit seiner Allmacht, den die heilige Schrift den Wunderthäter in den menschlichen Angelegenheiten nennt. Die hier mitgetheilte Anschauung unseres Urtextes kann indessen nicht als richtig angesehen werden, und es ist eine kindliche Auffassung, zu denken, daß Gott den Steinen ihre Kräfte ohne Beihülfe der natürlichen Einflüsse verliehen habe, bei den Kräutern,

Bäumen dagegen anders verfahren sei, weil die Kräuter mit Hilfe der Kälte und Wärme wirken und die Steine auffallende Fähigkeiten besitzen, die man nicht auf die Elemente zurückführen kann. Das ist eine sehr einfältige Denkweise, weil auch die Steine kühlende und anfeuchtende Wirkungen von den elementaren Kräften her besitzen, aus denen ihre Eigenart hervorgegangen ist, und das Herz und die anderen menschlichen Organe stärken, wenn man sie zerstoßen mit den Speisen oder in Arzneiform genießt. ... Darum sage ich, der MEGENBERGER: Ich bezweifele, daß der lateinische Text von ALBERTUS geschrieben ist, weil er sich in anderen Schriften ganz abweichend über die Gegenstände äußert, die unser Text behandelt, die er verfaßt hat, bevor er eigene Ansichten haben und aussprechen konnte. Das Werk, das ich hier aus dem lateinischen Wortlaut ins Deutsche übertragen habe, ist eine Zusammenstellung der Ansichten alter Gelehrter, wie der Verfasser am Ende des Werkes selbst zugibt. Meine Ansicht ist also die: Gott verlieh den Steinen ihre Kräfte nach den Gesetzen der Natur unter Benutzung der zwischenwirkenden Einflüsse der Gestirne des Himmels, gerade so, wie es bei den Pflanzen der Fall ist." /3/.

Ein eigenständigeres, kürzeres, nur 1008 Verse umfassendes Steinbuch verfaßte um die Jahre 1250 der Alemanne VOLMAR /5/, in dem er 38 Edelsteine beschreibt, zuerst die zwölf in der Apokalypse genannten, dann auch „genug andere Steine von edler Natur, die auch sehr teuer sind". Vom Diamanten schreibt er:

„Ein Stein heißt Diamant, der ist nicht vielen Leuten bekannt; er ist durchsichtig und klar, und zum ersten, das ist wahr, gleicht er einer Haselnuß. Der Stein ist, ich sage euch die Wahrheit, so hart, daß es nichts anderes so hartes gibt: Wer ihn auf einen Amboß legte und einen großen Hammer nähme und auf den Stein schlüge, er würde ihn kaum klein bekommen, weil er eher in den Amboß eindränge als daß er zerbräche. Nun hat man aber eine List gefunden, durch die er in ganz kurzer Zeit weich wird wie eine Rübe, so daß man ihn schneiden kann oder gravieren, wie es einem gut dünkt. Man muß Bocksblut nehmen, wenn es noch warm ist, und geschmolzenes Blei und den Diamanten darin eintauchen: so wird er

weich und läßt sich in Stücke schneiden, wie einer will, und macht aus einem viele kleine (Stücke). In einer stählernen Fassung soll er gefaßt werden, weder in Silber noch in Gold, das ist von Bedeutung für den Stein. Wenn einer den Diamant an seiner linken Hand trägt, der hat Erfolg bei den Leuten, und wenn einer ihm Übles wünschte, der vermag ihm keinen Schaden anzutun, solange er den Fingerring trägt. Und Glück hat er und Gesundheit, und Träume, die ihm schaden oder übel sind, wird er nicht mehr haben. Und wenn eine Frau, die ein Kindlein trägt, den Stein besitzt, die mag wohl dessen sicher sein, daß ihr dabei kein Schaden entsteht, solange sie den Fingerring hat. Wie man den Stein recht erkennen kann, das sage ich euch sehr genau und werde es beweisen: Der Magnetstein, der mit seiner Kraft das Eisen an sich zieht, der wird sofort zaghaft, wenn man ihm den Diamanten anbietet: dann läßt er das Eisen liegen."

Daß es viele kleine Steinbücher in den Landessprachen gab, hat M. STEINSCHNEIDER /6/ mitgeteilt, der in vielen Bibliotheken zahlreiche, oft sehr kleine und (darum wohl) unveröffentlichte, meist auch anonyme Steinbücher in deutscher, französischer, portugiesischer, spanischer und hebräischer Sprache antraf.

Literatur

/1/ A. Birlinger, Germania 8 (1863) 101/3. - /2/ F. Pfeiffer, Das Buch der Natur von Konrad von Megenberg, K. Aue, Stuttgart 1861 (NDr 1971), S. 432/4, 451, 427/30; vgl. VerfLex V, 231-234. - /3/ H. Schulz, Das Buch der Natur von Conrad von Megenberg, J. Abel, Greifswald 1897, S. 372/3, 388, 367/70. - /4/ J. Beckmann, Marbodi Liber Lapidum seu de Gemmis Varietate Lectionis, Interpretatio Gallica, Göttingen 1799, S. 102/3; PL 171, 1739. - /5/ H. Lambel, Volmar, Das Steinbuch, ein altdeutsches Gedicht, Vers 289/340, Heilbronn 1877, S. 11/13. - /6/ M. Steinschneider, Lapidarien, ein culturgeschichtlicher Versuch, in: Semitic Studies London 1896, 1/72, 61/3). - /7/ Philippe de Thaon, Le Bestiaire de Philippe de Thaon, hrsg. von E. Walberg, Lund-Paris 1900 (Genf 1970), S. 105/6; vgl. LexMA VI, 2081f.

DER DIAMANT BEI DEN ARABERN

Die arabische Benennung des Diamanten

Das arabische Wort für Diamant „Almâs" ist nach P. de LAGARDE /1/ aus dem Verlesen des mit Majuskeln geschriebenen griechischen ADAMAS zu ALAMAS entstanden /1/. Dem widerspricht BANG /2/ heftig und meint, das Wort sei den Kopten zweifellos durch iranische Händler und nicht durch irrtümliche Auffassung gelehrter Überlieferung übermittelt worden. Daß „Almâs" auch in seiner ursprünglichen Bedeutung als Stahl im Arabischen und Persischen gebraucht worden ist, nahmen H. REITZENSTEIN, H. SCHRAEDER /2/ an.

E. O. v. LIPPMANN /5/ sieht dies bestätigt, da in einer im 7. Jh. n. Chr. redigierten Lehrschrift, die meist „Bundehesch" genannt wird, berichtet wird, daß beim Tode GAYOMARDs, den der bösartige Planet Saturn durch den ihm zugeordneten teuflischen Dämon BEELZUBUB herbeiführte, aus seinem Körper die sieben Metalle in die Erde fließen: Gold, Silber, Erz, Kupfer, Zinn, Blei, Glas, Stahl (Almâs). Einzelheiten hierzu bei J. R. PARTINGTON /6/. JULIUS KLAPROTH /3/ vertrat die Ansicht, daß umgekehrt, das griechische Adamas von „Almâs" abzuleiten sei. T. NICOLS /4/ kennt in seinem *Lapidary* des Jahres 1652 neben dem Wort „Alamatz" noch die Bezeichnung „Hagar subedhig" *(vgl. S. 94).*

Literatur

/1/ P. de Lagarde, Abhandl. Göttinger Ges. Wiss. 35 (1838-9) Nr. 3, S. 1/240, 220. - /2/ Bang, Mitt. Vorderas. Ges. 1917, S. 273 laut H. Reitzenstein, H.H. Schraeder, Studien zur antiken Synkretistik aus Iran und Griechenland (= Studien der Bibliothek Warburg Bd. 7), Leipzig-Berlin 1926, S. 278/9 Fußnote. - /3/ J. Klaproth, Lettre à Mr. le Baron A. de Humboldt sur l'Invention de la Bussole, Paris 1834, S. 16. - /4/ T. Nicols, A Lapidary, or the History of Precious Stones, Cambridge 1652, S. 48. - /5/ E.O.v. Lippmann, Entstehung und Ausbreitung der Alchemie, Bd. 2, Berlin 1931, S. 67. - /6/ J.R. Partington, Origins and Development of Applied Chemistry, London-New York 1935, S 379/8.

Die arabischen Steinbücher

Während der Westen durch den Sammeleifer des PLINIUS des Älteren einen Kanon von Nachrichten über die Edelsteine besaß, ist im Osten die Überlieferung des Wissens über diese bis zum Auftauchen des pseudoaristotelischen Steinbuchs bei den syrischen Ärzten und Übersetzern des 9. Jh. ganz dunkel. Man weiß nicht, woher es kommt, es bildet aber von dieser Zeit an den Grundstock der arabischen Mineralogie und wird in naturphilosophischen, medizinischen, kosmographischen Werken mit gleichem Fleiße exzerpiert und kommentiert. Es gelangte auch durch lateinische Übersetzungen in den Westen. Eine Zusammenstellung der von dem genannten Steinbuch abhängigen anderen arabischen Schriften mit einigen weiteren Angaben und Hinweisen auf den Einfluß auf europäische Werke machte W. FRIESS /8/. Eine Übersetzung des Textes über den Diamanten aus der einzigen bekannten Handschrift des genannten Buches gab J. RUSKA /2/:

„Der Stein Diamant. Die Natur dieses Steines ist von der vierten Stufe der Kälte und der Trockenheit. Es kommen ihm zwei Besonderheiten zu. Die eine davon ist, daß er mit keinem natürlichen Körper zusammengebracht werden kann, ohne ihn zu zerbrechen und zu zerstückeln; wenn er auf den Körper geworfen wird, spaltet er ihn. Und (zweitens) es hat nichts von den Steinen Macht über ihn außer Blei (Schwarzblei). Dieser Stein Diamant hat die Farbe von Salmiak. Dieser Stein Diamant und das Gold sind sich benachbart (kommen zusammen vor) und der Diamant bewegt sich rasch zum Gold hin. Wird der Diamant mit Hilfe von Blei pulverisiert und dann sein Pulver auf die Spitze des Eisens gebracht, so durchbohrt er alle Arten von Steinen, wie Perlen, Jakut, Smaragd und dergleichen. Hat jemand einen Stein in seiner Blase (in der Harnröhre), so nimmt er ein Körnchen von diesem Stein (Diamant). Ich befestigte das Körnchen an einem Eisen, führte es bis zum Stein ein und durchbohrte ihn mit Gottes Hilfe. In das Tal, in dem sich die Diamanten befinden, gelangte niemand außer meinem Schüler ALEXANDER. Es ist im Osten an der äußersten Grenze von Khorasan, der Blick dringt nicht bis auf seinen Grund. Nachdem ALEXANDER bis dorthin gekommen war, hinderte die Menge der Schlangen am Vordringen. Es wurden in dem Tal Schlangen gefunden, wenn die einen Menschen ansahen, so starb er. Da verfertigte er für sie Spiegel, und als sie sich selbst sahen, starben sie. Und die Leute erreichten sie mit ihren Blicken (konnten sie ohne Gefahr ansehen). Hierauf kam er auf einen andern Ausweg. Er schlachtete Hämmel, häutete sie ab und warf sie auf den Grund des Tales. Da blieben an ihnen Diamanten hängen, die Raubvögel

packten das Fleisch und brachten einen Teil mit herauf; die Kriegsleute (ALEXANDERs) verfolgten sie und nahmen, was davon abfiel. Es soll ihn niemand in den Mund bringen aus zwei Gründen: der eine davon ist, daß er die Zähne zerstört, der zweite, daß vom Speichel der Schlangen etwas daran ist, so daß er tötet.“

Verglichen mit diesem Text stellt der lateinische durch erklärende Zusätze und breitere Wiedergabe eine Erweiterung dar /2/. Die Kenntnis des Diamanten war bei den Arabern keineswegs sicheres Wissen: So zeigt eine Schrift des AL-ĠALDAKĪ (gest. 1342) im ersten Teil Abhandlungen über Edelsteine und Halbedelsteine, darunter auch das Glas, während der Diamant fehlt; erst im dritten Teil wird der Diamant neben Antimonsulfid, Zinkoxid, Soda, Schwefelarsen, Salmiak, Schwefel und Salz abgehandelt /1/. ŠAMS AD-DĪN ABŪᶜ ABDALLĀH MUḤAMMAD AL-DIMAŠQĪ aus Damaskus, besser bekannt unter seinem Vaterstadtsnamen AL-DIMAŠQĪ (1257 bis 1327), schrieb in seiner *Kosmographie*, die im zweiten Kapitel die Steine und die Metalle behandelt, der Diamant hat eine dreieckige Form und schließt dreiseitige Ebenen ein. Wenn der Autor, so meint K. MIELEITNER /3/, diese Angabe nicht irgendwoher übernommen hat, so lagen ihm offenbar Quarzkristalle vor, die wegen des fehlenden oder zurücktretenden Prismas nicht als solche erkannt wurden. AL-DIMAŠQĪ schrieb /4/:

„Der Diamant ist weiß, ein wenig durchsichtig wie weißer Achat, durch seine aschige Farbe dem Salz aus Darani gleichend; es gibt keinen Stein, der ihn zerbricht oder der ihn zerstört, außer dem Bleistein; er zerbricht ihn und besiegt ihn. Der Diamant hat den gleichen Ursprung wie das Gold; sobald das Wasser, eingeschlossen in einen unterirdischen Raum und getrocknet durch die Wärme, seinen flüssigen Zustand verloren hat, wird es dickflüssig und zusammenhängend wie das Quecksilber, dann formt es sich zu Stein durch die übergroße Trockenheit und seine Salzqualität; darum wird der Diamant durch den Bleistein zerbrochen; wenn es (das Wasser) beim Festwerden biegsam und weich würde, würde die Masse Gold geworden sein. Er (der Diamant)

ritzt alle Steine auf Grund seiner großen Härte und seiner Salzqualität; nur der Bleistein allein, auf Grund seiner sulfurigen Qualität, zerstört ihn; weil er Salz-Partikel enthält und den Schwefelgeruch merkt, zerbricht der Diamant. Dieser Stein wird gefunden zusammen mit dem Hyazinth, aus der Lagerstätte weggetragen vom Regen und Wind. Seine Form ist dreieckig, dreieckige Ebenen umschließend in spitzen Winkeln. Auf den Amboß gelegt und mit dem Hammer geschlagen, zerbricht er nicht, aber er dringt in die Oberfläche des Amboß odes Hammers ein. Wenn man ihn zerbrechen will, schließt man ihn in ein Schilfrohr ein und beim Schlagen mit irgend einem Instrument zerbricht er; auch schmilzt er, wenn man ihn, eingeschlossen in eine Kerze oder eine Flasche, oder überzogen mit Bocksblut, dem Feuer nähert. Es gibt zwei Arten: die ölige, mit der Farbe von Olivenöl, so benannt, weil seine Weiße mit gelb vermischt ist, und die kristallene mit der Farbe des Bergkristalls; es gibt auch eine Art, die einen starken Glanz allen benachbarten Gegenständen mitteilt, sei es eine Mauer, sei es ein Kleid, sei es eine menschliche Gestalt, dabei ein farbiges Leuchten hervorbringend, das dem Regenbogen gleicht. Die Könige bedienen sich dieser Art, um ihre Kleider zu verschönern; die Art, die nicht glänzt, wird benutzt, um den Hyazinth zu schneiden und ist ein Gegenstand des Handels. Unter den Farben des Diamants gibt es eine, die dem Eisen gleicht; er zerbricht nur an den Spitzen in dreieckige Kristalle; das kleinste Stück, die Größe eines Sesamkornes nicht überschreitend, bringt den Tod, indem es die Eingeweide verbrennt, wenn man es verschluckt. Eine seiner besonderen Eigenschaften ist die, daß er feucht wird, wenn sein Träger sich einer vergifteten Sache nähert."

Im Steinbuch aus der Kosmographie des AL-QAZWĪNĪ (gest. 1283), das sich auf das Steinbuch des ARISTOTELES bezieht, uns aber nur in einer Überarbeitung des 18. Jh. vorliegt /5/, steht:

„Diamant (Almâs). ARISTOTELES sagt: Dies ist ein Stein, dessen Farbe der des reinen Ammoniaksalzes nahe kommt. Was auch von Steinen mit ihm in Berührung gebracht wird, das zerstückelt und zerbricht er, mit Ausnahme des Schwarzbleis; denn wenn er mit Schwarzblei geschlagen wird, so zerbricht dies ihn, und würde man ihn auch in tausend Stücke schlagen, sie werden alle dreiseitig. Je größer jedesmal sein Volumen ist, umso kräftiger wirkt er. Die Werkleute befestigen Stücke davon an den Rand des Bohrers und bohren damit die harten Steine. Der Philosoph (Arzt) ARISTOTELES sagt: ALEXANDER erstaunte über die Steine und ihre Eigenschaften; der Grund davon war, daß man einen Menschen brachte, in dessen Blase und Harnröhre ein Stein war. Da nahm ich ein Diamantkörnchen, er befestigte es mit etwas Mastix und führte es in seine Harnröhre ein; da zog der Diamant den Stein an sich und zerbröckelte ihn mit Gottes Zulassung. Zu dem Ort, wo der Stein sich findet, gelangte noch nie ein Mensch außer ALEXANDER. Es ist ein Thal, das mit dem Lande Hind in Verbindung steht; der Blick dringt nicht bis zu seiner tiefsten Stelle vor; es befinden sich Schlangenarten darin, dergleichen Niemand noch gesehen hat, und es sah sie Niemand, ohne daß er starb. Aber diese Wirkung hält nur solange an, als ihr Leben dauert, und wenn sie tot sind, vergeht ihre Eigentümlichkeit. Es herrscht dort ein Sommer von sechs Monaten und ein ebensolanger Winter. ALEXANDER gebot nun, eiserne Spiegel zu nehmen und sie an der Stelle, wo die Schlangen sich aufhielten, anzubringen. Als die Schlangen sich näherten, fiel ihr Blick auf ihre Gestalt im Spiegel und sie starben davon. ALEXANDER wollte hierauf in das Thal hinabsteigen. Da nahm er seine Zuflucht zu den Gelehrten, und diese hießen ihn ein Stück Fleisch in das das Thal hinabwerfen. Er that es, und der Diamant blieb an dem Fleisch hängen; hierauf kamen die Vögel vom Himmel, nahmen von diesem Fleisch und brachten es aus dem Thal heraus. ALEXANDER befahl hierauf seinen Leuten, den Vögeln zu folgen und aufzulesen, was von dem Fleisch herabfiel. Der Philosoph ARISTOTELES sagt ferner: Es ist wünschenswert, daß nichts vom Diamant in das Maul von Tieren gelangt aus zwei Gründen: erstens, weil er vermöge seiner spezifischen Eigenart die Zähne zerstört, zweitens, weil manchmal aus dem Maul der Schlangen, die in jenem Thal sind, etwas darauf fällt, IBN SINA sagt: Das sind nichts als Redensarten; er weiß nicht, daß Schlangengift, nachdem es ausgeflossen ist, diese

(schädliche) Wirkung nicht mehr besitzt, besonders, wenn noch einige Zeit darüber verstrichen ist. Ein anderer sagt: Zu den merkwürdigen Eigenschaften des Diamants gehört, daß, wenn man mit dem Hammer auf den Amboß schlägt, er entweder in den Hammer oder in den Amboß eindringt; wenn man ihn aber mit Schwarzblei schlägt, zerbricht er sofort, und wirft man ihn in Bocksblut und bringt ihn ins Feuer, so schmilzt er. Er ist von Nutzen gegen Kolik und Krankheit der Eingeweide. Seine Gruben sind in den Gebirgen von Serendib in einem Thal von großer Tiefe, in dem sich tödliche Schlangen befinden. Will man den Diamant aus ihm herausholen, so wirft man Fleisch hinein, so daß die Geier sich darauf stürzen und es an den Rand des Thales herauf bringen; man findet dann vom Diamant, was am Fleisch hängen geblieben ist, in der Größe einer Linse oder Erbse; die größten Stücke, die gefunden werden, erreichen die Größe einer halben Bohne. Die Könige benützen dieselben als Schmucksteine, auch werden die Edelsteine damit durchbohrt. Man sagt, im Thale befinden sich große Stücke, nur daß man aus Furcht vor den Schlangen nicht dahin gelangen kann. Ohne Zweifel zerbricht er die Zähne, wenn man ihn in den Mund nimmt, und ist ein äußerst tödliches Gift.“

In einer anderen Handschrift des QAZWĪNĪ fand M. GRÜNBAUM /6/ eine ganz andere, wohl von talmudischen Schriften beeinflußte Erzählung, in der eine Erinnerung an den „Wurm Schamir" erkennbar ist:

„Der Diamant ist ein Stein, der alle anderen Steine spaltet. Zur Zeit als SALOMON - Friede über ihn! - den Tempel bauen wollte, befahl er den Dämonen, die Steine zu behauen. Als nun aber die Leute sich über den dadurch entstandenen Lärm beklagten, ließ SALOMON die schlauesten der Dschinen vor sich kommen und fragte sie, ob es denn kein Mittel gäbe, die Steine zu behauen, ohne daß man es höre. Sie antworteten: ‚Wir, o Prophet Gottes! kennen kein derartiges Mittel; es existiert aber noch ein Dämon namens SAHR, der nicht in deinem Dienste steht; vielleicht kann er etwas angeben.‘ SALOMON befahl nun, diesen Dämon herbeizubringen, und als derselbe vor ihm erschien, richtete er die gleiche Frage an ihn. Jener antwortete: ‚Ich kenne allerdings einen Stein, o

Prophet Gottes! mit dem man geräuschlos Steine durchschneiden kann; ich weiß aber nicht, wo derselbe zu finden ist. Ich will dir aber die Art und Weise angeben, um in dessen Besitz zu gelangen, und das ist, daß man das Nest eines Adlers aufsucht.‘ Auf SALOMONs Befehl ging nun einer der 'Ifrit's nach einem Adlernest aus, er fand ein solches zur Zeit als der alte Vogel ausgeflogen war: hierauf nahm er eine gläserne Schale, und stülpte sie über das Nest, in dem die Jungen waren. Als der Adler zurückkehrte und sah, daß er nicht zu seinen Jungen gelangen konnte, flog er davon. Am Morgen des folgenden Tages kam er wieder mit einem Steine im Schnabel, und mit diesem Steine spaltete er das Glas. SALOMON, dem man dieses erzählte, befahl, den Adler vor ihn zu bringen. Als dieser gekommen war, fragte er ihn: ‚Sage mir doch, wo du jenen Stein geholt hast.‘ Der Adler antwortete: ‚Den Stein, o Prophet Gottes! habe ich von einem Berge im Westen, dem Samurberge geholt.‘ Auf SALOMONs Geheiß brachten hierauf die Dämonen von jenem Berge Steine herbei, mit denen die Bausteine behauen wurden, ohne daß man es hörte.“

SERAPION (SARĀBIYŪN) schrieb in seinem nach 1250 verfaßten Kommentar *De Simplicibus (Medicamentis)* über den Diamanten /7/:

„Hager sumbedig (vgl. S. 91), das ist der Stein Adamas. Es gibt einen Fluß Mes, in dem der Stein vorkommt. Und Mes ist ein Fluß, zu dem niemals ein Mensch außer ALEXANDER gekommen ist, und er liegt im Land Corascen. Und seine Farbe nähert sich der des Salzes im festen (kristallisierten?) Zustand, und nur selten vereinigen sich so zwei Naturen in einem Stein. Er hat zwei Eigenschaften: Die eine von ihnen ist, daß er sich nicht mit irgend einem Stein vereinigt, ohne ihn zu zerbrechen, und darum befestigt man seine Bruchstücke an der Spitze eines geeigneten Bohreisens, und mit ihm werden andere Steine der Smaragd, der Zebarged, der Saphir und andere Edelsteine durchbohrt: Und wenn man ein Körnchen seiner Bruchstücke nimmt und an die Spitze eines Eisens mit Römischem Leim anklebt und in die Blase einführt durch die Öffnung der Rute, so zerbricht er den (Blasen-)Stein. Und eine andere Eigenschaft von ihm ist, daß es nichts gibt, das diesen Stein zerbricht außer dem Blei, denn

das zerbricht und zerstört ihn (DIOSCURI-
DES). Es ist der Stein, den die Künstler benut-
zen, indem sie ihn an einem Griffel befestigen
beim Steinschneiden. Und er wird benutzt bei
Zubereitungen reinigender und brennender
Salben, ist förderlich bei Zahnfleischbluten und
reinigt Zähne (GALENUS)."

Aus dem Werk mit dem Titel *Die Volumina der*
Metalle und Edelsteine von AL-BĪRUNĪ (973
bis 1043) zitiert E. WEDEMANN /10/ folgenden Abschnitt:

„Sechster Abschnitt. Über den Edelstein, der al
Mâs (Diamant) heißt. Er ist der Edelstein, der
auf den Jâqât (Schmirgel) einen Einfluß ausübt
(ihn ritzt). Er steht dem Jâqât so nahe als möglich
nach dem Gewicht, der Härte und der Nach-
barschaft der Lagerstätten. Er (der Diamant)
überwältigt den andern durch Bohren und
Schneiden. Die Leute von Churâsân und 'iraq
unterscheiden nicht zwischen ihren Arten und alle
haben bei ihnen Wert(ß). Sie verwenden sie nur
zum Bohren und Vergiften. Man bestimmt ihr
Gewicht nach Drachmen; eine Drachme kleiner
Stücke kostet 100 Dinare; bildet sie ein Stück,
1000 Dinare."

Den Arabern sprach F. M. FELDHAUS /9/ die
erste literarisch nachgewiesene Verwendung des
Diamanten als Steinbohrer zu: Nach arabischer
Überlieferung habe Kalif HARŪN AL-RAŠĪD
(766 bis 809) den schwarzen Stein zu Mekka re-
parieren und dabei die umliegenden Steine mit
Diamanten anbohren lassen, um die Bänder zur
Befestigung des genannten Steins eingießen zu
können. Doch fragte er, ob diese Geschichte un-
verfälscht überliefert worden ist. Nach E. WIE-
DEMANN /10/ gilt als Quelle dafür ein Werk
über die Geschichte Mekkas (S. 245/6 ed.
WÜSTENFELD). Nach dieser war der erste, der
die Befestigung an der schwarzen Ecke mit
Silber vornahm, IBN AL-ZUBAIR, und zwar
nachdem sie von einer Feuersbrunst betroffen
war. Dann war das Silber dünn geworden und
hatte sich um den schwarzen Stein gelockert, so
daß man fürchtete, daß die Ecke schadhaft werden würde. Als HARŪN AL-RAŠĪD im Jahre
189 d. H. (805 nach Chr.) dahin wallfahrte, befahl er, sich mit den Steinen, zwischen denen der
schwarze Stein sich befand, zu befassen. Man

bohrte oberhalb und unterhalb von ihnen mit
dem Diamanten Löcher und goß in sie Silber (in
dieses wurden dann wohl Silberbänder oder -
drähte befestigt). Diese Arbeit hätten IBN AL-
ṬAḤḤĀN und der Klient von IBN MU-
SCHMA'IL ausgeführt. - Einen Hinweis auf
Beziehungen zwischen Diamant und Astrologie
in überraschenden Zusammenhängen fand F.
Rex /11/ in einer der sogenannten ĞĀBIR-
Schriften aus dem 8. bis 10. Jh.:

„Wisse, daß die Gesamtheit der Schwärze, des
Schwersten und des Gesäuerten, des in der Wesens-
natur Erdigen, das Saure, das Bittere und derglei-
chen mehr und das seuchenreiche Land zu den
Anteilen des langsamlaufenden Saturn gehören,
ferner das Übertreten dessen, was im Innern
seiner Erde ist, an ihrer Oberfläche von den
Pflanzen in den Bergen und dem Gras. Und von
den Steinen die schwarzen, die blauen und die
grünen und was dem unmittelbar folgt, ferner das
Blei, der Diamant, der Sand, das Glas, der
Schmirgel, der Hämatit und die Gesamtheit dieser
Dinge. Und von den Gewässern die übelriechen-
den, in welchen die Schildkröten wohnen, Kamele,
die Elefanten... ferner das Schwerbewegliche und
das von langsamer Intelligenz ... Von den
Pflanzen die großen Bäume, die Palmen, ferner
das, dessen Zeit lange währt, dessen Art selten ist,
und dessen Umhüllung sowie dessen Härte be-
trächtlich sind, und häufig gehört es zu dem, was
zum Verzehr ungeeignet ist."

Literatur

/1/ E. Wiedemann, Beiträge zu der Mineralogie usw. bei
den Arabern in: Studien zur Geschichte der Chemie,
Festgabe E.O. v. Lippmann, hrsg. von J. Ruska, Berlin
1927, S. 48/54, 49. - /2/ J. Ruska, Der Diamant in der
Medizin in: Festschrift Hermann Baas in Worms zum 70.
Geburtstag, Hamburg-Leipzig 1908, S. 121/30, 122/3. -
/3/ K. Mieleitner, Fortschr. Mineral. 7 (1922) 427/80, 462.
- /4/ A.F. Mehren, Manuel de la Cosmographie du Moyen
Âge traduit de l'Arabe Nokhbet Ed-Dahr Fi 'Adjaib-Il-
Birr Wal-Bah'r de Shems Ed-Din Abou-'Abdallah
Moh'amed de Damas, Kap. 2, Sect. 4 § 10; Sect. 6, § 3,
Kopenhagen 1874 (Neudruck Amsterdam 1964), S. 74/8,
85. - /5/ J. Ruska, Das Steinbuch aus der Kosmographie
des Zakarija ibn Muhammad ibn Mahmud al-Qazwini,
Heidelberg 1896, S. 34/5; zum Steinbuch des Pseudo-
Aristoteles vgl. Ch. B. Schmitt / D. Knox, Pseudo-
Aristoteles Latinus. A Guide to Latin Works Falsely
Attributed to Aristotle before 1500, London 1985. - /6/
M. Grünbaum, Neue Beiträge zur semitischen Sagen-
kunde, Leiden 1893, S. 229/30. - /7/ Serapion, Serapionis

Aggregatoris de Simplicibus Commentarii, Abrahamo
Judaeo et Simone Ianuensi Interpretibus, Cap. 381, in:
Serapionis Medici Arabis Celeberrimi Practica, Venedig
1550, fol. 186; vgl. LexMA VII, 1775f - /8/ G. Friess,
Edelsteine im Mittelalter, Hildesheim 1980, S. 19/21. - /9/
F.M. Feldhaus, Die Technik der Antike und des
Mittelalters, Potsdam 1931, Nachdruck Hildesheim 1955,
S. 181. - /10/ E. Wiedemann, Der Islam 2 (1911) 345/8. -
/11/ F. Rex, Habilitationsschrift Tübingen 1936, S. 62/4;
vgl. LexMA IV, 1071f.

Arabische Fund-Sagen

Die Vorstellungen der arabischen Welt über
Vorkommen und Gewinnung des Diamanten beschreibt SINDBAD der SEEFAHRER /1/, angeblich ein Zeitgenosse des Kalifen HARŪN
AL-RAŠĪD (766 bis 809). In Wirklichkeit beruhen die Angaben des unbekannten Verfassers
auf Kenntnissen, die die arabische Welt sich im
9. Jh. erworben hat /2/. In dem Geschichten-
Zyklus von *1001 Nacht* /1/ wird SINDBAD auf
seiner zweiten Reise nach Malakka nach einer
Strandung auf einer Insel von dieser durch den
Riesenvogel RUCH weggetragen und auf einem
hohen Berg abgesetzt, er berichtet dann weiter:

*„Dennoch faßte ich mir ein Herz und ging in jenes
Tal und fand, daß der Boden ganz mit
Diamanten bedeckt war; das ist der Stein, mit
dem man Erze und Edelsteine, Porzellan und
Onyx durchbohren kann, ein harter und spröder
Stein, auf dem weder Eisen noch Felsgestein einen
Eindruck hinterläßt und von dem niemand etwas
abschneiden noch abbrechen kann, es sei denn mit
Hilfe des Bleisteines. ... Und wie ich im Tal so
weiterging, fiel plötzlich ein großes geschlachtetes
Tier vor mir nieder, ohne daß ich einen Menschen
gesehen hatte. Darüber war ich erstaunt und nun
erinnerte ich mich an eine Geschichte, die ich früher einmal von den Kaufleuten und Reisenden
und Pilgern gehört hatte, daß nämlich das
Diamantengebirge voll fürchterlicher Schrecken
wäre und daß niemand dorthin gehen könne; daß
aber die Kaufleute, die mit Diamanten Handel
treiben, ein Mittel hätten, um sie zu erhalten; und
zwar nähmen sie ein Schaf, schlachteten es und
häuteten es ab und zerlegten es, dann würfen sie
die Stücke von dem Berg dort ins Tal hinab, und
weil das Fleisch noch frisch wäre, so blieben manche von den Steinen daran kleben, sie ließen es dort
liegen, und dann kämen die Raubvögel, Adler und*

*Geier, zu den Fleischstücken, packten sie mit den
Krallen und flögen auf den Gipfel des Berges; darauf liefen die Kaufleute mit lautem Geschrei herbei, die Vögel flögen von den Fleischstücken fort,
und so könnten die Männer näher herankommen
und die Steine, die an dem Fleisch klebten, abnehmen. Dann pflegten sie das Fleisch den
Raubvögeln und den wilden Tieren zu überlassen
und ihre Diamanten mit nach Hause zu nehmen.
Niemand aber könne an die Diamanten anders als
durch diese List herankommen"* /1/.

Die Quelle der Legende dürfte das Steinbuch des
ARISTOTELES eines unbekannten Verfassers
/3/ sein, das nicht in Byzanz, sondern in einem
der Zentren syrisch-persischer Medizin entstanden sein dürfte durch einen mit den griechischen
und persischen Quellen vertrauten Syrer. Der im
Text angegebene Übersetzer ins Arabische
LUKA BEN SERAPION ist nicht weiter bekannt, und für den Herausgeber der deutschen
Übersetzung ist ḤUNAIN IBN ISḤĀQ der ver-
mutliche Verfasser. Er schreibt im Kapitel „Der
Stein Diamant" *(vgl. S. 91):*

*„In das Tal, in dem sich die Diamanten finden,
gelangte niemand außer meinem Schüler ALE-
XANDER. Es ist im Osten an der äußersten
Grenze von Chorasan, der Blick dringt nicht bis
auf seinen Grund. Nachdem ALEXANDER
dorthin gekommen war, hinderte ihn die Menge
der Schlangen am Vordringen. Es werden in dem
Tal Schlangen gefunden, wenn diese einen
Menschen ansehen, so stirbt er. Da verfertigte er
Spiegel für sie, und als sie sich selbst ansahen, star-
ben sie und die Leute erreichten sie mit ihren
Blicken (konnten sie ohne Gefahr ansehen).
Hierauf kam ALEXANDER auf eine andere
List: Er ließ Hammel schlachten, abhäuten und
auf den Grund des Tales werfen. Da blieben die
Diamanten an ihnen hängen; die Raubvögel pak-
kten sie und brachten einen Teil mit herauf; die
Kriegsleute verfolgten sie und nahmen, was davon
abfiel."*

Literatur

/1/ E. Littmann, Die Geschichte von Sindbad dem
Seefahrer, 2. Aufl., Frankfurt am Main 1977, S. 27/39,
32/6. - /2/ M. Baron Alkenaer, Ann. Voyages 1832, 1,
5/32, 12, 23. - /3/ J. Ruska, Das Steinbuch des Aristoteles,
Heidelberg 1912, S. 129; Der Diamant in der Medizin, in:
Festschrift Hermann Baas in Worms zum 70. Geburtstag,
Hamburg-Leipzig 1908, S. 121/30, 123.

DER DIAMANT

ALLGEMEINES

Der im klassischen Altertum und im Mittelalter und - es sei hinzugefügt: auch noch in der Gegenwart bemerkbare - weitverbreitete Aberglaube, daß die Edelsteine wunderbare Kräfte besäßen, ist nach R. HALLEUX, J. SCHAMP /36/ schon bei den alten Babyloniern und Ägyptern nachweisbar und von dort auf „unterirdischen Wegen" in die griechische Literatur eingedrungen. Er trage, meint R. BESSER /1/, so lächerlich er uns heute erscheine, doch seine psychologische Berechtigung in sich: Ihre Seltenheit, ihre meist geringe Größe und trotzdem mehr oder minder ausgebildete Kristallform, ihr Farbenglanz, ihre den Werkzeugen der Menschen meist widerstehende Härte - all diese Eigenschaften, welche auch jetzt noch den Edelsteinen den Grad einer Kostbarkeit verleihen, müsse den Menschen fast mit Notwendigkeit die Idee erwecken, daß in ihnen übernatürliche Kräfte ruhten, oder daß ein mit diesen Kräften begabter Dämon in ihnen wohne. Als Amulette gegen böse Geister werde man denn auch zuerst die Edelsteine getragen haben, und wenn sich auch nicht sagen lasse, ob die Inder oder die Chaldäer oder gar die Ägypter diesen abergläubigen Brauch zuerst eingeführt haben, so stehe doch soviel fest, daß er orientalischen Ursprungs sei. Gebrauchte man aber die Edelsteine als Schutzmittel gegen schädliche Einflüsse böser Dämonen, so lag es nahe, sie auch als Schutzmittel gegen andere schädliche Einflüsse, gegen Gifte und Krankheiten usw. zu betrachten, zumal die Vorstellung sehr geläufig war, daß ein erkrankter Mensch von einem Dämon besessen sei, der die Krankheit verursache. So erweiterte sich der ursprünglich religiös-magische Aberglaube zu einem allgemein-praktischen medizinischen.

Von der Medizin zum Gift ist es nur ein kleiner Schritt, und die Vermischung der Aspekte unvermeidbar. Die Wertschätzung eines Heilmittels nach der Seltenheit läßt sich nach H. FÜHNER /27/ durch die Geschichte aller Völker verfolgen: Daher sehen wir bei Chinesen und Indern, bei Griechen und Römern, später bei den Arabern und durch das Mittelalter bis in die Neuzeit hinein das Gold immer als eines der vornehmsten Arzneimittel betrachtet, und mit der Anwendung des Goldes als Heilmittel geht die der Edelsteine Hand in Hand. Volkstümlich konnte die angebliche Heilkraft der Edelsteine in Europa wegen der großen Seltenheit dieser Schätze der Erde nie so recht werden - sie blieben darum immer ein Privilegium der Reichen und Vornehmen - und es bedurfte des ganzen Ansehens der arabischen Literatur, um ihr auch in unseren Breiten ein so langes Dasein zu ermöglichen.

In den alttestamentlichen Schriften der Bibel fände sich kein Hinweis auf magische oder mystische Kräfte von Edelsteinen, meinte J. R. SUTTON /39/ irrigerweise. Doch nimmt H. FÜHNER /27/ für die Genese der angeblichen Diamant-Wirkungen folgendes an: Der Diamant ist unter den Edelsteinen der Repräsentant der weißen Farbe. Diese Farbe, die bei den Semiten und demgemäß im Christentum, Reinheit und Unschuld bedeutet, ist bei den Ariern Attribut des Lichtes, der Sonne („weiße Sonnenrosse"). Mit der Sonne, deren Licht er strahlend zurückwirft, teilt der Diamant die alles heilende Wirkung. Zum hohen Glanz gesellt sich die hohe Härte (der Stein ist unbezwingbar), folglich kann er selbst alles bezwingen und aus Not und Krankheit befreien. Daß sich all das aber nur auf den natürlichen, unbearbeiteten

Stein bezog, erhellt aus Bemerkungen, die aus Zeiten stammen, in denen man den Stein schon zu bearbeiten verstand. So findet sich in dem anonymen indischen Werk *Agastimata*, das vermutlich im 14. Jh. entstand /20/, die Bemerkung, daß der auf einer Platte geschliffene Diamant unbrauchbar würde und seine magischen Kräfte verlöre, nur der vollkommen natürliche Diamant besäße seine ganze magische Kraft. Das erinnert an eine Stelle in dem von GARCIA ab HORTO im Jahre 1565 gegebenen Bericht über indische Heilmittel /21/: „Wie man eine Jungfrau einer Hure vorzieht, so den von der Natur polierten Diamanten einem durch die Kunst bearbeiteten. Im Gegensatz dazu sagen die Portugiesen, es seien die durch menschliche Kunstfertigkeit bearbeiteten höher einzuschätzen."

Im Alten Indien

Der klassische Boden für eine Edelsteinmedizin ist im Vaterland der Edelsteine, in Indien, zu suchen. In allen uns erhaltenen medizinischen Werken des Landes finden sich Gold und Edelsteine als Heilmittel an erster Stelle angegeben, wobei im Laufe der Jahrhunderte der Diamant seine Stellung in der Reihenfolge der Wertschätzung ändert. Nach den alten indischen Steinbüchern aus spätantiker Zeit werden durch das Tragen oder allein schon durch das Aufbewahren eines Diamanten im Hause alle Lebensumstände in stärkstem Maße beeinflußt, wobei Farbe, Flecken und Fehler des Steins von oft ausschlaggebender Bedeutung sind. Doch muß festgehalten werden, daß von einer ausgesprochenen Heil- oder Giftwirkung des Steines selbst nie die Rede ist. Das scheint sich aber im Laufe der Zeit geändert zu haben, denn nach dem *Raganighantu* („König der Wörterbücher") Vers 56, 174/80, des Arztes NARAHARI aus Kaschmir, geschrieben zwischen 1235 und 1250, wird über den Diamanten ausgesagt, er habe 14 Namen oder Beinamen, von denen sich einer auf seine Oktaeder-Form bezieht. Man nenne den Diamanten einen „Schatz", wenn er durchsichtig, wie ein Blitz leuchtend, glatt und scharfkantig sei und mit regelmäßigen Ecken versehen, „fehlerhaft" jedoch, wenn er aschfarben, rissig, schwarzblau, rund und fleckig ist. Man kenne vier Farben: weiß, rötlich, gelb und blauschwarz.

Wenn ein Diamant auf einer Platte von Probierstein durch harte Gegenstände nicht zerrieben wird, wenn er mit anderen Steinen oder einem eisernen Hammer geschlagen, nicht zerspringt, und wenn er einen anderen Stein bei müheloser Handhabung zerspaltet, selbst aber nur durch einen anderen Diamanten zerstückelt wird, so nennen die Kenner ihn „echt", „preiswürdig" und „wertvoll". Man verwendet das Haus der „bhunaga"-Schnecke beim Kalzinieren des Diamanten, um ihn wie andere Mineralien mit verschiedenen Stoffen vermischt, als Arznei zu verwenden. An einer späteren Stelle wird gesagt, der Diamant besitze sechs Geschmäcker, süß, sauer, salzig, scharf, bitter und zusammenziehend, heile alle Krankheiten, lindere alle Übel und sei ein Wohlbefinden erzeugendes, den Körper stärkendes Elixier; den Farben nach werde er den Kasten zugeteilt und könne nur dann, wenn der der Kaste entsprechende Diamant getragen wird, seine Kräfte entfalten, Ansehen und Wohlstand bringen, im anderen Falle wirke er als „Donnerkeil", d. h. vernichtend. Er vertreibe auch Runzeln und graues Haar bei Männern /30/.

Das hat sich in der iatrochemischen Periode der hinduistischen Chemie, die nach P. C. RAY /22/ den Zeitraum von etwa 1300 bis 1550 umfaßt, etwas geändert: Im vierten Buch des anonymen, für die genannte Zeit typischen Werks mit dem Titel *Rasaratnasa muchchaya*, das über die Edelsteine handelt, findet sich über den Diamanten folgender Abschnitt, der darauf hinweist, daß der Stein wohl gelegentlich als Medizin verwendet wurde (44/5): „Diamond smeared with the powder of lead, levigated in the juice of the fruit of ‚madana' (Randia dumetorum) and roasted twenty times in a covered crucible, is reduced in fine powder, which is to be used in medicines." Nach A. E. WALLIS BUDGE /50/ glaubte man: „The water in which the great Kôh-I-Nûr diamond was dipped when in India was believed to heal every sickness." Noch im Jahre 1814 verweigerte der Radjah von Borneo den Verkauf eines großen, 367 Karat (156 Karat = 1 Unze) schweren Diamanten, weil nicht nur das glückliche Schicksal seiner Familie an diesen Stein gebunden sei, sondern weil er die Kraft habe, jegliche Krankheit zu heilen mittels des Wassers, in das er getaucht worden war /18/.

Bei THEOPHRAST (ca. 371 bis 287 v. Chr.), der vielleicht den Diamant als erster antiker Schriftsteller erwähnt, finden sich nicht einmal Anklänge an irgendeinen Aberglauben, der sich mit den Steinen in Beziehung bringen läßt /2/, auch sonst in der klassischen griechischen Literatur läßt sich weder medizinischer noch abergläubiger Gebrauch des Diamanten nachweisen /27/. PLINIUS (23/24 bis 79 n. Chr.), der es in seiner *Naturkunde* zunächst ganz allgemein ablehnt, über Magisches im Zusammenhang mit den Edelsteinen zu berichten, führt später nur Medizinisches an: „Jetzt wollen wir die anerkannten Arten der Edelsteine besprechen, mit dem gepriesensten beginnend, und nicht allein dieses werden wir tun, sondern auch nebenbei, zum größeren Nutzen für das Leben, als falsch aufzeigen die unsagbare Lügenhaftigkeit der Magier, soweit sie in sehr vielen Fällen bei den Edelsteinen berichtet haben, was von einer sehr angenehmen Art Medizin übergeht zum Übernatürlichen." /3/.

Bei seiner späteren Beschreibung des Diamanten sagte PLINIUS /4/ dementsprechend am Ende nur: „Der Diamant wird auch Herr über Gifte und macht sie unwirksam, Wahnsinn vertreibt er und törichte Ängste. Deswegen haben ihn manche ‚Anancites‘ (Bezwinger) genannt." Die Bemerkung des PLINIUS läßt eine große magische Literatur vermuten, die wir nicht kennen. Aus späterer Zeit ist uns allerdings ein in hellenistischer Zeit entstandenes Buch *Über die Kräfte der Steine* eines Magiers und Alchemisten mit Namen DAMIGERON bekannt, der erstmals in der Verteidigungsschrift (Kap. 90) gegen die Anklage wegen Zauberei des römischen Romanschriftstellers APULEIUS (aus Madaura, heute: Mdaurusch, Algerien, 2. Jh. n. Chr.) genannt wird, auch von dem christlichen Schriftsteller TERTULLIAN erwähnt wird und für viele mittelalterliche Autoren eine Quelle war /40;41/:

„Über den Diamant. Der Diamant also ist ein Stein von dunkler Farbe, und dem Glanz des (Berg)Kristalls, er ist härter als Eisen und der beste stammt aus Indien. Der zweite nach diesem aus Arabien. Die übrigen (Arten) werden in Zypern und Philippus (!) gefunden und sind alle von Goldfarbe und zeigen alle die gleiche Größe. Sie sind aber zu jeder magischen Anwendung geeignet und haben alle die gleichen Kräfte. Aber von einigen wird dieser Stein Amantites (!) genannt, eben weil er erzwingen und vollenden kann, alles was du von ihm wünschen magst. Hast du diesen Stein erlangt, so schließe ihn in eine silberne Nuß und trage ihn wie ein Heiligtum. Und er wird dich unbesiegbar und unbezwinglich machen für deine Feinde und Gegner und Schmäher und alle übermütigen Menschen. Er wird dich für alle furchterregend machen. Du wirst aber abwenden können von dir alle Angst und unheimliche Traumgesichte, Gespenster, Geister, Gifte und Streit. Daher wirst du dir einen gewundenen Ring aus Gold oder Silber, Eisen oder Erz anfertigen lassen und trage ihn um den linken Arm. Denn diese große Hilfe ist dem Stein von Gott zugestanden worden."

Es überrascht, daß hier bei DAMIGERON die angebliche Fähigkeit des Diamanten, eheliche Untreue nachzuweisen, nicht diesem, sondern dem Magnetstein zugeschrieben wird.

Wenig von den wirksamen Kräften des Diamanten verrät auch ein Zitat aus einer in ihrer Gesamtheit verlorenen Quelle des Kompilators PLINIUS, das sich in einer Schrift des heiligen HIERONYMUS /5/ findet, nämlich ein Zitat aus dem Werk des Pharmakologen XENOKRATES von Ephesus, das mit den Worten endet: „Er soll auch wie Elektrum (natürliche Gold-Silber-Legierung oder Bernstein) Gift abschwächen und Zauberkünste abwehren." Bei den großen eigentlichen Medizinern der Antike, zum Beispiel bei GALEN (129-199), wird der Diamant als Heilmittel überhaupt nicht erwähnt /43/.

Für den von PLINIUS stark abhängigen SOLINUS /6/, sind gerade die von PLINIUS angegebenen medizinischen Eigenschaften der eigentliche Grund für die hohe Wertschätzung des Steins. Dies mag zutreffen, denn noch PRISCIANUS aus dem mauretanischen Caesarea, der im 6. Jh. den Reiseführer durch die Welt des Mittelmeers des DIONYSIOS PERIEGETES in lateinische Hexameter übertragen hat, sagte vom Diamanten nichts anderes als: „Dieser Diamant blitzt und heilt den Wahnsinn, schützt

Unglückliche vor den Schäden eines verborgenen Giftes." /14/.

Aus christlicher Umgebung des 5. Jh. stammt ein syrisches *Buch der Naturgegenstände, verfaßt vom Philosophen Aristoteles,* das ein Sammelwerk aus dem in viele Sprachen übersetzten *Physiologus* und den Werken des Kirchenlehrers BASILIUS des GROSSEN (aus Caesarea in Kappadozien, ca. 330 bis ca. 379) darstellt; in dem syrischen Werk heißt es vom Diamanten /47/: „ ... wohin er gelegt wird, von dort vertreibt er jedes schädliche Gewürm. Man sagt, daß durch ihn die Wirksamkeit der Dämonen entkräftet werde, und dies jemandem gewiß wird und er ihn an sich trägt, wo die Dämonen Blendwerk zeigen, so legt er die Kunst der Beschwörer blos." /47/.

IM MITTELALTER

Die mittelalterliche Medizin übernahm den größten Teil ihres Wissens aus der Antike und später auch von den arabischen Ärzten, bei denen die Edelsteine eine bedeutende Rolle spielten. Welches Gewicht der Kenntnis der Steine zugemessen und in welchen Zusammenhang sie gestellt wurde, erhellt etwa aus dem *Lapidarium* (Steinbuch) von König ALFONS X. dem WEISEN, (König von Kastilien und León, 1252 bis 1282), in dem gefordert wird, daß der Benutzer Kenntnisse haben müsse in Astronomie, Mineralogie und Medizin und überhaupt von hoher Intelligenz sein müsse /24/. Der Wert der Steine als Medizin wird zwar ganz allgemein in dem in Hexametern verfaßten Buche *De Lapidibus* („Über Steine") des Bischofs MARBOD von Rennes (1035 bis 1123) hervorgehoben: „Keiner darf zweifeln oder es für falsch halten, daß den Steinen eine gottgewollte Kraft eingegeben ist. Eine ungeheure Kraft besitzen die Kräuter, die größte aber die Edelsteine." Der Diamant wird dann aber von ihm als ein für magische Zwecke besonders fähiger Stein hingestellt /19/.

Ganz anders schreibt sein byzantinischer Zeitgenosse, der Polyhistor MICHAEL PSELLOS (1018 bis 1079) in seinem *De Lapidum Virtutibus Libellus* („Büchlein über die Kraft der Steine") dem Diamanten nur medizinische Wirkung zu: „Zum Beispiel der Adamas: Dieser hat einen glasartigen und glänzenden Körper, er ist sehr hart und schwer zu zerbrechen; als Anhänger getragen löscht er das Dreitagefieber." /55/. Überraschend fehlt bei Aufzählung der mehr oder minder magischen Eigenschaften durch MARBOD die Angabe seiner Fähigkeit zur Prüfung der ehelichen Treue. Sie wird von dem Bischof dem Magnetstein zugeschrieben. Dies ist auch der Fall im *Bestiarium* („Tierbuch") des PHILIPPE de THAON, der seine Schrift der Gattin HEINRICHs I., Königs von England und Herzogs der Normandie (1100 bis 1135), widmete - sein Inhalt geht in der Hauptsache auf den *Physiologus* zurück /11/.

Von all dem Aberglauben erwähnt der älteste der sog. mittelalterlichen Enzyklopädisten, ALEXANDER NECKAM (1157 bis 1217, Milchbruder des Königs RICHARD LÖWENHERZ), nichts, wohl aber spricht er von seiner medizinischen Kraft: „Von den indischen Edelsteinen gebührt die höchste Würde den Diamanten, beseitigen sie doch den Wahnsinn, widerstehen Giften und vertreiben eitle Seelenängste." /12/.

Ein anderer Enzyklopädist des 13. Jh., ARNOLDUS SAXO, weiß trotz seines Fleißes über die „Kräfte" des Diamanten nur zu sagen: „Seine Kraft (verlangt Fassung) in Gold oder Silber oder Eisen. Und auf der linken Seite getragen, ist er wirksam gegen Feinde und gegen Wahnsinn und gegen Unbeherrschte und gegen Zwang und Streit und gegen Gifte und gegen wilde Träume und Gespenster und gegen den Incubus." /33/.

Die traditionelle Wiedergabe alter Quellen wird überraschend unterbrochen durch das naturwissenschaftlich-medizinische Werk der heiligen HILDEGARD von BINGEN (1098 bis 1179), von dem das „Buch der Steine" nur ein Teil ist; hier gibt es kein Festhalten an literarisch Überliefertem, es fehlt in ihrem Buche nicht nur jedes Zitat aus antiken Schriften, es ist auch nicht gelungen, die Abhängigkeit des Wissens der Äbtissin von antiker Literatur nachzuweisen, abgesehen von den biblischen Büchern; ihr Werk ist ein Beispiel echten, Neues bringenden zeitgenössischen, mündlich überlieferten Wissens.

Daß HILDEGARD wegen ihrer mangelhaften Kenntnis lateinischer Fachausdrücke oft auch mittelhochdeutsche Worte ihrer heimatlichen pfälzischen Mundart gebraucht, gibt dieser Schrift einen besonderen Reiz. Über den Diamant, der erst im 17. Kapitel (nach den Edelsteinen in der Bibel) behandelt wird, sagt sie /32/:

„Der Diamant ist warm; er entsteht auf bestimmten Bergen in südlichen Gegenden, die von derselben Art sind wie die Berge, von denen Steinschindeln gewonnen werden, mit denen man die Häuser deckt. Sie sind auch wie gewisse Kristalle und ähneln bestimmtem Glasarten, sind sozusagen ,lechechte' (schieferartig wegen ihrer Spaltbarkeit) und ,glasechte' (glasartig) wie bestimmte Kristalle, und aus eben der ,lygen' (Gesteinsschicht) kommt bisweilen ein überaus starkes ,gedouz' (Getöse) wie von einer Posaune. Und weil, was dort entsteht, stark und hart ist, obwohl es nicht groß wird, spaltet sich die ,leya' (Gesteinsschicht) dieses Berges oberhalb und unterhalb von ihm, und so fällt es ins Wasser wie ein ,kisele' (Kiesel) und hat auch die Größe eines Kiesels. Aber was dann an derselben Stelle eben dieser ,leyen' entsteht, ist ein schwächerer Diamant als der erste. Wenn dann ein Hochwasser kommt, nimmt es den Stein in andere Gegenden mit. Es gibt Menschen, die auf Grund ihrer Natur und infolge teuflischer Einflüsterung zu hämischen und verletzenden Worten neigen. Sie sind deshalb absichtlich schweigsam, aber wenn sie reden, bekommen sie einen stechenden Blick, geraten auch manchmal fast außer sich, gerade so, als wären sie wahnsinnig, fassen sich jedoch dann wieder rasch. Diese Leute sollen häufig oder immer einen Diamant in ihren Mund legen. Dessen Kraft ist so stark, daß sie die Boshaftigkeit und das Übel, das in ihnen ist, auslöscht. Aber auch wer gehirnkrank ist und lügnerisch und jähzornig, trage diesen Stein immer im Munde, und seine Kraft wird diese Übel von ihm abwenden. Wer nicht fasten kann, lege den Stein in seinen Mund, und er wird das Hungergefühl vermindern, so daß er um vieles länger fasten kann. Auch wer ,vergichtiget' ist (wer die Gicht hat) oder einen Schlaganfall hatte - das ist jene Krankheit, die die eine Körperhälfte erfaßt, so daß der Mensch sich nicht mehr bewegen kann - lege den Diamant einen ganzen Tag in Wein oder in Wasser und trinke davon. Die ,gicht' wird von ihr weichen, auch wenn sie so heftig ist, daß seine Glieder zu zerreißen drohen; ebenso wird die Wirkung des Schlagflusses abgeschwächt werden. Auch wer ,gelsucht' (Gelbsucht) hat, lege den Stein in Wein oder in Wasser und trinke davon; er wird geheilt. Der Diamant ist aber von solcher Härte, daß ihm keine andere Härte etwas anhaben kann; deshalb greift er sogar Eisen an und ritzt es. Weil weder Eisen noch Stahl seine Härte ritzen können, macht er, in Stahl eingelegt, diesen so hart, daß er keinem anderen Eisen oder Stahl nachgibt, und auch nicht bricht, wenn er diese durchschneidet. Der Teufel ist diesem Stein feindlich gesonnen, weil er der Kraft des Teufels widersteht. Daher verabscheut ihn der Teufel bei Tag wie bei Nacht." /32/.

Der Tradition verhaftet ist ALBERTUS MAGNUS (etwa 1200 bis 1270), er schrieb in seinem Buch *De Mineralibus et Rebus Metallicis* („Über Minerale und Metalle") /16/ folgendes: „Größer ist seine Kraft, wenn er in Gold, Silber oder Stahl gefaßt ist. Man sagt auch, daß er stärker wirkt, wenn er an der linken Seite getragen wird, und zwar gegen Feinde, Geistesstörung, wilde Tiere und wilde Menschen, gegen Unrecht und Streit, gegen Gifte und gegen böse Träume und Geister." Einen ähnlich lautenden Text überliefert auch ein ihm zugeschriebenes Werkchen eines unbekannten Verfassers, das unter verschiedenen Titeln gedruckt wurde /17/. Ein Zeitgenosse ALBERTs, der Alemanne VOLMAR, hat in seinem *Steinbuch* das Wissen seiner Zeit um den Diamanten in deutsche Verse gebracht und den magischen Bereich um einen geburtshelferischen Anteil erweitert: „Wer also den Diamant | trägt an seiner linken Hand, | der hat der Leute Liebe. | Und wer ihm Übel wünscht, | der kann ihm nicht schaden, | solange er den Ring trägt. | Er hat auch Glück und Segen | und ihm träumt nicht mehr, | was ihm schadet oder übel ist. | Und welche Frau den Stein besitzt, | die dann ein Kindlein austrägt, | die kann wohl dessen sicher sein, | daß ihr dabei nichts mißrät, | solange sie den Fingerring hat."

Die Fähigkeit zur Prüfung der ehelichen Treue wird bei VOLMAR nicht dem Diamant, wohl aber dem Magnetstein zugeschrieben /34/. Die Frage nach der Herkunft der medizinischen und magischen Wirksamkeit der Edelsteine stellte die erste, in deutscher Sprache abgefaßte große Naturgeschichte, die KONRAD von MEGEN-BERG (1309 bis 1374) als Übersetzung des Werkes von THOMAS von CANTIMPRÉ schrieb, in der Einleitung zum 6. Kapitel „Von den edeln stainen":

„ ... Es ist eine wichtige Frage, woher und wie so große Kraft und so wunderbare Macht den Steinen zukommt, sie besitzen nämlich große Kräfte zu des Menschen Gesundheit und zu anderen Dingen. Nun sagt unser lateinisches Buch, daß es menschlicher Vernunft unbekannt sei, woher die Steine die Kräfte haben, sie haben sie aber von Gott, denn alle Kräfte kommen von Gott, wie ARISTOTELES sagt in seinem Buch von den übernatürlichen Dingen, lateinisch: Liber Metaphysicae. Aber die Kräfte, die in den Kräutern sind und in den Bäumen und in den Früchten, die sind von Gott in diesen Dingen mit einem Mittler und einer zwischenwirkenden Kraft, denn Gott bewirkt diese Kräfte in diesen Dingen mit dem Werk der Natur, zum Beispiel mit der Hitze, mit der Kälte, mit dem Feuchten und mit dem Trockenen in den Kräutern, damit sie gut sind zu der oder der Arzenei. Aber davon ist nichts in den Steinen, das man ansprechen, zeigen oder prüfen könnte. Der Stein hat die Kraft von der Kälte oder Hitze und darum hat Gott den Steinen die Kräfte gegeben ohne eine zwischenwirkende Kraft durch seine Allmacht, wie das lateinische Buch sagt, und hat ihnen gegeben die Gnade seines göttlichen Willens für das Werk der Natur, denn außer der Gnade, die Edelgestein habe zu des Menschen Gesundheit, findet man noch wunderbare Kräfte und Fähigkeiten an den Edelsteinen..."

Im Abschnitt über den Diamanten schreibt er dann: *„Man sagt auch, daß er Wohlwollen auf den Menschen ziehe, dem ihn sein Freund umsonst gibt, daß er aber dem nichts nütze, der ihn kaufe. Es sagen auch die Steinhändler, daß seine Kraft viel größer sei, wenn man ihn in Eisen fasse, wenn man ihn in einen Fingerring setzen will, aber der Ring soll aus Gold sein, nach des Steines Wert."*

Den Abschnitt aber beendete er so: *„Man sagt auch, daß der Stein gut sei in der Zauberkunst:*

Wer ihn trägt, den stärkt er gegen seinen Feind und vertreibe üppige Träume, verjage auch Gift und vermelde es. Man sagt auch, daß er schwitze, wenn Gift in seiner Nähe sei. Er ist auch gut für mondsüchtige Leute, deren Sinn beeinflußt wird durch den Mondlauf, und ist den vom Teufel Besessenen auch gut. Der Stein verlangt, daß man ihn auf der linken Seite trage."

Interessanterweise schreibt KONRAD die sonst dem Diamanten zugeschriebene Fähigkeit des Offenbarens eines Ehebruchs (wie VOLMAR) allein dem Magneten zu /13/. Es überrascht, in all diesen Werken nichts über die Giftigkeit des Steins zu finden, muß doch der Glaube daran nach dem Eindringen der Kenntnis arabischer Schriften in den Westen recht verbreitet und fest gewesen sein, wie die folgende Episode zeigt /31/: „GUICHARD, bishop of Troyes, whose real offense seems to have been that he had dated to support BONIFACE VIII., was accused of poisoning or trying to bewitch members of the French royal family, and also of having practiced alchemy. An apothecary was said to have poisoned JEANNE de NAVARRA, the wife of PHILIP the FAIR (PHILIPP IV., der SCHÖNE, 1285 bis 1314), for the bishop by a mixture of diamond and blood after a previous preparation of scorpions, toads, spiders, and plums had been eaten by a knight who died during the night. Wax images were also said to have been used to effect the queen's death. Despite his cloth, GUICHARD was imprisoned in the Louvre for several years but was freed in 1313 when his denouncer, NOFFO-DEI, confessed on the scaffold that the charges against GUICHARD had been unfounded."

Der etwa um die gleiche Zeit schreibende, angeblich weltgereiste JEHAN de MANDEVIL-LE bezog sich im Bericht über seine vorgeblichen Reisen in seiner Bemerkung über den Diamanten („virtues of the diamond") auf allgemein bekannte Autoren, nämlich ISIDOR von SEVILLA und BARTHOLOMAEUS ANGLICUS *(vgl. S. 83)* /23/:

„Der Diamant gibt dem, der ihn bei sich trägt, Härte, wenn er ihm freiwillig gegeben ist, und er hält die Glieder eines Mannes wohlbehalten. Er gibt ihm die Gnade, seine Feinde zu besiegen, wenn

seine Sache gerecht ist, im Kriege sowohl als auch in Streitigkeiten. Er macht ihm auch den Kopf klar. Er hält auch von ihm Streit fern, Gezänk und Aufruhr, schlechte Träume, Hirngespinste und böse Geister. Und wenn ein Mann betroffen wird von Zauberei und Verwünschungen und darunter leidet, und den Diamant trägt, so wird es ihm nicht schaden. Auch werden den keine wilden Tiere anfallen, der ihn trägt, auch kein giftiges Tier. Und du sollst wissen, daß der Diamant freiwillig gegeben werden muß, nicht erbeten oder bezahlt, dann nämlich ist er von größerer Kraft und macht einen Mann stärker gegen seine Feinde. Er heilt auch den, der mondsüchtig ist. Und wenn ein Gift in die Nähe eines Diamanten gebracht wird, so wird er auf einmal feucht und beginnt zu schwitzen, und man kann ihn gut polieren.“

Ein spanisches Steinbuch eines unbekannten Verfassers (HS. Add. 21245 Brit. Mus.) sagt /35/: „Dieser Stein ist sehr brauchbar und geeignet für die magischen Künste, seine Kraft ist so groß, daß sein Träger sich nicht anstrengen muß; er vertreibt oder unterbricht nächtliche Träume oder Schrecken, beseitigt grausame Gifte, beendet Streit und Zank, heilt Wahnsinn, schlägt in die Flucht und vertreibt hartnäckige Feinde. Dieser Stein soll in Gold oder Silber gefaßt getragen werden, daß er glänze am linken Oberarm.“

In einem ebenfalls in altspanischer Sprache verfaßten *Poema de Alexandro*, Strophe 1324, 1308, in dem bei der Beschreibung von Babylon auch über die dort vorkommenden Edelsteine berichtet wird /44/, hat der Diamant auch die üblichen schützenden Kräfte, muß sie aber mit dem Granat teilen.

Bei den Arabern

Während der lateinische Westen schon früh durch das Sammelwerk des PLINIUS einen Kanon von Nachrichten über Edelsteine, darunter auch den Diamanten, erhalten hat, ist im Osten die Überlieferung des Wissens um die Edelsteine bis zum Auftauchen des pseudo-aristotelischen Steinbuchs bei den syrischen Ärzten und Übersetzern des 9. Jh. ganz dunkel. Man weiß nicht, woher dieses Buch kommt, es bildet aber von dieser Zeit an den Grundstock der arabischen Mineralogie, wird in sehr vielen medizinischen, kosmographischen und naturphilosophischen Werken exzerpiert, kommt schließlich durch stark erweiterte und ausgeschmückte Übersetzungen /25/ in den Westen und fließt mit den hier fixierten Überlieferungen über die Steine zusammen /26/. So gilt es als das älteste Dokument der arabischen Mineralogie und läuft unter dem Titel *Steinbuch des Aristoteles*; es dürfte in der Mitte des 9. Jh. von einem mit den griechischen und persischen Quellen vertrauten unbekannten Syrer verfaßt sein und ist angeblich von LUKA BEN SERAPION, vermutlich aber von ḤUNAIN IBN ISḤĀQ ins Arabische übersetzt worden.

In ihm findet sich nur Medizinisch-Technisches; über den Diamant wird geschrieben: „Der Stein Diamant. ... Wer einen Stein in seiner Blase oder Harnröhre hat, nimmt ein Körnchen von diesem Stein; das Körnchen wird an einem Eisen befestigt und bis zum Stein eingeführt; dann durchbohrt er ihn, mit Gottes Willen“ /7/.

Es wird auch angeraten, den Stein niemals in den Mund zunehmen, einmal, weil der Stein die Zähne durchbohre, zum andern, weil etwas von dem Speichel der Schlangen, die die Steine bewacht haben, daran hänge, so daß er tödlich wirken könne; gegen die letztere Behauptung wendete sich aber schon IBN SĪNĀ (AVICENNA, ca. 980 bis 1037), dem bekannt ist, daß ausgeflossenes Schlangengift nach einiger Zeit seine Wirkung verliert /26/. Weitere Angaben über die medizinischen Wirkungen des Diamanten finden sich bei AL-TĪFASĪ (gestorben 1253). Ein verschluckter Diamant soll sofort töten, er soll aber auch gegen Kolik und jede Art Magenschmerz helfen, wenn man ihn äußerlich anbringt, und ebenso verwendet, das Neugeborene gegen Epilepsie schützen /26/. Während des Kalifats (632 bis 1258) haben nach A. MEZ /15/ die Araber den Diamanten weniger geschätzt als die farbigen Edelsteine und hielten ihn für ein Gift. Im „Steinbuch“ aus der *Kosmographie* des AL-QAZWĪNĪ /48/ wird mit Bezug auf das Steinbuch des ARISTOTELES zitiert: „ALEXANDER erstaunte über die Steine und ihre Eigenschaften; der Grund davon war, daß man einen Menschen brachte, in dessen Blase und Harnröhre ein Stein war. Da nahm ich ein Diamantkörnchen, befestigte es mit etwas Mastix (an einem Draht) und führte es in seine Harnröhre ein; da zog der Diamant den Stein an sich und zerbröckelte ihn mit Gottes Zulassung." Und später: „Der Philosoph ARISTOTELES sagt ferner: Es ist wünschenswert, daß nichts vom Diamant in das Maul von Tieren gelangt, aus zwei Gründen: erstens weil er vermöge seiner spezifischen Eigenart die Zähne zerstört, zweitens, weil manchmal aus dem Maul der Schlangen, die in jenem Tal sind, etwas darauf fällt. IBN SĪNĀ sagt, das sind nichts als Redensarten; er weiß nicht, daß Schlangengift, nachdem es ausgeflossen ist, diese (schädliche) Wirkung nicht mehr besitzt, besonders, wenn noch einige Zeit darüber verflossen ist." Dann folgt: „Ein anderer sagt: ... Er ist von Nutzen gegen Kolik und Krankheit der Eingeweide. ... Ohne Zweifel zerbricht er die Zähne, wenn man ihn in den Mund nimmt, und ist ein äußerst tödliches Gift." /48/.

Der Kosmograph AL-DIMAŠQĪ (1256 bis 1327) weiß von den magischen und medizinischen Eigenschaften nur das Folgende /48/: „Das kleinste Stückchen, nicht die Größe eines Sesamkorns überschreitend, bringt den Tod, indem es die Eingeweide verbrennt, wenn man es verschluckt. Eine seiner auffallendsten Eigenschaften ist die, daß er schwitzt, wenn der, der ihn trägt, sich irgend einer vergifteten Sache nähert."

In der Neuzeit

Mit dem Beginn der Neuzeit tritt eine Änderung des überlieferten Glaubens an die Kräfte der Edelsteine ein. Einerseits werden Zweifel an ihnen laut, die später zu einer völligen Ablehnung derselben führen, andererseits erreicht der Glaube an die Giftigkeit oder die Heilwirkung vor allem des Diamantpulvers einen erstaunlichen Umfang. Die neue kritischer gewordene Situation zeigt deutlich THOMASO GARZONI in seinem um das Jahr 1584 verfaßten Werk *La Piazza Universale de Tutti le Professione del Mondo*, wo er, leicht skeptisch, einen Überblick

über die verschiedenen Meinungen über die Kräfte der Edelsteine im allgemeinen gibt /46/:

„Welches dann denen zur Nachrichtung dienet, welche der wunderbarlichen Krafft, so man in den Steinen spüret, begehren nachzuforschen."

Er faßte zusammen: *„Allhie will ich nicht vergessen (wiewol den Jubilirern nicht viel daran gelegen) zu melden, daß so vielerhand unterschiedliche Meinungen sind, von der Kraft und Würkung der Steine, vnd wohero dieselbige rühre. Dann ALEXANDER PERIPATETICUS (von Aigai, Lehrer NEROs) will, sie komme allein von den Elementen her, wie auch die Steine selbst. Ander wölln nach der Meynung FERNELII in seinem Buch De abditis rerum causis, sie habe von der Steine eigenen Substanz jhren Ursprung. Die PLATONici schreiben sie jhren Ideis zu; Die Indianischen Philosphici wöllen, sie komme von den Sternen und den Himmlischen Bildern: AVICENNA und seine Nachfolger mit newen Grillen, schreiben sie der Imagination der oberen Beweger zu. Und endlich verwirft ALBERTUS MAGNUS alle diese Meynungen und gibt für, die Krafft der Steine entsteht von einer sonderlichen Natur, welche GOTT vber die Steine nach jhrer Art außgegossen."*

Noch GEORG AGRICOLA (1494 bis 1555), der als Begründer der Mineralogie gilt, übernahm die antiken Angaben über medizinische und magische Kräfte des Diamanten, meldete aber Zweifel an und sah darin eine Begründung für die Wertschätzung des Steines /45/: „Dazu stellt der Diamant das Vorhandensein von Giften fest und macht sie unwirksam. Deshalb ist er, von Königen heftig begehrt, immer sehr teuer gewesen. Auch Anfälle von Wahnsinn vertreibt er, wenn wir es glauben."

Eine vorsichtige Skepsis scheint auch ANDREA BACCI /42/, Professor der Botanik und Leibarzt von Papst SIXTUS V. (1567 bis 1600) ausdrükken zu wollen, wenn er in seinem Werk vom Jahre 1577 *De Gemmis ac Lapidibus Pretiosis eorumque Viribus et Usu Tractatus* („Abhandlung über Gemmen und wertvolle Steine, ihre Kräfte und Verwendung") die angeblichen Heilkräfte des Diamanten aufzählt ohne einen anderen Kommentar als die Bemerkung: „Die Alten haben immer geglaubt ...!" Über die dem

Diamanten von Alters her zugeschriebenen medizinischen und magischen Kräfte urteilte /8;36/
ANSELMUS BOETIUS de BOODT (etwa
1560 bis 1634) in seiner im Jahre 1609 erschienenen Schrift mit dem Titel: *Gemmarum et
Lapidum historia* („Geschichte der Gemmen und
Steine") so:

*„Es schreiben darüber hinaus die Autoren, der
Diamant bewirke, wenn er ohne Wissen der Frau
unter ihren Kopf gelegt werde, daß sie im Schlaf,
wenn sie dem Gatten treu sei, seine Umarmung
suche, wenn sie aber ehebrecherisch sei, diese ableh-
ne. Aber Erfahrung und Vernunft zeigen, daß dem
Diamanten solches in Wahrheit nicht zugeordnet
werden kann. Denn, ob eine Gattin mit dem
Gatten oder einem Anderen die Liebe ausübt, sie
übt denselben natürlichen und zur Weiterführung
des Menschengeschlechtes nötigen Akt aus. Wie die
Natur diesen (Akt) nicht als sündhaft erkennt, so
auch nicht der Diamant, der erkennen oder anzeigen sollte, wenn er als Fehler oder als Sünde geschehen wäre; er könnte das nur durch seine
natürlichen und eingeborenen Fähigkeiten tun.
Aber wenn die Natur das nicht kann, wird auch
der Diamant es nicht können. Es kennt nämlich
die Natur den Ehebruch nicht, weil Ehe und
gegenseitiger Vertrag der Gatten nicht durch die
Natur, sondern durch Menschengesetz und seinen
Willen hervorgehen, und was sie als Ehebruch und
einen Fehler und Sünde festgesetzt haben, kann
der Diamant nicht wissen, weil ohne Sinn und
Verstand. Vor der Zeit des MOSES gab es, als das
natürliche Gesetz allein galt, keinen Ehebruch,
und es war in wechselndem Beischlaf zu leben erlaubt. Wenn auch damals fromme und kluge
Menschen darin nicht etwas Falsches erkennen
konnten, wie soll der Diamant, ohne Sinn und
Verstand, dies können? Dem Diamant-Pulver
wird eine so außerordentliche zerstörerische Kraft
zugeschrieben, daß sie mit keinem Heilmittel beseitigt oder auch nur verbessert werden kann.
THEOPHRASTUS PARACELSUS, der
Chymikus, ist nach Versicherung seiner Schüler
und der auf ihn Eingeschworenen an diesem Staub
gestorben; möglicherweise möchten sie damit seine
Betrügereien decken. Denn, während er ewiges
oder wenigstens sehr langes Leben durch seine
Heilmittel versprach, starb er in der Blüte seiner
Mannesjahre. Entweder hat er also lügnerisch*

*behauptet, er habe Medikamente, die alle Krank-
heiten heilten und das Leben verlängerten, oder,
wenn er sie hatte, lag es an der Art der
Anwendung, warum er mit seinen hochgerühmten
Medikamenten bei drohendem Tode nicht mehr
helfen konnte. Gescheiteres konnte nicht erfunden
werden, denn man sagt, wenn Diamant-Pulver
eingenommen werde, töte es nicht durch seine
Giftigkeit, sondern weil es durch seine Härte die
Eingeweide verletze. Aber die Erfahrung und die
Vernunft widersprechen dieser Behauptung. Denn
MONARDES /10/ (spanischer Arzt des 16. Jh.)
berichtet, daß manche Sklaven, um einen
Diebstahl zu verbergen, vielfach Diamanten ver-
schlängen und sie nachher ganz ohne Schaden an
der Gesundheit wieder von sich gäben. Wenn
schon die größeren (Steine), welche schärfere
Spitzen haben, die Eingeweide nicht verletzen,
um wieviel schwieriger kann wohl das Pulver, das
von dem dichten Kot so umhüllt wird, daß es die
Eingeweide kaum berührt, diese verletzen? Als
Beispiel für die Wirkung des Pulvers führt
MONARDES an, daß eine fromme Frau ihrem
Gatten, der an einer langwierigen Dysenterie litt,
viele Tage lang Diamantstaub zu trinken gab,
ohne irgend welchen Schaden. Allein durch seine
Härte oder seine Spitzen kann der zu Pulver gemachte (Diamant) nicht töten. Wenn er also ein
Gift ist, muß er entweder offenkundige oder aber
geheime Qualitäten haben. Offenbare wohl nicht,
da weder seine Qualitäten erster noch seine
Qualitäten zweiter Ordnung als irgend wie heftig
erkannt werden und da ihm als offenbar totem
und unveränderlichem Körper jede offenbare
Qualität zu fehlen scheint. Aber auch nicht durch
geheime Qualitäten wird er den Menschen töten
können; wenn er nämlich zu töten in der Lage
wäre, müßte er im menschlichen Körper wirksam
sein können, nichts aber kann durch seine
Qualitäten wirken, wenn nicht das Wirken möglich ist. So wie Arsenik tötet, muß es zuerst im
menschlichen Leib aufgelöst und verändert werden, dann sich an ihn anhängen können, so daß es
in ihm wirken kann. Dies nämlich ist allen Giften
gemeinsam, daß sie vom menschlichen Leib verändert werden und von ihm ihre Kraft als Gift bewirkt wird, so daß sie schaden können. Was nicht
verändert werden kann, kann auch durch seine
Qualitäten nicht schaden, wie Gold, Steine,*

Kirschkerne, Knochen und Ähnliches, sie werden unverändert ausgeschieden. Der Diamant aber, der so fest aufgebaut ist, daß er vom Feuer nicht verändert werden kann, kann es noch viel weniger vom menschlichen Körper, er kann also keine Qualitäten abscheiden, die schaden könnten, zumal sie sich ohne ein Zwischenmittel (instrumento) oder einen ‚Geist‘ nicht mitteilen können, was beim Diamant nicht einmal vom Feuer, und noch weniger von der Wärme des menschlichen Körpers abgetrennt werden kann. Es hat also der Diamant keine giftigen Eigenschaften, und kann auch nicht als Pulver töten, wie die Schüler des PARACELSUS fälschlicherweise ausgestreut haben. Man glaubt auch, daß der Diamant ein Amulet sei gegen Gifte, Pest, Verhexungen, Bezauberungen, Wahnsinn, Ängste und Schreckensträume, Incubus und Succubus, dämonische Schädigungen und Blendwerk, und alles dies abwehre, auch bei Anwesenheit von Gift feucht werde, daß er Festigkeit, Sieg und Geisteskraft bewirke. Man sagt auch, daß er den Zorn unterdrücke, die Gattenliebe fördere, weswegen er auch Versöhnungsstein genannt werde. Es besteht kein Zweifel, daß durch diesen Edelstein diese einzelnen genannten und noch viele weitere, dem Menschengeschlecht nützliche Fähigkeiten mit dem Segen von Oben ausgeübt werden. Es liegt nämlich in der Macht Gottes, bestimmten Körpern entweder gute oder böse Geister zuzuordnen oder anzuhängen, so daß sie dem Menschen entweder schaden oder nützen können. Die guten, wenn sie vorhanden sind, helfen dem, der auf Gott vertraut und fest glaubt, daß durch derartige Mittel und Werkzeuge Hilfe kommen kann. Die bösen schaden, mit Gottes Zulassung, dem, der nicht auf Gott vertraut. Wenn diesem Edelstein irgend etwas Metaphysisches zugeschrieben wird, dann muß man überzeugt sein, daß dies nicht von seiner Wesensmischung oder Natur, sondern durch Gesetz und Ordnung des Höchsten Bewegers geschieht. Nach dessen Vorschrift änderte der Diamant, den der Hohepriester der Hebräer trug, wenn die Hebräer ihrer Sünden wegen zu bestrafen waren, seine Luftfarbe um in schwarz. Wenn sie mit dem Schwert geschlagen werden sollten, erschien er blutfarben, wenn sie keines Verbrechens schuldig waren, glänzte und funkelte er über die Maßen. Diese Fähigkeiten wird niemand dem Edelstein als natürlich zuschreiben, sondern nur den Geistern, durch die ihm derartige Fähigkeiten auszuüben durch Gott aufgetragen oder erlaubt ist. Vielleicht ist die ‚Substanz‘ der Edelsteine wegen der Schönheit und Pracht ihres Glanzes geeignet, Aufenthaltsort oder Behälter guter Geister zu sein, wie nach Ansicht der Ärzte und Theologen es für böse Geister stinkige, schreckliche und einsame Orte und schwarzgallige Feuchtigkeiten (Säfte) sind, in denen die bösen Geister, dadurch daß sie dort ihren Platz eingenommen haben, bewirken, daß ein Besessener eine ihm fremde Sprache gebraucht, Künftiges vorhersagt und viel anderes Außernatürliches tut. Warum sollen nicht die guten (Geister) durch die Edelsteine wirken und unglaubliche Fähigkeiten ausüben können, wenn Gott es so festgesetzt hat und will wie durch diese Feuchtigkeiten (Säfte) die bösen? Wenn also durch die Edelsteine irgend etwas Außernatürliches bewirkt wird, dann ist das nicht den Kräften der Edelsteine zuzuschreiben, sondern Geistern. Auf diese Weise könnte der Diamant gegen jede Vernunft einen Ehebruch verraten und einen Menschen töten und vieles andere, was oben erwähnt wurde, bewirken. Manche glauben, daß die auf den Diamanten übertragenen bewundernswerten Fähigkeiten dann erst von ihm ausgehen, wenn ihm bestimmte Zeichen oder Figuren eingraviert sind, die den Himmelszeichen ähnlich zauberische Kräfte haben sollen. Beispielsweise bringe er Sieg, wenn ihm zu der Zeit des Mars, der den Sieg bezeichnet, oder zu der Zeit des Hercules, der die Hydra überwältigt, deren Bild eingraviert wird. Ich muß gestehen, daß derartige über die Natur hinausgehende Wirkungen auf diese Weise mit Gottes Erlaubnis bisweilen vorkommen. Tatsächlich geschieht dies, wie ich oben dargestellt habe, durch die Tat böser Geister, die sich durch die eitle Leichtgläubigkeit des Menschen, um nicht zu sagen: durch eine heidnische Gottlosigkeit, verführt, in den Körper des Edelsteins eingelagert haben und ihn mißbrauchen, so daß sie die natürlichen Eigenschaften der Steine verdecken und überwältigen und unbekannte dem Menschen übergeben und an ihrer Stelle falsche unterschieben, und auf diese Weise den Menschen allmählich zu Torheit und Aberglauben führen, und ihn schließlich von der wahren Gottesverehrung abbringen, an sich ziehen und in Ewigkeit vernichten.

*Wer das eingravieren will, was gute Geister an-
lockt, mag dafür sorgen, daß die Leidenszeichen des
Erlösers und seine Lebenstaten, die durch ihr
Beispiel die Tugenden lehren, eingraviert und
fromm betrachtet werden. Ohne Zweifel wird er so
durch die ausstrahlende göttliche Gnade und die
Hilfe der guten Geister wunderbare Fähigkeiten
(wie sie weder dem Edelstein noch der Gravierung
allein, sondern Gott zugeschrieben werden müssen)
erhalten."* /8/.

Zwar zählte noch im Jahre 1652 THOMAS
NICOLS /38/ so ziemlich alle medizinischen
und magischen „Fähigkeiten" des Diamanten
und die alten Autoren, denen er sie entnahm, auf,
machte aber auch eine gewisse Skepsis deutlich,
indem er auf neue noch zu entdeckende Quellen
verwies, in deren Licht man das bisher Gefundene überprüfen müßte.

Eine ähnliche Haltung zu den „Kräften" des
Diamanten nahm im Jahre 1661 auch R. de
BERQUEN /56/, der einem seiner Vorfahren
die Entdeckung des Diamantenschliffs zuschreiben wollte, ein. Nachdem er eine Anzahl
der „Kräfte" des Diamanten unter Berufung
auf SCALIGER aufgezählt hat, bemerkt er:
„Man kann von diesen Kräften halten was man
will, da doch niemand sie bestätigen kann." Die
Zweifler an den Kräften medizinischer oder
magischer Art der Edelsteine bestärkte auch
ROBERT BOYLE (1627 bis 1691) im Jahre
1672 in seinem *Essay about the Origin and
Virtues of Gems* /51/.

Während einerseits Zweifel an den Kräften der
Edelsteine und gerade des Diamanten geäußert
wurden, nahm die oben gelegentlich erwähnte
Verwendung des Diamantpulvers als Heilmittel
oder Gift beträchtliche Ausmaße an. Die Gabe
von Diamantpulver als Heilmittel ist auch ander-
weitig überliefert. So wird berichtet, daß im Jahre
1492 in Florenz der Arzt LUZANO di TICINO
dem Fürsten LORENZO il MAGNIFICO in
seiner letzten Krankheit einen angeblich sehr
wirksamen Trank aus einer Auflösung gepulver-
ten Diamants und Perlen verabreicht hat /9/. Der
in der zweiten Hälfte des 17. Jh. lebende Arzt
MICHAEL ETTMÜLLER (1644 bis 1689)
gibt an, „daß gestoßener Diamant gegen rote
Ruhr dienlich, wenn er recht sauber gestoßen ist,

indem er die Säure an sich ziehe, der gröblich ge-
stoßene aber schädlich sei. Er ist überhaupt eine
kostbare Medizin, welche man mit präparierten
Krebsaugen und gebranntem Hirschhorn erset-
zen kann. Die durch die Chymie aus dem
Diamanten gezogenen Salia (Salze) und
Liquores (Säfte) haben große Kraft, sonderlich in
Vertreibung der fallenden Sucht" /28/.

Den Ursprung der Behauptung, daß der Diamant
als Gift wirke, suchte schon im Jahre 1737
JOHANN HEINRICH SCHULZE /37/ zu
ermitteln. Dabei mußte er feststellen, daß in
keinem über die Gifte handelnden Buch bis zum
Ende des 15. Jh. (als von ihm geprüfte Autoren
nennt er PETRUS APONITANUS, ANTONIUS
GUAINERIUS, FERDINANDUS PONZETUS)
der Diamant als Gift bezeichnet werde, im
Gegenteil, PETRUS CARRARIUS *(Quaestiones de venenis in terminum)* rechne den Stein,
was SCHULZE offenbar erstaunt, unter die
Gegenmittel gegen leichte Gifte, wobei er als
Einziger ihn innerlich anwende. Nur PAULUS
ZACCHIAS *(Quaestiones medic. legal. lib. II,
tit. 2, quaest. 4, pag. 211)* zitiere den Araber
AVERROES im fraglichen Sinne. Zu der bei
BOETIUS de BOODT belegten Meinung, es
sei THEOPHRASTUS PARACELSUS (1493
bis 1541 in Salzburg) durch Diamantpulver ge-
tötet worden *(vgl. S. 105)*, führt er die Meinung
JOHANNES BAPTISTA van HELMONTs
(1579 bis 1644) in *Arcana Paracelsi* („Geheimnisse des Paracelsus") an:

*„Es gibt auch Andere, die sagen, er sei durch Gift
gestorben, gegen das Heilmittel noch weniger bekannt und zur Hand seien als gegen Krankheiten;
sie unterstellen, jener sei an durch Diamantpulver
zerstörten Eingeweiden gestorben. Ich aber wun-
dere mich keineswegs über den frühen Tod eines
Mannes, der von seiner Kindheit an Reizungen
chemischer Stoffe ausgesetzt war. Welchen
Sterblichen schädigten denn nicht die Dünste der
Kohlen, der starken Wässer (Säuren), der
Gradierwässer und Arsenverbindungen? Ebenso
die modernen Versuche mit Antimonver-
bindungen, die uns in jahrelangem Untersuchen
nur Ekel und keineswegs Erfahrung brachten und
die uns vor der nur durch Versuche erkennbaren
Heimtücke warnen."*

Ähnlich drückte sich auch JACOBUS CURIO HOFEMIANUS in seinem *Dialogus Hermotimus* aus: „Ich fürchte sehr, daß er seinen Tod mit den berühmten Essentien des fünften Elementes beschleunigt hat." Daß noch andere Gründe für seinen frühen Tod hinzugekommen sein mögen, machen Äußerungen seines vertrauten Schülers IOANNES OPORINUS wahrscheinlich, der ihn neben übermäßiger Destillation von *Aqua Vitae* (= Alkohol) und Gebrauch desselben außerdem noch der Unmäßigkeit in pöbelhafter Umgebung beschuldigte. Das bestätige auch der vertrauenswürdige THEODORUS ZWINGERUS in: *Theatrum Vitae Humanae*, pag. 1422 & 2275, so daß man den Diamant nicht für den Tod des PARACELSUS verantwortlich machen könne. SCHULZE selbst kam zu der Überzeugung, daß der erste, der von THEOPHRASTs Tod durch den Diamanten *(adamante)* sprach, nur ein Wortspiel mit dem unüberwindlichen *(adamas)* Tod gemacht habe. Wie man sich die Giftwirkung des Diamantpulvers vorzustellen pflegte, verrät die Selbstbiographie des berühmten Goldschmieds und Bildhauers BENVENUTO CELLINI (1500 bis 1571), auf den während einer Haft in der Engelsburg ein Konkurrent ein Giftattentat mit zerstoßenem Diamant unternahm; sein Bericht in der Übertragung von J. W. v. GOETHE /49/:

„Obgedachter Herr DURANTE von Brescia hatte sich dagegen mit jenem Soldaten, dem Apotheker von Prato, verabredet, mir irgendeinen Saft in dem Essen beizubringen, der mich nicht gleich, sondern etwa in vier bis fünf Monaten tötete. Nun dachten sie sich aus, sie wollten mir gestoßenen Diamanten unter die Speisen mischen, was an und für sich keine Art von Gift ist, aber wegen seiner unschätzbaren Härte die allerschärfsten Ecken behält, und nicht etwa, wie die anderen Steine, wenn man sie stößt, gewissermaßen rundlich wird. Kommt er nun mit den übrigen Speisen so scharf und spitzig in den Körper, so hängt er sich bei der Verdauung an die Häute des Magens und der Eingeweide, und nach und nach, wenn andere Speisen darauf drücken, durchlöchert er die Teile mit der Zeit und man stirbt daran, anstatt daß jede andere Art von Steinen oder Glas keine Gewalt hat, sich anzuhängen, und mit dem Essen fortgeht."

CELLINI entging dem Attentat, weil, seiner Meinung nach, der sehr arme Goldschmied, der den Stein zerkleinern sollte, ihn unterschlug und durch einen Beryll ersetzte. CELLINI hatte aber den Zusatz zu seinem Essen bemerkt, einige Splitter aus den Resten herausgesucht:

„ ... ich erinnerte mich, indem ich sie betrachtete, wie außerordentlich die Speisen geknirscht hatten, und, so viel meine Augen urteilen konnten, glaubte ich schnell, es sei gestoßener Diamant. Ich hielt mich nun entschieden für ein Kind des Todes. ... Wie nun die Hoffnung nimmer stirbt, so regten sich auch bei mir wieder einige Lebensgedanken. Ich legte die gedachten Körnchen auf eine eiserne Fensterstange und drückte stark mit dem flachen Messer darauf. Da fühlte ich, daß der Stein sich zerrieb, und als ich recht genau darauf sah, fand ich auch, daß es sich also verhielt und sogleich erquickte ich mich mit neuer Hoffnung. Die Feindschaft des Herrn DURANTE sollte mir nicht schaden; es war ein schlechter Stein, der mir nicht das geringste Leid zufügen konnte. "

In der Literatur erst des 20. Jh. fand sich eine Bemerkung über die Anwendung des Diamanten zur Abweisung des „Bösen Blicks" bei S. SELIGMANN /57/ im Jahre 1910. Reste eines Zusammenhangs von Diamant und Astrologie finden sich, wenn der Stein noch jetzt nach O. v. HOVORKA, A. KRONFELD /58/ als Monatsstein angepriesen wird: „Der Stein des April ist der Diamant. Aber obgleich er der König der Steine ist, so schreibt ihm die Tradition nicht die Kraft zu, Reichtum zu erwerben."

Dabei scheinen bereits im Mittelalter Beziehungen zwischen Edelsteinen und der Astrologie angenommen worden zu sein. In einer zeitlich nicht fixierten Handschrift (Bodleian Oxford Laud. Misc. 203 f. 107r/v) werden die zwölf Steine des himmlichen Jerusalem der Offenbarung 21, 18f den Zodiakalzeichen zugeordnet; unmittelbar davor heißt es in einem Text, der nur schwach an Jerusalem anknüpft: *Novem sunt lapides, qui sunt in hostio Jerusalem, qui continentur in planetis* („Neun Steine gibt es, die sich am Eingang Jerusalems befinden, die mit den Planeten zusammenhängen"), dann wird der Dyamas (Diamant) zum *caput draconis* (Kopf des Drachens), der Chrysoprassion zum *cauda draconis* (Schwanz des Drachens), die andern sieben Steine aber werden den Planeten zugeordnet /52/. In einem Buch mit dem Titel: *Fontaine de Toutes Sciences du Philosophe Sidrach* eines unbekannten Verfassers aus den lateinischen Provinzen der Levante, wohl im Jahre 1243 verfaßt, wird jeder Stunde des Tages ein Edelstein zugeordnet, der 14. Stunde der Diamant /53/.

Auch bei den Arabern gibt es Hinweise auf derartige Beziehungen: In einer arabischen Handschrift der Bibliothèque Nationale, Paris, eines unbekannten Verfassers mit dem Titel *Buch der Siegelringe der sieben Planeten*, die wohl jünger ist als das *Steinbuch des Aristoteles* wird als Stein der Sonne der Stein „Arumas", wahrscheinlich verstümmelt aus „Adamas", angegeben /54/. Der Text lautet:

„Figur der Sonne, was ihren Stein anlangt, so ist es der Arumas. Graviere in ihn die Sonne: das Bild eines Mannes, die rechte Hand ausgestreckt, in der Linken ein Schild, und unter seinen Füßen folgende (Zeichen): G G G G; er ist stehend, und richtet seinen Blick nach oben. Setze ihn in einen Siegelring von Gold und tue unter den Ringstein ein Zaubermittel, das ‚Atjanutis' (wahrscheinlich die Pflanze Libanotis) genannt wird, das ist der Bernstein; und von den Zaubermitteln dasjenige, welches ‚Albagaz', das ist: Sonnensamen (?) genannt wird. Wer diesen Siegelring bei sich hat, ist groß in den Augen der Könige und Führer der Menschen, setzt seine Anliegen durch und wird auf eine hohe Stufe erhoben."

Literatur

/1/ R. Besser, Z. Neufranzös. Sprache Literatur 8 (1886) 185/250. - /2/ Theophrastus von Eresus, De Lapidibus, cap. 3, 18, hrsg. D.E. Eichholz, Oxford 1965, S. 62/3. - /3/ C. Plinius Secundus, Naturalis Historiae Libri XXXVII, Buch 37, Kap. 14, 54; in: D.E. Eichholz, Pliny, Natural History, Vol. X, London-Cambridge Mass. 1962, S. 204/5. - /4/ C. Plinius Secundus, Naturalis Historiae Libri XXXVII, Buch 37, Kap. 15, 61 in: D.E. Eichholz, Pliny Natural History, Vol. X, London-Cambridge Mass. 1962, S. 210/1. - /5/ Zu Hieronymus Commentariorum in Amos Prophetam Libri III, Buch 3, Kap. 7,7 siehe die Literaturangaben im Kapitel über Platons Adamas im Gold, *S.13*. - /6/ C. Julius Solinus Collectanea Rerum Memorabilium, 52, hrsg. von Th. Mommsen, Berlin 1895, S. 193; vgl. LexMA VII, 2034f. - /7/ J. Ruska, Das Steinbuch des Aristoteles, Heidelberg 1912, S. 43/5. - /8/ A. Boetius de Boodt, Gemmarum et Lapidum Historia, Hanau 1609, S. 57/9. - /9/ T. Schreger in: J.S.

Ersch, J.G. Gruber, Allgemeine Encyclopädie der Wissenschaft und Künste, 1. Section, Bd. 24, Leipzig 1833, S. 461. - /10/ daß Boetius sich hier irrte und in Wirklichkeit Garcia ab Horto zitierte, konnte J.-E. HILLER nachweisen, dem eine andere, entsprechend korrigierte Ausgabe des Werkes vorlag. Vgl. J.-E. Hiller, Die Mineralogie des Boethius de Boodt, in: Quellen und Studien zur Geschichte der Naturwissenschaften und der Medizin, Bd. 8, Berlin 1942, S. 1/216, 89. - /11/ Ch.-V. Langlois, La Connaissance de la Nature et du Monde d'après des Écrits Français à l'Usage des Laics, Paris 1927, S. 4071. - /12/ Alexander Neckam, De Natura Rerum Libri Duo, Buch 2, Kap. 93, hrsg. von T. Wright, London 1863 (Ndr 1967) S. 188. - /13/ Konrad von Megenberg, Das Buch der Natur, hrsg. von F. Pfeiffer, Stuttgart 1861, S. 429, 432/4; 451. - /14/ Prisciani Periegesis Vers 1063/5, in: Geographi Graeci Minores, hrsg. von C. Müller, Paris 1861 (Nachdruck Hildesheim 1965), S.199. - /15/ A. Mez, Renaissance des Islams, Heidelberg 1922, S. 23. - /16/ Albertus Magnus, De Mineralibus et Rebus Metallicis Libri V, Buch 2, Traktat 2, Kap. 1, Köln 1569, S. 120. - /17/ Ps-Albertus Magnus, Liber Aggregationis seu Secretorum de Virtutibus Herbarum, Lapidum et Animalium quorundam, Bologna 1478, Blatt 60; De Secretis Mulierum, item de Virtutibus Herbarum et Animalium, Amsterdam 1669, S. 135. - /18/ J. Leyden, Verhandl. Bataviavsch Genootschap Kunsten Wetenschapen (Batavia) 7 (1814) laut Ann. Phil 6 (1815) 391/2. - /19/ MARBOD von Rennes, De Lapidibus, Buch 1, Kap. 1, Vers 43/9, Kap. 19, Vers 294/9 in: J.M. Riddle, Marbod of Rennes, De Lapidibus, Sudhoffs Archiv Beiheft 20, Wiesbaden 1977, S. 1/144, 36, 18. - /20/ G. Lenzen, Produktions-und Handelsgeschichte des Diamanten, Berlin 1966, S. 92. - /21/ Garcia ab Horto nach B. Laufer, The Diamond, Field Museum of Natural History, Publ. Nr. 184, Anthropol. Ser., Vol. 15 Nr. 1, Chicago 1915, S. 48 Fußnote 3. - /22/ P. Rây, History of Chemistry in Ancient and Mediaeval India, Calcutta 1956, S. 179. - /23/ Jehan de Mandeville, Travels, Chapter XVII in: M. Letts, Mandeville's Travels, Texts and Translations, Vol. 1, London 1953, S. 114/5. - /24/ Alfonso X., Lapidario de Rey Alfonso X. (von Kastilien) in: J. Evans, Magical Jewels of the Middle Ages and Renaissance, Oxford 1922, S. 44 laut J.M. Riddle, Pharmacy History 12 (1970) 39/50, 40/7. - /25/ V. Rose, Z. Deut. Altertumskunde /2/ 6 (1875) 321/423. - /26/ J. Ruska, in: Festschrift Hermann Baas in Worms zum 70. Geburtstag, Hamburg-Leipzig 1908, S. 121/30, 122/3, 125. - /27/ H. Fühner, Lithotherapie, Historische Studien über die medizinische Verwendung der Edelsteine, Ulm o.J., S. 11/13, 24. - /28/ M. Ettmüller, Opera Omnia, Medica, Theoretica-practica, Curante Filii Michael Ernst, Bd. 1, Frankfurt am Main 1708, S. 687. - /29/ J.H. Zedler, Großes Vollständiges Universallexicon, Bd. 1, Halle-Leipzig 1733, Spalte 448/50. - /30/ R. Garbe, Die indischen Mineralien, ihre Namen und die ihnen zugeschriebenen Kräfte, Leipzig 1882, S. VI; 45; 46 Fußnote 5; 82. - /31/ A. Rigaut, Le Procès de Guichard, Évêque de Troyes, Paris 1896, S. 1/31 ausgewertet von L. Thorndike, A History of Magic and Experimental Science, Vol. 3, Fourteenth and Fifteenth Centuries, New York 1960, S. 20. - /32/ Hildegard von Bingen, Liber

Subtilitatum Diversarum Naturarum Creaturarum, Liber Quartus, De Lapidibus, Cap. XVII in: J.-P.Migne, Patrologiae Cursus Completus, Series Latina Prior, Tomus CXCVII, Paris 1862, Spalte 1261/2, PL 197, 1261/2; zur Übers. von P. Riethe vgl. LexMA V,13-16. - /33/ Arnoldus Saxo, De Gemmarum Virtutibus Liber, 33 c, d in: E. Stange, Die Encyklopädie des Arnoldus Saxo, Beilage zum Jahresbericht des Königl. Gymnasium zu Erfurt 1905/6, Erfurt 1906, S. 69; vgl. LexMA I, 1008f. - /34/ Volmar, Das Steinbuch, Ein altdeutsches Gedicht, hrsg. von H. Lambel, Vers 319/32, Heilbronn 1877, S. 12/3. - /35/ K. Vollmöller, Ein spanisches Steinbuch, Heilbronn 1880, S. 3. - /36/ Die früheste Angabe über die Fähigkeit des Erkennens des Ehebruchs durch einen Stein findet sich in den *Orphei Lithica Kerygmata* (= Des Orpheus Botschaft über die Steine), die Eigenschaft wird jedoch nicht vom Diamanten, sondern vom Magnetstein behauptet; dasselbe gilt für die spätere Schrift des Damigeron-Evax. Vgl. R. Halleux, J. Schamp, Les Lapidaires Grecs, Paris 1985, S. XIV; 153/4; 269. - /37/ J.R. Schulze, De Adamante, § 12/5, Diss. Halle an der Saale-Magdeburg 1737, S. 10/15. - /38/ T. Nicols, A Lapidary or the History of Precious Stones, Chapter 1, Cambridge 1652, S. 51, - /39/ J.R. Sutton, Diamond, A Descriptive Treatise, London-New York 1928, S. 102. - /40/ E. O. v. Lippmann, Entstehung und Ausbreitung der Alchemie, Berlin 1919, S. 334. - /41/ Damigeron, MS Hatton 76, fol, 131/9 laut J. Evans, Magical Jewels of the Middle Age and Rennaissance, Oxford 1922, S. 21; 96. - /42/ A. Bacci, De Gemmis ac Lapidibus Pretiosis eorumque Viribus et Usu Tractatus (Rom 1577) ins Latein übersetzt von W. Gabelschover, Frankfurt am Main 1603, S. 105. - /43/ L. Israelson, Die „Materia Medica" des Klaudios Galenos, Dorpat 1894, S. 206. - /44/ K. Vollmöller, Ein spanisches Steinbuch, Heilbronn 1880, S. 2/4. - /45/ G. Agricola, De Natura Fossilium Libri X, Buch 6 in: Opera, Basel 1558, S. 281; vgl. LexMA I, 220. - /46/ T. Garzoni, Piazza Universale, Das ist: Allgemeiner Schauplatz, Marckt und Zusammenkunft aller Professionen, Künsten, Geschäften, Handeln und Handwercken, Achtundfünffzigster Diskurs, Von Jubilirern und edeln Steinen, Frankfurt am Main 1659. S. 599 (Erstausgabe 1579). - /47/ H. Ahrens, Buch der Naturgegenstände des Philosophen Aristoteles, Kiel 1892, S 48. - /48/ J. Ruska, Das Steinbuch aus der Kosmographie des Zakarija ibn Muhammad ibn Mahmud alKazwini, Heidelberg 1895, S. 34/5. - /49/ B. Cellini, Leben des Benvenuto Cellini von ihm selbst geschrieben, übersetzt von Goethe, hrsg. von E. Schaefer, Buch 2, Kap. 13, Frankfurt am Main 1924, S. 246/8. - /50/ E.A. Wallis Budge, Amulets and Superstitions, London 1930 (Nachdruck New York) 1978, S. 312. - /51/ R. Boyle, An Essay about the Origin and Virtues of Gems (1672) in: The Works of the Honourable Robert Boyle, Bd. 3, Neue Auflage, London 1772, S. 521/61, 542. - /52/ L. Thorndike, Ambix (Cambridge) 8 (1960) 6/23, 11. - /53/ J. Evans, Magic Jewels of the Middle Ages and Renaissance, Oxford 1922, S. 92/3. - /54/ J. Ruska, Griechische Planetendarstellungen in arabischen Steinbüchern in: Sitz.-Ber. Heidelberger Akad. Wiss. Phil.- Hist. K1. 1919, Abh. 3, S. 41 Fußnote 5; 45. - /55/ Michael Constantinos Psellos, De Lapidum Virtutibus Libellus in: J.-Series Graeca, Tomus CXXII, P. Migne, Patrologiae Cursus Completus, Paris 1864, Spalte 888B; ed. P. Haligani, 1980. - /56/ R. de Berquen, Les Merveilles des Indes Orientales et Occidentales ou Nouveau Traité des Pierres Précieuses et des Perles, Paris 1661, S. 17. - /57/ S. Seligmann, Der böse Blick und Verwandtes, Berlin 1910, S. 228. - /58/ O. v. Hovorka, A. Kornfeld, Vergleichende Volksmedizin, Bd. 1, Stuttgart 1904, S. 98.

Falsche, alchemistische und künstliche

Diamanten

Es ist nicht verwunderlich, wenn der so wertvolle, geheimnisumwitterte und seltene Diamant von Anfang seines Bekanntwerdens an, nicht nur seines Namens wegen verwechselt, vertauscht oder gefälscht wurde, wenn man ihn mit den Wundermitteln der Alchemie gewinnen wollte oder wenn man nach Ersatzstoffen suchte; und, als man endlich seine wahre, einfache Natur erkannt hatte, alles Wissen der Chemie, Physik und Technik darauf verwandte, ihn im Laboratorium künstlich herzustellen, unterlag man viele Jahrzehnte lang Irrtümern und Täuschungen, bis in der Mitte des 20. Jh. die Herstellung des Diamanten wirklich gelang *(vgl. S.250ff)*.

Falsche Diamanten und die Echtheitsprüfung

Daß es Stoffe gab, denen fälschlich die Bezeichnung „Adamas-Diamant" zugelegt wurde, war schon PLINIUS (23/4 bis 79 n. Chr.) aufgefallen /1/. Er versuchte bei seiner Behandlung des Adamas, den echten Stein von den falschen zu unterscheiden, worauf er auch an anderer Stelle /2/ hingewiesen hat:

„Wir werden nun die Art und Weise des Erkennens falscher Edelsteine aufzeigen, da es sich wohl gehören mag, auch die Prunksucht gegen Betrug zu schützen. Also, außer dem, was wir bei jeder Edelsteinart an Besonderem in der Hauptsache gesagt haben, (gilt): Die Durchsichtigen, glaubt man, sollten, wenn es nötig ist, am Vormittag geprüft werden, bis zur vierten Stunde: (10 Uhr unserer Zeit), es später zu tun, rät man ab. Die Prüfung ist mehrteilig: Zuerst erfolgt die nach dem Gewicht: die schwereren sind nämlich die Echten. Dann die nach der Kälte: Die

(Echten) fühlen sich nämlich im Mund kälter an. Und schließlich nach Gefüge und Gestalt (corpore). Bei den nachgemachten treten im Innern Bläschen auf, an der Oberfläche aber Rauhigkeiten und Haare (scabritia et capillamenta), Ungleichmäßigkeit des Glanzes, so daß das Schimmern aufhört, bevor es die Augen (des Betrachters) erreicht. Die effektivste Prüfung, abgeschlagene Stückchen auf einem Eisenblech zu erhitzen, verweigern betrügerische Edelsteinhändler mit gutem Grund, ähnlich auch die Prüfung mit der Feile. Bruchstücke des Obsidians ritzen echte Edelsteine nicht, auf künstlichen ist jede Ritzung als weißer Strich zu erkennen. Es besteht ein solcher Unterschied (noch zwischen den Steinen), daß die einen nicht mit dem Eisen graviert werden können, die andern mit dem stumpfen Eisen, (das ist nach BLÜMNER: /3/ die ‚Bouterolle' der Steinschneider) alle aber mit dem Diamanten."

In einer fälschlich dem DEMOKRITOS von ABDERA (462 bis 370 v. Chr.) zugeschriebenen Schrift /28/, verfaßt von einem anonymen Autor des 1. Jh. n. Chr., findet sich die überraschende Bemerkung: „Wie man den Adamas prüft. Sobald du ihn feilst, wenn er dann brüchig wird, ist er gut; wenn er nicht brüchig wird, ist er nicht gut.'" Eine weitere Prüfungsmethode für Diamanten, die sich in der Literatur findet, - anscheinend gehörten die Prüfungsmethoden zu den nur mündlich weitergegebenen Zunftgeheimnissen - ist sehr viel jünger: „Die Art der Indianer (das heißt: Inder), die Güte des Diamanten zu untersuchen, ist merkwürdig" schrieb J. G. KRÜNITZ in seiner *Oeconomischen Encyklopädie* /6/. Er übernahm damit nur einen Bericht des berühmten Indien-Reisenden JEAN BAPTISTE TAVERNIER und gab folgende Schilderung:

„Denn da die Juweliere in Europa dieses bei Tage thun, geschieht dieses in Indien hingegen bey Nacht, wobei sie nämlich ein viereckiges Loch, 1 Fuß hoch und breit, in die Wand machen, eine Lampe mit einem dicken Docht hineinsetzen und gegen den Schimmer derselben Lampe den Diamant zwischen den Fingern halten. Die beste Weise aber ist wohl unstreitig, den Diamant unter dem Schatten eines dickbewachsenen Baumes zu probieren, weil das Gesicht alsdenn schärfer ist, der Stein aber an seinem Glanz nichts verliert. ... Wenn man einen gut geschliffenen Diamant, oder anderen ächten Stein, und einen unächten anderen weichen Stein behauchet, so wird jederzeit der ächte Stein viel eher wiederum hell und glänzend, als der unächte, welcher wegen seiner nicht so reinen und festen Oberfläche, die Feuchtigkeit länger an sich behält." /6/.

Seine eigene Prüfmethode verrät er an einer anderen Stelle:

„Die sichersten Proben sollen seyn: 1) wenn der Stein mit einem ächten Diamanten gerissen, und der Staub davon beobachtet wird, wofern derselbe grau fällt, so ist der Stein gut; befindet er sich aber weiß, so ist der Stein falsch. 2) daß er im Feuer geglühet und in kaltes Wasser geworfen werde. Wenn er hierauf nicht rissig wird, so ist er gut; wiewohl oben schon angemerket worden, daß der Diamant im Feuer entzweispringen könne. 3) daß man ihn behauchet, siehe oben. Auch ist 4) eine gewisse Probe, daß der Stein falsch sey, wenn er vom Smirgel, Bley, Kupfer, oder anderen aus Metall gemachten Sachen angegriffen oder geschnitten wird, indem solches ein Zeichen seiner Weiche ist; dahingegen ein rechter Diamant wegen seiner Härte nur durch sich selbst geschnitten werden kann."

Diese Proben wiederholte als sicherste im Jahre 1733 J. H. ZEDLER in seinem Universallexikon und fügte „als leichteste und gewisseste" hinzu: „daß er die ‚Tinktur' begierig annimmt und sein strahlender Glanz sich noch mehrt." /13/. Er hat damit nur wiederholt, was im Jahre 1609 schon der Leibarzt Kaiser RUDOLFs II., ANSELMUS BOETIUS de BOODT geschrieben hat /23/. Als Echtheitsprüfung am fertigen Brillanten empfehlen G.F.H. SMITH, F. C. PHILLIPS /24/: „A diamond, if properly cut in brillant

form, should appear quite dark when viewed with the table facet towards of light."

Die am schwierigsten nachweisbare Fälschung erwähnt schon ANDREAS CAESALPINUS (1514 bis 1603) /7/ geradezu als eine neue Art des Steins: „Heutzutage hat man zwei Arten Diamanten, eine nennen sie ‚de Arce nova', die andere ‚de Arce veteri'. Man fügt hinzu, daß es auch eine künstliche (Art) gibt, durch das Feuer aus schwach gefärbtem Saphir gebleicht, und der ist vor allen anderen (Fälschungen) besonders hart."

Gerade gegen diese Fälschungen kennt der berühmte Goldschmied aus Florenz BENVENUTO CELLINI (1500 bis 1571) in seinen *Trattati dell' Orificeria e della Scultura* eine Möglichkeit zur Unterscheidung /10/, die er bekanntgibt und dabei auch die von ihm geradezu bewunderte Herstellungweise verrät:

„Der Erfindungsgabe des Menschen gelang, gewisse Saphire weiß zu machen, indem man sie mit zu schmelzendem Gold zusammen in einen kleinen Tiegel legt. Wenn diese Saphire beim ersten Male nicht weiß genug werden, wiederholt man die Prozedur zwei- bis dreimal in gleicher Weise. Der Juwelenarbeiter weiß, welche Saphire er dazu aussuchen kann, es sind die blassen, die die Eigenschaft haben, härter zu sein, das heißt, je weniger Farbe, desto widerstandsfähiger sind sie. Man sagt, Topase, weil fast gleicher Härte wie die Saphire, seien auch von der gleichen Art. Ich möchte nur von diesen beiden sprechen, weil sie dem Diamanten derart gleichen, daß es nur wenige Menschen gibt, – seien sie auch noch so erfahren in dieser Kunst, – die mit ungefaßten Steinen vor sich auf den ersten Blick zu unterscheiden vermöchten, welcher von ihnen der Diamant sei. Die wunderbare Eigenschaft des Diamanten (der Annahme der ‚Farbe') ermöglicht aber folgendes einfache Experiment: Um die einen vom andern zu unterscheiden, nimmt man von oben genannter ‚Farbe' und bestreicht die Steine damit. Der Diamant nimmt an Glanz und Schönheit zu, dieweil die anderen ohne den geringsten Glanz gleichsam hinsterben."

Die gleiche Unterscheidungsmethode kennt auch ULISSE ALDROVANDI (1522 bis 1601), der sich über die Herstellung der Imitationen nur sehr kurz ausläßt: „Ein gleichsam künstlicher Diamant wird aus dem weiblichen Saphir hergestellt; denn der wird im Feuer weiß und ist hart fast wie die übrigen Diamanten und wird durchsichtig." /33/.

Ausführlicher berichtete der Mailänder Arzt HIERONYMUS CARDANUS im Jahre 1558:

„Eine dritte Art, Edelsteine zu verfälschen, ist bei weitem edler und weniger verdammenswert, bei ihr bemühen sich Kunst und Natur zusammen. Ein Edelstein wird mit Hilfe des Feuers in einen (anderen) Edelstein umgewandelt. Ein Saphir, glänzend, aber von schwacher Farbe, wird mit Gold zusammengebracht, allmählich Feuer angebracht, bis es schmilzt, das Gold drei bis vier Stunden lang flüssig gehalten, dann der Edelstein weggenommen und allmählich ihm sich abzukühlen erlaubt, so wirst du einen Diamanten finden: der Edelstein bleibt erhalten, und wird nicht von der Feile angegriffen, was aber an blauer Farbe da war, ist vergangen. Dafür suchen wir Saphire von schwächster Farbe, sie sind nämlich billiger und gehen schneller in Diamanten über und werden vollkommener umgewandelt. Der es zuerst erfand, ist sehr reich geworden und in kurzer Zeit. Obwohl das Verfahren bekanntgeworden ist, ist es gewinnreich geblieben, es ist erfolgreich vor allem wegen der Härte des Saphirs. Es gibt auch Leute, die mittels Meerwasser aus einem billigeren und weicherem Edelstein schöne Diamanten machen. Es gibt aber auch Leute, die den Saphir nicht im Gold kochen, sondern den in Kreide gehüllten dem Feuer übergeben und auf diese Weise die Umwandlung erreichen. Doch muß man beachten, daß das Feuer die kalten Edelsteine allmählich erreicht, und daß nach dem Ende des Vorgangs das Abkühlen durch Erlöschen des Feuers geschieht, denn das Herausnehmen aus dem Feuer ist nicht sicher. Ein Fehler ist es, wenn auch nur eine Spur der blauen Farbe zurückbleiben würde."/41/.

Daß man aus wohlfeilen Steinen wertvollere zu machen versuchte, wußte auch Georg AGRICOLA (1494 bis 1555), ohne etwas über Herstellung und Unterscheidung kund zu tun /17/: „Dann macht man aus echten, aber billigeren Edelsteinen mit anderem Verfahren wertvolle ... aus Bergkristallen oder schwach gefärbten Amethysten oder aus dem dem Bergkristall fast ähnlichen Beryll Diamanten. Den Bergkristallen aber und den Amethysten und den Beryllen gibt man die sechsspitzige Form der Diamanten ... so aber sind diese künstlichen Diamanten in Fingerringen gefaßt den echten sehr ähnlich." Daß solche Fälschungen von „Jubilirern" verkauft wurden, machte THOMAS GARZONI in seiner berühmten, in viele Sprachen übersetzten *Piazza Universale* diesen zum Vorwurf /27/. Die Herstellung solcher falscher Diamanten beschrieb ANSELMUS BOETIUS de BOODT im Jahre 1609 recht ausführlich /23/:

„Edelsteine, mit denen man Diamanten vorzutäuschen pflegt, sind der Saphir, der orientalische Amethyst, der Topas, der Chrysolith und alle, die die nötige Härte haben, dazu durchsichtig sind und deren Farbe entfernt werden kann. Die Farben müssen nämlich entfernt werden. Das pflegen die Künstler mit gebranntem Kalk und Stahlfeilicht durchzuführen. Damit bedecken sie den Edelstein in einem Tiegel und setzen ihn so einem Kohlenfeuer aus, so daß der Stein langsam in Glut kommt und bei verstärktem Feuer seine Farbe verliert. Wenn das erreicht zu sein scheint, lassen sie das Feuer langsam erlöschen, bis die Wärme nur mehr lau erscheint. Dann nehmen sie den Stein aus dem Tiegel, und wenn er klar und durchsichtig und ohne jede Farbe ist, ist das Geschäft richtig durchgeführt. Wenn er die Farbe nicht ganz verloren hat, wiederholen sie das Werk genauso langsam wie vorher, das ist nämlich nötig, denn wenn der Edelstein schnell ins Glühen kommt, oder der erglühte mit kalter Luft in Berührung kommt, würde er durch Risse getrübt oder zerbräche gar. Vor den anderen Edelsteinen dient zu diesem Werk der orientalische Amethyst und der Saphir (wenn er nicht schon weiß ist), der orientalische Topas, die übrigen sind, je härter, desto geeigneter. Ich würde den Topas, weil er härter als der Amethyst ist, vorziehen." /23/.

Auch der berühmte JOHANN JOACHIM BECHER (1635 bis 1682) brachte in seinem *Chymischen Glückshafen* unter der Nummer 54 des „Zwanzigsten Theils, handelnd von allerhand Medicinalien, mechanischen Operationen und

Destillationen" ein Rezept zur Diamanther-stellung /16/: „Aus einem Jocinthen (Hyazinth) ein Diamant zu machen. Sowikhe (wohl: so wikkle) den Jocinthen in ein ☉ (Sol = Gold) Täfelein, thue Δ (Sulfur = Schwefel) darzu und leg ihn in ein eiserne Büchsen, setz ihn in Wind-Ofen, so wird in 4 Stund ein Diamant darauß; die Büchsen soll wo(h)l glü(h)en, also daß das (Gold) an Jocinthen fliesse, dann laß 4 Stund in der Büchsen stehen. Diß Werk ist gestanden (hat eingebracht) 10000 fl. (Gulden) und ein guldene Halsketten."

Auch der Engländer THOMAS NICOLS ging in seinem Buch sehr ausführlich auf diese Fälschungen ein /19/:

„A true Diamond may be adultered or counterfeited with a Saphire, or with an oriental Amethyst, or with a Topaze, or with a Chrysolite, and by all stones that are hard and transparent, and which may be deprived of colour. The colour of those gemms which are fit for its use, may be the heat of fire be thus taken away: calx viva (CaO) and the filings of steel; bury the stone in them or in either of them, then overwhelm them with a fire at some distance of them, that the stone by degrees may grow hot; then increase the fire, and the colour will vanish. Jewelers and judicious artists well know in what space of time, by the continuance of great heat, any such excellent gemms may be deprived of all their colour; the colour of the gemm, as soon as they do conceive it, is vanished by the power of the heat, then do they extinguish the fire by degrees, till there no more heat left. And if by this first operation it be not perfectly deprived of all its colour, then the same work must again be begun, and carried on as before by several degrees of heat: and if need be, it may be iterated: ever observing this, that as it must be heated by a gradual increase of the fire, so likewise by a gradual decrease of the heat the fire must be extinguisht for the over-sudden heating or over-sudden cooling of the stone may cause a crack in it, and no rob the stone of the glory of its beautie and value, and the Artist of his hopes by frustrating him of his endeavours. - ANSELMUS BOETIUS saith, that he saw a Topaze in this manner changed, (which is better then an other stone for this purpose because of his hardness) and it was in weight seven Ceratis (carats), that is twenty eight grains, which was vallued at the hundred Florens or Crowns."

Oft erhielten derartige Pseudo-Diamanten besondere Bezeichnungen, vor allem dann, wenn das Ausgangsmaterial in größerer Menge vorlag, meist nach dem Herkunftsort desselben. Im folgenden werden, in alphabetischer Anordnung alle in der benutzten Literatur angetroffenen Pseudo-Diamanten in der Namensformulierung des Originals, dessen Erscheinungsjahr beigefügt wird, aufgeführt. Interessanterweise zählt THOMAS NICOLS die Fälschungen im Jahre 1652 in seinen *Lapidary* nach den sechs Plinianischen Diamantarten als siebte „Art" auf /19/. Sie seien nach ihrem Herkunftsland benannt: böhmisch, armenisch, englisch, schottisch oder ungarisch.

Adamantes in Lombardia, in Sicilia, Anonymus des 14. Jh., (HS. Wien, Nationalbibliothek, Lat. Ms. 407, 2301) /12/: „Diamanten gewisser Art werden in der Lombardei, gewisse in Sizilien gefunden", wobei mit den lombardischen wohl die aus „Ferrara" gemeint sein dürften.

Adamas Cypricus, 79, PLINIUS, *vgl. S. 63.*

Adamas genus ferrarium, 1220/30, Arnoldus Saxo /21/ *vgl. S. 62.*

Adamas Occidentalis, 1771, nach J. W. C. BAUMER /18/ ist Rheinkiesel.

Adamas Scythicus, 1558, G. AGRICOLA., Irrtum der posthumen Werksausgaben, s. S. 63.

Ägyptische Diamanten, 1781, als zu den schlechtesten gehörend, aufgezählt in einem *Technologischen Wörterbuch* /26/.

Alaskan Diamonds, 1951, nach J.N. FRIEND /9/ ist Quarz.

Arkansas Diamonds, 1951, nach J.N. FRIEND /9/ ist Quarz.

Armenische Diamanten, 1781, als zu den schlechtesten gehörend, aufgezählt in einem *Technologischen Wörterbuch* /26/.

Baffa-Diamanten: 1648, ULISSE ALDRO-VANDI /33/, der sich dabei auf die Meinung des RUSCELIUS beruft; 1768, bei G. E. LESSING /31/: „Cypern hat wirklich Diamante, und: noch itzt sind die cyprischen Diamante unter dem Namen Diamante von Baffa bekannt. Ich weiß wohl, daß die Kenner diese Diamante nicht so recht für echte wollen gelten lassen. Aber eben dieses macht es um so viel wahrscheinlicher, daß PLINIUS die nämlichen gemeint habe. Denn auch die cyprischen Diamante des PLINIUS, sind ihm von der schlechteren Gattung, weder so hart noch so klar als die äthiopischen, arabischen und mazedonischen."

Zuvor hat LESSING darauf aufmerksam gemacht, daß SALMASIUS keinen cyprischen Diamanten kennt und ihn für eine Verwechslung mit dem Naxium (wohl Schmirgel) hält. - 1776, bei J. G. KRÜNITZ /6/: „In den Gebirgen bey Baffa, einer Stadt auf der Insel Cypern, ziemlich schöne Steine, welche gar leicht als Diamanten passiren können." Auch M. PINDER /32/ ist in seiner großen Untersuchung über den Diamanten in der Antike von der Identität des plinianischen Cypern-Diamanten mit dem Baffa-Diamanten, in Wirklichkeit Bergkristallen, fest überzeugt.

BEIREISscher Diamant: Der im Frühjahr 1730 zu Mühlhausen in Thüringen geborene GOTTFRIED CHRISTOPH BEIREIS, seit 1759 Professor an der Universität Helmstedt und seit 1802 Leibarzt des Herzogs von Braunschweig, soll von seinen zwischen 1753 und 1756 erfolgten Reisen in den Orient „zuweilen auch eine durchsichtige Masse, größer als ein Hühnerei, vorgezeigt haben, von der er behauptete, daß sie ein Diamant von 6400 Karat Gewicht sei, den alle Fürsten der Erde zu bezahlen nicht im Stande wären; dazu erzählte er mit größter Ernsthaftigkeit, daß dieses Juwel der Kaiser von China bei ihm versetzt habe, und wußte diese Fabel mit allen Einzelheiten auszustatten. Der Obermedizinalrat MARTIN HEINRICH KLAPROTH aus Berlin erkannte darin einen allerdings ungewöhnlich großen Madagaskar-Kiesel. ... Bei seinem Tod am 18. September 1809 hinterließ er (neben teils bedeutenden Sammlungen) Geld im heutigem Werte von etwa 1 Million Mark, den hühnereigroßen ‚Diamanten‘ suchte man jedoch vergeblich"/35/.

Böhmische Diamanten: 1714, bei M. B. VALENTINI /22/, unter Bezug auf BALBINUS, *Böhmische Historia*, Buch 1, cap. 29: „viele, aber schlechtere Steine aus Böhmen, wo die Küh-Hirten öffters einen Stein nach den Kühen werffen, welcher mehr wert als die Kuh selbsten."

Im Jahre 1781 bezeichnet sie ein *Technologisches Wörterbuch* /26/ als zu den schlechtesten gehörend.

Der Braganza oder der Portugiesische Riese: Der Braganza, benannt nach der ehemaligen Dynastie in Portugal, wird oft unter den berühmten großen Diamanten aufgezählt, obwohl er wahrscheinlich kein Diamant ist /36/. Er stammt aus einem unbekannten brasilianischen Fundort und kam im Jahre 1741 in den königlichen Schatz; er wiegt angeblich 1680 Karat (etwa 380 g) und würde wohl einer der größten Diamanten sein, wenn seine Echtheit nicht zweifelhaft wäre /37/. Den Zeitgenossen schien das möglich, verbreitete doch im Jahre 1755 der Engländer JOHN WESLEY in seinem Buch *Serious Thoughts Occasioned by the Great Earthquake at Lisbon:* „Kaufleute, die in Portugal gelebt haben, berichten uns, daß der König ein großes, mit Diamanten gefülltes Haus und mehr gemünztes und ungemünztes Gold hat, als alle Fürsten Europas zusammen." /38/ Im Jahre 1796 gab J. C. WIEGLEB /39/ den Wert des Steines mit „224 Millionen Pfund Sterling" an und machte den König von Portugal auch zum Besitzer des „drittgrößten Steines mit 215 Karat." Doch ist nach M. BAUER /40/ der topasfarbene Stein nie einer näheren Untersuchung unterzogen worden, aus begreiflichen Gründen, „denn würde er sich als Topas erweisen, so würde sein Wert von 240 Millionen Pfund Sterling (1906) auf ein Minimum herabsinken."

Bristol Diamonds: 1672, bei R. BOYLE /5/ in ihrer Kristallisation als Quarz erkennbar beschrieben. - 1772 bei J. G. WALLERIUS /20/ gleich Bergkristall. - 1951, bei J. N. FRIEND /9/ gleich Quarz.

Caillou de Médoc: 1733 bei J. H. ZEDLER /13/ ohne nähere Erklärung als falscher Diamant aufgeführt.

Ceylon Diamonds: 1951, nach J.N FRIEND /9/ ist weißer Topas oder auch weißer Zirkon. S. auch Matura.

Cornish Diamonds: 1672, bei R. BOYLE /5/ als härter als die Bristol Diamonds beschrieben. - 1951, bei J. N. FRIEND /9/ gleich Quarz.

Derbyshire Diamonds: 1951, nach J. N. FRIEND /9/ ist Quarz.

Diamant de Temple: 1776, bei J. C. KRÜNITZ /6/: Bezeichnung der Franzosen für „auf Diamantart geschliffene, schlechtere oder nachgemachte Steine, z. E(xempel): Krystalle, Compositionen und Flüsse etc., weil dergleichen unächte Steine ehemals in den Galanteriebuden des Temple zu Paris verkauft wurden. Es wird damit ein ziemlich großes Gewerbe betrieben, weil dieselben zu Maskeradenkleidern, sonderlich der Kleider der Operisten und Komödianten gebraucht werden."

Diamant de Brouaye: 1733, falscher Diamant, ohne nähere Angaben bei J. H. ZEIDLER / 13/.

Diamants Savoyards: 1847, zitiert von JACQUELAIN /25/, ohne andere Angaben; er vermutet, daß sie bei „chaleur excessive" entstanden seien (vielleicht in Analogie zu SILLIMANs Versuchen zur Schmelzung von Kohle).

Diamanten von Alençon: 1733, bei J. H. ZEDLER /13/ ohne nähere Angaben genannt; 1776, nach J. G. KRÜNITZ /6/, „welche aus Steinen oder Krystallen gemacht werden, die in dem Dorfe Hertre bey Alençon, einer Stadt in der Normandie, wachsen. Das dasige Erdreich ist voll glänzenden Sandes, und harter grauer Steinfelsen, es gibt darunter dermaßen brillirende und reine Diamanten, daß schon manche betrogen worden."

Diamonds of Lapland: 1675. „JOHANNES SCHEFFER /34/ tells that the lapidaries sometimes used to polish rock-crystals or diamonds of Lapland and to sell them as good diamonds, even frequently deceive experts with them, because they are not inferior in lustre to the Oriental stones."

Ethyopische Dimanten: 1583, nur gelegentlich magnetisch, L. THURNHEISSER zum THURN /29/. Wie M. PINDER /32/ im Jahre 1829 feststellte, dürfte diese ‚Art' auf PLINIUS zurückgehen; er fügte noch hinzu, heute würden in äthiopischen Bergwerken keine Diamanten gefunden. Auch habe ein arabischer Schriftsteller des 13. Jh. vom Suchen nach Smaragden dort berichtet, er sei jedoch der Meinung, daß beide Arten Edelsteine nur durch literarisch nachweis-

bare Handelsbeziehungen mit Indien dorthin gelangt sein könnten.

Ferrara-Diamanten: in verschiedenen Wortkombinationen *(vgl. S. 62, 88, 136).*

German Diamonds: 1951, nach J. N. FRIEND /9/ ist Quarz.

Marmoroscher Diamanten: 1808, bei M. H. KLAPROTH, F. WOLFF /4/ kleine, aber ausnehmend wasserhelle Bergkristalle aus Marmorosch in Ungarn; - 1884, wasserheller Quarz aus Marmorosch (Beckenlandschaft zwischen den Waldkarpathen und dem Rodnaer Gebirge in Rumänien), siehe A. NIES /15/. Wird 1951 einfach Marmora genannt /9/.

Matura Diamonds: 1951, nach J. N. FRIEND /9/ auch „Ceylon diamond" genannt, ist weißer Topas.

Mazedonischer Diamant des PLINIUS, etwa 1360 als minderwertig erwähnt von JOHN MANDEVILLE in seinen fiktiven Reiseberichten /30/. - 1583, nach L. THURNHEISSER zum THURN /29/ nur gelegentlich magnetisch wirksam. - 1829 hält M. PINDER, /32/ den mazedonischen Diamant des PLINIUS für identisch mit dem bei Banatum bei Marmoros, s. vorstehend, gefundenen Bergkristall. - 1981, ist nach J. F. HEALY /14/ Quarzkristall.

Medoc-Diamanten: 1776, nach J. G. KRÜNITZ /6/: „findet man auf den Küsten von Medoc gewisse harte und durchsichtige Kieselsteine, welche, wenn sie gehörig geschnitten werden, sich unter den falschen Diamanten besonders unterscheiden, indem sie sehr hart und brillirend sind."

Meißnische Diamanten: 1590, bei PETRUS ALBINUS /8/: „ERASMUS STELLA schreibt, daß auch Diamanten, oder wie sie von den gemeinen Leuten genennet werden, Demuten, in Meyssen sollen gefunden werden, welchem doch andere nicht Beyfall geben wollen. Als FABRICIUS schreibt: ‚Den (Stein) zu sehen ist mir noch nicht gelungen, der durchsichtig und weiß mit der Härte eines Kiesels in Meissen gefunden wird, aber ihn einen Diamanten zu nennen, möchte ich nicht gewagt haben.'"

Saxony Diamond: 1951, nach J. FRIEND /9/ ist weißer Topas.

Schaumburgische Diamanten: 1790, heißt man nach J. C. SCHEDEL /11/: „... die überaus durchsichtigen Crystallsteine, welche bey Honerode und in anderen Gegenden der Grafschaft Schaumberg in den dasigen Mergelgruben gefunden werden. Diese werden zu Cassel und in anderen Orten sauber geschliffen, in Gold und Silber gefaßt und zu Geschmeide verarbeitet."

Schlesische Diamanten: 1776, J. G. KRÜNITZ /6/: „Man findet deren auch in Schlesien, z. B. im schweidnitzischen Fürstenthum zu Teichenau, einem chursächsischen Lehn, auf einem dasigen Berge, welche so hart, als die orientalischen, und von gleicher Figur sind. Auch das meißnische Gebirge ist davon nicht ausgeschlossen. Ingleichen fehlt es nicht in der Oberlausitz an verschiedenen Anbrüchen zu Diamanten. So hat sich z. B. dergleichen Diamantenbruch in dem Löbauischen Berge, wie nicht weniger auf den königs-haynischen Bergen, geäußert, welche den böhmischen ganz gleich kommen. Auch will man dergleichen in einer Thongrube bey Görlitz gefunden haben."

Stolberger Diamanten: 1884, wahrscheinlich genannt nach Stolberg im Harz, laut A. NIES /15/ wasserheller Quarz.

Syrische Diemanten: 1583, (auch magnetisch) L. THURNHEISSER zum THURN /29/.

Ungarische Diamanten: 1701, zählt ein *Technologisches Wörterbuch* unter den schlechtesten auf /26/.

Literatur

/1/ C. Plinius Secundus, Naturalis Historiae Libri XXXVII, Buch 37, Kap. 15, 58 in: D.E. Eichholz, Pliny, Natural History, Bd. 10, London 1962, S. 203/9; vgl. LexMA VII, 21f. - /2/ C. Plinius Secundus, Naturalis Historiae Libri XXXVII, Buch 37, Kap. 76, 198/200 in: D.E. Eichholz, Pliny, Natural History, Bd. 10, London 1962, S. 326/7. - /3/ H. Blümner, Technologie und Terminologie der Gewerbe und Künste bei Griechen und Römern, Bd. 3, Leipzig 1884, S. 291-294. - /4/ M. H. Klaproth, F. Wolff, Chemisches Wörterbuch, Bd. 4, Berlin 1809, S. 165. - /5/ R. Boyle, An Essay about the Origin and Virtues of Gems (1672), in: The Works of the honourable Robert Boyle, A new Edition, Bd. 3, London 1772, S. 512/61, 519; 534. - /6/ J.G. Krünitz, Oeconomische Encyclopädie oder allgemeines System der Land-, Haus- und Staatswirthschaft, Bd. 9, Berlin 1776, S. 181/2; 194/5; 219/22. - /7/ A. Caesalpinus, De Metallicis Rebus, Buch 2, Kap. 20, Nürnberg 1602, S. 101 (Erstausgabe 1596). - /8/ P. Albinus, Meißnische Bergk Chronica, Der XVIII. Tittel, Dresden 1590, S. 143. - /9/ J. M. Friend, Man and Chemical Elements, London 1951, S. 55; 61. - /10/ B. Cellini, Abhandlungen über die Goldschmiedekunst und die Bildhauerei, Kap. 10, übersetzt von R. und M. Fröhlich, Basel o.J., S. 40. - /11/ J.C. Sehedel, Neues und vollständiges Waaren-Lexikon, Erster Theil, Offenbach 1790, S. 2523/4. - /12/ L. Thorndike, Ambix (Cambridge) 8 (1960) 6/23, 15. - /13/ J.H. Zedler, Grosses Vollständiges Universallexicon, Ed. 1, Halle-Leipzig 1733, Spalte 448/50. - /14/ J.F. Healy, interdisciplinary Sci. Rev. 8 (1981) 166/80, 174. - /15/ A. Nies, Zur Mineralogie des Plinius, Mainz 1884, S. 5. - /16/ J.J. Becher, Chymischer Glückshafen oder große Chymische Concordantz oder Collection Von Fünffzehnhundert Chemischen Processen, Frankfurt am Main 1682, S. 776. - /17/ G. Agricola, De Natura Fossilium Libri X, Buch 6, in: Opera, Basel 1558, S. 281. - /18/ J.W.G. Baumer, Historia Naturalis Lapidum Pretiosorum Omnium, 13, Frankfurt am Main 1771, S. 16/8. - /19/ T. Nicols, A Lapidary or the History of Pretious Stones, Cambridge 1652, S. 49. - /20/ J.G. Wallerius, Systema Mineralogicum, Ld. 1, Stockholm 1772, S. 233. - /21/ E. Stange, Die Encyklopädie des Arnoldus Saxo I. Beilage zum Jahresbericht des königl. Gymnasium zu Erfurt 1904/5, Erfurt 1905, S. 69. - /22/ M.B. Valentini, Museum Museorum oder vollständige Schaubühne aller Materialien und Specereyen, 2. Aufl., Frankfurt am Main 1714, S. 42. - /23/ A. Boetius de Boodt, Gemmarum et Lapidum Historia, Buch 2, Cap. 1, Hanau 1609, S. 57. - /24/ G.F.H. Smith, F.C. Phillips, Gemstones, 13. Aufl., London 1958, S. 162. - /25/ V.A. Jacquelain, Compt. Rend. 24 (1847) 1051/3. - /26/ J.K.G. Jacobsson, Technologisches Wörterbuch, hrsg. von O.L. Hartwig, Tl. 1, Berlin-Stettin 1781, S. 420/3. - /27/ T. Garzoni, Piazza Universale, Das ist: Allgemeiner Schauplatz, Marckt und Zusammenkunft aller Professionen, Künsten, Geschäften, Handeln und Handwerken, Achtundfünffzigster Discurs, Von Jubilirern und edelm Steinen, Frankfurt am Main 1659, S. 599 (Erstausgabe 1579). - /28/ Democritos, Traité attribué à Democrite, Buch 2, 11 in: M. Berthelot, La Chimie du Moyen Âge, Bd. 1, Paris 1893, S. 279. - /29/ L. Thurnheisser zum Thurn, Magna Alchymia, das ist eine Lehr und Unterweisung von den offenbaren und verborglichen Naturen, Erstes Buch von den Schweflen, Berlin 1583, S. 4. - /30/ Jehan de Mandeville, Travels, Chapter XVII in: M. Letts, Mandevilles Travels, Texts and Translations, Vol. 1, London 1953, S. 114/5. - /31/ G.E. Lessing, Briefe antiquarischen Inhalts, Erster Teil, 30. Brief in: Lessings Werke, 17. Teil, hrsg. von A. Schöne, Berlin-Leipzig-Wien-Stuttgart o.J. (1926) S. 163. - /32/ M. Pinder, De Adamante Commentatio Antiquaria, Berlin 1829, S. 46/50. - /33/ U. Aldrovandi, Musaeum Metallicum, Buch 4, Kap. 78 De Diamante, Bologna 1648, S. 945/51. - /34/ J. Scheffer, Lappland, Frankfurt 1675, S. 416 laut B. Laufer, The Diamond, Field Museum of Natural History, Publ. Nr. 184, Anthropological Ser. 15, Nr. 1. Chicago 1915, S. 45 Fußnote 1. - /35/ A. Schmidt, Der Zauberer von Helmstedt in: Griechisches Feuer, Zürich 1989, 44/53. - /36/ E. Bruet, Le Diamant, Paris

1952, S. 49/50. - /37/ M. Pinder in: J.S. Ersch, J.G. Gruber, Allgemeine Encyklopädie der Wissenschaften und Künste, Erste Section, Bd. 24, Leipzig 1833, S. 456. - /38/ G. Wermusch, Adamas, Diamanten in Geschichte und Geschichten, Berlin 1984, S. 162. - /39/ J.C. Wiegleb, Handbuch der allgemeinen Chemie, Bd. 1, 3. Aufl., Berlin-Stettin 1796, S. 39. - /40/ M. Bauer, Edelsteinkunde, 2. Aufl., Leipzig 1909, 312/22. - /41/ H. Cardanus, De Rerum Varietate Libri XVII, De Lapidibus, Avignon 1558, S. 302/3.

ALCHEMISTISCHE DIAMANTEN

Daß die Transmutation von Steinen, nicht nur die von Metallen, zu den alchemistischen, von aristotelisch-scholastischen Ideen getragenen Vorstellungen gehörte, zeigt ALBERTUS MAGNUS (ca. 1200 bis 1280) in der Einleitung zum ersten Buch seines Werkes *De Mineralibus* /1/: „Wir haben nämlich hier nicht das Bestreben aufzuzeigen, wie einer von ihnen (den Steinen) in einen anderen umgewandelt werden könne, oder wie durch die Zugabe ihrer Medizin, die die Alchemisten Elixir nennen, ihre Fehler geheilt werden, oder ihre verborgenen Eigenschaften offenbar werden oder im Gegenteil das Offenbare verdeckt wird, vielmehr wollen wir ihre Zusammensetzung aus den Elementen aufzeigen, und wie jeder einzelne in einer eigenen Gattung besteht."

Ein Alchemist des ausgehenden 17. Jh., der Kopenhagener G. BORRICHIUS /30/, vermutete darin eine uralte Kunst: „Ob auch die alten Ägypter Bergkristalle zu Diamanten tingieren (umwandeln, wörtlich: färben) konnten, steht nicht eben sicher fest, doch daß sie es gekonnt haben, ist glaubhaft. Warum hätte ihnen unbekannt sein sollen, was dem RAIMUNDUS LULLUS (ca. 1232/3 bis 1316) nicht unbekannt war? Darüber sagt LULLUS selbst in seinem *Letzten Testament für den König von England:* ‚Du o König von England, hast gesehen jene ‚Umwandlung durch Aufwerfen', die ich mit dir zusammen in London in deiner Geheimkammer im Teil des Schlosses hinter St. Katharina vorgenommen habe, als ich sie durchführte über einem mit dem Wasser von Quecksilber gelösten Bergkristall und ihn umwandelte in eine einzige Masse des vollendetsten und über einen natürlichen hinaus heilkräftigen Diamanten, aus dem du Säulen eines Tabernakels Gottes gemacht hast.'"

Eine solche Umwandlungsvorschrift gibt die arabische Enzyklopädie des IBN AL-AKFĀNĪ (gest. 1348) mit dem Titel *Iršād al-qāṣid:* „Das Eliksir des Steins (der Weisen) wirkt verschieden, je nach der Substanz, von der es aufgenommen wird; so verwandelt es Silber in Gold; färbt den weißen Stein Jâqût (Hyazinth) rot und verdichtet Quecksilber zu einer festen Masse" /2/. Bei demselben Autor wird weiter angegeben, das Elixir fixiere auch das Quecksilber und verwandle Kristall, dessen schönste Sorte der arabische Bergkristall sei, in Edelsteine, deren wertvollste der Korund, die Perle und der Diamant seien /3/. Derartige, die Umwandlung von Steinen betreffende Angaben konnten in frühen europäischen alchemistischen Schriften nur wenige aufgefunden werden. MARCELIN BERTHELOT (1827 bis 1907) glaubte /25/ jedoch, in den Werkstattrezepten der sogenannten griechischen Alchemisten des 3. Jh. n. Chr. Hinweise auf ähnliche Vorstellungen finden zu können, und E. O. v. LIPPMANN /31/ wies solche Vorstellungen in syrischen Schriften des PIBECHIOS (ägyptisch: Sperber des Horus) nach.

Mit der spätestens in der Renaissance deutlich erkennbaren Abkehr von der aristotelisch-scholastischen Philosophie änderten sich auch die Vorstellungen der Alchemisten von der Transmutation und es wurden bisher als tot betrachtete Stoffe als belebt und beseelt angesehen /5/. Zu dem Wechsel mögen auch die volkstümlichen Geschichten beigetragen haben, wie sie Reisende aus ferner Ländern mitbrachten, etwa Sir JOHN MANDEVILLE (JEHAN DE MANDEVILLE, 1300 bis 1372) der folgendes zu berichten weiß /6/:

„ ... Und wenn es so ist, daß man gute Diamanten findet in Indien auf dem Felsen von Kristall, so findet man auch Diamanten, gute und harte, auf dem Magnetfelsen im Meer und auch auf den Bergen, von der Milchfarbe der Haselnuß. Und sie sind viereckig in ihrem eigenen Wachstum und vierflächig. Und sie wachsen zusammen, Männlein und Weiblein, und sie werden ernährt vom Tau des Himmels. Und sie empfangen und zeugen, wie es in ihrer Art richtig ist, und bringen kleine Kinder hervor, und so vermehren sie sich und wachsen ständig. Ich habe es manchesmal ge-

*prüft und gesehen, daß, wenn ein Mensch sie weg-
nimmt mit einem bißchen Felsen, wo sie angewachsen sind, so daß sie genommen sind mit ihren
Wurzeln und oft benetzt werden mit Mai-Tau,
daß sie in einem Jahr sichtbar wachsen, so daß die
kleinen zunehmend groß werden."*

So konnte leicht die Vorstellung entstehen, daß
alles in der Natur wächst, nicht nur die Pflanzen,
sondern auch die Minerale und das Erz, und so
schien sich den europäischen Alchemisten zwar
nicht die Möglichkeit zur Neuschaffung von
Diamanten, wohl aber die zu deren Vermehrung
zu bieten. In einem im Jahre 1846 in deutscher
Sprache erschienenen Buch /4/ mit dem Titel
Wunderbuch, das angeblich erstmals in Passau im
Jahre 1506 gedruckt worden sein soll, in den
Verzeichnissen der Frühdrucke jedoch nicht auf-
geführt wird, aber als Autor den schon bei MAR-
TIN LUTHER (1483 bis 1546) in einer
Tischrede (29. März 1539) und von PHILIPP
MELANCHTHON (1497 bis 1560) in einer
seiner Schriften /7/ als Magier bezeichneten JO-
HANNES TRITHEMIUS (d.i. JOHANNES
HEIDENBERG aus Trittenheim bei Trier, 1462
bis 1516), Abt des Klosters Sponheim bei Bad
Kreuznach, haben sollte, wird im „57. Capitel,
Wie man Edelsteine bereiten soll" gesagt: „Diese
werden bereitet aus dem magischen Spiritus aus
dem Zinn und dem Quecksilber, wie schon gelehret worden; aber sollen sie ihre natürlichen
Kräfte haben aus den Astris (Sternen), so müssen
sie unter der Constellation bereitet werden, so
sind ihre Kräfte wundersam. ... Diamant, heißt
auf Hebräisch Jahalom, wird in der Influenz des
Mars bereitet." Im folgenden Kapitel „Diamante
wachsen zu machen" wird gelehrt:

*„Wenn du kleine Diamanten hast, und willst die-
selben also wachsend machen, so geschieht solches
also: Nimm von dem weißen Quecksilber-
Spiritus, bereitet aus Vitriol, wie Cap. 56 gelehrt,
1 Pf(un)d, u. von dem magischen Spiritus aus
Zinn, Kalk u. lebendigem Quecksilber auch 1
L(o)t, gieße diese zusammen in eine gläserne
Kugel und gieße von dem im 8. Cap. gelehrten
Spiritus Universalis dazu, alsdenn nimm deine
kleinen Diamanten, sie seien so klein als sie wollen, thue solche darein und versiegle die Kugel,
dann auf gelinde Wärme gesetzt, einen Monat,*
*dann wirst du mit Verwunderung sehen, wie die-
selben anfahen (anfangen) zu wachsen, und immer größer werden, denn je länger solche stehen, je
größer sie wachsen; dabei ist das Allerwunderns-
würdigste, daß man eigentlich sehen kann, wie
dieselben die Geister beständig an sich ziehen, mit
vielen spielenden Farben, ja alle Farben in der
Welt, und wenn man solches stehen läßt, so wird in
Jahr u. Tag aus allen Ein Diamant, ja zu einem
solchen Edelgestein, so da lauter Massen und
Licht, und anher mit Recht ein Wunder in der
Magia Naturalis zu nennen" /6/.*

Das etwas fragwürdige Buch wird auch in modernen biographischen Werken über den
Sponheimer Abt und anderen, seine Schriften
untersuchenden Veröffentlichungen /7;8;9/ nicht
erwähnt. Es gehört wohl zu der Gruppe von
Werken, für die später, um das Kaufinteresse zu
erhöhen, immer wieder von Fälschern der Name
des berühmt-berüchtigten Mannes als Autor
angegeben wurde /7/. Welche Bedeutung aber
dem Abte schon von seinen Zeitgenossen zugemessen ward, geht schon aus der Tatsache hervor, daß AUREOLUS PHILIPPUS THE-
OPHRASTUS BOMBAST von Hohenheim,
PARACELSUS (1493 bis 1541) neben mehreren
Bischöfen auch ihn als einen seiner Lehrer an-
führt /10/. Durch die Schriften dieses Autors
läßt sich vielleicht nachprüfen, wieweit der unbekannte Verfasser des *Wunderbuchs* die Vorstellungen der Zeitgenossen des TRITHEMIUS
über die Diamanten traf; es definiert PARA-
CELSUS /11/ in seiner *Philosophia, Tractatus
IV, De Lapidibus et Gemmis* den Adamas folgendermaßen:

*„Der Ursprung des Diamanten ist: die größte
Härte aller Steine, sie wird aus allen andern
(Steinen) gezogen, er wächst allein aus der Härte.
Sein Corpus ist Mercurius, seine Koagulation
(macht) allein der Salzgeist, seine Farbe ent-
stammt dem Sulphur. Und er ist durchsichtig und
klar, denn alle seine Bestandteile sind Stein ge-
worden und wohl geläutert. Diese Entstehung des
Diamanten nimmt den (anderen) Edelsteinen die
Härte, die sonst alle noch härter wären. Und ist
die Härte am meisten weggenommen dem
Alabaster und dem mürben Amethyst, vom
Archeus in ein Sonderwesen gebracht und gesetzt.*

Also ist es auch bei anderen Edelsteinen zu verstehen." /11/.

Über das Wachsen des Steines schreibt PARACELSUS in seinem Buch *De Modo Pharmacandi* /12/:

„Nun wissen wir wiederum, daß alle Geschöpfe essen und trinken, und keines gibt es unter den Empfindung besitzenden und den keine Empfindung besitzenden, das nichts esse. Was nun ißt, das scheißt und macht Dreck, sowohl Empfindung besitzende als keine Empfindung besitzende. Die Steine essen und trinken, und wo sie es nicht bekommen könnten, bliebe ihr Corpus nicht (bestehen). Der Diamant ißt verborgen, der Magnet offenkundig. Was zeigt uns der Magnet durch sein Essen? Er zeigt Kräfte, das ist, er ziehet (das Eisen) an und ißt so: Also essen alle Steine und Gesteine, und nichts ist ohne Essen. Wenn so wenig der Mensch, das Vieh, das Gras ohne tägliche Speise sein kann, so wenig auch die Steine; denn sie leben alle, essen und trinken alle. Was ist nun ein jegliches aus der Ordnung der Geschöpfe? Das sind die Wunderwerke Gottes. Wer speißt die Steine? Der Chaos Mineralis. Wer das Gras? Der Liqor mineralis. Wer den Menschen? Caro vegetativa. Wer kocht alles? Gott: ihm nachfolgend der Mensch bereits ... Also wie die hungrigen Äderlein im Leib an sich ziehen aus dem Mund, Magen und Leber, was da ist, und wie die Säulein aus ihrer Mutter saugen, also saugen auch die Gesteine ihre Nahrung auf, in der sie dann liegen. So sie nun das an sich ziehen, was da ist, so gibt es auch den Dreck dort, wo eine Speise ist ... Nun folgt die Erkenntnis des Drecks, was dieser ist. Eine Frage ist, ob das Moos ein Gewächs ist oder ein Dreck? Antwort: Ein Dreck als Gewächs. Der Schleim auf den Steinen, ist die Frage, ob es ist der Schleim des Wassers oder der Steine? Doch es ist sein Dreck, mal gibt ihn ihm das Wasser, mal kommt er anderswoher, und findet sich auch an anderen Orten auf dem Stein, denn es ist keine andere Erklärung da. Aber auch die Steine liegen in ihrer Küche und ihrer Speise zugleich, darum essen sie davon, davon wachsen sie, wie ein Mensch, der feist wird und zunimmt von der Feiste. Was nun Excrementum ist, das scheidet sich aus von dem Stein und nichts Unreines bleibt in ihm." /12/

Die Vorstellung von der Möglichkeit eines Wachstums von Diamanten soll weitergelebt haben /13/: „Das ganze Jahrhundert LUDWIGs XIV. hat an die Möglichkeit des Größenwachstums natürlicher Diamanten geglaubt, wenn man diese in bestimmte Flüssigkeiten brächte, wie man Kristalle eines Salzes in einer Lösung derselben Substanz wachsen lassen kann."

Wie man derlei Vorstellungen damals glaubte auswerten zu können, verrät uns das in mehreren Auflagen erschienene *Opus mago-cabalisticum et theosophicum, darinnen der Ursprung, Natur, Eigenschaften und Gebrauch des Mercurii in dreyen Theilen beschrieben* des Leiters des badischen Bau- und Bergamts Bockheim, GEORG von WELLING (1632 bis 1727) im Anhang /14/:

„III. Perlen oder Edelgesteine zu machen. Wann du den Mercurius (wohl Quecksilber) der Weisen bereitet und aus diesem den weißen und roten Mercurius verfertigt hast, und willst hernach aus kleinen Orientalischen Perlen große machen ... Aber zur Bereitung der Diamanten nimm weiße Kieselsteine, stosse die äussere Rinde davon, und löse sie im weißen Mercurius auf, daß sie zu einem Saft werden:, nicht zu einem Brey, darnach thue sie in einer wohl verlutierten Phiole in warme Aschen, so wird der ganze Saft in 12. Stunden zu einem Stein coagulirt werden: Darnach mache das Feuer stärker, daß das Glas fast glü(h)end werde; laß es wieder kalt werden, und nimm es hernach heraus, so wird es wie ein Kieselstein aussehen; weißt du ihn aber zu schärfen und zu poliren, oder lässest es einen thun, der es weiß, so wirst du einen harten Diamanten in ihm finden, viel kostbarer, als jemals ein natürlicher gewesen seyn wird. Willst du aber kleine natürliche Diamanten auflösen, so werden sie desto besser werden."

Berühmte Namen mußten oft als Aushängeschild für alchemistische Schriften unbekannter Autoren dienen, so auch der des katalanischen Dichters, Mystikers und Enzyklopädisten RAIMUNDUS LULLUS - 1235 in Palma de Mallorca geboren, 1316 in Bougie (Algerien) von Muslimen gesteinigt - unter dessen Namen im Jahre 1600 *Libelli aliquot Chemici* („Einige chemische Büchlein") in Basel erschienen, eines davon mit dem Titel *De Compositione Gemmarum et Lapidum pretiosorum* /27/. Hier findet sich folgender Text:

„Über die Komposition des Diamanten. Die Komposition des Diamanten geschieht aus der Natur des in die steinbildende Natur umgewandelten Silbers. Und dies kann durch die einfallsreiche Kunst so geschehen: Nimm Wasser des erdartigen Silbers und gib es zum Härten in ein Härtungsgefäß und gib dazu eine Wachsform solange wie oben beim Karfunkelstein beschrieben. Dann gib Erzwasser in die Form, in der der besagte Stein in den Herd kommen muß. Dann gib ihm ‚Information‘ im Schatten, drei natürliche Tage lang. Und das ist die erste ‚Information‘. Alsbald bildet das ‚Erzwasser‘ einen Überzug kraft des Geistes des ‚erdigen Wassers‘. Nachdem du dann noch eine andere ‚Information‘ angedient hast, so tue das, was an der Form entsteht, mit einer goldenen oder silbervergoldeten Zange weg, das heißt schiebe das untere nach oben, daß es das ‚Härtungswasser‘ berührt, und laß es im Sommer drei Tage in starker Sonne stehen, sechs aber im Frühling oder Herbst, und zwölf im Winter. Darauf laß übergehen durch eine Kochung, die Optesis genannt wird, und dann durch die andere, die Optatesis genannt wird, solange, wie oben bei den philosophischen Steinen beschrieben ist. Aber bei der dritten Digestion, die ‚Sulphur‘ genannt wird, soll es vier oder sechs volle Tage stehen, entsprechend dem Maß seiner Härtung. Er bedarf mehr von dieser Digestio als die anderen (Steine), weil dies die Komposition eines Steines von einer Härte wie kein anderer ist. Weder durch Eisen noch durch Feuer kann er ohne Anwendung besonderer Künste geteilt werden, entsprechend der Höhe seiner Natur, wie wir des langen und breiten in unserem Steinbuch gezeigt haben; dort haben wir auch über ihre Kräfte abgehandelt.“

L. THORNDIKE /28/ meint in bezug auf die Autorschaft, daß möglicherweise einige der dem RAIMUNDUS LULLUS zugeschriebenen alchemistischen Werke von einem zeitgenössischen Namensvetter, einem konvertierten Juden, späterem Renegaten und Verfasser magischer Schriften namens RAIMUNDUS von TÁRREGA, stammen könnten.

Zu den alchemistischen Diamanten dürfte auch der Stein zu rechnen sein, über den HEINRICH OLDENBURG (1626 bis 1678), damals Sekretär der Royal Society London, ROBERT BOYLE unterrichtete /29/: „Dr. BEALE, in the same letter, tells me of a large diamond, as big as his handwrist, sent by a chemist to a lady, who shewed it to him very lately; which stone he saith the chemist made out of a black flint, commending it as a very clear and fair as any crystal, and fit for pendants, if not to hard for common workman.“

Zahlreiche Gerüchte über die künstliche Herstellung von Diamanten, die in der zweiten Hälfte des 18. Jh. kursierten, beziehen sich meist auf den berühmt-berüchtigten Grafen von SAINT-GERMAIN, der auch unter mehreren anderen Namen auftrat, unbekannter Herkunft war und am 27. Februar 1784 in Eckernförde starb /15/. Dieser schrieb in einem Brief /16/ an den kaiserlichen Kammerherrn Graf MAXIMILIAN JOSEPH LAMBERG (1725 bis 1792):

„... im Haag, als ich dort verhaftet wurde (1760): Bevor ich meinen Degen abgab, bestand ich darauf, d'ANTRY, den französischen Botschafter bei den Generalstaaten, zu sprechen. Ich wurde in meinem Wagen hingebracht, in Begleitung des Offiziers, der mich zu bewachen hatte. ... Ich glaubte, dem Offizier einen Diamanten von reinstem Wasser und von, wenn ich so sagen darf, ungewöhnlichem Karat (Gewicht) anbieten zu sollen, aber er lehnte ihn ab, und da all mein Zureden fruchtlos blieb, zerschlug ich den Stein mit einen großen Hammer in mehrere Stücke, die die Lakaien zu ihrem Profit auflasen. Der Verlust des Diamanten, der in Brasilien und im Reiche des Moguls als solcher erkannt worden, war mir indes nicht gleichgültig, zumal seine Herstellung mich unendliche Mühe gekostet hatte. Graf ZOBOR, der Kammerherr des verstorbenen Kaisers (gemeint ist FRANZ I., 1708 bis 1765, der Gemahl MARIA THERESIAS) - ein unvergeßlicher Fürst durch seine erhabenen Eigenschaften wie durch den Schutz, den er den Künsten gewährte - hat Diamanten mit mir gemacht.“

Nach HONORÉ GABRIEL DE RIQUETTI GRAF VON MIRABEAU (1749 bis 1791) allerdings, dem berühmten französischen Politiker und Schriftsteller, machte SAINT-GERMAIN, „im Handumdrehen faustgroße Diamanten“ /17/, und die Markgräfin ELISABETH von Ansbach und Bayreuth (Lady CARVEN, 1750 bis 1328) weiß zu berichten, daß SAINT-GERMAIN „nur zu seiner Unterhaltung

Diamanten von unermeßlicher Größe machte"
/18/. Die allgemeine Meinung drückte wohl
DIEUDONNÉ THIEBAULT (1755 bis 1807)
aus /21/, der mehrere Jahre Lehrer an der
„Academie des Nobles" in Berlin gewesen war:
„Wie man sagte, besaß er das Geheimnis Gold zu
machen, ja sogar Diamanten!" Der dem Grafen
in mancher Beziehung geistesverwandte GIA-
COMO CASANOVA de SEINGALT (1725 bis
1798), der jenen wegen seines chemisch-techni-
schen Wissens bewunderte, kann nur von seiner
Fertigkeit berichten, Fehler von Diamanten zu
entfernen, und von seiner Kunst, Diamanten zu
schmelzen, doch äußerte er deutlich seine
Skepsis an diesen Künsten /19/. Daß es sich bei
den Diamanten SAINT-GERMAINs um richtige alchemistische Produkte handelt, weiß der
Hamburger Advokat JOSEPH PHILIPP
DRESSER (1754 bis 1785) zu berichten /20/ in
einem vom 25. Oktober 1778 aus Hamburg datierten Brief an den Ober-Appellationsrat Baron
UFFEL in Celle: „Im engsten Vertrauen hat er
einem Freund von mir gesagt, daß er gewisse
Tropfen besäße, wodurch er das alles, auch
‚transmutationem metallorum (Metallumwand-
lung) pp.‘ bewirke. In seiner Gegenwart hat er
einen kupferreichen Gulden durch einige
Tropfen in das feinste Silber, schlechtes Leder in
das beste englische Leder und böhmische Steine
in Diamanten verwandelt."

Über die Diamanten SAINT-GERMAINs gab
es indes auch kritische Stimmen. So berichtete
der Diplomat Baron KARL HEINRICH v.
GLEICHEN (1755 bis 1807): „Der Markgraf
(ALEXANDER von Bayreuth) behauptete, er
habe sich überzeugt, daß SAINT-GERMAINs
Edelsteine falsch wären: Es sei ihm gelungen,
durch einen Juwelier einen Diamanten heimlich
mit der Feile prüfen zu lassen, als der Stein der
im Bette liegenden Markgräfin (KAROLINE,
geborene Prinzessin von Sachsen-Coburg) gezeigt wurde; denn SAINT-GERMAIN paßte
scharf auf seine Steine auf und ließ sie nicht aus
den Augen" /24/. Weiter schrieb ein ANONY-
MUS /22/ über den Aufenthalt des Grafen in
Ansbach: „Natürlich mußten Äusserungen (des
Grafen) dieser Art (die mögliche Förderung des
Wohlstandes des Ländchens betreffend)
Aufmerksamkeit erregen, die bald aufs höchste

gespannt wurde, als er eine Menge sehr schöner
Steine vorzeigte, die man für Diamanten ansehen
konnte, und die, wenn sie echt waren, von unge-
heuerem Wert sein mußten."

Einige Seiten weiter zeigt der ANONYMUS die
SAINT-GERMAINschen Diamanten in einem
neuen Licht: „Die Steine ... waren zwar sehr
schön und würden vielleicht, unter echtem
Schmuck gefaßt, selbst das Auge eines Kenners
getäuscht haben, aber es waren keine Edelsteine.
Sie widerstanden der Feile nicht, und ebenso
wenig hatten sie das Gewicht echter Steine.
SAINT-GERMAIN hat sie nie als Brillanten
ausgegeben. Aber der Verfasser besitzt noch einen dieser Steine und ein Stück von der Masse,
aus der sie vermutlich verfertigt wurden."

Abschließend sei noch ein Schreiben des sächsi-
schen Kammerrats, Bankiers und Rosenkreuzers
DUBOSC an Prinz FRIEDRICH AUGUST
von Braunschweig (1740 bis 1805), datiert aus
Leipzig am 2. April 1777, angeführt /23/:
„Gestern war ich in einem Hause, wo ein Ring
gezeigt wurde, den er (SAINT-GERMAIN)
einem seiner hiesigen Beschützer geschenkt hatte. Es war ein ziemlich großer gelber Stein, der
Feuer besaß. Als er ihn verschenkte, betonte er,
daß es ein gelber Diamant sei und schätzte ihn
auf mindestens 1000 Thaler. Ein anwesender
Juwelier und großer Kenner prüfte den Ring und
sagte: ‚Ei gewiß, dieser Stein kann wohl acht
Groschen wert sein.‘ Das scheint mir ein recht
charakteristischer Zug von ihm."

Ein spätes alchemistisches Fälschungsrezept wird
in einer im Jahre 1738 erschienenen Schrift mit
dem Titel *Clavis artis* (Schlüssel zur Kunst) *des
berühmten Juden und Rabbi ZOROASTER, ...
ins Teutsche übersetzt von J.V.S.F.R.O.* /26/ angegeben:

*„Diamante zu machen. Nimm von deinen ausge-
brannten Kieseln 1 Loth und von seinem eigenen
Salz 1 Quent(chen)., reibe es untereinander, dann
laß 4 Tropfen von der Cramoisie rothen (feuerro-
ten) Tinktur darinn fallen in eine Glaß-Schaale,
wohl untereinander gerieben, hernach in einen
reinen Tiegel getan und einen anderen feste darauf
lutiret (verlehmt), hüte dich aber ja, daß nichts
hineinfalle, setze den Tiegel erstlich in eine Sand-*

Capelle (=Kammer) und gieb Feuer per gradus 24 (Stunden) lang, hernach laß das Feuer ausgehen und setz den Tiegel in einen Wind-Ofen, gieb im Anfang Feuer von oben und auf die letzt stark; NB. hiernechst decke einen Tiegel mit einem andern im Ofen zu, so zuvor auch glü(h)end gemacht, und laß denselben nach und nach kalt werden; wenn nun alles auf solche Art geschehen, so nimm den Tiegel heraus und schlag ihn in Stücken, so findest du einen schönen Diamant, der so hart wie der Orientalische ist, damit er nun seinen Glanz bekomme, so mußt du ihn schleiffen lassen, er wird ohngefehr von der Grösse 1/2 Wälsche Nuß und wird viele 1000. Thaler werth seyn."

Daß man alchemistischem Gedankengut selbst im 20. Jh. nicht abhold war - Jahrzehnte nachdem die Berichte über die „geglückten" Diamant-Synthesen eines HANNAY und MOISSAN noch nicht zur Ruhe gekommen waren - zeigt die Geschichte des Franzosen LEMOINE. Der Berichterstatter /32/ schrieb:

„This is a story jewel dealers love to tell. It is one of the references that always gets a smile in the trade, because it has to do with a diamond dealer, and diamond men like to recapitulate jokes on their competitors. In this case the victim was SIR JULIUS WERHER, a founder of the firm WERHER, BEIR & CO, which was one of the outstanding partnerships of old-time Kimberley. By 1905, when the LEMOINE fraud was first perpetuated, SIR JULIUS was one of the leading magnates on the financial scene. The world was still buzzing, if mildly, about HANNAY, MOISSAN, and other would-be alchemists. LEMOINE came to London from Paris and called on SIR JULIUS, who was paying an extended visit to England, and told him he had a new surefire method for making diamonds that would be indistinguishable from natural ones. He couldn't yet divulge the secret, of course, but he needed money to perfect the process, and if WERHER, BEIR would back him up the invention would be under their control as soon as it was ready to be put into operation. All LEMOINE wanted, he said, was a royalty on terms to be arranged. Of course, if WERHER, BEIR didn't see their way clear to backing him, some other firms doubtless would, but he was giving them first chance. SIR JULIUS listened with great interest, and it was not sheer greed that made him do so. He was a diamond mine owner, representing other owners, and he could see what might happen if somebody reproduced his mines product in a factory: the market would be ruined. If LEMOINE did indeed possess the secret of such process the obvious thing for SIR JULIUS was to acquire the exclusive rights in it. He therefore promised to finance LEMOINE if a demonstration should prove convincing to himself and several cronies he proposed to bring along as witnesses. LEMOINE agreed to give such a demonstration. Accordingly, SIR JULIUS and three associates met together in a laboratory in Paris, chosen and arranged in advance by LEMOINE, who then made his appearence in a way that might justly be called dramatic. He was stark naked. He had undressed, he explained, to reassure the gentlemen that he was up to skulduggery. It was a grotesque scene, with overtones of alchemy. The naked LEMOINE made up a mixture in a crucible he had ready and waiting, and put the concoction in an electrical furnace to cook. They all waited until the crucible had attained white heat, while LEMOINE explained that the ingredients were unknown to anybody but himself, and would remain so until SIR JULIUS, or somebody else, paid for the secret. Half an hour went by. Then he took a long-handled shovel and carefully removed the crucible from the heater. Another long period of waiting ensued, while things cooled off. At long last LEMOINE opened up the container, stirred around in the smoking, blackened mass, and started finding diamonds. One after another he lifted them out: real diamonds, small but of good colour and nicely crystalline. They looked for all the world like the South African gems that the watching gentlemen knew so well, and there were twenty-five of them. SIR JULIUS was much impressed, but he strove to maintain a properly sceptical attitude, especially as one of his companions, a Mr. FRANCIS OATES, was suspicious that a trick was being played on them. The gentlemen conferred, and asked LEMOINE if he could do it again then and there. Cheerfully he complied. The long process was repeated, and this time thirty stones were brought out of the ashes in the crucible. After that, however, M. LEMOINE seemed tired, and he grew

*cross when the gentlemen asked him to give a third
demonstration. Besides, he said, he simply wasn't
prepared to give a third demonstration that day,
and in saying this he was doubtless telling the
truth. Even now SIR JULIUS wasn't quite sure;
not with OATES at his elbow, sniffying for rats.
But he decided it was worth a try, anyway, and he
gave LEMOINE money to carry on with – quite
a lot of money, according to reports. For the next
three years the Frenchman sent word at intervals
as to how the research was going. He said he was
working hard, and successfully, and now and then
he sent over a sample diamonds to SIR JULIUS to
prove it. They were perfectly good diamonds,
according to experts they were indistinguishable
from those of the Jagersfontein mine in South
Africa, which is famous for the fine gems it produces. (Later, when the case came to court, it appeared that they had as a matter of fact come from
Jagersfontein. SIR JULIUS' lawyers dug up the
dealer who had sold them to LEMOINE, and he
appeared as a witness.) And so the months went by
until, in 1908, when LEMOINE had collected
sixty-four thousand pounds from WERNHER,
BEIR and was still asking for more and saying
his process wasn't quite ready, SIR JULIUS
grew suspicious enough to demand an inquire.
LEMOINE, summoned to appear at trial for
fraud, ran away. He was apprehended later, tried,
convicted, and sent to prison. The experience
saddened SIR JULIUS and discouraged all diamond magnates, for a long time, from investing in
diamond-making adventures." /32/.*

Literatur

/1/ Albertus Magnus, De Mineralibus et Rebus Metallicis
Libri V, Buch I, Köln 1569, S. 5/6. - /2/ E. Wiedemann,
J. Prakt. Chem. (2) 76 (1907) 105/23, 107. - /3/ E.O. v.
Lippmann, Entstehung und Ausbreitung der Alchemie,
Berlin 1919 (ND) Hildesheim-New York 1978 S. 419. -
/4/ Johannes Trithemius, Wunderbuch, Passau 1506,
Neudruck Stuttgart 1846, S. 293/4. - /5/ K. Hoheisel,
Christus und der philosophische Stein in: C. Meisel, Die
Alchemie in der europäischen Kultur- und
Wirtschaftsgeschichte, Wolfenbütteler Forschungen, Ld.
32, Wiesbaden 1960, S. 67/89, 68. - /6/ M. Letts,
Mandeville's Travels, Texts and Translations, Bd. 1,
London 1953, S. 114; vgl. LexMA VI, 188f. - /7/ K.
Arnold, Johannes Trithemius (1462-1516), Würzburg
1971, S. 185, 187, 252. - /8/ P. Lehmann, Die
Merkwürdigkeiten des Abtes Johannes Trithemius, Bayer.
Akad. Wiss., Phil.-Hist. Klasse, Sitz. Ber. 1961, Nr.. 2,
1/79. - /9/ P. Bonaventura Thommen, Die Prunkreden des
Abtes Johannes Trithemius, Sarnen 1934 (mit ausführ-
licher Bibliographie). - /10/ K. Goldhammer, Sudhoffs
Archiv 37 (1953) 234/45, 234. - /11/ Aureolus Philippus
Theophrastus Bombast v. Hohenheim Paracelsus,
Philosophia Theophrasti H.H.H. Liber IV, Tractatus IV.
De Lapidibus et Gemmis, Cap. XIV in: Opera, herausge-
geben von J. Huser, Bd. 2, Straßburg 1603, S. 62. - /12/
Aureolus Philippus Theophrastus Bombast v. Hohenheim
Paracelsus, De Modo Pharmacandi, Buch 1, Tractatus 1
in: Opera, hrsg. von J. Huser, Bd. 1, Straßburg 1603, S.
780. - /13/ J. Babinet, Rev. Deux Mondes 9 (1355) 318/23,
S22. - /14/ G. v. Welling, Opus Mago-Cabbalisticum et
Theosophicum, darinnen der Ursprung, Natur,
Eigenschaften und Gebrauch des Saltzes, Schwefel und
Mercurius beschrieben, Andere Auflage, Frankfurt-
Leipzig 1763, Anhang: Von verschiedenen raren chymi-
schen Manuscriptis III, Auszug aus dem Manuscript
Manna Coelesto, das himmliche Manna genannt,
S. 549/55, 532/3. - /15/ G.B. Volz, Der Graf von Saint-
Germain. Das Leben eines Alchemisten nach großenteils
unveröffentlichten Urkunden, deutsch von F . v. Oppeln-
Bronikowski, Dresden 1923, 19, 52. - /16/ H. J. Graf
Lamberg, Le Mémorial d' un Mondain, Bd. 1, Au Cap
Corse 1774, S. 80ff laut Lit. 15, S. 57. Über einen
Aufenthalt Saint Germains in Österreich liegt sonst keine
beglaubigte Nachricht vor! - /17/ Graf v. Mirabeau, De la
Monarchie Prussienne sous Frédéric le Grand, Bd. 5,
London 1788, S. 69 laut Lit. 15, S. 88. - /18/ Elisabeth v.
Ansbach-Bayreuth, Denkwürdigkeiten der Marktgräfin
von Ansbach, Ed. 2, Stuttgart-Tübingen 1826, S. 271, laut
Lit. 15, S. 89. - /19/ G. Casanova de Seingalt, Mémoires
Écrites par Lui même, Bd. 5, Paris 1852, S. 544ff laut Lit.
15, S. 123. - /20/ Dresser an Uffel, abgedruckt in: Latomia
(Leipzig) 51 (1908) 404 laut Lit. 15. - /21/ G. Thiebault,
Souvenirs de Vingt Ans de Séjour à Berlin, Bd. 5, Paris
1805, S. 96f laut Lit. 15, S. 339. - /22/ Anonym,
Aufschlüsse über den Wundermann Marquis Saint-
Germain und seinen Aufenthalt in Ansbach, von einem
Augenzeugen, Abdruck in: Vulpius, Curiositäten der Vor-
und Mitwelt, M.f, Bd. 8, S. 279f, laut Lit. 15, S. 300. - /23/
G.B. Volz (Lit. 15, S. 330). - /24/ G.E. Volz (Lit. 15,
S. 57). - /25/ M. Berthelot, La Chimie du Moyen Âge,
Bd. 1 Paris 1893, 279. - /26/ Anonym, Clavis Artis des
berühmten Juden und RABBI ZOROASTERS, Wie
solcher 1738. Von Anfang der Welt in Arabischer Sprache
aufgesetzt, 1236. nach Christi Geburth ins Teutsche
übersetzt von J.V.S.F.R.O., Jena 1738, S. 67f. - /27/ PS.-
Raymundus Lullus, De Compositione Gemmarum et
Lapidum pretiosorum Pars II, in: Libelli Aliquot Chemici,
Basel 1602 S. 298/319, 309; zu den Schriften der Trans-
mutationsalchemie im Ps.-Lullus-Corpus vgl. LexMA VI,
2-3. - /28/ L. Thorndike, A history of Magic and
Experimental Science, During the First Thirteen
Centuries of Our Era, Bd. 2, 5. Aufl. New York 1958. -
/29/ H. Oldenburg, Brief an R. Boyle vom 4. Juli 1666 in:
The Works of the Honourable Robert Boyle, A New
Edition, Bd. 6, London 1772, S. 187-9. - /30/ Im
Unterschied zum *Testamentum Raymundi* (26.4.1313) ist
das *Testamentum novissimum* apokryph (vgl. Dict. Théol.
Cath. IX 1, 1111). Symbolfiguren und Elementen-
kombination wurden später aus dem Denken Lulls für die
Alchemie in Dienst genommen; vgl. M. Pereira, The

Alchemical Corpus attributed to Raymond Lull, 1989.
Siehe O. Borrichius, Hermetis Aegyptiorum et
Chemicorum Sapientia ab Hermanni Conringii
Animadversationibus Vindicata, Buch 1, Kap. 3, XXX,
Hafniae 1674, S. 101. - /31/ E. O. v. Lippmann,
Entstehung und Ausbreitung der Alchemie, Berlin 1919,
S. 94/5. - /32/ E. Hahn, Diamond, New York 1956, S.
193/5.

FRANZ CARL ACHARDs
„DIAMANTMACHEREY"

Eine ganze Reihe von Mißverständnissen muß es
gewesen sein, die zu der Behauptung führten,
daß FRANZ CARL ACHARD (1753 bis 1821),
der technische Begründer der Rüben-
zuckerindustrie, Diamanten herzustellen versucht habe. Sie findet sich nur in JOHANN
CHRISTIAN WIEGLEBs weitverbreiteter und
angesehener *Geschichte des Wachsthums und der
Erfindungen in der Chemie der neueren Zeit* /1/.
Darin beschwert sich in einem Brief vom 7.
Januar 1792 der Professor der Medizin und
Physik in Kopenhagen, CHRISTIAN GOTT-
LIEB KRATZENSTEIN (1723 bis 1795), heftig
beim Verfasser über die harte Beurteilung seiner
angeblich unwissenschaflichen Ansicht („meine
bloße Historie der Wasserverwandlung [in
Kristall oder Kiesel]") und führt zum Vergleich
und als Gegensatz an: ,wie leicht und galant Sie
Herrn ACHARDs offenbar nach damaliger
Theorie erdichtete Diamantmacherey, wovon so-
gar Proben nach London geschickt worden, der
Apparat darzu in vielen Journalen in Kupfer ge-
stochen, und der Proceß mit vielen Kosten und
Unbequemlichkeit vergebens nachgemacht worden, behandelt haben ...'.

Gemeint ist damit das von WIEGLEB im
Bericht für das Jahr 1779 keineswegs freundlich
besprochene Buch ACHARDs *Bestimmung der
Bestandtheile einiger Edelgesteine* /2/, in dem
übrigens der Diamant weder untersucht noch
irgendwie erwähnt wird: „Herr (Direktor der
physikalischen Klasse der Berliner Akademie)
ACHARD behauptete, daß zufolge der erlangten
Kenntnis von den Bestandtheilen der Edelsteine
auch diese der Natur gleich, durch eine künstliche Kristallisationsanstalt (d.i. Kristal-
lisatisationsapparatur) hervorgebracht werden
könnten. Allein, so wenig dessen Analysen das

Gepräge der genauesten Untersuchung führen,
eben so und noch weniger hat die künstliche
Kristallisation zu Stande gebracht werden können." In der Zusammenstellung der Ereignisse
des folgenden Jahres 1780 weiß WIEGLEB zu
berichten:

*„Nachdem Herr ACHARD an verschiedene seiner
Korrespondenten Kristalle überschickt hatte /8/,
die durch seine künstliche Kristallisationsanstalt
entstanden seyn sollten, und unter andern auch
Herrn MAGELLAN (JOAO JACINTO de
MAGALHAENS, 1722 bis 1790, damals schon
in London lebend) einen solchen sehr harten, ganz
klaren und einem Bergkristall ähnlichen, neun bis
zehn Linien langen und zwey bis drey Linien
dicken Kristall, welcher vom Herrn ACHARD
bereitet worden wäre, der Köngl. Akademie der
Wissenschaften zu Paris vorzeigte, so wurde diese
durch die Wichtigkeit solcher Entdeckung veranlaßt, einigen von ihren Gliedern die Nachahmung
derselben aufzutragen; aber aus deren Bericht, unter dem 22sten Januar 1780, ergiebt sich, daß sie
kein Zeichen von Kristallen haben bemerken können, onerachtet dreyzehn Monate Zeit darauf
verwendet worden. Eben dergleichen Versuche
wurden auch noch in derselben Zeit von mehrern
Personen in Paris und in Dijon von Herrn
TARTALIN, ebenfalls ohne glücklichen Erfolg
angestellet."* /3/.

Während Berichte über die Versuche des Dijoner
Gelehrten nicht aufgefunden werden konnten,
dürften die Namen der nacharbeitenden Pariser
Gelehrten von J. G. LEONHARDI /4/ in einem
Bericht über ACHARDs Verfahren in einer
Fußnote zum Stichwort „Krystalle" - nicht
„Diamant"! - genannt und zugleich und auch
ACHARDs Entgegnung dazu bekanntgegeben
worden sein, man habe viel zu wenig Zeit bei den
Versuchen aufgewendet. LEONHARDI hat
richtig erkannt, um was es ACHARD /2/ wirk-
lich ging:

*„Es folget aus denen Arbeiten über die zuvor ge-
nannten Edelgesteine, daß sie meistens aus alkalischen Erden, die man gar nicht darin anzutreffen
geglaubt hatte, bestehen. ... Eine jede
Christallisation erfordert nothwendig eine zuvor
gegangene Auflösung; wir kennen aber keine
Auflösungsmittel der Kieselerde. In der Natur*

hingegen finden wir sehr viele Auflösungsmittel der alcalischen Erden, damit aber die Christallen, wie solches bei den Edelgesteinen statt findet, unauflösbar sind, so ist es nothwendig, daß das Auflösungsmittel in dem Augenblick, in dem die Christallisation geschiehet, die aufgelöste Substanz verlasse. Die fixe Luft (CO₂) ist das einzige Auflösungsmittel in der Natur, bey welches diese Bedingung statt finden kann. Ich stellete mir also die Sache folgender Gestalt vor: Das mit fixer Luft geschwängerte Wasser, welches wir so häufig in der Natur antreffen, löset die alkalischen Erden auf, aus welchen die Edelgesteine bestehen. Wenn sich diese Auflösung durch Erdlaugen filtrirt, und sich endlich tropfenweiße anhänget, so entbindet sich die fixe Luft und die Erdtheile, die bloß durch sie im Wasser aufgelöst waren, vereinigen sich und bilden Christallen.“

Es mag noch angefügt werden, daß die Apparatur zur Nachahmung des natürlichen Vorgangs mit fixer Luft unter hohem Druck arbeiten sollte. Nach der Beschreibung der Apparatur sagte er: „Wenn ich blos reine Kalkerde zu dem Wasser in der Röhre that, so erhielt ich am geschwindesten Christallen, die weiß und von einer nur sehr geringen Härte waren, that ich aber zu wenig Kalkerde und viel Alaunerde ins Wasser, so erhielt ich kleine weiße durchsichtige und sehr harte Christallen, that ich zur Alaun- und Kalkerde noch Eisenerde, so erhielt ich Christallen, welche die Farbe des Rubins hatten. Auf diese Art hatte ich das Glück, die Mittel zu errathen, deren sich die Natur zur Erzeugung der Edelgesteine bedienet, und ihr mit einem erwünschten Erfolg nachzuarbeiten.“

Diese Absicht ACHARDs ist von K. G. W. KASTNER im Jahre 1829 deutlich in einer „Zusammenstellung älterer Versuche zur Darstellung des Diamants“ herausgestellt und wohl im Hinblick auf die Verdächtigung der „Diamantmacherey“ folgendermaßen charakterisiert worden /5/: „ ... ACHARD's Versuche mittels der Kohlensäure Edelsteine zu erzeugen, nicht durch Entfernung ihres Sauerstoff's (wie z.B. in lebenden Pflanzen durch den Einfluß des Lichtes, und wie vielleicht auch in tropischen Gewächsen der Vorzeit, bis zur krystallinischen Ausscheidung des Diamant) ... sondern indem er

dieselbe angeblich als Auflösungsmittel erdiger Gemische benutzte ...“ Diese Bemerkung wurde wörtlich übernommen von TH. SCHREGER, Chemieprofessor in Wittenberg für seinen Artikel „Diamant“ /6/ in der großen *Allgemeinen Encyklopädie der Wissenschaften und Künste.* Es mag noch erwähnt werden, daß der oben *(vgl. S. 125)* genannte Apotheker J. C. WIEGLEB sich sofort nach dem Erscheinen des ACHARDschen Buches kritisch über diese Methode geäußert, /7/ und vorgeschlagen hat, als Lösungsmittel Flußspatsäure mit ihr auszuprobieren.

BERGMANS EDELERDE

Die ACHARDsche „Diamantmacherey“, bei der „Erden“ eine Rolle spielen können sollten, würde unverständlich bleiben, erinnerte man nicht daran, daß im Jahre 1777 der Schwede TORBEN BERGMAN (1735 bis 1784), der berühmteste Chemiker und Mineraloge seiner Zeit, in einer Abhandlung *De Terra Gemmarum* („Über die Erde der Edelsteine“) auch den Diamanten in einem eigenen Paragraphen behandelt hat /9/, dessen hier interessierender Inhalt unter dem Stichwort „Edelerde, Terra Nobilis, Terre de Diamant“ in einem damals weitverbreiteten *Chymischen Wörterbuch* so wiedergegeben wird /10/:

„Mit dem Namen Edelerde belegte Herr BERGMAN diejenige Erde, die den Grundstoff einiger Edelsteine, und vorzüglich des Diamantes, ausmacht. Gemeiniglich sieht man dieselbe für eine Kieselerde an, weil diese Steine mit dem Stahle Feuer geben, bey einem leichten Reiben elektrische Eigenschaften äußern, dem Glase im äußern Ansehen gleichen und mit einer ausreichenden Menge Alkali geschmolzen, eben eine solche Kieselflüssigkeit liefern sollen, wie die Kiesel-, Quarz- und Sandsteine. Allein Herr BERGMAN, welcher fand, daß die Kieselerde sich noch in der Flußspathsäure auflösen läßt, vor dem Löthrohre mit dem mineralischen Alkali unter heftigem Aufbrausen zu einem durchsichtigen Glase zusammenfließt, und sich von Borax und der Phosphorsäure nur langsam, von letzterer sogar nur in sehr geringer Menge auflösen läßt, hingegen aber wahrnahm, daß die Erde des Diamanten

in jeder Säure auf dem nassen Wege unauflöslich sey, daß sie sich in Borax und Phosphorsäure sehr gut auflösete, hingegen aber mit mineralischen Alkali weder aufbrausete, noch eine Vereinigung und Auflösung einging, daß sie endlich im offenen Feuer sich verflüchtigen oder verbrennen lasse, trennte dieselbe aus diesem Grunde von der Kieselerde und erhob sie zu der Würde einer eigenen Erde. Die verschiedene Menge Eisenerde, welche mit selbiger vermischt ist, ist der Grund von mancherlei Farben derselben. In neueren Schriften hat BERGMAN diese Erde selbst nicht weiter erwähnt."

Das Gewicht der Aussagen des schwedischen Chemikers war bei seinen Zeitgenossen so bedeutend, daß die Edelerde überall als selbständiger Stoff anerkannt wurde, z. B. auch von C. E. WEIGEL in seinen Anmerkungen zur Übersetzung des Lehrbuchs eines anderen, ebenso berühmten schwedischen Chemikers in Uppsala, JOHAN GOTTSCHALK WALLERIUS (1708 bis 1785), wo er die Edelerde als eine neue, sechste „Grunderde" aufzählte und ihre Existenz mit BERGMANs Angaben begründete /11/. Doch erhoben sich auch Zweifel. So bei CARL WILHELM SCHEELE (1741 bis 1785), der in einem vom 20. November 1779 datierten Brief an den Entdecker des Mangans JOHAN GOTT-LIEB GAHN (1745 bis 1818) folgendes schrieb: „Es wird Ihnen bekannt sein, daß ein Chemist in Berlin (gemeint ist F. C. ACHARD) Edelsteine machen kann, nicht mit des KUNKELs Höllenfeuer, sondern mit der Luftsäure (CO_2). Saphir, Rubin, Granat, Smaragd, Hyazinth und Chrysopras bestehen beinahe aus Kiesel-, Kalk- oder Alaunerde; zuweilen mit etwas Eisen, Magnesia officinalis und Kupfer. Ich habe dieses aus einem Brief aus Hannover. Wo bleibt da Herrn Prof. BERGMANs Edelerde?" In einem Postskriptum fügte er hinzu: „Was wollen wir nun mehr, wir können ja Donner, Blitz und Edelsteine machen." Sieben Tage später berichtete er fast in gleichen Worten an BERGMAN, fügte noch Analysendaten einiger Edelsteine bei, erwähnte aber weder seine Quelle noch die Edelerde /12/.

J. C. WIEGLEB wies in seiner *Geschichte des Wachstums der Erfindungen in der Chemie in der neueren Zeit* auf die Vorsicht hin /13/, mit der

BERGMAN sich über die Edelerde ausgesprochen hatte: „ ... er glaubte aber doch, daß ihre Natur erst noch durch genauere Versuche bestimmt werden müsse." Tatsächlich war T. BERGMAN recht zurückhaltend gewesen bei seinen Äußerungen über die Edelerde; so hat er in seiner *Anleitung zum Gebrauch des Lötrohres in der Mineralanalyse,* die er im gleichen Jahre, in dem die ersterwähnte Abhandlung verfaßt worden ist, an den Mineralogen IGNAZ v. BORN nach Wien sandte (sie wurde aber erst zwei Jahre später gedruckt) /14/, nur geschrieben: „Ob im Diamant eine andere, unterschiedene (Erde) vorhanden ist, bleibt noch offen."

Zweifel an der Existenz einer Edelerde lassen sich auch aus einer Anmerkung entnehmen, die der französische Chemiker LOUIS BERNARD GUYTON de MORVEAU (1737 bis 1816) seiner Übersetzung der BERGMANschen Werke ins Französische zufügte. Er berichtete davon, daß ihm die Diamantverbrennung in der Akademie von Dijon nur mittels einer Salpeterschmelze gelungen war, und daß er dabei „irgend einen Grundstoff, entweder erdig oder viel eher von saurer Art, aber sehr wenig" erhalten habe /15/.

Seine Feststellung aber, daß dabei die Tiegelwände angegriffen worden waren, und sein Wunsch, den Versuch wiederholen zu können „mit vollkommen reinem Salpeter und in einem Goldtiegel" zeigen, was er über die Herkunft des Grundstoffes vermutete. Doch abschließend schrieb er: „Aber ich bin gezwungen zu sagen, daß ich die Ausführung dieses Experiments denen überlasse, die besser mit diesen kostbaren Dingen versorgt sind als ich."

Die bereits zitierte Bemerkung, daß T. BERGMAN später nicht mehr auf die Edelerde eingegangen sei, trifft zu: In einer in seinem Todesjahr erschienenen Veröffentlichung: *Meditationes de Systemate Fossilium Naturali* („Betrachtungen über ein natürliches System der Mineralien") schrieb er über den Diamanten /16/ nur: „Von einem genügenden Feuer wird er vollständig verzehrt und zwar mit einer flammenähnlichen Feuererscheinung, im Glasmacherofen gibt er Anzeichen von Ruß (gemeint ist: Graphit-Bildung)."

Literatur

/1/ J.C. Wiegleb, Nachtrag zum zweiten Band der Geschichte des Wachsthums und der Erfindungen in der Chemie in der neueren Zeit, Berlin-Stettin 1791, S. 11/2. - /2/ F.C. Achard, Bestimmung der Bestandtheile einiger Edelgesteine, Berlin 1779, S. 1/128, 122/3. - /3/ J.C. Wiegleb, Geschichte des Wachsthums und der Erfindungen in der Chemie in der neueren Zeit, Bd. 2, Berlin-Stettin 1791, S. 230, 243/4. - /4/ J.G. Leonhardi in: P.J. Macquer, Chymisches Wörterbuch, deutsch von J.G. Leonhardi, 2. Aufl., Bd. 3, Leipzig 1789, S. 681/3, Fußnote p. - /5/ K.G.W. Kastner, Arch. Gesammte Naturlehre 16 (1829) 154/64, 154 Fußnote. - /6/ Th. Schreger in: J.S. Ersch, J.G. Gruber, Allgemeine Encyklopädie der Wissenschaften und Künste, Erste Section, Bd. 24, Leipzig 1833, S. 455/61, 460. - /7/ J.C. Wiegleb, Neueste Entdeckungen Chemie Crell 1 (1781) 249/50. - /8/ Um welche Korrespondenten und welche Kristallarten es sich bei den Sendungen unbekannter Anzahl handelte, ist nicht mehr feststellbar, da nach R.E. Grotkaß „Achards Korrespondenz in den Freiheitskriegen gelegentlich einer Einquartierung von Russen in seinen Wohnsitz in Kunern (Schlesien) in Verlust geraten ist". Vgl. R.E. Grotkaß, F.C. Achards Beziehungen zum Ausland, Seine Anhänger und Gegner in: Centralblatt für die Zuckerind. 1929, 585/93, 585. - /9/ T. Bergman, Disquisitio de Terra Gemmarum, Nova Acta Upsal. 3 (1777) in: Opuscula Physica et Chemica, Bd. 2, Uppsala 1790, S. 22/117, 112/7. - /10/ J.P. Macquer, Chymisches Wörterbuch, deutsch von J.G. Leonhardi, 2. Aufl., Bd. 2, Leipzig 1788, S. 79/80. - /11/ C.E. Weigel in: J.G. Wallerius, Der Physischen Chemie Erster Theil, deutsch von C.A.Mangold, 2. Aufl. mit Anmerkungen von C.E. Weigel, Leipzig 1780, S. 487/8 Anmerkung 324. - /12/ A.E. Nordenskiöld, Carl Wilhelm Scheele, Efterlemnade bref och anteckningar, Stockholm 1892, S. 205, 291. - /13/ J.C. Wiegleb, Geschichte des Wachsthums und der Erfindungen in der Chemie in der neueren Zeit, Bd. 2, Berlin-Stettin 1791, S. 222/3. - /14/ T. Bergman, De Tubo Ferruminario ejusdemque Usu in Explorandis Corporibus praesertim Mineralibus (1777) in: Opuscula Physica et Chemica, Bd. 2, Uppsala 1780, S. 455/506, 471/2. - /15/ L.B. Guyton de Morveau in: T. Bergman, Opuscules Chimiques et Physiques, traduit par M. de Morveau, Bd. 2, Dijon 1785, S. 124 Fußnote. - 16/ T. Bergman, Meditationes de Systemate Fossilium Naturali (1784) in: Opuscula Physica et Chemica, Bd. 4, hrsg. vom E.G.B. Hebenstreit, Leipzig 1787, S. 180/278, 217.

Der Legendenkranz um den

Diamanten

Fundort-Legenden

Es kann nicht verwundern, wenn über den stets recht seltenen, meist recht kleinen, aber sehr teuren, und im ungeschliffenen Zustand unscheinbaren, von allerlei seltsamen Wundermären begleiteten Edelstein auch manch seltsame Kunde über seinen Fundort und seine abenteuerliche Gewinnung kolportiert worden ist, deren Ursprung, von der Fabulierkunst von Reisenden und Kaufleuten ganz abgesehen, vielleicht auch im Wunsch nach einer besonderen Wertsteigerung dieses Handelsgutes lag.

Im Altertum

Die antike Welt wußte recht gut, daß der Diamant aus Indien komme, hatte doch schon ihr erster Geschichtsschreiber HERODOT von Halikarnass (5. Jh. v. Chr.) die allgemeine Ansicht verbreitet /1/: „Die äußersten Länder der Erde besitzen die kostbarsten Dinge." So sah PLINIUS diese Aussage bestätigt, in dem er nicht nur Indien, sondern auch das ferne Arabien für die Herkunft des Steines benannte. Überraschendes, bisher Unerhörtes trat dann in der Spätantike in der anonym überlieferten, in viele Sprachen übersetzten Schrift *Physiologus* zu diesem Wissen als Bedingung hinzu: „ ... er werde gefunden im Morgenland; nicht gefunden wird er aber am Tage, sondern in der Nacht" /2;3/. Hier wurde über den Diamanten gesagt, was EPIPHANIUS (4. Jh.), Bischof von Salamis auf Zypern, in seinen Schriften vom Edelstein Hyazinth aussagte /4/.

Im Mittelalter und bei den Arabern

In den mittelalterlichen Schriften sind, wie alles andere über den Diamant, auch seine Herkunftsländer übernommen worden; diese Angaben sind im Laufe der Zeit vielfach ergänzt worden durch wenig Wahres und viel Märchenhaftes aus Reiseberichten wahrer und angeblicher Orientreisender. Der wirklich weitgereiste Venetianer MARCO POLO (1254 bis 1324) schilderte - zwar nur nach dem Hörensagen - recht realistisch das Suchen nach dem Diamanten im Flußsand indischer Ströme, die allerdings durch das Auftreten von Giftschlangen sehr gefährlich seien /5/, bringt aber dann die im arabischen Kulturraum am weitesten verbreitete Mär über die Herkunft des Diamanten, wie sie sich bereits im Geschichten-Zyklus der *Märchen aus 1001 Nacht*, genauer, in der zweiten Reise SINDBAD des SEEFAHRERS /6/ nach Malakka findet: Nachdem der Vogel Ruch (Rock) SINDBAD von einer Insel, an der er gestrandet war, weggetragen und auf einem hohen Berg abgesetzt hatte, kann der Abenteurer weiter berichten:

„ ... dennoch faßte ich mir ein Herz und ging in jenes Tal und fand, daß der Boden ganz mit Diamanten bedeckt war; das ist der Stein, mit dem man Erze und Edelsteine, Porzellan und Onyx durchbohren kann, ein harter und spröder Stein, auf dem weder Eisen noch Felsgestein einen Eindruck hinterläßt und von dem niemand etwas abschneiden noch abbrechen kann, es sei denn mit Hilfe des Bleisteins. ... Und wie ich im Tal so weiter ging, fiel plötzlich ein großes geschlachtetes Tier vor mir nieder, ohne daß ich einen Menschen gesehen hatte. Darüber war ich erstaunt und nun erinnerte ich mich an eine Geschichte, die ich früher einmal von den Kaufleuten und Reisenden und Pilgern gehört hatte, daß nämlich das Diamantengebirge voll fürchterlicher Schrecken wäre und niemand dorthin gehen könne; daß aber die Kaufleute, die mit Diamanten Handel treiben, ein Mittel hätten, um sie zu erhalten; und zwar nähmen sie ein Schaf, schlachteten es und häuteten es ab und zerlegten es, dann würfen sie die Stücke

von dem Berg dort ins Tal hinab, und weil das Fleisch noch frisch wäre, so blieben manche von den Steinen daran kleben, sie ließen es bis zum Mittag dort liegen, und dann kämen die Raubvögel, Adler und Geier, zu den Fleischstücken, packten sie mit den Krallen und flögen auf den Gipfel des Berges; darauf liefen die Kaufleute mit lautem Geschrei herbei, die Vögel flögen von den Fleischstücken fort, und so könnten die Männer näher herankommen und die Steine, die an dem Fleisch klebten, abnehmen. Dann pflegten sie das Fleisch den Raubvögeln und wilden Tieren zu überlassen und ihre Diamanten mit nach Hause zu nehmen. Niemand aber könne an die Diamanten anders als durch diese List herankommen."

Die Reisen SINDBADs sollen zur Zeit des Kalifen HARŪN AL-RAŠĪD (766 bis 809) stattgefunden haben, doch werden die in diesem Reisebericht angeführten wirklich existierenden Orte frühestens von mohammedanischen Reisenden des 9. Jh. erst erwähnt. Möglicherweise geht diese arabische Odyssee zurück auf eine Sammlung von Seemannsgeschichten, die ein persischer Kapitän in der ersten Hälfte des 10. Jh. unter dem Titel *Buch der Wunder Indiens* zusammenstellte und im 11. oder 12. Jh. in einen Seefahrer-Roman umgestaltet hat, in den verwandte Stoffe - vielleicht auch der arabische *Alexander-Roman* /26/ - eingearbeitet wurde /7/. Diese Annahme wird bestätigt durch die Angaben im *Steinbuch* des als Kosmographie des AL-QAZWĪNĪ bezeichneten Sammelwerks /10/. Über das Vorkommen des Diamanten liest man dort, wobei angeblich das *Steinbuch des Aristoteles* zitiert wird:

"Zu dem Ort, wo der Stein sich findet, gelangte noch kein Mensch außer ALEXANDER. Es ist ein Thal, das mit dem Lande Hind in Verbindung steht; der Blick dringt nicht bis zu seiner tiefsten Stelle vor; es befinden sich Schlangenarten darin, dergleichen niemand noch gesehen hat, und es sah sie niemand, ohne daß er starb. Aber diese Wirkung hält nur so lang an, als ihr Leben dauert, und wenn sie tot sind, vergeht ihre Eigentümlichkeit. Es herrscht dort ein Sommer von sechs Monaten und ein ebenso langer Winter. ALEXANDER gebot nun, eiserne Spiegel zu nehmen und sie an der Seite, wo die Schlangen sich aufhielten, anzubringen. Als die Schlangen sich näherten, fiel ihr Blick auf ihre Gestalt im Spiegel und sie starben davon. ALEXANDER wollte hierauf den Diamant aus diesem Thale herausholen, aber niemand wollte den Anfang machen, in das Thal hinabzusteigen. Da nahm er seine Zuflucht zu den Gelehrten, und diese hießen ihn ein Stück Fleisch in das Thal hinabzuwerfen. Er that es, und der Diamant blieb an dem Fleisch hängen; hierauf kamen die Vögel vom Himmel, nahmen von diesem Fleisch und brachten es aus dem Thal heraus. ALEXANDER befahl hierauf seinen Leuten, den Vögeln zu folgen und aufzulesen, was vom Fleisch herabfiel." Später erweitert das Steinbuch: *"Ein anderer sagt: ... Seine Gruben sind in den Gebirgen von Serendib* (das ist Ceylon, heute Sri Lanka, wo es keine Diamanten gibt!) *in einem Thal von großer Tiefe, in dem sich tödliche Schlangen befinden. Will man den Diamant aus ihm herausholen, so wirft man Fleisch hinein, so daß die Geier sich darauf stürzen und es an den Rand des Thales heraufbringen; man findet dann vom Diamant, was am Fleisch hängen geblieben ist, in der Größe einer Linse oder Erbse; die größten Stücke, die gefunden werden, erreichen die Größe einer halben Bohne. Die Könige benutzen dieselben als Schmucksteine, auch werden die Edelsteine damit durchbohrt. Man sagt, im Thale befinden sich große Stücke, nur daß man aus Furcht vor den Schlangen nicht dahin gelangen kann."*

Nach B. LAUFER /8/ wird die Geschichte zum ersten Mal im *Alexander-Roman* des persischen Dichters NAZAMI (1141 bis 1203) erzählt. Wenn also S. TOLAMSKY erstmals im Jahre 1931 /11/ und später wieder in seinem Buch /12/ behauptet, die Legende gehe auf des PLINIUS Bericht über den Diamanten zurück, so beweist er nur, daß er PLINIUS nie selbst gelesen hat; dies gilt auch für D. E. KOSKOFF /13/, der fünfzig Jahre später die falsche Behauptung wiederholt. Eher schon könnte die Mär von den eine Kostbarkeit schützenden Schlangen auf eine antike Quelle zurückgehen, nämlich auf HERODOT /14/, der sie allerdings nicht vom Diamanten, den er ja gar nicht kannte, erzählt, sondern von dem köstlichen Gewürz Zimt! Da HERODOT /15/ auch „weiß", daß die Weihrauchbäume von fliegenden Schlangen, und das indische Gold durch fuchsgroße Ameisen bewacht werden /16/, ist deutlich, welchen wertsteigernden Sinn solche Geschichten gehabt haben dürften!

Erst in der Spätantike wird diese Geschichte auf Edelsteine übertragen /1/. Der Bischof EPIPHANIUS von Salamis auf Zypern (4. Jh.) berichtet sie nicht vom Diamanten, sondern von dem Stein Hyazinth. Sie spielt sich auch nicht in Indien ab, sondern „in der Wüste von Groß-Skythien". Interessanterweise werden hier dem Hyazinth medizinische Eigenschaften zugeschrieben, die sonst zum Diamanten gehören.

MARCO POLO /5/ schließt nun seinen oben *(vgl. S. 81)* wiedergegebenen Bericht, dessen Herkunft aufzuschließen versucht wurde, anders als alle anderen Autoren, aber sehr realistisch denkend, folgendermaßen ab: „Die Einheimischen beschaffen sich Diamanten auch wie folgt: Ein Adler, der einen Fleischhappen frißt, verschlingt eigentlich Diamanten. Nachts sucht der Adler den Horst auf, dort hinterläßt er seinen Kot, der voller Diamanten ist. Die Männer klettern zum Horst und holen den Kot, der voller Diamanten ist." Ein anderer Orientreisender, NICCOLO di CONTI, der seinen Bericht im Jahre 1444 diktierte, läßt die Bewohner Indiens zum Werfen der Fleischstücke sich sogar spezieller Maschinen bedienen /18/.

Wie weit die Geschichte vom Schutz des Diamanten durch Schlangen im Orient verbreitet war, zeigt die Tatsache, daß sie, wenn auch verkürzt und nur allgemein von Edelsteinen redend, in einem berühmten chinesischen, von CHANG YÜE (667 bis 730) verfaßten Werk zu finden ist /8/. In der arabischen Welt wirkte sich die Mär von der Bewachung der Diamanten durch giftige Schlangen dahin aus, daß gewarnt wurde, den Stein in den Mund zu nehmen, weil daran hängender „Speichel der Schlangen" tödlich wirke; gegen diese Behauptung wandte sich aber schon IBN SĪNĀ (AVICENNA, 980 bis 1037), dem bekannt war, daß ausgeflossenens Schlangengift nach einiger Zeit seine Wirkung verliert /19/.

Andere Märchen tischte JOHN MANDEVILLE im Jahre 1355 in seinem fingierten *Reisebericht*

durch das Gelobte Land, Indien und China seinen Lesern auf /20/. Nach ihm wachsen Diamanten in Indien auf Bergkristallfelsen, die wegen der schrecklichen Kälte in diesem Landesteil aus dem gefrorenem Wasser entstanden sind, sie wachsen auch auf dem Magnetstein-Felsen im Meer und auch auf den Bergen.

Zu Beginn der Neuzeit

Zu Beginn der Neuzeit gab eine eigenartige Mischung dieser Mären der sonst recht skeptische Arzt IULIUS CAESAR SCALIGER (1484 bis 1558) /21/ weiter und glaubte dabei das Schlangental in Indien richtig lokalisieren zu können. Die Schlangental-Legende verschwand dann aus der Literatur, sie fand aber im deutschen Sprachraum ihre letzte Verherrlichung durch AUGUST Graf von PLATEN (1796 bis 1835), der sie im Jahre 1835 in sein Versepos *Die Abbasiden* einarbeitete /22/. Erstaunliches an Übertreibung des Tatsächlichen brachte das Zeitalter des Barock hervor. R. de BERQUEN /25/ schrieb im Jahre 1661: „Dieser Edelstein kommt an mehreren Orten der Welt vor. In ganz Ostindien, hauptsächlich in Bisnager, das dort eine der angesehendsten Provinzen ist. In Decam, das dort eine andere ist. In Malaca, auf einem Berg nahe dem Meer Tanian. In Arabien, Zypern, Mazedonien. Im Lande Mogor, und in so vielen anderen Gegenden, daß es niemals gelingen würde, wollte man sie alle aufzählen." Daß aber noch im 20. Jh. Fund- und Entstehungslegenden über den Diamanten zur Erhöhung des Nimbus des Steines kolportiert werden, berichtete im Jahre 1976 S. LANGE-MECHLEN /23/. Ihr habe ein gewisser MAURICE, aus einer der größten Schleifereien in Antwerpen eine (angeblich) alte chinesische Diamant-Legende erzählt:

„Es waren einmal fünf gewaltige Berge, die dreißigtausend Li in der Höhe wie auch im Umfang maßen. Ihre Gipfel bildeten Hochplateaus aus, die sich über neuntausend Li erstreckten. Obwohl diese Berge siebzigtausend Li voneinander entfernt lagen, galten sie als unmittelbar benachbart. Ihre Gipfel trugen Zinnen und Türme aus Gold und Jade. Alle Vögel und Tiere dort waren schneeweiß. Perlen- und Diamantenbäume wuchsen in großer Zahl und brachten herrliche Blüten und Früchte

*von wahrhaft erlesenem Geschmack hervor; wer
sie aß, war gegen Alter und Tod gefeit. Deshalb
waren alle Menschen, die dort lebten, unsterbliche
Weise. Innerhalb eines Tages oder einer Nacht
pflegten sie von einem Berg zum anderen zu fliegen; es waren deren so viele, daß man sie nicht
zählen konnte. So steht es in dem Buche des LIEH
TSE zu lesen, eines taoistischen Philosophen, der
sich durch ,Reiten im Winde' fortbewegte und
irgendwann zwischen dem 3. und 6. Jahrhundert
v. Chr. gelebt haben soll. Daß die Dinge, die er
schilderte, wahr sein müssen, obgleich sie der fernsten Vergangenheit angehören, leuchtet ein, denn
schließlich waren sie für ihn nicht weiter entrückt,
als wir es seiner Zeit sind. Diese fünf Berge
schwammen mit ihrem Fuße auf dem Wasser und
bewegten sich daher beständig mit den Gezeiten
und Wellen auf und ab. Die Unsterblichen be-
schwerten sich über die Belästigung durch diese
ständige Unruhe, und das Höchste Wesen bekam
Angst, daß die Berge zum fernen Westen davon-
treiben und die Wohnungen der von ihm so sehr
geliebten Weisen somit von ihm fortgetragen würden.*

*Deshalb ließ das Höchste Wesen von YU TSCHI-
ANG fünfzehn Riesenschildkröten anfertigen, die
die fünf Berge auf ihren emporgereckten Köpfen zu
tragen hatten, wobei sie sich im Dreierturnus alle
sechzigtausend Jahre ablösten. Nun standen die
Berge fest verankert, und die Unsterblichen waren
glücklich, freuten sich ihrer schönen Steine und er-
dachten weise Dinge über sie. Da aber kam ein
Riese, der im Königreich Lungpoo wohnte, mit ein
paar großen Schritten auf die Berge zu. Mit einem
Schlag erbeutete er sechs Schildkröten und trug sie
in großer Eile auf dem Rücken in sein Land.
Natürlich war es ein einfältiger Riese, der sich die
Zukunft weissagen lassen wollte, und so verbrannte er die Knochen der Schildkröten. Denn es
ist ja allgemein bekannt, daß verbrannte Knochen
dem des Chinesischen Kundigen allerhand zu offenbaren vermögen. Als nun die Berge nicht mehr
verankert waren, trieben sie zum fernen Norden,
wo sie im Meer versanken. Das Höchste Wesen
war sehr, sehr betrübt über den Verlust seiner unsterblichen Weisen, und da auch die herrlichen
Perlen- und Diamantenbäume verschwunden
waren, konnte niemand mehr auf Unsterblichkeit
hoffen. Dennoch erschien die Erlangung von*

*Weisheit nicht ganz ausgeschlossen. Das Höchste
Wesen verwandelte die Riesen des Königreiches
Lungpoo in Zwerge. Wie kann man auf der Welt
wissen, ob solche Dinge nicht doch einmal geschehen sind? Der große YU erlebte sie auf seinen
Reisen. PO YI wußte davon und gab ihnen
Namen. Was immer andere sagen mögen, dies war
das erste Vorkommen von Diamanten auf der
Erde. Die Weisen erhielten sie geschenkt, auf daß
sie ihre Weisheit auf alle Zeit nutzen sollten. Doch
der alte LIEH TSE, der vor allem Philosoph war,
wollte damit zeigen, daß alles auf der Welt sehr relativ ist. Wer vermag schon Gewißheit zu haben
über Größe und Zeit? Und daher könnte man sich
also beim Betrachten der Kalette eines Diamanten
vorstellen, dies sei das Hochplateau eines der verlorenen Berge, wo viele unsterbliche Weise weiter-
leben und köstliche Früchte essen, auf ewig gegen
Alter und Tod gefeit." /23/.*

Eine Interpretation dieser Fabel wagten erst moderne Psychologen /24/, die sie als eine wunder-
liche Abwandlung des Themas der Fleischwer-
dung zum Zweck der Erlösung betrachtet wissen
wollen und den Diamanten in seiner Härte als
den höchsten Vertreter des fleischlichen Prinzips
in seinem unverderblichen Zustand und als eines
der Symbole des Selbst betrachten.

Literatur

/1/ Herodotus, Historiae Buch 3, 105, griechisch und
deutsch von J. Feix, München 1963, S. 456/7. - /2/
Physiologus, Kap. 32, hrsg. von O. Seel, Zürich-Stuttgat
1960, S. 28/30. - /3/ J.R. Partington, A history of
Chemistry, Vol. 1, Part 1, London 1970, p. 248/9. - /4/
Epiphanius, Libri de XII Gemmis in: Opera, Bd.4, Tl. 1,
hrsg. von G. Dindorf, Leipzig 1862, S. 231/3. - /5/ Marco
Polo, Il Milione, Die Wunder der Welt, deutsch von
E. Guignard, Zürich 1983, S. 323/5. - /6/ E. Littmann,
Die Geschichte von Sindbad, dem Seefahrer, 2. Aufl.,
Frankfurt am Main 1977, S. 27/39, 32/6. - /7/
M. Walkenaar, Ann. des Voyages 1832, I, 5/26. - /8/ Nach
B. LAUFER wird in dem genannten Buch /9/ die Dia-
mantental-Geschichte zum ersten Male erzählt, wobei das
Tal nach Kaschmir verlegt und außerdem durch ein sonst
nirgendwo erwähntes ewiges Feuer geschützt wird. Vgl.
B. Laufer, The Diamond, A Study in Chinese and
Hellenistic Folklore, Fields Museum of National History
Publ. 184, Anthropol. Ser, Vol. 15 (1915) Nr. 1, 1/75, 6
Fußnote 7; 10/2. - /9/ P.A. van der Lith, L.M. Devic, Livre
des Merveilles de l'Inde, Leyden 1883/86, S. 128 laut Lit.
8. - /10/ J. Ruska, Das Steinbuch aus der Kosmographie
des Zakarija ibn Muhammad ibn Mahmud al Kazwini,
Beilage zum Jahresbericht 1896/96 der prov.
Oberrealschule Heidelberg, Kirchhain 1896, 1/44, 34/5. -

/11/ S. Tolansky, J. Roy. Soc. Arts 109 (1931) 743/61, 745. - /12/ S. Tolansky, The History and Use of Diamonds, London 1962, 17/18. - /13/ D.E. Koskoff, Diamond World, New York 1981, deutsch: Der Stein des Glücks, Zürich 1983, S. 23. - /14/ Herodotus, Historiae, Buch 3, 111, griechisch und deutsch von J. Feix, München 1963, S. 400/1. - /15/ Herodotus, Historiae, Buch 3, 107, griechisch und deutsch von J. Feix, München 1963, S. 456/7. - /16/ Herodotus, Historiae, Buch 3, 102/5, griechisch und deutsch von J. Feix, München 1963, 5.454/7. - /17/ Epiphanius, Opera, Bd. 4, hrsg. von Dindorf, Leipzig 1862, S. 190 laut J. Ruska, Das Steinbuch des Aristoteles, Heidelberg 1912, S. 15. - /18/ Poggio Bracciolini, De Veritate Fortunae Libri IV, hrsg. von Oliva, Paris 1723 laut R.R. Major, India on the Fifteenth Century, Hackluyt Soc. Nr. 22, London 1827, S. LX; 29/30; vgl. LexMA III, 197f. - /19/ J. Ruska, in: Festschrift Hermann Baas in Worms zum 70. Geburtstag, Hamburg-Leipzig 1908, S. 121/30, 123, 125. - /20/ Sir John Mandeville, Travels, Chapter XVII in: N. Letts, Mandeville's Travels, Texts and Translations, Bd. 1, London 1953, S. 113/6. - /21/ I.C. Scaliger, Exercitationum Libri XV, De Subtilitate ad Hieronymum Cardanum, Exercitatio CXIII, 5, Frankfurt am Main 1607, S. 426 (Erstausgabe 1557). - /22/ C.J. Steiner, Das Mineralreich nach seiner Stellung in Mythologie und Volksglauben, in Sitte und Sage, in Geschichte und Literatur, in Sprichwort und Volksfest, Gotha 1895, S. 89. - /23/ S. Lange-Mechlen, Edelstein-Brevier, Stuttgart 1976, S. 8/9. - /24/ E.F. Edinger, Der Weg der Seele, München 1990, S. 140. - /25/ R. de Berquen, Les Merveilles des Indes Orientales et Occidentales ou Nouveau Traité des Pierres Précieuses et des Perles, Paris 1661, S. 15. - /26/ Zu der interessanten Entstehungsgeschichte, Ausbreitung und Varianten des Alexander-Romans vgl. LexMA I, 355-366.

DIE MAGNET-LEGENDE

Herkunft und Verbreitung in der Antike

Die Behauptung, daß der Diamant den Magnetstein beeinflusse, ihn seiner Kraft beraube oder ihm das Eisen, das er bereits erfaßt habe, wegnehme, findet sich erstmals in der Naturkunde des PLINIUS (23/4 bis 79 n. Chr.) /10/. Der wahre Grund für die Behauptung magnetischer Eigenschaften des Adamas dürfte in der Gleichsetzung des platonischen Adamas, das ist der im Waschgold unter den teilweise stark magnetischen Platinerzen angetroffene, mit dem Adamas-Stein aus Indien durch PLINIUS liegen. Welcher seiner vielen, zum Teil unbekannten Quellen seine Formulierung entstammt, ist unbekannt. Eine andere Begründung der Magnetlegende

versuchte H. QUIRING /31/ in seiner Geschichte des Goldes:

„Der Nilsand, die Nilterrassen und der goldführende Kies und Sand Nubiens enthält gerade in den Schichten, in denen sich das Gold angereichert hat, zahlreiche Magnetitkörner von hohem spezifischen Gewicht und hohem Eisengehalt. Beim Auswaschen des aus Seifengoldlagern stammenden Goldsandes bleibt daher im Waschgefäß fast stets ein feiner, aus Magneteisenstein bestehender Schlamm zurück. Er ist mit einfachen Mitteln – Auswaschen und Ausblasen genügen nicht - nicht vom Gold zu trennen. Daher besteht noch gegenwärtig das von den Goldwäschern Nubiens und Abessiniens abgelieferte Seifengold fast zur Hälfte aus Magneteisenstein. Die Trennung vom Gold wird den Schmelzern überlassen. ... Bei einem Schmelzen ohne Zuschläge, wie es wahrscheinlich in der Vor- und Frühzeit Ägyptens üblich war, trennte sich eine Oberschicht aus Eisenoxyd von dem bei etwa 1000° flüssig werdenden Rohgold. Es wurde aus einer an der Seite des Tiegelbodens befindlichen Öffnung in ein besonderes Tongefäß abgestochen. Von der IV. Dynastie an scheint man dann das mit Magnetit verunreinigte Waschgold, um die unedlen Beimengungen besser zu beseitigen, mit Spreuzusatz reduzierend geschmolzen zu haben. Dabei bildete sich aus dem Magnetit eine Schweißeisenluppe als Oberschicht, so daß beim Goldschmelzen auch gleichzeitig geringe Mengen schmiedbaren Eisens gewonnen wurden."

Das Ergebnis dieses Deutungsversuches steht jedoch im Widerspruch zu den Eigenschaften, die nach PLATON dem Adamas im Gold zukommen. SOLINUS (3. Jh.), der PLINIUS exzerpierte und überarbeitete, wiederholte lediglich, was PLINIUS bereits über die Feindschaft von Diamant und Magnet geschrieben hatte /1/.

Diese Angabe findet sich ebenfalls wieder in *De civitate Dei* („Vom Gottesstaat") des AUGUSTINUS (354 bis 430) /8/. In Verse brachte diese Mär im 6. Jh. PRISCIANUS aus Caesarea in Mauretanien in seiner Übersetzung des etwa 170/80 n. Chr. verfaßten Reiseführers durch Griechenland des PAUSANIAS in lateinische Hexameter /11/. Diese Wundergeschichte dürfte also recht weit verbreitet gewesen sein.

Im Mittelalter

Es ist bei der Verbreitung der Fabel in der naturwissenschaftlichen und religiösen Literatur kaum überraschend, daß auch ALDHELM (ca. 640 bis 709, Abt von Malmesbury und Bischof von Sherborne), die angebliche Beziehung zwischen Diamant und Magnetstein kannte; er beschrieb sie aber in der Form eines Rätsels, dessen Auflösung *magnes ferriferus* (= „eisentragender Magnetstein") ist, und ordnete sie erstaunlicherweise nur einer der plinianischen Arten des Diamanten, nämlich dem zyprischen, zu /19/: „Die Kraft der Natur, nein, vielmehr der Schöpfer des Olymp, hat mir das gegeben, | was alle Wunder der alten Welt nicht besitzen. | Denn ich lasse die trägen Metalle durch die Luft schweben. | So überwinde ich durch diese Kraft spielend die Bestimmung des Eisens. | Sobald aber der Diamant aus Zypern anwesend ist, werde ich um meine Macht betrogen." Ganz allgemein vom Diamanten sprach dann wieder der Bischof MARBOD von Rennes in der Bretagne (1035 bis 1123) in seinem in Hexametern in den Jahren 1067/81 verfaßten Steinbuch /22/: „Alle (sc. Diamantarten) besitzen die gleiche Kraft, das Eisen anzuziehen, | was auch der kräftige Magnetstein kann, wenn kein Diamant dabei ist; | ist nämlich ein Diamant anwesend, so nimmt er dem Magneten weg, was er an sich riß."

In der wohl ältesten der Enzyklopädien des 13. Jh., verfaßt etwa um das Jahr 1200 von ALEXANDER NEKHAM (1157 bis 1217), findet sich die wohl dem SOLINUS entnommene Angabe: „Zwischen Diamant und Magnetstein besteht eine dunkle natürliche Feindschaft, so daß er, neben den Magnetstein gelegt, diesem nicht mehr gestattet, das Eisen anzuziehen; oder wenn der Diamant an einen Magnetstein gebracht wird, der Eisen schon angezogen hat, so raubt er gleichsam dem Magnetstein die Beute und nimmt sie weg." /3/.

Bei ARNOLDUS SAXO (schrieb um 1225) findet sich die Geschichte sowohl beim Diamanten als auch beim Magnetstein verkürzt /7/: „Auch hebt er die Natur des Magnetsteins auf." Und, nachdem er die Magnetisierung von Eisen beschrieben hat: „Auch der Diamant macht dies und vernichtet die Natur des Magnetsteins."

Hier, verursacht durch die Gleichheit der Eigenschaften, dürfte der Ursprung der im Mittelalter häufigen Gleichsetzung des Adamas mit dem Magnetstein liegen, nicht wie im *Reallexikon für Antike und Christentum* vermutet wird /32/, in der Tatsache, daß das Wort einmal für Stahl gebraucht worden ist.

Eigenartig in seiner Art, einen Teil der Tradition bestreitend, einen anderen übernehmend, muß erscheinen, was der gelehrte Dominikaner ALBERTUS MAGNUS (etwa 1200 bis 1280) in seinem Werk *De Mineralibus et Rebus Metallicis* („Über Mineralien und Metalle") schrieb: „Er zieht aber das Eisen nicht an, obwohl der Ort seiner Entstehung nahe dabei liegt, wie Einige lügenhaft behauptet haben. ... Und, was vielen wunderbar erscheint, wenn dieser Stein neben einen Magneten gelegt wird, bindet er den Magneten und gestattet ihm nicht, das Eisen anzuziehen. ... Diesen Stein nennen manche auch Dyamant, auch wenn es Lüge ist, wenn einige sagen, er ziehe das Eisen an." /2/.

Das etwa gleichzeitige Steinbuch des VOLMAR, in dem in deutschen Versen 38 Edelsteine abgehandelt werden, berichtet am Ende seiner Beschreibung des Diamanten, wie man ihn erkennen könne: „Wie man ihn richtig erkennen kann, das sage ich in Kürze und werde es beweisen; der Magnet, der das Eisen zu sich zieht mit seiner Kraft, der wird gleich schwach, wenn man den Diamant nähert: dann läßt er das Eisen los." /9/.

Ebenfalls im 13. Jh. schrieb in England der Franziskanermönch BARTHOLOMAEUS ANGLICUS (BARTHOLOMAEUS von Glanville) über den Diamanten: „Dieser unterscheidet sich dadurch vom Magneten, daß der Diamant, neben das Eisen gelegt, nicht erlaubt, daß dieses vom Magnetstein angezogen wird, vielmehr zieht er das so vom Magnetstein angezogene Eisen mit einer gewissen Gewalt zurück." /13/.

THOMAS von CANTIMPRÉ (1201 bis 1270) kennt in seinem Buch *De Natura Rerum* („Über die Natur der Dinge") nur zwei Arten von Diamanten. Er nennt die indische und schreibt: „Die zweite Diamantart findet man in Arabien und in der Nachbarschaft des zyprischen Meeres und in den Eisengruben, die bei Philippi liegen."

Er schreibt dann /26/ weiter: „Aber diese Art ist an Wert und Wirksamkeit viel geringer. Außerdem in der Farbe unähnlich, sie hat nämlich eine dunkle, eisenähnliche Farbe und kann ohne Bocksblut zerbrochen werden." Dann fährt er fort und erweckt dabei den Anschein, als bezöge er das Folgende nur auf seine „zweite Art": „Er zieht das Eisen an und nimmt dem Magnetstein das Eisen weg, wenn er anwesend ist. Den Meerstern (Polarstern), der ,maria' heißt, soll er (anzeigen). Durch folgende Kunst verrät er ihn zwischen dunkeln Nebeln bei Tag und bei Nacht. Nachts nämlich, wenn im dunkeln Nebel die Schiffer den Weg zum Hafen nicht zu finden imstande sind, nehmen sie ein nadelförmiges spitzes Stück dieses Adamas und fügen es quer in einen kleinen Halm ein und legen es auf ein Gefäß voll Wasser. Und dann führen sie den Adamas-Stein im Kreis herum und bald folgt die Spitze des Steines der Bewegung im Umlauf. Den in schnelleres Kreisen gebrachten Stein halten sie plötzlich an, und bald zeigt die Spitze der Nadel, nachdem es seinen Antrieb verloren hat in Richtung auf den Meerstern. Und sofort bleibt er stehen und bewegt sich nicht mehr. Die Schiffer aber steuern nach dieser Richtungsweisung auf den Hafen."

In der ersten Naturgeschichte in deutscher Sprache, dem *Buch der Natur* des KONRAD von MEGENBERG (1309 bis 1374), findet sich schon in der Einleitung zum 6. Kapitel „Von den edeln Steinen" die Feststellung: „So findet man wunderbare Kräfte und Fähigkeiten an den Edelsteinen, wie der Magnet und der Diamant, die das Eisen an sich ziehen, und der Diamant zeigt den Schiffern den Polarstern am Himmel ..." Die Verwirrung geht weiter: es steht dann im Abschnitt „Von dem Adamas": „Er besitzt die Fähigkeit, das Eisen anzuziehen, wie der Magnetstein, aber der Diamant entzieht dem Magnetstein das Eisen, wenn er gegenwärtig ist. Er zeigt auch die Stellung des Polarsterns an. Wenn die Schiffer auf dem Meere vor Nebel nicht erkennen können, wie sie das Land erreichen sollen, so nehmen sie eine Nadel, reiben ihre Spitze an dem Diamanten und stecken sie quer durch ein Rohrstückchen oder einen Holzspahn, bringen sie in ein mit Wasser gefülltes Becken oder Schale und einer führt dann mit der Hand den Diamanten auswendig um das Gefäß herum, in dem sich die Nadel befindet. Die Nadelspitze folgt im Inneren dieser Bewegung und beschreibt also in dem Gefäße auch einen Kreis. Dies wird einige Zeit fortgesetzt, dann aber zieht der, der den Stein umherführt, diesen plötzlich weg und versteckt ihn. Hat nun die Nadelspitze so ihren Führer verloren, so wendet sie sich sofort gegen den Polarstern hin, steht fest und bewegt sich nicht mehr. Danach richten sich dann die Schiffer..." Später unter der Überschrift „Vom Magneten", wiederholt er: „Der Magnetstein ist eisenfarben, er zieht (das Eisen) an sich, wenn der Diamant nicht anwesend ist." /12/.

Auch den italienischen Alchemisten scheint die Behauptung einer Wechselwirkung zwischen Diamant und dem Magnetstein bekannt gewesen zu sein, wenn offenbar auch in anderer Form, sonst könnte nicht in einer griechischen, aus Süditalien stammenden Handschrift des beginnenden 14. Jh. die Bemerkung stehen, daß das durch alchemistische Mittel in Silber verwandelte Eisen „den Diamanten nicht anziehe" /5/. Es sei denn, man nimmt mit E. O. v. LIPPMANN /6/ an, daß hier das Wort „adamas" nichts anderes als den Magnetstein bedeute, wozu man verleitet werden kann, wenn man eine gelegentlich, nicht nur im folgenden, französischen Text auftretende Wortverwechslung Diamant - Magnet beachtet. FRANCOIS RABELAIS (1494 bis 1553), Geistlicher und Professor der Anatomie, ließ /4/ PANTAGRUEL und seine Begleiter in seinem berühmt-berüchtigten gleichnamigen Roman in einem unterirdischen Tempel des BACCHUS auf ein Tor treffen, dessen „Flügel ... ohne daß Schloß, Riegel oder Band zu sehen gewesen wäre, gleichmäßig ineinander gefügt waren, nur ein indischer Diamant von der Größe einer ägyptischen Bohne, sechsspitzig und geradkantig, an beiden Enden in Feingold gefaßt, hing davor ..." Dann habe man den Diamanten, der vor der Tür hing, abgenommen und ihn in eine silberne Kapsel gelegt, die zu diesem Zweck dort angebracht war. Augenblicklich und ohne daß jemand sie berührt hätte, hätten sich die Torflügel von selbst aufgetan. Sein Erstaunen läßt ihn Eisenplatten und ,indischen Magnet' beobachten, so daß er erläutern kann: „Somit waren es die

Anziehungskraft der Magnete und die stählernen Platten, welche nach dem verborgenen und wunderbaren Gesetz der Natur die Bewegung ausgelöst hatten ... doch nur, nachdem der oben erwähnte Diamant entfernt war, dessen Nähe den Stahl beherrschte ..."

In einem spanischen Steinbuch eines unbekannten Verfassers des 15. Jh. (HS. Add. 21245, Brit. Mus. 97 pp.) sind es wieder nur zwei Arten der plinianischen Diamanten, die magnetisch wirksam sind. Dort findet sich unter der Überschrift „Del tercero Diamante" folgender Text: „Die dritte Diamant(-sorte) ist die, welche die Insel Zypern liefert; die vierte gibt es in Ferrara de Filipo. Beide besitzen die Kraft, das Eisen anzuziehen, so wie es der machtvolle Magnetstein macht, wenn der Diamant abwesend ist; ist der anwesend, so nimmt der Diamant weg, was der Magnetstein festhält" /15/.

In einem aus der gleichen Zeit stammenden, in der Stiftsbibliothek St. Florian, Linz an der Donau, gefundenen anonymen Steinbuch (HS XI, 37) heißt es, hier wieder allgemein, vom Diamant /16/: „ ... dagegen zieht er das Eisen in seine Gewalt, wie der Magnetstein es seiner Natur nach tut. Und wenn auch der Magnetstein beim Eisen liegt, er entzieht es ihm ohne Schwierigkeit;" und später dann wird vom Magnetstein gesagt: „... denn er hat über das Eisen Gewalt, wenn der Diamant nicht nahe dabei ist".

In der Neuzeit

Die mit der Neuzeit einsetzenden Anfänge einer experimentellen Naturwissenschaft bringen das Ende der Legende: GEORG AGRICOLA (1494 bis 1555), Arzt und Begründer der Mineralogie, kennt natürlich aus der Literatur die angebliche Wirkung des Steines auf den Magneten und gibt seine Kenntnis auch weiter, allerdings so, daß er dabei anscheinend eine Erklärung der Wirkung geben will, die er in der Härte des Steins zu sehen scheint, die er vorher hoch gepriesen hat /20/: „So bricht der sehr ausgezeichnete Diamant die Gewalt des Magnetsteins, wenn er nämlich neben das Eisen gelegt wird, so duldet er nicht, daß der Magnet es

an sich zieht, oder, wenn er es schon angezogen hat, reißt er es von ihm weg."

Dagegen ist dem nur wenig jüngeren französischen Dichter REMY BELLEAU (1528 bis 1577) in seinem Steingedicht *Les Amours et Nouveaux Echanges des Pierres Précieuses, Vertus et Propriete d'Icelles* die Beziehung zwischen Diamant und Magnet „eine nicht glaubhafte, wahrlich erstaunliche Sache" /28/. Einen nur leicht veränderten Text der Magnetlegende findet man in dem im Jahre 1577 in Rom erschienenen Traktat über Edelsteine des ANDREA BACCI, der im 15. Kapitel über den Diamanten schreibt /14/: „Nach Art des Magneten zieht er das Eisen an", um dann fast wörtlich den überlieferten PLINIUS-Text zu wiederholen. Etwas eigenartig, die geringen Kenntnisse des Autors sowohl über den Magnetismus als auch über die Literatur offenbarend, schreibt der berühmte Alchemist LEONHART THURNHEISSER zum THURN (1531 bis 1596) in seiner *Magna Alchymia* („Große Alchemie") /17/:

»... derhalben ist bekant, daß er das Eysen, mehr an sich ziehe, dann daß der Diemant das Eysen zwingen oder zu sich ziehen sollte, doch tut dies allein der Arabisch und der Macedonisch Diemand, die andern, als Syrische, Cyprische, Ethyopische und Indische, deren thun es zu zeiten etliche, aber nicht alwegen, auch thun es nicht alle ... deshalb ist bekannt, daß das Eisen den Diamant mehr an sich zieht, als daß der Diamant das Eisen bezwingen oder an sich ziehen könnte, doch tut dies allein der arabische und der mazedonische Diamant, die anderen, der syrische, der zyprische, der äthiopische und indische – von ihnen tun es manchmal etliche, aber nicht immer, auch tun es nicht alle."

Wie bekannt die Magnetlegende war, zeigt die Tatsache, daß JOHANN MATHESIUS (1504 bis 1565), MARTIN LUTHERs Tischgenosse und später Pastor zu Joachimsthal, in seiner Bergpostilla an zwei Stellen, aber in zwiespältiger Haltung, darüber spricht, einmal kurz: „Magnet, des krafft durch Demanten oder Knoblauchsaft nicht verhindert" werde, später aber schreibt er: „Solche Magneten aber sollen bey jrer krafft erhalten und gesterckt werden, wenn man sie in feilspene, oder in kleinen hammerschlag ver-

waret, oder ... in mistlacken, und in warm bocksblut ligen lesset. Denn weil bocksblut den
Demant bricht, welcher dem Magneten entgegen
ist, und verhindert seine krafft, wenn er neben
eim nagel ligt, will mans dafür halten, daß auch
ein verwandtnuß sey zwischen dem segelstein
(d.i. Magnetstein) vnd dem bocksblut."

Überraschend Neues kann man dann in der berühmten *Magia Naturalis* lesen, deren erste
Auflage GIOVANNI BATTISTA PORTA
(1539 bis 1615) schon als 20-Jähriger vollendet
haben soll; er befaßt sich in zwei Kapiteln mit
den Beziehungen zwischen Diamant und
Magnet und überschrieb, provokativ, das erste
mit: „Es ist falsch, daß der Diamant die Kräfte
des Magnetsteins behindert" und sagt darin /18/:

„*Wir haben behauptet, daß es ein Märchen und
falsch ist, der mit Knoblauch eingeriebene
Magnetstein verliere seine Kräfte. Aber mit
Abstand das Falscheste ist es (zu sagen), daß seine
Kräfte durch die Anwesenheit des Diamanten geschwächt und gestört würden. Man behauptet
nämlich, daß zwischen Magnetstein und
Diamant so sehr widerstreitende und gegensätz-
liche Qualitäten und Unähnlichkeiten bestünden
und so ein wechselseitiger Haß der Naturen wirksam werde und blinde Zwietracht aufflamme, daß
bei Annäherung eines Diamanten seine Kräfte
wie durch einen Feind behindert würden, als ob
seine Fähigkeiten abgestorben wären und durch
diesen feindlichen Ansturm so geschwächt seien,
daß er untätig und gelähmt sei.*"

Anschließend gibt er als Quellen für diese
Behauptung PLINIUS und AUGUSTINUS an
und fährt dann fort: „Was ich über den
Magnetstein gelesen habe, will ich hier sagen,
nämlich: Sowie neben ihn ein Diamant gelegt
wird, zieht er Eisen nicht an, und wenn er es
schon angezogen hat, läßt er es sofort fallen,
wenn (ein Diamant) ihm sich nähert."

Nun zitiert er noch MARBOD von Rennes als
weitere Quelle und kommentiert dann:
„*Was ich in mehreren Fällen zu erfahren bekam,
habe ich als unsinnig gefunden, es enthielt nicht
eine Spur von Wahrheit. Es gibt aber viele
Schreiberlinge, die von mir stets für dumm und
unfähig gehalten wurden, weil sie sich stets nur*

*bemühen, immer nur antike Schriftsteller auszu-
werten und ihre Lügen zu entschuldigen und nicht
einsehen, welchen Schaden sie dem Reich der
Wissenschaft zufügen. Doch die modernen
(Schriftsteller) stützen sich nur auf Begründbares,
halten nur das für richtig, machen Zusätze dazu
und kommentieren sie und leiten aus ihnen andere Versuche ab, und wenn sie sich dabei auf falsche
Prinzipien stützen, bringen sie nur sehr Falsches
hervor, wie ein Blinder, der einen Blinden führt,
beide in die Grube fallen läßt. Die Wahrheit aber
muß von allen (Autoren) geprüft, hochgeachtet und
(dann) vorgetragen werden, und die Autorität der
gelehrten Alten darf die Menschen nicht davon ab-
halten, überall die Wahrheit zu verkünden.*

*Aber kehren wir dahin zurück, von wo das faule
Verfahren jener sog. ‚Ratsucher' mich weggeholt
hat. Um einen Versuch auszuführen, nahm ich ein
Stückchen Magnetstein, das ungefähr 4 Gramm
wog, belegte es sehr dicht mit Eisenspänen, dann
habe ich einen Diamanten angenähert, der die
Masse beider 3 bis 4mal übertraf, durch dessen
Anwesenheit der Magnet das Eisen aber nicht ab-
warf; darauf habe ich die Eisenspäne sofort von
ihm entfernt und (beides) in gehörigen Abstand
voneinander gebracht, und er hat auch in
Anwesenheit des Diamanten es an sich gerissen.
Dies habe ich deswegen so genau gesagt, damit
jene nicht glauben, daß ich bei dieser
Untersuchung etwas falsch gemacht hätte und
einen Magnetstein von 20 oder 30 Pfund genommen, ein etwa eine Unze schweres Eisen angehängt, und dann einen nur winzigen Diamanten
in die Nähe gebracht hätte, als ich diese entscheidende Sache durchführte.*"

Sein 55. Kapitel überschrieb er überraschenderweise mit: „Mit dem Diamant berührtes Eisen
zeigt nach Norden". Darin steht:
„*Aber das ist bestimmt wahr, was wir durch
Zufall gefunden haben, als wir zu klären suchten,
ob der Diamant Kräfte habe, schon durch
Annäherung den Magnetstein zu schwächen, wie
wir es berichtet haben. Denn wenn wir am
Diamanten eine eiserne Nadel angerieben haben
und diese dann an einem Strohhalm oder
Hölzchen befestigen oder sie an einem Faden geeignet aufhingen, drehte sich jene nach Norden,
fast wie Eisen, das mit einem Magnetstein in*

Berührung war, nur etwas langsamer. Dazu, was festzuhalten wert ist, zeigt der entgegengesetzte Teil, wie der Magnetstein selbst, nach Süden, und als wir dies mit sehr vielen eisenbeladenen, ins Wasser eingebrachten Hölzchen untersuchten, zeigten alle in wechselseitigem Gleichabstand nach Norden. Wenn die, welche geschrieben haben, daß der Magnet durch den Anblick des Diamanten geschwächt werde, das eben Dargelegte geschrieben hätten, hätten sie Wahreres ausgesagt, denn eine mit einem Diamanten geriebene und an einem Strohhalm befestigte Nadel, die, damit sie sich frei bewegen kann, ins Wasser gelegt wird, das mit dem Finger umgerührt worden war, zeigt nach Norden, sobald es sich beruhigt hat, durch seine Spitze diese (Himmelsrichtung) anzeigend."

Sehr kurz faßte sich, offenbar ohne Kenntnis des eben zitierten Buches seines Zeitgenossen, ANDREAS CAESALPINUS (1519 bis 1603) /23/ und wiederholte die alte „Weisheit": „Außerdem widerstrebt er dem Magnetstein in so weit, daß er neben ihn gelegt, nicht duldet, daß das Eisen weggezogen werde, oder wenn der herangerückte Magnetstein es schon erfaßt hat, raubt er es und nimmt es weg." Der Engländer THOMAS NICOLS, der sich auf den oben *(vgl. S. 136)* erwähnten BACCI bezieht, weder die *Magia Naturalis* noch das Werk seines nachstehend zitierten Landsmannes GILBERT kannte, schrieb noch im Jahre 1652: „It is reported of it that it is endued with the faculty as that if it be in place with a loadstone, it bindeth up all its power, an hindereth all its attractive vertue" /24/.

S. TOLANSKY /25/ meinte: „The belief persisted until proved false by the distinguished WILLIAM GILBERT (1544 to 1603), physician to Queen ELIZABETH I. and the founder of terrestrial magnetism. In 1600 GILBERT took a strong loadstone, the most powerful magnet available to him. He surrounded it with no less than 75 diamonds and gravely reports that they had not the slightest effect on it."

Völlig ablehnend verhält sich auch ANSELMUS BOETIUS de BOODT (etwa 1560 bis 1634) /29/. Er schrieb /30/: „Daß dem Magnet der Diamant die Kräfte wegnehme, wodurch er weniger Eisen tragen könne, wie bisher geglaubt wurde, wird durch die Erfahrung vieler als falsch erwiesen, wenn nicht die Experimentierenden

durch verschiedene Arten Magnet und Diamant sich getäuscht haben. Denn vom Diamanten wird gesagt, daß er in der Tat wie der Magnet nach Norden zeige und auf das Eisen diese Eigenschaft übertrage. Wenn das wahr wäre, widerspräche es dem Bild vom Magneten, das ich später im Kapitel *Über den Magneten* aufzeigen werde. Aber ich fürchte, daß alles Eisen diese Eigenschaft besitzt und fälschlich dem Diamanten zugeschrieben wird." Es scheint, als ob damit die Magnetlegende ihr Ende gefunden habe.

Literatur

/1/ C. Iulius Solinus, Collectanea Rerum Mobilium 52, hrsg. von Th. Mommsen, Berlin 1895, S. 193; vgl. LexMA VII, 2034f. - /2/ Albertus Magnus, De Mineralibus et Rebus Metallicis Libri V, Buch 2, Traktat 2, Kap. 1, Köln 1569 S. 119. - /3/ Alexander Neckham, De Laudibus Divinae Sapientiae Distinctiones Decem, Distinctio Sexta, Vers 325/6, herausgegeben von T. Wright, London 1863 (ND 1967), S. 471. - /4/ F. Rabelais, La Vie très horrificque du Grand Gargantua, Père de Pantagruel, Le Cinquième et Dernier Livre des Faicts et Dicts du Bon Pantagruel, Chapitre XXXVII in: Oeuvres Complètes, Edition Gallimard, Paris 1955 S. 861/3; deutsche Übersetzung: Gargantua und Pantagruel, Fünftes Buch, Kapitel 38, deutsch von H. Heintze, E. Heintze, Bd. 2, Frankfurt am Main 1974, S. 303/4. - /5/ Anonymus, De Arte Metallica seu de Metallorum Conversione in Aurum et Argentum, Kap. 41, 1, hrsg. von E.O. Zuretti in: Catalogue des Manuscrits Alchimiques Grecs, Bd. 7, Brüssel 1930, S. 1/466, 96/7. - /6/ E.O. v. Lippmann, Beiträge zur Geschichte der Naturwissenschaft und der Technik, Bd. 2, Berlin 1953, S. 138. - /7/ E. Stange, Die Encyclopädie des Arnoldus Saxo in: Beilage zum Jahresbericht des Königl. Gymnasium Erfurt 1905/6, Erfurt 1906, S. 69, 86; vgl. VerfLex I, 485-488. - /8/ Aurelius Augustinus, De Civitate Dei, Buch 21, Kap. 4 in: Corpus Scriptorum Christianorum, Series Latina Bd. 48, 4. Aufl., Turnholt 1955, S. 764. - /9/ Volkmar, Das Steinbuch. Ein altdeutsches Gedicht, Vers 333/40, hrsg. von H. Lambel, Heilbronn 1877, S. 12f. - /10/ C. Plinius Secundus, Naturalis historiae Libri XXXVII, Buch 37, Kap. 15, 60 in: Pliny, Natural History, Vol. X, ed. by D.E. Eichholz, The Loeb Classical Library, London-Cambridge Mass. 1962, S. 210/1. - /11/ Prisciani Periegesis Vers 1067/9, in Geographi Graeci Minores, hrsg. von C. Müller, Paris 1861 (Nachdruck Hildesheim 1965), S.199. - /12/ F. Pfeiffer, Konrad von Megenberg, Das Buch der Natur, Buch 6, Kap. 3, Stuttgart 1861, S. 429, 433; vgl. LexMA I, 1492f. - /13/ Bartholomaeus Anglicus, De Proprietate Rerum, Buch 16 De Lapidibus Pretiosis, Kap. 9 De adamante, Nürnberg 1492, unpaginiert. - /14/ A. Bacci, De Gemmis et Lapidibus Pretiosis eorumque Viribus et Usu Tractatus ins Latein übersetzt von W. Gabelschover, Frankfurt am Main 1603, S. 109/15. - /15/ K. Vollmöller, Ein spanisches Steinbuch, Heilbronn 1880, S. 2/4. - /16/ H. Lambel, Das Steinbuch, ein altdeutsches Gedicht

von Volmar, Heilbronn 1877, S. 107/11. - /17/
L. Thurnheisser zum Thurn, Magna Alchymia, das ist
eine Lehr und Unterweisung von den offenbaren und ver-
borgenlichen Naturen, Erstes Buch von den Schweflen,
Berlin 1583, S. 4. - /18/ J.B. Porta, Magiae Naturalis Libri
XX, Buch 7, Kap. 53, 55, Leyden 1650, S. 327/8, 330. -
/19/ Aldhelmus, Aenigmatum Liber, 2. Aenigmata
Pentasticha B. De Magnete Ferrifero in: J.-P. Migne,
Patrologiae Cursus Completus, Series Secunda, tonus 89,
Paris 1830, Spalte 186. - /20/ G. Agricola, De Natura
Fossilium Libri X, Buch 6, in: Opera, Basel 1558, S. 281.
/21/ J. Mathesius, Bergpostilla oder Sarepte, Die achte
Predig, Die zwölffte Predig, Nürnberg 1587, fol 72v, fol.
129v/130r. - /22/ Marbodius von Rennes, De Lapidibus,
Buch 1, Vers 40/3 in: J.M. Riddle, Marbod of Rennes' De
Lapidibus, Sudhoffs Archiv Beiheft 20, Wiesbaden 1977,
1/144, 36. - /23/. A. Caesalpinus, De Metallicis, Buch 2,
Kap. 20, Nürnberg 1602, S. 101 (Erstausgabe 1596). - /24/
T. Nicols, A Lapidary or the History of Precious Stones,
Cambridge 1652, S. 51. - /25/ S. Tolansky, J. Roy. Soc. Arts
109 (1961) 703/61, 748. - /26/ Thomas Cantimpratensis,
De Natura Rerum nach MS. Rawlinson D 358 (15. Jh.)
aus Joan Evans, Magical Jewels of the Middle Ages and
Renaissance particulary in England, Oxford 1922, S. 91/2.
- /27/ E. A. Smith, The Sampling and Assay of Precious
Metals, 2. Aufl., London 1947, S. 956. - /28/ R. Besser,
Das Verhältnis von Remy Belleau's Steingedicht zu den
früheren Steinbüchern, Oppeln-Leipzig 1886, S. 13. - /29/
J. Ruska, Das Steinbuch des Aristoteles, Heidelberg 1912,
S. 43/6, 120. - /30/ A. Boetius de Boodt, Gemmarum et
Lapidum Historia, Buch 2, Kap. 4, Hanau 1609, S. 60/1. -
/31/ H. Quiring, Geschichte des Goldes. Die goldenen
Zeitalter in ihrer kulturellen und wirtschaftlichen
Bedeutung, Stuttgart 1948, S. 8; 34. - /32/ A. Hermann,
P. Stumpf in: T. Klauser, Reallexikon für Antike und
Christentum, Bd. 3, Stuttgart 1957, Spalte 955/63, 955.

DAS HAMMER UND AMBOSS-MÄRCHEN

In der griechisch-römischen Antike und im Mittelalter

Noch langlebiger als das Bocksblut-Märchen erweist sich eine andere Fabel über den
Diamanten, nämlich die, daß er auch „dem Eisen
widerstehe", soll heißen, daß der Stein nicht
durch einen Schlag mit einem eisernen Hammer
oder durch den Angriff einer Feile zerstört werden könne. Diese Legende dürfte die Ursache der
Zerstörung vieler frisch gefundener Steine gewesen sein und sie war noch bis ins 19. Jh. hinein le-
bendig, wie G. F. KUNZ /7/ an einem Fall in den
USA aufzeigen konnte, ja, S. TOLANSKY /35/
behauptet, sogar noch heutzutage werde auf den
Diamantfeldern Afrikas und Australiens man-

cher unerfahrene Digger von betrügerischen
Händlern damit um seinen Gewinn gebracht,
während die Gauner das den Diggern wertlos erscheinende Pulver immer noch teuer verkauften.
Die Fabel geht aber keineswegs, wie G. LEN-
ZEN /5/, wohl im Anschluß an S. H. BALL /3/,
meint, allein auf die Angabe des LUKREZ (1. Jh.
v. Chr.) in seinem Lehrgedicht *De Rerum Natura*
(„Über die Natur der Dinge") /4/ zurück *(vgl.
S. 56)*, der davon sprach, daß „diamantene Felsen
gewohnt seien, Schläge zu verachten", sondern
wohl eher darauf, daß durch PLATON die im
Waschgold vorkommenden sehr harten, und -
wie J. M. OGDEN /6/ und schon viel früher
E. A. SMITH /23/ aufzeigten - mechanisch un-
verformbaren und bei einem solchen Versuch das
Schlagwerkzeug beschädigenden Platinerze eben
darum mit Adamas benannt wurden. Die bekannteste Fassung der Legende geht auf
PLINIUS (23/4 bis 79 n. Chr.) zurück und
beweist die eben angegebene Herkunft ganz
eindeutig /1/: „... Die übrigen (Adamas-Arten)
zeigen die hellgraue Farbe des Silbers und kommen nur in dem allerfeinsten Golde vor. Sie werden auf dem Amboß geprüft und widerstehen
den Hammerschlägen so sehr, daß das Eisen
nach allen Seiten auseinanderspringt und der
Amboß selbst zerbirst."

Seine Hauptquelle (neben PLATON) für dieses
Märchen ist uns insofern bekannt, als PLINIUS
wenigstens den Autorennamen nennt: Eine in
ihrer Gesamtheit verlorene pharmakologische
Schrift seines Zeitgenossen XENOKRATES
von Ephesus, aus welcher HIERONYMUS (um
347 bis 419/20) in seinem Kommentar zum
Propheten AMOS die Angaben über den
Diamanten zitiert /2/.

Interessanterweise findet sich in einem anderen
Werk des Kirchenvaters, in seiner Übersetzung
der Predigten des griechischen Kirchen-
schriftstellers ORIGENES (185 bis 253/4) /16/
bereits die verkürzte Form der Legende, wie sie
bis in die Neuzeit hinein überliefert wurde, verkürzt nämlich um den Amboß, allein die
Hammerschläge erwähnend: „Es gibt aber über
den Diamanten die Geschichte, daß er widerstandsfähig sei gegen jeden Hammerschlag und
dabei nicht zerbröckle und unüberwindlich sei."

Eine spätantike Illustration der Legende findet sich in einer Handschrift des griechischen *Physiologus* /36/ *(siehe die Abb. 5, S. 53).* In noch weiter verkürzter Form gibt der Kirchenlehrer AUGUSTINUS (354 bis 439) in *De civitate dei* („Vom Gottesstaat") die Widerstandskraft des Diamanten gegen Feuer und Eisen bekannt, wobei nicht zu erkennen ist, ob der eiserne Hammer allein oder (auch noch) die stählerne Feile gemeint ist /29/. Die Mär scheint schon in der Antike weit verbreitet gewesen zu sein, denn auch der Philosoph SENECA (1. Jh. n. Chr.) weiß von ihr /13/. Und der alexandrinische Gelehrte HERON, der vermutlich im 1. Jh. schrieb, führt sie auf und versucht sogar eine Erklärung des Sachverhalts; er meinte, der Diamant bleibe ganz, wenn man ihn zwischen Amboß und Hammer schlägt, „nicht weil er ganz frei vom Leeren ist, sondern infolge seiner durchgehenden Dichte" /12/.

Natürlich hat der sehr von PLINIUS abhängige SOLINUS, oft genug einzige Quelle mittelalterlicher Schreiber, zu Beginn des 3. Jh. die Geschichte übernommen /8/ und zunächst durch Einführen des Bocksblutes noch wundersamer gemacht, dann aber realistisch werdend, geschrieben: „Wenn die Diamanten lange genug in Bocksblut eingeweicht werden, selbstverständlich in warmes oder frisches, und wenn sie einige Hämmer vorher zerbrochen und Ambosse zerstört haben, dann geben sie irgendwann einmal nach und zerspringen in ihre Teile."

Im Mittelalter ist die Legende ganz allgemein verbreitet und wird in unterschiedlicher Form weitergegeben, so im 8. Jh. im griechischen Osten durch KOSMAS aus Jerusalem. Er spricht allerdings nur von einer Schädigung des Eisens /11/. Im Westen, um die gleiche Zeit, weiß der Freund und Berater Kaiser KARLs des GROSSEN, der Abt ALKUIN (735 bis 804), daß der Häretiker ELIPANDUS vom Diamant geschrieben habe, daß seine Härte durch keinen Schlag eines Hammers zerbrochen werden könne, sondern nur durch Bocksblut zerstört werde /14/. Später gibt MARBOD, Bischof von Rennes in der Bretagne (1035 bis 1123) in seinem in Hexametern abgefaßten Buch *De Lapidibus* („Über die Steine") nur kurz in zwei Versen an:

„Das Eisen verachtet er, von keinem Feuer bezwingbar" und „Durch die Arbeit der auf ihn Hämmernden (wird nur) der Amboß beschädigt." /10/.

Ganz allgemein kann man sagen, daß diese Legende in sehr unterschiedlicher Form weitergegeben wird. Eine Kurzform findet sich in einer wohl im 9. Jh. entstandenen Handschrift mit dem Titel *Mappae Clavicula de Efficiendo Auro* („Schlüssel zur Malkunst") /26/, die uns in einer Handschrift aus dem 12. Jh. vorliegt /27/. Hier wird vom Diamanten gesagt: „Der Stein Diamant entsteht aus Cathmia und der Schmelzung von (Wasch-)Gold ... seiner wird das Eisen nicht Herr." Dreihundert Jahre später schrieb ALBERTUS MAGNUS (etwa 1200 bis 1280), der gelehrte Dominikaner, in *De Mineralibus et Rebus Metallicis* („Über Minerale und Metalle") /9/ ganz ähnlich: „Der Diamant ... ist so fest, daß er weder durch Feuer noch durch Eisen erweicht noch verflüssigt wird. ... Dieser Stein durchdringt das Eisen und alle übrigen Edelsteine, besser als der Stahl."

Aus der Mitte des gleichen Jahrhunderts stammt wahrscheinlich das Steinbuch des Alemannen VOLMAR, in dem in 1008 deutschen Versen 38 Edelsteine beschrieben werden, darunter auch „Ein stein heizet dîamant". In 51 Versen wird darin das ganze Wissen seiner Zeit über den Stein dargestellt, darunter das hierher Gehörende: ... und sage euch wahrhaftig, | daß der Stein so hart ist, | daß es nie etwas so Hartes gab: | Wer ihn auf einen Amboß legte | und nähme einen großen Hammer | und schlüge auf den Stein, | er würde ihm schwerlich klein: | eher drückte er ihn in den Amboß ein, | als daß er den Stein zerbräche. /15/.

In einem altspanischen *Poema de Alexandro,* Strophe 1309 /31/, wird bei der Beschreibung der Edelsteine von Babylon /2/ über den Diamanten erzählt, daß auf den Diamant das Eisen keinen Eindruck mache. Die Hammer-Amboß-Legende, PLINIUS fast noch übertreibend, von GEORG AGRICOLA (1494 bis 1555), der doch als Begründer der Mineralogie zu gelten hat, übernommen zu finden /17/, überrascht etwas: „Der Diamant unterscheidet sich aber vom Bergkristall durch seine Härte, die so groß ist,

daß, wenn man ihn auf einen Amboß legt und
mit einem Hammer aufs heftigste zuschlägt, eher
Hammer und Amboß Risse erhalten und auseinanderspringen, als daß der (Stein) zerbricht und
zerkleinert wird."

Eine Übertreibung der Härte des Diamanten in
einer etwas anderen Form hatte der Dichter
HARTMANN von AUE in seinem Epos *Erec*
(etwa 1180 geschrieben) erfunden: „... und härter
als der Adamas, | von dem man solche Kraft sagt:
| Und würde er auch gelegt | zwischen zwei stählerne Berge | (welches Wunder könnte größer
sein?), | die zermahlte er so klein, | wie man es
mit dem Stein | in der Mühle sehen kann" /30/

Im Jahre 1596 schrieb ANDREAS CAESALPI
NUS (1519 bis 1603) als kennzeichnend gerade
für die indischen und arabischen (plinianischen)
Diamanten /18/: „Beide werden erkannt (durch
Auflegen) auf den Amboß, wo sie den Schlag mit
dem Hammer überstehen, sodaß der
Eisenhammer birst, ja sogar die Ambosse selbst
zerspringen."

Es läßt aber doch bei uns etwas Verwunderung
aufkommen, wenn wir in der Autobiographie des
etwa gleichaltrigen erfahrenen Goldschmieds
und Steinschleifers BENVENUTO CELLINI
(1500 bis 1571) lesen /28/, er habe bei einem
Angriff auf sein Leben durch den Versuch einer
Vergiftung seines Essens mit Diamantpulver dies
bemerkt und einige Splitter aus den Speiseresten
herausgesucht; es muß ihm also genau bekannt
gewesen sein, wie leicht der Diamant zerstört
werden kann! Genau weiß um diese Möglichkeit
auch ANSELMUS BOETIUS de BOODT
(etwa 1550 bis 1634), nach J. RUSKA /24/ der
bedeutendste der Neuerer zu Beginn der
Iatrochemie, der aus seiner Erfahrung heraus
schrieb /25/: „Der Diamant ertrage Hammer und
Amboß nach des PLINIUS Bericht unbeschadet,
daß dies aber in Wahrheit falsch ist, erfährt der
Nachforschende, da in diesem Jahrhundert kein
(Diamant) gefunden wurde, der nicht durch einen Hammerschlag in Teile zerspringt oder zu
Staub gemacht werden kann. Es gibt auch das
Märchen, daß (der Diamant) durch warmes
Bocksblut, zumal, wenn dieser zuvor mit
Kräutern gefüttert worden sei, die (Nieren- und
Blasen-)Steine lösen können, erweiche und

(dann erst) mit einem eisernen Pistill zu Staub
zerkleinert werden (könne). In Wahrheit gelingt
das ohne Blut(anwendung) bei jedem
Diamanten." Ähnlich schrieb im Jahre 1652 der
Engländer THOMAS NICOLS in seinem
Lapidary: „Plinie saith that a true Diamond cannot be hurt by the force of hammer and anvil:
other Diamonds experience teacheth us may be
brought into brocken pieces, and into a fine impalpable powder by the frequent strokes of an
hammer." /22/.

Überraschend ist, wie im Jahre 1661 die
Ablehnung des Festigkeitsmärchens von R. de
BERQUEN /19/ mit einer neuen Herkunftsangabe der Legende verknüpft wird. Er schrieb:
„Die Hebräer sind die ersten Urheber dieser falschen Meinung, daß der Diamant auf Grund seiner Härte nicht gebändigt oder gebrochen werden kann durch welche Kraft auch immer, und
das ist auch der Grund dafür, daß MONTANUS
(vielleicht MONTANUS aus Narbo, Redner aus
der Zeit des Kaiser TIBERIUS) sagt, daß in ihren frommen Schriften berichtet wird, daß einer
in Rom einen Diamanten gekauft hat unter der
Bedingung, daß er ihn auf dem Amboß prüfen
könne. Und daß die Probe gemacht worden sei
mit starken Hammerschlägen, und daß der
Diamant diesen Anstrengungen widerstanden
habe, so daß er dafür gern den Preis bezahlt habe,
weil er durch diese Prüfung sicher war, daß es
sich um einen echten (Stein) handele."

Eine erstaunliche Form hat die Legende in einem
spätantiken syrischen *Buch der Naturgeschichte,
verfaßt vom Philosophen Aristoteles,* betitelten,
aus christlicher Umwelt stammenden Schrift angenommen; dort heißt es vom Diamanten: „Und
während er alles besiegt durch die Härte seiner
Natur, gibt es nichts, was ihn bezwingen könnte,
weil das Eisen, während es doch so hart ist, daß
es über alles Gewalt hat, von diesem Stein zerpulvert wird" /33/. Meist ist das Härte-Märchen
in der mittelalterlichen Literatur mit der
Bocksblut-Legende verbunden. In der sich mit
den Fragen nach der Rolle des Diamanten in der
antiken Technik befassenden Werken des 18. Jh.,
etwa bei A. Y. GOGUET, A. C. FUGÉRE /34/
wird die Hammer-Amboß-Legende als das gekennzeichnet, was sie ist, eben ein Märchen.

In anderen Kulturkreisen

Bei der Abhängigkeit des arabischen Wissens von der Antike wundert es nicht, wenn das Märchen auch hier zu finden ist. In dem Steinbuch aus der *Kosmographie* des AL-QAZWĪNĪ (gest. 1283) findet sich im Kapitel über den Diamanten folgende, von einem nicht-genannten Autor übernommene Bemerkung: „Zu den merkwürdigen Eigenschaften des Diamanten gehört, daß, wenn man ihn mit dem Hammer auf dem Amboß schlägt, er entweder in den Hammer oder in den Amboß eindringt; wenn man ihn aber mit Schwarzblei schlägt, zerbricht er sofort, und wirft man ihn in Bocksblut und bringt ihn ins Feuer, so schmilzt er" /20/.

Fast denselben Text findet man bei dem etwa gleichzeitigen Kosmographen AL-DIMAŠQĪ (1256 bis 1327) /32/. Es überrascht, das Märchen auch in der indischen Literatur, allerdings erst der späteren, aufzufinden: In dem *Raganighantu* („König der Wörterbücher"), Vers 56, 174/80, des Arztes NARAHARI aus Kaschmir, geschrieben zwischen 1235 und 1250, am Ende der tandrischen Periode, galt als Echtheitkriterium: „ ... wenn er mit dem Hammer geschlagen, nicht zerspringt, ... so nennen die Kenner ihn echt, preiswürdig und wertvoll" /21/.

Literatur

/1/ C. Plinius Secundus, Naturalis Historiae Libri XXXVII, Buch 37, Kap. 13, 58 in, Pliny, Natural History, Vol. X, ed. by D.E. Eichholz, The Loeb Classical Library, London-Cmbridge Mass. 1962, S. 202/6. - /2/ Hieronymus, Commentariorum in Amos Prophetam Libri III, Buch 3, Kap. 7, 7 siehe die Literaturangaben im *Kapitel über Platons Adamas im Gold, S.21.* - /3/ S.H. Ball, A Roman Book of Precious Stones, Los Angeles 1950, S. 256. - /4/ T. Lucretius Carus, De Rerum Naturae Libri VI, Buch 2, Vers 444/9, hrsg. von W.E. Leonhard, S. B. Smith, Madison 1965, S. 354; vgl. LexMA V, 2164. - /5/ G. Lenzen, Produktions-und Handelsgeschichte des Diamanten, Berlin 1966, S. 25 Fußnote 24. - /6/ J.M. Ogden J, Histor. Metallurgy Soc. 11 (1971) 53/77, 57. - /7/ G.F. Kunz, Gems of North America, New York 1890 laut J.H. Middleton, The Engraved Gems of Classical Times, Cambridge 1891, S. 130 Fußnote. - /8/ C. Julius Solinus, Collectanea Rerum Memorabilium 52, 54, hrsg. von Th. Mommsen, Berlin 1895, S. 193/4. - /9/ Albertus Magnus, De Mineralibus et Rebus Metallicis Libri V, Buch 2, Tractat 2, Kap. 1, Köln 1568, S. 118/9. - /10/ MARBOD von Rennes, De Lapidibus, Buch 1, Vers 29, 31 in: J.M. Riddle, Sudhoffs Archiv, Beiheft 20, Wiesbaden 1977, 1/144, 36. - /11/ Kosmas Hieropolitanus, Commentarium de Physicis Rebus, quas iuxta Ordinem in Carminibus suis tractavit Divus Gregorius 584, in: J.-P. Migne, Patrologiae Cursus Completus, Series Graeca, Bd. 38, Paris 1858, S. 643; vgl. LexantchLit 166f. - /12/ P. la Cour, J. Appel, Die Physik auf Grund ihrer geschichtlichen Entwicklung, Bd. 1, Braunschweig 1905, S. 222.; vgl. LexMA IV, 2175f. - /13/ L. Annaeus Seneca, De Constantia Sapientis, Kap. 3, 5 in: Opera, quae supersunt, Bd. 1, Leipzig 1887, S. 11. - /14/ Alcuinus, Adversus Elipandum Libri IV, Buch 4, 906 in: P.-J. Migne, Patrologiae Cursus Completus, Series Secunda, Tomus CI, Paris 1851, Spalte 287. - /15/ Volmar, Das Steinbuch, ein althochdeutsches Gedicht, hrsg. von H. Lambel, Vers 289/34-0, 294/302. - /16/ Hieronymus, Translatio Homiliarum Origenis in Jeremiam et Ezechielem ad Vincentium Presbyterum, Homilia III, 721, in: J.-P. Migne, Patrologia Cursus Completus, Series Latina, Tomus 25, Paris 1864, Spalte 607B. - /17/ G. Agricola, De Natura Fossilium Libri X, Buch 6, in: Opera, Basel 1558, S. 281. - /18/ A. Caesalpinus, De Metallicis, Buch 2, Kap. 20, Nürnberg 1602, S. 100 (Erstausgabe 1596). - /19/ R. de Berquen, Les Merveilles des Indes Orientales et Occidentales ou Nouveau Traité des Pierres Précieuses et des Perles, Paris 1661, S. 12. - /20/ J. Ruska, Das Steinbuch aus der Kosmographie des Zakârija ibn Muhammad ibn Mahmud al-Kazwini, Beilage zum Jahresbericht 1895/96 der prov. Oberrealschule Heidelberg, Kirchhain 1896, S. 1/44, 35. - /21/ R. Garbe, Die indischen Mineralien, ihre Namen und die ihnen zugeschriebenen Kräfte, Leipzig 1882, S. 45. - /22/ T. Nicols, A Lapidary or The History of Precious Stones, Cambridge 1652, S. 50/1. - /23/ E.A. Smith, The Sampling and Assay of Precious Metals, 2. Aufl., London 1947, S. 456. - /24/ J. Ruska, Das Steinbuch des Aristoteles, Heidelberg 1912, S. 43/6, 120. - /25/ A. Boetius de Boodt, Gemmarum et Lapidum Historia, Buch 2, Kap. 4, Hanau 1609, S. 57/9. - /26/ E.O. v. Lippmann, Entstehung und Ausbreitung der Alchemie, Berlin 1919, S. 469/72. - /27/ T. Phillips, A. Way, Archaeologia (London) 32 (1847) 187/244, 213; vgl. LexMA IV, 1946f. - /28/ B. Cellini, Leben des Benvenuto Cellini von ihm selbst geschrieben, übersetzt von Goethe, hrsg. von E. Schaefer, Buch 2, Kap. 13, Frankfurt am Main 1924, S. 246/8. - /29/ Aurelius Augustinus, De Civitate Dei, Buch 21, Kap. 4 in: Aurelii Augustini Opera, Pars 14, 2, hrsg. von B. Dombart, A. Kalb, Turnholt 1955, S. 763. - /30/ Hartmann von Aue, Erec Mhd. u. übers. von Th. Cramer, 31981, S. 367; vgl. LexMA IV, 1946f. - /31/ K. Vollmöller, Ein spanisches Steinbuch, Heilbronn 1880, S. 2/4. - /32/ A.F. Mehren, Manuel de la Cosmographie du Moyen Âge traduit de l'Arabe, Nokhbet EdDahr Fi'Adjaib-Il-Birr Wal-Bah'r de Shema Ed-Din Abou-'Abdallah Moh'ammed de Damas, Kap. 2, Sect. 4, § 10, Kopenhagen 1874 (ND Amsterdam 1964) S. 74/6. - /33/ K. Ahrens, Das Buch der Naturgeschichte, Kiel 1892, S. 82/3. - /34/ A.Y- Goguet, A.C. Fugère, De l'Origine des Lois, des Arts et des Sciences et de leur Progrès chez les Anciens Peuples, Bd. 2, Section I, Chap. II, Article III De la Découverte et de l'Emploi des Pierres Précieuses, Paris 1758, S. 119/20. - /35/ S. Tolansky, J. Roy. Soc. Arts London 109 (1960/61) 743/63, 746. - /36/ J. Strzygowski, Der Bildkreis des griechischen Physiologus, des Kosmas, Indikopleustes und Oktateuch, Leipzig 1899, S. 41.

DIE DIAMANT-GOLD-LEGENDE

Die Behauptung, daß der Diamant im Gold vorkomme, geht auf den Bericht PLATONs über die Reinigung des Goldes durch Schmelzung zurück. Sie wurde von PLINIUS übernommen, und in der Folge entsprechend weitergegeben. Sie war nach J.-E. HILLER /4/ auch in der Antike in der Form recht weit verbreitet, daß als „Adamas-Körner" bezeichnetes Platinerz im Gold vorkomme, und blieb es auch im Mittelalter, meist in einfacher Übernahme der Angaben des PLINIUS, wurde dabei allerdings mißverstanden als das Auftreten beider Stoffe in gemeinsamer Lagerstätte. So schien sie auch richtig zu sein, da gelegentlich in oder bei Goldseifen auch Diamanten gefunden wurden, so im Ural als bekanntestem Beispiel. Meist sind solche Funde und die spätere Identifikation legendenhaft ausgestaltet und nicht mehr nachprüfbar. Als Beispiel sei hier noch der erste Diamantfund in Brasilien erwähnt, wo in der Provinz Minas Geraís im Jahre 1725 der Goldwäscher SEBASTINO LEME do PRADO in seiner hölzernen Waschschüssel glitzernde Steine gefunden haben soll, die er der Kuriosität halber aufbewahrte. Zwei Jahre später sollen die ersten Steine durch BERNARDINO de FONSECA LOBO nach Portugal gebracht worden sein. Sicher dabei ist nur, daß die offizielle Bekanntgabe der Diamantfunde durch das portugiesische Königshaus im Jahre 1729 erfolgte und durch ein königliches Dekret vom 8. Februar 1730 die brasilianischen Diamantlagerstätten zum Eigentum der Krone erklärt wurden /6/.

Eine besondere Ausgestaltung hat die Legende von der Zusammengehörigkeit von Diamant und Gold bei den Arabern gefunden: In dem *Steinbuch des Aristoteles* /1/ aus dem 9. Jh. wird vom Diamanten gesagt: „Der Diamant und das Gold lieben sich gegenseitig und der Diamant bewegt sich rasch zum Gold hin." Eine andere Handschrift formuliert: „ … das Gold, das als Goldstaub aus der Grube kommt, wenn der Diamant ein Korn davon trifft, … so stürzt er sich auf das Gold, wo es auch immer in seiner Grube sein mag, bis er es erreicht hat und sich mit ihm vereinigt" /1/.

Im Westen schien die Legende so gewiß, daß sie im Jahre 1673 ROBERT BOYLE (1627 bis 1691) bestätigte /3/. Im Jahre 1841 nannte T. H. MARTIN /2/ einen sonst nicht näher bekannten (und auch nicht genau zitierten) STALLBAUM als Verteidiger der Ansicht, es käme der Diamant in Goldminen vor. Sechs Jahre später - im Jahre 1847 - hat CAGNARD de LATOUR /5/ die Behauptung, Diamanten und Gold kämen in den gleichen Minen vor, als einen Beweis für die Möglichkeit, nach seiner Methode Kohlenstoff als Diamant zur Kristallisation zu bringen, angeführt *(vgl. S.183ff)*.

Eine eigenartige Version der Legende zeigt, wie gering und verworren im 13. Jh. das Wissen um den Diamanten in Byzanz gewesen sein muß. B. LAUFER /7/ berichtet von einer damals verfertigten Abschrift eines berühmten Briefs des Priester JOHANNES an den byzantinischen Herrscher MANUEL I. (1143 bis 1180), der um 1165 datiert. Darin werde ein Boden in der Bäckerei des Palastes des Königlichen Presbyters in Indien beschrieben. Dieser sei aus „adamantinem Gold", das weder durch Eisen, Feuer oder irgendein anderes Mittel zerstört werden könne. Außerdem gebe es dort zwei Mühlen, die mit Diamantsteinen ausgerüstet seien. Diese Passagen gehören allerdings nicht zum Originalmanuskript, sondern sind Interpolationen in Manuskripten des 13 Jh.

Literatur
/1/ J. Ruska, Das Steinbuch des Aristoteles, Heidelberg 1912, S. 45, 129. - /2/ T.H. Martin, Études sur le Timée de Platon, Note LXXXIII, Bd. 2, Paris 1841, S 258/9, Nachdruck Frankfurt am Main 1975. - /3/ R. Boyle, An Essay about the Origin and Virtues of Gems (1672) in: The Works of the Honourable Robert Boyle, Bd. 3, Neue Auflage, London 1772, S. 521/61, 523. - /4/ J.-E. Hiller, Arch. Geschichte Math. Naturw. Technik 13 (1930) 385/402. - /5/ C. Cagnard de Latour, L'Institut, Sect. I, Sci. Math. Phys. Nat. 15 (1847) 244/5. - /6/ G. Lenzen, Produktions- und Handelsgeschichte des Diamanten, Berlin 1966, S, 146. - /7/ B. Laufer, The Diamond, Field Museum of Natural History, Publ. Nr. 184, Anthropol. Ser. 15 Nr.l (1915) 1/75, 38.

DIE BLEILEGENDE UND DIE SPALTBARKEIT DES DIAMANTEN

Die kurzlebigste der Legenden, die um den Diamanten herum entstanden, ist die, daß der Diamant durch das Blei gebrochen werde. Sie hat als einzige ihren Ursprung nicht im Werk des PLINIUS, sondern soll nach H. FÜHNER /1/ zuerst bei den Arabern zu finden sein, doch trifft das nicht zu, denn schon KOSMAS aus Jerusalem schrieb im 8. Jh. /2/: „Durch das Blei aber wird er dagegen bezwungen; er wird zerschmettert, sobald er mit ihm geschlagen wird." Im arabischen Kulturraum taucht sie erst später auf in dem sogenannten *Steinbuch des Aristoteles* aus dem 9. Jh. Im Abschnitt über den Diamanten steht zu lesen: „Er besitzt zwei besondere Eigenschaften ... und zweitens: es hat kein einziger Stein über ihn Macht außer dem Blei. ... Wird der Diamant mit Hilfe des Bleis pulverisiert ..." /3/.

Die Legende findet sich dann bei späteren arabischen Schriftstellern, so bei dem Kosmographen AL-DIMAŠQĪ (1256 bis 1327) /4/, der auch eine Begründung für den „Sachverhalt" gibt: „Das Blei zerbricht den (Diamant) und zerstört ihn ... (er) bildet sich als Stein durch außerordentliche Trockenheit und seine Salzqualität; darum zerbricht der Diamant durch das Blei ... Es ist das Blei allein, auf Grund seiner sulfurigen Qualität, das ihn zerstört; salzige Partikel enthaltend und den Schwefelgeruch bemerkend, zerbricht der Diamant."

Ähnliches findet sich auch in dem Steinbuch der *Kosmographie* des AL-QAZWĪNĪ (gestorben 1238). Dort findet sich im Kapitel „Diamant" folgende, von einem nichtgenannten Autor übernommene Bemerkung: „Zu den merkwürdigen Eigenschaften des Diamanten gehört, daß, wenn man ihn mit dem Hammer auf dem Amboß schlägt, er entweder in den Hammer oder in den Amboß eindringt; wenn man ihn aber mit Schwarzbei schlägt, zerbricht er sofort, und wirft man ihn ins Bocksblut und bringt ihn ins Feuer, so schmilzt er." Zuvor aber wird unter Bezug auf ALEXANDER den Großen berichtet: „Was auch von Steinen mit ihm (dem Diamant) in Berührung gebracht wird, das zerstückelt und

zerbricht er, mit Ausnahme des Schwarzbleis; denn wenn er mit Schwarzblei geschlagen wird, so zerbricht dies ihn." /5/.

Im Westen findet sich die Legende zum ersten Male in dem wohl bis ins 9. Jh. zurückgehenden /6/, hier nach dem sog. WAYschen Manuskript zitierten /7/ Werk mit dem Titel *Mappae Clavicula de Efficiendo Auro* („Schlüssel zur Malkunst"):

„*126. Über den Diamanten. Der Stein Diamant entsteht aus Cathimia und bei der Schmelzung von Gold, und zwar bei der ersten Schmelze des Waschgoldes. Nach der ersten Schmelze, sobald du das (geschmolzene) Waschgold zerbrichst - die ganze Waschgoldschmelze kann man nämlich leicht zerbrechen -, bleibt er (der Diamant) zurück, einmal klein, einmal groß; über ihn wird das Eisen nicht Herr, noch irgend einer der anderen Steine. Selbst aber überwindet er alle; allein durch das Blei wird er besiegt, und das ist die Kraft des Bleis. Nimm weibliches Blei, gewöhnliches und weiches, schmilz es und gib es auf diesen Diamanten, den Teil, den du reinmachen willst, dann wirst du das Blei bei ruhigem Feuer von unten erhitzen, und sobald das Reinwerden begonnen hat, beseitige (das Störende) mit anliegender scharfer Kante (einer Zange?), mit Seife aus Öl (alles) geschmeidig und sehr sauber bedeckend, darum, weil er zerbrechlich ist. Er ist nämlich brüchiger als Glas und empfindlicher als Blei, darum wird er in Blei gefaßt, zerbrochen. Dann nimm ihn von der Seife weg, und auf dem Wasserschleifstein schärfst du ihn in eben dieser Seife, so weit du ihn zu verfeinern wünschest, und gib ihn vorsichtig in ein großes Feuer, und er mag 2 oder 3 Stunden erhitzt werden, bis er genügend weiß ist. Danach nimm ihn heraus, und es wird ein Diamant herauskommen, über den das Feuer nicht Herr wird und der auch durch Geschlagenwerden nicht zerspringt und durch Bearbeitung nicht angegriffen wird; mit ihm kannst du alles, was du willst, bearbeiten.*"

Dieser Text dürfte dem Leser mit Recht als ein Gemisch aus Vorschriften zur Befreiung des Waschgolds von anderen Erzen wie z.B. Platin, dem Schleifen von Quarz und der Herstellung falscher Diamanten durch entfärbendes Glühen farbiger Edelsteine vorkommen! Weiter fand sich eine Andeutung der Legende in der ältesten erhaltenen anglonormannischen Dichtung, dem *Bestiarium* des Geistlichen PHILIPPE de THAON, der zur Zeit HEINRICHs I., Königs von England und Herzogs der Normandie (1100 bis 1135), lebte, und diese Übersetzung bzw. Bearbeitung des *Physiologus* der Gattin des König AELIS de LOUVAIN widmete. Darin finden sich über den Diamanten die überraschenden Verse: „Wie der Diamant brennt und sich spaltet durch das Blut des Bocks und das Blei ...“ /8/. Hundert Jahre später gab ALBERTUS MAGNUS (etwa 1200 bis 1280), der gelehrte Dominikanerbischof, in *De Mineralibus et Rebus Metallicis* („Über Minerale und Metalle“) sogar eine zeitgemäße Begründung für die wunderbare Eigenschaft des Metalls: „Zerstört wird dieser Stein sogar, was noch wunderbarer scheint (sc. als die Bocksblutgeschichte), durch das Blei, wegen des vielen ‚Quecksilbers‘, das in ihm ist.“ /9/.

Im sogenannten *Liber Sacerdotum,* einer einem JOHANNES des 12. oder 13. Jh. zugeschriebenen Übersetzung aus dem Arabischen, dort im 10. oder 11. Jh. abgefaßt und AL-RĀZĪ (RHAZES) zugeschrieben, findet sich unter dem Titel *De Adamante* ein Text, der dem oben aus der *Mappae Clavicula* zitierten fast wörtlich gleicht /10/. In einem späteren Sammelwerk mit dem Titel *Pro Conservanda Sanitate* („Zur Bewahrung der Gesundheit“) des Franziskanertheologen VITALIS de FURNO (gestorben 16. 8. 1327), das um 1500 im Kloster Eberbach (bei Eltville am Rhein) gefunden und später von SCHÖFFER, dem Mitarbeiter J. GUTENBERGs, in Mainz gedruckt worden ist, findet sich die Angabe, daß das Blei, trotz seiner Weichheit, die härtesten Stoffe anzugreifen vermöge, selbst den Diamanten /11/. Eigenartig ist die Stellungnahme GEORG AGRICOLAs (1494 bis 1555), der vom Diamanten sagt /12/: „Im flüssigen Blei auf dem Flammenherd wird er so heiß, daß er sich auflöst.“ Indessen hatte er wenige Zeilen vorher geschrieben: „Und nicht nur Schläge mit dem Eisen weist er zurück, sondern widersteht auch dem Feuer, durch dessen Glut er keineswegs schmilzt, so daß er niemals verbrennt, wenn wir PLINIUS glauben (dürfen); er wird dabei keineswegs verunstaltet, so daß er (eher) reiner wird, wie XENOKRATES schreibt.“

Auf LUKA BEN SERAPION (angeblich Übersetzer ins Arabische des erwähnten *Steinbuchs des Aristoteles*) bezog sich ANDREAS CAESALPINUS (1519 bis 1603) in seinem Werk über die Metalle /13/: „SERAPION bezeugt, daß (der Diamant) auch von Blei gelöst werde.“ Überraschend lückenhaft zeigt sich das Wissen des ANSELMUS BOETIUS de BOODT (etwa 1560 bis 1634) /14/ bei der Behandlung des Diamanten in seinem Buch *Gemmarum et Lapidum historia,* wo er zunächst die nicht ausdrücklich erwähnte Bleilegende schlicht ablehnt, aber auf eine andere Eigenschaft des Diamanten aufmerksam macht, die bei der Bearbeitung des Diamanten (mit einem anderen Diamanten) erkennbar wird /17/: „Auch das Blei, wie man bisher geglaubt hat, stumpft die Härte des Diamanten nicht ab. Folgendes wird von MONARDES (wahrscheinlich Verwechslung mit GARCIA ab HORTO) als wahr angegeben: Wenn er lange mit einem anderen (Diamanten) gerieben werde, er jenem sehr fest anhafte, und wenn er erwärmt werde, Spreu anziehe wie der Bernstein, was, wie oben schon gesagt, nur ein Zeichen dafür ist, daß er (der Diamant) feuriger und schwefliger Natur ist.“

Mit der Arbeitsweise der Steinschneider bei den Vorbereitungen zur Spaltung oder Bearbeitung des Steines hat nach ihm die Blei-Legende nichts zu tun, wie dies E. O. v. LIPPMANN /15/ zur Herkunft der Legende annahm und im Jahre 1776 von J. G. KRÜNITZ /16/ folgendermaßen beschrieben wurde, wobei das kleine Gerät, das den Stein aufnehmen sollte, mit „Doppe“ bezeichnet wird: „Der Diamantschneider ... glüht die Doppe in einem Kohlenfeuer, gießt das Bley und Zinn (oder sogenannte Soldier) in die Büchse dieser Doppe ... Sobald nun das Metall um soviel erkaltet ist, daß er es unbeschädigt mit dem Finger drücken kann, so setzt er den Stein ein und richtet ihn.“

ANSELMUS BOETIUS de BOODT /17/ hat es nun gerade versäumt, als er auf die Spaltbarkeit des Diamanten zu sprechen kam, etwas Genaueres über „Instrument und Hilfsmittel“, die er dabei als sonst üblich erwähnt, mitzuteilen: „Ich weiß um einen bekannten Arzt, der sich brüstet, ... er könne jeden beliebigen Diamanten mit den Fingernägeln, ohne ein anderes Instrument oder Hilfsmittel als dem, was der menschliche Körper liefert, in Scheibchen wie Glimmer aufspalten."

Aus den zitierten Texten wird verständlich, wenn noch andere Versuche zur Herkunftsdeutung unternommen worden sind: So wies F. de MÉLY /18/ darauf hin, daß ein altes armenisches Steinbuch eine Möglichkeit aufzeige: „Beim Zerbrechen eines Diamanten lege man ihn zwischen zwei Bleifolien, um keine Splitter zu verlieren, die ohne dies (Vorgehen) nach allen Seiten verspritzen würden."

Schließlich wies im Jahre 1941 J. SVENNUNG /19/ darauf hin, daß die Entfernung der Platinerze aus dem Waschgold eine weitere Deutungsmöglichkeit für den Ursprung der Bleilegende sein könne.

Literatur

/1/ H. Fühner, Lithotherapie, Historische Studien über die medizinische Verwendung der Edelsteine, Berlin 1902 (Neudruck Ulm 1956) S. 78. - /2/ Kosmas Hieropolitanus, Commentarium de Physicis Rebus, quas iuxta Ordinem in Carminibus suis tractavit Divus Gregorius 584 in: P. Migne, Patrologiae Cursus Completus, Series Graeca, Bd. 38, Paris 1858, S. 643. - /3/ J. Ruska, Das Steinbuch des Aristoteles, Heidelberg 1912, S. 129. - /4/ A.F. Mehren, Manuel de la Cosmographie du Moyen Âge traduit de l'Arabe Nokhbet Ed-Dahr Fi 'Adjaib-Il-Barr W'al-Bah'r de Shems Ed-Din Abou' Abdallah Mohammed de Damas, Kap. 2, Sect. 4, § 10, Kopenhagen 1874 (Neudruck Amsterdam 1964) S. 74/6. - /5/ J. Ruska, Das Steinbuch aus der Kosmographie des Zakarija ibn Muhammad Ibn Mahmud al-Kazwini, Beilage zum Jahresbericht 1895/96 der prov. Oberrealschule Heidelberg, Kirchhain 1896, S. 1/44, 35. - /6/ E.O. v. Lippmann, Entstehung und Ausbreitung der Alchemie, Berlin 1919 S. 469/72. - /7/ T. Phillips, A. Way, Archaeologia (London) 32 /1847/ 183/244, 213; vgl. LexMA VI, 214. - /8/ Philippe de Thaon, Bestiarium, Vers 2894/5 in: E. Walberg, Le Bestiaire de Philippe de Thaon, Lund-Paris 1900, S. 105; Übersetzung nach Ch.-V. Langlois, La Connaissance de la Nature et du Monde d'après des Écrits Français à l' Usage des Laics, Paris 1927, S. 26. - /9/ Albertus Magnus, De Mineralibus et rebus Metallicis Libri V, Buch 2, Traktat 2, Kap. 1, Köln 1569, S. 119. - /10/ E. O. v. Lippmann, Entstehung und Ausbreitung der Alchemie, Berlin 1919, S. 402. - /11/ E.O. v. Lippmann, Chemiker-Ztg. 1922, 25; Beiträge zur Geschichte der Naturwissenschaften, Bd. 1, Berlin 1923, S. 175/92, 181; vgl. Dict. Théol. cath. XV, 3112f. - /12/ G. Agricola, De Natura Fossilium Libri X, Buch 6 in: Opera Basel 1558, S. 281. - /13/ A. Caesalpinus, De Metallicis, Buch 2, Kap. 20, Nürnberg 1602, S. 101 (Erstdruck 1596). - /14/ J. Ruska, Das Steinbuch des Aristoteles, Heidelberg 1912, S. 43/6, 120. - /15/ E. O. v. Lippmann, Entstehung und Ausbreitung der Alchemie, Berlin 1919, S. 402. - /16/ J.G. Krünitz, Oeconomische Encyclopädie oder allgemeines System der Land-, Haus- und Staats-Wirthschaft, Bd. 9, Berlin 1776, S. 175/222, 209. - /17/ A. Boetius de Boodt, Gemmarum et Lapidum Historia, Buch 2, Kap. 6, Hanau 1609, S. 69. - /18/ F. de Mély, Les Lapidaires de l'Antiquité et du Moyen Âge, Tome 1, Paris 1896, S. L XII. - /19/ J. Svennung, Uppsala Univ. Arsskrift 1941, Nr. 5, S. 78, Fußnote 7.

DIE BOCKSBLUT-LEGENDE

Herkunft und Deutungsversuche

Die wohl - ganz offenbar auf den von H. J. J. WINTER /1/ beschriebenen, recht verwickelten Ausbreitungswegen naturwissenschaftlicher Kenntnisse im Mittelalter über Europa und Asien hin - am weitesten verbreitete und langlebigste der vielen Legenden, die sich um den Diamanten ranken, ist die, daß frisches, noch warmes Bocksblut den härtesten aller Steine erweichen und für das Eisen angreifbar machen könne. Sie wird in der Literatur allgemein auf die *Naturkunde* des PLINIUS (23/24 bis 79 n. Chr.) zurückgeführt, stammt aber aus älteren Quellen. In dem Werk des Römers findet sie sich sogar gleich an zwei Stellen: Erstmals - meist übersehen, aber aufschlußreich - als kurze Bemerkung an einem uns Heutige überraschenden Ort, an dem es PLINIUS aber offenbar für richtig hielt, seine Leser auf ein ihm wichtig erscheinendes, philosophisches Prinzip hinzuweisen: Er schrieb nämlich im einleitenden Kapitel seines 20. Buches /2;3/:

„Nun werden wir das größte Werk der Natur in Angriff nehmen und die für den Menschen bestimmten Nahrungsmittel aufzählen und wir werden ihn zum Geständnis zwingen, daß ihm das unbekannt ist, wovon er lebt. Niemand lasse sich, getäuscht durch die Unscheinbarkeit der Namen, dazu verleiten, dies für klein und unbedeutend zu halten. Es wird hier vom Frieden untereinander oder vom Krieg in der Natur und von Freundschaften und Haßgefühlen der leb- und gefühllosen Dinge gesprochen werden, und,

*was umso mehr Bewunderung verdient, wie dies
alles um der Menschen willen geschieht. Die
Griechen haben dies Sympathie und Antipathie
genannt, worauf alles gegründet sei, indem Wasser
das Feuer löscht, die Sonne das Wasser in sich auf-
nimmt, dieses der Mond dann (als Tau) gebärt,
und jeder einzelne Himmelskörper durch die
Gewalttätigkeit des anderen verfinstert wird.
Ferner, um uns von den erhabeneren Dingen ab-
zuwenden, (bedenke man,) wie der Magnetstein
das Eisen anzieht und ein anderer Stein dieses
wieder von sich abstößt, wie endlich der Diamant,
die seltene Freude des reichen Besitzers, unzer-
brechbar von jeder Gewalt und unüberwindbar,
im Bocksblut aber zerspringt, und dergleichen
ähnliche oder andere Wunderdinge, über die wir
an den passenden Stellen sprechen werden."*

Später dann, „an der passenden Stelle", in seinem
letzten Buche, in dem er neben anderen Edelsteinen als ersten den Diamant abhandelt, führte
er aus /4/:

*„Was ich in allen diesen Büchern zu zeigen ver-
sucht habe über Zwietracht und Freundschaft der
Stoffe - die Griechen nennen es Sympathie und
Antipathie - kann man jetzt nirgends deutlicher
erkennen, als wenn nämlich diese ‚unüberwindliche Kraft' (der Adamas), diese Verächterin der
gewaltigsten Dinge der Natur, des Feuers und des
Eisens, zerstört und mürbe gemacht wird durch
Bocksblut, jedoch nur, wenn es noch frisch und
warm ist, und auch nur so durch viele
Hammerschläge, daß er (der Adamas) selbst dann
noch außerdem ausgezeichnete Ambosse und eiserne Hämmer zerbricht. Welcher Kopf hat dies erfunden oder durch welchen Zufall wurde das entdeckt? Oder welche Mutmaßung hat eine Sache
von solch außerordentlichem Wert in Zusammenhang gebracht mit dem stinkigsten aller Tiere?
Eine solche Entdeckung stammt sicher von den
Göttern und das alles ist ein Geschenk, und man
darf in keinem Teil der Natur nach dem Grund
fragen, sondern nur nach dem Willen! Wenn es
glücklich gelingt, den (Adamas) zu zerbrechen,
zerfällt er in so kleine Stückchen, daß man sie
kaum erkennen kann. Diese werden von den
Steinschneidern gesucht und in Eisen gefaßt, weil
man damit jeden noch so harten Körper leicht
durchbohren kann."*

Zunächst muß bemerkt werden, daß die an beiden Stellen angesprochenen Gedankengänge
vom Frieden untereinander oder vom Krieg der
Natur, von Haßgefühlen und von Freundschaften
auf die Philosophie der Vorsokratiker zurückgehen, besonders auf EMPEDOKLES von
Akragas (5. Jh. v. Chr.). Nach diesem wird das
ständige Verbinden und Trennen der Urelemente
Feuer, Wasser, Luft und Erde durch die Kräfte
von Liebe und Haß, Anziehung und Abstoßung
bewirkt. Schon HERAKLIT von Ephesus (6./5.
Jh. v. Chr.) sah die Welt in einem mächtigen
Spannungsfeld, in dem alle Gegensätze zu einer
großen Einheit zusammengefaßt sind. Als den
Begründer der Lehre von Sympathie (griechisch
= Mitempfindung) und Antipathie (griechisch =
Abneigung) betrachtete man ursprünglich den
ägyptischen Zaubergott HERMES-TRISME-
GISTOS (= THOT) oder auch den Religions-
stifter der Parsen ZOROASTER (ZARATU-
STRA, 630 bis 553 v. Chr.); als direkter
Vermittler dieser Lehren an PLINIUS ist nach
M. WELLMANN /21/ der Ägypter BOLOS
von Mendes (etwa 200 v. Chr.) zu betrachten,
doch kann man das nicht mit Sicherheit behaupten. Der Antagonismus, um den es hier geht, ist
nach E. O. v. LIPPMANN /5/ das Paar „Warm"
und „Kalt", da man das Blut des als besonders
sinnlich, z. B. von AELIAN (170 bis 235 n. Chr.)
in seiner Zoologie *De Natura Animalium* („Über
die Natur der Tiere") /7/, beschrie' enen Bocks
für ungewöhnlich „heiß" hielt - eine Ansicht, die
durch ihre Aufnahme in das große Sammelwerk
/8/ des ISIDOR, Bischof im westgotischen
Sevilla (560 bis 636), weiteste Verbreitung fand -,
dem Diamanten aber, als dem Fürsten der
Edelsteine, eine ausnehmend „kalte Natur" zuschrieb. Warum PLINIUS gerade hier die
Bemerkung über Sympathie und Antipathie
macht, wird verständlich, wenn man weiß, daß
ihm der Einsatz des Bocksblutes als Härtungs-
mittel von Stahl bekannt war /6/: „Dem Bocksblut
wohnt eine so große Kraft inne, daß die Schärfe der
Eisenwerkzeuge auf keine andere Art besser gehär-
tet wird und ihre Rauhigkeit leichter geglättet wird
als mit der Feile."

Doch meinte mit einem gewissen Recht M.
PINDER /10/ in seiner Schrift *De Adamante
Commentatio Antiquaria* („Abhandlung über

den Diamanten in der Antike"), dieser Bericht über eine so sonderbare Eigenschaft des Diamanten müsse den Leser etwas überraschen, der wenige Zeilen vorher als Einleitung zum Kapitel über die Edelsteine /11/ über des Autors PLINIUS' Absichten hatte lesen müssen: „Jetzt wollen wir die anerkannten Arten der Edelsteine besprechen, mit dem gepriesensten beginnend, und nicht allein dieses werden wir tun, sondern auch nebenbei, zum größeren Nutzen für das Leben, als falsch aufzeigen die unsagbare Lügenhaftigkeit der Magier, soweit sie in sehr vielen Fällen bei den Edelsteinen berichtet haben, was von einer sehr angenehmen Art Medizin übergeht zum Übernatürlichen." /11/. Schließlich habe hier PLINIUS seinen löblichen Vorsatz vergessen /10/; doch dies trifft wohl kaum zu, da nach den Vorstellungen der Antike hier, bei der Frage nach der Zerstörbarkeit eines Stoffes, weder etwas Medizinisches noch etwas Übernatürliches berührt wird. Unter Magiern, ursprünglich persische Priester bezeichnend, dürfte PLINIUS - nach dem durch die Kriege gegen MITHRIDATES, den König von Pontos (zwischen 88 und 64 v. Chr.), erfolgten Bedeutungswandel - die der Astrologie kundigen, wahrsagenden, oft auch der Zauberei verdächtigten Gelehrten aus dem Zweistromland (Chaldäer) verstanden haben /12/. Gerade bei ihnen müßte aber der Ursprung der Legende zu suchen sein, wenn E. O. v. LIPPMANN /5/ Recht haben sollte mit seiner Vermutung, daß „Bocksblut" einer der im Orient zahlreichen Decknamen (Scheinnamen) war und „starke Hitze" bedeutete, denn es läge nahe, anzunehmen, daß man in jenen Ländern, die zuerst Diamanten besaßen und benutzten und für den kältesten aller Steine hielten, auch zuerst die Erfahrung machte, daß die andauernde Einwirkung hoher Wärmegrade einen verderblichen, ja unter Umständen einen zerstörenden Einfluß auf diesen Edelstein ausübe, die Brennbarkeit des Diamanten also damals schon bekannt gewesen sei.

Für die Wahl des Bockes als Symbol des Feuers gab B. LAUFER /13/ einen astrologischen Grund an: Nach dem römischen Dichter MANILIUS, einem Zeitgenossen des Kaisers TIBERIUS, war das Tierkreiszeichen des Steinbocks der Göttin VESTA zugeordnet, der alle Tätigkeiten unterstanden, bei denen Feuer benutzt werden muß, sei es Brotbacken, Metallbearbeitung oder, des Feuersetzens wegen auch der Bergbau. Die Folge sei gewesen, daß bei der Zuordnung der Edelsteine zu den Tierkreiszeichen der Diamant wegen seines Verhaltens gegen das Feuer zum Steinbock kam. Eine andere Interpretation von V. BALL /14/, nach der die Legende auf eine indische Sitte zurückgehen soll, bei Eröffnung eines Bergwerkes einen Bock zu Ehren der Feuergottheit AGNI zu opfern, ist nach B. LAUFER /13/ unhaltbar, weil solche Opfer in alter Zeit nicht nachweisbar sind, AGNI auch in keinerlei Beziehung zum Bergbau steht und erst die ganz späte indische Kunst den Gott auf einem feuerumstrahlten Bock reitend darstellt. Ebenso abzulehnen seien, meint B. LAUFER /13/, auch so platte Annahmen, wie sie beispielsweise C. W. KING /15/ aussprach, daß es bei dem Bocksblutmärchen sich einfach um eine den Preis der Ware erhöhende Räuberpistole handele. Eine eigenartige Auslegung des Märchens gab im Jahre 1750 P. J. MARIETTE /16/, der meinte, die Behandlung des Diamanten mit Bocksblut bedeute nichts anderes als das Abschrecken des glühenden Steines, bei dem die von den Gemmenschneidern gewünschten kleinen Stücke entstünden. Ganz ähnlich ist auch die moderne, von S. TOLANSKY /17/ verbreitete Behauptung, in der Legende sei nur die Kenntnis der Antike von der Spaltbarkeit des Diamanten zu sehen. Dies hat in anderer Form schon H. BLÜMNER /18/ ausgesprochen, wenn er, sich eng an PLINIUS haltend, meinte, die alten Steinschneider hätten vor der Zerkleinerung des Steines in gutem Glauben seine Behandlung mit Bocksblut vorgenommen, ohne zu prüfen, ob dies auch ohne die Vorbehandlung möglich sei, oder aber - eine weitere Vermutung - sie hätten den Laien die Blutanwendung als einen angeblich wichtigen Kunstgriff ihres Handwerks vorgetragen. Weit hergeholt erscheint auch die Interpretation des Märchens durch B. F. I. HERMANN /19/, der meint, es beruhe auf der Verwechslung von „Adamas-Diamant" mit „Adamas-Stahl" und sage nur aus, was PLINIUS schon kannte und in der Moderne noch Orientreisende gelegentlich berichteten, daß manchmal bei einfachen Volksstämmen Stahl mit Bocksblut abgeschreckt werde; dahinter dürfte sich die Meinung verbergen, daß in der Antike die Gravierspitze nur aus Stahl habe bestehen können. Einen Versuch zur sachlichen Begründung des seltsamen Verfahrens, der über die Angaben des PLINIUS hinausgeht, findet man - in Andeutungen wenigstens - erst in der ausgehenden Renaissance bei dem schon recht skeptischen italienischen Arzt IULIUS CAESAR SCALIGER (1484 bis 1558) /20/:

„Der Diamant werde durch Bocksblut zerbrochen, vermeldet PLINIUS. Mir wäre lieber, er hätte seine Versuche kundgetan. Neuere (Schriftsteller), die solche geheimnisvollen Eigenschaften ablehnen und sie als eine Freistätte des Unverstands mit schmachvollen Worten bezeichnen, bauen an anderen Orten, gerade in dieser Geschichte, auf, was sie zerstören wollen. Sie sagen nämlich: Das Bocksblut dringe in den Diamanten ein gemäß der Analogie, was ja dem allgemeinen Prinzip entspricht. Aber fürwahr, was ist die Analogie des allgemeinen Prinzips anderes als die geheimnisvollen Kräfte? Und warum schleicht sich Bocksblut ein, und wird anderes, dünneres Blut ausgeschlossen? Und in der Tat, in einem einzigen Prinzip zusammenzubringen den Diamanten und jenes Blut, das heißt: den Bock zum Diamanten machen. Daß es aber den Stein in den Nieren und den in der Blase bricht, das ist so wahr wie es am Mittag hell ist. Wir haben nämlich sehr viele (Steine) mit seiner Kraft zertrümmert. Aber auch durch Hasen(blut) geschieht das nämliche. Woher also diese Wirksamkeit? Ich kann dir eine Begründung dafür nicht geben, sondern gutgläubig als Beweis hinterlassen; ich kenne nur das unbegreifliche Wort eines Gewährsmanns."

Literatur

Das Thema „Diamant und Bocksblut" behandelt auch ausführlich die Monographie von F. Ohly, Berlin 1976. /1/ H.J.J. Winter, Endeavour (deutsch) 32 Nr. 117 (1973) 134/9). - /2/ C. Plinius Secundus, Naturalis Historiae Libri XXXVII, Buch 20, Kap. 1 in: C. Plinius Secundus d. Ä., Naturkunde, Buch XX, herausgegeben und übersetzt von R. König, G. Winkler, München 1979, S. 14/17. - /3/ C. Plinius Secundus, Naturalis Historiae Libri XXXVII, Book XX, Chapter 1, in: W.H.S. Jones, Pliny, Natural History, Bd. VI, The Loeb Classical Library, London-Cambridge Mass. 1951, S. 2/3. - /4/ C. Plinius Secundus, Naturalis Historiae Libri XXXVII, Buch 37, Kap. XV, 59/60 in: D.E. Eichholz, Pliny, Natural History, Vol. X, The Loeb Classical Library, London-Cambridge Mass. 1962, S. 208/11. - /5/ E. O. v. Lippmann, Beiträge zur Geschichte der Naturwissenschaften und der Technik, Bd. 2, Berlin 1923, S. 143; Chem.-Ztg. 40 (1916) 3/5,4. - /6/ C. Plinius Secundus, Naturalis Historiae Libri XXXVII, Buch 28, 41, herausgegeben von F. Semi, Pisa 1928, S. 1868. Auch diese Verwendung des Bocksblutes wurde durch das ganze Mittelalter hindurch weitergegeben, sie findet sich beispielsweise /9/ in der von JEHAN de BEGUER, dem Notar der Münzmeister von Paris, wohl im Jahre 1341 kompilierten Schrift mit dem Titel *Experimenta Diversa Alia quam de Coloribus* als Rezept Nr. 58: *Ad temperandum ferrum quod erit tam durum, quod de ipso poterunt incidi duri lapides preciosi.* „To temper iron so that it will be hard enough to cut precious stones. - Heat the iron in the fire to a convenient heat, and extinguish it in the blood of a goat (der von der Liebe entflammt ist, das ist) in the month of March". Eine ähnliche Anweisung findet sich auch in einer etwa 40 Jahre älteren Handschrift in altfranzösischer Sprache des Johannes Alcherius - /7/ Claudius Aelianus, De Natura Animalium, Buch 7, Kap. 19, in: A.F. Schoefield, Aelian, On the Characteristics of Animals, Bd. 2, London - Cambridge Mass. 1959. S. 126/7.- /8/ Isidorus von Sevilla, Etymologiarum Libri XX, Buch 12 De Animalibus, Kap. 1, 14, hrsg. von W.M. Lindsay, Oxford 1911 o.S. - /9/ M.P. Merrifield, Original Treatises Dating from the XIIth to the XVIIIth Centuries and the Art of Painting, Bd. 1, London 1849, S. 74/5, 310/11. - /10/ M. Pinder, De Adamante Commentatio Antiquaria, Berlin 1829, S. 54, 57 Fußnote. - /11/ C. Plinius Secundus, Naturalis Historiae Libri XXXVII, Buch 37, Kap. XIV, 54 in: D.E. Eichholz, Pliny, Natural History, Vol. X, The Loeb Classical Library, London-Cambridge Mass. 1962, S. 204/5. - /12/ C. Clemen in: G. Wissowa, W. Kroll, Paulys Realencyclopädie der klassischen Altertumswissenschaft, Neue Bearbeitung, 27. Halbband, Stuttgart 1928, Spalte 509/18). - /13/ B. Laufer, The Diamond, A Study in Chinese and Hellenistic Folklore, in Field Museum of Natural History, Publ. 184, Anthropological Ser. XV, Nr. 1, Chicago 1915, S. 15, 24, Fußnote 3. - /14/ V. Ball in: J.B. Tavernier, Travels in India, translated by V. Ball, Bd. 2, S. 461 laut Lit.13. - /15/ C. W. King, Antique Gems, Their Origin, Uses, and Value, London 1860, S. 107. - /16/ P. J. Mariette, Traité des Pierres Gravées, Paris 1750, S. 155/6. - /17/ S. Tolansky, The History and Use of Diamond, London, S. 20. - /18/ H. Blümner, Technologie und Terminologie der Gewerbe und Künste bei Griechen und Römern, Bd. 3, Leipzig 1884, S. 221 Fußnote 1. - /19/ B.F.I. Hermann, Nova Acta Acad. Petropol. 12, 352/61 laut Lit. 10. - /20/ I.C. Scaliger, Exotericarum Exercitationum Liber XV, De Subtilitate ad Hieronymum Cardanum, Exercitatio 344, 8, Frankfurt am Main 1607, S. 1080 (Erstausgabe Paris 1557). - /21/ M. Wellmann, Abhandl. Preuß. Akad. Wiss. Berlin 1928, Nr. 7, S 1/80, 10.

Ausbreitung in der Antike

Die anfangs als Quellen angeführten antiken Autoren waren keineswegs die einzigen, die für die Verbreitung der seltsamen Kunde der Zerstörbarkeit des Adamas-Diamanten sorgten, sie findet sich in weitverbreiteten Werken ebenso wie in Fachbüchern. Im 2. Jh. wiederholte die Geschichte der Kleinasiate PAUSANIAS in seinem in den Jahren 170/80 verfaßten Reiseführer durch Griechenland (*Perihegesis*) /1/, im 3. Jh. tat dies SOLINUS /2/ in seinem geographischen Lehrbuch *Collectanea Rerum Memorabilium* („Sammlung bemerkenswerter Dinge"), das auch einen kurzen, aber gerade darum in späterer Zeit sehr beliebten Auszug aus der Naturgeschichte des PLINIUS darstellt. In dem etwa gleichzeitig zusammengeschriebenen *Papyrus Holmiensis*, dem noch erhaltenen Rest einer Technik-Enzyklopädie, in Teilen vielleicht bis auf BOLOS von MENDES (in Ägypten, etwa 200 v. Chr.) zurückgehend, wird das Bocksblut zwar zum Erweichen von Bergkristall und Glas verwendet, der „Adamas-Diamant" kommt jedoch in der Sammlung überhaupt nicht vor /3/. Unter den sogenannten alchemistischen griechischen Schriftstellern weist ZOSIMUS von Panopolis in der Thebais, vermutlich im 4. Jh. lebend, in einer seiner Schriften darauf hin, daß man „in den Steinbüchern das Bocksblut" erwähnt finde /4/. Doch nennt er keine Anwendung, die aber recht vielseitig geworden zu sein scheint, denn in der Chemie des MOSES wird es gar einer Schmelze zugesetzt /5/, und ein anderer Autor der Gruppe benutzt es zur Gewinnung einer scharfen Lauge /6/. Welchen Ruhm als Wundermittel das Bocksblut im 4. Jh. genoß, zeigt PALLADIUS in seinem landwirtschaftlichen Werk *De Re Rustica,* in dem er unter dem Monat Juli sagt: „Wenn also in diesem Monat zyprische Sicheln hergestellt und sie mit Bocksblut bestrichen werden und nach dem Glühen im Ofen nicht mit Wasser, sondern mit eben diesem Blut abgeschreckt werden, so wird das mit ihnen entfernte Unkraut völlig zerstört." /7/.

Doch scheint wohl als seine Hauptwirksamkeit die auf den Diamanten betrachtet zu werden, wie etwa der anonyme *Physiologus* zeigt /8,9/. Darin wird die Bocksblut-Legende mit einer verblüffenden Abwandlung des PLINIUSschen Textes im Sinne des christlichen Autors ausgewertet, ohne daß der anderen Wirkungen des Bocksblutes gedacht würde. Auch AUGUSTINUS (354 bis 430), Bischof von Hippo Regius (Nordafrika), schreibt in *De Civitate Dei* („Über den Gottesstaat"): „Den Diamant-Stein haben viele bei uns, vor allem Goldschmiede und Steinschneider, einen Stein, der weder durch Eisen noch Feuer noch irgend eine andere Gewalt vernichtet wird außer durch Bocksblut" /10/.

Um etwa 400 n. Chr. wußte der Arzt THEODORUS PRISCIANUS /11/, daß der Diamant nach dem Erweichen mit Bocksblut durch Eisen gebrochen werden könne, und um die gleiche Zeit etwa weiß der Theologe und Gründer des ersten Mönchsklosters auf europäischem Boden, JOHANNES CASSIAN (ca. 360 bis ca. 435) vom Bocksblut, daß der Magnet durch den Diamanten geschwächt werde, durch Bocksblut aber seine alte Kraft wieder erhalte /12/. Der berühmte Kirchenlehrer und Papst GREGOR I. (der Große, ca. 540 bis 604) benutzt in einem seiner Bücher /13/ das Bocksblut zu einem Vergleich: „Auch können manche Wunden durch Schneiden nicht kuriert, wohl aber durch Salbungen mit Öl geheilt werden. Auch der harte Diamant nimmt ein Einschneiden mit dem Eisen überhaupt nicht an, sondern wird vom sanften Blut der Böcke erweicht."

Die Ärzte des 5. und 6. Jh. bringen nichts anderes als das bereits Bekannte /14/, ebenso weiß der Bischof von Sevilla ISIDOR (560 bis 636) in seinen *Etymologiae* /15/, einem Handbuch des zeitgenössischen Wissens, nicht mehr als er aus PLINIUS und SOLINUS entnehmen konnte /14/. Auch der im 6. Jh. in Konstantinopel lehrende lateinische Grammatiker PRISCIANUS aus Caesarea in Mauretanien weiß in seiner Übersetzung der Erdbeschreibung des DIONYSIOS PERIEGETES (2. Jh.) in lateinische Hexameter nur: „Den keinesfalls Eisen überwinden kann oder Feuer, | er wird nur zerbrochen, nachdem er mit Bocksblut erweicht ist" /16/.

Mehrere Male sprach THEOPHYLAKTOS SIMOKATTES, der aus Ägypten stammende juristische Berater des Kaisers HERAKLEIOS

(610 bis 641), in seinem Werk mit dem lateinischen Kurztitel *Quaestiones Physicae* („Über verschiedene naturwissenschaftliche Probleme") von dem Bocksblut, das den Diamanten erweicht /17/.

Literatur

/1/ Pausanias, Descriptio Graeciae, Buch 8, 16, 6. herausgegeben von S.H. Jones, Bd. 3, London 1954, S. 434. - /2/ C. Iulius Solinus, Collectanea Rerum Memorabilium, hrsg. von Th. Mommsen, Berlin 1895, S. 183/4. - /3/ O. Lagercrantz, Papyrus Graecus Holmiensis, Rezepte für Silber, Steine und Purpur, Uppsala-Leipzig 1913, S. 13, 16, 179, 188. - /4/ M. Berthelot. C.-E. Ruelle, Collection des Anciens Alchimistes Grecs, Paris 1888, Texte Grec S. 186, Traduction S. 183. - /5/ M. Berthelot, C.-E. Ruelle, Collection des Anciens Alchimistes Grecs, Paris 1888, Texte Grec S. 301, Traduction S. 289. - /6/ M. Berthelot, C.-E. Ruelle, Collection des Anciens Alchimistes Grecs, Paris 1888, Texte Grec S. 357, Traduction S. 373. - /7/ Palladius, De Re Rustica Libri XIV, Buch 8, Kap. 5, herausgegeben von J.C. Schmitt, Leipzig 1898, S. 190. - /8/ Physiologus, Kap. 32, hrsg. von O. Seel, Zürich-Stuttgart 1960, S. 28/30. - /9/ J.R. Partington, A History of Chemistry, Vol. 1, Part 1, London 1970, S. 248/9; vgl. LexAntChrLit, 3. Aufl., 580f - /10/ Aurelius Augustinus, De Civitate Dei, Buch 21, Kap. 4 in: Aurelii Augustini Opera, Pars 14, 2, herausgegeben von B. Dombart, A. Kalb, Turnholt 1955, S 763. - /11/ Theodorus Priscianus, Euporista? laut E.O. v. Lippmann, Lit. 15, S. 214. - /12/ Johannes Cassianus, Collationes laut E.O. v. Lippmann, Lit. 15, S 214. - /13/ Gregorius Magnus, Regulae Pastoralis Liber, Pars Tertia, Caput 13 Quomodo admonendi, qui flagella metuunt et qui contemnant in: J.-P. Migne, Patrologiae Cursus Completus, Series Prima, Tomus 77, Paris 1849, Spalte 71C. - /14/ E.O. v. Lippmann, Beiträge zur Geschichte der Naturwissenschaften und der Technik, Berlin 1923, S. 213. - /15/ Isidor von Sevilla, Etymologiarum sive Originum Libri XX, Buch 12 De Animalibus, Kap. 1, 14, hrsg. von W.M. Lindsay, Oxford 1911 o.S. - /16/ Prisciani Periegesis Vers 1064/5, in Geographi Graeci Minores, hrsg. von C. Müller, Paris 1861 (Nachdruck Hildesheim 1965), S.199. - /17/ Theophylactus Simocattes, Quaestiones Physicae 1, 26 in: L.M. Positano, Theophilatto Simocata, Quaestioni Naturali, Neapel 1953, S. 16/8.

Im Mittelalter

Aus der antiken Literatur ging der Wunderglauben, der sich an das Bocksblut knüpfte, in die mittelalterliche über und zwar in ihre sämtlichen, so verschiedenenartigen Gattungen. So hat zum Beispiel schon ALDHELM (etwa 640 bis 709), Abt von Malmesbury und Bischof von Sherborne, in seinem *Aenigmatum liber* („Rätselbuch") geschrieben /1/: „Siehe, ich fürchte keine Proben mit dem harten Eisen, noch werde ich durch die Hitze der Flamme verbrannt, aber durch das Blut eines Bocks | erschlafft die Kraft der Härte. So überwindet das Blut, wovor sogar Eisen erzittert."

Etwa ein Jahrhundert später erscheint dieses Wissen in einer theologischen Kampfschrift *Adversus Elipandum* („Gegen Elipandus") dem Bischof von Tours und Lehrer Kaiser KARLs des Großen, dem Angelsachsen ALKUIN (etwa 730 bis 804), zu frommer Mahnung geeignet: „Man liest in den Schriften derer, die über die Natur der Steine geschrieben haben, die Härte des Diamantsteines werde durch keinen Hammerschlag gebrochen und durch Feuerhitze nicht geschmolzen, aber die härteste Kraft seiner Natur werde allein durch Bocksblut erweicht. Wenn kein Beweisgewicht genügt, die Härte deines Herzens zu verändern, so möge es erweicht und geschmolzen werden durch das Blut des wahren Gottes, unseres Herrn JESUS CHRISTUS, das auch zu deinem Heil vergossen worden ist." /2/.

Nach der anonymen Schrift *Mappae clavicula* („Schlüssel zur Malkunst") erweicht und schneidet man Glas mit Bocksblut oder Bocksharn /3/, den Diamanten kann man mit Blei bezwingen. Ein ähnliches technologisches Vorschriftenbuch, die Schrift des HERACLIUS *De Coloribus et Artibus Romanorum* („Über die Farben und Künste der Römer"), die zum Teil aus dem 10., zum Teil erst aus dem 12. Jh. herrührt, lehrt Glas und Bergkristall, Edelsteine und Diamanten durch Blut oder Harn eines entsprechend gefütterten Bockes erweichen und Eisen mittels seines Fettes härten /4/. Den um das Jahr 1100 gesammelten Rezepten des THEOPHILUS PRESBYTER /5/ ist im wesentlichen dasselbe zu entnehmen.

Das Kompendium der Naturwissenschaften *De Universo* („Über das Universum") des HRABABUS MAURUS, Erzbischof von Mainz (ca. 780 bis 856), ein Schulbuch aus karolingischer Zeit, gibt die Erzählungen des PLINIUS wieder /6/, später und in Versen tat dies auch MARBOD, Bischof von Rennes (1035 bis 1123), in einem Fachbuch *De Lapidibus* („Über die Steine"), verfaßt zwischen den Jahren 1067 und 1081 /7/. Nur wenig jünger ist das *Bestiarium* („Tierbuch") des PHILIPPE de THAON, das der Gattin HEINRICHS I., Königs von England und Herzogs der Normandie, gewidmet ist; er schreibt darin etwas überraschend, „daß der Diamant brennt und sich spaltet durch das Blut des Bocks und das Blei." /8, 9/. Diese seltsame Mär berichtete ebenfalls in Versen ALEXANDER NEC-KAM (1157 bis 1217), der Milchbruder des Königs RICHARD LÖWENHERZ /10/, der aber empfiehlt, noch Essig zuzusetzen: „Vom Eisen beschädigt zu werden kennt er (der Diamant) nicht, doch besiegt ihn Essig, wenn ihm Bocksblut beigefügt wurde." Daß die Kenntnis der seltsamen Eigenschaft des Bocksblutes damals zu den wirklichen Techniken gerechnet wurde, zeigt der Erzdiakon von Oxford WALTER MAP (GUALTERUS MAPES, 1139/5 bis 1209/10) in seinem Buch *De Nugis Curialium* („Courtiers Trifles"), in einer Aufzählung von Fragen nach der Herkunft technischen Wissens /29/: „Who was it that discovered how to melt metals and transmute one in the other? that fused the hardest bodies into a fluid? that haught how solid marble could be cut with running lead? Who was it that found out that adamant would yield to the blood of a he-goat? Who melted flint into glass? Not we, assuredly. A course of three score and ten years leaves no room for such discoveries."

ALBERTUS MAGNUS (ca. 1200 bis 1280) erzählt in seinem Werk *De Mineralibus* („Über die Mineralien"), daß der Diamant nicht nur durch das Blut eines geeignet ernährten Bockes, sondern auch durch sein Fleisch erweicht werde und erwähnt auch die medizinische Wirkung des Bocksblutes: „Er wird geschmolzen und erweicht durch das Blut und das Fleisch eines Bockes, besonders wenn der Bock vorher eine Zeitlang Wein zu trinken und Petersilie oder Siler Montanus zu fressen erhielt; solches Bocksblut kann auch den Stein in der Blase von Steinkranken zerbrechen." /11/.

Auch in dem Werk *De Vegetabilibus* („Über das Pflanzenreich") /12/ und dem sich nur wenig davon unterscheidenden, aber unechten *Liber Aggregationis seu Secretorum de Virtutibus Herbarum, Lapidum et Animalium Quorundam* („Buch der Geheimnisse von den Kräften gewisser Pflanzen, Steine und Tiere") /13/ findet sich ein entsprechender kurzer Hinweis. Sogar die epische Heldendichtung weiß die Mär einzusetzen: So WOLFRAM von ESCHENBACH (1170 bis 1220) in seinem *Parzival*, wo er erzählt: „ … Ein Ritter hatte Bocksblut in eine lange Flasche gefüllt und zerschlug sie auf (GAHMURETs) Diamant(-Helm), der nun weicher wurde als ein Schwamm" /14/.

Aus dem Jahre 1247 stammt die Schrift des GOSSUIN von METZ *L'Image du Monde* („Das Bild der Welt") im lothringischen Dialekt, nach dem „Bocksblut allein den Diamanten zerlegt" /15/. Das etwa gleichzeitige deutsche Steinbuch in Versen des Alemannen VOLMAR will sogar Bocksblut und Blei gemischt wissen: „Man muß noch warmes Bocksblut nehmen und Blei schmelzen und dahinein den Diamant stoßen, dann wird er schon weich" /16/.

Wenn schon in diesen kleinen Schriften die Wundermär erzählt wird, so wird man nicht erstaunt sein, wenn die Enzyklopädisten des 13. Jh. sie bringen: Wie ARNOLDUS SAXO (schrieb um 1225) in *De Gemmarum Virtutibus Liber* („Buch Über die Kräfte der Edelsteine") /17/ oder BARTHOLOMAEUS ANGLICUS /18/ in dem Sammelwerk *De Proprietate Rerum* („Über die Eigenschaft der Dinge"), der sie darin gleich zweimal, sowohl beim Diamanten als auch bei der Beschreibung des Ziegenbocks bringt, oder auch THOMAS von CANTIMPRÉ /19/ in *Libri de Natura Rerum* („Bücher über die Natur der Dinge"), die beide die Grundlage bilden für die erste Naturkunde in deutscher Sprache, das „Buch der Natur" des KONRAD von MEGENBERG (1309-1374), das zu den beliebtesten und gelesensten Schriften des 14. und 15. Jh. gehörte; vom Diamanten sagt er: „Der Diamant ist sehr hart, so daß man ihn weder mit Eisen noch mit Feuer zerbrechen kann, aber man zerbricht ihn mit frischem Bocksblut, das eben ausgeflossen und noch warm ist" /20/.

Wie weit die Bocksblut-Mär verbreitet war, scheint die Tatsache zu bestätigen, daß sie auch in Predigten zu finden ist: So steht in einer Predigt des Franziskanermönchs BERTHOLD von Regensburg (ca. 1210 bis 1272), des größten Volkspredigers des deutschen Mittelalters: „Nun sieh, gütiger (Hörer), daß den harten Diamanten Bocksblut erweicht und daß dich Gottes Leib und sein Blut nicht erweichen kann." /30/.

Doch scheint es, daß die Bocksblut-Mär, mindestens im frühen Mittelalter, reine Buch-Weisheit war. Man könnte das daraus schließen, daß in dem berühmten *Steinbuch* der HILDEGARD von BINGEN (1098 bis 1179) das Bocksblut nicht erwähnt wird /21/. Wohl aber weiß sie um die Möglichkeit des Stahlhärtens mit Blut *(vgl. S. 215)*.

Ganz allein mit seiner Ansicht steht da ROGER BACON (1220 bis 1292), der englische Franziskanermönch, der im 6. Teil seines *Opus Majus, De Scientia Experimentali* („Über die experimentelle Wissenschaft") überraschenderweise schreibt /22/: „Zwei Arten des Erkennens gibt es, Argumentieren und Experimentieren. ... Denn Vieles schreiben die Autoren hin, und das Volk hält es für bewiesen, was aber ohne Erfahrung dargestellt ist und gänzlich falsch. So ist allgemein verbreitet, daß der Diamant ohne Bocksblut nicht zerbrochen werden kann, Philosophen sowohl als auch Theologen machen Gebrauch von dieser Behauptung. Aber es gibt keineswegs gesicherte Angaben über das Zerbrechen mit derlei Blut, wenn man es ausprobiert: Er kann nämlich ohne jenes Blut ganz leicht zerbrochen werden. Ich habe das mit meinen eigenen Augen gesehen; (das Zerbrechen) ist nämlich nötig, weil die Edelsteine nämlich nur mit den Bruchstücken dieses Steines bearbeitet werden können."

Diese Versicherung blieb völlig unbeachtet, verwunderlich genug, wenn man bedenkt, daß die Zeitgenossen ROGER BACON als *Doctor mirabilis* bezeichneten. Vielleicht ist die Nichtbeachtung auch verständlich, wenn man berücksichtigt, daß ROGER BACON infolge tiefgreifender philosophisch-theologischer Mei-

nungsdifferenzen mit seinen Oberen von diesen die letzten 10 Jahre seines Lebens in Haft gehalten wurde /23/.

Die Bocksblut-Märe wird dann auch weiter erzählt: Sie findet sich in einem französischen *Lapidaire* („Steinbuch") eines Unbekannten, angehängt an das *Bestiaire de GUILLAUME* in einer Handschrift englischer Herkunft aus dem Ende des 13. Jh. /24/, ebenso im *Liber Pandectarum Medicinae* („Buch der medizinischen Sammelwerke") des italienischen Arztes MATTHAEUS SILVATICUS (gestorben 1340) /25/ und in einem altspanischen *Poema de Alexandro* („Alexanderlied") /26/.

Noch im 15. Jh. berichtet ein Steinbuch eines unbekannten Verfassers (HS Add. 21245, Brit. Museum) recht genau, was PLINIUS über den Diamanten schrieb, dabei natürlich auch die Sache mit dem Bocksblut /27/. Ein gleichzeitiges *Steinbuch von St. Florian* (Stiftsbibliothek St. Florian, Linz, HS XI, 37) sagt: „Mit Bocksblut soll man ihn (den Diamant) erhitzen, dann erweicht er." /28/.

Literatur

/1/ Aldhelmus, Aenigmatum Liber, 1. Aenigmata Tetrasticha, 11 De Adamante Lapide in: J.-P. Migne, Patrologiae Cursus completus, Series secunda, tomus 89, Paris 1830, Spalte 185; = CChr. S.L. 133, 1968, 359-540; vgl. LexMA I, 346f - /2/ Alcuinus, Adversus Elipandum Libri IV, Buch 4, 90C in: J.-P. Migne, Patrologiae Cursus Completus, Series Secunda Tomus CI, Paris 1851, Spalte 287; vgl. LexMA I, 417-420. - /3/ M. Berthelot, La Chimie du Moyen Âge, Bd. 2, Paris 1893, S. 64. - /4/ Heraclius, De Coloribus et Artibus Romanorum Buch 1, Kap. 3, 6, 12, 13, herausgegeben von A. Ilg, Wien 1873, S. 5/8, 33/5, 38/41, 60. - /5/ Theophilus Presbyter, Schedula Diversarum Artium, Buch 3, Kap. 94, herausgegeben von A. Ilg, Wien 1874, S. 350/5. - /6/ Hrabanus Maurus, De Rerum Naturis, De Universo Libri XXII, Buch 17, Kap. 10 De Crystallis in: J.- P. Migne, Patriologiae Cursus Completus, Series Latina Bd. 111, Paris 1852, S. 472/4; vgl. LexMA V, 144-147. - /7/ MARBOD von Rennes, De Lapidibus, Buch 1, Vers 30 in: J.M. Riddle, Marbod of Rennes, De lapidibus, Sudhoffs Archiv, Beiheft 20, Wiesbaden 1977, S. 1/144, 36. - /8/ E. Walberg, Le Bestiaire de Philippe de Thaon, Vers 2894/5, Lund-Paris 1900, S. 105. - /9/ Ch.-V. Langlois, La Connaissance de la Nature et du Monde d'après des Écrits Français à l'Usage des Laics, Paris 1927, S. 26. - /10/ Roger Bacon, Opus Maius, Pars Sexta, De Scientia Experimentali, Cap. 1 in: J.H. Bridges, The Opus Maius of Roger Bacon, Bd. 2, Oxford 1897, S. 168. - /11/ Albertus

Magnus, De Mineralibus et Rebus Metallicis Libri, Buch 2, Traktat 2, Kap. 1, Köln 1569, S. 118; vgl. auch De animalibus V, tr.2, c. 1. n. 56 (ed. A. Schneider). - /12/ Albertus Magnus, De Vegetabilibus, Buch 7, Traktat 2, Kap. 4, § 173, herausgegeben von C. Jessen, Berlin 1867, S.658. - /13/ Ps-Albertus Magnus, Liber Aggregationis seu Secretorum de Virtutibus Herbarum, Lapidum et Animalium Quorundam, Bologna 1478, Blatt 6v. - /14/ Wolfram von Eschenbach, Parzival, I, Buch 2, 105, 18/21, mittelhochdeutsch K. Lachmann, übersetzt von W. Spiewok, Reclam Stuttgart 1981, S. 182/3. - /15/ Ch.-V. Langlois, La Connaissance de la Nature et du Monde d'après des Écrits Français à l'Usage des Laics, Paris 1927, S. 135/97, 171. - /16/ L. Lambel, Das Steinbuch, ein altdeutsches Gedicht von Volmar, Heilbronn 1877, S. 11/3, 107/11. - /17/ Arnoldus Saxo, De Gemmarum Virtutibus Liber in: E. Stange, Die Encyklopädie des Arnoldus Saxo, Beilage zum Jahresbericht des Königlichen Gymnasium zu Erfurt 1905/6, Erfurt 1906, S. 69. - /18/ Bartholomaeus Anglicus, De Proprietate Rerum, Buch 16, Kap. 9 De Adamante; Buch 18, Kap. 58 De Hirco, Nürnberg 1492, unpaginiert. - /19/ Thomas Cantimpratensis, Libri de Natura Rerum nach Joan Evans, Magical Jewels of the Middle Ages and Renaissance in England, Oxford 1922, 91/2, 225. - /20/ F. Pfeiffer, Konrad von Megenberg, Das Buch der Natur, Buch 6, Kap. 3, Stuttgart 1861, S. 432/4. - /21/ Hildegard von Bingen, Das Buch von den Steinen, deutsch von P. Riethe, Salzburg 1979, S. 15, 64/5. - /22/ Roger Bacon, Opus Maius, Pars Sexta, De Scientia Experimentali, Cap. 1 in: J.H. Bridges, The Opus Maius of Roger Bacon, Bd. 2, Oxford 1897, S. 168. - /23/ K.M. Meyer-Abich in: F. Krafft, A, Meyer-Abich, Große Naturwissenschaftler, Fischer Handbuch 1970, S. 38. - /24/ P. Meyer, Romania 38 (1909) 44/70, 58. - /25/ Matthaeus Silvaticus, Opus Pandectarum Medicinae, Kap. 36 laut A. Ilg, Beiträge zur Geschichte der Kunst und der Kunsttechnik, Wien 1882, S. 110. /26/ K. Vollmöller, Ein spanisches Steinbuch, Heilbronn 1880, S. 2/4. - /27/ K. Vollmöller, Ein spanisches Steinbuch, Heilbronn 1880, S. 12/3. - /28/ L. Lambel, Das Steinbuch, ein altdeutsches Gedicht von Volmar, Heilbronn 1877, S. 11/3, 107/11. - /29/ Walter Map, De Nugis Curialium, Distinctio I, hrsg. M.R. James, Oxford 1983, S.6/7. - /30/ Berthold von Regensburg, Vollständige Ausgabe seiner deutschen Predigten, hrsg. von F. Pfeiffer, J. Strobl, Wien 1880, S. 143/4; vgl. LexMA I, 3035f.

Bei den Arabern

In dem Steinbuch aus der *Kosmographie* des AL-QAZWĪNĪ findet sich im Kapitel Diamant (Almās) folgende, von einem nichtgenannten Autor übernommene Bemerkung: „Zu den merkwürdigen Eigenschaften des Diamanten gehört, daß, wenn man ihn mit dem Hammer auf den Amboß schlägt, er entweder in den Hammer oder in den Amboß eindringt; wenn man ihn

aber mit Schwarzblei schlägt, zerbricht er sofort, und wirft man ihn in Bocksblut und bringt ihn ins Feuer, so schmilzt er" /1/.

Ganz ähnlich schrieb der Kosmograph AL-DIMAŠQĪ (1256 bis 1327) /2/, der allerdings die Blei-Legende etwas anders darstellt: „ ...wenn man den Diamant, eingeschlossen in eine Kerze oder in eine Flasche oder mit Bocksblut bestrichen dem Feuer nähert, so schmilzt er".

Literatur:

/1/ J. Ruska, Das Steinbuch aus der Kosmographie des Zakarija ibn Muhammad ibn Mahmud al-Kazwini, Beilage zum Jahresbericht 1895/96 der prov. Oberrealschule Heidelberg, Kirchhain 1896, S. 1/44, 35. - /2/ A.F. Mehren, Manuel de la Cosmographie du Moyen Âge traduit de l'Arabe Nokhbet Ed-Dahr Fi 'Adjaib-Il-Birr Wal-Bah'r de Shems Ed-Din Abou-'Abdallah Moh'ammed de Damas, Kap. 2, Sect. 4, § 10, Kopenhagen 1874 (Neudruck Amsterdam 1964) S. 74/6.

Das steinbrechende Blut als Medizin

Wie bereits mehrfach erwähnt wurde, schien ein Zusammenhang zwischen der den Diamant-Stein brechenden Kraft des Bocksblutes und seiner Wirkung auf Steinbildungen im menschlichen Körper zu bestehen. Darum soll kurz auf die medizinische Verwendung des Bocksblutes eingegangen werden. Denn ein solches, offenbar recht wohlbekanntes, sogar den Diamanten bezwingendes Mittel, meinte E. O. v. LIPPMAN /1/, habe auch die Medizin für ihre Zwecke sich nicht entgehen lassen können, falls nicht, wie eher zu vermuten wäre, von dort das steinbrechende Mittel übernommen worden ist: Es habe nämlich schon der zur Zeit des Kaisers TRAIAN (98 bis 117) lebende Arzt RUFUS von Ephesus /2/ geschrieben, daß man die harten Nieren- und Blasensteine durch nichts erfolgreicher lösen und beseitigen könne als durch das Blut eines Bockes, den man freilich zuvor habe in ganz bestimmter Weise mit gewissen „hitzigen" Kräutern füttern und zur rechten Jahreszeit auch auf die richtige Art habe schlachten müssen, und zwar zu äußerlicher Behandlung durch Aufstreichen des warmen Blutes und innerer, oraler Verabreichung des sorgfältig getrockneten und pulverisierten Mittels. Die dabei zu beachtenden umständlichen Vorschriften, die mehr oder weniger voll-

ständig in den folgenden Jahrhunderten weitergegeben werden, finden sich zum Beispiel schon
in der von MARCELLUS EMPIRICUS aus
Bordeaux (um 400 n. Chr.) für seinen Sohn
angelegten medizinischen Rezeptsammlung /3/
zusammengestellt.

Die Darstellungsmethoden wurden in der
Folgezeit immer komplizierter, das Vertrauen auf
die Wirksamkeit des Mittels dabei größer, so daß
man es sogar als „Hand Gottes" bezeichnete, wie
der im 6. Jh. schreibende Arzt ALEXANDER
von TRALLES zu berichten weiß /4/. Daß dieses Medikament wirklich angewendet wurde und
in den Apotheken vorrätig war, möge wenigstens
ein Beispiel aus dem Anfang des 15. Jh. zeigen.
Man fand im Marienburger Treslerbuch von
1406 (das ist das Abrechnungsbuch vom Haupt-
sitz des Deutschen Ordens) die Eintragung /5/:
"... 3 fird (Viertelpfennig) vor 3 unzien bocksblutes unserem homeister" (Hochmeister des
Deutschen Ritterordens, damals KONRAD von
JUNGINGEN /6/).

Das Medikament muß offenbar zu sehr großer
Bedeutung gelangt sein, wenn noch im 17. Jh.
kein Geringerer als der berühmte Arzt und
Naturforscher JOHANN BAPTIST van HEL-
MONT (1577 bis 1644) sich beklagen muß, daß
statt des von den Medizinschulen vorgeschriebe-
nen Bocksblutes von den Offizinen einfaches
Schafsblut verkauft werde /7/; tatsächlich scheint
das Bocksblut irgendwann billigere Konkurrenz
bekommen zu haben, denn der Italiener ULISSE
ALDROVANDI (15./16. Jh.) wußte, daß J. C.
SCALIGER versichert habe, es sei gut untersucht, daß sowohl Bocks- als auch Hasenblut
Nierensteine verkleinern könnten. /8/. Die schon
in der Antike erworbene umständliche Bereitung
der Medizin ist so kompliziert erhalten geblieben, daß noch ein berühmter Warenkundler des
ausgehenden 17. Jh., PETER POMET, hinreichend darüber Auskunft gibt /9/:

*„... wird auch das Bocksblut zugerichtet oder prä-
pariret, und eine Artzney daraus gemacht. Allein,
wenn dieses Blut dieselben Tugenden haben soll,
die ihm unsre Vorfahren beygeleget, so muß das
Thier eine geraume Zeit mit lauter gewürtzhaften
aromatischen und steinbrechenden Kräutern gefüttert worden seyn, darff auch nicht älter als drey*

*oder vier Jahre seyn. Wann es dann abgekehlet, be-
hält man nur das mittelste Blut auff, das ist das
Blut, das zuerst auslaufft, das wird weggeschüttet,
denn es ist zu wäßrig, das hernach kommt, behält
man auf, das letzte aber wird wiederum weggeschüttet, weil es gar zu grob und dicke ist. Hierauf
wird das Blut in eine irdene Schüssel geschüttet,
mit einem zarten Tuche bedecket, damit nichts
unreines darein fallen könne, und alsdann in die
Sonne oder in den Schatten gestellet: wann es nun
recht trucken, wird es in ein gläsern oder irden
Geschirre gethan, und zum Gebrauch aufgehebet.
Insgemein wird das Bocksblut im Monat Julius
präpariret, zu welcher Zeit diese Thiere ihre
Nahrung von lauter guten und aromatischen
Kräutern haben können. Van HELMONT will,
daß, wenn man den Bock bey den Hörnern aufge-
hencket, und die hintern Füsse nach dem Kopffe zu
gezogen, schneide man ihm in solcher Position die
Hoden ab, fange das herablauffende Blut auf, und
lasse es trucken werden, welches dann steinhart
werde, und nicht so wohl zu zerstossen sey, sey
auch ganz und gar von demjenigen, das aus der
Kehle gelaufen, unterschieden: dabey versichert er,
daß ein Quintlein davon eingenommen, das
Seitenstechen, ohne Aderlassen, unfehlbar heile
und curire. Das gemeine Bocksblut wird sehr dienlich erachtet den Stein zu zermalmen, wenn man
das eine oder das andere in etwas das sich zur
Kranckheit schicket, einnimt."*

Die medizinische Tradition läßt sich, wenn auch
nicht in den Pharmakopöen, so doch in der
mündlichen Überlieferung, sogar bis ins 20. Jh.
verfolgen: Dem Medizin-Professor J. VEIT aus
Halle an der Saale wurde nach dem ersten
Weltkrieg in der Umgebung von Florenz auf das
Bestimmteste die Heilwirkung des warmen
Bocksblutes bei Steinleiden versichert und seine
Einwände mit dem Bemerken abgetan, das
Mittel löse doch sogar den Diamanten! /10/.

Literatur

/1/ E.O. v. Lippmann, Beiträge zur Geschichte der
Naturwissenschaften und der Technik, Bd. 1, Berlin 1923,
S. 213/27. - /2/ Ch. Daremberg, Ch. E. Ruelle, Oeuvres de
Rufus d'Ephese, Fragments, Extraits d'Alexandre de
Tralles. 84, 21 Amsterdam 1963, S.395. - /3/ Marcellus
Empiricus, De Medicamentis Liber, Kap. XXVI, 94/6,
herausgegeben von M. Niedermann, 2. Aufl., Berlin 1968,
S. 444/7. - /4/ Alexander von Tralles, Therapeutica in:

T. Puschmann, Alexander von Tralles, ein Beitrag zur Geschichte der Medizin, Bd. 2, Wien 1878, S. 466/9. - /5/ W. Ziesemer, Preußisches Wörterbuch, Bd. 1, Königsberg 1939, S. 695. - /6/ K. Ploetz, Auszug aus der Geschichte, 25. Aufl., Bd. 1, Würzburg 1956, S. 570. - /7/ J.B. van Helmont, Ortus Medicinae, 4. Auflage Leyden 1667, S. 138. - /8/ U. Aldrovandi, Musaeum Metallicum, Buch 4, Kap. 78, Bologna 1648, S. 948. - /9/ P. Pomet, Der aufrichtige Materialist und Specerey-Händler, Theil 2, Kap. 13, Leipzig 1717, S. 519. - /10/ E.O. v. Lippmann, Beiträge zur Geschichte der Naturwissenschaften und der Technik, Berlin 1923, S. 213.

Allmähliche Korrektur der Bocksblutlegende

Auch in der Zeit nach 1500 hielten sich in der Literatur der Medizin und der Kunstgewerbe die Angaben über die Praktiken mit Bocksblut, wie E. O. v. LIPPMANN /1/ aufzeigte. Sogar in dem berühmt gewordenen Kräuterbuch des JOHANN ADAM LONICERUS (1526 bis 1586) findet sich der Hinweis auf die Zerstörung des Diamanten durch dieses Mittel /2/. Es überrascht, daß auch bei GEORG AGRICOLA (1494 bis 1555), der besonders mit seinem Werk *De Natura Fossilium Libri X* als Begründer der Mineralogie gilt, die Mär, sogar erweitert, aufzufinden ist /3/: „Doch wird die einzigartige und außerordentliche Härte dieses Steines durch warmes Bocks- und Löwenblut so erweicht, daß er zerbrochen werden kann".

Doch fehlt es von jetzt an nicht mehr an Gegnern aller dieser Praktiken, aber auch sie werden wie ihr einsamer mittelalterlicher Vorgänger, der Mailänder Arzt HIERONYMUS CARDANUS (1501 bis 1576), überhört. Dieser sagte im Jahre 1554 ganz allgemein über die so wunderbaren Eigenschaften des Diamanten /4/, daß sie fast ausnahmslos auf bloßem Gefasel beruhten, das auch von den neueren Autoren reichlich verbreitet werde. JOHANNES BAPTISTA PORTA (1538 bis 1615), der vielseitige neapolitanische Gelehrte /5/, der schon mit 20 Jahren das einflußreiche Werk *Magia Naturalis* („Natürliche Magie") veröffentlichte, stellte fest, daß es eine Wirkung zwischen Diamant und Magnet nicht gebe, und die Behauptung, nur Bocksblut zerbreche den Diamanten, geradezu lächerlich sei, wie jeder Juwelier bestätigen könne. Der Diamant sei nämlich durchaus nicht so

unzerteilbar wie die Allgemeinheit annehme, und widerstehe ebensowenig dem Eisen wie dem Feuer. Alle diese falschen Angaben beruhten nur auf hergebrachtem, ebenso verkehrtem wie schädlichem Nachplappern, wobei immer ein Blinder den anderen führe, bis schließlich beide in die Grube fielen. Man solle doch nicht der Autorität der Alten und gewisser Gelehrten folgen, sondern nur der Wahrheit gehorchen! So eine freie Wiedergabe der Schlußpassagen des 54. Kapitels der *Magia Naturalis*, in dem PORTA außerdem noch ironisch Esels- und Kamelsblut einführt /1/. Auch GARCIA da ORTA (ca. 1490 bis 1568), der in den Jahren 1533 bis 1563 als Leibarzt der portugiesischen Vizekönige in Goa (Indien) lebte, sagte, vermutlich auf Grund eigener Erfahrung, in seinem 1563 verfaßten Werke über die *Aromatum et Simplicium apud Indios Nascentium Historia* („Geschichte der aus Indien stammenden Aromata und einfacher Heilmittel") /6/, daß der Diamant sehr wohl zerschlagen werden könne: „... fälschlich also haben die Alten geglaubt, der Diamant werde durch einen Schlag mit dem Hammer nicht zerstört, sondern ausschließlich durch das Bocksblut zerbrochen."

Weniger bestimmt, aber doch deutlich zweifelnd erscheinen die Bemerkungen über den Diamanten des ANDREAS CAESALPINUS (1519 bis 1603) in der im Jahre 1596 in Rom erschienenen Schrift /7/ *De Metallicis* („Über die Metalle"). Von all dieser Kritik nahm aber der römische Botanikprofessor (1567 bis 1600) und Leibarzt Papst SIXTUS des V., ANDREA BACCI, in seiner im Jahre 1577 erschienenen Abhandlung *De Gemmis et Lapidibus Pretiosis* („Über Gemmen und wertvolle Steine") keinerlei Notiz und gab die Mär kommentarlos wieder /8/.

Auch im Norden regte sich die Kritik: Der berühmte Arzt und Alchemist LEONHARD THURNHEISSER zum THURN (1531 bis 1596) schrieb in seiner *Magna Alchymia* von 1583: „daß er (der Diamant) nur allein mit Bocksblut und mit sonst nichts zerbrochen werden könne, ist, ohne Rücksicht darauf, daß solches viele berühmte Leute - aber ohne gründliches Wissen darüber, woher diese Wahnvorstellung überhaupt herkommt - geschrieben haben, eine Fabel, denn Bocksblut vermag ihn nicht zu zerbrechen. Er kann aber auf mancherlei Wegen zerbrochen werden, welches ich, den Autoren nicht zur Schmach, sondern um der Wahrheit willen - weil ich viele Diamanten auf mancherlei Art zermahlen, gekörnt und sonst wie zerbrochen, auch viele poliert und bearbeitet habe - hier angegeben habe." /9/.

Auch der nach J. RUSKA /10/ bekannteste Erneuerer der Iatrochemie, der sich auf Grund eigener Forschung und Erfahrung bzw. mit den Waffen der Logik gegen die damals herrschenden traditionalistischen Anschauungen wandte, der Leibarzt Kaiser RUDOLFs II., der Brügger ANSELMUS BOETIUS de BOODT (etwa 1560 bis 1634), schrieb /11/ in seiner 1609 erschienenen *Gemmarum et Lapidum historia* („Geschichte der Gemmen und Steine"): „Es ist eine Fabel, daß warmes Bocksblut, besonders, wenn der Bock mit Kräutern, die Steine zu lösen erlauben, ernährt worden ist, den Diamanten erweiche und er nur dann mit eisernem Pistill in Staub verwandelt werden könne."

Zunächst blieben alle diese Einwände ohne Wirkung, verständlich bei den kleinen Auflagen der Bücher: Der alte Aberglauben blühte weiter und blieb unausrottbar. So schrieb JOHANN MATHESIUS (1504 bis 1565), der Freund MARTIN LUTHERs, in seiner *Bergpostilla* /12/ als geradezu selbstverständlich in einem Vergleich „Aber wie Bocksblut den Demant zersprengt", und später führt ihn diese „Tatsache" zu einem eigenartigen Schluß: „Solche Magneten aber sollen bey jrer krafft erhalten und gestercket werden, wenn man sie in feilspene, oder in kleinen hammerschlag verwaret, oder ... in mistlacken, und in warm bocksblut ligen lasset. Denn weil bocksblut den Demant bricht, welcher dem Magneten entgegen ist, und verhindert seine krafft, wenn er neben eim nagel ligt, will mans dafür halten, daß auch ein verwandtnuß sey zwischen dem segelstein (d.i. Magnet) und bocksblut."

Für die allgemeine Verbreitung über ganz Europa und die große Volkstümlichkeit der Mär zeugt auch eine Stelle in des spanischen Dichters PEDRO CALDERON de la BARCA (1600 bis 1681) Drama „Wohl und Wehe": „Deine Härte

Zauberin, | gleicht des Demants edlem Steine; | ohne Blut reicht Glut alleine, | nimmer ihn zu schmelzen hin" /13/.

In Frankreich wehrte sich etwa gleichzeitig sehr heftig gegen das Bocksblutmärchen der steinkundige R. de BERQUEN /14/, der, nachdem er die angebliche Festigkeit des Steines gegen einen Hammerschlag bestritten hat, meinte: „Noch viel lächerlicher ist der Glaube, daß, wenn man einen Diamanten in noch heißes Bocksblut lege, er erweichen und sich leicht schneiden lassen würde." Auch diese Bemerkung scheint nicht sehr beachtet worden zu sein. Um dieselbe Zeit (1674) erörtert der Arzt MAFFEI /15/ aufs Neue den medizinischen Wert das Bocksblutes und kommt zu dem damals recht wahrscheinlich klingenden Ergebnis, daß die weitgehendste Wirkung gegenüber Steinen vom Blute des Steinbocks zu erwarten sei. Ausführliches und Rühmliches über Bocksblut bringen noch fast alle Pharmakopöen des 17. und 18. Jh. Nach E. O. v. LIPPMANN /1/ bieten diese Legende sowohl die größeren Sammelwerke wie z.B. der oben *(vgl. S. 155)* wörtlich zitierte PETER POMETs „Aufrichtiger Materialist" des Jahres 1692 /16/, der sich vor allem auf JOHANN BAPTIST van HELMONT /17/ beruft, oder N. LEMERYs *Dictionnaire des Drogues Simples* („Wörterbuch der einfachen Drogen") /18/ oder auch Werke wie das von ALBRECHT v. HALLER im Jahre 1755 herausgegebene *Onomasticum Medicum* („Medizinisches Wörterbuch") /19/. Auch die kunstgewerbliche Tradition, vertreten durch die in Nürnberg 1732 anonym erschienene *„Kunst- und Werkschule"*, hält daran fest /20/. Im Jahre 1788 heißt es noch in einem Kirchenlied nach G. GROSZE /21/: „Der Demant zerspringt, / wenn Bocksblut ihn zwingt."

Gegenüber solcher Beharrlichkeit gelang es der Aufklärung nur sehr allmählich, sich dagegen durchzusetzen. Bei IULIUS CAESAR SCALIGER (1484 bis 1558) setzt sie nur zögernd ein /22/. Nachdrücklich aber schon bei dem oben zitierten ANSELMUS BOETIUS de BOODT, der GARCIA da ORTA folgt und die ganzen Beziehungen des Diamanten zu Eisen und Bocksblut, zu Magnet und Blei, als gleich falsch und unsinnig verwirft /11/. Der hochgelehrte

ULISSE ALDROVANDI (1522 bis 1605) wagt im *Museum Metallicum* den Ausspruch, daß die bloße Autorität eines PLINIUS keinen Glauben verdiene, da dessen Erzählungen durch den Versuch als widerlegt zu betrachten seien /23/. Der vielgelesene ATHANASIUS KIRCHER SJ führt derlei Geschichten im Jahre 1665 in seinem Werk *Mundus subterraneus* („Die unterirdische Welt") nur noch als Beispiele alter, durch die Erfahrung längst abgetaner Irrlehren an /24/. Der gleichen Überzeugung ist auch ROBERT BOYLE (1627 bis 1691), der schrieb: „... there is no truth in the tradition, as generally as it is received, that represents diamonds as uncapable of being broken by any external force, unless they be softened by being steeped in the blood of goat. For this odd assertion I find to be contradicted by frequent practice of diamondcutters: and particularly having enquired of one of them, to whom abundance of those gems are brought to be fitted for the jeweller and goldsmith, he assured me, that he makes much of his powder to polish diamonds with, only by beating broad diamonds (as they call them) in a steel or iron mortar, and that he has that way made with ease some hundreds of carrats of diamond dust" /25/.

Der vorsichtige Professor der Naturwissenschaften in Gießen MICHAEL BERNHARD VALENTINI (1657 bis 1729) beschränkt sich endlich in seinem verdienstvollen und reichhaltigen Sammelwerk *Musaeum Musaeorum* des Jahres 1714 darauf, die Meinungen seiner Vorgänger zu berichten und schonend hinzuzufügen: „Ob das Bocksblut so kräftig sei, daß es den Diamant, ... den Blasenstein, ... erweichen könne, wie die Alten fabuliert haben, kann ich zum wenigsten niemandem versichern." /26/.

Überhört wurde anscheinend auch die Stimme von JOHANN HEINRICH SCHULZE /27/, der in seiner medizinischen Dissertation berichtet, daß es in Paris gelungen sei, den Diamanten zu verbrennen. Auch hatte er von seinen Zeitgenossen eine sehr hohe Meinung, wenn er schreibt, „daß der Diamant durch warmes Bocksblut erst Zerbrechlichkeit erhalte, das halten heute alle für eine Fabel." Aber auch die den Aberglauben bekämpfenden Bemerkungen in der recht verbreiteten *Oeconomischen Encyclopädie*

von J. G. KRÜNITZ /28/ - der hier zu zitierende Band erschien im Jahre 1776 - scheinen wenig Erfolg gehabt zu haben. Daß der alte Aberglaube dann auch das 19. Jh. überdauert hat und selbst im 20. - wenigstens im Volksmund - weiter fortlebte, ist bereits oben erwähnt worden *(vgl. S. 155)*. Die Zähigkeit, mit der ihn die Laien festhielten, kann nicht verwundern, wenn man die Schüchternheit und Unbestimmtheit gewahr wird, mit der ihm noch Gelehrte des 19. Jh. entgegentraten. Noch J. H. KRAUSE z.B. beschränkt sich im Jahre 1856 im *Pyrgoteles oder die edlen Steine der Alten im Bereiche der Natur und der bildenden Kunst* auf die Bemerkung, daß PLINIUS, was er berichtet, für wahr gehalten habe /29/. Und H. O. LENZ sagt im Jahre 1861 in seiner sonst so trefflichen *Mineralogie der Griechen und Römer:* „Ob Bocksblut irgend einen Einfluß auf Diamant haben kann, weiß ich nicht" /30/, und H. BLÜMNER gedenkt 1884 in seinem grundlegenden Werk *Technologie und Terminologie der Gewerbe und Künste bei Griechen und Römern* des Zerteilens der Diamanten nur mit einem vorsichtigen: „angeblich mit Hilfe warmen Bocksblutes" /31/.

Literatur

/1/ E.O. v. Lippmann, Beiträge zur Geschichte der Naturwissenschaften und der Technik, Berlin 1923, S. 213. - /2/ A. Lonicerus, Kreuterbuch, Künstliche Conterfeyunge, Dritter Theil, Von den Thieren der Erde, Frankfurt am Main 1630, S. 589. - /3/ G. Agricola, De Natura Fossilium Libri X, Buch 6, in: Opera, Basel 1558, S. 281; vgl. LexMA I,220. - /4/ H. Cardanus, De Subtilitate Libri XX, Buch 7, De Lapidibus, Lyon 1554, S. 280/2. - /5/ J.B. Porta, Magia Naturalis Libri XX, Buch 7, Kap. 54, Leiden 1650, S. 329. - /6/ Garcia da Orta, Aromatum et Simplicium apud Indios Nascentium Historia, Buch 1, Kap. 47, Antwerpen 1567, S. 197. - /7/ A. Caesalpinus, De Metallicis, Buch 2, Kap. 20, Nürnberg 1602, S. 101 (Erstausgabe 1596). - /8/ A. Bacci, De Gemmis ac Lapidibus Pretiosis eorumque Virtutibus et Usu Tractatus (Rom 1577), Kap. 15 De Adamante, ins Latein übersetzt von W. Gabelschover, Frankfurt am Main 1603, S. 109/15. - /9/ L. Thurnheisser zum Thurn, Magna Alchymia, Das ist eine Lehr und Unterweisung von den offenbaren und verborgentlichen Naturen, Erstes Buch von den Schwefeln, Berlin 1583, S. 4. - /10/ J. Ruska, Festschrift Hermann Baas in Worms zum 70. Geburtstag Hamburg-Leipzig 1908, S. 121/30, 128 Fußnote. - /11/ A. Boetius de Boodt, Gemmarum et Lapidum Historia, Buch 2, Kap. 4, Hanau 1609, S. 60. - /12/ J. Mathesius, Bergpostilla oder Sarepta, Neundte Predig, Zwölffte Predig, Nürnberg 1587, fol. 96v, 129v/130r. -

/13/ P. Calderon de la Barca, Wohl und Wehe, Erster Akt, in Schauspiele von Don Pedro Calderon de la Barca, übersetzt von E.F.G.O. v. Malsburg, Bd. 2, Wien 1828, S.1/103, 12. - /14/ R. de Berquen, Les Merveilles des Indes Orientales et Occidentales ou Nouveau Traité des Pierres Précieuses et des Perles, Paris 1661, S. 12. - /15/ Maffei laut O. v. Hovorka, A. Kronfeld, Vergleichende Volksmedizin, Bd. 1, Stuttgart 1908, S. 402. - /16/ P. Pomet, Aufrichtiger Materialist und Specerey-Händler, Theil 2, Kapitel 13, Leipzig 1717, S. 520. - /17/ J.B. van Helmont, Ortus Medicinae, 4. Aufl., Leyden 1667, S. 138. - /18/ N. Lemery, Dictionnaire ou Traité Universel des Drogues Simples, Mis en Ordre Alphabetique, Paris 1697, s.v. - /19/ A. v. Haller, Onomatologia Medica oder Medicinisches Lexikon, Ulm-Frankfurt-Leipzig 1755, s.v. - /20/ Anonym, Kunst - und Werckschule in 2 Theilen, 1. Theil, Nürnberg 1782, S. 321. - /21/ G. Große, Gaius Plinius Secundus Naturgeschichte, übersetzt von G. Große, 1788, Bd. 12, S. 39 Fußnote laut R. Besser, Diss. Leipzig 1886 (Oppeln 1886) S. 13. - /22/ J. C. Scaliger, Exotericarum Exercitationum Liber XV, De Subtilitate ad Hieronymum Cardanum, Exercitatio 344, 8, Frankfurt am Main 1605, S. 1080 (Erstausgabe Paris 1757). - /23/ U. Aldrovandi, Musaeum Metallicum, Buch 4, Kap. 78, Bologna 1648, S. 948. - /24/ A. Kircher SJ, Mundus Subterraneus, Tomus Secundus, Sectio Prima, De Lapidibus in Communi, Cap. VII, Amsterdam 1665, S. 10/22, 21. - /25/ R. Boyle, Experimenta et observationes Physicae, Tome I, Chap. 2 Containing Various Observations about Diamonds, in: The Works of the Honourable Robert Boyle, A New Edition, Bd. 5, London 1772, S. 575/8, 576. - /26/ M.B. Valentini, Museum Museorum oder vollständige Schaubühne aller Materialien und Specereyen, 2. Aufl., Kap. 15, Frankfurt am Main 1714, S. 42. - /27/ J. H. Schulze, De Adamante, § 8/9, Diss. Halle-Magdeburg 1737 S. 9/10. - /28/ J.G. Krünitz, Oeconomische Encyclopädie oder Allgemeines System der Land-, Haus- und Staats-Wirthschaft, Bd. 9, Berlin 1776, S. 175/222, 183/4. - /29/ J.H. Krause, Pyrgoteles oder die edeln Steine der Alten im Bereiche der Natur und der bildenden Kunst, Halle 1856 S. 10. - /30/ H.O. Lenz, Mineralogie der Griechen und Römer, Gotha 1861, Neudruck Wiesbaden 1967, S.21. - /31/ H. Blümner, Technologie und Terminologie der Gewerbe und Künste bei Griechen und Römern, Bd. 3, Leipzig 1884, S. 221 Fußnote 1. - /32/ A.Y. Goguet, A.C. Fugère, De l'Origine des Lois, des Arts et des Sciences et de leur Progrès chez les Anciens Peuples, Bd. 2, Section I, Chap. II, Article III De la Découverte et de l'Emploi des Pierres Précieuses. Paris 1758, S. 120.

Die Feuerfestigkeit des Diamanten:
Das Ende der Legende

Die Legende und frühe Andeutungen ihrer Unrichtigkeit

Wie aus den bereits zitierten antiken und mittelalterlichen Texten zu den anderen Legenden um den Diamanten hervorgeht, gehörte die Feuerfestigkeit des Diamanten zum „Wissensgut" von Jahrhunderten bis tief in die Neuzeit hinein. Dabei war man aber weit von der Vorstellung entfernt, der Stein könne verbrannt werden. Schließlich war es gelungen, durch bessere Beobachtungsmöglichkeiten und große Brenngläser wesentlich höhere Temperaturen als in Kohleöfen zu erzeugen und damit nachzuweisen, daß der Diamant aus reinem Kohlenstoff besteht. Damit wurde die von verschiedenen Autoren eindeutig ausgesprochene Vorstellung, der Stein könne gar nicht zum Glühen gebracht werden, einschließlich der gelegentlich gemachten Angaben, daß auch an Unschmelzbarkeit und Nichtzerspringen im Feuer gedacht worden war, widerlegt. Der Ursprung dieser Vorstellungen kann nicht aufgezeigt werden; es scheint aber der Diamant nicht allein als unzerstörbar durch das Feuer gegolten zu haben, mindestens fand L. THORNDIKE /11/ in einer anonymen Handschrift des 14. Jh. (Wien, Nationalbibl., Lat. MS. 407, 2301) noch den Saphir neben dem Diamanten als Träger dieser Eigenschaft genannt. Eine Begründung des eigenartigen Verhaltens, wenigstens beim Diamanten, gab in der Antike der Techniker und Mathematiker HERON von Alexandria (1. Jh. n. Chr.). Er formuliert: „... (das Leere) ist in feinen Teilen im Feuer, im Wasser und in den anderen Körpern verteilt, es sei denn, daß man annehmen will, daß der Diamant frei vom Leeren ist, da er weder geglüht noch zerbrochen werden kann ... Das ist jedoch schwerlich deshalb der Fall, weil er ganz frei vom Leeren ist, sondern infolge seiner durchgehenden Dichte, da die Teilchen des Feuers größer sind als die Leeren (Poren) des Steins, können sie nicht in diesen eindringen, sondern nur die äußere Oberfläche desselben berühren" /7 /.

So begründet, galt der Stein als vom Eisen und vom Feuer unzerstörbar, eine Vorstellung, die eine überraschende Erweiterung findet in einer pseudoaristotelischen syrischen Handschrift (4./5. Jh. n. Chr.) mit dem Titel *Buch der Naturgegenstände,* die sich als Sammelwerk aus dem *Physiologus* und den Werken des Kirchenlehrers BASILIUS des GROSSEN (4. Jh.), erwiesen hat; dort /10/ steht: „... er fürchtet sich weder vor dem Eisen ... noch vor dem Feuer, wenn es brennt, noch greift ihn der Geruch des Rauches an."

Wenn nun E. O. v. LIPPMANN /1/ mit seiner Vermutung recht hätte, daß die Mär von der Erweichung des Diamanten durch Bocksblut nichts anderes als die Zerstörbarkeit des Diamanten durch Feuer magisch umschreibe, so hätte bereits die Antike von der Verbrennbarkeit des Diamanten gewusst, doch spricht nur sehr wenig für die Richtigkeit dieser Vermutung. Erst im frühen Mittelalter findet sich eine in diese Richtung deutbare Bemerkung: Überrascht liest man nämlich in dem *Bestiarium* („Tierbuch") des PHILIPPE de THAON (12. Jh.) die etwas rätselhaften Worte /2/: „... Daß der Diamant brennt und sich spaltet durch das Blut des Bocks und das Blei". Aus ihnen könnte man vielleicht die Kenntnis der Brennbarkeit des Steines schon in so früher Zeit ableiten wollen, doch blieben die Verse unbeachtet. Erst 300 Jahre später melden sich in Italien mögliche Kenntnisse über eine Angreifbarkeit des Diamanten durch Feuer an,

wenn JOHANNES BAPTISTA PORTA (1539
bis 1615) in seiner *Magie Naturalis* die Meinung
seiner Zeitgenossen beschrieb und dabei ein
recht vieldeutiges Verbum benutzte, dessen
Interpretation durch die Kombination von Eisen
und Feuer jedoch festgelegt ist /3/: „Der Diamant
nämlich besitzt auch nicht jene ihm angepriesene
Härte, da er durch Eisen und sogar mäßiges
Feuer angegriffen wird, und nicht durch Bocks-,
Kamels- oder Eselsblut erweicht wird, was
unsere Edelsteinhändler für eine lächerliche
Fabel halten." Zweifel an den überlieferten
„Kenntnissen" über die Angreifbarkeit des Diamanten, wenn auch nur bescheiden, meldete noch
fast gleichzeitig der Arzt IULIUS CAESAR
SCALIGER (1484 bis 1558) an und forderte
sogar Experimente: „Der Diamant werde durch
Bocksblut zerbrochen, vermeldet PLINIUS,
doch hier ‚zupft er Wolle'. Mir wäre lieber, er
hätte seine Experimente darüber kundgetan."

Diese Bemerkungen scheinen wenig oder gar
keine Beachtung gefunden zu haben und die an-
gedeuteten Kenntnisse mancher italienischen
Edelsteinhändler keineswegs Allgemeingut des
Berufsstandes gewesen zu sein. So findet sich
denn bei ULISSE ALDROVANDI (1527 bis
1601) in seinem *Musaeum Metallicum* /4/ neben
Zitaten mittelalterlicher Literatur über die
Feuerbeständigkeit des Diamanten die überraschende, leider ohne Quellenangabe gemachte,
die Feuerfestigkeit des Diamanten einschränken-
de Bemerkung: „Weiter soll die Natur ihm (sc.
dem Diamanten) das mitgegeben haben, daß er
leicht die Angriffe des Feuers erträgt: Er soll die
Zeit von neun Tagen dem Feuer widerstehen
können, während der Rubin sich nur in der Zeit
von fünf Tagen der Flammen erwehrt."

Später zitiert er (wieder ohne Quellenangabe,
doch der Formulierung nach wohl dem ander-
wärts zitierten und hier mißverstandenen AN-
SELMUS BOETIUS de BOODT folgend):
„Schließlich, wenn in unbeseelten Dingen so etwas wie Freundschaft bestehen kann, so kann
man dies ohne Zweifel zwischen Mastix und dem
Diamanten beobachten: Denn mischt man ein
wenig gebranntes Elfenbein mit Mastix und
bringt man diese ‚Tinktur' (sc. Farbe) unten an,
so wird der Diamant so umfaßt, daß er die
Lichtstrahlen funkelnd wie ein Karfunkelstein

weithin leuchten läßt. Darum haben einige
Autoren, auf diese Sympathie zwischen Mastix
und Diamant eingehend, die Meinung vorgebracht, daß Mastix und Diamant von ‚feuriger
Natur' (d. h. brennbar) seien." Diese Beobachtung schien ihm so wichtig, daß er sie am Ende
des Kapitels wiederholt: „Dann wird dem geschliffenen Diamanten die oben beschriebene
‚Tinktur' unterlegt, damit er besser leuchtet.
Diese wird aus gereinigtem Mastix und einem
Anteil zu Staub geriebenem, gebranntem Elfenbein zusammengesetzt."

Was aber ANSELMUS BOETIUS de BOODT
(etwa 1560 bis 1632) im Jahre 1609 in seiner
Gemmarum et Lapidum Historia /5;6/ wirklich
im Anschluß an seinen Bericht über die mit
Mastix möglichen Fälschungen geschrieben hat,
ist an anderen Stellen dargestellt *(vgl. S. 227)*.
Diese sind nur möglich, weil die Trennlinien beider Stoffe nicht erkennbar sind, d. h., die beiden
Stoffe denselben (hohen) Brechungsindex haben.
Hier ist nur wichtig, zu welchen Schlüssen daraus
der Autor kommt:

*„Warum aber der echte Diamant allein jene
Tinktur annimmt, die anderen Edelsteine aber
nicht, ist schwer zu verstehen. Ich vertrete die
Meinung, daß jene wechselseitige und freund-
schaftliche Umfassung stattfindet wegen einer bestimmten Ähnlichkeit, die sie in Substanz und
Qualitäten (das ist in ihrer beiderseitigen ganzen
Natur) haben. Die Natur nämlich freut sich an
der Natur, und Ähnliches wird durch Ähnliches erfreut und bewahrt. Alles, was gleiche Substanz
enthält, umfaßt und mischt sich leicht gegenseitig.
Deswegen mischt sich Wässriges mit Wässrigem,
Öliges mit Öligem und Merkurialisches mit
Merkurialischem und Sulfurisches mit Sul-
furischem (um in der Art der Chemiker zu sprechen). Was unterschiedliche Substanz hat, kann
sich nicht verbinden: So kann Wasser sich nicht
mit Öl mischen, es sei denn, die Flüssigkeit sei etwas Heißes und von feuriger Natur. Kirschgummi
kann mit Wasser gemischt und in ihm gelöst werden, weil es von wässriger Natur ist. Mastix-
Gummi aber keineswegs, weil es von feuriger
Natur ist, darum verbindet es sich leicht mit Öl,
von dem es auch gelöst wird, wie mit allem anderen, was von feuriger Natur ist und leicht in
Flammen aufgehen kann. Daher kann wohl der*

Mastix, weil er von feuriger Natur ist, leicht mit dem Diamanten verbunden werden. Daß dies wegen der Ähnlichkeit der Substanz geschieht, ist ein Zeichen dafür, daß auch die Substanz des Diamanten feurig und sulfurisch ist, und auch seine innere und Entstehungsfeuchtigkeit, in der er koaguliert ist, gänzlich ölig und feurig ist, die der anderen Edelsteine aber wässrig. Diese Meinung scheint auch MONARDES (?, wohl Irrtum des Autors, es dürfte, wie in anderen Fällen, GARCIA da ORTA gemeint sein) zu bestätigen, wenn er sagt, daß der Diamant nur in sehr heißen Gegenden (wie unter dem Wendekreis des Krebses) gefunden werde, wo nämlich die Ausdünstungen heiß, trocken, feurig und sulfurisch sind; in jenen Gegenden finde man niemals Bergkristalle, sondern nur in kalten Gegenden, weil sie kalter und wässriger Substanz zu ihrer Entstehung bedürfen, was Indien fehlt. Schließlich sei noch erwähnt, daß er (der Diamant) wie Bernstein (der brennbar ist), wenn erwärmt, Spreu anzieht. Es ist also nicht verwunderlich, wenn die fette, ölige und feurige Substanz des Mastix jenem ohne sichtbare Trennfläche angefügt und angebracht werden kann, anderen Edelsteinen aber nicht."

Hier ist also von ANSELMUS BOETIUS de BOODT die Erwartung der Brennbarkeit des Diamanten, natürlich in der Terminologie seiner Zeit, aber auf Grund der gleichen physikalischen Eigenschaft, der überraschend hohen Brechkraft des „Steines", die nur der organischer Verbindungen vergleichbar ist, klar und offen rund 100 Jahre früher ausgesprochen als dies, weniger deutlich von ISAAC NEWTON (1647 bis 1726) als angeblich Erstem in seinen *Opticks* /12/ geschehen ist, und zwar ebenfalls wegen der beobachteten hohen Brechkraft mit den Worten: „Der Diamant ist wahrscheinlich eine fettige Substanz in coaguliertem Zustand."

Es muß hier außerdem noch nachgetragen werden, daß neben dem eben dargestellten neuerem Wissen der Glauben an das „Wissen der Alten" keineswegs verschwunden ist. Sogar GEORG AGRICOLA (1494 bis 1555) hielt in einem seiner Werke /14/ den Diamanten für feuerfest und gab dafür auch eine Begründung: „Der Diamant verachtet das Feuer, weil seine durch die Kälte zusammengepreßte Feuchte durch die Wärme festgehalten wird."

Weniger verwunderlich ist es, den alten Glauben bei dem so anspruchsvollen R. de BERQUEN /9/ zu finden, der in seinem im Jahre 1661 erschienenen Werk die Entdeckung des (Brillant-) Schliffs für einen seiner Vorfahren in Anspruch nehmen will; er schrieb vom Diamanten: „Er widersteht dem heftigsten Feuer, aber keinesfalls dem Hammer."

Hundert Jahre später hat sich die Meinung über die Feuerfestigkeit des Diamanten völlig verändert. In einer Untersuchung, die sich mit der angeblichen Umwandlung der verschiedenen „Erden" ineinander befaßt, schrieb CLAUDE-JOSEPH GEOFFROY (der Jüngere) im Jahre 1746 über den Diamanten /13/: „Gerade der Diamant, obwohl der härteste der Kristalle, hat keinen derartigen Schutz vor der Zersetzung, denn er verliert seinen Glanz in einem starken Feuer und seine Flächen werden bedeckt von einer weißen opaken Schicht, die unter dem Mikroskop betrachtet, eine Anhäufung undefinierter Kalk-Moleküle zu sein scheint."

Literatur

/1/ E.O.v. Lippmann, Beiträge zur Geschichte der Naturwissenschaften und der Technik, Bd 2, Berlin 1923, S. 143; Chemiker-Ztg. 40, 1916, 3/5. - /2/ Philippe de Thaon, Bestiarium, Vers 2894/5 in: E. Walberg, Le Bestiaire de Philippe de Taun, Lund-Paris 1900, S. 105; V. Langlois, La Connaissance de la Nature et du Monde d'après des Écrits Français à l'Usage des Laics, Paris 1927, S. 26. - /3/ B. Porta, Magiae Naturalis Libri XX, Buch 7, Kap. 54, Leyden 1680, S. 329. - /4/ U. Aldrovandi, Musaeum Metallicum, Buch 4, Kap. 78, Bologna 1648, S. 945/51, 946. - /5/ J. Ruska, Festschrift Hermann Baas in Worms zum 70. Geburtstag, Hamburg-Leipzig 1908, S. 121/30, 128 Fußnote. /6/ A. Boetius de Boodt, Gemmarum et Lapidum Historia, Buch 2, Kap. 4, Hanau 1609, S. 61. - /7/ P. la Cour, J. Appel, Die Physik auf Grund ihrer geschichtlichen Entwicklung, Bd. 1, Braunschweig 1905, S. 222. - /8/ I.C. Scaliger, Exotericarum Exercitationum Liber XV De Subtilitate ad Hieronymum Cardanum, Frankfurt 1607, S. 1080 (Erstausgabe Paris 1557). - /9/ R. de Berquen, Les Merveilles des Indes Orientales et Occidentales ou Nouveau Traité des Pierres Précieuses et des Perles, Paris 1661, S. 11. - /10/ K. Ahrens, Das Buch der Naturgegenstände, Kiel 1892, S. 82/3. - /11/ L. Thorndike, Ambix (Cambridge) 8 (1960) 6/23, 15. - /12/ I. Newton, Opticks, 3. Aufl., London 1721, S. 249; Optik oder Abhandlung über Spiegelungen, Brechungen, Beugungen und Farben, Buch 2 und 3, deutsch von M. Abendroth, Ostwalds Klassiker der exakten Wissenschaft Bd. 97, Leipzig 1898, S. 58. - /13/ C.J. Geoffroy, Mein. Acad. Roy, Sci. Paris 1746 (Amsterdam 1755) 416/25, 420. - /14/ G. Agricola, De Ortu et Causis Subterraneorum Libri IV, Buch 3 in: Opera Basel 1558, S. 59.

DER ANGEBLICHE ENTDECKER DER BRENNBARKEIT DES DIAMANTEN: ROBERT BOYLE

Nachdem vor allem durch die oben *(vgl. S. 162)* zitierte Veröffentlichung von ISAAC NEWTON den damaligen Chemisten die Möglichkeit bekannt geworden war, daß der Diamant zu den brennbaren Stoffen gehören könne, und damit schmelzbar, verdampfbar oder gar verbrennbar sei, begann eine große, teils experimentelle, teils literarische Tätigkeit. Während dieser habe sich ergeben, daß der erste, der dies experimentell festgestellt habe, ROBERT BOYLE (1627 bis 1691) gewesen sei. So schrieb wenigstens MARTIN HEINRICH KLAPROTH (1743 bis 1817) in seinem *Chemischen Wörterbuch* /1/: „Im Grunde ist aber BOYLE der erste, welcher durch Versuch überzeugte, daß der Diamant im Feuer verändert werde."

Auch PAUL DIETERICH Baron v. HOLLBACH (1723 bis 1789) war dieser Meinung. In seiner Übersetzung von J. F. HENCKELs *Pyritologia oder Kieß-Historie* ins Französische schrieb er /2/: „BOYLE behauptet, an mehrerern transparenten Edelsteinen Aushauchungen beobachtet zu haben, und daß man in einer sehr kurzen Zeit bestimmte Diamanten dazu bringen könne, sehr reichlich sehr scharfe Dämpfe zu entwickeln."

Kritischer, und wie die Lektüre der zitierten BOYLEschen Arbeit zeigt, auch realistischer, stand ANTOINE LAURENT LAVOISIER (1743 bis 1794) den Äußerungen BOYLEs gegenüber. In seinem *Memoir sur la destruction du diamant par le feu* (1772) nämlich berichtete er zusammenfassend /3/:

„Die meisten Physiker haben, auch als Vorreiter ihres Jahrhunderts, mehr oder weniger an Vorurteilen festgehalten: Selbst BOYLE, der berühmte BOYLE, ordnete wie seine Zeitgenossen den Edelsteinen Heilkräfte zu und hat in seiner Abhandlung ‚Über den Ursprung und die Kräfte der Edelsteine' versucht, eine physikalische Begründung für die Eigenschaften, die er vermutete, zu geben. Der Standpunkt, von dem er ausging, und den er hauptsächlich festzuhalten versucht hat, ist, daß die Edelsteine, auch der Diamant, eine Emanation, eine ‚Atmosphäre' um sich haben; aber alles, was er in dieser Hinsicht berichtet,
beweist nichts anderes, als daß der Diamant elektrische Ladung annimmt wie eine große Zahl von Naturstoffen, und daß er gelegentlich phosphoresziert. Obwohl BOYLE keine Experimente veröffentlicht hat, die ihn als Autor der Entdeckung der Verdampfung des Diamanten erkennen ließen, die mich in dieser Arbeit gerade beschäftigt, gibt er indessen in dem eben zitierten Traktat an, daß es gelungen sei, sehr scharfe und sehr reichliche Dämpfe von einer großen Zahl durchsichtiger (Edel-)Steine gleichzeitig erhalten zu haben; doch macht er keine Angaben weder über die Natur der Edelsteine, die er eingesetzt hatte, noch über die sonstigen Umstände des Experiments, nicht einmal über die Art des Feuers, dessen er sich bediente, man weiß überhaupt nicht, ob er Öfen oder Brennspiegel oder Brenngläser benutzte."

Kritik an der angeblichen BOYLEschen Priorität der Beobachtung der Zerstörbarkeit des Diamanten durch das Feuer - obschon der Autor weniger sorgfältig als LAVOISIER die BOYLEsche Veröffentlichung gelesen hat - und zugleich ein Hinweis auf die wirklichen Entdecker des Phänomens findet sich in der deutschen Übersetzung der zweiten Auflage von P.-J. MACQUERs *Chymischem Wörterbuch* /4/:

„Ohnerachtet BOYLE gesagt hatte, daß er einen scharfen, aus denen dem Feuer ausgesetzten Diamanten aufsteigenden Dampf bemerkt habe, so war doch vor den Versuchen der angeführten Fürsten (Näheres im folgenden) von der Zerstörbarkeit der Diamanten nichts bekannt, ja nicht einmal eine Muthmaßung vorhanden. Denn, ohne zu erwähnen, daß der scharfe Dampf, von welchem BOYLE redet, so wie wir in der Folge sehen werden, nichts Wahres an sich hat, so hatte dieser Naturforscher auch über dieses keine andern zur Bestätigung dieser Zerstörbarkeit erforderlichen Versuche gemacht, und man findet hingegen in den verschiedentlichen und wiederholten Versuchen des Kaisers ausführlich angemerkte Umstände, die zur Festsetzung dieser wichtigen Thatsache sehr geschickt sind. Die Ehre der ersten Entdeckung gehört demnach diesem Fürsten von rechtswegen; allein Herrn d'ARCET verdient dabey nicht weniger und ein umso gerechteres Lob...."

Bei der zitierten BOYLEschen Veröffentlichung handelt es sich um *An Essay about the Origin and Virtues of Gems* aus dem Jahre 1672 /5/,

deren Inhalt hier kaum besser, als dies LAVOI-
SIER tat, wiedergegeben werden könnte. Es ist
also ein Mißverständnis, wenn K. E. KLUGE /6/
feststellt, daß es dem englischen Forscher „noch
nicht gelang, den Diamanten im Schmelztiegel
zu verbrennen."

So ist es denn ROBERT BOYLE, der im
Zusammenhang mit anderen Fragen um den
Diamanten, wie Farbe oder Lumineszenz, ihm
bekannte Edelsteinhändler und Ostindien-
reisende mehrfach zu Rate zog, ganz offenbar
noch fest der Ansicht gewesen, daß „Diamonds
not resoluble by fire" seien, wie es der „Index" seiner gesammelten Werke /7/ angibt, auch wenn er
an der genannten Stelle nur ein nicht näher an-
gegebenes Werk des JOSEPH QUERCETA-
NUS (Du CHENE, Du QUESNE, 1544 bis
1609) zitiert mit den Worten: „Der Diamant ist
von allen Steinen der festeste und härteste, wohl
infolge engster Vereinigung und Zusammenballung der drei Prinzipien (sc. Salz, Sulphur,
Mercurius), die durch keine Kunst der Trennung
zu einer Auflösung seiner spirituellen Prinzipien
gebracht werden kann"/8/.

Literatur

/1/ M.H. Klaproth, F. Wolff, Chemisches Wörterbuch,
Bd. 1, Berlin 1807, S. 654. - /2/ P.D. v. Hollbach in: J.F.
Henckel, Pyritologie ou Histoire naturelle de la Pyrite,
Paris 1760, Bd. 2, S. 412 laut Lit. 4. - /3/ A. Lavoisier,
Mémoires de L'Académie des Sciences, Année 1772. Tl.
II., S. 564f in: Oeuvres de Lavoisier, Bd. 2. Paris 1874,
S. 38/88, 40. - /4/ P.-J. Macquer, Chemisches Wörterbuch,
deutsch nach der 2. Aufl., von J.C. Leonhardi, 2. Aufl.,
Bd. 2, Leipzig 1788, S. 17. - /5/ R. Boyle, An Essay about
the Origin and Virtues of the Gems (1672) in: The Works
of the Honourable Robert Boyle, A new Edition, Bd. 3,
London 1772, S. 517/641. - /6/ E.K. Kluge, Handbuch der
Edelsteinkunde für Mineralogen, Steinschneider und
Juweliere, Leipzig 1860, S. 28. - /7/ R. Boyle, A Complete
Index to the Works of Honourable Robert Boyle, A new
Edition, Bd. 6, London 1772, sub ‚Diamond'. -
/8/ R. Boyle, The Sceptical Chemist (1661) in: The Works
of the Honourable Robert Boyle, A new Edition, Bd. 1,
London 1772, 474/586, 564.

DER WEG ZUR ERKENNTNIS
DES BRENNBAREN WESENS DES DIAMANTEN

Der wahre Weg zur Entdeckung der Brennbarkeit des Diamanten kann hier nur kurz ange-
deutet werden, er dürfte mit dem „Hunger nach
Gold" in engstem Zusammenhang stehen. Daß

von den Fürsten zu Beginn der Neuzeit wohl die
meisten alchemistischen Versuchen nicht abge-
neigt waren, ist wohl bekannt, daß sie neben der
Goldmacherei auch schon an der Frage nach der
Schmelzbarkeit oder Feuerfestigkeit des Dia-
manten nicht uninteressiert waren und dabei ihre
teuer als Diamanten erworbenen Steine für die
Experimente freigaben, zeigt ein Bericht des
durch seine etwas eigenartige Beschäftigung mit
dem Phosphor sehr bekannt gewordenen
Alchemisten und Glasmachers JOHANN
KUNCKEL (1630 bis 1703), dessen Vater als
Glasmacher in Diensten des Herzogs
FRIEDRICHs III. von Schleswig-Holstein-
Gottorp (1616 bis 1659) für diesen in den
Feuergluten seines Goldofens auch alchemistische Versuche ausführte: „Was der Diamant aus-
stehen kann, hat der Herzog FRIEDRICH von
Holstein in meinen noch denklichen Jahren bei
meinem seeligen Vatter in seinem Goldofen ver-
sucht, in dem er ihn in der größten Hitze beina-
he 30 Wochen hat stehen lassen" /1/.

Nach den üblichen hier angeführten Zeitangaben
dürfte der Versuch sich wohl um das Jahr 1636
herum abgespielt haben, unter Berücksichtigung
neuerer genealogischer Datierungsversuche /2/
allerdings etwa 5 Jahre später. Wegen der erst im
Jahre 1677 erfolgten Veröffentlichung fand das
Experiment, das kein Einzelfall gewesen sein
dürfte, kaum Beachtung, und die Art der
Bekanntgabe schien es nur als Meinung
KUNCKELs über die Feuerfestigkeit des
Diamanten interpretieren zu lassen /3/.

Was die Fürsten neben dem Wunsch einer
Echtheitsprüfung ihrer Diamanten wohl vor
allem zu ihren Versuchen bewogen haben dürfte,
verriet nach dem Bekanntwerden der Versuche
von Kaiser FRANZ I. in Wien im Jahre 1751
J. C. WIEGLEB in seiner *Chemie-Geschichte* /4/
in einem Kommentar. Die wahre Absicht dieser
Versuche, bei denen die Flüchtigkeit des
Diamanten im Feuer zum erstenmal bewiesen
wurde, lasse sich aus einer neueren Schrift
(*NOTUMA ... Leipzig 1788, ... S. 206*) sehr
leicht erkennen: „Der Kaiser Franz hatte von
einem Unbekannten das vorgegebene Geheimnis
des Diamantgusses erhalten, und wollte also
wahrscheinlich durch Zusammenschmelzung
kleiner Diamante größere erlangen."

Am meisten Aufsehen erregte im Jahre 1694 der Versuch des Großherzogs COSIMO III. von Toskana, der durch den Professor der Jurisprudenz an der Universität Pisa, GIUSEPPE AVERANI (1667 bis 1733), und den Florentiner Arzt CIPRIANO ANTONIO TAGIONI (1672 bis 1742) neue Experimente mit einem bisher unerreichbare Temperaturen liefernden „Sonnenofen" durchführen ließ, bei denen die Diamanten durch das Feuer verflüchtigt wurden. Zur Beschreibung dieser und der durch diese Versuche in England, Deutschland, Rußland und in Frankreich angeregten Wiederholungen mit dem scheinbaren Verdampfen oder wenigstens mit Gewichtsverlusten benötigte eine im Jahre 1776 erschienene Enzyklopädie /5/ zehn Seiten. Auf die in Frankreich besonders ausführlichen und zahlreichen Versuche, die schließlich zu LAVOISIERs entscheidender Entdeckung führten, kann nur hingewiesen werden /6/.

Literatur

/1/ J. Kunckel, Chemische Anmerkungen, darinn gehandelt wird von denen Principiis Chymicis, Salibus, Acidis, Alcalibus Fixis und Volatilibus in denen drey Regnis, Minerali, Vegetabili und Animali, wie vom Geruch und Farben etc., mit Anhang einer chymischen Brille contra Non-entia Chymica, nach eigenem Experiment beschrieben etc., Wittenberg 1677, S. 87 zitiert nach H. Peters in: Arch. Geschichte Naturw. Techn. 4 (1913) 178/210, 178/9, 204. - /2/ K. Hucke, Glasmacherei in: Gottorfer Kultur im Jahrhundert der Universitätsgründung, Schleswig 1965, S. 428/34. - /3/ J.W. Mellor, A Comprehensive Treatise an Inorganic and Theoretical Chemistry, Bd. 5, London-New York-Toronto 1924, Neudruck 1960, S. 724. - /4/ J.C. Wiegleb, Geschichte des Wachsthums und der Erfindungen in der Chemie in der neueren Zeit, Bd. 2, Berlin-Stettin 1791, S. 8/9, - /5/ J.G. Krünitz, Oeconomische Encyclopädie oder allgemeines System der Land-, Haus- und Staats- Wirthschaft, Bd. 9, Berlin 1776, S, 183/93. - /6/ H. Guerlac, Lavoisier - The Crucial Year. The Background and Origine of His First Experiments an Combustion in 1774, Ithaca New York 1961, 1/240.

DIE EXPERIMENTELLEN HILFSMITTEL, DIE ZUM ENDE DER LEGENDE FÜHRTEN: BRENNGLÄSER UND BRENNSPIEGEL

Trotz des Wissens um die neuzeitliche Ausnützung des Sonnenlichtes zur Gewinnung elektrischer Energie und dem Bekanntwerden der Tatsache, daß es mittlerweile gelungen ist /1/, bei Anwendung eines „nonimaging concentrator" im Brennpunkt eines Spiegelsystems eine Lichtdichte größer als an der Sonnenoberfläche zu erzielen, fehlt dem modernen Menschen, der Brenngläser im Alltag nicht mehr benutzt, jede Vorstellung von der Wärmewirksamkeit dieser Geräte und der Arbeitsweise mit ihnen. Die Verwendung großer Gläser war gegen Ende des 17. Jh. durch die hohen Leistungen der Glasschmelzer und -schleifer möglich geworden und bei Schmelz- und Oxydationsversuchen von vielen Chemikern eingesetzt worden. Ein später Zeitgenosse der verschiedenen Versuche am Diamanten, CARL WILHELM GOTTLOB KASTNER (1783 bis 1857), damals Chemieprofessor in Halle an der Saale, machte in seiner *Einleitung in die neuere Chemie* einige Angaben über Erfolge und Schwierigkeiten bei solchen Versuchen /2/ und zeigte dabei, wie häufig offenbar derartige Experimente unternommen worden sind:

„Die mit grossen Brenngläsern oder Brennspiegeln anzustellenden Schmelzungen erfordern vor allem höchst heiteren wolkenlosen Himmel und höchst durchsichtige (von Staub, Feuchtigkeit etc. möglichst freie) Luft, eine in Deutschland, Frankreich und England selten erfüllte Bedingung. Manches Jahr bietet kaum acht zu dergleichen Versuchen vollkommen brauchbare Tage dar.

Zu den größten von Physikern behufs der Schmelzungen benutzten Brenngläser gehören die TSCHIRNHAUSENschen, mit denen der Mathematiker und Glashüttenmann EHRENFRIED WALTER Graf von TSCHIRNHAUSEN (1651 bis 1708) in Deutschland, der Jurist und dann unter dem Einfluß von GUERICKE Naturwissenschaftler gewordene WILHELM HOMBERG (1652 bis 1715) und ÉTIENNE FRANCOIS GEOFFROY (der Ältere, 1672 bis 1731, Arzt, Apotheker und Chemieprofessor) in Paris gegen das Ende des 17ten und im Anfang des 18ten Jahrhunderts experimentirten ... das TRUDAINEsche, (das der ehemalige königl. franz. Staatsrath und Generalintendant der Finanzen JEAN CHARLES PHILIBERT TRUDAINE de MONTIGNY [1733 bis 1777] verfertigen ließ, und mit dem der Physikprofessor

MATURIN JACOB BRISSON, der Apotheker und Direktor der Porzellanmanufaktur Sèvres LOUIS CLAUDE CADET (1731 bis 1799), der Chemiker und Steuer-Einnehmer ANTOINE LAURENT LAVOISIER (1743 bis 1794), der Chemieprofessor am Jardin des Plantes PIERRE JOSEPH MACQUER (1718 bis 1784) u. A. im Jahre 1774 verschiedene belehrende Versuche anstellten ...) und das PARKERsche /4/ (mit dem mehrere englische Physiker, während es sich in London befand, verschiedentlich experimentirten; 10 Gran Platina flossen in 3 Secunden, 10 Gran Stabeisen in 12 Secunden und 10 Gran orientalischer Kiesel in 30 Secunden vollkommen, als sie in dem Brennpunkte, oder vielmehr in der Brennstelle dieses Glases dem durch dasselbe convergirend gebrochenen Sonnenlichte ausgesetzt wurden).

Die TSCHIRNHAUSENschen Brennlinsen sind theils aus Stücken zweier Kugeln (wie jenes, mit welchem W. HOMBERG experimentierte, welches biconvex ist, 33 Zoll Pariser Durchmesser und 60 Pfund Gewicht hat), theils aus einem Stücke einer Kugel (deren Halbmesser bey einigen 7, bey andern 9 - 10 Schuh beträgt) zusammengesetzt. Verschiedene dieser Gläser haben Blasen, Streifen, Striche etc., was ihre Güte mindert, jedoch sind alle unter TSCHIRNHAUSENs Aufsicht gefertigten vorzüglich gut geschliffen.

Die TRUDAINEsche, von den Gebrüdern BERNIER verfertigte und von dem Mechanicus CHARPENTIER montierte Linse, besteht aus Abschnitten einer Kugel (deren halber Durchmesser 8 Pariser Fuß beträgt), welche zwischen sich einen linsenförmigen (mit reinem Weingeist zu füllenden) Raum von 4 Pariser Fuß im Durchmesser zulassen, im Mittelpunkt 6 Zoll 5 Linien dick sind, und ungefähr 140 Pinten Feuchtigkeit in sich fassen können. Jeder Abschnitt hat eine Glasdicke von 8 Linien. Das Glas ist sehr klar und frey von Blasen und dergl.

Die PARKERsche biconvexe Linse besteht aus Flintglas, ist in der Mitte 3 Zoll dick, hat 3 Fuß im Durchmesser und wiegt 212 englische Pfunde. Ihre Brennweite beträgt 6 Fuß 8 Zoll Paris, welche indeß bey Versuchen durch Einsetzen einer zweiten viel kleineren Linse verkürzt wurde. Etwas ähnliches beobachtete man auch bey den Versuchen mit dem TRUDAINEschen Glase, und erlangte dadurch zugleich den (für die größere Erhitzung bedeutenden) Vortheil, die Brennstelle, zwar nicht auf einen wirklichen Brennpunkt (was unmöglich ist), wohl aber auf einen sehr kleinen Brennraum zu reduziren. Der Hitzgrad, welcher durch die Gläser hervorgebracht wird, hängt nicht bloß von der Fülle des einfallenden Sonnenlichtes, von der Reinheit der Luft und der Größe und Güte des Glases, sondern auch von der Beschaffenheit der Unterlagen ab, auf welche man die zu erhitzenden Materien der Einwirkung der vereinigten Lichtstrahlen aussetzt. Die heftigste Hitze erleiden die Materien auf leichten, aber dennoch nicht löchrigen, gut ausgebrannten und ausgehöhlten Kohlen ... man kann aber diese Art Unterlagen nur bey unverbrannten Materien anwenden (wenn man nicht etwa die Nebenabsicht hat, oxydirte Materien mittels der Kohle zu reduziren); bey verbrannten Materien hingegen wendet man nicht Licht einsaugende (wie die Kohle), sondern das Licht reflektirende weiße Unterlagen an, z. B. kleine Kapseln aus wohlgebranntem reinem Thone, aus ächtem (am besten chinesischem) Porcellan, hartem Sandstein, Kiesel u. dergl. Je durchsichtiger diese Kapseln sind (z. B. wie diejenigen aus Bergkrystall), um so mehr Lichtstrahlen lassen sie durch, und um so geringere Hitze bewirken sie. Ein gutes Brennglas muß rein, gehörig centrirt ... und bequem (in verschiedenen Richtungen beweglich) gefaßt seyn. Einige der späterhin gelegentlich zu erwähnenden Versuche, über die durch Brenngläser und Brennspiegel hervorzubringende Hitze, hatte KASTNER Gelegenheit, in Heidelberg mit den schönen Brennlinsen und den vorzüglichen (kupfernen, stark vergoldeten) großen Brennspiegeln seines Freundes des Herrn BERTEAU (welche letzterer aus dem physikalischen Cabinett des Kurfürsten von Cölln erkaufte) anzustellen." /1/.

Das von den französischen Forschern benutzte Brennglas war das von W. HOMBERG durch den Herzog von ORLÉANS von TSCHIRN-HAUSEN beschaffte Gerät (siehe die *Abb. 7*), das im „Cabinet" der Akademie der Wissenschaften in Paris aufbewahrt worden war. A. L. LAVOISIER berichtete darüber in einer handschriftlich erhaltenen Notiz /3/:

Abbildung 7

Das zweilinsige Brennglas von Tschirnhaus (1691) in einem Holzrahmen ist 2,23 Meter hoch, die obere Hauptlinse hat einen Durchmesser von 50 Zentimeter. Unten ist eine Haltevorrichtung für das Schmelz- und Brenngut angebracht (Staatl. Math.-Phys. Salon im Zwinger, Dresden).

„Die Experimente mit dem Diamanten im Laboratorium des Herrn CADET, die von den Herrn MACQUER, CADET und LAVOISIER gemacht worden sind, diejenigen, die im Porzellanofen von Sèvre und schließlich die, welche die Herrn CADET und MITOUARD dort weiter angestellt haben und über die in der Akademie der Wissenschaften berichtet und veröffentlicht wurde, beginnen Licht zu bringen in die interessante Frage der Verflüchtigung oder vielmehr der Zerstörung des Diamanten durch das Feuer, aber es verblieben noch mehrere Fragen über die Natur dieses Effektes zu entscheiden. Herr CADET, der dachte, daß die Zerstörung dieses Edelsteins nichts anderes darstelle als eine extreme Zerteilung seiner Bestandteile (des Diamanten), zustandegebracht durch die Berührung mit der Luft als eine Art Zerplatzen, glaubte, daß ein einfaches Mittel seine Meinung zu bestätigen oder zu erledigen, darin bestünde, die Versuche des Großherzogs von Toskana zu wiederholen mit Hilfe eines (Brennglases) Brennspiegels.

Er besprach das Projekt mit Herrn BRISSON und sie wurden einig, mit einem Spiegel von --- (Auslassung Lavoisiers im Text) Zoll aus dem Besitz des Letzteren einige Experimente in dieser Hinsicht zu unternehmen. Sie bemerkten dabei bald, daß die Wirkung des Spiegels, den sie benutzten, nicht ausreichte und daß der Diamant, den sie ihm ausgesetzt hatten, nicht merkbar verändert erschien. Die Notwendigkeit, ein stärkeres Hilfsmittel zu brauchen, brachte sie auf den Gedanken, sich der großen Linse (des Palais Royal) zu bedienen, wie sie unter dem Namen ‚Linse des Palais Royal' lief und die sich damals bei Herrn DOSENBRAY befand und einen Teil des ‚Kabinets' bildete, das er für die Akademie verwaltete. Dementsprechend haben die Herrn CADET und BRISSON am --- Juli 1772 bei der Akademie die Erlaubnis erbeten, die Linse, ihre Aufhängung und einige andere, für ihre Arbeit nötig erscheinende Instrumente aus dem ‚Kabinet' herausholen zu dürfen, mit der Auflage, notwendige Reparaturen auf ihre Kosten vorzunehmen. Die Akademie konnte ihren Vorschlag nur mit Zustimmung aufnehmen und in der Folge wurden alle nötigen Anweisungen ausgegeben. ... Die Herren CADET und BRISSON merkten, wie bedeutend es war, Nutzen zu ziehen aus der Wiederholung alles dessen, was die Herren HOMBERG und GEOFROY mit dem Brennglas gemacht hatten, und dann die eigenen Versuche anzufügen. Sie luden zu diesem Zweck die Herren MACQUER, LAVOISIER und MITOUARD ein, an ihrem Plan teilzunehmen, und sie kamen mit ihnen überein, gemeinsam an diesem großen Werk zu arbeiten. Er bemühte sich nunmehr darum, einen geeigneten Platz zu finden, um dort das Brennglas aufzustellen. (Herr BRISSON glaubte in dieser Beziehung sich an die Anordnungen des Herzogs von LAVRILLIÈRE halten zu müssen. Dieser Minister wollte gern sich mit Herrn MARCHAIS, dem Gouverneur des Louvre schriftlich in Verbindung setzen). Es war nötig, daß der Aufstellungsort genügend groß war, um frei arbeiten zu können, daß die Anordnung derart geschah, daß die Sonne den größten Teil des Tages, und wesentlich zwei Stunden am Vormittag und zwei bis drei Stunden am Nachmittag sichtbar war.

Schließlich mußte der gewählte Ort in einer für die Akademiker, die dort arbeiten sollten, erträglichen Entfernung sein. Einer der Höfe des Louvre schien der geeignetste Ort, die verschiedenen Wünsche zu erfüllen. Herr BRISSON übernahm es, daraufhin die Anordnungen des Herzogs von LAVRILLIÈRE zu übernehmen. Dieser Minister wollte sich schriftlich mit Herrn MARCHAIS, dem Gouverneur des Louvre, in Verbindung setzen und gab ihm den Auftrag, den Akademikern alle Möglichkeiten zu geben, die sie für nötig erachteten. Die Höfe des Louvre waren nicht frei von allen Störungen: 1. das Gebäude des Louvre würde bei einigen Positionen, die man hätte einnehmen müssen, die Sonne im Winter zu den wichtigen Zeiten ausblenden und 2. der Zustrom von Menschen an einem öffentlichen Ort könnte störend sein und man konnte nicht hoffen, sich der zur guten Arbeit nötigen Ruhe dort zu erfreuen.

Herr MARCHAIS zeigte in freundlichster Weise einen Ausweg aus allen diesen Schwierigkeiten, indem er den Akademikern den Garten der Infantin anbot, den sie nach ihren Wünschen jedes mal öffnen und schließen lassen könnten. Dieser Vorschlag wurde mit Dankbarkeit angenommen

und es wurden alle Vorbereitungen getroffen, sich
im Garten der Infantin einzurichten. Der Aufbau
des Brennglases ließ sich nur bewerkstelligen mit
einer genügend großen und reichlich sperrigen
Maschine. Davon kann man sich leicht ein Urteil
machen durch die Beschreibung, die sich im nach-
stehenden findet. Man brauchte notwendigerweise
einen Hangar, um es einzuschließen und vor den
Unbilden der Atmosphäre zu schützen. Die
Akademiker kamen überein, dies zu machen und
zwar auf ihre Kosten. Dazu war es nötig, die
Zustimmung des Herrn de MARIGNY zu erhalten. Er gestattete es ihnen mit der ganzen
Freundlichkeit, die sein Eifer für die Wissenschaften ihm eingeben ließ. Herr MITOUARD
wurde beauftragt, sich mit der Konstruktion des
Hangar zu befassen, aber als Herr de la FERTÉ
und Herr --- von dem Gegenstand der
Konstruktion, die man gerade in Angriff nahm,
erfuhren, beeilten sie sich, alles nötige Holz zu liefern, und der Hangar wurde mit nur geringen
Kosten erbaut. ---

Außer dem von TSCHIRNHAUSEN verfertig-
ten und vom Regenten gekauften Brennglas des
Palais Royal hat dieser Physiker in der gleichen
Zeit ein zweites hergestellt mit viel kürzerer
Brennweite; es hatte nur --- Brennweite, wäh-
rend das des Palais Royal hatte ... (unvollendeter
Satz). Diese Linse, nachdem sie durch verschiede-
ne Hände gelaufen war, gelangte in die Hände des
Herrn le COMTE, wie man aus der detaillierten
Geschichte sehen wird, die wir geben werden" /3/.

Literatur
/1/ D. Cooke, P. Gleckman, H. Krebs, J. O'Gallagher,
D. Sagie, R. Winston, Nature 346 (1990) 802. Über den
Hohlspiegel, den G. AVERANI, C. TAGIONI im Jahre
1694 benutzten, *vgl. S. 165*. - /2/ C.W.G. Kastner,
Einleitung in die neuere Chemie, Berlin-Halle 1814,
S. 153/5. - /3/ H. Guerlac, Lavoisier - The Crucial Year.
Appendix II, Ithaca, New York, S.204/7. Die handschrift-
liche Notiz: Lavoisiers papers, archives of the Academy of
Sciences, Paris, dossier 72 J. Es handelt sich um einen
zweiseitigen Entwurf aus der Hand Lavoisiers (Herbst
1772), der offensichtlich als Einleitung für einen Bericht
an die Akademie der Wissenschaften über die
Experimente mit den Brenngläsern gedacht war. - /4/ Von
PARKER ist nur eine Veröffentlichung in: Neueste
Entdeckungen in der Chemie CRELL Tl. 12, 1785/6
bekannt.

DIAMANTVERBRENNUNG UND DIE FOLGEN

Vorbemerkungen

Die ersten Nachrichten über die Brennbarkeit
des Diamanten stießen auf Unglauben: So
schrieb /11/ der berühmte schwedische
Mineraloge JOHANN GOTTSCHALK
WALLERIUS im Jahre 1772 in seinem *Systema
mineralogicum:* „Andere Versuche, die man in
England, Frankreich, Wien und Florenz angestellt hat, scheinen zu beweisen, daß der Diamant
vor dem Brennspiegel und in einem sehr heftigen
und anhaltenden Feuer, selbst alsdann, wenn er in
Porcellanmasse eingeschlossen ist, gänzlich un-
sichtbar werde. Ich vermuthe aber, daß die sogenannte Verflüchtigung des Diamanten vielmehr
ein Zerspringen desselben in kleine unsichtbare
Splitter, dergleichen man auch bei andern blättri-
gen Steinen, z.B. dem Flusse (sc. Flußspat) bemerkt, zu nennen sey."

Indessen stellt schon der Übersetzer des Buches
ins Deutsche, NATHANAEL GOTTFRIED
LESKE, im Jahre 1781 die Sache dann insofern
richtig, als er in einem eine Druckseite umfassen-
den Kommentar eine genauere Beschreibung der
angesprochenen Untersuchungen gibt und die
Annahme der „Zersplitterung" ablehnt, aber nur
von einem „Verfliegen in einen leuchtenden
Dunst" redet.

Anders TORBEN BERGMAN (1735 bis 1784),
der andere berühmte schwedische Chemiker und
Mineraloge; er ordnete nach Bekanntwerden der
LAVOISIERschen Experimente in seinem
Lehrbuch der Mineralogie den Diamanten hinter
dem Petroleum ein und schrieb: „... und wenn er
im offenen Gefäß dem Feuer ausgesetzt wird,
verbraucht er sich mit einem ihn umgebenden
Flämmchen. Diese, wenn auch langsame
Verbrennung bewirkt seine eindeutige Verwandtschaft mit den brennbaren Stoffen. Außerdem
zeigt er im Glasmacherofen Spuren von Ruß
(richtig: Graphit)." /11/.

Auch andere nahmen die neuen Erkenntinsse aus
Paris an: FRANZ CARL ACHARD (1753 bis
1821), der Entdecker des Rübenzuckers und an
der Untersuchung von Edelsteinen interessierte
Forscher, schrieb in seinen im Jahre 1791 im

Selbstverlag erschienenen *Vorlesungen über Experimentalphysik* bei der Aufzählung der brennbaren Stoffe - ohne Schwefel und Phosphor: „7) das Reißblei *(plumbago, plumbum scriptorium)* und nach den neuesten Entdeckungen muß der Diamant *(adamas)*, dieser kostbare und schöne Stein, den man sonst unter die Kieselarten rechnete, auch noch in die Klasse der brennbaren Stoffe des Mineralreichs gesetzt werden." /13/.

Später allerdings wurden die experimentellen Untersuchungen richtig verstanden. Wer allerdings annahm, es sei mit der großen Entdeckung durch LAVOISIER getan, sah sich bald völlig enttäuscht. Schon im Jahre 1842 hält sich GEORG PAUL ALEXANDER PETZHOLDT (1810 bis 1889), Professor für Technologie und Landwirtschaft an der Universität Dorpat (heute: Tartu, Estland) /1/, in seinen *Beiträgen zur Naturgeschichte des Diamanten* zu folgender Aussage berechtigt: Seit der Entdeckung LAVOISIERs, der Diamant bestehe aus reinem Kohlenstoff, habe es keinen Chemiker gegeben noch gebe es einen, der nicht irgend einmal kleinere oder ausgedehntere Versuche unternommen habe, Diamanten künstlich herzustellen. Aber die Tatsache, daß nur von wenigen Chemikern solche Versuche bekannt geworden seien, sei kein Beweis dafür, daß nur wenige dergleichen unternommen hätten, denn es liege in der menschlichen Natur und Eitelkeit begründet, von mißlungenen Versuchen und fehlgeschlagenen Hoffnungen lieber zu schweigen als dieselben zu veröffentlichen. Ähnliche Äußerungen sind bis in die Mitte des 20. Jh. hinein vielfach gemacht worden. So meinte im Jahre 1855 JACQUES BABINET (1794 bis 1872), wohl zu Recht /2/: „Man hat fast mit demselben Eifer Diamanten herzustellen versucht wie Gold zu machen. Die Frage ist aber keineswegs im Prinzip die gleiche; denn Diamanten herstellen, das heißt nur Kohlenstoff oder Kohle zum Kristallisieren zu bringen, wie man viele andere Substanzen kristallisieren läßt, während die Alchemisten gerade die Natur der Körper zu ändern versuchten und Gold aus allen Stoffen machen wollten."

Daß aber auch schon Alchemisten ebenfalls Gold aus allen Stoffen herzustellen versuchten oder andere Steine in die wertvolleren umzuwandeln wünschten und zu können angaben, ist bereits gezeigt worden. Und einer, der glaubte, Erfolg gehabt zu haben, HENRI MOISSAN (1852 bis 1907), Professor für Chemie an der École de Pharmacie und der Sorbonne, schrieb im Jahre 1896 /3/:

„Kaum hatte LAVOISIER in einem denkwürdigen Versuch gezeigt, daß der Diamant nichts anderes ist als kristallisierter Kohlenstoff, ließen die Versuche zu seiner Darstellung nicht lange auf sich warten. Die in dieser Richtung angestellten Versuche sind ziemlich zahlreich, aber nur wenige sind methodisch und mit Ausdauer durchgeführt worden. Nehmen wir nur wenige Arbeiten aus, so zeigt die geschichtliche Betrachtung dieser Frage, wieviele widersprüchliche und zweifelhafte Dinge auf diesem Gebiet veröffentlicht worden sind. Wenn übrigens die Zahl der Untersuchungen auch sehr groß gewesen sein mag, so ist doch die der Veröffentlichungen nicht so bedeutend, wie man zunächst hätte erwarten können. Das kommt zweifellos daher, daß viele Forscher mehr die Herstellung von Diamanten ins Auge gefaßt hatten als die verschiedenen allotropen Formen des Kohlenstoffs."

Wie groß die Erwartungen im Falle des Erfolgs waren, sprach im Jahre 1888 ALFRED ALLEN, „borough analyst" für Sheffield, aus, als er glaubte, es sei seinem Freunde R. S. MARSDEN, die Herstellung des Edelsteins gelungen *(vgl. S. 192ff)* /4/:

„Die ökonomische Herstellung des Diamanten, auch solcher geringer Größe, würde eine ungeheuere Bedeutung für die Künste haben und Diamantwerkzeuge würden Schmirgelwerkzeuge ersetzen. Die Herstellung von Diamanten von einer für Schmuckzwecke hinreichenden Größe würde dann bald der anderen Entdeckung folgen und zum mindesten eine Zeitlang zu einem sehr hohen Preis führen. Die ökonomische Herstellung von Diamanten mittlerer Größe würde zu einer ausgedehnten und selbstverständlichen Verwendung beim Felsbohren, Steinschneiden und allen ähnlichen Zwecken dienen. Er (MARSDEN) war so zuversichtlich, daß die künstliche Diamantherstellung praktisch durchführbar ist, daß er

mit dem größten Interesse die Bildung einer Gesellschft oder ähnlichen Vereinigung erwartete, deren Aufgabe es sein würde, die Möglichkeit einer solchen Produktion aufzubauen."

A. PETZHOLDT schrieb /1/:

„Sämtliche Versuche lassen sich auf zwei Voraussetzungen zurückführen, entweder glaubte man, versuchen zu müssen, ob man den Kohlenstoff schmelzen (oder lösen) könne, oder man bemühte sich, Kohlenstoff durch Zerlegung kohlenstoffreicher Verbindungen in Krystallform abzuscheiden. Wer endlich der Meinung sein sollte, daß mit Hülfe eines ... elektrischen Stromes kohlenstoffreiche Körper in einer so langsamen Weise zersetzt werden könnten, daß sich Kohlenstoff krystallinisch, also als Diamant ausscheide, ... der würde in Bezug auf den Kohlenstoff vergebliche Versuche anstellen, denn einmal sind die zur galvanischen Zersetzung einladenden Körper Nichtleiter der Elektrizität, ... und das andere Mal, wenn es auch gelingen sollte, den Kohlenstoff aus irgend einer Verbindung am Leitungsdraht zur krystallinischen Ausscheidung zu bringen, so ... würde in demselben Momente, ... auch sogleich alle fernere Einwirkung unterbrochen, weil ja bekanntlich die Diamantsubstanz selbst ein Nichtleiter der Elektrizität ist."

Andere Autoren /5/ waren gerade für den Fall einer elektrolytischen Abscheidung gegenteiliger Ansicht, wie denn die Beurteilung angeblich gelungener Versuche stets recht unterschiedlich war, wie im folgenden gezeigt werden wird. Später schien noch die Möglichkeit der Kondensation aus Dämpfen hinzuzukommen /6/. Auch die Vorstellungen der natürlichen Genese des Diamanten wurden zu Versuchen der „Diamantsynthese" angewendet, bis schließlich, nachdem die thermodynamischen Bedingungen der verschiedenen Kohlenstoffmodifikationen genauer erkannt waren, die „Synthese" im Jahre 1955 wirklich gelungen ist *(vgl. Kap. „Technische Diamantsynthesen", S. 250ff)*, und die Umwandlung einer Modifikation in die andere die Lösung der Frage brachte. Damals schrieb PERCY WILLIAM BRIDGMAN (1882 bis 1961), der Fachmann für Fragen hoher Drücke in New York, folgendes /7/:

„Jetzt, wo endlich das Problem der Diamantsynthese gelöst ist, ist es von Interesse, einige besonders auffällige ‚Glanzpunkte' der langen Geschichte dieser Bemühungen aufzuzeigen. Die Versuche, dieses glitzernde Problem zu lösen, hat das ganze Spektrum ‚Mensch' enthüllt: Die sich damit Beschäftigenden reichen vom hochrangigen Wissenschaftler bis zum gröbsten Pantscher und Charlatan. Dabei gab es nicht wenig Wunschdenken und Selbsttäuschung, ganz schön mit Habsucht vermischt. Das Problem rief eine ausgedehnte Literatur in technischen Zeitschriften hervor und zahlreiche Berichte in der Tagespresse, basierend auf Gerüchten, die sich später als unbegründet erwiesen. Manche Dilettanten machten sich ihre eigenen nichtveröffentlichten Gedanken über das Problem. Ich glaube, daß in den letzten 25 Jahren im Durchschnitt jährlich 2 oder 3 Personen in mein Büro kamen mit dem Angebot einer Teilhaberschaft an ihrem geheimen Diamantherstellungsverfahren sowohl wie am Gewinn, wenn ich als Gegenleistung die Konstruktion der Apparatur und die Umsetzung der Idee in die Praxis übernähme. Das Problem fand auch Eingang in die Sensationsliteratur, und ich stieß oft auf den Glauben, daß der erfolgreiche Löser des Problems in Lebensgefahr geriete durch das Diamant-Syndikat."

Welche Kosten den Experimentatoren entstehen konnten, bekannte /8/ im Jahre 1924 Sir CHARLES ALGERNON PARSONS (1854 bis 1931), der Erfinder der mehrstufigen Überdruck-Dampfturbine, der die Diamantsynthese zu seinem Steckenpferd gemacht und die angeblich geglückten Versuche seiner Vorgänger ohne Erfolg nachgearbeitet hatte, aber auch mit einem eigenen Verfahren anfangs selbst glaubte, erfolgreich gewesen zu sein *(vgl. S. 200ff)*. Er bezifferte seine Ausgaben auf 20 Tausend englische Pfund!

Daß zahlreiche Meldungen über ein angebliches Gelingen der eigenen Versuche möglich waren, lag wohl nur selten in Betrugsabsichten als vielmehr im optimistischem Wunschdenken, das den erforderlichen Nachweis mehrerer entscheidender Kriterien nicht für notwendig fand und sich mit einigen wenigen, dazu unzureichenden begnügte. Als entscheidende Merkmale galten damals: das spezifische Gewicht, die Härte, die

Fluoreszenz im UV, die Doppelbrechung im polarisierten Licht, der hohe Brechungsquotient, die Unangreifbarkeit durch Salpetersäure, Kaliumchlorat, Flußsäure und O_2-freies Chlor, die Verbrennung im Sauerstoffstrom und die Bestimmung der Verbrennungswärme. Dazwischen erhoben sich, obwohl oder gerade weil die Klärung der thermodynamischen Situation ständig wuchs, immer wieder skeptische, ja pessimistische Stimmen: So war 30 Jahre vor der wirklichen künstlichen Gewinnung von Diamanten zu lesen: „daß über die Möglichkeit der künstlichen Darstellung von Diamanten und über den Weg, auf dem die Lösung dieses Problems vielleicht einmal gelingen wird, nach dem heutigen Stand der Wissenschaft nichts mit Sicherheit ausgesagt werden kann" /9/.

Im folgenden werden, in der zeitlichen Reihenfolge ihres Auftretens, diejenigen, von ihren Entdeckern bekanntgegebenen Verfahren, meist unter deren Namen, beschrieben, über die Ausführlicheres bekannt geworden ist; zuvor aber seien noch Angaben angeführt, die Hinweise auf Versuche bringen, für die in der Literatur keine weiteren Angaben angetroffen wurden, die aber die oben *(vgl. S. 170)* behauptete Häufigkeit der Versuche bestätigen. So konnte man im Jahre 1865 lesen /10/:

„Die Darstellung künstlicher Diamanten, welche bekanntlich durchaus nicht auf eine Stufe mit der Kunst, Gold zu machen zu stellen ist, beschäftigt immer noch die Chemiker verschiedener Länder. Dr. RABE in Hamburg behauptet, Diamanten, allerdings noch nicht rein farblos, durch Auflösung reiner, feingemahlener Zuckerkohle in Wasser von 12 Atmosphären Druck während achtstündigen Kochens dargestellt zu haben, eine Entdeckung, deren Bestätigung wohl noch abzuwarten ist. In England behauptet Dr. PHIPSON Diamanten auf ähnliche Weise wie H. SAINTE-CLAIRE DEVILLE krystallisiertes Bor und Silicium mit Hilfe des Aluminiums dargestellt hat, erhalten zu haben; und aus Frankreich erfahren wir, daß JAQUELAIN, damit beschäftigt ist, den Diamant durch Zersetzung einer Lösung von Chlorkohlenstoff in Äther mittels eines Metalls darzustellen, aber sein Resultat vorläufig nicht veröffentlichen will."

Literatur

/1/ A. Petzholdt, Beiträge zur Naturgeschichte des Diamanten, Dresden-Leipzig 1942, S. 51/2. - /2/ J. Babinet, Rev. Deux Mondes 9 (1855) 819/23, 321. - /3/ H. Moissan, Ann. Chim. Phys. /7/ 8 (1896) 465/558, 466; Der elektrische Ofen, deutsch von T. Zettel, Berlin 1397, S. 104. - /4/ A.H. Allen, Chem. News 41 (1880) 63/9). - /5/ K.E. Kluge, Handbuch der Edelsteinkunde, Leipzig 1860, S. 190/2. - /6/ A. König, Z. Elektrochem. 12 (1906) 440/4, 442. - /7/ P.W. Bridgman, Sci. Ara. 193 (1955) Nr. 5, S. 42/6, 42. - (8) A.R. Butler, P.A.H. Wyatt, Chem. in Britain 1968 462/3. - /9/ F. Krauss, Brennstoff-Chem. 5 (1924) 133/6, 135. - /10/ Anonym, Gaea (Leipzig) 1 (1865) 425.- /11/ J. G. Wallerius, Mineralsystem, deutsch von N. G. Leske Theil 1, XVIII Gattung Edelsteine, Diamant, Berlin 1781, S. 234/5 (Erstausgabe Stockholm 1772). - /12/ T. Bergman, Sciagraphia Regni Mineralis secundum Principia Proxima Digesti, § 142. Leipzig-Messau 1782, S. 96. - /13/ F.C. Achard, Vorlesungen über die Experimentalphysik, Tl. 1, § 511,Berlin 1791, S. 206.

Gezielte Versuche zur künstlichen Herstellung von Diamanten aus einer Kohlenstoffschmelze

Die ersten Versuche der künstlichen Herstellung von Diamanten nach der Erkenntnis seines Wesens als reiner Kohlenstoff sind das Ende der alchemistischen Umwandlungsvorstellungen und der Beginn der Verschiebung des Problems der Diamantbildung in den Bereich der Wissenschaft. Schließlich führten Versuche im Jahre 1955 auf vielen Umwegen und Irrtümern wirklich zur Darstellung des als Diamant kristallisierten Kohlenstoffs. Man ging von der Erfahrung aus, daß Kristallbildung am ehesten aus einem Schmelzfluß zu bewerkstelligen sei. Die oben erwähnten frühen Versuche, den Stein zu schmelzen, waren offenbar vergessen worden, und so geschah es, daß im Jahre 1818 J. MURRAY /1/ bekanntgeben konnte, es sei ihm gelungen, einen Diamanten auf Bimsstein im Knallgasgebläse zu schmelzen. Fünf Jahre später veröffentlichte BENJAMIN SILLIMAN (Vater, 1778 bis 1864), Arzt und Professor für Chemie am Yale College in New Haven und Herausgeber des *American Journal of Science and Arts*, die Nachricht, er habe, angeregt durch diese Versuche, mit Hilfe des von Dr. ROBERT HARE (1781 bis 1658), Arzt und Chemieprofessor am Medical Department der Universität von Pennsylvania, erfundenen „galvanischen Deflagrators" (eine technisch verbesserte

VOLTAsche Säule) /2/, wobei ihm die Original-
apparatur zur Verfügung stand, zunächst prä-
parierte (ausgeglühte) Holzkohle /3/, dann, am
25. März 1823, auch Graphit und Anthrazit
schmelzen können. Das Ergebnis der Versuche
am 12. April 1823 beschrieb er folgendermaßen:
„Indeed when the instrument is in an active state,
the light emitted from the plumbago points,
appears even more intense and rich than from
charcoal; so that they may be used with advantage
in class experiments, where the principal object is
to exhibit the brillancy of the light. On exami-
ning the pieces in this, and in numerous other
cases, I found them beautifully studded with
numerous globules of melted plumbago. They
extended from within a quarter of an inch of the
point to the distance of 1/4 or 1/2 of an inch all
around ... They exhibited all the colours, from
perfect black, to pure white, including brown, amber, and topaz colours; among the white globules,
some were perfectly limpid, and could not be
distinguished by eye from portions of diamond."

Die Veröffentlichungen blieben ohne größeres
Echo, erst im Jahre 1872 kam C. W. C. FUCHS
/5/ auf sie zurück mit dem Hinweis, daß in der
Folgezeit mehrere französische Forscher unter
teilweise geänderten Bedingungen zu ähnlichen,
aber negativ zu beurteilenden Ergebnissen gekommen wären.

Sieben Jahrzehnte später, als man begriffen hatte, daß dem Druck bei der Diamantbildung
eine große Rolle zukommen müsse, erhitzte
Q. MAJORANA /6/ im Jahre 1897 Kohlenstoff
im elektrischen Strom so hoch als möglich und
setzte die Schmelze in seiner Apparatur durch
eine Explosion von Schießpulver einem hohen
Druck aus. In der erkalteten Masse fand er
Teilchen, teils opak, teils durchsichtig, die Rubin
ritzten und, da nach den Versuchsbedingungen
die Bildung von Korund ausgeschlossen sein sollte, vom Autor für Diamanten gehalten wurden.
Im Jahre 1902 versuchte A. LUDWIG /7/ die
Kohlenstoffschmelze im Lichtbogen in Wasserstoff bei 2000 atm Überdruck zu errreichen, erhielt dabei wohlgeschmolzene Massen und beobachtete während des Versuchs Stromschwan-
kungen, die er als vorübergehende Diamantbildung deutete. Nach möglichst rascher

Abkühlung der Schmelze konnte er kleine
Gebilde mit den Eigenschaften des Diamanten
hinsichtlich der Durchsichtigkeit, der Lichtbrechung, Härte und Dichte eliminieren. Da aber
genaue Angaben über die ‚Diamanten' fehlen, ist
die Beurteilung der Ergebnisse recht unsicher.
Ein Jahr zuvor schon glaubte A. LUDWIG /8/
bei einem einfacheren Veruch Erfolg gehabt zu
haben: Er hatte eine Eisenspirale in Retorten-
kohlepulver gebettet und in einer hochgespann-
ten Wasserstoffatmosphäre durch einen elektrischen Strom bis zur Rotglut erhitzt und fand
dann an einigen Stellen der Kohle hellglänzende
Kriställchen, die Härte und Lichtbrechung des
Diamanten zeigten; er glaubte auch, ein Teil des
in der Eisenspirale gelösten Kohlenstoffs habe
sich (wie bei MOISSAN) in Diamant umgewandelt. H. MOISSAN /10/, der zeigen konnte, daß
das Schmelzen von reinem Kohlenstoff in der beschriebenen Art nicht möglich ist, hielt die
„Diamantkörnchen" für Boride.

Im Jahre 1909 glaubte noch einmal M. LA
ROSA /9/, es sei ihm gelungen, Zuckerkohle im
selbsttönenden Lichtbogen geschmolzen zu
haben und dabei durchsichtige, stark lichtbrechende Kristalle mit der Dichte 3,2 erhalten
zu haben, die den Rubin ritzten.

Nach der im Jahre 1955 wirklich gelungenen
„Diamantsynthese" schloß P. W. BRIDGMAN
/11/ in seinem großen Bericht über diese Fragen
das Kapitel unter Bekanngabe weiterer Versuche
folgendermaßen ab:

*„Another method that has had a considerable follo-
wing is the solidification of molten graphite. A
number of people have been convinced that if only
graphite could be melted, it would solidify to diamond. The reason for this conviction is not easy to
see - perhaps it is because graphite is so hard to
melt. At atmosphere pressure graphite when heated
passes directly from the solid to the gaseous phase
without melting, just as solidified carbon dioxide
does. However, frozen carbon dioxide can be melted to the liquid state unter pressures above 30
atmospheres, and presumably something similar
would be expected for graphite. JAMES BASSET
of France has asserted that graphite has a triple
point (Where the solid, liquid on gaseous states can
exist) in the neighbourhood of 4000°C and about*

100 atmospheres. Above these temperatures and pressures the melting curve rises like that of a normal substance with rising temperature and pressure. BASSET has made many attempts at the diamond problem along these lines, without success. Thirty years ago JOHN M. MOREHEAD of the Union Carbide and Carbon Corporation attacked the problem from the same angle. He claimed to have melted graphite under pressure. His results were never published. One can now say that if diamond does crystallize out of molten graphite, it must be as the thermodynamically unstable phase. A number of experiments have claimed success in making diamonds with the help of the electrical ‚singing arc‘, which when first developed was widely reported to be capable of melting graphite. In 1926 Professor M. LA ROSA at the University of Palermo in Sicily showed me under the microscope a perfect little transparent octahedron which he said he thought was a diamond formed in his singing arc. It now appears almost certain that graphite could not have melted under these conditions, and that the appearance of melting was an effect of impurities, which doubtless were the origin of LA ROSA's diamond."

Literatur

/1/ J. Murray, A Memoir on the Diamond, London 1818, S. 61. - /2/ R. Hare, Am. J. Sci. 3 (1821) 105/17. - /3/ B. Silliman, Am. J. Sci. 5 (1822) 108/12. - /4/ B. Silliman, Am. J. Sci. 6 (1823) 341/9; J. Chem. Physik Schweigger 39 (1823) 87/107; Ann. Chim. Physique (2) 24 (1823) 216/22. - /5/ C.W.C. Fuchs, Die künstlich hergestellten Mineralien, Haarlem 1872, S. 27. - /6/ Q. Majorana, Rend. Acad. Lincei (5) 6 II (1897) 141/7. - /7/ A. Ludwig, Z. Elektrochem. 8 (1902) 273/6. - /8/ A. Ludwig, Chemiker-Ztg. 25 (1901) 779/80. - /9/ M. la Rosa, Ann. Physik (4) 30 (1909) 369/80. - /10/ H, Moissan, Ann. Chim. Physique (7) 8 (1896) 466. - /11/ P.W. Bridgman, Sci. Am. 103 (1955) 42/6, 44.

Versuche zur Synthese von Diamanten mit Hilfe chemischer Prozesse

In den Bemühungen künstliche Diamanten durch chemische Reaktionen herzustellen, spielt der von WILHELM AUGUST LAMPADIUS (1772 bis 1842) hergestellte „Schwefelalkohol" eine bedeutende Rolle. Deshalb wird die Entdeckungsgeschichte dieser Substanz einleitend vorgestellt.

Entdeckungsgeschichte des Schwefelkohlenstoffs

Im Sommer des Jahres 1796 teilte WILHELM AUGUST LAMPADIUS (1772 bis 1842), Professor für Chemie an der Bergakademie Freiberg in Sachsen, seinem Kollegen in Helmstädt, dem Herausgeber der *Chemischen Annalen für die Freunde der Naturlehre*, LORENZ von CRELL (1744 bis 1816), mit /1/: „Einer meiner neuesten Versuche ist die Bereitung eines flüssigen Schwefels, der noch bei 10 Graden de Luc unter Wasser flüssig bleibt." Dann schildert er seine ersten Eindrücke von dem neuen „flüssigen Schwefel" und seine Vorstellungen über dessen Bildung: „In Lebens- und atmosphärischer Luft wird er in festen Schwefel verwandelt, wobei sich Wasser erzeugt; er gibt einen starken Geruch nach Schwefelleber von sich; etwas desselben wird in Wasser gelöst, im pneumatischen Apparat erhält man die Schwefelleber-Luft. Kurz, er verhält sich wie Schwefel in Wasserstoff aufgelöst. Ich erhielt ihn bei der Destillation des Schwefelkieses mit feuchter Kohle, wo der Wasserstoff des Wassers sich mit dem Schwefel und der Sauerstoff mit Kohle und dem Eisen verband. Nach dieser Erscheinung versuchte ich diesen Schwefel auf eine einfachere Art zu erhalten, welches mir aber bis jetzt nicht geglückt ist."

Wenig später gab er in dem von seinem Kollegen FRIEDRICH ALBERT CARL GREN (1760 bis 1798) in Halle an der Saale herausgegebenen *Neuen Journal der Physik* nicht nur die Eigenschaften seiner Entdeckung bekannt, sondern auch, daß die Veranlassung für sie ein Versuch gewesen sei, den für ihn ein junger Hüttenmann namens KLEMM ausgeführt hatte, nämlich die Schwefelausbeute beim Rösten des Kieses zu erhöhen /2/. Zur gleichen Zeit schickte er gemäß seinem erst im Jahre 1826 veröffentlichten eigenen zusammenfassenden Bericht über die Entdeckung /15/ wie schon den beiden Zeitschriftenherausgebern auch an MARTIN HEINRICH KLAPROTH (1743 bis 1817), Chemieprofessor in Berlin, eine Probe der Substanz, der ihre Eigenschaften alsbald in einem anderen Journal bestätigte /18/. Über das Wesen des neuen Stoffes, den er offenbar zu analysieren gar nicht versucht hat, blieb er, wie sich später zeigen sollte, völlig im Unklaren.

Trotz der Veröffentlichung in drei verschiedenen Fachzeitschriften erregte diese neue Entdeckung wenig Aufmerksamkeit. Erst im Jahre 1802 berichteten die beiden Mitarbeiter des Barons GUYTON de MORVEAU (1737 bis 1816 in Paris), NICOLAS CLEMENT (1779 bis 1841) und sein Schwiegervater CHARLES BERNARD DESORMES (1777 bis 1862) offenbar ohne jede Kenntnis der Veröffentlichungen von LAMPADIUS, daß sie im Verlauf ihrer Untersuchungen zur Kontroverse mit CLAUDE LOUIS BERTHOLLET (1748 bis 1822) über die Zusammensetzung des „Kohlenoxydgases" beim Überleiten von Schwefeldampf über glühende Kohlen einen flüssigen „Schwefel-Kohlenstoff" („soufre carburé") erhalten hatten /3/. Dieser wurde anfangs (doch wie sich bald zeigte, zu Unrecht) für SCHEELE's hydrogenierten Schwefel gehalten. Sie konnten zeigen, daß die von ihnen in ihren physikalischen und einigen chemischen Eigenschaften recht genau beschriebene Verbindung keinen Wasserstoff enthielt, sondern daß, wie sie aus dem Gewichtsverlust der eingesetzten Kohle schlossen, „der Kohlenstoff etwa 1/3 des liquiden Schwefelkohlenstoffes ausmache." Dieser Behauptung stimmte BERTHOLLET zu /4/, wunderte sich indessen, daß bei der Behandlung der Verbindung mit Wasser oder bei ihrer Bildung nur wenig übelriechendes Gas („gaz de mauvaise odeur") erhalten werde, was im Gegensatz zu den Angaben von RICHARD KIRWAN (1733 bis 1812) über seine ganz ähnlichen Destillationsversuche stehe /5/: „Es lasse sich aber schwerlich denken, daß sie kein Hydrogen enthalten sollte; die große Flüchtigkeit desselben scheint mit zwei so wenig flüchtigen Stoffen, als Kohle und Schwefel, nicht bestehen zu können" /4/.

Anhand der gleich nach der Entdeckung von LAMPADIUS dem Zeitschriftenherausgeber F. A. C. GREN übersandten Probe, die nach dessen Tod an LUDWIG WILHELM GILBERT (1769 bis 1824), den Herausgeber der *Annalen der Physik*, gelangt war, konnte dieser die Identität der von CLEMENT und DESORMES beschriebenen Verbindung mit der von LAMPADIUS entdeckten feststellen /16/. Inzwischen hatte W. A. LAMPADIUS die neue Substanz auf neue Art darzustellen gelernt /6/,

beschrieb ihre Eigenschaften genauer, stellte diese denen der von CLEMENT-DESORMES erhaltenen Substanz gegenüber und meinte, wenn auch seine, nun „Schwefelalkohol" („alcool de soufre") benannte Entdeckung sich unter den von CLEMENT-DESORMES erhaltenen Verbindungen befinde, so erhebe er doch den Prioritätsanspruch auf die Entdeckung. Dann fuhr er fort: „Ich bin im Augenblick damit beschäftigt, folgende Fragen zu beantworten: Ist mein Produkt hydrogenierter Schwefel? Oder geschwefelte Kohle? Oder Kohle-Schwefel-Wasserstoff? Oder vielleicht die Basis des Schwefels?" /17/.

BERTHOLLETs Zweifel über den fehlenden Wasserstoff schienen begründet: Sein Sohn, A. BERTHOLLET (1783 bis 1811), dessen „Untersuchungen über die wechselseitige Einwirkung von Schwefel auf Kohle" von A. F. FOURCROY, N. DEYEUX, L. N. VAUQUELIN veröffentlicht wurden /7/, war zu der Überzeugung gekommen, daß die Produkte der genannten Reaktion - er glaubte, mehrere erhalten zu haben - stets Wasserstoff enthielten. Dieses Ergebnis schien bestätigt zu werden durch Untersuchungen /8/ an Präparaten, die PIERRE JEAN ROBIQUET (1780 bis 1840) am 6. 12. 1805 für die Vorlesung von NICOLAS LOUIS VAUQUELIN (1763 bis 1829) hergestellt hatte: „Man sieht aus diesen ersten Versuchen, daß nichts auf in dem flüssigen Schwefel vorhandenen Kohlenstoff deutet, sie berechtigen zu dem Gedanken, daß er nur gewasserstoffter Schwefel ist, wofern man nicht annehmen will, daß der Schwefel selbst ein zusammengesetzer Körper sey."

Daß Experimente mit dem LAMPADIUSschen Schwefelalkohol schwierig waren und Analysenversuche nur zu leicht mißlangen, mußte am 16. April 1807 KARL DANIEL TOURTE der Berliner Philomatischen Gesellschaft eingestehen /9/. Auch HUMPHRY DAVY (1778 bis 1829) war bei seinen Versuchen auf den Schwefelkohlenstoff gestoßen und hat, wohl auch ohne nähere Untersuchung, „der Meinung des jüngeren BERTHOLLET den Vorrang gegeben" /10/. So berichtete J.J. BERZELIUS /11/ und begründete dies zusätzlich wie folgt: Der

Forscher sei wohl zu seiner Meinung gekommen „durch die scheinbare Erzeugung von Schwefel-Wasserstoff in der Kette der VOLTAschen Säule aus Schwefelalkohol, und von schwefliger Säure und Schwefelsäure beim Verbrennen desselben in Sauerstoffgas." Erst vier Jahre später, am 9. Dezember 1811 konnte dem Institut Français der Repetitor an der École Polytechnique CLUZEL als entscheidend berichten /12/, daß es ihm in sehr ausführlichen Untersuchungen gelungen sei, nicht nur aufzuzeigen, warum LAMPADIUS bei seinen Versuchen nur gelegentlich seinen Schwefelalkohol herstellen konnte (der Entdecker hatte nicht mit genügend entwässerten Ausgangsstoffen gearbeitet), sondern auch den analytischen Nachweis zu führen, daß die Flüssigkeit neben kleinen Mengen Wasserstoff und Stickstoff in der Hauptsache aus Schwefel und Kohlenstoff bestehe. Bevor allerdings die Originalarbeit zum Druck kam, erstatteten C. L. BERTHOLLET, L. J. THENARD, L. N. VAUQUELIN /13/ einen Bericht über CLUZELs Arbeit, in dem sie durch eigene Versuche nachwiesen, daß die angebliche Anwesenheit von Wasserstoff und Stickstoff ein Irrtum war. Sie konnten auch bekannt machen, daß N. CLEMENT schon bald nach der oben *(S. 175)* zitierten Veröffentlichung einem von ihnen versichert hatte, daß es ihm gelungen sei, Kohlenstoff aus der Flüssigkeit abzuscheiden, indem er ihren Dampf über glühende Eisenspäne in einem Porzellanrohr leitete; er habe die Berichterstatter dann zu einer Wiederholung des interessanten Versuchs eingeladen, „was aber die Zeit nicht erlaubte." Dann hoben sie aber das Verdienst CLUZELs an der Erkenntnis des Kohlenstoffgehaltes der Verbindung hervor, da er von der (unveröffentlichten) Beobachtung CLEMENTs keine Kenntnis haben konnte. Trotzdem war, wie ein *Handbuch der populären Chemie* zeigte /14/, die Antwort auf die Frage nach der Zusammensetzung des Schwefelalkohols recht unsicher, so daß JÖNS JACOB BERZELIUS (1779 bis 1848) sich bei einem Aufenthalt in London veranlaßt sah, gemeinsam mit ALEXANDER JOHN GASPARD MARCET (1770 bis 1822) die Analyse des Stoffes wieder aufzunehmen /11/; sie stellten fest, daß er 84.83 Gew.-% Schwefel und 15.17 Gew.-%

Kohlenstoff enthielt; so wurde aus dem „Schwefelalcohol" der flüssige Kohlenschwefel, Bisulfuretum carbonici CS_2.

Sechs Jahre später, am 18./19. August 1819, hatte LAMPADIUS die Möglichkeit, BERZELIUS bei dessen Besuch in Freiberg die Darstellung der Verbindung vorzuführen /19/. Es bleibt noch herauszustellen, daß, worauf schon die französischen Forscher aufmerksam machten, die Möglichkeit besteht, daß R. KIRWAN /5/ und vor ihm CARL WILHELM SCHEELE (1742 bis 1786) bei seinen Versuchen über die „stinkende Schwefelluft" /20/ die Verbindung, ohne es zu merken, erhalten hatten, worauf auch H. SCHELENZ in seiner Pharmaziegeschichte hinweist /21/.

Literatur

/1/ W.A. Lampadius, Chem. Ann. Crell (1796) 11 136/7. - /2/ W.A. Lampadius, Neues J. Physik Gren 3 (1796) 304/6. - /3/ N. Clement, C.B. Desormes, Ann. Chim. Paris 42 (1802) 121/52, 135; Ann. Physik Gilbert 13 (1803) 73/95, 84. - /4/ C.L. Berthollet, Ann. Chim. Paris 42 (1802) 282/8, 286; Ann. Physik Gilbert 13 (1803) 95/102, 101. - /5/ R. Kirwan, Phil. Trans, Roy. Soc. London 1785 nach Lit. 4. - /6/ W.A. Lampadius, Ann. Chim. Paris 49 (1804) 243/9. - /7/ A.F. Fourcroy, N. Deyeux, L.N. Vauquelin, Ann. Chim. Paris 61 (1807) 145/53. - /8/ N.L. Vauquelin, P.J. Robiquet, Ann. Chim. Paris 61 (1807) 430/5. - /9/ K.D. Tourte, J. Chem. Physik Mineral. Gehlen 4 (1807) 430/5. - /10/ H. Davy, Phil. Trans. Roy. Soc. London 99 (1809) 450/70, 464; Elements of Chemical Philosophy, London 1812, S. 283, 310 nach Lit. 11, S. 156. - /11/ J.J. Berzelius, A. Marcet, Phil. Trans. Roy. Soc. London 103 (1813) 171; Ann. Physik Gilbert 48 (1814) 135/66, 152. - /12/ Cluzel, Ann. Chim. Paris 84 (1812) 72/112, 113/72, 142. - /13/ C.L. Berthollet, L.J. Thenard, L.N. Vauquelin, Ann. Chim. Paris 81 (1812) 252/75, 254, 273; J. Chem. Physik Schweigger 9 (1813) 301/17, 302, 317. - /14/ F. Wurzer, Handbuch der populären Chemie, 2. Aufl., Leipzig 1814, S. 114/5. - /15/ W.A. Lampadius, Über den Schwefelalcohol, Freiberg 1826, S. 5/9. - /16/ L.W. Gilbert, Ann. Physik Gilbert 17 (1804) 111/7. - /17/ W.A. Lampadius, Ann. Chim. Paris 44 (1804) 234/9; Beyträge zur Erweiterung der Chemie und deren Anwendung auf Hüttenwesen, Fabriken und Ackerbau, Freiberg 1804, S. 1/23. - /18/ M.H. Klaproth, Neues Allgem. J. Scherer 2 (1805) 192/5. - /19/ C. Winkler, Berzelius in Freiberg, Vortrag laut A. Seifert, Wilhelm August Lampadius, ein Vorgänger Liebigs, Berlin 1933, S. 31. - /20/ C.W. Scheele, Chemische Abhandlung über Luft und Feuer, § 97 Die stinkende Schwefelluft, in: Sämmtliche physische und chemische Werke, deutsch von S.F. Hermbstädt, Bd. 1, Berin 1793, 237/94, 238/9. - /21/ H. Schelenz, Geschichte der Pharmazie, Berlin 1904, S. 615.

Diamanten durch Zersetzung des Schwefelkohlenstoffs

Die frühen Nachrichten

Die frühesten Nachrichten stammen aus dem Herbst des Jahres 1829. Bei der „Zusammenkunft der teutschen Naturforscher" in Berlin, tat LAMPADIUS (1772 bis 1842), der Entdecker (1796) des von ihm zunächst „Schwefelalcohol" benannten Schwefelkohlenstoffs, die merkwürdige Äußerung, „daß sein Schwefelalkohol nichts anderes sei als eine Auflösung des Demants in Schwefel" /1/. J. C. A. BREITHAUPT (1791 bis 1873), Edelsteininspektor und Professor der Oryktognosie in Freiberg, berichtete darüber. In einem Privatbrief wunderte sich BREITHAUPT: „Ist die Erzeugung des krystallisirten Kohlenstoffs auf gewöhnlichem chemischen Wege (nämlich ohne Anwendung der elektrischen Säule) gelungen, so gestehe ich meine Verwunderung darüber, daß Ihnen (LAMPADIUS) die Darstellung desselben zur Seite liegen blieb, bei Ihren so vielfachen Untersuchungen des Schwefelkohlenstoffs, und glaube wohl, daß Sie nach ihren eigenen Worten ‚dicht' daran vorübergegangen sind."

LAMPADIUS erwiderte:

„Sobald es durch CLEMENT, DESORMES, BERZELIUS und MARCET ausgemittelt war, daß der Schwefelalkohol Kohlenschwefel, nämlich Bisulphuret, aus 2 At. Schwefel und 1 At. Kohlenstoff gemischt sei, und ich die starke lichtbrechende Kraft desselben in Erwägung zog, zweifelte ich nicht daran, daß es möglich sein werde, den Kohlenstoff aus demselben einst krystallisirt darzustellen, zumal der Kohlenstoff in dieser Verbindung sich sauerstofffrei als ein Liquidum befindet. Ich trug diese Vermuthung seit jener Zeit jährlich in meinen Vorlesungen und im Verkehr mit naturforschenden Freunden vor, forderte auch unter andern Hr. Prof. REICHARD, den Verfertiger des Kohlenschwefels im Großen, auf, einen Körper aufzusuchen, der sich allmählig der Schwefelatome bemächtige; und es müsse sich dann der Kohlenstoff aus der Mischung krystallisiren. Da mich aber seit mehreren Jahren ganz vorzüglich die Bemühungen, den Schwefelalkohol in der Arzneikunde so wie in der Technik einzuführen,

beschäftigten, so ließ ich es bei meiner Vermutung bewenden, und legte erst seit etwa einem Jahre Hand ans Werk, zu einigen allerdings nicht gelungenen Versuchen, die aber auch nur nebenher betrieben wurden. Vermuthlich habe ich bei manchen dieser Versuche irgend einen Handgriff, welcher zum Ziele führen kann, versehen. Da indessen auch die Angabe mißlungener Versuche oft nützlich sein kann, so will ich Ihnen (OTTO LINNÉ ERDMANN in Leipzig, Herausgeber des Journal für technische und ökonomische Chemie) die vorzüglichsten derselben mittheilen.

1) Ich stellte Metalle, als Silberblättchen, Kupferbleche, Eisendraht, sowie Zink und Kupferblechschnitte gemeinschaftlich spiralförmig zusammengewunden in wohl verschlossenen Gefäßen in Schwefelalkohol auf, und ließ die Vorrichtungen Monate lang ruhig stehen, um zu erfahren, ob nicht der Schwefel sich zu den Metallen begeben, und der Kohlenstoff sich krystallisiren würde. Ich fand allerdings, daß die Metalle, sich schwärzend, sich allmählig auf der Oberfläche veränderten. Da sich aber keine Kohlenstoffkrystalle absetzten, so glaubte ich, es bildeten sich Kohlenschwefelmetalle, und gab nichts weiter auf diese Versuche. Bei dem Silber glaubte ich, nachdem es 6 Monate in dem Schwefelalkohol gestanden hatte, an den schwarz gewordenen Blättchen so etwas von höchst kleinen Körnchen zu entdecken. Indessen, da ich das Zutrauen zu dieser Scheidungsmethode schon verloren hatte, so achtete ich weiter nicht auf die, wie es mir schien, täuschende Erscheinung.

2) Ich ließ reines, aus Zink und Salzsäure bereitetes Wasserstoffgas, sowohl durch flüssigen Kohlenschwefel streichen, als auch letztern in Flaschen mit Wasserstoffgas in der Hoffnung stehen, es werde sich Schwefelwasserstoffgas bilden und Kohlenstoff sich absondern. Statt dessen erhielt ich immer ein Tripelgas aus Kohlenschwefel und Wasserstoff gebildet.

3) Ich stellte Kalium und Natrium mit flüssigem Kohlenschwefel unter den Umständen wie bei Versuch 1) an. Diese Versuche gehören unter die spätern. Sie stehen seit 7 Wochen, und es ist zu bemerken, wie sich beide Metalloiden bräunen und an Volumen zunehmen, aber von einer Absonderung von Kohlenstoff habe ich bis jetzt nichts bemerken können, jedoch scheint es, als wenn der unter den Metalloiden stehende Kohlenschwefel das Licht noch stärker als gewöhnlich bräche. Nach einigen Wochen werde ich die Quantität der Metalloiden, von welchen ich jetzt auf 1 Theil Kohlenschwefel 1/2 Theil genommen habe, verdoppeln, um zu erfahren, ob ein Übermaß der erstern die Zersetzung bewirke.*

4) Seitdem ich durch Hrn. Prof. BREITHAUPT die Nachricht erhielt, daß der Phosphor das Ausscheidungsmittel sei, habe ich auch einige Arbeiten über diese Scheidung ohne Erfolg vorgenommen. Schon seit dem Jahre 1803 habe ich gefunden, daß der Phosphor sich in Menge leicht in dem flüssigen Kohlenschwefel auflößt. Ich habe diese Lösung oft, um den Phosphor vom Oxydul zu trennen, unternommen, und oft in der allmählig verdampften Solution Krystalle von Phosphor gesehen. Es ist mir kaum denkbar, daß in diesen Krystallen Demantkrystalle eingeschlossen, und nicht von mir erkannt worden wären. In den vergangenen Tagen bereitete ich daher wiederum eine gesättigte Lösung des Phosphors in Kohlenschwefel (welche ich bis jetzt für eine Tripelverbindung hielt) und stellte in diese mehrere Stangen von Phosphor, die ich auf ihrer Oberfläche vom Oxydul befreit hatte. Nach 24 Stunden fand ich um die Phosphorstücke, welche angegriffen waren, mehrere Krystalle angesetzt, welche zwar etwas härter als gewöhnlicher Phosphor waren, dennoch aber nach dem Herausnehmen sich an der Luft oxydirten und allmählig in Phosphorsäure übergingen. Alle diese Versuche sind von mir bei gewöhnlicher Temperatur angestellt worden. Sie ersehen aus dem Vorhergehenden, daß ich zwar nicht anhaltend und ernstlich genug gearbeitet habe, doch nicht ganz müßig gewesen bin, und ich erwarte daher mit Sehnsucht die Angabe aller Handgriffe, welche in Paris bei den angezeigten neuen Versuchen ausgeübt worden sind." /2/.

Die GANNALschen Diamanten

Die oben *(vgl. S. 177ff)* erwähnte eigenartige Charakterisierung des Schwefelkohlenstoffs (und der daran anschließende Bericht über die Versuche von LAMPADIUS) ist ausgelöst worden von der Nachricht aus Paris, wonach die Bestätigung des Satzes dort wörtlich Ereignis geworden sei; die Quelle ist nicht genannt worden. In der Sitzung der Académie Royale des Sciences vom 3. November 1828 berichtete nämlich JEAN NICOLAS GANNAL (1791 bis 1857), gelernter Militär-Apotheker und eine Zeitlang Mitarbeiter von L. J. THENARD, dann Direktor einer Zeugdruckerei und einer Tinte- und Wichsefabrik, unter dem Titel *Recherches sur l'action du phosphore mis en contact avec le carbure du soufre pur pour en séparer le carbone pur ou le diamant* über die Ergebnisse längerer Versuche /3/:

„Wenn man mehrere Phosphorstangen in ein Glasgefäß gibt, das Schwefelkohlenstoff enthält, bedeckt mit einer Wasserschicht, bemerkt man, daß in dem Augenblick, in dem der Phosphor mit dem Schwefelkohlenstoff in Berührung kommt, er schmilzt, wie wenn er in Wasser von 60 bis 70°C getaucht würde, und, flüssig geworden, in den unteren Teil des Glases absinkt. Die ganze Masse ist dann deutlich in drei Schichten geteilt: Die erste besteht aus reinem Wasser, die zweite aus Schwefelkohlenstoff und die dritte aus flüssigem Phosphor. Wenn man in diesem Zustand das Glasgefäß derart schüttelt, daß eine Mischung der verschiedenen Substanzen erreicht wird, trübt sich die Flüssigkeit und wird milchig, trennt sich nach einiger Zeit der Ruhe wieder, aber nur in zwei Schichten: eine obere, bestehend aus reinem Wasser, und eine untere, gebildet aus ‚Schwefelphosphor‘, und man bemerkt, daß zwischen der Wasserschicht und der aus dem ‚Schwefelphosphor‘ eine sehr dünne Schicht eines weißen Pulvers auftritt, die, sobald man das Glas den Sonnenstrahlen aussetzt, alle Prismenfarben aufzeigt, und die folglich aus einer Vielzahl kleiner Kristalle gebildet erscheint."

Für die weitere Übersetzung sei der Text aus *Poggendorffs Annalen* übernommen, der gegenüber dem französischen Original an manchen Stellen etwas verkürzt, an anderen etwas erweitert, möglicherweise noch eine andere Quelle auswertet:

„Um größere Krystalle zu erhalten, brachte Hr. GANNAL in einen Kolben, der an einem sicheren Ort stand, acht Unzen Wasser, eben so viel Schwefelkohlenstoff und Phosphor. Nachdem er wie beim vorhergehenden Versuche verfahren und

*den Kolben einen Tag lang stehen gelassen hatte,
war zwischen den beiden oben erwähnten
Schichten eine sehr dünne Haut von einem weißen
Pulver entstanden, welche hie und da mehrere
Luftblasen und mehrere Gruppen theils von
Nadeln oder sehr dünnen Blättchen, theils von
Sternen, zeigte. Nach einigen Tagen hatte diese
Haut allmählig an Dicke zugenommen, und zu-
gleich war die Trennung der beiden Flüssigkeiten
weniger scharf geworden, so daß nach drei
Monaten beide nur eine einzige auszumachen
schienen. Einen Monat später, als keine merkliche
Veränderung mehr in der Flüssigkeit vor sich zu
gehen schien, filtrirte der Verfasser sie durch eine
Gemsenhaut, welche er, wie er sagte, unter eine
Glasglocke brachte, in die er von Zeit zu Zeit
frische Luft hineinließ. Nach einem Monate, als
diese Haut ohne Unbequemlichkeit gehandhabt
werden konnte, wurde sie wieder in Falten gelegt,
darauf gewaschen und getrocknet. Erst jetzt konnte er die auf ihre Oberfläche abgesetzte Substanz
untersuchen, welche im Sonnenschein mit allen
Regenbogenfarben spielte. Zwanzig dieser
Krystalle waren so groß, daß man sie mit einer
Federmesserspitze aufnehmen konnte; drei andere
hatten die Größe eines Hirsekorns. Sie wurden
Hrn. CHAMPIGNY, Director der Juwelen-
handlung des Hrn. PETITOT (oder PETITEAU,
Paris, rue St. Honore Nr. 123.) gebracht, welcher
sie sorgfältig untersuchte und sich überzeugte,
1) daß sie Stahl ritzten; 2) daß sie von keinem
Metall geritzt wurden; 3) daß sie von reinem Was-
ser waren; 4) daß sie den lebhaftesten Glanz aus-
strahlten. Mit einem Worte: Hr. CHAMPIGNY
erklärte, daß es wirklich kleine Diamanten wären.
Als Hr. GANNAL einen dieser Krystalle unter der
Loupe untersuchte, fand er, daß sie eine dodekae-
drische Form hatten, welche bekanntlich eine der
Formen des Diamanten ist"/4/.*

Es muß aber bemerkt werden, daß die Anfänge
der GANNALschen Versuche sehr weit zurück-
liegen, denn wie L. J. GAY-LUSSAC in der
Sitzung der Akademie vom 10. November 1824
aussagte, war er über sie schon mehr als acht
Jahre früher unterrichtet worden /5/, und der
erwähnte Juwelier CHAMPIGNY war schon im
Jahre 1822 Zeuge der Versuche /6/.

Der Übersetzer des oben wiedergegebenen
Berichtes, J. C. POGGENDORFF, leitete diesen
mit einer skeptischen Fußnote ein: „Vom
Phosphor hat man bisher nur gewußt, daß er sich
ruhig in Schwefelkohlenstoff löse und damit eine
höchst entzündliche Flüssigkeit bilde; eine
Abscheidung des Kohlenstoffs durch ihn ist dagegen von Keinem bemerkt worden, und man
muß daher glauben, daß sie bei Hrn. GANNAL
durch die Gegenwart des Wassers bedingt worden
sey" /4/. K. W. G. KASTNER hatte die gleichen
Zweifel, meinte aber, das Ergebnis in ähnlichem
Sinne auch deuten zu können: „... es sey wenigstens nicht undenkbar, daß Schwefelcarbon, seiner Auflösungskraft ohnerachtet, die es auf den
Phosphor ausübt, durch denselben zersetzt werden könne, wenn etwas Wasser aus der einseitig
scheinenden Zersetzung eine doppelseitige
macht, in dem es anziehend auf das frei zu ma-
chende Carbon wirkt und dieses in ein krystal-
lisirbares Subhydrat verwandelt?" /6/. J. C.
POGGENDORFF vermißte in GANNALs
Bericht ganz besonders einen analytischen
Nachweis der Diamantbildung: „Es wäre zu wünschen, daß der Verfasser einige der Kristalle in
Sauerstoffgas verbrannt hätte, um sich zu überzeugen, ob sich nur Kohlensäure erzeugte. Dieser
Versuch würde seiner Entdeckung einen neuen
Grad von Sicherheit verliehen haben" /4/.

Nur vorsichtige Kritik übte H. WEBER, der
nach einem kurzen Bericht über SILLIMANs
Diamanten aus Graphit *(vgl. S. 172f)* auch auf
GANNALs Versuche eingeht und schreibt: „Nur
die Zeit wird lehren, ob die Sache in Frankreich
weiter gebracht ist als in Amerika" /7/.
Interessanterweise kann ein Anonymus /8/ mit-
teilen, daß der im Entdeckungsbericht erwähnte
Juwelier CHAMPIGNY bereits seit zwei Jahren,
d. h. seit 1827 in Genf lebte und einen von den
erstgewonnenen Brillanten, in dessen Besitz er
war, und der ungefähr 1/16 Karat wiege, dem
Museum zu Genf zum Geschenk gemacht habe.
Schon im folgenden Jahre fand J. C. POGGEN-
DORFF seine Skepsis bestätigt, als er auf einen
Bericht der Herausgeber der *Annales de
l'Industrie Française* stieß, nach dem „die von
Herrn G. dargestellten Krystalle alle die
Eigenschaften des Phosphors besitzen".
POGGENDORFFs verständlicher Kommentar:

„Ein solcher Fehlgriff ist fast unbegreiflich!" /9/.
Ungläubig kommentiert K. W. G. KASTNER
/10/ die Nachricht der gleichen Quelle: „Das
glaube, wer Lust hat! Krystalle, die Stahl ritzen,
von keinem Metall angegriffen werden, lebhaft
glänzen und wasserklar bleiben, können kein
Phosphor seyn." Der so einfache Versuch
GANNALs wurde nach seinem Bekanntwerden
nicht nur von LAMPADIUS, sondern auch von
NICOLAS-LOUIS VAUQUELIN (1763 bis
1829) und MICHEL-EUGÈNE CHEVREUL
(1786 bis 1889) in Paris /11/ sowie noch später
von manchen Forschern nachgearbeitet, worüber
am ausführlichsten wohl von HENRI MOIS-
SAN /12/ berichtet wurde: „Wir wiederholten
die Versuche von GANNAL zunächst nach seinen Angaben, konnten aber niemals etwas anderes als einige Glasteilchen oder kleine Kiesel-
säurekörnchen finden, welche in Fluorwasserstoffsäure vollständig löslich waren. Hierauf
änderten wir die Versuchsbedingungen in Bezug
auf die Zeitdauer. Auch nach sechs Monaten,
nach einem Jahre und sogar nach fünf Jahren erhielten wir kein Resultat. Endlich ersetzten wir
den Phosphor durch Antimon unter sonst gleichen Verhältnissen, ebenfalls ohne Erfolg. Mit
blossem Auge sichtbare Krystalle wurden niemals
gefunden, und mikroskopisch kleine Teilchen,
welche durch Behandlung mit Schwefelkohlenstoff und dann mit destilliertem Wasser isoliert
wurden, verschwanden immer in kochender
Fluorwasserstoffsäure."

Dann erwähnt H. MOISSAN, es habe auch der
Engländer G. GORE vor ihm die Versuche
wiederholt ohne ein Resultat zu erhalten, doch
scheint dieser Forscher im Jahre 1862 etwas
Anderes im Auge gehabt zu haben. Er unternahm den Versuch der Reduktion von
Natriumcarbonat mit Phosphor, wobei er eine
extrem leichte schwarze Kohle erhielt /13/, und
22 Jahre später schrieb er /14/ innerhalb einer
größeren Versuchsreihe: „Eine Lösung von
Phosphor in Schwefelkohlenstoff in einem mit
Kohlensäure gefüllten Glaskolben stand zwei
Monate an einem dunkeln Ort. Es zeigten sich
keine Anzeichen irgend einer chemischen Änderung." Im Jahre 1863 kam es auf Grund einer anonymen Notiz in *London Review* 1862, Nr. 26,
S. 600 zu einer unverständlichen Neuauflage der

Nachricht über die GANNALschen Diamanten
/17/ mit folgendem Text: „Künstliche Darstellung ächter Diamanten aus Kohle. Diese Aufgabe soll einem Chemiker GANNAL in Toulon
gelungen sein, indem derselbe Phosphor, Wasser,
Schwefel und Kohle etliche Monate lang auf einander einwirken ließ. Das Ergebnis waren zwanzig kleine Krystalle, welche alle Eigenschaften
der Diamanten, namentlich vollkommene
Durchsichtigkeit und großen Glanz besaßen,
Stahl ritzten und was sie als ächte Diamanten
kennzeichnet, als Dodekaeder, also in Form des
natürlichen Diamanten krystallisierten."

Der Herausgeber der deutschen Zeitschrift, L.
BLEY, fügte hinzu: „Die Richtigkeit dieser schon
früher einmal verbreiteten Nachricht bedarf wohl
noch sicherer Bestätigung."

Weitere Versuche mit Schwefelkohlenstoff

Als im Jahre 1866 E.-B. de CHANCOURTOIS
seine Vorstellungen über die Bildung des
Diamanten aus Kohlenwasserstoffen veröffent-
lichte *(vgl. S. 188ff)*, erinnerte sich F. J. E.
LIONNET, Professor für Mathematik am Lycée
Louis le Grand in Paris, an Versuche, die er 20
Jahre früher unternommen hatte, und berichtete
darüber /15/ der Pariser Akademie unter dem
Titel *Sur la production naturelle et artificielle du
carbone cristallisé*:

*„Man nimmt ein langes und dünnes Blatt aus
Gold oder besser aus Platin; man wickelt auf es
in Spiralform ein langes und dünnes Blatt aus
Zinn, derart, daß die Oberfläche des Zinns, beinahe gleich groß wie die Oberfläche des Platins,
bedeckt bleibt. Man bildet aus diesem so vorberei-
teten Metallpaar eine Spirale, die man in ein Bad
aus Schwefelkohlenstoff taucht. Die Flüssigkeit
wird durch den Einfluß des schwachen sich bildenden Stromes zersetzt, der Schwefel verbindet sich
mit dem Zinn, und der Kohlenstoff vereinigt sich
zu Kristallen, die sich auf dem Boden des Gefäßes
absetzen. Die Langsamkeit des Niederschlags
scheint eine notwendige Bedingung dafür zu sein,
daß der Kohlenstoff eher in kristallinem als in
amorphem Zustand auftritt, und das ist, nach
dem Autor, auch die Bildungsweise der Kristalle,
die man in der Natur antrifft."*

H. MOISSAN /12/ hat auch diese Versuche wiederholt und „bei Anwendung ziemlich reinen Schwefelkohlenstoffs auch nach fünf Jahren gar keinen Niederschlag erhalten". Bei „feuchtem Schwefelkohlenstoff bemerkt man bei sinkender Temperatur an dem Glase kleine, glänzende Pünktchen, diese werden von Wassertröpfchen gebildet, die man beim ersten Anblick für kleine Krystalle halten könnte."

Daß es nicht möglich ist, mittels elektrischer Ströme die Bildung von Kohlenstoffkristallen durch Zersetzung des Schwefelkohlenstoffs zu erzielen, hatte übrigens schon im Jahre 1828 der berühmte Physiker DOMINIQUE-FRANÇOIS ARAGO (1786 bis 1853) der Pariser Akademie bekanntgegeben /16/ als Resultat von Versuchen einer „noch nicht genannt werden wollenden Person", die das Mißlingen allerdings nur auf die sehr schwache Leitfähigkeit der Flüssigkeit zurückführen wollte und sich bessere Ergebnisse in flüssiger Kohlensäure versprach *(vgl. S. 182f).*

Als im Jahre 1891 das Auftreten des Diamanten in meteorischem Eisen nachgewiesen worden war /18/ und CHARLES FRIEDEL (1832 bis 1899) beobachtet hatte /19/, daß dabei Eisen-Schwefel-Verbindungen eine Rolle zu spielen schienen, vor allem der Troilit, in dessen Mitte oder mindestens in dessen nächster Nachbarschaft die Vorkommen des Kohlenstoffs im Meteoreisen als Graphit, Carbonado und Diamant gebunden zu sein schienen, nahm er diese Erkenntnise zum Anlaß, unter anderen Bedingungen erneut die Zersetzung des Schwefelkohlenstoffs zu untersuchen /20/. Da nach seinen Beobachtungen für die Entstehung des Diamanten auch höherer Druck und höhere Temperaturen notwendig erschienen, schloß er die Flüssigkeit in sehr dicht verschließbare Stahlklötzchen ein und setzte sie einige Zeit der Rotglut unterschiedlichen Grades aus. Das Ergebnis war in allen Fällen die Zersetzung des Sulfids unter Bildung von amorpher Kohle. Nach all diesem war ein zwölf Jahre später in der Spalte „Korrespondenz" der *Chemiker-Zeitung* abgedruckter Brief /21/ eine Überraschung.

Der Ausschnitt aus der Chemiker-Zeitung 1906 lautet:

Aachen, 10. Februar 1903.

Herrn **Professor Dr. G. Krause,**
Redakteur der „Chemiker-Zeitung". **Cöthen.**

Geehrter Herr!

Ich habe Veranlassung, anzunehmen, daß Unbefugte Kenntnis von Arbeiten genommen haben, die ich in meinem Laboratorium ausführte. Um nun zu verhindern, daß Mißbrauch mit meinen Arbeiten gemacht wird, bitte ich höflichst, die Gefälligkeit haben zu wollen, das Nachstehende mit meiner vollen Namensnennung zu veröffentlichen.

Läßt man - natürlich unter ganz bestimmten Verhältnissen - einen Metalldampf, beispielsweise Quecksilberdampf, mit gasförmigem Schwefelkohlenstoff zusammentreten, so findet eine Reaktion in der Weise statt, daß sich das Quecksilber mit dem Schwefel des Schwefelkohlenstoffes verbindet. Gleichzeitig findet eine

Ausscheidung von Kohlenstoff in krystallinischer Form

statt. Die Krystalle des Kohlenstoffes sind klein und haben die Krystallform der in der Natur vorkommenden Diamanten, wachsen aber, wenn der Prozeß richtig geleitet wird.

Hochachtungsvollst

H. Niewerth, *Direktor der Chemischen und Metall-Industrie, Gesellschaft mit beschränkter Haftung.*

Es muß dazu bemerkt werden, daß die Redaktion der Zeitschrift ausdrücklich die Verantwortlichkeit für den Inhalt solcher Einsendungen dem Einsender überließ, und daß drei Jahre später A. KÖNIG /22/ sich beklagte, daß NIEWERTH immer noch nicht Genaueres darüber hat verlauten lassen.

Im Jahre 1924 - inzwischen hatten sich die Vorstellungen über den Stabilitätsbereich von Diamant und Graphit gegenüber denen um die Jahrhundertwende ziemlich verändert - berichteten in Genf L. DUPARC, P. KOVALEFF /23/ über Versuche, deren Ergebnis sie so beschrieben: „... trotz des Fehlens einer chemischen und

kristallographischen Bestätigung und des Fehlens
von Dichtebestimmungen (in Anbetracht der geringen Menge, die zur Verfügung stand) scheint
es uns kaum möglich, die durch den Druck-
versuch erhaltenen Überreste (débris) einem anderen Stoff zuzuordnen als einem Diamanten,
der infolge der Flüssigkeitseinschlüsse, die er
während des Druckversuches aufgenommen hatte, zerplatzt ist."

Den als Diamant angesprochenen Stoff erhielten
sie, indem sie mittels einer „Methode von
SPRING", die es gestattete, bei gewöhnlicher
Temperatur eine chemische Reaktion durch den
Druck allein auszulösen, in einer geeigneten
stählernen Apparatur ein sich leicht mit
Schwefel verbindendes (nicht genanntes) Metall
mit Schwefelkohlenstoff unter hohem Druck
reagieren ließen; die besten Erfolge erhielten sie
bei 8000 Atm., einem Druck, den sie 15 Minuten
lang aufrecht erhalten konnten. Das mit Säure
behandelte Reaktionsprodukt hinterließ einen
geringen Rückstand, der in keinem Falle aus
Graphit bestand, sondern sich zusammensetzte
aus „transparenten, farblosen, gelegentlich leicht
gelblichen Bruchstücken unregelmäßiger, gelegentlich rundlicher Form; am häufigsten beobachteten sie dünne Blättchen mit sehr scharfen
Rändern, deren Größe einen halben Millimeter
nicht überschritt. Die Bruchstücke waren sehr
hart, knirschten sehr, sobald man die (Metall-)
Umhüllung mit einem Bohrer oder einer Säge
bearbeitete; sie überzogen Glas, das ihrem
Angriff ausgesetzt war, mit vielen Kratzern und
ritzten es mit größter Leichtigkeit. Sie waren
doppelbrechend und besaßen einen hohen
Brechungsindex; nach einigen Tagen bedeckten
sie sich mit einer opaken Haut und zerfielen in
einen unfühlbaren Staub."

Literatur

/1/ J.C.A. Breithaupt, J. Techn. Ökonom. Chem. Erdmann
4 (1829) 43/5. - /2/ W.A. Lampadius, J. Techn. Ökonom.
Chem. Erdmann 4 (1829) 45/8. Tatsächlich hat W. A.
Lampadius bereits im Jahre 1804 von der Leichtlöslichkeit
des Phosphors in seinem Buch *Schwefelalcohol* berichtet
und später genauere Angaben gemacht, W. A. LAMPA-
DIUS, Über den Schwefelalcohol, Freyberg, 1826, S. 25/8;
seine frühen Angaben bestätigte THOMAS THOM-
SON, System der Chemie, nach der 2. Aufl. aus dem
Englischen übersetzt von F. WOLFF, Bd. 1, Berlin 1805,
S. 63/4.- /3/ J.N. Gannal, Le Globe, J. Philosophique et
Litteratur 1828, 815; noch: J. Chim. Med. Pharm.
Toxicol. 4 (1828) 582/4. - /4/ J.N. Gannal, Ann. Physik
Chem. Poggendorff 14 (1828) 387/90 nach J. Chim. Med.
4 (1828) 382. - /5/ Anonym, Ann. Chim. Phys. /2/ 39
(1828) 317/8. - /6/ K.W.G. Kastner, Arch. Gesammte
Naturlehre Kastner 16 (1829) 154/64, 158 Fußnote. -
/7/ H. Weber, Zeitblatt für Gewerbetreibende und
Freunde der Gewerbe Berlin 2 (1829) Nr. 10, S. 155/6;
Nr. 12. S. 192. - /8/ G.D.L.R., Bibliothèque Universelle
des Sciences, Belles Lettres Arts 40 (1829) 56/67, 66. -
/9/ J.C. Poggendorff, Ann. Physik Chem. Poggendorff 15
(1829) 391 aus: Annales de l'Industrie Française et Étran-
gère et Bulletin de l'École Centrale des Arts et
Manufactures 2 (1828) 29, 315. - /10/ K.W.G. Kastner,
Arch. Gesammte Naturlehre Kastner 17 (1829) 263. -
/11/ Anonym, J. Chim. Med. Pharm. Toxicol. 4 (1828)
600/1. - /12/ H. Moissan, Ann. Chim. Phys. /7/ 8 (1896)
466/558, 469; Der elektrische Ofen, deutsch von T. Zettel,
Berlin 1897, S. 107/9. - /13/ G. Gore, Chem. News 6
(1862) 160. - /14/ G. Gore, Chem. News 50 (1884) 124/6.
- /15/ F.J.E. Lionnet, Compt. Rend 63 (1866) 213/4. - /16/
Anonym, Ann. Chim. Phys. /2/ 39 (1828) 317/8. - /17/
Anonym, Archiv Pharm. 164 (1867) 174. - /18/ A.E.
Foote, Am. J. Sci. /3/ 42(1891) 413/7. - /19/ C. Friedel,
Compt. Rend. 116 (1893) 290/1. - /20/ C. Friedel, Compt.
Rend. 126 (1893) 224/6. - /21/ H. Niewerth, Chemiker-
Ztg. 27 (1903) 155. - /22/ A. König, Z. Elektrochem 12
(1906) 440/4, 443. - /23/ L. Duparc, P. Kovaleff, Arch. 7
Sci. Phys. Nat. Genève /5/ 6 (1924) Suppl. 108/12.

LIONNETsche DIAMANTEN

Im Zusammenhang mit den Berichten von J. N.
GANNAL und C. CAGNARD de LATOUR,
über ihre angeblichen Gewinnungsmethoden von
kristallisiertem Kohlenstoff gab der berühmte
Physiker und Astronom DOMINIQUE
FRANÇOIS ARAGO (1786 bis 1853), damals
auch Redakteur der *Annales de Chimie et
Physique,* in der Sitzung der Akademie vom 10.
November 1828 bekannt /1/: „... Daß eine
Person, die noch nicht genannt werden möchte,
versucht hat, diese Kristallisation mit Hilfe elektrischer Ströme zu bewirken. Diese Person hatte
keinen Erfolg, als sie Schwefelkohlenstoff der
elektrischen Zersetzung unterwerfen wollte, seine Leitfähigkeit ist außerordentlich schwach.
Sie hat sich vorgenommen, die Versuche mit
flüssiger Kohlensäure zu wiederholen, die, fast
der Klasse der Leiter angehörend, mehr Möglichkeiten des Gelingens anzubieten scheint."
(vgl. S. 181).

Der Name der Person ist nie bekannt geworden.
Von ähnlichen Versuchen ist erst im Jahre 1866
wieder etwas zu hören /2/, als FRANÇOIS

JOSEPH LIONNET (1805 bis 1884), damals Professor der Mathematik am Lycée Louis le Grand in Paris, unter dem Titel *Sur la production naturelle et artificielle du carbone* („Über die natürliche und künstliche Herstellung von Kohlenstoff) über Versuche berichtete, die er in den Jahren 1846/47 durchgeführt hatte; sie wären vergessen geblieben, wenn nicht im Juli 1866 E.-B. de CHANCOURTOIS /3/ mit seiner Behauptung, künstliche Diamanten hergestellt zu haben, aufgetreten wäre. Doch handelte es sich dabei um einen Irrtum *(vgl. S. 188ff)*.

Literatur

/1/ Anonym, Ann. Chim. Phys. (2) 39 (1828) 325/6. - /2/ F.J. Lionnet, Compt. Rend. 63 (1866) 213/4; J. Prakt. Chem. 99 f18661 62/3. - /3/ E. - B. de Chancourtois, Compt. Rend. 63 (1866) 22/5. - /4/ H. Moissan, Ann. Chim. Phys. (7) 8 (1896) 466/558, 471; Der elektrische Ofen, deutsch von T. Zettel, Berlin 1897, S. 109.

SCHWEFELKOHLENSTOFF UNABHÄNGIGE DIAMANTSYNTHESEN

Die CAGNARD-LATOURschen Diamanten

Im Zusammenhang mit der Meldung über die GANNALschen Diamanten berichtete J. C. POGGENDORFF /l/ ohne nähere Quellenangaben: „Ein anderes, bisher aber noch nicht bekannt gemachtes Verfahren zur Krystallisierung des Kohlenstoffs soll übrigens Hr. CAGNARD de LATOUR aufgefunden haben. Derselbe übersandte der Pariser Akademie am 10. Nov. 1828 mehrere Glasröhren gefüllt mit kleinen bräunlich gefärbten Kohlenstoffkrystallen, von denen die größten 4 Centigrm. wogen. Es ist indeß noch nicht ganz erwiesen, ob dies wirklich Diamanten gewesen sind; einige wenigstens sollen Quarzkrystalle gewesen seyn, deren Darstellung auf künstlichem Wege freilich auch bemerkenswert ist."

Die Bemerkung dürfte zurückgehen auf einen Bericht /2/ über die Sitzung der Pariser Akademie vom 10. November 1828: „Man verlas eine Notiz des Hrn. CAGNARD-LATOUR, der darin bekanntgab, es sei auch ihm gelungen, den Kohlenstoff zur Kristallisation zu bringen mit Methoden, die sich völlig von denen unterschieden, deren sich Hr. GANNAL bedient habe", oder eines anderen, genaueren Berichterstatters

/3/ über die gleiche Sitzung: „Hr. CAGNARD de LATOUR schickt zur gleichen Zeit etwa 10 Röhrchen, gefüllt mit sehr kleinen Kohlenstoffkristallen von bräunlicher Farbe; die größten dieser Kristalle wiegen 4 Centigramm; die welche er zu schicken vorhat, können bis zu 40 Centigramm wiegen. Unter diesen Kristallen befanden sich kleine Kristallkörnchen, von denen Hr. CAGNARD de LATOUR angibt, sie bestünden aus nach seinem Verfahren, dessen Ziel die Kristallisation harter Körper sei, hergestellter kristallisierter Kieselsäure."

Auch in den nächsten Sitzungen der Akademie war von den Versuchen CAGNARDs die Rede. So in der Sitzung vom 24. November 1828 /4/:

„Herr LOUIS-JAQUES THENARD (1777 bis 1857) unterrichtete die Akademie über Versuche, die er zusammen mit den Hrn. JEAN BAPTISTE-ANDRÉ DUMAS (1800 bis 1884) und CHARLES CAGNARD de LATOUR (1777 bis 1854, Ingénieur-Géographe und Ministerialbeamter in Paris) in der École polytechnique an Substanzen durchgeführt hat, die der Letztgenannte gebracht und als kristallisierten Kohlenstoff betrachtet hat. Diese Kristalle waren nach den Worten des Berichterstatters von zweierlei Art: Die einen, farblos und transparent, zeigten Eigenschaften, die denen des Diamanten sehr ähnlich waren, die anderen bildeten ein braunes, sehr hartes Kristallpulver. Die Ersteren oder die transparenten, Diamant ähnlichen Kristalle wurden weniger hart befunden und fähig, von ihm geritzt zu werden, waren jedoch viel härter als der Quarz. Der Wirkung des heftigsten Feuers ausgesetzt, erwiesen sie sich als unverbrennbar. Der Einwirkung von Säuren und Alkalien ausgesetzt, wurden die Kristalle als Silikate erkennbar. Hr. THENARD fügt hinzu: Die von Hrn. de LATOUR erhaltenen Kristalle sind jedoch künstlich sehr wertvolle Steine, deren Entdeckung ihm zu verdanken ist. Die Analyse des kristallinen Pulvers werden wir noch bekannt geben.

Hr. DOMINIQUE-FRANÇOIS ARAGO sagte, die Refraktion der Kristalle, die er vorgeschlagen habe, habe er noch nicht ausführen können wegen der Schwierigkeit, sie genügend poliert zu erhalten; er habe sich vorgenommen, sie so bald als möglich durchzuführen."

In der Sitzung vom 1. Dezember 1828 gab L.-J. THENARD /4/ die versprochene Analyse bekannt:

„ … Mit der Loupe betrachtet schien dieses Pulver aus formlosen unkrystallinisch aussehenden Stücken zu bestehen. Es ritze das Glas leicht und stark, den Diamant aber nicht. Unter dem Zutritt der Luft bis zur anfangenden Rothgluth erhitzt, schien es wenig Veränderung zu erleiden, nur war seine Farbe etwas heller geworden: übrigens ritzte es nach wie vor das Glas. 82 Milligramme, welche zuvor zur Entfernung aller Feuchtigkeit bis zur anfangenden Rothgluth erhitzt worden waren, wurden in eine Platinkapsel gelegt und mit derselben in ein Porcellanrohr geschoben, welches mit Gasometern, zur Hälfte mit Sauerstoffgas gefüllt, in Verbindung stand. Nachdem das Rohr fast bis zur Weißgluth gebracht worden war, ließ man anderthalb Stunden lang Sauerstoffgas durch dasselbe hin und herstreichen. Nach Ablauf dieser Zeit hatte das Pulver 40 Milligramme an Gewicht verloren, und das Gas enthielt 20 Procent Kohlensäure. Das Volumen dieses Gases entsprach, nach Vollziehung aller Correctionen, 39 1/2 Milligrm. Kohlenstoff, und hiernach würden die 82 Milligrm. ungefähr 40 Milligrm. Kohlenstoff enthalten haben. Die übrig gebliebenen 42 Milligramme stellten eine röthlichbraune Substanz dar, die ein wenig zusammengesintert war, und das Glas nicht mehr ritzte. Sie bestand aus Thonerde, Eisenoxyd und Spuren von Manganoxyd und Kieselerde, welche Zusammensetzung diese Substanz dem gewöhnlichen Schmirgel nahe stellen würde. Zufolge dieser Analyse glauben die HH. THENARD und DUMAS, daß das von Hrn. CAGNARD de LATOUR erhaltene Product aus gewöhnlicher Kohle besteht, die von einer harten Schlacke, ähnlich der Hochofenschlacken, eingeschlossen ist. Dies erklärt, warum die Kohle bei Rothglühhitze nicht an der Luft verbrennen kann. Dagegen findet die Verbrennung in dem Porcellanrohr statt, weil die Kohle bei der hohen Temperatur die Oxyde reduciren und in Kohlensäure übergehen kann, und hernach die metallischen Basen sich durch den Kontact mit dem überströmenden Sauerstoff wieder oxydiren.

Hr. CAGNARD de LATOUR war zu glauben geneigt, daß das analysirte Pulver aus einer Verbindung von Kohlenstoff mit jenen Metalloxyden bestände, und versicherte, daß er, was eine wirkliche Verbindung bewiese, eine Menge homogener Krystalle von demselben erhalten hätte. Hr. THENARD erwiderte darauf, daß, da eine solche Verbindung, obgleich nicht unmöglich, bis jetzt ohne Beispiel wäre, diese Meinung nur nach zahlreicheren und aus mehr abgeänderten Versuchen angenommen werden könnte, worauf denn Hr. CAGNARD de LATOUR versprach, nächstens eine größere Menge von dieser Substanz zu liefern.“

Von einer solchen Lieferung neuen Materials oder neuer Versuchsergebnisse ist nichts bekannt geworden. Erst 19 Jahre später, in der Sitzung der Pariser Akademie vom 12. Juli 1847, tauchte der Name CAGNARD de LATOUR noch einmal im Zusammenhang mit künstlichen Diamanten auf /5/:

„Vor mehr als zehn Jahren habe ich einigen Mitgliedern der Akademie der Wissenschaften Diamanten übergeben; ich habe ihnen zugleich vermeldet, die Diamanten wären hergestellt nach einem von mir erfundenen Verfahren, weil ich dies damals glaubte. Wie ich jetzt erkannte, daß ich im Unrecht war, halte ich es für meine Pflicht, dies der Akademie zu erklären. Die einzigen ein wenig bemerkenswerten Körper, die ich bei besonderen Experimenten über die Kristallisation des Kohlenstoffs erhalten habe, sind mikroskopische, kreisrunde, sehr dünne, durchsichtige und farblose Blättchen; die größten haben knapp 1/25 Millimeter Durchmesser. Da ihre Herstellung schwierig war, habe ich mir nicht eine hinreichend große Menge beschaffen können, um ihre Zusammensetzung bestimmen zu können; indessen scheint mir die Vorstellung erlaubt zu sein, daß sie Ähnlichkeit mit dem Diamant haben, da aus den verschiedenen Versuchen, die ich mit den Scheibchen unter dem Mikroskop unternommen habe, - ihre Zahl betrug ungefähr 160 - in der Hauptsache sich ergab, daß 1.) geschmolzenes Kaliumhydroxid auf sie ohne Wirkung bleibt auch bei einer Temperatur, bei der dieses Alkali Kieselsäure lebhaft angreift; daß 2.) sie genügend Härte besitzen, um Glas zu ritzen; daß 3.) sie vollständig verschwinden, sobald man sie in der Hitze auf Rotglut bringt. Die Scheibchen wurden erhalten

in zwei Experimenten, deren Beschreibung ich die Ehre habe, heute der Akademie in einer Note zur Beurteilung zu übergeben."

Die Verfahrensbeschreibungen lauten:

„Mein Gedanke war, daß, wenn Kieselsäure im Kontakt mit Kohle bei einer so starken Hitze, die sie zum Schmelzen und Verdampfen bringt, Kohle auflösen und sie sofort in Kristallform abscheiden würde, vorausgesetzt allerdings, daß die Auflösung und Kristallisation, wenn sie so möglich sein sollten, in einer inerten, d.h. einer Sauerstoff-freien Atmosphäre stattfänden. Im Verfolg dieser Vorstellungen habe ich 500 Liter reinen oder fast reinen Sauerstoff in einen mit kleinen, brennenden Buchenholzkohlenstücken gefüllten Ofen horizontal eingeblasen, darunter hatte ich etwas Quarzsand gemischt. Entsprechend der Kraft des Einblasens und entsprechend dem, was man über die außerordentliche Hitze, die Holzkohle beim Verbrennen mit Sauerstoff entwickeln kann, weiß, vermutete ich, daß die durch das Schmelzen des Sandes und der entstandenen Kohlenasche gebildete flüssige Schlackensuppe aus der Verbrennungszone heraus, d.h. in die oben genannte inerte Atmosphäre transportiert würde und daß dort sich die nötigen Bedingungen finden würden, um Kohlenstoffkristalle entstehen zu lassen. Man kann in der Tat glauben, daß die geschmolzene Schlacke Kohlenstoff gelöst und die Auflösung bei einer so großen Hitze stattgefunden hat, die hinreicht, um einen Teil der Kieselsäure zu verdampfen, und daß dann, nach geeigneter Behandlung der glasartigen Schlacke, die nach dem Erkalten im Ofen gefunden wurde, man die Hauptmenge der oben genannten Blättchen angetroffen hat, nämlich etwa 120" /5/.

Anschließend beschrieb er seine zweite Methode:

„Man weiß, daß das Leuchtgas, mit der 2- oder 2,5-fachen Menge Sauerstoff gemischt, in dem Gebläse nach CLARKE noch mehr Wärme als Wasserstoff hervorbringen kann. Ich habe gedacht, daß im gleichen Gebläse das mit Sauerstoff vereinigte Ölgas auch in so starkem Überschuß, daß es nicht vollständig verbrannt wird, trotzdem noch genügend Hitze erzeugen könnte, um die Auskleidung von Porzellanöfen zum Schmelzen zu bringen. Nach der Beobachtung, daß dieses Schmelzen tatsächlich stattfindet, wenn das Ölgas nur mit der anderthalbfachen Menge Sauerstoff gemischt war, habe ich in einem Block aus zwei gleichen Auskleidsteinen eine beinahe cylindrische Bohrung rechtwinklig angebracht, deren Biegung in der Art eines kleinen Tiegels ausgeweitet war; ich habe dann auf die inneren Wände dieses Tiegels die Flamme meiner Gasmischung, von der ich etwa 5 bis 6 Liter verbrauchte, gerichtet; ich setzte voraus, daß die Verbrennungsprodukte in der Bohrung und in dem Tiegel die nötige inerte Atmosphäre hervorbringen würden und daß gleichzeitig das restliche Ölgas in dieser Atmosphäre eine Kohleschicht an den rotglühenden Wänden des Tiegels absetzen würde, und daß schließlich das flüssige Glas aus der Schmelzung dieser Wände auf die Kohle einwirken würde in der Art, daß ein Teil kristallisieren würde. Was davon sicher ist, ist, daß die glasigen Massen, die man nach dem Abkühlen von dem Tiegel entfernte, nach der notwendigen Behandlung etwa 40 mikroskopische Blättchen lieferten, ähnlich denen des ersten Versuchs" /4/.

Bereits am 17. Juli 1847 berichtete CAGNARD de LATOUR /6/ über neue Versuche zur Kristallisation der Kohle:

Ich habe die Absicht, ein Gemisch aus Kieselsäure und ein wenig stark kalzinierter Kohle der Hitzewirkung einer VOLTAschen Batterie auszusetzen, und zwar im Vakuum oder in einer Sauerstoff-freien Atmosphäre; mein Ziel ist, zu wissen, ob man nach dem Verdampfen eines Teiles der Kieselsäure im Rückstand einige mikroskopische Kohle-Kristalle würde finden können. Ich habe auch vor, solche Versuche auf Tonerde und allgemein auf erdigen Substanzen durchzuführen, die ich für schmelzbar zu einer durchsichtigen Flüssigkeit und verdampfbar unter der Hitzewirkung der Batterie halte.

Endlich habe ich vor, in einem Maßstab, viel größer als es bisher geschah, die Verbrennung von Holzkohle im Sauerstoff-Strom vorzunehmen, wobei der Strom dieses Mal nach der Art der Heißluft eingesetzt werden soll. Das soll geschehen, um nicht nur in größerer Menge Kohlenstoff-Kristalle zu erhalten, sondern auch die anderen Substanzen, die in meinen ersten Experimenten

*entstanden sind, nämlich: 1.) Glänzende stahl-
graue Metallkügelchen, die stark magnetisch und
sehr hart sind und eine sehr gute Feile stumpf machen, aber trotzdem pulverisiert werden können,
und die nach einigen Versuchen, die damit angestellt wurden, unter anderem Eisen und Mangan
enthalten zu scheinen. 2.) Schlackenteile, die mit
einer anscheinend metallischen, in der Farbe dem
Golde ähnlichen Schicht überzogen sind, die auch
den Eindruck machte, sie werde von Salpetersäure
nicht angegriffen. 3.) Ein wenig grünliche Kohle
oder ,Sous-Diamant‘, die das Glas ritzt und einer
Veraschung außerordentlich widersteht, obwohl sie
in der Flamme eines Knallgasgebläses sofort verschwindet. 4.) Erdige Kügelchen, die sich leicht in
Salzsäure sehr stinkend auflösen; diese Kügelchen
sind mit einem glänzenden stahlfarbenen Überzug versehen, der Kohle zu sein scheint, wenn
man ihn beurteilt nach der Leichtigkeit, mit der er
vor dem Lötrohr verschwindet. 5.) Einige Körner
eines stahlgrauen, sehr wenig magnetischen, sehr
harten Metalls. 6.) Schließlich sechsseitige mikroskopische Prismen kieselsaurer Natur, die sich bildeten in einem Kühlrohr, durch das die gasförmigen Produkte der Verbrennung geleitet wurden,
bevor sie in die freie Atmosphäre gelangten.*

*Nach meiner Meinung entstanden die natürlichen
Diamanten auf eine sehr einfache Weise: Denn um
das zu erreichen, hat es genügt, daß am Grunde
eines sehr tiefen, mit Holzkohle gefüllten Grabens
oder Kraters, horizontal zur Erde, sich ein Strom
reinen oder fast reinen Sauerstoffs mit großer
Heftigkeit erhob, der eine genügend hohe
Temperatur besaß, um die Holzkohle zu entzün-
den. Wenn man diese Hypothese übernimmt, wird
es verständlich erscheinen, daß 1.) das Eisenerz in
polierten Körnern, die eine Komponente der gewöhnlichen Art des Diamanten bilden und in der
ich die Anwesenheit einer gewissen Menge
Manganoxids festgestellt habe, aus metallischen
Kügelchen gerade während der Bildung des
Diamanten entstehen, daß 2.) das Gold, das in
den Gruben dieser Kristalle auftritt, nicht länger
mehr ein Fremdkörper bei der Bildung gerade dieser Kristalle ist, da nach SAGE die Asche von
Rebzweigen und die ,terre vegetale‘ goldführend
sind; und daß 3.) die anderen Edelsteine, Topase,
Smaragde, Rubine usw., die man in den gleichen
Gruben findet, ihren Ursprung verdanken können*

*den Dämpfen von Kieselsäure und Tonerde, die
während des Brandes freigesetzt wurden, der die
Bildung der Diamanten ermöglichte und sich con-
densiert haben dürfte in Substanzen der Art, wie
sie die Kieselsäure und die Tonerde in diesen
Steinen begleiten"* /6/.

Ob die naheliegende Vermutung zutrifft, daß die
CAGNARDschen „Diamanten" des Jahres 1828
nach der gleichen Methode erhalten worden sind
wie die des Jahres 1847, kann nicht entschieden
werden, da das „Paquet cacheté", das die
Entscheidung ermöglicht hätte, offenbar nicht
geöffnet worden ist. Alle seine sehr harten Produkte dürften aus unerkanntem Siliciumcarbid
bestanden haben, dessen Existenz THENARD
allerdings bezweifelte. Bei der Lage der Dinge ist
es verständlich, wenn sie H. MOISSAN in
seinem Bericht /7/ über die frühen Versuche
zur Diamantdarstellung „nur zur Erinnerung
erwähnen" will.

Sous-Diamant

Den von ihm eingeführten Begriff „Sous-
Diamant" definierte CAGNARD de LATOUR
/5/ folgendermaßen: „Ich gebe dieser grünlichen
Kohle den Namen ,Sous-Diamant‘ (,Vor-
Diamant‘), weil dies meiner Meinung nach der
Zustand ist, in dem sich die Kohle befindet, sobald sie in der geschmolzenen Kieselsäure in
Lösung geht, so daß der Diamant, genau gesagt,
kristallisierter ,Sous-Diamant‘ wäre. Ich besitze
einen sehr glatten Diamanten, der in seinem
Inneren einige opake Körper oder Verunreinigungen enthält; Herr (MICHEL-EUGÈNE)
CHEVREUL (1786 bis 1889), dem ich ihn gezeigt habe, nachdem ich mit ihm gerade über
meinen grünen Kohlenstoff gesprochen hatte,
hat bei seiner großen Befähigung zur Beurteilung
von Farben erkannt, daß die Verunreinigungen
eine grünliche Farbe haben, eine Farbe, die auch
ich sofort klar erkannt habe, als ich mich wie H.
CHEVREUL einer starken Lupe bediente" /5/.

Wenn man CAGNARD de LATOURs Vorgehen bei seinen Kristallisationsversuchen
berücksichtigt, dürfte der „Sous-Diamant" nicht
anderes gewesen sein als Siliciumcarbid.

Literatur

/1/ J.C. Poggendorff, Ann. Physik Chem. Poggendorf 14 (1828) 387 Fußnote. - /2/ Anonym, Ann. Chim. Phys. (2) 39 (1829) 325. - /3/ Anonym, J. Chim. Med. Pharm. Toxicol. 4 (1828) 600/1. - /4/ C. Cagnard de Latour, J. Chim. Med. Pharm. Toxicologie 5 (1829) 38/40: Ann. Chim. Phys. (2) 39 (1828) 327/8; deutsche Übersetzung Ann. Chem Physik Poggendorff 14 (1828) 535/7. - /5/ C. Cagnard de Latour, Compt. Rend. 25 (1847) 81/2; L'Institut, Sect. 1, Sci. Math. Phys. Nat. 15 (1847) 226. - /6/ C. Cagnard de Latour, L'Institut, Sect. I, Sci. Math. Phys. Nat. 15 (1847) 244/5. - /7/ H. Moissan, Der elektrische Ofen, deutsch von T. Zettel, Berlin 1897, S. 308.

DESPRETZsche Diamanten

Am 5. September 1853 gab CESAR MANSUETE DESPRETZ (1792 bis 1863), Physikprofessor an der Sorbonne, der Pariser Akademie, bekannt /1/, er habe nun, nach seinen früheren, mit großem Aufwand unternommenen Versuchen /2/ zur Schmelzung und Verdampfung von Kohle, Graphit und Diamant, gezeigt, daß weder Schmelzen noch explosionsartiges Verdampfen zur Bildung von kristallisiertem Kohlenstoff führen können. Während neuer Langzeitversuche jedoch entsteht zwischen einer Elektrode aus reiner Kohle und einem darüber in 5 cm Abstand befindlichen Büschel feiner Platindrähte unter dem Einfluß eines von einem RUMKORFFschen Apparat gelieferten Induktionsstromes, der ununterbrochen länger als einen Monat wirkte, eine dünne schwarze Kohleschicht auf den Drähten, die bei 30-facher Vergrößerung wie folgt beschrieben wurde:„ ... habe ich auf diesen Drähten, vor allem auf den Spitzen, von einander abgetrennte Teilchen gesehen, die mir Oktaeder zu sein schienen, ich sah gleicherweise auf der schwarzen Schicht, und nicht an den Spitzen, einige kleine, auf der Spitze aufsitzende Oktaeder. Ich untersuchte wiederholt solche Drähte und habe immer dieselben Dinge gesehen. Ein erfahrener und geübter Kristallograph hat gleicherweise die schwarzen, kleinen, an den Spitzen abgeschnittenen Oktaeder und die kleinen weißen, auf einer Spitze aufsitzenden Oktaeder erkannt."

Alle Änderungen der Versuchsanordnung ergaben keine weiteren Kristallbildungen. Die Prüfung der genannten Produkte übertrug er dem der Akademie bekannten Kalkulator des „Bureau des Longitudes" MARC ANTOINE AUGUSTE GAUDIN (1804 bis 1880): „Er hat in meiner Gegenwart festgestellt, daß eine kleine Menge des Stoffes, der einen der dutzend Platindrähte umhüllt hatte, mit ein wenig Öl gemischt, genügte, um in sehr kurzer Zeit mehrere Rubine zu polieren. Das auf nassem Wege niedergeschlagene schwarze Pulver, obwohl an Menge sehr viel beträchtlicher, erforderte mehr Zeit, um die gleiche Politur zu erzielen. Man weiß, daß der Diamant der einzige Körper ist, der Rubine poliert; so hat H. GAUDIN nicht gezögert, den einen und auch den anderen Stoff als Diamantpulver zu betrachten."

Diese Behauptungen wurden, wohl schon unmittelbar nach dem Vortrag, angegriffen, so daß DESPRETZ sich gezwungen sah, in der nächsten Sitzung /3/ seine Sache zu verteidigen: Zunächst erläuterte er den mißverständlichen Ausdruck „abgeschnittener Oktaeder" („octaèdre tronque") mit dem er sagen wollte, daß die eine Hälfte des Oktaeders fehlte, ergänzte weiter, daß die „weißen" Oktaeder nur durchscheinend waren, und als Kohle nur reine Zuckerkohle verwendet worden war. Gegen den Einwand, daß auch andere Stoffe als Diamant zum Polieren von Rubinen geeignet seien, wandte er ein, daß die Geschwindigkeit, mit der die Politur mittels seiner Substanzen erreichbar war und die Verwendung von Öl anstelle von Wasser garantiere, daß seine Substanzen etwas anderes seien als Schmirgel oder ähnliches. Als Beweis verlas er ein umfangreiches Schreiben GAUDINs über dessen Erfahrungen beim Schleifen von Rubinen und seine Versuche mit den DESPRETZschen Substanzen. Als Ergebnis seiner Versuche faßte DESPRETZ zusammen: „Kurz, ich habe bisher durch den Induktionsstrombogen und durch schwache galvanische Ströme kristallisierten Kohlenstoff hergestellt in Form von schwarzen Oktaedern, farblosen, durchscheinenden Blättchen, die als Gesamtheit die Härte von Diamantpulver besitzen und die bei der Verbrennung ohne merkbaren Rückstand verschwinden."

Drei Jahre später meinte /4/ der Geologe ALPHONSE FAVRE (1815 bis 1890) in Genf, die Entdeckung des schwarzen porigen

Diamanten von Borneo durch DIARD /5/ im Jahre 1848 und das von V. A. JACQUELAIN /6/ beobachtete Verhalten von Kohle unter Einwirkung des elektrischen Stromes, ermutigten dazu, derartige Versuche weiterzuführen, da anscheinend solche weniger vollkommenen Diamanten leichter herzustellen schienen.

Im Jahre 1870 hat MARCELIN PIERRE EUGÈNE BERTHELOT die von DESPRETZ beschriebenen Versuche wiederholt /7/, ohne die geringste Spur von Diamanten zu finden. Und im Jahre 1897 war HENRY MOISSAN in seinem Überblick über die früheren Versuche zur Diamantdarstellung der Meinung, DESPRETZ habe Kristalle von Siliciumcarbid, vielleicht auch von Borcarbid erhalten, deren Härte ebenfalls genüge, um Rubine mit der angegebenen Leichtigkeit zu polieren /8/.

Literatur

/1/ C.M. Despretz, Compt. Rend. 37 (1853) 369/72. - /2/ C.M. Despretz, Compt. Rend. 28 (1849) 755/7; 29 (1849) 48/51, 709/24; 30 (1850) 367/73. - /3/ C.M. Despretz, Compt. Rend. 37 (1853) 443/50. - /4/ A. Favre, Arch. Sci. Phys. Nat. Geneve 31 (1856) 142/50, 142/3. - /5/ Diard laut Lit. 4. - /6/ V.A. Jacquelain, Compt. Rend. 24 (1847) 1050/2. - /7/ M.P.E. Berthelot, Ann. Chim. Phys. (4) 19 (1870) 392/427, 419. - /8/ H. Moissan, Der elektrische Ofen, deutsch von H. Zettel, Berlin 1897, S. 108.

Zufällige Diamant-Synthese aus Braunkohle

Wie wenig selbst Fachleute von der Entstehung des Diamanten noch bis ins 20. Jh. hinein wußten und wie einfach man sich die „Synthese" vorstellte, zeigt die Nachricht über ein Ereignis des Jahres 1845. Damals berichtete ein gewisser THOMA /1/ über die zufällige Entstehung von Diamanten beim Brand von Braunkohle:

„In Telleshammer bei Eisfeld (nahe Suhl, an der Werra) beim Dörren von Braunkohle in einem Trockenofen mit besonderer Feuerung entzündete sich dieselbe. Durch Absperren jeden Luftzutritts wurde der beginnende Brand sogleich gelöscht, doch war die Spannung (Druck) der sich entwickelnden Gase jedenfalls sehr groß. Als nach 8 Tagen der Ofen aufgemacht wurde, zeigte sich die Decke desselben mit nadelförmigen Krystallen bedeckt. Sie waren weisslichgrau, hatten nicht vollkommenen Diamantglanz, der jedoch nach einigen Tagen bedeutend abgenommen hatte.

Oben auf der Braunkohle lag zufällig ein Holzkohlenstück. Dieses war auf den freiliegenden Flächen ebenfalls mit nadelförmigen Krystallen bedeckt, die vollständigen Diamantglanz, das Lichtbrechungsvermögen der Diamanten hatten und vollkommen wasserhell waren. Sie verbrannten ohne jeden Rückstand; Mangel nöthiger Instrumente machte mir jede andere Bestimmung deren Eigenschaften unmöglich."

Er rühmte dann das „schöne Spiel der Regenbogenfarben" an den Kristallen mit vielen Worten, war aber zunächst verhindert, eine Probe der Kristalle an Professor WEISS in Berlin (wohl der Mineraloge CHRISTIAN SAMUEL WEISS - 1780 bis 1856) zu senden, versprach aber, den Rest der Kristalle - die Hauptmenge war während längerer Abwesenheit des Finders verschwunden - an den genannten Mineralogen zu senden; er meinte nämlich: „Jedenfalls ist diese Erscheinung sehr interessant und veranlaßt mich zu dem festen Glauben, daß Diamanten durch Kohlenstoff-Sublimation aus der Erdtiefe entstanden sind." Weitere Angaben über diese „Diamanten" konnten in der Literatur nicht gefunden werden, nur O. HINTZE /2/ sprach im Jahre 1904 in seinem *Lehrbuch der Mineralogie* von ihnen als „sehr zweifelhaft".

Literatur

/1/ Thoma, Berg- und Hüttenmänn. Ztg. 1845, Nr. 31, 30. Juli, Spalte 687/8. - /2/ O. Hintze, Handbuch der Mineralogie, Bd. 1, Leipzig 1904, S. 40 Fußnote 2.

Diamantsynthese nach CHANCOURTOIS (1866)

In der Sitzung der Pariser Akademie vom 2. Juli 1866 wurde eine Arbeit /1/ des Geologen ALEXANDRE-ÉMILE BEGUYER de CHANCOURTOIS (1819 bis 1866, Ingénieur en Chef und Professeur Adjoint de Géologie an der École des Mines in Paris) bekanntgegeben, deren Inhalt bereits in der vorhergehenden Sitzung /2/ vom ständigen Sekretär der Akademie in den wesentlichen Teilen bekanntgegeben und nun durch eine Kommission unter Leitung des Chemikers THÉOPHILE JULES PELOUSE (1807 bis 1857) zum Druck freigegeben worden war.

Frühere Untersuchungen /3/ über das Vorkommen von Erdöl und Bitumen hatten CHAN-

COURTOIS zur Überzeugung gebracht, der natürliche Diamant und Graphit verdankten ihre Entstehung der Zersetzung von Kohlenwasserstoffen, ähnlich wie der elementare Schwefel durch teilweise Oxidation von Schwefelwasserstoff in den Gesteinsspalten der Solfataren noch heute entsteht, ein Vorgang, den er „feuchte Verbrennung" („combustion humide") benannte. Diese Vorstellungen ließen ihn sich zur künstlichen Darstellung von Diamanten folgendermaßen äußern:

„Man solle einen sehr langsamen Strom von kohlenstoffhaltigem Wasserstoff oder Kohlenwasserstoffdampf, begleitet von Wasserdampf, einer sehr milden Oxidation aussetzen in einer Sandmasse, die einige Spuren faulbarer Materie, zum Beispiel ein wenig Mehl, enthält. Beim Weiterführen solcher experimenteller Hinweise müßte ich fürchten, den Wirkungskreis eines Geologen zu überschreiten. Ich will vielmehr innerhalb der praktischen Ziele meines Berufes verbleiben und dabei die mögliche Existenz einer neuen Art von Diamantvorkommen aufzeigen, die dennoch künstlichen Ursprungs ist: Haben nicht Undichtigkeiten an Gasleitungen von Kläranlagen große Ähnlichkeit mit Quellen von Erdgas oder Kohlenwasserstoffdämpfen und könnte es nicht möglich sein, daß die künstliche Diamantproduktion bereits realisiert ist in der Form der schwarzen Erden, die wir täglich entstehen sehen auf dem Boden unserer Straßen? Mindestens hat man aber eine gewisse Aussicht, hier ein nützliches Produkt zu finden, das Pulver schwarzer Diamanten, das einem Bedürfnis unserer Zeit, die alles schneiden, alles polieren will, entsprechen würde."

Kurze Zeit nach der Veröffentlichung dieser Erwartung, machte ein gewisser D. ROSSI /4/ die Pariser Akademie darauf aufmerksam, daß er bereits sechs Jahre früher in einer Broschüre der *Société d'Études Scientifiques de Dragignan* die gleiche Theorie der Diamantentstehung durch „combustion humide" aufgestellt habe. Die Schrift war der Akademie nicht bekannt, sie konnte auch nicht nachgewiesen werden. Kritik an den Vorstellungen von CHANCOURTOIS übte bereits der Berichterstatter über diese Veröffentlichung im *American Journal of Science*

/5/, und H. MOISSAN /6/ erwähnte in seinem geschichtlichen Überblick über die Darstellungsversuche von Diamanten diese eigentümliche Methode überhaupt nicht.

Literatur

(1) A.-E.B. de Chancourtois, Compt. Rend. 63 (1866) 22/5; J. Pharm. Chim. (4) 4 (1866) 189/92. - (2) A.-E.B. de Chancourtois, Compt. Rend. 62 (1866) 1407. - (3) A.-E.B. de Chancourtois, Compt. Rend. 57 (1863) 369/73, 421/5, 731/5. - (4) D. Rossi, Compt. Rend. 63 (1866) 408/9. - (5) A.-E.B. de Chancourtois, Am. J. Sci., (2) 42 (1866) 271. - (6) H. Moissan, Der elektrische Ofen, deutsch von T. Zettel, Berlin 1897, S. 107/13.

MACTEARs Diamanten (Glasgow-Diamanten)

In der letzten Nummer des Jahres 1879 (vom 26. Dezember) der von WILLIAM CROOKES (1832-1919) herausgegebenen Zeitschrift *Chemical News* erschien eine Notiz /1/ mit dem Titel „Kristallisation des Kohlenstoffs" *(Crystallisation of Carbon):*

„Auf einer Sitzung der Glasgow Philosophical Society am Donnerstag hat Hr. JAMES MACTEAR, Direktor der chemischen Fabrik (TENNANT & CO.) in St. Rollox (Glasgow) erklärt, er habe am 12. dieses Monats dem Sekretär (der Gesellschaft), Hrn. DIXON, eine Mitteilung mit den gesicherten Ergebnissen einiger von ihm gemachten Entdeckungen übergeben, doch seien diese von so überraschender Natur, daß er es für angebracht halte, das Schreiben versiegelt zu halten, bis er sich selbst mit allen ihm zur Verfügung stehenden Mitteln von der Natur seiner Ergebnisse überzeugt habe. In der Zwischenzeit sei er in London gewesen und habe seine Ergebnisse den Professoren TYNDALL, WARINGTON SMYTH und anderen gezeigt; jetzt seien sie in den Händen von Hrn. MASKELYNE vom British Museum. Es handelte sich kurz um folgendes: Nachdem er seit etwa 1866 von Zeit zu Zeit sorgfältig über die Sache nachgedacht und manche fruchtlosen Versuche durchgeführt habe, sei es ihm schließlich doch gelungen, kristalline Formen des Kohlenstoffs zu erhalten. Sie waren vollkommen klar und durchsichtig und hatten alle die Brechkraft von Diamanten.

Sie hatten die Kristallform von Diamanten und widerstanden Säuren, Alkalien und der intensiven Hitze einer Gebläseflamme. Sie ritzten auch Glas, es fehlt noch der einzige Test, ob sie Diamanten ritzen oder von ihnen geritzt werden, ferner, wie der Brechungsindex ist und der Kristallwinkel. Diese Prüfungen, so sagte er, seien noch nicht durchgeführt worden, würden es aber in Kürze, und er hoffe, bei nächster Gelegenheit der Gesellschaft einige Probestücke vorzeigen zu können. Weder er selbst noch die Wissenschaftler, die er um Auskunft gebeten habe, hätten den geringsten Zweifel daran gehabt, daß es sich um Diamanten handele, inzwischen zöge er aber vor, sie als reine kristalline Formen des Kohlenstoffes zu bezeichnen ...

Als wir dies drucken lassen wollten, erhielten wir ein Telegramm von Hrn. MACTEAR, in dem er sagte, daß er an dem Projekt seit etwa 13 Jahren mit wechselndem Erfolg gearbeitet habe. Doch habe er die Entdeckung nicht eher bekannt gemacht, bis er absolut sicher war; Einzelheiten des Prozesses halte er im Augenblick noch zurück. Es bestünden keine Schwierigkeiten bei der Herstellung der Kohlenstoffkristalle - augenscheinlich Diamanten - aus jeder beliebigen Kohlenstoffverbindung und durch eine Vielfalt der auf einer großartigen physikalischen Eigenschaft basierenden Prozesse. Sogar Verbrennungsprodukte seien völlig geeignet. Hr. MACTEAR hat uns Proben zur physikalischen und chemischen Untersuchung versprochen" [1].

Der Erfinder ließ sein Verfahren durch das englische Patent 45 (1880) schützen [2]; danach müsse man zur Herstellung von kristallisiertem Kohlenstoff nur Kohlensäure oder Oxalsäure mit Eisenpulver in Stahlgefäßen 70 Stunden lang erhitzen.

Während von den oben genannten Professoren, denen MACTEAR seine Produkte zeigte, keine Meinungsäußerungen darüber bekannt geworden sind, hat NEVILLE STORY MASKELYNE (1823 bis 1911), damals Leiter der mineralogischen Abteilung des British Museum London, durch das große Aufsehen, das die Entdeckung erregte, sich veranlaßt gesehen, in der Tageszeitung *The Times* unter dem Titel „Die angebliche künstliche Herstellung des Diamanten"

(The supposed artificial production of the diamond) das folgende [3] sofort von den *Chemical News* Übernommene zu veröffentlichen:

„Ich wäre Ihnen sehr verbunden, wenn Sie mir in The Times Platz zur Verfügung stellten, um eine große Zahl von Briefen und Anfragen beantworten zu können, die mich in den letzten Tagen erreichten und einen Gegenstand von einigem öffentlichen Interesse betreffen, nämlich die Bestätigung der Herstellung von Diamanten durch einen Herrn in Glasgow.

Bis vor etwa zehn Tagen hatte ich noch nichts gehört von einem Anspruch des Hrn. MACTEAR von den Rollox-Werken in Glasgow über die künstliche Herstellung des Diamanten. Mein Name aber stand in einigen Zeitungen als der einer Person, in deren Händen die bestätigten Diamanten sich befinden sollten zum Zweck einer Entscheidung über ihre wahre Natur. Endlich kam ein kleines Uhrglas mit wenigen mikroskopisch kleinen Partikeln durch Hrn. WARINGTON SMYTH zu diesem Zweck in meine Hände, und etwas später auch eine Lieferung durch Hrn. MACTEAR direkt. Im folgenden werde ich die Ergebnisse meiner Untersuchungen derselben darstellen.

Aus der ersten Lieferung wählte ich die größten, etwa 1.5tel Zoll langen Partikel aus, und es könnte sein, daß ich Zeit verschwendete, als ich mit diesen Partikeln experimentierte, da es sich möglicherweise nicht um authentische Muster ‚fabrizierter Diamanten' handelte, weil sie sich in einigen Beziehungen von den Proben, die ich von Hrn. MACTEAR direkt erhielt, unterschieden ... Die Probestücke, die mir für meine Experimente zur Verfügung standen, waren zu leicht, um ihr Gewicht zu bestimmen, zu klein, um ohne sehr gute Augen und ohne Lupe erkannt zu werden, aber trotzdem hinreichend groß, um drei Fragen beantworten zu können, die durch die Eigenschaften des Diamanten veranlaßt werden.

Wenige Körnchen des Staubs - als solcher muß die Substanz bezeichnet werden - wurden zwischen eine Topas-Platte - eine Spaltebene mit ihrer guten natürlichen Politur - und die polierte Oberfläche eines Saphirs gebracht und die beiden Flächen sorgfältig aufeinander ‚bewegt', mit der

Absicht, durch die dazwischen befindlichen Partikel Kratzer zu erzeugen. Am Ende waren die Partikel zu einem Pulver zerrieben, ohne Kratzer, nicht einmal auf dem Topas, zu erzeugen. Sie waren also keine Diamanten.

Zweitens wurden Partikel, die etwas deutlicher kristallinisch aussahen als der Rest, auf einen Objektträger gebracht und unter dem Mikroskop im polarisierten Licht untersucht. Sie verhielten sich alle, und zwar kräftig, nach der Art doppelbrechender Kristalle. Bei einem oder zwei von ihnen schien es, wenn sie auf ihrer breitesten Fläche lagen (man kann diese kaum ‚Kristallfläche‘ nennen), als sei ihre Hauptebene zur Kristallebene ganz schwach geneigt zu einer flachen Seite derselben in einer Art, die vermuten läßt, daß der Kristall keinem der orthosymmetrischen Systeme angehöre. Sei es, was immer es will, ein Diamant ist es nicht.

Schließlich setzte ich zwei dieser mikroskopischen Partikel auf einem Stückchen Platinblech der intensiven Hitze eines Tischgebläses aus. Sie widerstanden dem Versuch, sie zu verbrennen. Zum Vergleich wurde das Experiment mit ihnen wiederholt, aber nun im Kontakt mit zwei, sie an Größe übertreffenden Teilchen Diamantstaub. Das Ergebnis war, daß die Diamantteilchen verglühten und verschwanden, während die kleinen Teilchen aus Glasgow ebenso widerstandsfähig und unangegriffen blieben wie zuvor. Vorher schon hatte ich die Probe bearbeitet, von der ich sagte, daß ich zuerst mit ihr experimentiert habe, indem ich einen ähnlichen Versuch in einem Hartglasrohr im Sauerstoffstrom unternahm, und das Ergebnis war das gleiche. Daraus schließe ich, daß die Substanz, von der behauptet wird, sie sei ein künstlich gebildeter Diamant, kein Diamant ist und auch nicht Kohlenstoff; dieser Ergebnisse, erhalten an wenigen unendlich kleinen Partikeln, die man kaum messen kann und nur wiegen auf einer Analysenwaage höchster Empfindlichkeit, fühle ich mich so sicher, wie wenn die Experimente an Kristallen beträchtlicher Größe durchgeführt worden wären.

Nicht zufrieden mit dem alleinigen Beweis, was die Partikel nicht sind, machte ich ein Experiment, um etwas darüber zu erfahren, was sie sind.

Wurden sie zusammen mit Ammoniumfluorid auf einer Platinfolie mehrere Male erhitzt, wurden sie sichtbar kleiner, und auf der Folie war eine schwache, rötlich-weiße Inkrustation zu erkennen. Auf den Rat von Dr. FLIGHT, Assistent in dieser Abteilung und ein führender Analytiker, wurden die Partikel in einer Platinschale über Nacht in Flußsäure stehen gelassen. Am anderen Morgen waren sie verschwunden, da sie sich in der Säure aufgelöst hatten, und bei der Verdampfung der Lösung zeigte sich in der Schale eine weiße Inkrustation eines Fluorid-Rückstands. Ich zögere daher nicht zu erklären, daß Hrn. MACTEARs ‚Diamanten‘ nicht nur keine Diamanten sind, sondern aus kristallisiertem, möglicherweise aus einem Augit ähnlichen Silikat bestehen, doch dürfte es sehr übereilt sein, zu behaupten, sie bestünden aus einer Siliciumverbindung, möglicherweise handelt es sich um mehr als eine solche Verbindung.

Das Problem der Umwandlung von Kohlenstoff aus seinem gewöhnlichen undurchsichtigen schwarzen Zustand in die, welche in der Natur als durchsichtiger Diamantkristall auftritt, ist noch ungelöst. Daß es gelöst werden wird, kann kein wissenschaftlicher Geist bezweifeln, doch zeigen sich die dazu nötigen Bedingungen als nur sehr schwer erfüllbar. Es ist möglich, daß Kohlenstoff, wie metallisches Arsen, direkt in den Dampfzustand aus dem festen übergeht und daß die Bedingungen für seine Sublimation in die Kristallform oder die Abkühlung aus dem flüssigen Zustand zum Diamantkristall eine Kombination von hoher Temperatur und hohem Druck einschließen, wie sie in den Tiefen der Erdkruste auftreten, aber sehr schwer in einem Experiment im Laboratorium aufzubauen sind" /3/.

Auch an W. CROOKES hat der Entdecker eine Probe seines Erfolgs geschickt, der sie auf seine Weise untersuchte und sie so beschrieb /4/:

„Die allgemeinen Kennzeichen der Probe, die ich jetzt besitze, könnten beschrieben werden als unregelmäßig geformte Körper von 1 mm Durchmesser und darunter, mit runden Kanten und kein definiertes kristallines Aussehen zeigend. Sie sehen weißlich aus, durchsichtig und in der Regel glanzlos; manche Stücke sind beinahe sphärisch und sehen aus wie vom Wasser beschädigte Korund-

fragmente. Unter diesen befinden sich vollkommen klare, etwas größere Fragmente mit muscheligem Bruch genau wie Glas von etwa 3 oder 4 mm ... Als ich diese Proben von Hrn. MACTEAR erhielt, habe ich sie sofort der Molekularentladung unterworfen. Dabei habe ich bis jetzt folgende Ergebnisse erhalten: Im Hochvakuum phosphoreszieren die Proben in verschiedenen Farben - hellblau, orange, aprikosenfarben und gelblichgrün. Auch die klaren glasähnlichen Fragmente zeigten Phosphorescenz. Das Erscheinungsbild der Phosphorescenz ist sehr ähnlich dem, das kleine, im Handel ,Bort' genannte Diamanten aus Brasilien zeigen; kännte ich nicht die Geschichte der Probe in meiner Versuchsröhre, ich würde sie dem Aussehen nach als kleine Fragmente brasilianischen Borts bezeichnen.

Das undurchsichtige glatte Aussehen der Fragmente ist anders als das des natürlichen Diamanten, aber, wenn man einen Rohdiamanten vor dem Lötrohr erhitzt, bis er teilweise wegbrennt, nimmt er ein sehr ähnliches Aussehen an wie die Kristalle des Hrn. MACTEAR, und nach dem Herstellungsverfahren ist es nicht unwahrscheinlich, daß diese Kristalle nach ihrer Bildung einer teilweisen Verbrennung unterworfen waren - eine Tatsache, die den Unterschied im Aussehen erklären würde. Andere Proben, die von Hrn. MACTEAR kompetenten Händen zur Bestimmung der Härte und der chemischen Eigenschaften übergeben wurden, haben mich zurückgehalten, Versuche in dieser Richtung zu unternehmen. /4/

Bei diesen unterschiedlichen Beurteilungen ist es nicht verwunderlich, wenn das französische Konsulat in Glasgow seiner Behörde, dem Ministre de l'Instruction publique in Paris, im Anschluß an seinen Bericht über die MASKELYNEsche Veröffentlichung anfügen muß /5/: „P.S.: Es scheint mir richtig, dieser Meldung den Text eines heute Morgen in den Tageszeitungen von Glasgow veröffentlichten Briefes anzufügen, in dem J. MACTEAR die gelehrte Welt auffordert, vor ausführlicheren Informationen die Schlußfolgerungen des N.S. MASKELYNE sich nicht anzueignen."

Schließlich muß aber auch MACTEAR erkannt haben, daß seine Produkte keine Diamanten

waren. Der städtische Analytiker von Sheffield, ALFRED H. ALLEN, weiß nämlich schon Anfang Februar 1880 in einem Vortrag *On the artificial production of precious stones* zu berichten: „... und sehr zur Überraschung der wissenschaftlichen Welt wurde nun zugegeben, auch durch Hrn. MACTEAR selbst, daß diese Proben keine richtigen Diamanten waren. Was die Natur dessen angeht, was Hr. MACTEAR wirklich erhalten haben könnte, ist ein Mysterium."

Literatur
/1/ Anonym, Chem. News 40 (1879) 306. - /2/ J. Mactear, Engl. Pat 1880, Nr. 45 laut Jahres-Ber. Leistungen Chem. Technol. Wagner 27 (1882) 379. - /3/ N. S. Maskelyne, Chem. News 41 (1880) 4/5; Nature 21 (1880) 203/4. - /4/ W. Crookes, Chem. News 41 (1880) 13; Nature 21 (1880) 260. - /5/ Anonym, Compt. Rend. 90 (1880) 249. - /6/ A. H. Allen, Chem. News 41 (1880) 68/9.

MARSDENs Diamanten

Die erste Nachricht, daß es seinem Schüler Dr. R. SIDNEY MARSDEN gelungen sei, kristallisierten Kohlenstoff herzustellen, gab der ehemalige Chemie-Professor an der Sheffield School of Medicine ALFRED HENRY ALLEN (1847 bis 1904) in einem Vortrag vor der dortigen Literary and Philosophical Society bekannt, dessen Inhalt am 6. Februar 1880 veröffentlicht wurde /1/: „Es war (dem Vortragenden) unmöglich, die Erwähnung von Untersuchungen eines seiner alten Schüler und Einwohners von Sheffield, Dr. R. S. MARSDEN, zu unterschlagen, der kürzlich Versuche zur Herstellung kristallisierter Elemente gemacht hat. Er hat dabei einige Kristalle erhalten, von denen er (Herr ALLEN) meint, es könnten Diamanten sein. Bei einem gegenüber allen bisher veröffentlichten ganz verschiedenen Prozeß hat er einen kristallinen Körper erhalten, der sehr wahrscheinlich kristallisierter Kohlenstoff ist, - mit anderen Worten: Diamant."

Drei Wochen später erschien folgende anonyme Meldung /2/ in der Zeitschrift *Nature* /2/: „Dr. SYDNEY MARSDEN hat eine Substanz entdeckt, in der Kohlenstoff löslich ist und aus der er teilweise graphitoidal, teilweise auch in diamantischen Formen auskristallisiert. Die diamantischen Kristalle haben unter dem Mikroskop schöne oktaedrische Formen und ritzen Saphir leicht. Es scheint darum begründet zu sein, sie als echte Diamanten zu betrachten."

Diese Veröffentlichung veranlaßte R. S. MARS-DEN /3/ umgehend zu einer Erwiderung: „Ich lese mit großer Überraschung eine Notiz in *Nature*, Bd. 21, S. 409, die über eine Untersuchung berichtet, die ich gerade über die künstliche Produktion verschiedener kristalliner Kohlenstoff-Formen mache, und ich schreibe dies, um alle Verantwortung abzulehnen für Behauptungen, die ohne meine Kenntnis oder Zustimmung veröffentlicht wurden." Der Erwiderung fügte die Redaktion der Zeitschrift die Bemerkung zu: „Der Korrespondent, der uns die fragliche Notiz in gutem Glauben zusandte, war der Meinung, daß die Angelegenheit schon allgemein bekannt sei."

Kurz nach diesem Vorspiel veröffentlichte R. S. MARSDEN /4/ selbst seine Versuche: *„Herstellung von diamantischem Kohlenstoff oder Diamant. Bei zehnstündigem Erhitzen eines Gemisches von Silber und amorphem Kohlenstoff (aus Zucker) auf hohe Temperatur und folgendem sehr langsamen Abkühlen findet man drei Formen des Kohlenstoffs im Silber, das leicht durch Salpetersäure entfernt werden kann. Die drei Formen sind: Graphit als größter Anteil, eine Anzahl kleiner kristalliner Körper von oktaedrischer Form und eine Menge einer bräunlichen Substanz, wahrscheinlich amorpher Kohlenstoff oder Silbercarbid. Diese letzte flockige Form kann leicht durch Waschen des Kohlenstoff-Gemisches mit Flußsäure, Ammoniak und Pottasche entfernt werden. Die so gereinigten Kristalle sind hart, ritzen Quarz, Glas und Saphir, und verbrennen langsam beim Erhitzen in einem Sauerstoffstrom.*

Die mikroskopische Untersuchung der Kristalle zeigt, daß sie aus zwei Sorten bestehen, einer dunkelfarbenen und einer durchsichtigen. Die dunkelfarbene Sorte wird für echte Diamanten gehalten, deren dunkle Farbe hervorgerufen wird durch eingewachsenen amorphen Kohlenstoff; sie haben vollkommene oktaedrische Form mit gebogenen Kanten. Die transparenten Kristalle haben Diamantglanz und hohes Brechungsvermögen, ihre Form ist oktaedrisch, aber ihre Kanten sind nicht gebogen und sie reagieren auf polarisiertes

Licht. Der Autor glaubt, bei Anwendung von 200-300 Unzen Metall in der Lage zu sein, größere, für Steinbohrer geeignete Diamanten herstellen zu können."

Der Autor betonte noch, daß außer Silber auch Legierungen von Silber mit Platin benutzt werden könnten und daß seine Versuche auf solche mit Dr. MORRISON über die Kristallisation von Bor zurückgingen, die bereits am 17. Juni 1878 veröffentlicht worden sind; dort /10/ habe er bereits schreiben können: „Der Erfolg bei den Experimenten mit Bor führte uns dazu, es auch mit Kohlenstoff zu versuchen, und die Ergebnisse haben unsere Erwartungen erfüllt. Wir sind zur Zeit mit diesen Experimenten beschäftigt und hoffen, in Bälde der Gesellschaft die Ergebnisse vorlegen zu können." Gleichzeitig veröffentlichte er Bilder der von ihm erhaltenen Kristalle in 520-facher Vergrößerung, in der die mit 3, 4 und 6 bezeichneten Bilder die im folgenden näher besprochenen durchsichtigen Kristalle betreffen; auch sie hielt er für Diamanten.

H. MOISSAN hat später die Löslichkeit des Kohlenstoffs in flüssigem Silber untersucht /5/ und fand sie klein; nach eigenen Versuchen mit Auflösen von Kohlenstoff im Metall bei 1000 °C und dem Siedepunkt des Metalls erhielt er beim Abkühlen des Metalls stets nur „amorphe Kohle und Graphit" und mußte auf die leichte Bildung von Siliciumcarbid bei diesen Versuchen hinweisen. Außerdem konnte er zeigen, daß bei Verwendung von Silber, das unter einer Kochsalzdecke geschmolzen worden war, „kleine, stark glänzende, schwere, lichtbrechende Krystalle" gefunden werden, „welche in Salpetersäure unlöslich sind und mehrere Stunden in verdünntem Ammoniak bleiben können, ohne sichtlich gelöst zu werden; sie wirken nicht auf polarisiertes Licht und gehören dem kubischen System an; es sind kleine Krystalle aus Chlorsilber, die ... von kochender Schwefelsäure sofort zersetzt werden."

Trotzdem hat er sich über MARSDENs Versuche recht positiv geäußert /5/:

„Um auf die Versuche von MARSDEN, welche ich wiederholt habe, zurückzukommen, glaube ich, daß man durch Zufall beim Arbeiten nach seinen

*Angaben mehr oder weniger gut krystallisierte
schwarze Diamanten erhalten könnte. Dies kann
besonders der Fall sein, wenn man den mit
Retortenkohle ausgefütterten Tiegel im Gebläse-
ofen erhitzt. Bekanntlich hinterläßt dieses
Brennmaterial nur sehr wenig Asche; das Feuer
fällt plötzlich zusammen und dann durchströmt
ein rascher Luftstrom den Ofen infolge des mächtigen Zuges des Schornsteins. Der Tiegel wird
plötzlich abgekühlt. Das Silber, welches in einem
DOULTONschen Tiegel aus Graphit enthalten
ist, erkaltet äußerlich; es entsteht eine wider-
standsfähige metallische Hülle, und in dem
Augenblick, wo der Inhalt des Tiegels, welcher
noch nicht erstarrt, sondern noch flüssig ist, vom
flüssigen in den festen Zustand übergeht, nimmt es
an Volumen zu und preßt die kleine Menge
Kohlenstoff, welche noch in Lösung bleibt und sich
abzuscheiden strebt, zusammen. Unter Einwirkung dieses Druckes entsteht schwarzer
Diamant. Vor diesem Punkte wurde jeder Überschuß an Kohlenstoff in Form von Graphit abgeschieden.*

*Wir werden später sehen, daß dieses Experiment
der Gewinnung schwarzer Diamanten in Silber
gute und sichere Resultate gibt, wenn man eine
kleine Menge mit Kohle gesättigtes Silber plötzlich
abkühlt. Durchsichtige Diamanten haben wir
nach diesem Verfahren niemals erhalten. Der
schwarze Rückstand liefert nach der Entfernung
des Silbers durch Salpetersäure und nach
Behandlung mit Schwefelsäure und endlich mit
Fluorwasserstoffsäure ein Gemenge von Graphit,
schwarzen Diamanten und durchsichtigen
Krystallen, welche man beim ersten Anblick für
Diamanten halten könnte. Der Graphit wird
durch Kaliumchlorat und Salpetersäure in
Graphitoxyd übergeführt und dann zerstört, aber
die durchsichtigen Krystalle verschwinden bei
Behandlung des Rückstands mit geschmolzenem
Kaliumbisulfat. Dagegen widerstehen die schwarzen Krystalle und zeigen die Eigenschaften der
schwarzen Diamanten. MARSDEN mußte also
schwarze Diamanten erhalten haben, aber nur
zufällig, und ohne zu bemerken, welche wichtige
Rolle der Druck dabei spielt. Zum Schluß möchte
ich nochmals bemerken, daß die Resultate
MARSDENs sehr bemerkenswert sind, und daß*

*ich Gelegenheit hatte, einige davon bei meinen
Versuchen bestätigt zu finden. Besonders habe ich
mit Leichtigkeit die Krystalle von Kieselsäure erhalten, die er in der bereits oben zitierten Stelle
erwähnt."*

Über seine eigenen Versuche der Nacharbeitung
und Prüfung schrieb H. MOISSAN /5/:
*„Plötzliche Abkühlung von Silber. Auch das Silber
besitzt, wenn es mit Kohlenstoff gesättigt ist, die
interessante Eigenschaft, sein Volumen beim
Übergang vom flüssigen in den festen Zustand zu
vergrößern. Silber löst bei der Temperatur seines
Schmelzens nur Spuren von Kohle; erhitzt man es
aber im elektrischen Ofen bis zum vollen Sieden,
in Berührung mit einer Hülle aus Zuckerkohle, so
löst es eine gewisse Menge Kohlenstoff. Kühlt man
den Tiegel durch Eintauchen in kaltes Wasser
stark ab, so entsteht ein Klumpen, der einen Teil
des flüssigen Silbers einschließt, welches daher
beim Übergang vom flüssigen in den festen
Zustand einem starken Druck unterworfen sein
wird. Der im Innern des Klumpens zur
Abscheidung kommende Kohlenstoff wird eine
höhere Dichte besitzen als Graphit. Nach
Beendigung dieser Versuche wird das Metall durch
kochende Salpetersäure entfernt, und es hinter-
bleibt ein Pulver, welches man mikroskopisch
untersucht. Diese Substanz ist zusammengesetzt. Wenn die Elektroden oder der Tiegel
siliciumhaltige Verbindungen einschließen, so
enthält sie aufgeschichtete Krystalle von Kieselsäure, wie sie MARSDEN beschrieben hat. Man
findet darin Korund und Siliciumcarbid.*

*Dieser Rückstand wird der früher angegebenen
Behandlung unterworfen; abwechselnde Einwirkung von kochender Schwefelsäure und Fluorwasserstoffsäure; Behandlung mit dem Oxydations-
gemisch, mit Fluorwasserstoffsäure und hierauf
mit Schwefelsäure.*

*Nach dieser Aufbereitung erhielten wir bei diesen
oftmals wiederholten Versuchen immer nur
schwarzen Diamant. Mit demselben hinterblie-
ben uns oft einige durchsichtige Krystalle, von denen manche oktaedrisches Aussehen hatten, sie
verschwanden aber langsam bei wiederholter und
sehr energischer Behandlung mit concentrierter
Schwefelsäure. Auch durch Schmelzen mit*

Kaliumbisulfat bei niedriger Temperatur kann man sie entfernen, ohne den schwarzen Diamant anzugreifen.

Der Rückstand wird hierauf mit Methylenjodid behandelt. Bei diesen Versuchen ist es sehr wichtig, die Behandlung mit Kaliumchlorat und Salpetersäure oft zu wiederholen, wenn man das Silber entfernen will, welches dem schwarzen Diamanten anhaftet. Unter diesen Bedingungen erhält man eine größere Ausbeute an schwarzen Diamanten als aus den Eisenschmelzen. Der schwarze Diamant zeigt entweder körniges Aussehen, oder punktierte Platten oder Massen von muscheligem Bruch von wenig glänzendem, fettem Aussehen und einer Dichte zwischen 2,5 und 3,5. Dieser Versuch, der nicht bis zum durchsichtigen Diamant führt, ist darum interessant, weil er uns den Beweis für die Existenz einer Reihe schwarzer Diamanten erbringt, deren Dichte von der des Graphits bis 3 und darüber steigt. Durch Behandlung des Gemenges mit Bromoform konnten wir einen schwarzen Diamanten erhalten, der Rubin ritzte und im Sauerstoff bei 1000 °C verbrannte. Dieser schwarze Diamant entsteht immer in der Mitte der Schmelze, wovon wir uns auf folgende Weise überzeugen konnten: Nimmt man einen dieser plötzlich abgekühlten Silberklumpen von regelmäßiger Form und ohne Blasen und läßt ihn senkrecht auf eine Basis in zwei gleiche Teile zersägen, so erhält man durch Behandlung der so gewonnenen Schnittfläche in wenigen Augenblicken den größten Teil der gebildeten schwarzen Diamanten. Wenn man dagegen einen Klumpen, ohne ihn zu zersägen, von außen mit Säure behandelt, so besteht der sich bildende schwarze Niederschlag größtenteils aus Graphit und schließt keinen schwarzen Diamanten ein. Wir wollen noch hinzufügen, daß diese Schmelzen von Feinsilber, welche wir beim Beginn der Versuche verwendeten, manchmal ohne unser Wissen eine sehr kleine Menge Gold enthielten; wir fanden kleine Körner schwarzer Diamant, die mit diesem Metall bedeckt waren, welches rasch in Königswasser verschwindet. Diese Beobachtung schließt sich merkwürdig an die Entdeckung von DES CLOISEAUX an, daß (natürliche) schwarze Diamanten kleine Goldkörnchen enthielten."

Gegen diese langatmige und umständliche Darstellung wandte sich im Jahre 1903 CHARLES COMBES aus Paris /6/ mit der Behauptung, MARSDEN habe überhaupt keine Diamanten erhalten können, da sich dieser oberhalb von 750 °C in Graphit umwandele, und man annehmen könne, daß der Edelstein pflanzlicher Herkunft sei, außerdem sei die Prüfung der optischen Eigenschaften der Kristalle keine hinreichende Begründung dafür, die Prüflinge für Diamanten zu halten.

Im Jahre 1917 kam nach umfangreichen eigenen Versuchen O. RUFF /7/ zu der Überzeugung, daß die Richtigkeit der Versuche MARSDENs und MOISSANs nicht angezweifelt werden dürfe. Im Jahre 1924 jedoch meinte F. H. KRAUSS /8/, daß MARSDEN keine Diamanten erhalten habe, weil er die Schmelze langsam abgekühlt hat, um größere Kristallisationsmöglichkeit zu erreichen, wobei sich aber sicher die Diamanten, falls sich solche gebildet hatten, in Graphit umgewandelt haben würden; außerdem könnten seine Angaben nicht beweiskräftig sein, weil er eine Analyse nicht durchgeführt beziehungsweise nicht angegeben hat. An einer anderen Stelle hat H. MOISSAN /9/ sich noch einmal über seine Versuche mit der Silberschmelze geäußert: „Wir haben auch die Versuche der Darstellung des Diamants mittels schnell abgekühlten Silbers wiederholt. Wir haben in diesen neuen Untersuchungen jedes Mal nur schwarzen Diamant erhalten; wir haben tatsächlich mit diesem schwarzen Diamante zusammen unter dem Mikroskop transparente Stoffe angetroffen in, auf den ersten Blick, oktaedrischen oder kubischen Formen, die allerdings langsam verschwanden nach einer Reihe aufeinander folgender, sehr energischer Angriffe konzentrierter Schwefelsäure. Es ist sehr wichtig, die Zahl der Angriffe mit Kaliumchlorat und Salpetersäure zu vermehren, wenn man alles an den schwarzen Diamanten haftende Silber entfernen will. Wir müssen daran erinnern, daß bei den ersten Versuchen über diesen Gegenstand es uns möglich gewesen ist, 6 mgr des schwarzen Diamants zu verbrennen und dabei 23 mgr Kohlensäure zu erhalten." Die Zahlen zeigen, daß es sich bei den schwarzen Kristallen um Diamant handelte.

Literatur

/1/ A.H. Allen, Chem. News 41 (1880) 68/9. - /2/ Anonym, Nature 21 (1880) 405. - /3/ R.S. Marsden, Nature 21 (1880) 445. - /4/ R.S. Marsden, Proc. Roy. Soc. Edinburgh 11 (1880) 20/7; J. Chem. Soc. London 40 (1881) 682. - /5/ Kühlt man einen Klumpen geschmolzenen Silbers, welches keinen Kohlenstoff enthält, rasch in Wasser ab, so zieht sich derselbe beim Erkalten zusammen; die Flächen des Zylinders sind konkav. Arbeitet man aber mit einem Metall oder einer Silberschmelze, welche mit Kohlenstoff gesättigt sind, so findet man nach dem Erkalten die Flächen konvex, und der zylindrische Teil zeigt genau den Abdruck der kleinsten Details des Tiegels. Es scheint also, daß nur das Silbercarbid beim Übergang vom flüssigen in den festen Zustand sein Volumen vergrößern kann. Diese Resultate stimmen mit denen von W. Chandler Roberts und T. Wrightson (Proc. Phys. Soc. IV, p. 195) überein, wonach die Dichte des flüssigen Silbers bei seinem Schmelzpunkte 9.51, die des festen Silbers 10.57 beträgt. Die gleichen Resultate finden wir bei mit Kohlenstoff gesättigtem flüssigem Eisen und Aluminium. - Zu den durchsichtigen Kristallen: Zerbrochene Kristalle von Siliciumcarbid können, wenn man sie auf der Kante betrachtet, für Oktaederspitzen gehalten werden. Zu den punktierten Platten des schwarzen Diamants: Einige Proben Kohle, welche von Marignac aus Genf an DES Cloiseaux übergeben wurden, besaßen dasselbe Aussehen. Vgl. H. Moissan, Ann. Chim. Phys. /7/ 8 (1896) 466/558, 503/4, 485/6; Der elektrische Ofen, deutsch von T. Zettel, Berlin 1897, 139, 112/3, 180/2. - /6/ C. Combes, Moniteur Sci. /4/ 17 (1903) 785/88. - /7/ O. Ruff, Z. Anorg. Allgem. Chem. 99 (1917) 73/104, 104. - /8/ F.H. Krauss; Brennstoff-Chem. 5 (1924) 133/6, 135). - /9/ H. Moissan; Compt. Rend. 118 (1899) 320/6, 325. - /10/ Marsden, Morrison; Trans. Roy. Soc. Edinburgh 28 (1878) 659 laut Lit. 2.

Die HANNAYschen Diamanten

In der Londoner Tageszeitung *The Times* erschien am 20. Februar 1880 ein Artikel /1/ des Mineralogieprofessors in Oxford und Leiters der mineralogischen Abteilung des British Museum NEVILLE STORY-MASKELYNE (1823 bis 1911), mit der Überschrift *Artifical Production of Diamonds:*

„Vor wenigen Wochen hatte ich die Aufgabe, über das Mißlingen eines Versuches, den Diamant in einem chemischen Laboratorium herzustellen, zu berichten. Heute bitte ich um ein wenig Raum in Ihren Spalten, um den völligen Erfolg eines solchen Versuches durch einen anderen Herrn aus Glasgow zu melden. Es handelt sich um Herrn J. BALLANTINE HANNAY, aus Woodbourne, Helensburgh und Swordstreet, Glasgow, einem Mitglied der Chemical Society London, der mir heute einige kleine kristallisierte Partikel zusandte, die genau das Aussehen von Diamantbruchstücken hatten. Im Glanz, in einer bestimmten lamellaren Oberflächenstruktur der Spaltflächen und in der Brechkraft stimmen sie so genau mit diesem Mineral überein, daß sie auf den ersten Anblick als Diamanten anzusprechen nicht übereilt erscheint. Und sie erfüllen auch die charakteristischen Proben für diese Substanz. Wie der Diamant sind sie nahezu ohne Reaktion auf polarisiertes Licht, und ihre Härte ist so, daß sie leicht tiefe Kratzer in die polierte Oberfläche eines Saphirs einschneiden, wozu allein der Diamant imstande ist. Bei einer der Proben konnte ich den Winkel zwischen den Spaltflächen messen, obwohl das Bild der einen Fläche zu unvollständig für eine sehr genaue Messung war. Das Mittel der so mit dem Goniometer gemessenen Winkel war 70° 29', der genaue Winkel an einem Diamantkristall ist 70° 31.7'. Schließlich verglühte eines der Teilchen beim Erhitzen auf einer Platinfolie und verschwand allmählich genau so, wie ein Diamant es tun würde. Darüber gibt es keinen Zweifel, daß Herrn HANNAY die Lösung dieses Problems gelungen ist, und daß er die chemische Wissenschaft von einem Mangel befreit hat, der ihr so lange schon anhing; zwar ist der größere Teil des Buches, in dem die Triumpfe dieser Wissenschaft verzeichnet sind, durch die Chemie des Kohlenstoffs ausgefüllt, das Element selbst aber ist niemals vom Menschen zum Kristallisieren gebracht worden, bis Herr HANNAY diesen Triumpf erreichte, den ich die Freude habe, heute bekanntzumachen. Sein Prozeß, diese Umwandlung zu bewirken, kaum weniger wichtig für die Künste als für die Besitzer reicher Juwelen, ist gerade der Royal Society mitgeteilt worden. Ich bin usw... N. STORY-MASKELYNE, British Museum, Mineralogische Abteilung, 19. Februar 1880. "

Diese sensationelle Nachricht fand sofort weiteste Verbreitung, auch in populär-wissenschaftlichen Zeitschriften /2/. Die nächste Nachricht, dieses Mal in der Tageszeitung *Glasgow Herald* erschienen, enthielt einige Ergänzungen /3/. Es stand dort zu lesen, dieser Prozeß „schließe ein die gleichzeitige Anwendung enormen Drucks - wahrscheinlich einige Tonnen je Quadratzoll der

Oberfläche der Apparatur - und sehr hoher Temperatur bis zur schwachen Rotglut" und daß es keineswegs das Ergebnis eines glücklichen Zufalls sei, sondern der Erfolg wissenschaftlicher Untersuchungen, ferner daß dabei Kohlenwasserstoffe eine Rolle spielten; dem anonymen Berichterstatter /3/ kamen aber Bedenken bei der Annahme, daß kristalliner Kohlenstoff bei der Zersetzung derartiger Verbindungen entstehen soll, zumal man höre, daß nicht jedes Experiment gelinge, dazu noch sei das Verfahren teuer und liefere nur winzige Kriställchen. Außerdem habe sich HENRY ENFIELD ROSCOE (1833 bis 1915), Professor der Chemie in Manchester, in *The Times* gegen die Behauptung gewehrt, er habe die HANNAYsche Entdeckung voll anerkannt, es seien nämlich die ihm bis jetzt zur Verfügung stehenden Beweise für einen solchen Schluß noch unzureichend. Alle diese, die Zeitgenossen erregenden Neuigkeiten erhielten eine Bestätigung, als der Entdecker JAMES BALLANTINE HANNAY (1855 bis 1931), Mitglied der Philosophical Society of Glasgow, Besitzer eines der frühesten chemischen Privatlaboratorien in der Sword Street dieser Stadt und Schöpfer zahlreicher Patente, sein Verfahren in einer vorläufigen Notiz vom 26. Februar 1880 der Royal Society bekanntgab /4/:

„Bei der Durchführung meiner Forschungen über die Löslichkeit von festen Stoffen in Gasen bemerkte ich, daß einige Substanzen wie Kieselerde, Tonerde und Zinkoxid, die in Wasser bei gewöhnlichen Temperaturen unlöslich sind, sich aber in sehr beträchtlichem Ausmaß lösen, wenn sie mit Wasserdampf bei sehr hohem Druck behandelt werden. Da kam mir der Gedanke, daß so auch ein Lösungsmittel für Kohlenstoff gefunden werden könne; und da gasförmige Lösungen fast stets zu kristallinen Festkörpern führen, wenn das Lösungsmittel entfernt oder sein Lösungsvermögen vermindert wird, so schien es möglich, daß auch Kohlenstoff in kristallinem Zustand abgeschieden werden könnte. Nachdem durch eine große Zahl von Experimenten gefunden worden war, daß gewöhnliche Kohle, Holzkohle, Lampenruß oder Graphit von den gebräuchlichsten Lösungsmitteln nicht angegriffen werden, mußte ich an eine chemische Reaktion anstelle des Lösens denken.

Eine bemerkenswerte Reaktion wurde hier in Betracht gezogen, die leicht Kohlenstoff in statu nascendi zu liefern und so es zu gestatten scheint, ihn leicht zur Auflösung zu bringen. Wenn man nämlich ein Kohlenstoff und Wasserstoff enthaltendes Gas unter Druck in Gegenwart bestimmter Metalle erhitzt, wird der Wasserstoff von dem Metall angezogen und Kohlenstoff freigesetzt. Dies kann wie Professor STOKES mir gegenüber vermutete, die Erklärung für die Entdeckung der Professoren LIVEING und DEWARD sein, daß Wasserstoff bei sehr hohen Temperaturen eine starke Affinität zu bestimmten Metallen, vor allem Magnesium, hat und dabei extrem stabile Verbindungen eingeht.

Wird der Kohlenstoff freigesetzt von einem Kohlenwasserstoff in Gegenwart einer stabilen, stickstoffhaltigen Verbindung und geschieht dies nahe bei Rotglut und unter sehr hohem Druck, wird der Kohlenstoff durch die Stickstoff-Verbindung so beeinflußt, daß er in der klaren, durchsichtigen Form des Diamanten erhalten wird. Die große Schwierigkeit liegt in der Konstruktion eines Reaktionsgefäßes, stark genug, um dem hohen Druck und den hohen Temperaturen zu widerstehen: Es wurden Röhren konstruiert nach dem ‚Gun-Barrel'-Prinzip (mit einer Schmiede-Eisen-Rolle), mit einer Bohrung von nur 1/2 Zoll bei vier Zoll äußerem Durchmesser, trotzdem zerrissen neun Zehntel von ihnen.

Der in den erfolgreichen Experimenten erhaltene Kohlenstoff ist so hart wie natürlicher Diamant, ritzt alle anderen Kristalle und reagiert nicht auf polarisiertes Licht. Ich habe Kristalle in oktaedrischer Form mit gekrümmten Flächen erhalten, und Diamant ist die einzige Substanz, die in dieser Form kristallisiert. Die Kristalle verbrennen leicht auf einer Platin-Folie vor einem guten Lötrohr und hinterlassen dabei keinen Rückstand, und zeigen in Flußsäure nach zwei Tagen keine Anzeichen eines Angriffs, auch nicht wenn sie kocht.

Wird ein Splitter im elektrischen Bogen erhitzt, wird er schwarz - eine sehr charakteristische Reaktion des Diamanten. Schließlich wurde noch ein kleiner Apparat konstruiert, um bei der Verbrennung der Kristalle auch ihre Zusammensetzung zu ermitteln. Die gewöhnliche Methode bei der organischen Analyse wurde benutzt, dabei wurden die Diamantkristalle auf ein dünnes Stück Platinfolie gelegt und dieses durch einen elektrischen Strom zum Glühen gebracht; die Verbrennung fand in reinem Sauerstoff statt. Das Ergebnis war, daß die Probe (14 mg) 97.85 % Kohlenstoff enthielt, eine sehr gute Annäherung, wenn man die geringe mir zur Verfügung stehende Menge betrachtet. Der Apparat und alle Analysen werden in einer folgenden Veröffentlichung beschrieben werden."

In einem nachträglichen Schreiben gab der Entdecker noch seine Dichte-Messungen mit D = 3.5 bekannt /4/. Diese Veröffentlichung löste eine große Diskussion aus /5/, in der N. S. MASKELYNE noch einmal seine positiv ausgefallenen Untersuchungen darlegte, Professor ROSCOE seine Zweifel daran äußerte, daß die Probestücke künstlich erzeugt seien, weil eine der Partikel „genau das Aussehen hat wie ein Bruchstück eines kleinen Diamanten, der ursprünglich das Gewicht von 1/8 bis 1/32 Karat hatte; es selbst könnte etwa 1/100 Karat gewogen haben", was MASKELYNE bestätigen mußte. Ein Mr. HALKE wendete dagegen ein, der bruchstückhafte Charakter der Proben könne auch dadurch zustande gekommen sein, daß bei der unter hohem Druck erfolgten Darstellung möglicherweise entstandene Gaseinschlüsse beim Aufhören des Druckes den Kristall zerbrachen. Professor JAMES DEWAR (1842 bis 1923) bemerkte, daß die von MASKELYNE als Neuheit angesprochene Benutzung stickstoffhaltiger Verbindungen bei Kristallisationsversuchen an Kohlenstoff bereits bekannt sei, bisher aber nur zur Herstellung von Graphit geführt habe /5/. Nur kurze Zeit später erschien die ausführliche Veröffentlichung HANNAYs /6/, in der er die folgenden weiteren Einzelheiten seines Verfahrens bekannt gab. Zunächst schilderte er seine Versuche, bei hohen Drücken und hoher Temperatur ein Lösungsmittel für den bei der Zersetzung von Kohlenwasserstoffen in Gegenwart von Alkalimetallen entstehenden Kohlenstoff zu finden. Für den Beginn dieser Versuche nannte er den Anfang September 1879, dabei schien er beste Erfolge mit Lithium gehabt zu haben: Beim Abkühlen der Rohre wurden Abscheidungen von schwarzem Kohlenstoff erhal-

ten, die hart genug gewesen waren, um Glas leicht zu ritzen. Die größte Schwierigkeit bei allen Versuchen war das dichte Verschließen der eisernen Rohre. Es zeigte sich nach vielen Versuchen, daß dies nur durch Schweißen zu erreichen war; bei dem damals nur bekannten einfachen Schmiede-Verfahren sah sich HANNAY veranlaßt zu betonen: „Es fordert großes Geschick des Arbeiters, höchstens einer von hundert kann die Arbeit mit unveränderlichem Erfolg ausführen."

Als günstigste Füllung der Rohre erwies sich ein Gemisch aus 90% „paraffin spirit" mit dem Siedepunkt bei 75 °C (wahrscheinlich in der Hauptmenge Hexan /10/, nach HANNAY aber auch ungesättigte Kohlenwasserstoffe enthaltend) und 10% „bone oil" (DIPPELsches Öl?), genauer: seine Fraktion, die zwischen 115 °C (Siedepunkt des Pyridins) und 150 °C übergeht und zur völligen Entfernung von Wasser über kaustisches Kali und dann über metallisches Natrium destilliert worden war. Dazu kamen neben 4 gr. metallischem Lithium als Kohlenstoffquelle 0.5 gr. gereinigter Lampenruß. Die Füllung kann bei den angegebenen Daten höchstens 40 ml betragen haben. Die im HANNAYschen Original angegebenen Prozentzahlen sind, wie mehrfach /7, 8/ bemerkt wurde, wohl versehentlich vertauscht worden.

Die Rohre wurden dann in einem geeigneten Ofen 14 Stunden lang auf Rotglut, wahrscheinlich im Bereich von 650-750 °C gehalten. In seinen ersten beiden Veröffentlichungen /4, 6/ berichtet HANNAY von mehr als 80 solcher Versuche, in einer weiteren /9/ spricht er von noch 34 anderen Experimenten. Dabei mußte er gestehen, daß wegen des auftretenden Drucks neun von zehn der Rohre explodierten und ein moderner Berichterstatter /10/ findet in Anbetracht der damals fehlenden Schutzmaßnahmen den Seufzer HANNAYs berechtigt: „Die ständige Nervenanspannung beim Überwachen der Ofentemperatur und die Erwartung eines Explosionsfalles ruft einen Angstzustand hervor, der außerordentlich schwächt, und dann im Explosionsfall kann der Schock so groß sein, daß man krank wird."

Doch war es für HANNAY ein größeres Problem, wie das Entweichen von Gas durch die Behälterwände während der Versuche vermieden werden könnte. Bei den erwähnten Versuchen enthielten nur vier Rohre nach dem Erkalten etwas Flüssigkeit oder unter hohem Druck stehendes Gas; weder Plattierung der Innenwand mit edleren Metallen oder Emaillieren derselben brachte Abhilfe. Auch die Herstellung kombiniertschichtiger Rohre, die R. MALLET /11/ empfahl und HANNAY erprobte, brachte keinen Erfolg /12/.

In den wenigen Röhren des ersten Satzes von über 80 Versuchen, die das Verfahren, noch Gas oder Flüssigkeit enthaltend, überstanden, fand er nur bei dreien Reaktionsprodukte, die Diamanten glichen. Sie waren einander ähnlich darin, daß nach Entweichen des Gases oder Entfernen der Flüssigkeit eine harte, glatte, schwarze Masse zurückblieb, die mit einem Meißel entfernt werden mußte; möglicherweise zerbrachen die gebildeten Diamanten bei diesem und dem weiteren Vorgehen, das im Zerkleinern in einem Mörser bestand. Dabei wurden die erwähnten Diamantsplitter gefunden.

Die Reaktion der großen Öffentlichkeit - die Meinungen einiger Wissenschaftler wurden ja schon aufgeführt - war eigenartig: Eine Londoner Zeitschrift mit dem Namen *Hardwicke's Science Gossips* schrieb /13/: „HANNAYs Prozeß verlangt die Anwendung enormer Drücke, wahrscheinlich einige Tonnen je Quadratzoll, und einer sehr hohen Temperatur. Da der Prozeß damit außerordentlich kostspielig ist, brauchen die Juweliere im gegenwärtigen Zeitpunkt sich nicht beunruhigen über dieses Ergebnis, da die Kosten höher sind als das Ergebnis wert ist." In einer anderen populären Zeitschrift veröffentlichte ein Mitglied der Geologischen Gesellschaft London eine Zusammenfassung /2/ der Ergebnisse und schloß: „Indessen besteht immer noch in der Praxis der Riesenunterschied zwischen Laboratoriumsexperiment und industrieller Herstellung. Zugleich aber besteht selbstverständlich die Möglichkeit, daß die jüngsten Versuche in Glasgow nur die Senfkörner sind, die sich vielleicht zu einem fruchtbaren Unternehmen von

kommerzieller Bedeutung ausweiten werden. Nichts ist indessen sicherer, als daß Herr HANNAY seine Untersuchungen begonnen hat ohne die leiseste Beziehung zu dem, was BACON ‚die Anwendung des Wissens zum Geldgewinn' genannt hat."

Tatsächlich gingen HANNAYs Diamant-Versuche vielmehr zurück auf Untersuchungen /14, 15/, die sich mit dem kritischen Zustand von Flüssigkeiten und den dabei auftretenden Änderungen ihrer Eigenschaften, z. B. der Löslichkeit von Feststoffen darin, befaßten. Von einer kommerziellen Auswertung seiner „Diamantsynthese" hat HANNAY nur einmal /12/ gesprochen und das nur sehr bedingt: „Experimente, die ich seit der Veröffentlichung meiner Arbeit durchgeführt habe, überzeugten mich, daß die Kristallisation von Kieselsäure und Aluminiumoxid mit Leichtigkeit und Sicherheit wird durchgeführt werden können, und wenn ich einen dieser Prozesse zu einem kommerziellen Erfolg werde gebracht haben, so wird die bei der täglichen Durchführung desselben erworbene Erfahrung es mir ermöglichen, das Kohlenstoff-Problem mit größerer Sicherheit eines definitiven Erfolgs in Angriff zu nehmen."

Es ist darum etwas verwunderlich, wenn 70 Jahre später behauptet wird, der bei seiner Diamantsynthese 25jährige habe sein ganzes Leben eben der Diamantsynthese gewidmet /16/. Daß die Zeitgenossen die Entdeckung mit höchster Aufmerksamkeit verfolgten, geht nicht nur aus den bereits vorgelegten Zeitungsberichten hervor, es waren auch Gelehrte an der Entdeckung interessiert, wie sich M. A. TRAVERS /7/ erinnert: „Ich glaube, daß LORD KELVIN, damals noch Sir WILLIAM THOMSON, an seiner Arbeit interessiert gewesen ist, und als ihn Prof. HELMHOLTZ in Glasgow besuchte, nahm er ihn mit in das Laboratorium von HANNAY. Sir J. G. STOKES, damals Sekretär der Royal Society, legte dieser seine Arbeiten über den kritischen Zustand und die Diamantherstellung vor und in einer dieser Veröffentlichungen berichtete er über seine Diskussion mit Prof. JAMES THOMPSON über seine Experimente über den kritischen Zustand. Mit Sir WILLIAM RAMSAY war er bis zu dessen Tod befreundet."

Trotz der von HANNAY betonten Schwierigkeiten bei den Experimenten, auch wegen ihren offensichtlichen Erfolges, fanden sich einige, die sie nacharbeiten wollten. So hat als Erster HENRI MOISSAN (1852 bis 1907), selbst Entdecker einer angeblich erfolgreichen Methode der Diamantherstellung *(vgl. S. 204ff)*, die Versuche zu wiederholen versucht, ist aber prompt gescheitert /17, 18/:

„Ich wollte indess jedenfalls die Versuche HANNAYs wiederholen. Zu diesem Zweck ließ ich gestreckte Rohre aus weichem Eisen herstellen von folgenden Dimensionen: Höhe 0,60 m, Dicke 0,014 m, innerer Durchmesser 0,006 m. In das Innere brachte ich das Gemenge von Lithium (welches ich Herrn GUNTZ verdankte), Knochenöl und Paraffinöl. Als ich aber das Rohr schließen wollte durch Verlöten des Eisens bei Rotglut (so wie es HANNAY angibt), bemerkte ich, daß die ganze im Rohr befindliche Flüssigkeit wegdestillierte, bevor das Rohr völlig geschlossen war. Auch als ich das Rohr in der Mitte mit einer Bleirohrschlange umgab, welche von kaltem Wasser durchströmt wurde, konnte ich bei der Temperatur, die das Ende erreichen mußte, um gelötet zu werden, die Flüssigkeit nicht im Rohr zurückhalten. Nach vielen fruchtlosen Versuchen habe ich die Wiederholung dieser Experimente aufgegeben."

Später, im Jahre 1919, hat CHARLES ALGERNON PARSONS (1854 bis 1931), der Erfinder der Überdruck-Dampfturbine und, wie er eine Zeitlang glaubte, selbst Diamanthersteller *(vgl. S. 171)*, und Nacharbeiter aller bekanntgewordenen Diamant-Synthesen, ohne nähere Einzelheiten nur kurz berichtet, daß auch seine Versuche nach dem HANNAYschen Verfahren erfolglos verlaufen sind /19/. Dies scheint eine Bemerkung von LORD RAYLEIGH /20/ im Jahre 1943 zu bestätigen, in der er im Zusammenhang mit HANNAY erwähnt, daß PARSONS später seinen Irrtum zugegeben habe, doch ist E. P. FLINT /10/ der Meinung, daß die Bemerkung PARSONs sich auf seinen „Erfolg" mit einer anderen Methode beziehe. Den jüngsten Versuch der Herstellung von Diamanten nach HANNAYs Methode unternahm im Jahre 1959 die mit der wirklichen

Synthese erfolgreiche Forschergruppe der General Electric Company /21/: „HANNAYs Methode wurde geprüft, bei der Lithium, leichte Kohlenwasserstoffe und stickstoffhaltige Substanzen zusammen unter hohem Druck erhitzt wurden. Allein, es trat nur amorphe Kohle auf."

PARSONS Nacharbeitung ist übrigens kritisiert /22/ worden und die Kritik ging sogar soweit, zu behaupten, es könne bei ihr wegen zahlreicher Versuchsänderungen überhaupt nicht mehr von Nacharbeiten gesprochen werden /23/. Von einer jüngeren Nacharbeitung im Jahre 1952 berichtete R. V. JONES /24/ im Jahre 1968:

„Dr. F. ANSBACHER versuchte deshalb in meiner Abteilung, HANNAYs Verfahren genau durchzuführen; und, etwa beim sechsten Versuch, im Oktober oder November 1952, fand er Stückchen eines vielversprechenden Materials. Diese wurden als Diamanten bestätigt durch Dr. H. M. POWELL in Oxford, doch waren sie zu klein, um sie als vom ‚Typ II' identifizieren zu können. Unglücklicherweise war Dr. ANSBACHER in keinem der folgenden Versuche (es waren mehr als 20) in der Lage, seinen Fund zu wiederholen; und da wir bei weiteren Nachforschungen in einem Schrank in seinem Raum Diamantstaub fanden und da weder er noch ich wissen konnten, ob nicht etwas von dem Staub etwa in ein ‚HANNAY-Gemisch' geraten sein könnte, entschieden wir, daß dieser Schatten eines Zweifels genüge, um die Veröffentlichung des Ergebnisses auszuschließen."

Erfolgreich war nur der französische Chemiker CYPRIEN MERE /25/, der seine einen halben Meter langen, mit einer geheimnisvollen Masse gefüllten, 8 cm starken Stahlrohre zwei Wochen lang in einem primitiven Ofen glühte, und dabei einen Diamanten von „mindestens 400 Karat" erhielt, - allerdings nur in einem Roman von JULES VERNE (1828 bis 1895)!

Als im Jahre 1894 Professor J. JOLY vom Trinity College in Dublin auf Grund seiner Beobachtung des plötzlichen Ansteigens des thermischen Expansionskoeffizienten des Diamanten oberhalb von 700 °C die Meinung aussprach /26/, daß demnach zu den wesentlichen Erfolgsbedingungen einer Kristallisation des Kohlen-

stoffs ein hoher Druck gehöre, was mit seinem
„Erfolg" als erster H. MOISSAN *(vgl. S. 204ff)*
aufgezeigt habe, meldete sich J. B. HANNAY
/27/ zu Wort und wies darauf hin, daß dieser
Anspruch nicht einmal von MOISSAN selbst erhoben worden sei, weil er nicht zutreffe, denn er
habe bereits 14 Jahre früher durch seine
Experimente bewiesen, daß hoher Druck eine
notwendige Bedingung sei, was denn auch im
Jahre 1888 durch eigene Versuche C. A. PAR-
SONS nochmals demonstriert habe. HANNAY
erreichte damit, daß J. JOLY /28/ seinen Irrtum
mit Bedauern zurücknahm. Einen viel schwereren Angriff mußte J. B. HANNAY /29/ im Jahre
1902 abwehren: In der damals erscheinenden
Auflage der *Encyclopaedia Britannica* wurde
nämlich im Artikel *Gems, Artificial* behauptet,
er habe in seinen Rohren nur Carborundum
gefunden; zur Verteidigung wies er auf seinen
Verbrennungsversuch hin und meinte:

*„Aber lassen wir das beiseite und auch die
Tatsache, daß Kieselsäure bei meinen Experimenten nicht verwendet wurde; wenn wir als
Tatsache annehmen (und dies tun wir alle), daß
MOISSANs Kohlenstoff wirklicher Diamant
war, dann ist es, weil der Stoff, den ich unter
nahezu gleichen Bedingungen hergestellt habe,
klar, daß MOISSANs Experimente mein
Ergebnis tatsächlich bestätigen. Der Kohlenstoff
in MOISSANs Werk war in flüssigem Metall unter großem Druck gelöst und dann abgekühlt. Der
Kohlenstoff in meinem Werk war ebenfalls in
Kontakt mit - und wahrscheinlich gelöst - in
flüssigem Metall und dann abgekühlt. Das Metall
in MOISSANs Fall war Eisen und in meinem
war es Kalium und Eisen; mag auch meine
Temperatur niedriger gewesen sein, ich habe gezeigt, daß dabei eine heftige Reaktion zwischen
dem Kalium und dem Röhreninhalt stattfand, bei
der örtlich die Temperatur ansteigen konnte - so
hoch wie bei MOISSAN, und so identische
Bedingungen entstanden, weil der Kohlenstoff in
Kontakt mit Eisen war. Das Experiment war
geplant auf Grund von Entdeckungen, die ich gemacht hatte bei meinen Untersuchungen über
‚Löslichkeit von Festkörpern in Gasen' /30, 31/,
und MOISSAN zitiert meine Veröffentlichung als
die erste erfolgreiche Herstellung von kristallisiertem Kohlenstoff in Diamantform. "*

Diese Antwort zeigt, daß HANNAY seine
Vorstellungen über die Bildung seiner Diamanten völlig geändert hat und seine Erin-
nerungstäuschung (Verwechslung von Kalium
und Lithium) beweist, wie wenig er sich in der
Zwischenzeit mit seinem Erfolg beschäftigt hat.
Anfänglich nahm HANNAY ja die Bildung des
Diamanten im Gasraum an, wie sie auch H. J.
RODEWALD /23/ für diesen Fall glaubt beweisen zu können und die Vermutung ausspricht,
daß mittels einer dabei auftretenden Transport-
reaktion, in der Cyanwasserstoff eine Rolle spielt,
das HANNAYsche Verfahren das einzige sei, das
nach einiger technischer Umformung die Möglichkeit zur Züchtung großer Diamanten biete.
Besonders überraschend ist HANNAYs Einstellung, nachdem nur wenige Monate zuvor
CHARLES COMBES /32/ in einer weitverbreiteten Zeitschrift klar und einleuchtend aufgezeigt hatte, daß weder MOISSAN noch
MARSDEN Diamanten in Händen gehabt
haben konnten, daß allein nur HANNAYs
Verfahren die Möglichkeit zur Diamantdarstellung bot!

Einschlägige Berichte über synthetische Edelsteine, wie etwa der von C. DOELTER /33/,
sprachen von „soll erhalten haben" oder erwähnten HANNAYs Versuche gar nicht, wie C. H.
DESCH /34/, und nannten die Diamantsynthese
ein noch ungelöstes Problem. Ein zweiter Artikel
des letztgenannten Autors allerdings, der 15
Jahre später geschrieben wurde und in dem er
recht ausführlich auf HANNAYs Versuche eingeht und auch positiv beurteilt /35/, schließt mit
der Bemerkung: „Obwohl er seine Absicht ange-
kündigt hat, weitere Experimente anzustellen, ist
keine spätere Veröffentlichung über diesen
Gegenstand erschienen, wohl aber noch nach
1894 Arbeiten über andere Gegenstände."

Diese Bemerkung hatte unerwartete Folgen: Sie
brachte LORD RAYLEIGH /36/ in Erinnerung, daß sein Vater LORD RAYLEIGH
(JOHN WILLIAM STRUTT, 1842 bis 1919, in
den Jahren 1885 bis 1896 als Sekretär der Royal
Society tätig) gelegentlich im Familienkreis über
Angelegenheiten dieser Gesellschaft zu sprechen
kam:

Im Jahre 1962 berichtete K. LONSDALE /37/ über diese abgelehnte Arbeit: „... aber es gibt keine Erwähnung eines solchen Papiers in den Protokollen der Royal Society. Ich bin unterrichtet worden, daß es, wenn überhaupt eingereicht, protokolliert worden wäre, auch bei einer Ablehnung."

Diese Formulierung beweist indessen nicht, daß tatsächlich gesucht worden ist. Als weiterer Stein des Anstoßes nennt neben anderem der jüngere LORD RAYLEIGH eine Veröffentlichung HANNAYs über ein Mikrorheometer /38/, deren Beurteilung durch den von Professor E. T. THORPE damit Beauftragten /39/ äußerst ungünstig ausfiel. Diese etwas düstere Angelegenheit ist erst im Jahre 1968 zusammen mit den anderen, gegen HANNAY erhobenen Vorwürfen von E. P. FLINT /10/ durchleuchtet worden. Auch er kritisiert die rheologische Arbeit, in die sich unzweifelhaft eine falsche Angabe über den Durchmesser der Kapillaren eingeschlichen hatte; der aber beruht, wie im Jahre 1960 H. J. RODEWALD /23/ schon gezeigt hat, auf der Verwechslung von Zoll und Zentimeter. Außerdem ist es den wenigsten bewußt, daß HANNAY in dieser Arbeit ein von ihm erfundenes Kapillarviskosimeter beschreibt, das noch heute als Standardgerät verwendet wird, aber nach einem späteren Wiederentdecker (W. OSTWALD) benannt wird /23/. Näher kann hier auf die anderen Punkte nicht eingegangen werden. Einen plausiblen Grund, warum HANNAY sich weder verteidigt hat noch weiter sich mit der Diamantherstellung abgegeben hat, sah M. H. TRAWERS /7/ nach Durchsicht der Literatur darin, daß HANNAY als Besitzer eines privaten Laboratoriums damals „gänzlich das verlassen hat, was man als akademische experimentelle Arbeit bezeichnet, und sich auf die industrielle Forschung stürzte."

Fast gleichzeitig erschien eine Mitteilung /40/, die große Überraschung hervorrief: „Wir haben kürzlich mit verschiedenen Röntgenstrahl-Methoden zwölf kleine ‚künstliche Diamanten‘, die von J. B. HANNAY in den Jahren 1879/80 hergestellt worden waren, untersucht; sie befinden sich jetzt im British Museum, Mineralogische Abteilung. Wir fanden, daß einige reine Diamanten sind, andere Diamanten mit kleinen Verunreinigungen, nur ein einziger ist bestimmt kein Diamant."

Zur Echtheit der Probe schrieben die Entdecker /40/ im Anschluß an die vollständige Wiedergabe des oben zitierten *(vgl. S. 196)* Textes von MASKELYNE:

Identifizierung durch STORY-MASKELYNE in den Protokollen des Mineral Departments gefunden und seine Korrespondenz mit HANNAY nicht nachgeprüft worden. Das Glasplättchen wird begleitet von einer Etikette ‚Hannay's artificial diamonds' in der Handschrift von THOMAS DAVIES, der von 1862 bis 1892 in der Abteilung angestellt war. Die erste Untersuchung der HANNAYschen Probe in London muß durchgeführt worden sein wenige Monate vor dem Umzug der Mineraliensammlung vom British Museum. Bloomsbury, in das neue Gebäude in South Kensington im Juni 1880. Es ist wirklich ein Glücksfall, daß ein paar auf Glas montierte Fragmente den Umzug überlebten, schließlich katalogisiert, registriert (B.M. 87756) und im Jahre 1901 durch Dr. L. J. SPENCER noch einmal etikettiert wurden. Unsere Neu-Untersuchung der Bruchstücke setzt nicht nur ihre Identität außer jeden Zweifel, sondern gibt sogar neue Beweise für die Authentizität ihrer Herkunft.“

Einen Beitrag zur Bestätigung der Echtheit wollte auch JAMES WEIR FRENCH /41/ liefern, der sich erinnerte, daß sein Vater, damals in einigen industriellen Entwicklungen Partner HANNAYs, sich mit diesem mit der Betrachtung einiger Bruchstücke unter dem Mikroskop befaßte, bei denen es sich um irgendeinen Erfolg HANNAYscher Experimente gehandelt habe. Die genauere Untersuchung der Partikel, in einem Fall wurde auch eine LAUE-Aufnahme gemacht, zeigte, daß es sich um Exemplare des in der Natur seltenen Typ II-Diamanten handelt /40/. Noch im folgenden Jahr hielt K. LONSDALE /42/ in einer „Afternoon Lecture der Royal Institution“ an dieser Ansicht fest. Im Jahre 1962 aber, nach Untersuchungen an natürlichen und an künstlichen, nach den in den fünfziger Jahren entwickelten Methoden erhaltenen Diamanten, vor allem wegen der Frage der Häufigkeit des Diamanten-Typs II kam K. LONSDALE /43/ zu dem Schluß: „Wenn ich jetzt nach meiner Meinung gefragt würde, würde ich mich verpflichtet fühlen zu sagen, daß ich denke, daß die ‚HANNAYschen Diamanten‘ Splitter natürlichen Diamants sind, oder zumindest, daß kein ‚inneres Indiz‘ für das Gegenteil besteht.“

Damit war aber die Frage nach der Glaub-

würdigkeit der Angaben HANNAYs angeschnitten: K. LONSDALE /43/ hatte im November 1943 eine Mitteilung von LORD RAYLEIGH erhalten: „Leute aus seiner nächsten Bekanntschaft scheinen von seiner Glaubwürdigkeit überzeugt gewesen zu sein. Andererseits werden Sie mir wahrscheinlich zustimmen, daß es eine erstaunlich große Zahl Leute gab, die sie ihrer Meinung nach bezweifeln mußten.“

K. LONSDALE /43/ ergänzt: „Dies allgemeine Mißtrauen scheint begründet zu sein auf der Unwahrscheinlichkeit, die besteht aus der Tatsache, daß ein vierundzwanzigjähriger junger Mann (das war er im Jahre 1879), ein Chemiker ohne ordentliche Erfahrung in den Naturwissenschaften, sollte Erfolg gehabt haben in einem, schließlich nur zufälligen, wenn auch sehr oft wiederholten ‚long shot‘-Experiment; und auch auf einer, wie es damals noch erschien, völlig bestätigten Kritik an seinen anderen Veröffentlichungen, eine Kritik, die er niemals zurückzuweisen versuchte.“

Im Jahre 1962 wurden neue licht- und elektronenmikroskopische Untersuchungen der Oberflächen sorgfältig hergestellter Replikate der HANNAYschen Originale im Vergleich mit natürlichen und nach den neuen Verfahren hergestellten künstlichen Diamanten veröffentlicht /44/, deren Ergebnisse nach ausführlicher Diskussion den Experimentator sagen ließen: „I would tend to favour the view that the HANNAY-Diamonds are genuine synthetic diamonds and were made by HANNAY.“

Es soll nicht verschwiegen werden, daß die Wiederentdeckung der HANNAYschen Diamanten und die Diskussion um ihre Echtheit auch bei den Journalisten der Tagespresse nicht unbeachtet blieb; dies zeigte sich aber erst, als im Jahre 1955 die neuen technischen Verfahren der „Diamantsynthese“ bekannt wurden. Eine deutsche Tageszeitung /45/ schrieb damals: „Man braucht dazu einen sehr dickwandigen Kessel, etwa einem großkalibrigen Kanonenrohr ähnlich, in dem bei einem Druck von hunderttausend Kilogramm je Quadratzentimeter und einer Temperatur von dreitausend Grad reiner Kohlenstoff - denn nichts anderes ist der

Diamant - zur Explosion gebracht wird. Gelingt das unter den Voraussetzungen, die von den Wissenschaftlern in Amerika und Schweden geschaffen wurden, dann zertrümmert diese Explosion den Kohlenstoff in seine vier bekannten Bestandteile, nämlich Diamant, Graphit, Flüssigkeit und Gas."

Literatur

/1/ N.S. Maskelyne, Chem. News 41 (1880) 97/8; Nature 21 (1880) 404; J. Roy. Soc. Arts 28 (1880) 289); ferner in: F.A. Bannister, K. Lonsdale, Min. Mag. 26 (1941/43) 315/21, 315. - /2/ F.W. Rudler, Popular Sci. Rev. 19 (1880) 236/42 laut E.P. Flint, Chem. Ind. 1968, 1618-27, 1620/21. - /3/ Anonym, Nature 21 (1880) 404. - /4/ J.B. Hannay, Proc. Roy. Soc. London A30 (1880) 188/9; Chem. News 41 (1880) 116. - /5/ Anonym, Nature 21(1880) 421/3. – /6/ J.B. Hannay, Proc. Roy. Soc. London, A30(1880) 450/61; Nature 22 (1880) 255/7. - /7/ M.A. Travers, Chem.Ind. 58 (1939) 507/11, .511: - /8/ F.A. Bannister, K. Lonsdale, Min. Mag. 26 (1941/43) 315/24, 317. - /9/ J.B. Hannay, Proc. Roy. Soc. London A32 (1881) 407/8. - /10/ E.P. Flint, Chem. Ind. 1968 1618/27. /11/ R. Mallet, Nature 22 (1880) 192. - /12/ J.B. Hannay, Nature 22 (1880) 241. - /13/ Anonym, Hardwicke's Sci. Gossip 16 (1880) 91 laut Lit. 10. - /14/ J.B. Hannay, R. Anderson, Proc. Roy. Soc. Edinburgh 10 (1879) 359/62. - /15/ J.B. Hannay, Proc. Phil. Soc. Glasgow 12 (1880) 126/31. - /16/ E. Hahn, Diamond, New York 1950, S. 192. - /17/ H. Moissan, Ann. Chim. Phys. /7/ 5 (1896) 466/558, 473/4. - /18/ H. Moissan, Der elektrische Ofen, deutsch von Th. Zettel, Berlin 1897, S. 111. - /19/ C.A. Parsons, Phil. Trans. Roy. Soc. London A270 (1919) 67/107, 77/78. - /20/ Rayleigh, Nature 152 (1943) 597. - /21/ H.P. Bovenkerk, F.B. Bundy, H.T. Hall, M.S. Strong; R. H. Werttorf, Nature 189 (1959) 1094/8, 1095. - /22/ D.P. Mellor, J. Chem Phys. 15 (1947) 525/6. - /23/ H.J. Rodewald, Zur Genesis des Diamanten, Tl. III, Analyse des Hannay-Verfahrens der Diamantsynthese, Schaffhausen 1969, 39/55. - /24/ R.V. Jones, Chem. Ind. 1968 1757. - /25/ J.G. Verne, L'Étoile du Sud, le Pays des Diamants, Paris 1884, deutsch von L. Muth, Frankfurt am Main 1968, S. 259/60. - /26/ J. Joly, Nature 49 (1894) 480/1. - /27/ J.B. Hannay, Chem. News 69 (1894) 167/8; Nature 49 (1899) 530. - /28/ J. Joly, Nature 49 (1894) 530/1. - /29/ J.B, Hannay, Chem. News 86(1902) 173. - /30/ J.B. Hannay, J. Hogarth, Proc. Roy. Soc. London A29 (1879) 324/31. - /31/ J.B. Hannay, J. Hogarth, Proc. Roy. Soc. London A30 (1880) 178/88. - /32/ C. Combes, Monteur -Sci. (4) 17 (1908) 285/92. - /33/ C. Doelter, Naturwissenschaften 1 (1913) 1107/10. - /34/ C.H. Desch, Nature 121 (1928) 799/800. - /35/ C.H. Desch, Nature 152 (1943) 148/9. - /36/ Lord Rayleigh, Nature 152 (1943) 597. - /37/ K. Lonsdale, X-Ray Diffraction Studies on Diamonds and Some Related Materials, Appendix to Chapter 2 in: R. Berman, Physical Properties of Diamond, Oxford 1965, S. 68. - /38/ J.B. Hannay, Phil. Trans. Roy. Soc. London A170 (1879) 275/86. - /39/ R.E. Barnett, Proc. Roy. Soc. London A56 (1894) 259/61. - /40/ F.A. Bannister, K. Lonsdale, Min. Mag. 26 (1943) 315/24. - /41/ J.W. French, Nature 153 (1944) 669/71. - /42/ F.A. Bannister, K. Lonsdale, Nature 151 (1943) 334/5. - /43/ K. Lonsdale, Nature 190 (1962) 104/5. - /44/ M. Seal, in: P. Greene, Proceedings of the First international Congress on Diamond in Industry, Paris 1962, London 1963, S. 313/27. - /45/ Anonym, Allgemeine Zeitung. Neuer Mainzer Anzeiger, vom 5. November 1957 laut Nachrichten Cem. Tech. 6 (1958) 106.

MOISSANs Diamantsynthesen

Im Jahre 1924, als die Ergebnisse MOISSANs noch umstritten waren, gab F. H. KRAUSS /1/ folgenden Überblick über MOISSANs Arbeiten:

„Einen großen Fortschritt für unsere Anschauung über die Bildung und Herstellung von Diamanten bedeuten die Versuche von HENRI MOISSAN (1852 bis 1907, Professor der Chemie an der École de Pharmacie und der Sorbonne in Paris) in den Jahren 1896 bis 1905. MOISSAN hatte ursprünglich gehofft, die große Reaktionsfähigkeit des von ihm am 26. Juni 1886 zum ersten Male isolierten elementaren Fluors für die Umwandlung des Kohlenstoffs in Diamant anwenden zu können, doch waren alle Versuche in dieser Richtung erfolglos. So begann er dann damit, die Modifikationen des Kohlenstoffs einer eingehenden Untersuchung zu unterziehen, weitere Versuche über die Eigenschaften und das Verhalten des Diamanten schlossen sich an, ohne daß die Pläne zur Diamant-Synthese wesentlich gefördert werden konnten. Da spielte der Zufall MOISSAN ein Stück von einem Meteoriten in die Hände, der in Neumexiko gefunden worden war. An diesem Fragment fanden sich neben Graphit und Kohle schwarze und durchsichtige Diamanten in einer Metallmasse, umgeben von amorphem Kohlenstoff, der deutlich zusammengepreßt war. Aus diesem Befunde schloß MOISSAN, daß bei der Bildung von Diamant nicht nur hohe Temperaturen, sondern auch hoher Druck wirken müsse! MOISSAN zögerte nicht, diese Erkenntnis seinen Versuchen zugrunde zu legen; es reifte in ihm der Plan, bei seinen weiteren Arbeiten den Druck zu benutzen, der seiner Ansicht nach im Gußeisen dadurch entsteht, daß es beim Erstarren sein Volumen vergrößert /2/. Aber eine neue Schwierigkeit zeigte sich; zwar gelang es relativ leicht, das Eisen zu schmelzen, um aber große Mengen Kohlenstoff darin lösen zu können,

bedurfte es einer sehr viel höheren Temperatur. Aus diesem Grund entstand MOISSANs berühmter elektrischer Ofen mit einer Reihe von Untersuchungen, die unter dem Titel ‚Die Chemie der hohen Temperaturen' zusammengefaßt werden könnten. Nachdem die Schwierigkeit der Erzeugung hoher Temperaturen so überwunden war, konnte MOISSAN mit seinen Versuchen beginnen. Er erhitzte im elektrischen Ofen mit Zuckerkohle bedecktes Eisen auf 3000 °C und tauchte die erhaltene Schmelze in Wasser. Der Tiegel blieb mit seinem Inhalt noch einige Minuten rot glühend und erkaltete dann langsam. Oder MOISSAN komprimierte durch einen Schraubenverschluß Zuckerkohle stark in einem Zylinder aus weichem Eisen und tauchte diesen zuerst in ein Bad aus flüssigem Eisen, dann in kaltes Wasser. Das Reaktionsprodukt wurde zuerst mit Salzsäure, dann mit Königswasser, Flußsäure, sowie mit Schwefelsäure und Salpeter öfters behandelt. Dann wurde der Graphit durch wiederholte Oxidation mit Kaliumchlorat und rauchender Salpetersäure entfernt und der Rückstand noch einmal mit Flußsäure aufgeschlossen /2/. Der nun noch verbleibende Rest wurde ausgewaschen und getrocknet in Bromoform gebracht, der in dieser Flüssigkeit untersinkende Anteil mit Äther gewaschen und auf Methylenjodid geschüttet. Die wenigen, nun untersinkenden mikroskopisch kleinen Kriställchen hatten ein spezifisches Gewicht von 3 bis 3.5, ritzten Rubin, verbrannten im Sauerstoffstrom zu der für reinen Kohlenstoff berechneten Menge Kohlendioxid, teils vollständig, teils unter Hinterlassen einer sehr geringen Menge Asche. Die Kriställchen schienen also Diamanten zu sein.

Ebenso erhitzte MOISSAN /3/ Silber bis zum Sieden im elektrischen Ofen, löste Kohlenstoff darin und schreckte ab. Auch auf diesem Wege erhielt er Diamanten, doch war die Ausbeute sehr gering: Aus 50 Operationen konnten nur 10 mg Diamanten erhalten werden. Größere Ausbeuten wurden erzielt, als MOISSAN den oben erwähnten Zylinder in ein Bleibad tauchte /4/ oder flüssiges Gußeisen in Kugelform brachte und im Innern dieser Kugel einen sehr starken Druck erzeugte /5/. Experimentell wurden diese interessanten Versuche so ausgeführt, daß ein mit Kohlenstoff gesättigter Eisenstab mit Hilfe des

elektrischen Ofens geschmolzen wurde. Das Eisen fiel dann beim Vorschieben des Stabes in Form von Tropfen herunter, die in einem eisernen Topf aufgefangen wurden, in dem sich mit Wasser überschichtetes Quecksilber befand, das die Schmelze schnell abkühlte. Berechnungen von C. M. van DEVENTER /6/ bestätigten, daß der von MOISSAN im Innern einer Eisenkugel angenommene Erstarrungsdruck tatsächlich besteht. Allen Versuchen MOISSANs lag diese seiner Ansicht nach auftretende Erscheinung zugrunde, daß an Kohlenstoff gesättigtes Eisen sich beim Festwerden ausdehne, im Gegensatz zu reinem Eisen, das sich zusammenzieht; MOISSANs Vorstellung wurde gestützt, vielleicht war sie sogar veranlaßt, durch eine Veröffentlichung des im vorstehenden als Diamantenmacher genannten J. B. HANNAY /8/, der im Jahre 1880 dies zu beweisen schien. MOISSAN erhielt mikroskopische kleine Diamanten, falls das äußere, kohlenstoffarme Eisen den Druck des mit Kohlenstoff gesättigten von innen aushielt. Brach die Schmelze durch, wurde Graphit erhalten, eine Erscheinung, die als Bestätigung dafür angesehen wurde, daß Diamanten sich nur unter Druck bilden. Ein weiteres, aber unsicheres und keine eindeutigen Resultate ergebendes Verfahren bestand darin, daß MOISSAN /3/ mit Zuckerkohle gesättigtes, auf 2000 °C erhitztes Eisen schnell im Leuchtgasstrom erkalten ließ.

Eine weit bessere Ausbeute, nämlich 8 bis 10 kleine Diamanten in einem Metallkern, von denen die Hälfte oder mehr mit bloßem Auge sichtbar waren, erhielt MOISSAN /7/ als er 150 g schwedisches Eisen im elektrischen Ofen bei Gegenwart von Zuckerkohle schmolz, dann den Tiegel aus dem Ofen herausnahm, ein Stück Eisensulfid von 5 g hinzusetzte und in Wasser abkühlte. Nur bei schnellem Abkühlen wurden Diamanten erhalten. Gab er anstelle von Eisensulfid aber Eisensilicid oder geschmolzenes Silicium hinzu, war der Erfolg noch größer, doch wurde die Identifikation der Diamanten in diesem Falle durch die Anwesenheit von grauem oder blauen Siliciumcarbid gestört."

Die Folgen der MOISSANschen Veröffentlichungen waren eine Unzahl von Berichten über Nacharbeitungen der Versuche, von denen die umfangreichsten und genauesten wohl die des Erfinders der Überdruck-Dampfturbine, Sir CHARLES ALGERNON PARSONS (1854 bis 1931), gewesen sind /9/, die jüngste im Jahre 1962 von M. SEAL /10/ in Zusammenarbeit mit A. R. BOBROWSKY unternommen wurde. Einige Nacharbeiter wie J. W. HERSHEY /11/ gaben an, Erfolg gehabt zu haben, andere wie P. L. GÜNTHER, P. GESELLE, M. REBEN-TISCH /12/ hatten Erfolg nur in 4 von 70 Versuchen, die anderen Wiederholungen blieben erfolglos. Die meisten Autoren solcher Versuche brachten mehr oder weniger starke Abän-derungen ins Spiel, die den Erfolg erhöhen oder Vereinfachungen des komplizierten Verfahrens bringen sollten, die wie bei den nachstehend be-schriebenen PRANDTLschen Diamanten *(vgl. S. 210)* zur Erzeugung der Eisenschmelze und der hohen Temperatur von dem technischen Thermit-Verfahren ausgingen und so glaubten, die Diamantsynthese als Vorlesungsversuch durchführen zu können. H. J. RODEWALD /18/ zeigte allerdings auf, daß das aluminother-mische Verfahren mit dem MOISSANschen weder physikalisch noch chemisch vergleichbar ist. Auf die meisten Varianten braucht nicht näher eingegangen zu werden. Überhaupt gab es Gelehrte, die nicht überzeugt werden konnten, daß zur Diamantbildung hohe Drücke notwen-dig wären. So glaubte beispielsweise L. FRANCK /13/ sogar im Rückstand bei der Auflösung von gewöhnlichem Stahl in Säuren und in Bodensauen von Hochöfen Diamanten gefunden zu haben, und L. H. BARNETT /14/ ließ sich das Auffinden von Diamanten in lang-sam abgekühlten Fe-Schmelzen mit C-, Si-, B- oder Al- und P-Zusatz sogar patentieren. Von den FRANCKschen „Diamanten" konnte O. JOHANNSEN /15/ allerdings nachweisen, daß es sich um Al_2O_3-Kristalle handelte.

Die erwähnte jüngste Nacharbeitung /10/ muß jedoch ausführlicher besprochen werden. Sie unterscheidet sich von allen ihren Vorgängerin-nen dadurch, daß sie in einem originalgetreu nachgebauten MOISSANschen elektrischen Ofen ausgeführt und die alte Arbeitsweise eben-falls genau eingehalten wurde mit einer Ausnahme: Die Behandlung des Rückstandes der Auflösung mit heißem Kaliumchlorat und

Salpetersäure wurde aus Sicherheitsgründen er-setzt durch Kaliumdichromat und Salpetersäure und das Bromoform zur Abtrennung der schwe-ren Kristalle durch Methylenjodid ersetzt und die Fraktion röntgenographisch untersucht. Die Farben dieser Pulver variierten von schwarz über blaßgrün bis blau, gelb und farblos. Schließlich wurde geprüft, ob Diamantsplitter in der Größe, wie sie nach MOISSAN zu erwarten waren, die Behandlung mit den notwendigen alkalischen Schmelzen zu überstehen in der Lage sind; das Ergebnis war positiv. Insgesamt wurden 12 Eisenschmelzen veranstaltet, von denen bei 4 nach dem vollständigen Abtrennungsverfahren noch Rückstände verblieben, deren Dichten grö-ßer als 3.5, deren Härte bei 9 bis 10 der MOHSschen Skala lag. Einzelne Kristalle ver-brannten auf Platinblech in einer Gasflamme, andere nicht. Ein quantitativer Verbrennungs-versuch, wie ihn MOISSAN mit dem Gesamt-ergebnis von 80 Versuchen durchführte, konnte wegen unzureichender Menge der Kristalle nicht unternommen werden. Unter dem Mikroskop glichen die neuen Produkte denen MOISSANs auffallend. Zur Doppelbrechung meint SEAL: „Viewed between crossed polarizers our crystals showed varying amounts of birefringence, but such as would be quite consistent with that which strained diamonds might show."

Die Untersuchung des Verhaltens seiner Kristalle beim Erhitzen in nichtoxidierender Atmosphäre hat MOISSAN nicht durchgeführt. SEAL fand bei der Behandlung seiner Kristalle im schmel-zenden Platin im Vakuum einige Kristalle unver-ändert, aber auch schwarze Pünktchen, die sehr wohl durch thermische Zersetzung (Graphiti-sierung) anderer Kriställchen haben gebildet sein können. SEAL faßt zusammen:

„All this suggested that some of the crystals could well have been diamond, while others certainly were not. More drastic chemical procedures were inadvisable, and so attempts were made to identi-fy the more likely looking crystals one at a time. This involved special X-ray techniques since the crystals were only about 0,1 mm across. Dr. EPHRAIM SEGERMAN kindly took precession pictures and identified some of the crystals, and we

subsequently had similar help from Professor BENJAMIN POST. The first four crystals were identified as follows: 1. Silicon carbide (alpha 111 modification); 2. Amorphous; 3. Uncertain, but has a high spacing about 10 Ångström, not diamond; probably silicon carbide; 4. Alumina (alpha-corundum). Three similar crystals from the fraction which floated in methylene iodide were shown to be silicon carbide. Whilst one cannot on the basis of this results rule out the possibility that some of the crystals may turn out to be diamonds, it is beginning to seem unlikely. In view of the similarity of our product and MOISSAN's, it is tempting to suggest that MOISSAN's product was also silicon carbide or alumina. However, MOISSAN seems to have been well aware of the presence of these materials. He noted that some crystals which survived his treatment were imcombustible and suggested that they were either alumina or a silicon compound. His quantitative determination of CO_2 evolved on combustion is also very convincing. Silicon carbide has an appearence which cannot easily be distinguished from that of diamond for such minute crystals. It is birefringent, but highly strained diamond is also birefringent. Silicon carbide will evolve CO_2 on combustion, but high temperatures (about 1400 °C) shoud be necessary and there would of course be a residue. Silicon carbide should float in methylene iodide. Its specific gravity is 3.21 against 3.33 for methylene iodide. Some of our silicon carbide crystals sank, but it is possible that they had some heavy contamination - MOISSAN may have been similarily misled."

Gleichzeitig mit den Nacharbeitungen setzte auch die Kritik ein, in sehr scharfer Form etwa bei C. COMBES /17/, wobei in ausführlichster Weise die Frage nach dem Erstarrungsdruck in der Eisenschmelze diskutiert wurde; auf Einzelheiten kann nicht eingegangen werden, hier mag nur die abschließende Bemerkung von P. W. BRIDGMAN /16/ angeführt werden: „It is now known that the pressure produced by the contraction of external shell as it cooled could not have been more than a few thousand atmospheres, because, in the first place, hot cast iron is not strong enough to withstand greater pressures, and, in the second place, cast iron actually contracts when it solidifies instead of expanding as was then erronously supposed."

Das Verblüffendste über die MOISSANschen Diamanten weiß PERCY WILLIAM BRIDGMAN (1882 bis 1961), der berühmte Spezialist für ultrahohe Drücke, im Jahre 1955, dem Jahr, in welchem die beiden modernen Hochdruck-„Synthesen" des Diamanten bekannt geworden sind, zu berichten /16/: „In 1924 (Sir CHARLES A.) PARSONS informed me that MOISSAN's widow (M. starb am 20. Februar 1907) had told him, MOISSAN had been the victim of fraud by one of his assistants, who had introduced diamond fragments into the cookery, in order to please the old man and to avoid the tedium of the long digestion."

Nachzutragen wäre noch, daß, wie F. H. KRAUSS /1/ festellte, während der Arbeiten MOISSANs, die sich auf den Zeitraum von 1896 bis 1905 verteilten, andere Forscher sich, mehr oder weniger unabhängig von MOISSAN, ebenfalls mit dem Problem der künstlichen Darstellung des Diamanten aus einer Eisenschmelze beschäftigten, ohne daß es zu Veröffentlichungen gekommen ist. Wenig bekannt ist, daß zu diesen Experimentatoren auch der Funktechniker ADOLF SLABY (1844 bis 1913, Professor in Berlin) gehört hat: Er war am 10. Februar 1902 gemeinsam mit dem Chemiker JACOBUS HENRICUS van t'HOFF (1852 bis 1911), ebenfalls Professor in Berlin, bei Kaiser WILHELM II. zu Gast. Dabei brachte SLABY das Gespräch auf künstliche Diamanten und erzählte, er habe versucht, größere Diamanten künstlich herzustellen, indem er beim Abkühlen länger gewartet habe. Wie lange er denn gewartet habe, fragte nun van t'HOFF. „Sechs Tage", war die Antwort. „Sie hätten eine geologische Periode warten müssen," erwiderte der Chemiker.

Literatur

/1/ F.H. Krauss, Brennstoff-Chem. 5 (1924) 113/21, 117/8. - /2/ H. Moissan, Compt. Rend. 115 (1893) 218; Ber. Deut. Chem. Ges. 26 (1893) 178. - /3/ H. Moissan, Ann. Chim. Phys. /7/ 8 (1896) 466/558. - /4/ H. Moissan, Compt. Rend. 118 (1894) 320. - /5/ H. Moissan, Compt. Rend. 123 (1896) 206. – /6/ C.M. van Deventer, Chem. Weekblad 4 (1907) 211. - /7/ H. Moissan, Compt. Rend. 104 (1905) 277; Ann. Chim. Phys. /8/ 5 (1905) 174. - /8/ J.B. Hannay, Proc. Phil. Soc. Glasgow 12 (1880) 126/31. - /9/ C.A. Parsons, Phil. Trans. Roy. Soc. London

A270 (1919) 67/107. - /10/ M. Seal, Proceedings of the First International Congress on Diamond in Industry, Paris 1962, hrsg. von P. Greene, London 1963, S. 313/27, 321/5. - /11/ J.W. Hershey, Trans. Kansas Acad. Sci. 32 (1929) 52/4. - /12/ P.L. Günther, P. Geselle, W. Rebentisch, Z. Anorg. Allgem. Chem. 250 (1943) 357/72. - /13/ L. Franck, Stahl Eisen 16 (1896) 585/8; 17 (1897) 449/55, 485, 1063/4. - /14/ L.H. Barnett, U.S.P. 1637291, 1923/27 nach C. 1927 II 2094. - /15/ O. Johannsen, Stahl Eisen 29 (1909) 348/9. – /16/ P.W. Bridgman, Sci. Am. 193 (1955) Nr. 5, November) 42/6, 44. - /17/ C. Combes, Moniteur Sci. (4) 17 (1903) 785/92. – /18/ H.J. Rodewald, Die „künstlichen Diamanten" von W. Prandtl in: Zur Genesis des Diamanten, Schaffhausen 1960, 32-38.

MAUMENEsche Diamanten aus Carbidrückständen

Im Jahre 1897 berichtete EDME JULES MAUMENE (geb. 1818) der Société de la Chimie in Paris, er habe seit Monaten die Rückstände bei der Gewinnung von Dibène (das ist Acetylen) aus Calciumcarbid gesammelt und untersucht und unter zahlreichen darin in geringen Mengen auftretenden Stoffen auch sehr durchsichtige, mikroskopisch kleine Diamanten aufgefunden, die fast alle 48-Flächner waren. Im Kurzbericht /1/ wird erwähnt, daß in einer Pariser Morgenzeitung zu lesen gewesen war, ein gewisser GIRARD im Städtischen Laboratorium habe mit demselben Erfolg die gleichen Untersuchungen angestellt. Da nähere Eigenschaftsbestimmungen der „Diamanten" fehlen und auch eine weitere Mitteilung unterblieben ist, dürfte es sich um einen Irrtum gehandelt haben /2/.

Literatur

/1/ Anonym, Bull. Soc. Chim. France /3/ 17 (1897) 388. - /2/ F. Krauß, Synthetische Edelsteine, Braunschweig 1929, S. 47.

BURTONs Diamanten

Am 19. August 1905 berichtete der Physiker C. V. BURTON aus Cambridge, es sei im gelungen, nicht nur Graphit, sondern auch Diamanten künstlich herzustellen: „A molten alloy of lead with about 1 per cent calcium appears to be capable of holding in solution some small proportion of carbon, which exists either as free carbon or as calcium carbide; and if the calcium is eliminated from the molten mass, some carbon crystallises out. Steam, for example, converts the calcium into hydrate without attacking the lead. If the reaction has occurred at a full red heat, graphite is found in the crust of lime; if only a very low red heat has been attached, no graphite is found, but a number of very small or microscopic crystals, which have many of the properties of the diamond ... The crystals obtained exhibit mostly faces of the octahedron modified by the cube and dodecahedron; in no case has any internal flaw or lack of perfect transparency been detected in them. The refractive index is clearly very high, and an attempt to determine it by displacement of focus gave 2.43 (instead of 2.47), any convexity of the refracting surface tending to give too low a value. The crystalline faces are, in fact, generally, if not always, convex, in many cases strongly so. The crystalls adhere tenaciously to clean, dry glass; they are unacted upon by ordinary acids (hot or cold), by cold hydrofluoric acid, and by fused alkali at a red heat. When strongly heated on platinum foil, they burn away, leaving no residue. The quantities at present available are too small for the ready determination of density or hardness."

BURTON gab weiter noch an, daß die Experimente negativ verliefen, wenn zur Herstellung der Legierung handelsübliches Kalziumkarbid verwendet wurde; Blei lasse sich durch Zinn ersetzten, doch sei das Zinnoxid bei der Freilegung der Kristalle recht hinderlich /1/.

Im Jahre 1985 versuchten F. SEBBA, N. SUGARMAN /2/ aus theoretischen Überlegungen heraus die Experimente BURTONs nachzuarbeiten, beklagten dabei zunächst aber zu Unrecht, daß außer den „Science Abstracts" keines der drei damals existierenden Referatorgane über die Veröffentlichung berichtet habe, daß weder die umfangreiche Literatur über die Diamantsynthese noch die mineralogische - mit einer Ausnahme die Versuche zur Kenntnis genommen hätten, und erhielten (bei offenbar zu hoher Zersetzungstemperatur nämlich 550 °C): „... a black powder in which were embedded many transparent crystals which scintillated with considerable fire in reflected light. They were at most a few micrometres in size ... (sc. black powder) which made it impossible to separate the tiny crystals for precise identification. The crystals had a high refractive index and the powder scratched glass. X-ray powder diffraction showed a strong peak at 0.208 nm which is the strongest peak for diamond, but only weak for graphite. Strangely, the strongest peak for graphite was absent, though two other peaks at 0.161 mm and 0.148 mm were still present. The strongest peak was an unidentified one at 0.251 mm. On the basis of this information, we cannot claim unequivocally that diamond was produced, but combined with the other properties, there is a strong presumption that diamonds were made and therefore, BURTON had synthesized diamonds in 1905, half a century before General Electric had made them in the stabe region of high temperature and pressure."

Literatur

/1/ C.V. Burton, Nature 72 (1905) 397. - /2/ Ein Referat der Notiz wurde jedoch gefunden in: Z. Krist. 43 (1907) 617, eine Kurzbeschreibung in dem großen Bericht über die Diamantsynthese von A. KÖNIG, Z. Elektrochem. 12 (1906) 440/4, 443) und dem von F. KRAUSS, Brennstoff-Chem. 5 (1924) 113/21, 118; und bei C. A. DOELTER, Handbuch der Mineralchemie, Bd. 1. Leipzig 1911, S. 44. Vgl. F. Sebba, N. Sugarman, Nature 316 (1985) 220.

Diamanten aus Silikatschmelzen: KARABACEK-Diamanten

Im Jahre 1933 erhielt HANS KARABACEK /1, 2/ ein Patent, nach dem aus einer mit Kohlenstoff gesättigten Silikat- oder Metallschmelze bei Anwesenheit einer Verbindung, die nascierenden Kohlenstoff abscheidet, und hohen Drücken, genauer Druckschwankungen, ausgesetzt wird, aus der Schmelze bei Kompression eine Ausscheidung von Kohlenstoff als Mischung von Graphit und Diamant erfolgt. Anschließend wird bei fallendem Druck ein Teil des Kohlenstoffs wieder gelöst, wobei aber ein Teil der Diamanten ungelöst bleibt und als Keim für die Diamantbildung bei wiederholtem Druckanstieg wirkt.

P. W. BRIDGMAN /3/ weiß in seiner großen Übersicht über die frühen angeblichen Diamant-Synthesen zu berichten, daß KARABACEK den nascierenden Kohlenstoff aus einem CO_2-CO-Gemisch bei hohen Drücken erhielt und die wechselnden Drücke durch Ausnützung der thermischen Expansion beim Erhitzen und Abkühlen beschaffte.

Außerdem berichtet er, daß der „amateur fancier of minerals, of which he had accumulated a most remarkable collection ... put these on the market towards the end of his life, and Havard University acquired a substantial part of them, along of some largish synthetic diamonds purportedly made according to his patent. For several years these diamonds were displayed in the Havard Museum in a case labelled ‚KARABACEK's synthetic diamonds'.

However, a member of the Harvard Society of Fellows, DAVID GRIGGS, with the scepticism of youth, obtained permission to make a spectroscopic examination of one of them, and found all the characteristic impurities of the Cape diamonds. The label and the exhibit disappeared from the Museum thereafter."

Schon früher ist mit Silikatschmelzen bei Versuchen zur Diamantsynthese gearbeitet worden: Im Jahre 1902 haben R. v. HASSLINGER, J. WOLF /4/ in künstlichen kieselsäurearmen Silikatgemischen von der Zusammensetzung des natürlichen Muttergesteins des Diamanten, die in einem Porzellanofen bei 1400°C geschmolzen, mit Kohlenstoff gesättigt und dann langsam abgekühlt wurden, nach Aufschluß mit NH_4F und H_2SO_4 neben Graphit wasserklare Diamanten gefunden. - Siehe dazu C. DOELTER /5/.

Im Jahre 1900 schmolz J. FRIEDLÄNDER /6/ Olivin (Mg, Fe)$_2$SiO$_4$ im Knallgasgebläse und rührte dabei mit einem Kohlestäbchen um, bis die Schmelze mit Kohlenstoff gesättigt war. Im abgekühlten Schmelzkuchen fanden sich kleine Diamanten. E. BAUER u.a. /7/ erhielten aus Mg-Silikatschmelzen, die mit Kohlenstoff beladen waren, jedoch nur Graphit.

Literatur

/1./ H. Karabacek, D.P 589 144 (1931/33) nach C.A. (1934) 1486. - /2/ M. Esterházy, G. Hevesy, H. Karabacek, H Schönfeldt, G. Wegener, F.P. 709 230 (1931) nach C.A. (1932) 1405. - /3/ P.W. Bridgman, Sci. Am. 193 Nr.5 (1955) 42/6, 45. - /4/ R. v. Hasslinger, J. Wolf, Sitz. Ber. Akad Wiss. Wien Math. Naturw. K1. 112 IIb (1903) 507/21; Monatsh. Chem. 24 (1903) 633/47: R. v. Hasslinger, Sitz. Ber. Akad. Wiss. Wien Math. Naturw. K1. 111 IIb (1902) 619/24: Monatsh. Chem. 23 (1902) 817/22. - /5/ C. Doelter, Naturwissenschaften 6 (1918) 285/90. - /6/ J. Friedländer, Z. Krist. 33 (1900) 490; Naturw. Rundschau 13 (1898) 279. - /7/ E. Baur, K. Sichling, E. Schenker, Z. Anorg. Allgem. Chem. 92 (1915) 313/28, 322.

Die PRANDTLschen Diamanten

Im April 1953 wurde H. J. RODEWALD /1/ von WILHELM ANTONIN ALEXANDER PRANDTL (1878 bis 1956), dem ehemaligen Vorstand des chemischen Laboratoriums der Bayerischen Akademie der Wissenschaften in München, ein vom letzteren hergestelltes Präparat übergeben, auf dem sich die handschriftliche Signatur „Künstliche Diamanten 1910" befand; es war seitdem zu Demonstrationszwecken in der Vorlesung verwendet worden. Bei der Übergabe meinte der Hersteller aber, es sei noch nicht erwiesen, ob es sich um wirkliche Diamanten handele. In der Vertiefung des überlassenen Objektträgers befanden sich, in Canadabalsam eingebettet, etwa 200 durchsichtige, zum größten Teil doppelbrechende Kriställchen. Die genauere Untersuchung ergab, daß die Dichte des überwiegenden Teiles der Kristalle kleiner als die des Methylenjodids (D=3,3) und Acetylentetrabromids (D=3,0) war und auch der Brechungsindex kleiner als der der beiden Flüssigkeiten. Ritzhärteprüfungen mußten wegen der Kleinheit und historischen Kostbarkeit des Materials unterbleiben. Kristallographische Begrenzungen ließen sich eindeutig nur an einem Exemplar feststellen, und zwar an einem vollkommen ausgebildeten Oktaeder von 0,1 mm Länge. Dieser wurde wegen seiner Form und fehlenden Doppelbrechung, vor allem aber wegen seines schnellen Absinkens in Methylenjodid und seines gegenüber dieser Flüssigkeit höheren Brechungsindexes anfänglich als Diamant angesprochen. Die zahlreichen langen Kristalle des Präparats gingen bereits in dem zur Isolierung benutzten Alkohol-Benzol-Salzsäure-Gemisch in Lösung. Es handelte sich dabei offensichtlich um Rückstände der von W. PRANDTL /2/ am Schluß des Aufbereitungsprozesses durchgeführten Bisulfatschmelze. Die röntgenographische Prüfung ergab bei Pulveraufnahmen des gesamten Präparates mit Sicherheit nur die Anwesenheit großer Quarzmengen, Drehkristallaufnahmen einzelner Kristalle erschlossen noch Korund und Hercynit (Ferrospinell) $FeOAl_2O_3$ nicht aber, was PRANDTL diagnostiziert hatte, Diamant und Carborund. Der oben erwähnte Oktaeder war kein Diamant, sondern ein Hercynit. Zur Kontrolle wurden anschließend sämtliche Kristalle erschöpfend in einem Platintiegel mit Flußsäure-Schwefelsäure-Salpetersäure-Gemisch, darauf mit geschmolzenem Natriumbisulfat behandelt, ohne dabei die Temperatur von 450 °C zu überschreiten. So blieben keinerlei säureunlösliche Rückstände zurück! Die künstlichen Diamanten PRANDTLs verdankten also ihre „Existenz" einer unvollständigen Aufbereitung des Versuchsmaterials /1/.

PRANDTL dürfte wohl die Kristalle nach seinem erst im Jahre 1913 veröffentlichten Verfahren /2/ erhalten haben. Er beschrieb hier eine Abänderung des MOISSANschen Verfahrens *(vgl. S. 204ff)* zu einem Vorlesungsversuch, wobei er ein käufliches Thermit-Gemisch mit Kokspulver vermengte und in einem Flußspatschacht so zur Zündung brachte, daß die Schmelze von selbst in den Behälter mit den Abschreckflüssigkeiten lief. Vorsichtig schrieb er nach den Angaben über die Isolierung der Kristalle aus der Schmelze: „Unter den wenigen darin (gemeint ist: Methylenchlorid) untersinkenden Teilchen, die man in einer späteren Vorlesung als mikroskopisches Präparat zeigen kann, können die Diamanten enthalten sein. Man beobachtet unter dem Mikroskop ein Gemenge zweier verschiedener Arten farbloser, zerfressener Krystalle, doppelbrechende, hexagonale Tafeln, die vermutlich aus Carborund bestehen, und einfachbrechende Krystalle, anscheinend Oktaeder. Das Krystallpulver ist sehr hart und ritzt Glas."

Literatur

/1/ H.J. Rodewald, Die „künstlichen Diamanten" von W.A.A. Prandtl in: Zur Genesis des Diamanten, Schaffhausen 1960, S. 32/8. - /2/ W.A.A. Prandtl, Ber. Deut. Chem. Ges. 46 (1913) 216/7.

Die Kristallform des Diamanten

In der Antike

Bei den antiken Schriftstellern, die über Edelsteine oder Minerale berichten, ist es, wie K. MIELEITNER /1/ mit Recht feststellt, auffällig, daß die Kristallformen fast ganz unbeachtet bleiben bis auf wenige, oft schwer übersetzbare Bemerkungen, obwohl schon den ältesten Mathematikern der Antike eine ganze Reihe von Polyedern bekannt war. Beim Diamanten speziell ist MIELEITNER auf Grund der knappen Schilderungen seiner Form sogar der Überzeugung, daß keiner der frühen Autoren je einen wirklichen Diamanten gesehen hat. Die Angabe des PLATON-Schülers THEOPHRAST von Eresus (ca. 371 bis 287 v. Chr.), der den Adamas in seinem Werk *De Lapidibus* (Über Steine) allerdings nur beiläufig erwähnt, indem er ihn mit dem im Feuer beständigen ἄνθραξ (anthrax) benannten Stein, wahrscheinlich dem Rubin, vergleicht /2/ und sagt, er sei ein Kristall und zwar sechseckig, griechisch ἑξάγωνος (hexagonos), bleibt unklar *(vgl. S. 53f)*. Darin kann man nach M. PINDER /3/ die Kristallisation des Rubins oder Diamants erkennen, deren Grundform das Oktaeder ist. Die Angaben des PLINIUS über den indischen Diamanten lauten ähnlich /4/: „ ... Jetzt kennt man vor allem sechs Arten: Die erste ist die indische, die nicht im Gold entsteht und einige Verwandtschaft zum Bergkristall besitzt, da sie sich nicht in ihrer durchscheinenden Farbe und durch den sechsspitzigen Aufbau ihrer glatten Flächen (von ihm) unterscheidet; sie ist jedoch, was uns umso mehr erstaunt, an zwei entgegengesetzten Seiten zugespitzt, wie wenn zwei Kegel an ihrer Grundfläche miteinander verbunden wären".

Wie bei dieser klaren Unterscheidung des indischen Diamanten gegen den Bergkristall - vor allem durch die Beschreibung einer Doppelpyramide - K. MIELEITNER /1/ und vor ihm schon G. ROSE, A. SADEBECK /16/ PLINIUS' Worte auf „Quarzpyramiden" beziehen wollen, muß unverständlich bleiben. Andere Forscher, etwa J.-B. ROME de L'ISLE, der berühmte französische Mineraloge /1/, oder C. W. KING /4/ sind fest davon überzeugt, daß PLINIUS den Diamanten richtig beschrieben hat.

Der von PLINIUS abhängige SOLINUS (3. Jh.) schrieb noch deutlicher: „Jetzt wollen wir wiedergeben, was es für Arten von Diamanten gibt und welche Farbe eine jede hat; der Beste wird in der Art wie der Bergkristall (d. h. kristallisiert) gefunden, dem Stoff, in dem er gefunden wird hinreichend ähnlich und mit sehr beweglichem Glanz (d. h. funkelnd), mit sechs Spitzen, ringsum aber leicht gekrümmt ..." /5/.

Im Mittelalter

In den sich mit dem Diamanten befassenden Schriften des Mittelalters wird, wie aus dem bisher Dargestellten ersichtlich ist, meist nur wiederholt, was man in den Werken von PLINIUS oder SOLINUS vorfand und gelegentlich mißverständlich wiedergab; es braucht daher hier nicht beachtet zu werden. Eigenes findet sich aber in der ersten, in deutscher Sprache verfaßten Naturgeschichte, die eine Übersetzung des Werkes von THOMAS von CANTIMPRÉ durch KONRAD von MEGENBERG (1307 bis 1374) darstellt und zu den beliebtesten und gelesendsten Schriften des 14. und 15 Jh. gehört und in den Jahren 1475 bis 1499 mindestens sechsmal aufgelegt wurde. Der

Verfasser machte sich einige Gedanken über die Gestalt der Edelsteine: „Nun sagt das lateinische Buch, daß die Steine ihre Gestalt in der Erde annehmen nach der Art der Stätte, an der sie wachsen und entstehen, und meint, sei der Ort rund, so werde auch der Stein rund, sei aber der Ort eckig, so werde der Stein auch eckig. Wahrlich mit Verlaub zu sagen, das kann sich so nicht verhalten, denn man findet Edelsteine, die einem Menschenbild oder einem Tierbild und Vogelbild gleichen, und doch sind die Orte, wo man sie findet, gar nicht so gestaltet. Auch findet man kleine runde Steine an großen eckigen Orten und eckige Steine an runden Orten. Darum sage ich, der MEGENBERGer, daß die Form der Steine und ihre Gestalt auf besonderen Kräften von Sternen beruht, die die Gewalt und Macht haben, die Form und die Mischung in den Feuchtigkeiten und in den Dünsten zu bewirken". Zur Begründung beruft sich KONRAD von MEGENBERG auf ARISTOTELES. Alle Form und Gestalt der Dinge in der Welt bestünden aus den vier Elementen, die ihrerseits ihre wirkenden Kräfte hätten, die sie am Himmel zeigten, wie ARISTOTELES sage in *De generatione et corruptione*, das heißt in dem Buch von der Geburt und dem Zerfall der Elemente. /6/.

BEI DEN ARABERN

Auch die arabische Literatur über den Diamanten ist weitgehend abhängig von den aus der Antike überlieferten Texten. Daher sind auch hier Angaben über wirkliche Beobachtungen kristallographischer Eigenschaften am Diamanten recht selten. So mag die Bemerkung bei AL-TĪFASĪ (gestorben 1253) in seinem *Steinbuch*, daß die durch Zerschlagen entstehenden Diamantstücke alle dreiseitig werden, auf der Beobachtung der Spaltbarkeit beruhen /7/. In dem Steinbuch aus der *Kosmographie* des AL-QAZWĪNĪ /11/ findet sich in ähnlicher Form die angeblich auf ARISTOTELES zurückgehende Bemerkung: „... und würde man ihn auch in tausend Stücke schlagen, sie werden alle dreiseitig". Das Wissen um die Spaltbarkeit des Diamanten ist die Ursache der „Blei-Legende", bei deren Beschreibung im *„Liber Sacerdotum"* einer Übersetzung aus dem Arabischen eines

sonst unbekannten JOHANNES des 12. oder 13. Jh. (das Verhältnis zur Schrift „Die Geheimnisse" des AL-RĀZĪ (RHAZES) bedarf weiterer Klärung), findet sich im Abschnitt über den Diamanten in dem nicht ganz einfach zu verstehenden Text der Satz: „ ... er ist nämich zerbrechlicher als Glas" /8/. AL-DIMAŠQĪ (1257 bis 1327) beschrieb in seiner *Kosmographie* im 2. Kapitel die Steine und Metalle; vom Diamanten sagt er darin, er habe eine dreieckige Form und schließe dreiseitige Ebenen ein. Der Berichterstatter, K. MIELEITNER, kommentierte - uns doch etwas erstaunen lassend - daß wenn der Autor diese Angabe nicht irgendwoher übernommen habe, dann hätten ihm offenbar Quarzkristalle vorgelegen, die wegen des fehlenden oder zurücktretenden Prismas nicht als solche erkennbar waren; im übrigen seien solche kristallographischen Angaben bei den Arabern äußerst selten, eine überraschende Beobachtung, weil sie sonst gute Mathematiker seien! /1/.

ZU BEGINN DER NEUZEIT

Bei dem als Begründer der Mineralogie geltenden Arzt GEORG AGRICOLA (1494 bis 1555) finden sich in seinem Hauptwerk *De Natura Fossilium* nach der Abhandlung des Bergkristalls folgende Angaben /9/: „Ja, aus einem Saft, nicht viel verschieden von dem, aus welchem der Bergkristall entsteht, aber durch die Kälte stärker verdichtet, entsteht der Adamas (Diamant), so benannt, weil er weder durch Eisen noch Feuer überwunden wird." Dann folgen auch hier, nur wenig verändert die Angaben des PLINIUS, dann fährt er fort: „Der Diamant unterscheidet sich nicht in der Farbe und nicht in der Glätte vom Bergkristall. Er ist nämlich sehr oft von weißer Farbe, entsteht mit sechsspitzigen Seiten und geht auf einer Seite in eine kegelförmige Spitze aus. Der indische ist jedoch bisweilen auf beiden Seiten (gleich), und es scheinen sich die beiden Kegel, so sagt PLINIUS, mit ihren breitesten Teilen zu verbinden. Auch er weist völlige Glätte auf." Wenig später sah er sich zu der Bemerkung veranlaßt: „Der sechsspitzige Diamant aber unterscheidet sich durch die Härte vom Bergkristall."

Einfacher schrieb im Jahre 1557 ENCELIUS /18/: „als feste Massen hängen sie am Gestein ... bisweilen in sechsspitziger Form wie der Diamant." Ihr französischer Zeitgenosse, der Geistliche und Anatomieprofessor FRANÇOIS RABELAIS (1494 bis 1553), ließ seine Romanfigur PANTAGRUEL auf „einen indischen Diamanten von der Größe einer ägyptischen Bohne, sechsspitzig und geradkantig, an beiden Enden in Feingold gefaßt" stoßen. Dies ist die einfache Beschreibung einer Doppelpyramide und die Angabe „geradkantig" läßt - vielleicht schon - auf eine einfache Schleifbearbeitung schließen /15/.

Wie unsicher in den damaligen Zeiten Kenntnisse über seltenere Dinge waren, zeigt ANDREAS CAESALPINUS /10/, der im Jahre 1596, Diamant und Bergkristall vergleichend, aber nicht sicher differenzieren könnend, recht Einmaliges schrieb: „Der indische Diamant entsteht nicht im Gold, sondern in einer gewissen Verwandtschaft zum Bergkristall; allerdings unterscheidet er sich nicht in der Farbe und in dem sechsflächigen Aufbau zu einer Spitze; manchmal, wenn sogar nach beiden Seiten zwei Spitzen miteinander verbunden sind, hat er die Größe eines Haselnußkerns. Aber daß er auf natürliche Weise zweiseitig gespitzt entsteht, glaube ich nicht, sondern daß er künstlich zusammengefügt wird."

Die richtige und in der Praxis offenbar auch benutzte richtige Bezeichnung der Kristallform des Diamanten, nämlich Oktaeder, scheint nach G. ROSE, A. SADEBECK /16/ erstmals JOHANNES KEPPLER (1571 bis 1630) schriftlich festgehalten zu haben: „Es sagen die Edelsteinhändler, bei den Diamanten werden natürliche Oktaeder vollkommenster und feinster Form gefunden." Ausführlicher und genauere Kenntnisse vorweisend schrieb wenige Jahre später JEAN de LAET /20/:

„Die natürliche Form oder Figur ist bei diesem Edelstein unterschiedlich, die eine nämlich ist sechsspitzig, beidseitig gebildet durch acht gleiche glatte Dreiecke; bisweilen so perfekt, daß sie durch Kunst entstanden erscheinen. Aber öfter sind sie an dieser oder jener Kante etwas gekrümmt und etwas gewölbt und weichen so von der genauen

Symmetrie ab. Die Ersteren, welche selten auftreten, werden von den Portugiesen Naiffes genannt. Diesen am nächsten kommen die, welche eine Art Tafel verschiedener Form und Dicke bilden; je mehr quadratisch und dicker sie sind, desto besser und begehrter sind sie und heißen Lasques. Die dritte Art ist rundlicher und vielgestaltig wie bei Mosaiksteinen, sie heißen Rebolutos oder nach ihrer Herkunft Malakker."

Sehr unsicher über die Kristallform des Diamanten schrieb im Jahre 1652 der Engländer THOMAS NICOLS in seinem *Lapidary*, in dem er gleich sieben Arten des Diamanten kennen will, zunächst über den indischen: „An Indian one, which hath some affinitie with Crystall. This is turbinated into an edge with a smoothnesse of six sides, and is sometimes found in the bignesse of a filberd; but this is not found growing in gold." Dann berichtet er von den anderen PLINIUSschen Arten und sagt dann weiter: „The seventh kind are either round or six-cornered ..."

Aus seinen Angaben für diese „Diamanten" geht deutlich hervor, daß es sich bei seinen Beschreibungen nur um falsche Steine gehandelt haben kann /12/. Eine klare Beschreibung der Kristallform des natürlichen Diamanten gab jedoch im Jahre 1672 ROBERT BOYLE (1627 bis 1691) in seinem *Essay about the Origin and Virtues of Gems*, wo er den echten Diamanten von dem so genannten Bristol diamond und dem Cornish diamond zu unterscheiden versucht /14/ *(vgl. S. 115, S. 163ff):*

„. whose shapes ... were yet fine and geometrical. And the like I have observed even in those hardest of bodies, diamonds themselves; of which remembering, that the surface of it consisted of several triangular planes which were not exactly flat, but had, as she, smaller triangles within them, that for the most part met at a point, and did so constitute, as it were, a very obtuse solid angle; encouraged by this, I examined other rough diamonds, and found the most of them to have angular and determined shapes, not unlike that newly mentioned. And having thereupon consulted an old jeweller that was also a traveller, though he could not name the shapes of cut diamonds he had met with; yet he told me he generally found them to be like that I -

*shewed him; insomuch, that such a shape was a
mark, by which he judged a stone to be a right
diamond, if he had not the oppotunity to examine
the hardness. "*

Erst recht spät und nur mit Hilfe der Beobachtungen zeitgenössischer Kollegen kann der berühmte schwedische Mineraloge JOHANN
GOTTSCHALK WALLERIUS (1709 bis 1785)
in seinem *Mineralsystem* /13/, immer noch
Vollständigkeit vermissen lassend, schreiben:

*„Der Diamant ist blättrig, ... a) oktaedrisch oder
doppelt vierseitig pyramidalisch. Von dieser Art
sind die schönsten und theuersten Diamanten, die
man gemeiniglich brillantirt, zuweilen aber auch
zu Tafelsteinen schleift. b) würflich. Er ist entweder vollkommen würflich oder kugelig aus glänzenden Würfeln zusammengesetzt, dergleichen
KUNDMANN in Rar. N. et A. p. 190 beschrieben hat. (ENGSTRÖM hat in seiner engl. Übersetzung von CRONSTEDTs Mineralogie ebenfalls eines solchen würflichen Diamants gedacht.
Herr WERNER in CRONST. S. 114 muthmaßt,
daß dieses nur ein doppelt sechsseitiger pyramidalischer Bergkristall mit drei großen Flächen jeder
Pyramide gewesen sey.) c) sechsseitig tafelartig, an
beiden Seiten mit einer dreiseitigen flachen Spitze.
(Vielleicht meint WALLERIUS hier die doppelt
dreiseitige Pyramide mit erhabenen Endflächen,
und an den Ecken der gemeinschaftlichen
Grundfläche mit 4 Flächen zugespitzt. Dieser
Kristall sieht, obenhin betrachtet, einer dreiseitigen Tafel ähnlich ...) d) in runden Körnern. Er
wird unter dem Sande gefunden. "* /13/.

Literatur

/1/ K. Mieleitner, Fortschr. Mineral. 7 (1922) 427/80, 435
Fußnote 2; 462. - /2/ Theophrastus von Eresus, De
Lapidibus, cap. III, 18 herausgegeben von D.E. Eichholz,
Oxford 1965, S. 62/3. - /3/ M. Pinder in: J.S. Ersch, J.G.
Gruber, Allgemeine Encyklopädie der Wissenschaften
und Künste, Erste Sektion, Bd. 24, Leipzig 1833, S. 455/7
Fußnote. - /4/ C.W. King, Antique Gems, Their Origin,
Uses and Value, London 1860, S. 67. - /5/ C. Iulius
Solinus, Collectanea Rerum Mobilium 52, hrsg. von
E. Mommsen, Berlin 1895, S. 193. /6/ Konrad von
Megenberg, Das Buch der Natur, Kap. 6 Vorrede, hrsg. v.
F. Pfeiffer, Stuttgart 1861, S. 427/8. - /7/ J. Ruska, in:
Festschrift Hermann Baas in Worms zum 70. Geburtstag,
Hamburg-Leipzig 1908, S.121/30, 125. - /8/ M.
Berthelot, La Chimie au Moyen Âge, Bd. 2, Paris 1893,
S. 215. - /9/ G. Agricola, De Natura Fossilium Libri X,
Buch 6 in: Opera, Basel 1558, S. 281. -
/10/ A. Caesalpinus, De Metallicis, Buch 2, Kap. 20,
Nürnberg 1602, S. 100/1 (Erstausgabe 1596). - /11/ J.
Ruska, Das Steinbuch aus der Kosmographie des Zakarija
ibn Muhammad ibn Mahmud al-Kazwini, Beilage zum
Jahresbericht 1895/96 der prov. Oberrealschule
Heidelberg, Kirchhain 1896, S. 34. - /12/ T. Nicols,
A Lapidary or the History of Pretious Stones, Cambridge
1652, S. 48/9. - /13/ F.G. Wallerius, Mineralsystem,
deutsch von N.G. Leske, Theil 1, Berlin 1781, S. 322/6
(lateinische Erstausgabe Stockholm 1772). -
/14/ R. Boyle, An Essay about the Origin and Virtues of
Gems (1672) in: The Works of the Honourable Robert
Boyle, Bd. 3, Neue Auflage, London 1722, S. 521/61,
518/9. - /15/ F. Rabelais, La Vie très horrificque du Grand
Gargantua, Père de Pantagruel, Le Cinquième et Dernier
Livre des Faits et Dicts du Bon Pantagruel, Chapitre
XXXVII in Oeuvre Complète, Édition Gallimard, Paris
1955, S. 861/3. - /16/ G. Rose, A. Sadebeck, Abhandl.
Berlin Akad. 1876, Phys. Math. Klass. S. 85/148, 87/91. -
/17/ J.-B. Rome de L'Isle, Crystallographie ou Description
des Formes Propre à Tous les Corps du Règne Minérale, 2.
Aufl., Tl. 2, Paris 1783, S. 189. - /18/ Encelius, De Re
Metallica Frankfurt 1557, S. 65. - /19/ J. Keppler,
C. Donavii Amphitheatr. Sapient. Socr. joco-seriae,
Hannov. 1619, p. 756 laut Lit. 16. - /20/ J. de Laet, De
Gemmis et Lapidibus, Lugduni 1642 1. L. p. 3 laut Lit. 16

Die Spaltbarkeit des Diamanten

Wie H. TERTSCH /5/ feststellt, spielt die Spaltbarkeit in der Geschichte der Mineralogie eine recht merkwürdige Rolle. Im Altertum und im Mittelalter blieb sie, einige wenige Beobachtungen deutscher Autoren ausgenommen, gänzlich unbeachtet, erst mit dem Beginn des 17. Jh. wird sie allenthalben angeführt und zur Grundlage erster Strukturvorstellungen gemacht, die ihre letzte und aufschlußreichste Auswirkung in den Raumgruppen fand. Beim Diamanten wird allerdings häufig die Meinung vertreten, es gäbe schon in der Antike und für das Alte Indien Hinweise auf die Kenntnis der Spaltbarkeit: „It seems to me“, schrieb beispielsweise S. TOLANSKY /10/ „that these myths (Bocksblut- und Hammer-Amboß-Legende) hide the fact that the secret of diamond cleavage was known to some and, in accordance with the practice of the times, was being covered up as a mystery art. That a diamond can be cleaved as under by a fairly leight blow on a blade set in the correct (cleavage) direction has been known for a long time. It has been conjectured that the technique was known in early times by the Indian lapidaries, also the evidence is uncertain. The technique was, it seems, familiar to THEOPHYLUS PRESBYTER, writing in the tenth century A.D. In early times the diamonds were used in their natural forms, or possibly cleaved. They were certainly not polished. Cleavage may well have been used to produce a more pleasing symmetry in a badly shaped natural diamond. It is an art which seems to have lost and rediscovered several times.“

Doch lassen sich diese Annahmen nicht beweisen. Die erste Angabe über die Spaltbarkeit des Diamanten überhaupt findet sich in eigenartiger Form im Hauptwerk der heiligen HILDEGARD von BINGEN (1098 bis 1179) unter einem überraschenden Stichwort /2/: „Der Stahl. Damit der Stahl stark ist, tauche ihn in Löwen- oder Bocksblut! Wenn der Diamant in Bocksblut getaucht wird, damit er vom Stahl geschnitten (richtig: gespalten) werden kann, so erhält der Stahl dort, wo er mit dem Bocksblut, in das jener getaucht wurde, in Berührung kommt, seine Stärke und schneidet den Diamanten.“

Ein wenig besser waren die Kenntnisse über den Diamantschliff am Hofe des deutschen Kaisers in Prag: Im Jahre 1609 überschrieb in seinem Buch *Gemmarum et Lapidum Historia* ANSELMUS BOETIUS de BOODT (etwa 1560 bis 1534) ein eigenes Kapitel *Quo pacto Adamas sculpitur* („Wie der Diamant bearbeitet wird“) und gab an /3/: „Auf welche Weise der Diamant bearbeitet wird. Der Diamant wird in verschiedener Form gespalten vorwiegend in quadratischer Form, das heißt, dann wird seine Oberfläche zu einer quadratischen Tafel geformt. Sobald aber der Diamant in eine solche Form gebracht wird, muß beachtet werden, daß zwei Seitenflächen eine obere Fläche formen und mit den Seitenflächen eine rechtwinkelige Hypothenuse bilden. Weiter, daß ein Teil der oberen Tafel länger sein muß als der andere, so nämlich entsteht die vollkommenste Form. Wenn hier noch stoffliche Reinheit hinzukommt und keine Farbtönung auftritt, so wird der Preis bei einem Gewicht von einem Karat meist auf 50 Dukaten geschätzt. ... Man pflegt Diamanten auch eine Pyramidenform auf quadratischer Basis zu geben, aber diese Form wird höher als die übrigen eingeschätzt, an Wertschätzung und an Preis muß sie der Tafel den Rang abgeben. Andere Formen wählt man meist nach der Form des ungeschliffenen Steines, um so wenig wie möglich an Gewicht zu verlieren.“

Den geschichteten Aufbau des Diamanten, auf dem die leichte Spaltbarkeit beruht, beschrieb /12/ im Jahre 1673 ROBERT BOYLE (1627 bis 1691) nach Beobachtungen an Halbedelsteinen folgendermaßen:

„And to try whether this observation would hold even in the hardest stones, I had recourse to a pretty big diamond unwrought, which being placed in a microscope, shewed me the commissures of the flakes I looked for, whose edges were not so exactly disposed into a plane, but that some of them were sensibly extant like little ridges, but broad at the top above the level of the rest. And these parallel flakes, together with their commissures, I could in a somewhat large diamond plainly enough discern, even with my unassisted eyes. And for further satisfaction, I went to a couple of persons, whereof the one was an eminent jeweller, and the other an artificer, whose trade was to cut and polish diamonds, and they both assured me upon their repeated and constant experience, and as a known thing in their art, that it was almost impossible (though not to break, yet) to split diamonds, or cleave them smoothly cross the grain, if I may so speak, but not very difficult to do it at one stroke with a steeled tool, when once they had found out from what part of the stone, and towards what part the splitting instrument was to be impelled; by which it is evident, that diamonds themselves have a grain, or a flaky contexture, not unlikely the fissility, as the schools call it, in wood; ... And I remember, that having, as I thought, observed in a rough diamond, which I purposely examined, that the flakes, whose edges were terminated in one plane, were far enough from being parallel to those, whose edges composed another plane (I speak of physical planes of the same stone) I imagined, that if this diamond were to be cleft, it would not be smoothly split into two pieces, because the commissures did probably make angles in the body of stone; and accordingly I learned of the ancientest of those diamondcutters, that sometimes he met with stones that eluded all his skill, and would by no means be split like others into two parts, but, before they were cleft quite through, would break in pieces; which was a defect in the stone he could not certainly foresee, but was fain to learn from the unwelcome event.“

Hundert Jahre vor BOYLE hat in barocker Form über die leichte Spaltbarkeit des Diamanten ANSELMUS BOETIUS de BOODT berichtet, wenn er in seinem Buch *Gemmarum et Lapidum Historia* erzählt: „Ich weiß um einen bekannten Arzt, der sich brüstet, ... er könne jeden beliebigen Diamanten mit den Fingernägeln, ohne ein anderes Instrument oder Hilfsmittel, als dem, was der menschliche Körper liefert, in Scheibchen wie Glimmer aufspalten.“/3/. Eine befriedigende Beschreibung des Spaltens und Zurichtens lieferte erst J. G. KRÜNITZ /1/ im Jahre 1776; sie ist außerdem interessant, weil sie recht genau die Formenentwicklung der geschliffenen Diamanten erkennen läßt:

„Was die Bearbeitung der Diamanten und ihre Zurichtung zum Gebrauch betrifft, so erfordert solche verschiedene künstliche Handgriffe. Ein roher Stein, wenn er Risse oder an einer Stelle Fehler hat, welche man ohne viel Mühe absondern will, oder wenn er eine Figur hat, welche sich zum Schleifen nicht wohl schickt, so wird ein stählernes, einem Messer oder Meißel ähnliches Instrument auf solchen gesetzt, und auf dasselbe mit einem Hammer geschlagen, damit der Diamant spalte, französ. ‚cliver un diamant‘. Er läßt sich jedoch nicht an allen Seiten spalten; daher diejenigen, die sich dieser Arbeit unterziehen, den innern Wachsthum desselben kennen müssen, damit sie wissen, in welchem Durchschnitt der Stein sich spalten läßt, und an welcher Stelle das Instrument aufgesetzt werden muß. Die hiesigen (deutschen) Künstler spalten selten einen Diamant, weil sie wenig mit rohen Steinen zu tun haben.“ Und weiter: *„Wenn ein Diamant geschliffen werden soll, so muß er zuvörderst seiner äußeren Rinde oder Unreinigkeit beraubt werden, welches die Franzosen ‚decouter‘ nennen. Es würde viel Zeit erfordern, den Stein bloß auf der Scheibe mit Diamantpulver zu bilden. Weit schneller reiben sich zwey Diamanten mit einander ab, und dies Abreiben, fr. ‚égriser‘, ist es, was die Künstler das Schneiden oder Beschneiden des Diamanten nennen, und wodurch sie ihm die erste Bildung der Faßetten geben. Nach der natürlichen Gestalt und nach den Adern muß der Diamantschneider, Diamantschleifer oder Brillantierer bestimmen, ob sich ein Stein zu einem Brillant, Rosenstein oder Tafelstein schickt. Einen Stein zu einem*

Brillant verwandelt er durch das Schneiden zu einem Dickstein, zu einer Rosette in einen halben Dickstein; dem Stein aber, woraus ein Tafelstein entstehen soll, giebt das Schneiden schon seine bestimmten Flächen. Er kittet den Stein, den er beschneiden will, auf einen Kittstock, mit weißem Pech und Ziegelmehl, und lehnet den Kittstock an ein Stift, daß der Stein über der Schneidebüchse schwebt. Hierauf nimmt er einen andern Stein an einem Kittstock, lehnt ihn an das zweyte Stift und reibet hiermit den ersten Stein. Der Diamant, der beschnitten wird, heißt in Sprache des Künstlers flach, der aber welcher beschneidet, scharf. Der Künstler muß oft einen Diamant mit 4 bis 6 andern Diamanten beschneiden, ehe er ihn gehörig abgerieben hat. Allein, er hat hierbey den Vortheil, daß sich der scharfe Diamant schon in etwas bildet; denn er lenkt ihn beym Beschneiden so, daß schon die Anlage seiner Flächen oder Faßetten entsteht. Er muß aber hierbei gleichfalls sein Augenmerk auf die Adern beyder Steine richten; vernachläßigt er dies, so läßt sich der Stein nicht nur schwer schneiden, sondern der Diamant reißt auch beym Schleifen in die Scheibe Löcher. Man siehet das ohne mein Erinnern, daß der Künstler den Kitt am Feuer warm machen, und den Stein auf dem Kittstock umdrehen muß, wenn er ihn an allen Seiten beschneiden will.“

Bei J. G. KRÜNITZ /1/ findet sich folgende Beobachung, die beim Spalten des Diamanten gemacht worden ist:

„Einige Steinschneider, welches auch TAVER-NIER bestätigt hat, halten dafür, daß die Diamanten eine Feuchtigkeit bey sich hätten. Sie wollen solches daher behaupten, weil sich, bey dem Spalten derselben, auf der gespaltenen Oberfläche eine Feuchtigkeit wahrnehmen lasse, welche man sichtlich abtrocknen könne. Es ist aber diese Feuchtigkeit nichts anderes, als das sogenannte Anlaufen oder Beschlagen, welches alle harte und glatte Körper betrifft, die aus der kältern in eine wärmere und besonders feuchte Luft gebracht werden. Es muß also eine solche glatte Oberfläche, welche plötzlich die äußere Luft berührt, nothwendig etwas anlaufen, wenn der Stein nur ein wenig kälter als die Luft ist. Man kann diese Erscheinung, unter angeführten Umständen, auch bey andern harten und glatten Steinen, auch selbst

in einer warmen feuchten Luft wahrnehmen. Werden aber die Steine zuvor gewärmt, so erfolgt solches Anlaufen nicht.“

Noch der berühmte schwedische Mineraloge JOHANN GOTTSCHALK WALLERIUS (1709 bis 1785) beschreibt den Diamanten als „blättrig“ /4/. Die Darstellung von der Vorstellung der Spaltbarkeit, die S. TOLANSKY /10/ gab *(siehe oben)*, ist durch das bereits Gesagte widerlegt. Tolansky läßt vermuten, es sei diese Eigenschaft des Diamanten durch den Bericht über die Indienreise des französischen Juweliers JEAN-BAPTISTE TAVERNIER (1605 bis 1689) bekannt geworden /13/: „Obschon der Diamant von Natur hart ist, nämlich wie die Aeste oder Knoten so in dem Holtz gefunden werden, underlassen doch die Indianischen Diamantschneider nicht den Stein zu zertheilen, da doch unsere Steinschneider in Europa grosse Schwärigkeit fürwenden, solches zu thun, und wie es oft zu geschehen pflegt, wollen sie sich dessen garnicht understehen, wiewol man den Indianern etwas mehr für jhre Arbeit gibet“. In Europa sei diese Kunst erstmals von ROBERT BOYLE bei einem Juwelier beobachtet und beschrieben worden. TOLANSKY fährt fort, dann sei sie in Vergessenheit geraten und erst von W. H. WOLLASTON (1766 bis 1838) im Jahre 1814 wiederentdeckt worden. Dazu will M. BAUER /11/ ergänzend wissen, der große englische Physiker habe Diamanten mit äußeren Fehlern gekauft, die fehlerhaften Stellen durch Spaltung entfernt und dann die Steine mit großem Nutzen verkauft. Auch die Spaltbarkeit des Diamanten gab Veranlassung zur Legenden-bildung /10/:

„Myths about cleavage have also been exploited for gain by the unscrupulous in recent times, again amongst credulous diggers. Quite often diamonds are dug up which are overall clear, except in some local corner or region where they are cloudy or smoky, due to inclusion. Dealers deliberately fostered the story that smoky areas quickly lead to a cleavage shatter and fracture when such a stone cools down! This is in fact not the case and the purpose of the story was to force down the price to be paid to the digger. A crafty digger on finding such a stone with a smoky corner either kept it

warm in his mouth, or buried it in a potato, and rushed it off to the dealer. If the dealer spotted the flow, the game was up. If not, the digger having obtained his price, beat a rapid retreat, in the firm belief that the stone might explode at any moment. Despite the handling of many millions of diamonds by the big production companies no single diamond explosion has ever been recorded, so in fact the myth itself is exploded!"

J. G. KRÜNITZ /1/ weiß ergänzend zu berichten:

„Ist ein Diamant so groß und ungleich, daß er mit gedachtem Instrument nicht vortheilhaft gespalten werden kann, so wird er durchgeschniten oder durchgesäget. Man nimmt hierzu Diamantpulver und feuchtet es mit gutem Brandwein oder scharfem Weinessig an. Wenn der Stein wohl befestigt worden, wird ein gespannter eiserner Draht mit gedachtem angefeuchteten Pulver wohl bestrichen und über den Ort, wo der Stein durchschnitten werden soll hin und her gezogen. Weil der Draht sehr fein seyn muß, ist man genöthigt, sehr oft ein anderes Ende zu nehmen, weil er sich durchschleift, wenn er vier- oder fünfmal über den Stein gezogen ist. Hr. v. BLANCOURT behauptet, daß man an einem Diamant, welcher 20 Karat schwer ist, 2 Monathe zu schneiden habe, und 20 Karat Diamantpulver dazu verbraucht. "

Wann, wo und von wem dieses uralte Verfahren erstmals auf den Diamanten angewendet wurde, konnte nicht festgestellt werden.

Literatur

/1/ J.G. Krünitz, Oeconomische Encyclopädie oder allgemeines System der Land- Haus- und Staats-Wirthschaft, Bd, 9, Berlin 1776, S. 175/222, 193; 196/7 - /2/ Hildegard von Bingen, Causae et Curae. Heilwissen. von den Ursachen und der Behandlung von Krankheiten, 4. Buch, deutsch von M. Paulik, Freiburg-Basel-Wien 1991, S. 260. - /3/ A. Boetius de Boodt, Gemmarum et Lapidum Historia, Buch 2, Kap. 6, Hanau 1609, S. 69. - /4/ J.G. Wallerius, Mineralsystem, deutsch von N.G. Leske, Theil 1, XVIII Gattung Edelsteine, Diamant, Berlin 1781, S.232. - /5/ H. Tertsch, Das Geheimnis der Kristallwelt, Wien 1947, S. 211. - /10/ S. Tolansky, J. Roy. Soc. Arts 109 (1961) 743/66, 746/7. - /11/ M. Bauer, Edelsteinkunde, 2. Aufl., Leipzig 1909, S. 307. - /12/ R. Boyle, An Essay about the Origin and Virtues of Gems (1672) in: The Works of the Honourable Robert Boyle, Bd. 3, Neue Auflage, London 1772, S. 521/61, 522/3. - /13/ J.B. Tavernier, Beschreibung der Sechs Reisen, welche Johan Baptista Tavernier, Ritter und Freyherr von Aubonne, In Türckey, Persien und Indien verrichtet, Anderer Theil, darinnen Indien und die Benachbarten Inseln beschrieben werden, in der Hoch-Teutschen Sprach ans Liecht gestellt durch Johann Herman Widerhold, Genff 1,681, S. 338.

Die Härte des

Diamanten

In der Antike

Kein Autor, der sich mit dem Diamanten befaßt, kann es unterlassen, über seine Härte zu schreiben, wenn das auch nicht immer so ausführlich geschieht, wie etwa in den spätantiken indischen Steinbüchern, so in dem *Ratnapariksa 49* des BUDDHABHATTA: „Der Diamant ritzt selbst den Rubin. Der Diamant ritzt alles, wird aber durch nichts geritzt", und im Buch *Agastimata 77*: „Alle Metalle und alle Edelsteine werden vom Diamanten geritzt, der Diamant aber keineswegs durch sie." /9/. Die Angabepflicht der Härte gilt auch für die Literatur der Antike, doch ist nirgendwo die Rede von einer Vergleichsskala, wie sie etwa die MOHSsche Skala (*siehe Abb. 4, S. 33*) darstellt /15/. Als allgemeine Vorstellung der Antike für die Begründung der Härte des Diamanten ist nach E. O. v. LIPPMANN /6/ schon von dem Philosophen SENECA (1. Jh. n. Chr.) und dem „Mechaniker" HERON von ALEXANDRIA (1. Jh. n. Chr.) das Freisein von „Leerem" („Poren") angegeben worden. Der Letztgenannte schrieb in seinem Werk *Pneumatica et Automatica* einen Abschnitt über das Leere, der wahrscheinlich /7/ aus verlorenen Werken des Peripatetikers STRATON von LAMPSAKOS (4./3. Jh. v. Chr.) übernommen worden ist: „Die Annahme, daß in Wirklichkeit an sich eine natürliche kontinuierliche Leere bestehe, ist also nicht berechtigt, vielmehr ist die Leere in kleinen Teilchen in der Luft, dem Wasser und den übrigen Körpern verteilt, falls man nicht allein dem Diamant einen Anteil an der Natur des Leeren absprechen will, weil er sich weder glühend machen noch zerbrechen läßt, sondern beim Hämmern in Hammer und Amboß sich völlig eindrückt. Diese Eigenschaft verdankt er seiner zusammenhängenden Dichtigkeit, denn die Körper des Feuers haben einen größeren Umfang als die Leeren des Steines und dringen daher nicht ein, sondern berühren bloß die äußere Oberfläche." /7/.

Im Mittelalter

Im 8. Jh. schrieb KOSMAS von JERUSALEM über den Diamanten folgendes: „Der Stein Adamas ist, wie aus seiner Benennung offenbar wird, seiner Natur nach unbezwingbar und hart; mit dem alf-überwindenden Eisen geschlagen, schlägt er eher dieses zu Schaden; und der Adamas durchbohrt auch (die Körper) wie Wachs; im Gegensatz dazu wird er durch das Blei bezwungen, er wird zerschmettert, sobald er mit ihm geschlagen wird." /2/.

Einige Jahrhunderte später versucht HILDE-GARD von BINGEN (1098 bis 1179) die Härte des Diamanten in dem Steinbuch genannten Teil ihrer medizinischen Schriften mit der Herkunft aus einem Gestein zu begründen, das sie als ähnlich dem Schiefer bezeichnet und charakterisiert sie so: „Der Diamant aber ist von solcher Härte, daß ihm keine andere Härte etwas anhaben kann; deshalb greift er sogar Eisen an und ritzt es. Weil weder Eisen noch Stahl seine Härte ritzen können, macht er, in Stahl eingelegt, diesen so hart, daß er keinem anderen Eisen oder Stahl nachgibt, und auch nicht bricht, wenn er diesen durchschneidet." /10/.

Zu Beginn der Neuzeit

Zu Beginn der Neuzeit weiß GEORG AGRICOLA (1494 bis 1555) in seinem Hauptwerk, wie die meisten mittelalterlichen Schreiber, nicht mehr als die Angaben des PLINIUS zu wiederholen /14/. Aber wenig später, im Jahre 1577 begründete der

Italiener ANDREA BACCI /11/ die Härte des
Diamanten mit seiner Trockenheit und bezog sich
dabei auf SERAPION (d.i. IBN SARĀBIYŪN);
als Einstufung gab er die vierte Stufe der Trockenheit und Kälte an. Ihm ist auch bekannt, daß der
Stein nur durch seinen eigenen „Staub" angegriffen
und poliert werden kann; darum, so werde berichtet, könnten Stoßwaffen, die mit diesem „Staub"
eingeschmiert sind, alle Schutzwaffen leicht durchdringen; überraschend ist die Begründung, die er
dafür gibt: „Es wird nämlich durch den Stoß das
Eisen oder der Stahl glühend und dringt so in das
entgegenstehende Eisen ein."

Im Jahre 1609 gab ANSELMUS BOETIUS de
BOODT /3/ in seinem Buch *Gemmarum et
Lapidum Historia* („Geschichte der Gemmen und
Edelsteine") seine Gedanken über die Härte der
Steine bekannt /4 /:

*„Die Härte oder Weichheit der Steine kommt teils aus
ihrer Substanz, teils aus den ,ersten Qualitäten' her,
die in ihr wirksam sind. Wenn nämlich die Substanz
gut vereinigt ist und viel Erde, aber wenig Salz enthält, und wenn die Anteile an Wasser und Luft sehr
gut durch die Wärme oder Kälte herausgelockt oder
herausgedrückt sind, dann wird ein harter Stein oder
Edelstein entstehen, und zwar ein umso härterer, je
durchscheinender und durchsichtiger er ist. Denn die
Durchsichtigkeit ist ein Zeichen dafür, daß die
Substanz aufs beste vereinigt oder zusammengefügt
ist. Aus diesem Grund ist der Diamant der härteste
aller Edelsteine, da er nämlich eine so gut vereinigte
Substanz besitzt, daß er durchsichtig ist. Weiter
gelangte wenig Salz in seine Komposition, so daß der
Hauptbestandteil seiner Substanz Erde ist."*

Ähnliche Vorstellungen finden sich noch bei P. J.
MARIETTE /13/ im Jahre 1750, der als Grund
für die Härte des Diamanten angibt: „... Jeder weiß,
daß dies das kompakteste, und folglich das härteste
aller Produkte der Natur ist."

Im *Steinbuch* des ARISTOTELES aus der Mitte
des 9. Jh. wird von der Härte des Steins Diamant
ausgesagt: „Er besitzt zwei besondere Eigenschaften. Die eine davon ist, daß er mit keinem natürlichen Körper zusammengebracht werden kann,
ohne ihn zu zerdrücken oder zu zerbrechen; wenn
er auf einen Körper getan wird, spaltet er ihn, und
..." So heißt es in einem arabischen Kodex aus

Paris, eine andere Handschrift überliefert: „Wenn
die Steine der Erde mit ihm in Berührung kommen, so brechen sie in Stücke" /5/. Das Steinbuch
aus der *Kosmographie* des AL-QAZWĪNĪ /12/
zitiert dies folgendermaßen: „Was auch von Steinen
mit ihm in Berührung gebracht wird, das zerstückelt und zerbricht er, mit Ausnahme des
Schwarzbleis."

Beobachtungen unterschiedlicher Härte unter den
Diamanten, die schon bei den frühesten Be-
arbeitungsversuchen hätten bemerkt werden können, wurden erst spät schriftlich festgehalten: Im
Jahre 1723 ist es dem Venetianer A. CORNARO
/1/ feststehend, daß Diamanten trüben „Wassers"
und mit Flecken härter sind als die klaren Steine,
auch nimmt er an, daß dies schon den Römern
bekannt gewesen sei.

Literatur

/1/ A. Cornaro, Mercure de France 4 (1723) 925/7;
Nachdruck Genf 1968, S. 243/4. - /2/ Kosmas
Hieropolitanus, Commentarium de Physicis Rebus, quas iux-
ta Ordinem in Carminibus suis tractavit Divus Gregorius,
584 in: J.-P. Migne, Patrologiae Cursus Completus, Series
Graeca, Bd. 38, Paris 1858, S. 643. - /3/ J. Ruska, Festschrift
Hermann Baas in Worms zum 70. Geburtstag, Hamburg
1908, S. 121/30, 120 Fußnote 5. - /4/ A. Boetius de Boodt,
Gemmarum et lapidum Historia, Buch 1, Kap. 16, Hanau
1609, S. 27. - /5/ J. Ruska, Das Steinbuch des Aristoteles,
Heidelberg 1912, S. 43/6, 120. - /6/ E.O. v. Lippmann,
Beiträge zur Geschichte der Naturwissenschaften und der
Technik, Berlin 1923, S. 213 Fußnote 5. - /7/ Heron von
Alexandria, Pneumatica et automatica, Buch 1, hrsg. von
W. Schmidt, Leipzig 1898, S. 6/7. - /8/ J. R. Partington,
A History of Chemistry, Bd. 1, Tl. 1, S. 208. - /9/ L. Finot,
Les Lapidaires Indiens, Bibliothèque de l'École des Hautes
Études, Bd. 111, Paris 1896, S. 13, 90. - /10/ Hildegard von
Bingen, Das Buch von den Steinen, deutsch von P. Riethe,
Salzburg 1979, S. 64. - /11/ A. Bacci, De Gemmis ac
Lapidibus Pretiosis eorumque Viribus et Usu Tractatus, ins
Latein übersetzt von W. Gabelschover, Frankfurt am Main
1603, S. 112 (Erstausgabe Rom 1577). - /12/ J. Ruska, Das
Steinbuch aus der Kosmographie des Zakarija ibn
Muhammad ibn Mahmud al-Qazwini, Beilage zum
Jahresbericht 1895/96 der prov. Oberrealschule Heidelberg,
Kirchhain 1896, S. 1/44, 34. - /13/ P.J. Mariette, Traité des
Pierres Précieuses, Bd. 1, Paris 1750, S. 154. -
/14/ G. Agricola, De Ortu et Causis Subterraneorum
Librium Buch 3, in: Opera, Basel 1558, S. 59, - /15/ U.T.
Holmes, Speculum 9 (1934) 195/204, 196 Fußnote 3.

Die Entstehung des Diamanten

Im Alten Indien bestand, wie die sanskritischen Steinbücher, zum Beispiel das *Ratnapariksa* des BUDDHABHATTA aus dem 6. Jh. n. Chr., zeigen, über die Entstehung der Edelsteine der Glaube, sie seien beim Auftreffen der Gliedmaßen des Gottes ASURA BALA auf die Erde bei seiner Selbstopferung entstanden *(vgl. S. 44).* Dabei sei der Diamant als erster gebildet worden; die gleichen Vorstellungen finden sich in einem wohl etwas jüngeren Steinbuch eines unbekannten Verfassers mit dem Titel *Agastimata* /8/. Die Ansichten der antiken Welt über die Enstehung der Metalle und Edelsteine, damit auch des Diamanten, charakterisierte M. PINDER /3/ in einem großen Lexikon so: „Keine Aussage bei den antiken Schriftstellern findet sich häufiger als die Behauptung, daß Steine und Metalle in kurzer Zeit geboren werden und wachsen; daß dies der Wahrheit entspreche, konnten sie ja gelegentlich beobachten und kamen so zu einer falschen Verallgemeinerung; sie glaubten aber auch im Anschluß an THEOPHRAST von ERESUS /4/: ‚Die wunderbarste und größte Kraft ist, wenn es nämlich wahr ist, die der zeugenden (Steine).'"

Von den mittelalterlichen Schriftstellern wurden diese Gedanken ebenfalls meist übernommen, doch finden sich mancherlei Varianten, so in dem medizinischen Werk der HILDEGARD von BINGEN (1098 bis 1179), das unabhängig von der Literatur ihrer Zeit nur mündlich Tradiertes festhält; so stehen im sogenannten *Steinbuch* über die Entstehung des Diamanten folgende Sätze: „ ... er entsteht auf besonderen Bergen in südlichen Gegenden, die von derselben Art sind wie die Berge, von denen die Steinschindeln gewonnen werden, mit denen man die Häuser deckt. ... Und weil, was dort entsteht stark und hart ist, obwohl es nicht groß wird, spaltet sich die ‚leya' (Gesteinsschicht) dieses Berges oberhalb und unterhalb von ihm, und so fällt es ins Wasser wie ein ‚kisele' (Kiesel) und hat auch die Größe eines Kiesels. Aber was dann an derselben Stelle eben dieser ‚leyen' entsteht, ist ein schwächerer Diamant als der erste. Wenn dann ein Hochwasser kommt, nimmt es den Stein in andere Gegenden mit" /9/.

In der ersten Naturgeschichte in deutscher Sprache, dem Buch der Natur des KONRAD von MEGENBERG (1307 bis 1374), beginnt das VI. Kapitel „Von den edeln stainen" gleich mit: „Es ist eine Frage, wie die Edelsteine in den Erdadern wachsen. Dazu antwortet man nach den Schriften der Meister über die Natur und die Meister sagen, daß die Steine in der Erde wachsen aus dem Erdendunst und aus der Feuchtigkeit, die in den Erdadern und in ihren Höhlungen eingeschlossen ist, da in den Dünsten und in der Feuchte die vier Elemente gemischt sind, Feuer, Luft, Wasser und Erde, mal mehr und mal minder, und danach, wie die Mischung unterschiedlich ist, entstehen auch unterschiedliche Steine." /1/.

Anders sind die Vorstellungen, die sich in dem angeblichen Reisebericht des englischen Ritters JOHN MANDEVILLE, geschrieben in den Jahren 1357/72, finden. Danach entsteht der indische Diamant in: „so cold a country that for great cold and continual frost the water congeals into crystal. And upon the rock of crystal grow good diamonds that are of the color of crystal, but they are more dim coloured then crystal and brown as oil ..."/15/.

Daß derartige Gedanken noch zu Beginn der Neuzeit Vertreter fanden, berichtete der bereits mehrfach zitierte M. PINDER in seiner großen Untersuchung über den Diamanten: „Lächerliche

Fabeln werden nicht nur im sogenannten Mittelalter, sondern auch in den jüngsten Zeiten darüber angefügt. So schrieb FRANCISCUS RUEUS (*De Gemmis*, L.i., Zürich 1566, fol.4r), ein Diamant bringt den anderen hervor: „es habe nämlich die ‚Domina Heverensis‘ aus dem edeln Geschlecht der Luxemburger zwei Diamanten ererbt, die häufig andere hervorbringen sollen, so daß, wenn einer sie nach festgesetzten Zeiten betrachte, er urteilen müsse, daß ein ebenbürtiges Kind heimlich enstanden sei. Auch das ist nicht wahr, was KIRCHER, BOETIUS de BOODT und andere geschrieben haben …“

Die Meinung eines der von PINDER verurteilten Autoren, des ATHANASIUS KIRCHER SJ /16/ soll hier noch kurz referiert werden. In einem Kapitel über die Entstehung der Diamanten schrieb er, daß die Diamanten in Indien in Hohlräumen der Berge aus reinstem Salz („spiritus salis purissimi“) entstünden, das sich mit vorhandener Flüssigkeit verbinde. Nach Ablauf von zwei Jahren enstünden die Diamanten in bereits ausgeräumten Gestein neu. Doch wurden zur gleichen Zeit auch andere Meinungen laut. So schrieb auch GEORG AGRICOLA /6/ über die Entstehung des Diamanten. In seinem Buch *De Natura Fossilium* sagt er, daß der Diamant aus einer ähnlichen Substanz („sucus“) wie der Bergkristall entstehe, aber durch die Kälte stärker verdichtet sei. Und ähnlich meint er in seinem Werk *De Ortu et Causis Subterraneorum*, daß die durchsichtigen Steine aus klaren und durchsichtigen Säften entstünden. Der Bergkristall sei der klarste Stein, weil er aus der klarsten Substanz entstehe. Der Adamas hingegen sei dunkler /13/.

Ähnliches schrieb der zu den Neuerern gehörende ULISSE ALDROVANDI (1522 bis 1601) in dem erst nach seinem Tode veröffentlichten *Musaeum Metallicum* /2/ über die Entstehung des Diamanten, wobei er ältere Ansichten als überholt kennzeichnet. Auch er meint, daß Diamanten aus derselben Substanz wie Bergkristall entstünden und nach zwei Jahren in ausgebeuteten Gruben wieder zu finden seien.

Wenig später berichtete in seiner *Meißnischen Bergk Chronica* der Deutsche PETRUS ALBINUS /7/: „RUEUS schreibe ‚von zweyen Demanten, welche andre zu gewissen zeiten und offten aus sich generirten, welches weil es sehr wunderbarlich, ich allhie auch mit zweyen worten, ob es gleich anhero nicht gehörig, gedencke wollen‘.“

Die Geschichte des RUEUS scheint sehr verbreitet gewesen zu sein, denn im Jahre 1661 lehnte sie sogar der leichtgläubige R. de BERQUEN /10/ ab. Doch ganz allgemein gegen derartiges Wachstum von Mineralien sprach sich erst JOHANN FRIEDRICH HENKEL (1624 bis 1744), Arzt und Bergrat in Freiberg, in seiner berühmten *Pyritologia oder Kieshistorie* aus /12/.

Ganz anders sieht die Entstehung der Edelsteine für ROBERT BOYLE (1627 bis 1691) aus, der sich im Jahre 1673 in *An Essay about the Origin and Virtues of Gems* über die Entstehung der Edelsteine Gedanken gemacht hat /14/; für ihn ist das Zusammenwirken mehrerer, ihrer Natur nach verschiedener Flüssigkeiten der Grund für das Werden der Steine, er faßte zusammen:

„Lately, I consider, that the petrific juice of spirit coming to be in a sufficient proportion mingled with these impregnated water, so as to coagulate them, and concoagulate with them; from their coagulation may result those precious stones, that we call transparent gems. For it is certain, that bodies, that were a while before in form of waters, may coagulate into stony stiriae, of whose odorousness and reducibleness into lime, I have already given an account in my discourses of lapidescent juices; of which you may command a sight. And that even diamonds themselves, the hardest of gems, were once fluid substances … And now to bring home these things to my present subject, I conceive, that some, at least, of the real virtues of diverse gems may be derived from this, that whilst they were in a fluid form, or, at least, not yet hardened, the petrescent substance was mingled with some mineral solution or tincture, or with some other impregnated liquor; and that these were afterwards concoagulated, or united and hardened into one gem, at a diamond, a sapphir, a granate, an onyx, a blood-stone etc. And as divers of the virtues of gems may be, in a general way, deduced from the commixture of these mineral corpuscles; so the greatness of these virtues, and the variety of those properties, in peculiar, may be ascribed to the

peculiar nature of the impregnating liquors, to the diversity of them, and to the greater and lesser proportions wherein they are mixed with the petrescent juice."

Noch im 19. Jh. sind Flüssigkeiten zur Bildung des Diamanten notwendig: Die damals meist vertretene Meinung über die Bildung des Diamanten formulierte JUSTUS v. LIEBIG (1803 bis 1873) in der 5. Auflage seines berühmten Werkes *Die Chemie in ihrer Anwendung auf Agricultur und Physiologie* folgendermaßen /11/:

„Denken wir uns die Verwesung in einer Flüssigkeit vor sich gehen, welche reich ist an Kohlenstoff und Wasserstoff, so wird, ähnlich wie bei der Erzeugung der kohlenreichsten, krystallinischen Substanz, des farblosen Naphthalins aus gasförmigen Kohlenwasserstoffverbindungen eine an Kohlenstoff stets reichere Verbindung gebildet werden, aus der sich zuletzt als Endresultat ihrer Verwesung Kohlenstoff in Substanz und zwar krystallinisch abscheiden muß. Die Wissenschaft bietet in allen Erfahrungen, die man kennt, außerdem Processe der Verwesung, keine Analogien für die Bildung und Entstehung des Diamants dar. Man weiß gewiß, daß er seine Entstehung nicht dem Feuer verdankt, denn hohe Temperatur und Gegenwart von Sauerstoff sind mit seiner Verbrennlichkeit nicht vereinbar; man hat im Gegentheil überzeugende Gründe, daß er auf nassem Wege, daß er in einer Flüssigkeit sich gebildet hat, und der Verwesungsproceß allein giebt eine bis zu einem gewissen Grade befriedigende Vorstellung über seine Entstehungsweise."

Literatur

/1/ Konrad von Megenberg, Das Buch der Natur, hrsg. von F. Pfeiffer, Stuttgart 1861, S. 427. - /2/ U. Aldrovandi, Musaeum Metallicum, Buch 4, Kap. 78, Bologna 1648, S. 946. - /3/ M. Pinder in: J.S. Ersch, J.G. Gruber, Allgemeine Encyklopädie der Wissenschaften und Künste, 1, Section 2, 24. Bd., Leipzig 1838, S. 456. - /4/ Theophrast von Eresus, De Lapidibus, cap. III, 19, hrsg. von D.E. Eichholz, Oxford 1965, S. 62/3. - /5/ M. Pinder, De Adamante Commentatio Antiquaria, Berlin 1829, S. 6/6 Fußnote. - /6/ G. Agricola, De Natura Fossilium Libri X, Buch 6 in: Opera, Basel 1558, S. 280. - /7/ P. Albinus, Meißnische Bergk Chronica, XVIII, Tittel, Dresden 1590, S. 143. - /8/ L. Finot, Les Lapidaires Indiens, Paris 1896, S. 5; 80. - /9/ Hildegard von Bingen, Das Buch von den Steinen, deutsch von P. Riethe, Salzburg 1979, S. 64. - /10/ R. de Berquen, Les Merveilles des Indes Orientales et Occidentales ou Nouveau Traité des Pierres Précieuses et des Perles, Paris 1661, S. 15. - /11/ J. v. Liebig, Die Chemie in ihrer Anwendung auf Agricultur und Physiologie, 5. Aufl., Braunschweig 1843, S. 441/2. - /12/ J.F. Henkel, Pyritologia oder Kieshistorie, Neue verbesserte Ausgabe, Leipzig 1754, S. 277; 350/1. - /13/ G. Agricola, De Ortu et Causis Subterraneorum Libri V, Buch 3, in: Opera, Basel 1558, S. 56. - /14/ R. Boyle, An Essay about the Origin and Virtues of Gems (1672) in: The Works of the Honourable Robert Boyle, Bd. 3, Neue Auflage, London 1772, S. 521/61, 541. - /15/ Jehan de Mandeville, Travels, Chapter XVII in; M. Letts, Mandeville's Travels, Texts and Translations, Vol. 1, London 1953, S. 114/5. - /16/ A. Kircher, Mundus Subterraneus, Bd. 2, Sectio I, Cap. VIII, Amsterdam 1665, S. 20/1.

Die Bearbeitung des

Diamanten

Halbalchemistische Bearbeitung

Entfernung von Flecken in Diamanten

Daß es zu den Praktiken der Alchemisten gehörte, Flecken aus Diamanten zu entfernen, ist schon erwähnt worden *(vgl. S. 111ff)*. Wie alt solche Methoden, sei es der Alchemisten, sei es der Edelsteinhändler, sein mögen, läßt sich erahnen, wenn man erfährt, daß schon ALBERTUS MAGNUS (1193 bis 1283) über diese Möglichkeit Bescheid wußte und in der Einleitung zum ersten Buch seines Werkes *De Mineralibus et Rebus Metallicis,* in dem er den Aufbau seines Werkes darstellte /1/, geschrieben hat: „Wir haben hier nämlich nicht das Bestreben, aufzuzeigen, wie einer von ihnen (den Steinen) in einen anderen umgewandelt werden könne, oder wie durch die Zugabe ihrer Medizin, die die Alchemisten Elixir nennen, ihre Fehler geheilt werden ...“

Ein Beispiel für ein alchemistisches Rezept zur Fleckentfernung, die mehr oder weniger geheimgehalten im Umlauf waren, gibt JOHANN JOACHIM BECHER (1635 bis 1682/5) /3/. Damit gelbe Diamanten in wenigen Tagen schneeweiß, ganz klar und rein würden, solle man sie zusammen mit einem alchemistische Gemisch, das neben einigen Geheimzutaten aus Schwefel und Quecksilber besteht, in einen Glaskolben werfen. Man solle sie allmählich erhitzen und am Ende in geschmolzenes Silber oder Gold tun, um das gewünschte Resultat zu erhalten.

Flecken in Diamanten wußte wahrscheinlich auch der berüchtigte Graf von SAINT-GERMAIN (gestorben 1784 oder 1795) zu entfernen. Zwar sind für seine Kunst die Berichte über Fleckentfernungen bei Steinen für Madame du HAUSSET, CASANOVA und den PRINZEN von HESSEN keine einwandfreien Beweise; aber wenn der Schweizer PICTET dem französischen Diplomaten CORBERON erzählt, sein Schwiegervater MAGNAN, ein Diamantschleifer, habe alle Diamanten mit irgendwelchen Flecken für SAINT-GERMAIN zurückgelegt, so ist das ein Zeugnis, das sich nicht einfach von der Hand weisen läßt und zweifellos zu SAINT-GERMAINs Gunsten spricht, - meint jedenfalls G. B. VOLZ /2/ in seiner großen Untersuchung über das Leben dieses Alchemisten. Im Jahre 1776 faßte J.G. KRÜNITZ /4/ die verschiedenen Fehler, die Diamanaten haben können, zusammen. Ein vollkommener Stein dürfe keine fehlerhafte Bildung haben, worunter man die zu platten, dünnen und länglichen zu verstehen habe, noch eine schlechte, z. B. braune, schwärzliche oder ähnliche Farbe. Er dürfe keine grauen Stellen haben, keine rostigen, kotigen oder andere Flecken, keine Adern, Äste, Knoten oder gelbliche Stellen etc. Die kleinen unreinen Körner, welche man in dem Diamanten sehe, und weiß, rötlich, braun oder schwarz seien, würden die Franzosen *points* nennen, die größeren Flecken aber, oder glasige matte Stellen, ‚Gendarmes‘. Diamanten, die sich nicht gut spalten, schneiden und schleifen ließen, hießen ‚finnig‘.

Literatur

/1/ Albertus Magnus, De Mineralibus et Rebus Metallicis Libri V, Buch 1, Köln 1569, S. 5/6. - /2/ G.B. Volz, Der Graf von Saint-Germain, Das Leben eines Alchemisten nach großenteils unveröffentlichten Urkunden, deutsch von F. v. Oppeln-Bronikowski, Dresden-Berlin 1923, S. 32. - /3/ J.J. Becher, Chymischer Glücks-Hafen oder Große Chymische Concordantz und Collection von fünffzehnhundert Chymischen Processen, Zwantzigster Theil, handelnd von allerhand Medicinalien, Mechanischen Operationen und Destillationen, Frankfurt am Main, 1682, S. 774. - /4/ J.G. Krünitz, Oeconomische Encyclopädie oder allgemeines System der Land-, Haus- und Staats-Wirthschaft, Bd. 9, Berlin 1776, S. 196.

Folien und Spiegel für Diamanten

Der berühmte italienische Goldschmied BEN-VENUTO CELLINI (1500 bis 1571) schrieb in seinen *Trattati dell' Oreficeria e della Scultura* („Abhandlungen über die Goldschmiedekunst und die Bildhauerei") folgendes: „Jeder andere Edelstein, in Gold gefaßt, bekommt seine Folie, wie wir noch erfahren werden, jeder Diamant aber, je nach seiner Bestimmung, eine besonders hergestellte und angemessene Farbe...". In einem besonderen Kapitel mit dem Titel „Wie die Folien für alle Arten durchsichtiger Steine bereitet werden" schildert er deren Herstellung. Darin gibt er vier verschiedene Gold-Silber-Kupfer-Legierungen an, die, zu Blechen geschlagen, ihre Färbung durch Anlassen oder Ansieden erhalten sollen. Derartige Folien waren offenbar auch im Handel erhältlich. Beim Diamanten spricht er aber von einem „Spiegel" und widmet ihm das 10. Kapitel „Wie man den Spiegel für Diamanten macht". Dort heißt es:

„Es soll von dem Wenigen, das ich meisterte, zu erzählen nichts weggelassen werden, weshalb wir nun von der Art sprechen wollen, dem Diamanten einen Spiegel zu geben. Solche Spiegel unterlegt man solchen Diamanten, die so dünn sind, daß sie einem Farbauftrag nicht standhalten, weil sie durch diesen einfach schwarz würden. Im Fall ein Diamant nicht gar zu dünn und von gutem Wasser ist, kann unter Umständen dadurch ein wunderbarer Effekt erzielt werden, daß man ihn, außer mit einem Spiegel zu unterlegen, noch an einer Facette färbt. Den Spiegel nun macht man auf folgende Weise: Man nimmt ein Stückchen klarstes, von Sprüngen und Blasen freies Kristallglas, schneidet es viereckig, in der Größe der Fassung angepaßt, in die der Diamant zu liegen kommt, und belegt die genannte Fassung mit der oben erwähnten schwarzen Diamantfarbe. Man beachte, den genannten Spiegel, das heißt das Glas, nur einseitig geschwärzt auf den Grund der Fassung zu legen und so tief, daß er den Stein nicht berührt, weil, würde er ihn berühren, es nicht gut wäre. In dieser Weise werden alle sehr dünnen Diamanten zugerichtet und präsentieren sich sehr schön." /1/.

Im Jahre 1776 berichtete J. G. KRÜNITZ /2/ in seiner *Oeconomischen Ecyclopädie* ganz ähnlich: „Die farbigen Diamanten erhalten, ehe sie von dem Juwelier gefasset ... werden, um ihnen den rechten Spiegel und die Farbe zu geben, eine glänzende und gefärbte Folie ... Ein weißer Diamant hingegen bedarf, in seiner Fassung, dergleichen Folie nicht, sondern der Juwelier schwärzt bloß inwendig den Kasten (der Fassung)."

Literatur

/1/ B. Cellini, Abhandlungen über die Goldschmiedekunst und die Bildhauerei, übersetzt von R. und M. Fröhlich, Basel o.J. S. 31/2. - /2/ J.G. Krünitz, Oeconomische Encyclopädie oder allgemeines System der Land-, Haus- und Staats-Wirthschaft, Bd. 9, Berlin 1776, S. 175/222, 212.

Das „Färben" des Diamanten

Mit einigem Erstaunen liest man in *Trattati dell' Oreficeria e della Scultura* („Abhandlungen über die Goldschmiedekunst und die Bildhauerer") des Goldschmieds und Bildhauers BENVENUTO CELLINI (1500 bis 1571) aus Florenz, dessen Meinung über die Edelsteine:

„Es sind deren nur vier erschaffen, entsprechend den vier Elementen, nämlich der Rubin für das Feuer, der Saphir scheint wirklich die Luft darzustellen, der Smaragd die Erde und der Diamant das Wasser," und dann den Satz: „Das Färben der Edelsteine ist in unserem Beruf eine verbotene Sache außer bei Diamanten," und weiter, im Kapitel mit der Überschrift „Juwelenarbeit" die Erläuterungen: „Jeder andere Edelstein, in Gold gefaßt, bekommt seine Folie ... jeder Diamant aber, je nach seiner Bestimmung, eine besonders hergestellte und angemessene Farbe, von der wir im geeigneten Augenblick die wundersamsten Dinge zu erzählen haben werden." An einer anderen Stelle schrieb er dann: „Obschon man sagt, der Diamant gleiche dem Wasser, so denke doch niemand, daß dieser farblos sei, was man von gutem Wasser verlangt. Frisches Wasser soll ohne Farbe, Geschmack und Geruch sein, und so wie es welches mit Farbe, Geschmack und Geruch gibt, so auch Diamanten. Zwar haben diese weder Geschmack noch Geruch, doch gibt es sie in allen Farben der Natur." Ausführlich behandelt das 9. Kapitel seines Buches dann auch das „Färben" und trägt die Überschrift: „Wie man die

Farbe für Diamanten zubereitet", und hier erkennt man sofort, daß es sich bei dem „Färben" um die Beseitigung unerwünschter, oft farbiger Reflexionen handelt; seine Beschreibung der Farbherstellung ist aber von selten erreichter Ausführlichkeit, die einen guten Einblick in die Arbeitsweise der alten Techniker gestattet. Sie sei darum hier wiedergegeben:

„Nimm eine saubere Lampe mit einem Baumwolldocht, der so weiß wie möglich sein muß, und Lampenöl, das alt, süß und klar ist. Diese Lampe stelle auf den Boden oder, wenn es dir beliebt, zwischen zwei Backsteine. Über diese lege ein poliertes, sauberes Kupfernäpfchen, derart mit der hohlen Seite nach unten gekehrt, daß die Flamme der Öllampe im letzten Drittel ihrer Höhe zurückgebrochen wird. Beachte, daß nur wenig Ruß auf einmal entsteht. Wenn sich zu viel Ruß ansetzt, kann er Feuer fangen und wäre damit verdorben. Darum auch löse ihn von Zeit zu Zeit, während die Flamme raucht, mit einem sauberen Papierchen vom Kupferschälchen ab und bewahre ihn in einem reinen Gefäß. Wisse, daß der Ruß nicht zum Brennen kommt, falls er nicht dicker als zwei Messerrücken stark ansetzt, so daß man die Schicht ohne Bedenken zu eines Messerrückens Dicke aufrauchen lassen kann. Ferner nimmt man Mastix, eine Art Gummi, den jeder Drogist verkauft. Beachte: er darf nicht jung sein, was man daran erkennt, daß er eine gewisse Blässe zeigt und weich ist; aber auch nicht zu alt, was man daran erkennt, daß er in besonderer Art gelb wirkt, hart ist und wenig Substanz hat. Nachdem die gewünschte Qualität weder zu frisch noch zu alt gewählt ist, suche man des weiteren nur saubere, runde Körnchen dieses Harzes heraus. Tropft er nämlich vom Baume, ist er oft mit Erde und anderem Schmutz behaftet. Hat man nun solche bessere und schöne Stückchen bereit, stellt man ein kleines Kohlenbecken auf seine Werkbank, mit brennender Kerze darin, nimmt ein Werkzeug wie eine Ahle, dessen Spitze man gerade so erhitzt, daß man eines dieser Harzkörner anstechen kann, aber nicht tiefer als bis in die Mitte des Korns, um es dann über dem Feuer langsam zu drehen und zu wenden, bis man sieht, daß es zu schmelzen beginnt. In diesem Augenblick feuchtest du deine Finger mit Speichel und drückst rasch das gewärmte Korn, bevor es erkaltet; indem du es also preßt, wird ihm eine Träne entquellen, so klar und hell, wie man sich nur denken kann. Diese schneidet man mit einer kleinen Schere vom verbleibenden schmutzigen Teil weg und bewahrt sie an sauberem Ort. Und dies wiederholt man, bis man soviel beisammen hat, wie man für seine Zwecke benötigt. Nun heißt es noch Kornöl (das ist: Leinsamenöl) zu bereiten, was man folgendermaßen bewerkstelligt. Aus den Samen sucht man sich nur reine Körner aus. Sie müssen sauber und zart und weder von Würmern angefressen noch zu dürr sein. Von diesen nimmt man soviel auf einmal, wie eine hohle Hand fassen kann, und breitet sie auf einem Porphyrstein, oder, wenn kein solcher vorhanden, auf einem feingeglätteten Kupfer- oder Eisenblech aus. Ferner benötigst du noch eine etwa einen Finger dicke und fünf Finger im Geviert haltende Eisenplatte. Die wird ins Feuer gelegt und so erhitzt, daß sie ein Papier ansengt, aber nicht mehr. Dann nimmt man sie, legt sie auf die Körner und drückt mit einem großen Hammer so darauf, daß das Öl herausquillt. Die richtige Wärme der Platte ist sehr wichtig. Ist sie zu kalt, kommt kein Öl, ist sie zu heiß, so verbrennt es und verdirbt. Bei der richtigen Temperatur dagegen und gut beschwert, geht es sehr gut. Jetzt entfernt man alle verbliebenen Samenteilchen. Sind diese weg, hebt man das Öl mit einem sauberen Messerchen auf. Aufgepaßt! Beim Pressen tritt zuerst Wasser aus; man erkennt es daran, daß es sofort an den Rand hinausfließt, das gute, wahre Öl bleibt in der Mitte. Dieses bewahre in einem möglichst sauberen Glasfläschchen.

Außerdem benötigt man süßes Mandelöl. Einige bedienen sich zweijährigen, ja nicht älteren Olivenöls; auch dieses soll klar und süß sein. Hierauf verschafft man sich einen großen Löffel, der einen gewöhnlichen Eßlöffel viermal an Größe übertrifft, und ein kleines Kohlebecken mit Feuer darin, legt mittels einer Spatel von Silber oder Kupfer einige der klaren Tränen des gewonnenen Harzes in den Löffel und beginnt sie auf mäßigem Feuer zu schmelzen. Sobald es schmilzt, wird etwas von jenem Kornöl zugegeben, etwa ein Sechstel der Masse des Harzes. Sind diese beiden gut vermengt, gibt man das zweite dazu, das Oliven- oder Mandelöl, danach, wenn auch diese innig gemischt sind, noch etwas klares Terpentin, und zum Schluß fügt man den vorher zubereiteten Lampenruß bei, gerade soviel, daß er das Gemisch richtig färbt, nicht mehr, nicht minder, weil beim Färben der verschiedenen Qualitäten von Diamanten, diese manchmal eine dunklere oder weniger dunkle Farbe verlangen. Eine große Rolle spielt auch noch, ob der Farbton härter oder weicher gewählt werden soll, weil die unterschiedlichen Diamantsorten verschieden auf harte oder weiche Farbe ansprechen. Darum ist es notwendig, daß man die Farbe jedesmal für den jeweils zu fassenden Diamanten, insofern es sich um ein wichtiges Stück handelt, neu herstellt und auf dem Stein ausprobiert: härter, weicher, dunkler oder heller, je nach dessen Qualität und dem Urteil des gewiegten Juweliers. Es gab Fachleute, die verwendeten für gewisse gelbe Diamanten nur wenig Ruß, mischten dafür ihren Farbauftrag mit Indigo, jene blaue Farbe, die jedem Maler bekannt ist. Oder sie benützten für eine bestimmte Art von Diamanten, die gelb wie ein echter Topas ist, anstelle des Rußes überhaupt nur Indigo. Der Grund für dieses Vorgehen war die Feststellung, daß dieser dunkelblaue Ton aus folgendem Grund sehr gut zum Gelb stand: Wenn man zwei Farben wie Blau und Gelb nimmt und gut vermischt, ergibt sich Grün, wodurch der gelbe Diamant, zusammen mit dem Blau, einen sehr angenehmen ‚Wassereffekt‘ erhielt, gut gemacht, eine Farbe, die nicht mehr gelb ist wie ursprünglich, noch blau wie die verwendete Farbe, sondern in verschiedenen Farben spielend und sehr schön anzusehen. Auf diese Weise verfügt man mit viel Übung nach und nach über jene Geschicklichkeit, die eines Meisters Ehre ausmacht und die die so unterschiedliche Art und Qualität der Edelsteine verlangt, all die Eigenheiten zu meistern, die sich aus dieser Vielfalt ergeben.“

Später, im 10. Kapitel, bemerkte er:

„Es ist eine wunderbare Sache, daß der Diamant, als der durchsichtigste, klarste und glänzendste Stein der Welt, mit besagter Farbe beschmiert, eine so unglaubliche Schönheit annimmt, während jeder andere der erwähnten Steine (Beryll, weißer Topas, weißer Saphir, weißer Amethyst und Zitrin), sobald er mit dem Schwarz in Berührung kommt, allen Glanz verliert und einfach schwarz wird. Es muß demnach dem Diamant eine geheime Eigenschaft innewohnen, ein Natur-
geheimnis, das über die Vorstellungskraft des Menschen hinausgeht.“ /1/.*

Auch im Norden Europas kennt man die „Tinktur“, weiß sie zur Unterscheidung des Diamanten von anderen Steinen anzuwenden und versucht eine Erklärung des Phänomens zu finden: ANSELMUS BOETIUS de BOODT, den J. Ruska /6/ als den bekanntesten der kritischen Neuerer zu Beginn der Iatrochemie bezeichnete, berichtete in seinem Werk *Gemmarum et Lapidum Historia* („Geschichte der Gemmen und Steine“) über die Zurichtungen des Diamanten /5/:

„Eine Besonderheit des echten Diamanten besteht darin, daß er die Tinktur an sich reißt und sich so aneignet und einverleibt, daß er sein Leuchten strahlend und glänzend weithin schleudert. Diese (Tinktur) kann keinem anderen Edelstein angebracht werden, daß er gleich einem echten Diamanten strahlt und leuchtet. Deswegen pflegen die Edelsteinhändler durch diese Beobachtung den wahren (Diamanten) vom falschen und den anderen Edelsteinen zu unterscheiden. Diese Tinktur macht man aus gereinigtem Mastix, dem ein wenig zu schwarzem Staub gebranntes Elfenbein zugefügt wird, so daß der (Mastix) schwarz erscheint. Der Mastix muß dann etwas erwärmt werden und auch der Diamant, so daß er, dem Mastix ein- oder aufgesetzt, sofort eine wahre Vereinigung mit ihm eingeht und nach allen Seiten lebhaftes Leuchten von sich gibt. Diese Vereinigung verweigern alle anderen durchsichtigen Edelsteine: Belegt man sie nämlich mit dieser Tinktur, endet der Blick nämlich entweder an der Oberfläche der Tinktur oder des Steines, so daß Einzelheiten der Oberfläche erkannt werden können und das Leuchten der vom Gegenstand ausgehenden Strahlen nicht wie beim Diamant reflektiert werden, oder wenn sie reflektiert werden, scheint es zu geschehen wie durch einen Nebel (den die Oberfläche des Steines hervorbringt). Diese Art des Unterscheidens eines echten Diamanten von einem anderen Edelstein auszuspielen und zu verdecken, pressen die Fälscher aus Getreidekorn mit glühendem Eisen ein Öl, das sie entweder mit dem Ruß von Pech oder mit dem schwarzen Pulver gebrannten Elfenbeins färben und dem falschen Diamanten unterlegen. Darauf bringen sie den Stein oder Edelstein so darüber an, daß ein bestimmter leerer Raum zwischen dem

Diamanten und der Tinktur besteht. So bewirkt nämlich das zum Teil aus Stein, zum Teil aus Luft bestehende, genügend umfangreiche Durchsichtige, daß der Blick nicht leicht durch die Oberfläche der Tinktur begrenzt und das Leuchten von der schwarzen und nicht leuchtenden Tinktur angehalten wird und an ihr hängen bleibt. Auf diese Weise erhält ein anderer Edelstein so das Aussehen eines echten Diamanten, daß oft sehr erfahrene Edelsteinhändler getäuscht werden. Manche finstere ‚Ganzseidene' bringen auf dieselbe Weise ein Stückchen darunter an. Andere bringen einen Spiegel so genau darunter an, daß der falsche Diamant leuchtet und funkelt genau wie ein echter und nur leicht sich verrät und erkannt wird, wenn er aus der Fassung herausgenommen oder mit der Feile geprüft wird.

Warum aber der echte Diamant allein diese Tinktur annimmt, andere Edelsteine nicht, ist schwer zu verstehen. Ich bin der Meinung, daß die gegenseitige freundliche Umfassung wegen einer bestimmten Ähnlichkeit, die bei ihnen besteht in der Substanz und ihren Qualitäten (das heißt beiderseits durch ihre ganze Natur). Natur freut sich nämlich der Natur, und Ähnliches wird durch Ähnliches erfreut und bewahrt. Was alles die gleiche Materie enthält, umarmt sich leicht wechselseitig und läßt sich vermischen. Darum vermischt sich Wässriges mit Wässrigem, Öliges mit Öligem, Mercurialisches mit Merkurialischem und Sulfuriges mit Sulfurigem (um mich der Sprache der Chemiker zu bedienen). Was unähnliche Materie enthält, kann nicht vereinigt werden, so kann Wasser mit Öl nicht gemischt werden, es sei denn das Feuchte sei heiß und von feuriger Natur. Kirschgummi läßt sich mit Wasser mischen und in ihm auflösen, weil es wässriger Natur ist. Mastix-Gummi aber keinesfalls, weil es feuriger Natur ist; darum läßt es sich leicht mit Öl verbinden, von dem es auch gelöst wird, wie alles andere, was von feuriger Natur ist und leicht entflammt werden kann. Darum also kann der Mastix, der feuriger Natur ist, leicht mit dem Diamanten verbunden werden. Weil dies wegen der Ähnlichkeit der Substanz geschieht, ist es ein Zeichen dafür, daß auch die Materie des Diamanten feurig und sulfurig ist und seine innere Feuchtigkeit und auch die Ur-Feuchtigkeit, mit deren Hilfe er koaguliert ist, ölig und feurig gewesen ist, die der anderen Edelsteine aber wässrig. Diese meine Ansicht scheint auch MONARDES (richtiger: GARCIA ab ORTO) zu billigen, wenn er berichtet, daß der Diamant nur in sehr warmen Gegenden (wie nur unterhalb des Wendekreises des Krebses) gefunden werde, wo nämlich die Aushauchungen heiß, trocken, feurig und sulphurig sind, und an jenen Orten niemals Bergkristalle gefunden werden, sondern nur in kalten Gegenden, weil sie kalte und wässrige Substanz zu ihrer Bildung benötigen, die in Indien fehlt. Schließlich, wenn er warm gemacht wird, zieht er, wie der Bernstein (weil er feurig ist) Spreu an. Es ist also nicht verwunderlich, wenn die fette, ölige und feurige Substanz des Mastix ihm (dem Diamanten) ohne Sichtgrenze verbunden und angeheftet werden kann, anderen Edelsteinen aber nicht. Wer mit der von mir gegebenen Begründung nicht zufrieden ist, der möge eine bessere herbeibringen! Inzwischen möge er sich darüber klar sein, daß das Wesen der Dinge und ihre Ähnlichkeit uns meistens unbekannt ist, wie beim Eisen und dem Magnetstein.“

Daß die Kenntnis dieser „Färbung" des Diamanten recht allgemein verbreitet war (ohne daß ihre Herkunft nachgewiesen werden kann), zeigen die folgenden Belege: Im Jahre 1652 schrieb THOMAS NICOLS in seinem *Lapidary* /3/ im Kapitel über den Diamanten unter der Überschrift *Of its tincture or foyl* nur kurz: „The tincture, foyl, or colour for the true Diamond is thus made: R.(ecipe) pure mastick and a small quantitie of ivory, burnt black, and finely powdered; mix it according to art, then distend a small portion of it, and fitly dispose of it for foyl or tincture.“

Ganz ähnlich beschreibt im Jahre 1776 J. G. KRÜNITZ /2/ in seiner *Oeconomischen Encyclopädie* die Mastix-Färbung, kennt auch das Elfenbeinschwarz, empfahl aber: „Anstatt des Elfenbeins kann man auch eine schwarze Farbe von Bernstein machen, wenn man diesen anzündet und den Rauch in einem Löffel auffängt.“ Dann allerdings fährt er fort: „Die ganz weißen und vollkommen richtig geschliffenen Brillanten werden auch anjezt so gefaßt, daß nichts unter dieselben gelegt wird, und der Kasten unten offen bleibt. Die Franzosen nennen dieses *à jour* gefasste Steine. Sie erhalten, auf diese Art, fast

noch einen lebhafteren Glanz." Die Farbver-
besserung des Diamanten kannte auch der berühmte schwedische Chemiker und Mineraloge
JOHAN GOTTSCHALK WALLERIUS (1709
bis 1785) /4/ und führte sie auf die dem
Edelstein und dem Mastix gemeinsame *electri-
citas* zurück, die es auch ermögliche, den Stein zu
kleben und sog. Dubletten herzustellen und
nennt die Mischung schlicht den Kitt, mit dem
der Stein entweder auf andere oder auf Silber
oder Gold aufgeklebt werde.

Eine andere Art von Färbung zu betrügerischen
Zwecken, soll Ende des 19. Jh. aufgekommen
sein: Man habe dort minderwertige Kap-
Diamanten „durch Behandlung mit einer Lösung
von Anilinviolett" in wertvollere weiße brasiliani-
sche Diamanten umgewandelt /7/.

Literatur
/1/ B. Cellini, Abhandlungen über die Goldschmiede-
kunst und die Bildhauerei, übersetzt von R. und
M. Fröhlich, Basel o. J., S. 27, 36/9. - /2/ J.G. Krünitz,
Oeconomische Encyclopädie oder allgemeines System der
Land-, Haus- und Staats-Wirthschaft, Bd. 9. Berlin 1776,
S, 175/222, 213. - /3/ T. Nicols, A Lapidary or the History
of Precious Stones, Cambridge 1652, S. 46/7. - /4/ J.G.
Wallerius, Systema Mineralogicum, Bd. 1, Stockholm
1772, S. 234. - /5/ A. Boetius de Boodt, Gemmarum et
Lapidum Historia, Buch 2, Kap. 1, Hanau 1609, S. 57/8. -
/6/ J. Ruska, Steinbuch des Aristoteles, Heidelberg 1912,
S, 43/6, 120. - /7/ C.J. Steimer, Das Mineralreich nach
seiner Stellung in Mythologie und Volksglauben, in Sitte
und Sage, in Geschichte und Litteratur, in Sprichwort und
Volksfest, Gotha 1895, S.105.

Dubletten

Zu den Bearbeitungen, die den eben behandelten
halbalchemistischen Methoden ähnlich sind,
kann man auch die Herstellung der sogenannten
Dubletten rechnen. Überraschenderweise konnte
darüber nur eine recht späte Literaturangabe aufgefunden werden: In den ergänzenden Anmerkungen, die NATHANAEL GOTTFRIED
LESKE seiner Übersetzung des Mineralsystems
von JOHANN GOTTSCHALK WALLERIUS
(1709 bis 1785) ins Deutsche zufügte, findet sich
folgende Beschreibung: „Die sogenannten Doub-
letten haben die Politur der Brillanten, bestehen
aber nur zur Hälfte aus wahrem Diamant. Die
untere Hälfte ist Topas oder ein anderer Stein, den
man mit Mastix an den Diamanten ankittet." /1/.

Literatur
/1/ J.G. Wallerius, Mineralsystem, deutsch von N.G.
Leske, Theil 1, Berlin 1781, S. 322/6 (lateinische
Erstausgabe Stockholm 1772).

Mechanische Bearbeitung des Diamanten

Vorbemerkung

Die Erhöhung der Schönheit edler Steine durch
mechanisches Glätten ihrer Oberflächen war
schon früh erkannt worden; in der Antike verstand man es, sie nicht nur zu glätten, sondern
auch zu hohem Glanz zu polieren. Die
Durchmusterung antiker Funde edelstein-
geschmückter Goldschmiedearbeiten /1/ zeigt
allerdings, daß die Steine nur mugelig (gewölbt)
bearbeitet und nie irgendwelche Facetten heraus-
gearbeitet wurden. Im Mittelalter blieb es bei
dieser Art des Schleifens, man nennt einen so
bearbeiteten Stein „cabochon" (französisch, abzuleiten vom lateinischen *caput* = „Kopf") /2/.
Die mechanische Bearbeitung des Diamanten,
gemeinhin schlicht „Schleifen" genannt, zerfällt
in mehrere Teilarbeiten; eine der Voraussetzungen der Behandelbarkeit war die Beobachtung der Spaltbarkeit des Steines, die wichtigste aber die Beobachtung, daß der „unbezwingliche" Diamant von einem anderen
Diamanten und sogar von seinem Pulver angegriffen wird. Die Bearbeitung begann mit der
sicher früh entdeckten sog. „Zurichtung", deren
beste Beschreibung als altbekanntes Verfahren
mit einer kurzgefaßten Schilderung der
Weiterbearbeitung sich bei BENVENUTO
CELLINI (1500 bis 1571) findet:

*„Nachdem wir die drei Edelsteine Rubin, Saphir
und Smaragd ausführlich genug besprochen haben,
werden wir uns nun des längeren über den
Diamant unterhalten müssen. ... Von der Art, wie
man sie zurichtet, das heißt, wie man sie aus ihrer
natürlichen Gestalt in ihre endgültige verwandelt, sei nun die Rede, als tafelförmige, facetierte
oder Rosen. Diesen Edelstein, den Diamanten,
kann man niemals für sich allein schleifen, man
benötigt deren zwei. Da er von solch wunderbarer
Härte ist und es nichts Härteres gibt als ihn, müssen zwei so lange und in einer Weise aneinander
gerieben werden, bis sie sich gegenseitig in die*

*Form geschliffen haben, die dem Künstler zu er-
reichen günstig erscheint. Das Pulver, das durch
dieses Aneinanderreiben hierbei von den beiden
Diamanten abfällt, dient dann dazu, ihnen die
endliche vollkommene Form zu geben. Zu diesem
Behufe faßt man die Diamanten in kleine
Näpfchen aus Blei und Zinn, die von besonders zu
diesem Zweck konstruierten Zangen gehalten
werden, und legt sie auf eine Stahlscheibe, auf der
man das erwähnte Pulver, mit Öl gemischt, aufgetragen hat. Diese Stahlscheibe, die zum
Fertigstellen der genannten Diamanten dient,
wird etwa einen Finger dick und eine
Handspanne breit aus bestem gehärteten Stahl zubereitet und mit einem Mühlrad verbunden, das
sie mit großer Geschwindigkeit dreht. Es werden
gleichzeitig mehrere Diamanten aufgelegt, das
heißt vier bis fünf oder sechs. Die Zangen, in die
man sie befestigt, sind mit einem Gewicht beschwert, damit der Stein fest gegen die
Schleifscheibe gedrückt wird, um dem Pulver anzugreifen bessere Gelegenheit zu geben, und auf
diese Weise werden sie fertiggestellt. Ich könnte das
ganze Verfahren aufs genaueste beschreiben, weil
es sich aber nicht um mein eigentliches Handwerk
handelt, will ich mich damit nicht weiter abmü-
hen und nur gerade soviel von der Sache gesagt
haben, wie mir zu meinem Vorhaben dienlich erscheint."* /3/.

Spuren einfachster früher Schleifkunst an
Diamanten will H. TERTSCH /4/ an den
Steinen nachweisen können, die eine Agraffe des
Kaisermantels KARLs des GROSSEN *(vgl. S. 79f)*
zieren. An ihnen sollen die Oktaederflächen ein
wenig poliert, die Kanten und Ecken dagegen
rundlich abgeschliffen sein. Möglicherweise
ist über das Schleifen des Diamanten schon in
der frühmittelalterlichen Literatur in anderem
Zusammenhang etwas zu finden. Überraschenderweise ist in dem sog. *Lucca-Manuskript
(vgl. S. 79)*, einer Sammlung von Arbeitsvorschriften für Kunsthandwerker, bei der es sich
unter anderem um die Herstellung eines
Arbeitsgeräts mit einer Diamantspitze handelt,
zu lesen: „... Nimm ihn (den Diamantsplitter)
dann aus der Seife und schleife ihn unter
Benutzung dieser Seife auf einem (durch) Wasser
(umgetriebenen) Schleifstein, bis du ihn genügend geschärft hast." /5/.

Während die griechisch-römische Antike sich
offenbar noch nicht auf das Schleifen von
Diamanten verstand, scheint dies im spätantiken
Indien anders gewesen zu sein. Was aus den von
ihm herausgegebenen und übersetzten spätantiken indischen Steinbüchern über die Bearbeitung
des Diamanten abgeleitet werden kann, faßte
L. FINOT /6/ folgendermaßen zusammen:

*„Nach dem Fassen des Diamanten in Gold unter-
zog man ihn einer parikarman benannten
Bearbeitung, für die man Diamanten benutzte,
die zu fehlerhaft waren, um zu Schmuckzwecken
verwendet zu werden. Es handelte sich offenbar
um ein Glätten. In dem Buch Agastimata 59/60
findet sich jedoch eine Stelle, die wirklich sehr
dunkel ist und das Schneiden des Diamanten zu
verbieten scheint. (59) Die Kanten und die
Flächen bilden das, was man eine gute Spitze
nennt: Man darf sie keinesfalls anschlagen mit
einem Mordinstrument, wenn man diesen hohen
Wert bewahren will. (60) Wenn ihn einer an-
schlägt in Unkenntnis der castra, wird der Blitz
ihn treffen wie das Schwert die Distel' (vgl.
S. 44f). Dieses Verbot wird allerdings deutlicher im
Anhang zu diesem Buch (Appendix 61/2) ausgesprochen: ,Der Stein, den man mit einer Klinge
schneidet oder den man glättet durch wiederholtes
Reiben wird unbrauchbar und seine wohltätige
Kraft verschwindet; im Gegensatz dazu hat der,
der vollkommen naturbelassen ist, alle seine
Kraft.' Spalten und Polieren sind hier deutlich
beschrieben. An einer anderen Stelle, wohl einem
späteren Zusatz, wird davon als einem gewöhnlichen und keineswegs verbotenen Vorgehen
gesprochen, das der Fassung des Diamanten in ein
Schmuckstück vorhergehen soll."*

Literatur

/1/ G. Bruns, Schatzkammer der Antike, Berlin 1946,
S. 27. - /2/ G.F.H. Smith, F.C. Phillips, Gemstones, 13.
Aufl., London 1958, S. 154/68. - /3/ B. Cellini,
Abhandlung über die Goldschmiedekunst und die
Bildhauerei, übersetzt von R. und M. Fröhlich, Basel o.J.,
S 33/4. - /4/ H. Tertsch, Geheimnis der Kristallwelt, Wien
1947, S. 35.- /5/ L.A. Muratori, Antiquitates Italicae
Medii Aevi, Bd. 2, Diss. XXIV, Mailand 1734, Spalte
365/88. - /6/ L. Finot, Les Lapidaires Indiens,
Bibliothèque de l'École des Hautes Études, Bd. 111, Paris
1896, S. 4/13; 59/63; 79/90.

Über den Ursprung der Diamantenbearbeitung findet man in der Literatur zweierlei Meinungen. Die eine besagt, der Anfang liege im frühen Indien, die andere, sie sei eine abendländische Entdeckung. Für die erste Annahme gibt es keine Beweise, und die zweite erweist sich als legendenumwoben. Dabei wird fast stets übersehen, daß die Diamantenbearbeitung ein mehrstufiger Vorgang ist, der nicht mit einer einzigen Bezeichnung zu fassen ist. Sie besteht nämlich in den Verrichtungen des Spaltens, Sägens, Reibens und Schleifens, von denen der Diamant eine der beiden ersten überspringen kann; man kann ihn entweder spalten oder sägen. Jene moderne Schliffart des Steines, die die optimale Lichtwirkung darbietet, der Brillant, ist durch Schleifen allein nicht herzustellen. Das Schleifen im engeren Sinne stellt nur eine der Bearbeitungsstufen dar und zwar die letzte; historisch aber geht das Schleifen allen anderen Bearbeitungsstufen voraus /7/.

Der indische Ursprung des Diamantschleifens

Daß die Kunst, Glanz und Gestalt des Diamanten durch Polieren und Schleifen zu verbessern, in Indien bereits in alter Zeit bekannt gewesen sei, nahm schon der Mineraloge C. HINTZE /4/ an, und auch der Philologe H. BLÜMNER /5/ meinte, man könne nicht umhin, trotz des Mangels eines bestimmten Zeugnisses, anzunehmen, daß die Alten sich bereits darauf verstanden hätten, den Diamanten, wenn vielleicht noch unvollkommen, zu schleifen, da der Stein so erst im Stande ist, sein wunderbares Feuer, Farbenspiel und seine Durchsichtigkeit zu zeigen; anders wäre die außerordentliche Wertschätzung desselben bei den Alten nicht recht erklärlich, wenn sie ihn nur in ungeschliffenem Zustand gekannt hätten. Mit Sicherheit dagegen darf man annehmen, daß sie den Diamanten niemals graviert haben, was ja auch heute nur selten geschieht. Der Ansicht, daß man in Indien das Schleifen des Diamanten wohl gekannt habe, schloß sich auch F. FREISE /21/ an, betonte aber, daß diese Kunst nicht den Weg nach dem griechischen und römischen Westen gefunden habe. Andere Forscher über die Edelsteine in der Antike wie F. CORSI /20/ sind allerdings der Ansicht, die Alten hätten sich mit dem Glanze begnügt, welchen der Stein in seiner natürlichen Gestalt hat. Tatsächlich ist es nach G. LENZEN /7/ die gängige Meinung, daß die Diamantbearbeitung indischer Herkunft sei. K. SCHLOSSMACHER /14/ vertritt die Auffassung, daß Spitzsteine schon einige Jahrhunderte v. Chr. in Indien geschliffen worden seien, doch ist dies verständlicherweise nach G. LENZEN /7/ abzulehnen, fehlt doch jede Begründung, denn es ist keine Quelle bekannt, aus der sie sich schöpfen ließe. Die früheste Erwähnung des Diamanten überhaupt im *Arthasastra* (etwa: „Die Lehre vom Nutzen" des KAUTILIYA /15/, 3. Jh. v. Chr.) schweigt über die Bearbeitung der Steine. Das *Ratnapariksa* (etwa: „Beurteilung der Edelsteine") des BUDDHABHATTA /16/ kennt 800 Jahre später lediglich - entgegen der Deutung durch L. FINOT /15/ *(vgl. S. 41-46)* - die Bearbeitung anderer Edelsteine durch den Diamanten, während das im 6. Jh. n. Chr. aufgezeichnete *Brhatsamhita* des VARAHAMIHIRA /18/ auch darüber schweigt. Wo aber sollte man die Quellen suchen, wenn nicht in diesen Lapidarien? Erst in dem nicht genau zu datierenden *Agastimata (vgl. S. 44f)*, dessen Entstehung im 14. Jh. n. Chr. vermutet werden kann, findet sich die Feststellung, daß Diamanten durch Diamanten bearbeitet werden können /19/, zugleich aber die bedeutsame Aussage, daß der auf einer Platte geschliffene Diamant unbrauchbar würde und seine magischen Kräfte verlöre; nur der vollkommen natürliche Diamant besäße seine ganze magische Kraft. Erst im 17. Jh. kann der Indien bereisende französische Juwelier JEAN-BAPTISTE TAVERNIER (1605 bis 1685) sehr ausführlich von einer Diamantschleiferei in der Nähe eines der Diamantfundorte und der Arbeitsmethode dort berichten, wobei es nicht uninteressant ist zu erfahren, daß dort auch europäische Steinschneider tätig waren /26/.

Die Vorstellung, der Diamantschliff sei eine indische Erfindung, ist bestärkt worden durch das Bekanntwerden von gravierten Diamanten, die allerdings nicht aus Indien, sondern aus Persien kamen, und deren älteste Gravierung aus recht später Zeit stammt; die Geschichte des meist in der Literatur unter dem Namen „Schah" bekannten Steines wird in vielen Variationen berichtet, sie scheint sich folgendermaßen abgespielt zu haben: Der Stein wurde im Jahre 1829 durch den persischen Prinzen CHOSROES, den jüngeren Sohn des ABBAS MIRZA, dem Kaiser NIKOLAJ I. von Rußland als Versöhnungsgeschenk überbracht. Er ist nach M. BAUER /17/ von reinstem Wasser, hat die Form eines sehr unregelmäßigen Prismas von 1 Zoll 5 1/2 Linien Länge und ist an der breitesten Stelle 8 Linien breit. Die Begrenzung wird teils durch Spaltungsflächen, teils durch angeschliffene Facetten gebildet. G. ROSE, der den Stein kurz nach seiner Ankunft in St. Petersburg sah, gab sein Gewicht mit 88 Karat an: „The most remarkable feature of this stone is that on three of the original faces the names of three of the rulers who in succession owned it and the corresponding dates are inscribed in Persian script of the Hijra era. If we remember the difficulty of cutting diamond and the primitive tools which were then available, we must stand amazed at the immense labour and incredible patience that the inscriptions demanded. The names in English, of the three rulers and the dates are: NIZAM SHAH 1000 (A.D. 1591), JAHAN SHAH 1051 (A.D. 1641), FATH ALI SHAH 1241 (A.D. 1826).... It is now stored in the Diamond Treasury at Moscow /25/."

In neuerer Zeit ist ein weiterer, aus der Mogul-Zeit stammender, gravierter Diamant bekannt geworden: „A second diamond inscribed in Persian script is an hitherto unrecorded diamond of 83.05 carats, formerly in the property of the Maharaja of Burdwan, which was sold at CHRISTIE's in London in 1954 for 13,000 Pound Sterling, is of special interest because, like the SHAH diamond it is inscribed in Persian characters, bearing on one facet the names of two of the MOGUL Emperors. It was resold at SOTHEBY's on 1957 to Mr. C. PATEL for 14,000 Pound Sterling /25/."

Hier muß angemerkt werden, daß gelegentlich in den Berichten über große oder sonst berühmte Diamanten wie die gravierten Wahrheit mit Phantasie und Verwechslungen mit Unkenntnis eine unwahrscheinliche Mischung eingehen; so schrieb M. LORENZ /24/ nach einer kurzen Herkunftsangabe des „Schah" weiter:

„ ... die vandalische Modesucht des russischen Hofzirkels aber ließ sich die wunderbaren eingeschliffenen Worte nicht gefallen, sie waren nicht ‚in Mode' und der Schah wurde leider umgeschliffen, wodurch er nicht nur seine wunderbare Schönheit, sondern auch die durch die geheimnisvollen eingravierten Zeichen wunderbare Schutzkraft für seinen Besitzer einbüßte. In okkulter Weise ist der Schah in Rußland nicht mehr hervorgetreten. Ein weiterer, mit Inschriften versehener, sehr alter Diamant ist der Schah Akhbar, er wurde nach seinem ersten Besitzer benannt. Dessen Nachfolger JEHAN schon hatte die Empfindung, daß dieser Stein Fähigkeiten besitzen mußte, die ihm, dem Schah, nützlich oder feindlich gegenüberständen. Er ließ ihn daher auf zwei Seiten mit Amulettsprüchen versehen. Plötzlich war der wunderbare Diamant aus der Schatzkammer verschwunden und tauchte erst nach fast 200 Jahren wieder, und zwar in der Türkei, auf. Hier wurde er in Shepherd-Diamant umbenannt. Bei der Eröffnung des Suezkanals im Jahre 1868 wurde er nach Ägypten gebracht. Damals weilte die schöne EUGÉNIE, Kaiserin der Franzosen, als Gast des Vizekönigs von Ägypten zu Ismailia. Man bot ihr den Schah Akhbar an, sie wies ihn als ungeeignet für ein persönliches Schmuckstück zurück. Die eingravierten Sprüche schienen ihr wohl unheildrohend. Ein Spekulant ließ den wunderbaren Stein nun umschleifen und der GAIKH von BARODA verkaufte den um so vieles wertloser gewordenen Diamanten um 35,000 Pfund Sterling. Wo er geblieben ist, ist noch nicht zu ermitteln gelungen. Er verbirgt sich wahrscheinlich, wie so viele seiner Geschlechtsgenossen, bis eine günstige Zeit und Gelegenheit kommt, ihn wieder an das Licht zu ziehen. Diese Eigenschaft des plötzlichen Verschwindens besitzt auch die von dem (französischen Juwelier und

Indienreisenden) TAVERNIER zuletzt im Jahre 1642 gesehene große Diamant-Tafel, die zu Golkonda aufbewahrt wurde. Sie ist seit jener Zeit spurlos verschwunden."

Es ist sogar schon der klassischen Antike die Fähigkeit, Diamanten zu gravieren, zugesprochen worden. Zwar war bei seiner Arbeit über die Edelsteine in der Antike schon J. H. KRAUSE /27/ zu dem Schluß gekommen, man dürfe als gewiß annehmen, daß der Diamant bis zur Zeit des PLINIUS niemals graviert worden ist, da dieser Autor auch nicht ein Wort darüber vorgebracht habe, „als ob sich von selbst verstehe, daß mit diesem König der Edelsteine die Glyptik nichts zu schaffen habe. Ob dies in der Antike nach der Zeit des PLINIUS geschehen sei, kann weder behauptet noch verneint werden, ist aber deshalb unwahrscheinlich, weil auch SOLINUS, ISIDOR und MARBOD einer Bearbeitung desselben nicht gedenken. Man hat zwar einen Diamanten mit dem Kopf des Philosophen POSEIDONIUS aus der Sammlung des Lord BEDFORD für einen antiken gehalten, allein dieser Stein steht zu isoliert da, als daß man zuverlässige Folgerungen daraus ziehen könnte."

Indessen, wie wenig technische Überlegungen eine Rolle spielten bei der Zuordnung von angeblichen Diamantgravuren in die Antike, zeigt ein Brief, den am 20. Februar 1722 ein gewisser ANDRE CORNARO aus Venedig an den Herausgeber des *Mercure de France* schrieb /28/:

„Ich habe die Freude, mein Herr, Sie darüber zu unterrichten, daß ich zusammen mit einem meiner Freunde halbwegs einen Diamanten von 25 Grains (etwa 1,25g) gekauft habe, der, schlecht poliert, die Form eines ‚Diamant de fond' hat und keineswegs sehr schön ist, da er mehrere Fehler hat und von trübem Wasser ist. Trotzdem ist dieser Diamant ein Wunderstück, denn man sieht an ihm den Kopf NEROs in wunderbarer und sehr scharfer Zeichnung eingraviert, der Kopf ist von einem Strahlenkranz umgeben. Alle Kenner versichern, daß dieses Werk unbestrittenermaßen antik ist und in der Zeit NEROs hergestellt wurde; sie fügen hinzu, es bestehe kein Zweifel, daß dies nicht eben der Siegelring gewesen ist, den dieser Kaiser an seinem Finger trug entsprechend der Sitte römischer Kaiser; und es dient

als Beweis, daß die besten Kenner der Antike, die ich um Rat gefragt habe, darin übereinstimmen, daß diese Gravur vollkommen den Kopfbildern NEROs gleicht, die man auf den geschlagenen Medaillen sieht, die den Fürsten im Alter von 50 Jahren zeigen. Sie versichern weiter, daß es das schönste Stück antiker Herkunft sei, das sie gesehen hätten. Was aber wirklich wunderbar ist, besteht in der Tatsache, daß man bisher niemals hat sagen hören, es sei ein Diamant graviert worden, etwas, was man immer für unmöglich hielt in Anbetracht seiner Härte. Andererseits weiß man, daß der unvollkommene Diamant noch härter ist als der andere, so daß es scheint, als habe der Arbeiter, um seinem Werk ein höheres Ansehen zu geben, sich bemüht, einen besonders unvollkommenen Diamanten auszuwählen, nur bestrebt, daß die größte Härte seine Fähigkeit am besten aufzeige. Man weiß, daß die Künste zur Zeit NEROs in hoher Blüte standen, und so wird dieser Fürst ein Kunstwerk besitzen haben wollen, dessen Ausführung fast unmöglich schien, und sicher gibt es kaum einen anderen großen Monarchen, der so etwas wie das hier behandelte Stück hätte befehlen und ausführen lassen können. Die Diamant-Arbeiter wissen, daß man nur mit Diamantspitzen den Diamanten bearbeiten und gravieren kann; es genügt auch nicht, einem fähigen Arbeiter zu verwirklichen zu suchen, was seine Ideen ihm eingeben, er bedarf großer Summen, um es zu versuchen und auszuführen. Da dieses Juwel in seiner Art einzig ist, ist es auch eines (naturwissenschaftlichen) Kabinetts eines großen Fürsten würdig, und ich würde ihn freigeben, wenn ich eine solche Gelegenheit fände; darum eben schreibe ich Ihnen einesteils, und habe deshalb auch schon an verschiedene Orte geschrieben. Ich glaube nicht zu übertreiben, wenn ich diese Rarität auf 12000 Zechinen schätze, welche in unserer Währung einen Wert von 180 000 französischen Livres darstellen" /28/.

Daß es sich bei dieser Gravur um eine moderne Arbeit handelte, zeigte schon im Jahre 1750 P. J. MARIETTE /29/: „Was mich anbetrifft, so bin ich immer der Meinung geblieben, daß die Alten niemals den Diamanten graviert haben. Wie hätten sie es auch tun können? Sie kannten die Kunst des Schleifens und Polierens nicht und hatten noch nicht erprobt, daß die extreme Härte des Diamanten nur der Reibung mit einem anderen Diamanten nachgibt. Und wenn dieses Geheimnis ihnen verborgen war, wie will man denn, daß sie den Diamant gravierten, eine Arbeit, die man nur mittels des Diamanten selbst leisten kann? Man weiß es sicher, daß das Schleifen des Diamanten eine Entdeckung von Künstern der Moderne ist." Nach Aufzählen einiger Beispiele fährt er fort: „ ... man muß hinzufügen, daß man häufig Gravuren zeigt, von denen man behauptet, sie seien auf Diamanten angebracht, und in Wirklichkeit sind sie nur auf weißen Saphiren." Im Jahre 1767 erwähnt P. D. LIPPERT in seiner *Dactylotheca, Nr. 387* /30/, einen bereits genannten Stein, den angeblich alten gravierten Diamanten mit dem Kopf des Philosophen POSEIDONIUS aus der Sammlung des LORD BEDFORD, der ihm sehr verdächtig vorkommt. Schon GOTTHOLD EPHRAIM LESSING (1729 bis 1781) zweifelte daran in seinem 26. *Antiquarischen Brief* /31/, daß der Stein ein Diamant sei. J. GURLITT /32/, dem die eben besprochenen Meinungen bekannt sind, möchte aber nicht so leicht der Antike das Gravieren des Diamanten absprechen, er weist auf die großen Verluste antiker Kunstgegenstände hin und meint, sicher seien nicht häufig solche Kunstwerke angefertigt worden und entsprechend wenige oder gar keine seien darum erhalten geblieben!

Nach H. ROLLET /33/ sind die ältesten in Europa geschaffenen Diamant-Gemmen von AMBROSIO FROPPA, genannt CARADOSSO, aus Pavia, einem Bildhauer, Goldschmied, Medailleur und Edelsteinschleifer, der hochberühmt in Mailand und Rom arbeitete, im Auftrag von Papst JULIUS II. (1503 bis 1513) mit den Bildnissen von Kirchenvätern in einem schönen, um 25 000 Kronen gekauften Diamanten hergestellt worden; er bezieht sich dabei auf T. GARZONI /34/. Sein Nachfolger war CLEMENTE BIRAGO aus Mailand, der am Hofe PHILIPPs II. (1556 bis 1598) in Madrid in einen Diamanten das Bildnis des DON CARLOS und das spanische Wappen grub; er wurde von P.J. MARIETTE /29/ fälschlich für den Erfinder dieser Kunst gehalten. Ebenfalls für PHILIPP II. arbeitete der Mailänder GIACOMO da TREZZO, der im Jahre 1587 von ihm 500 Dukaten für

ein in Diamant graviertes Wappen erhalten hat. Ein weiterer Diamant-Graveur war GIOVANNI COSTANZA (1664 bis 1754), der ein Bildnis NEROs und das seines Sohnes in Diamanten gravierte. Letzterer, CARLO COSTANZA, 1703 in Neapel geboren, wurde berühmt durch sehr schöne, für den König von Portugal ausgeführte Diamantgemmen, die nach antiken Bildmustern ausgeführt worden waren. Im Jahre 1724 sah Baron P. v. STOSCH /35/ bei einem Angehörigen des römischen Fürstenhauses VAINI einen NERO-Kopf, der von JEAN COSTANZA aus Rom, einem sehr geschickten Graveur, in einen Diamanten vollendet graviert worden sei.

Der Diamantschliff als europäische Erfindung

Die Bearbeitung von Edelsteinen zur Erhöhung ihres Glanzes und ihrer Schönheit ist ein altes Handwerk. Eine frühe Beschreibung der mittelalterlichen Steinschleifkunst, die sich von der antiken nur wenig unterschieden haben dürfte, findet sich in der *Schedula diversarum artium* („Handbüchlein über verschiedene Künste") des THEOPHILUS PRESBYTER /1/, die uns in einer wohl in der Zeit um das Jahr 1100 verfaßten Form vorliegt. Hier werden mugelige Steine erhalten, indem der auf einen Stock gekittete Edelstein auf einem festliegenden Stein mit der Hand geschliffen und ebenso auf einer Bleitafel poliert wird. Das spätere Mittelalter vervollkommnet die Technik, es entstanden wasserbetriebene Schleifmühlen mit großen rotierenden Scheiben. Die Zentren des spätmittelalterlichen Steinschleifens waren Paris, wo um 1200 eine Steinschleiferzunft gegründet wurde, ferner Freiburg im Breisgau, wo seit 1327 Schleifmühlen bestanden, und zur Zeit Kaiser KARLs IV. (1316 bis 1378) auch Prag, später erst Idar-Oberstein, Nürnberg, Wien und Straßburg. Es sind dort neben Bergkristall auch Achat, Chalzedon und Jaspis, also nicht sehr harte Steine, geschliffen worden /2/. Wann die Tatsache, daß der Diamant mit seinem eigenen Staub sich schleifen läßt, entdeckt wurde, ist unbekannt /3/. Die ohne Quellenangabe von P. GRODZINSKY /6/ gemachte Behauptung, es habe in Paris schon im 13. Jh. Diamantschleifer

gegeben, ist nach G. LENZEN /7/ in das Reich
der Sage zu verweisen, wie die im folgenden dargestellten Berichte erkennen lassen. Eine
Bestätigung dieser ablehnenden Einstellung gibt
geradezu KONRAD von MEGENBERG (1307
bis 1374), der mit großer Sorgfalt das Wissen
seiner Zeit über Edelsteine sammelte, um es in
sein *Buch der Natur* einzugliedern. Er kannte
zwar die Anwendung des Diamanten zur
Bearbeitung anderer Edelsteine /8/, nicht aber
die des Diamanten selbst; und wie hätte ihm, der
im Jahre 1337 von einem achtjährigen Studien-
und Lehraufenthalt in Paris zurückkehrte, so
etwas Wichtiges entgehen können! Auch die
Angabe von F. M. FELDHAUS /9/ über
Diamantschleifer in Nürnberg bereits im Jahre
1237, die in der Literatur mehrfach übernommen
wurde, stellte sich nach einer brieflichen Mitteilung des FELDHAUS-Archivs /10/ hinsichtlich der Jahreszahl als Druckfehler heraus. In
einem weit verbreiteten Buch /11/ hatte F. M.
FELDHAUS die Nürnberger Diamantschleifer
in das Jahr 1375 datiert; es ist aber keine Quelle
zur europäischen Handwerksgeschichte bekannt,
aus der sich für das 14. Jh. der Nachweis von
Diamantschleifern führen ließe, erst recht nicht
in Nürnberg, wo mindestens bis zum Jahre 1300
Einzelnachrichten über Handwerk - nicht nur
über Diamantschleifer - gänzlich fehlen /13/.
F. M. FELDHAUS widersprach der Angabe
aber selbst in einer späteren Veröffentlichung
/12/, in der er feststellte, daß im Jahre 1363 unter
den 1216 Nürnberger Handwerksmeistern keine
Diamantschleifer nachgewiesen sind, sondern
solche erst im Jahre 1670 in den Aufzeichnungen
des Amtsschreibers JOHANN NIKOLAUS
KOHL erscheinen. Schließlich und endlich fand
F. M. FELDHAUS /9/ für das Auftreten von
Diamantschleifern in Nürnberg das Jahr 1550.
Für das Jahr 1550 jedoch kann F. M. FELD-
HAUS /9/ durch Aktenfunde nachweisen, daß
ein Mechanikus und Erfinder namens HANS
LOBSINGER in einer Auflistung seiner etwa
hundert Erfindungen als Nr. 15 schreibt: *„Item,
er wiss en Demuthmuel (sc. Diamantmühle) trey-
ben soll.* This may by translated: ,Forther I
(LOBSINGER) know how to make a diamond
mill which easily enables there diamond to be
driven'. In another part of the manuscript we find

a note which means: paragraph 6: ,make inquiries
with PAULUS KOCH the diamond polisher at
this place and you will find that he (LOBSIN-
GER) has designated for him a horse-mill for diamond polishing'.“

Um diese Zeit weiß GEORG AGRICOLA
(1494 bis 1555) schon einigermaßen besser
Bescheid, scheint allerdings den Facettenschliff
noch nicht zu kennen, nur den sogenannten
Spitzstein; nachdem er das Schleifen der anderen
Edelsteine behandelt hat, schreibt er /22/:

*„Mit Sicherheit können alle Edelsteine mit
Schmirgelpulver auf diese Weise geschliffen werden, mit Ausnahme des Diamanten, dieser nur
mit Diamantpulver, das die Portugiesen aus
Indien bringen. Die Edelsteine lassen sich auch zu
geschnittener Arbeit verwenden und geben sehr
gut Siegel wieder. Doch sind nur etliche von ihnen
leicht zu schneiden ... Manche dagegen leisten dem
Schneiden heftigen Widerstand, so der indische
Diamant ... Der Diamant läßt sich am aller-
schwersten schneiden, wird aber doch mitunter geschnitten, wenn man einen Fehler an der
Oberfläche verdecken will.“* Etwas später sagt er:
*„Der Diamant findet den größten Beifall, wenn er
von Natur sechs Ecken hat und seine Masse vom
Ring so umschlossen wird, daß eine Spitze heraus-
steht. Wenn er aber länglich ausbeult oder schild-
artig rund ist, gibt die Kunst ihm, wie auch den
übrigen Edelsteinen, eine Gestalt mit sechs Ecken,
aber der eckige Teil wird vom Ring eingeschlossen,
der gleichmäßige ragt heraus. Daher wird diese
Gestalt, die die Kunst allen Edelsteinen zu geben
pflegt, am meisten gelobt.“*

Ein wenig besser waren die Kenntnisse über den
Diamantschliff am kaiserlichen Hofe zu Prag:
ANSELMUS BOETIUS de BOODT weiß
einiges über die Bearbeitung des Diamanten zu
berichten /23/ und versucht dabei, seiner Art
entsprechend, eine Erklärung zu geben; in dem
Kapitel über die Verwendung des Diamanten
schrieb er:

*„Der Diamant dient nicht allein zu Schmuck-
zwecken, sondern wird auch dazu gebraucht,
härtere andere Edelsteine zu schneiden und zu
schnitzen. Ohne seine (sc. des Staubs) Hilfe können weder jene bequem, noch er selbst in irgend*

*einer Weise so geschnitzt oder geschnitten werden,
daß sie ihre Pracht und Schönheit erreichen
können. Da er (sc. der Diamant) durch nichts anderes angegriffen werden kann, wohl aber alle anderen Edelsteine, übertrifft er alle anderen Stoffe
an Härte. Zu diesem Zweck pflegt man ihn (sc.
den Staub) mit Öl zu mischen, und davon ein
Tröpfchen entweder auf die Edelsteine selbst oder
auf das Schneideisen aufzutropfen, das den
Edelstein oder den Diamanten aushöhlen soll.
Dann wird das Eisen durch das Rad in sehr
schneller Umdrehung auf den Edelstein aufgesetzt;
so wird durch sehr viele Umdrehungen und das
ständige Reiben des Pulvers schließlich der
Edelstein ausgehöhlt. Doch der Diamant leistet
viele Tage lang Widerstand, ehe man sagen kann,
es erscheine wirklich etwas von ihm abgetragen
worden. Doch allmählich gibt er gegen sich selbst
nach, wie der Stein vom tropfenden Wasser
bezwungen wird gemäß dem Vers: ‚Der Tropfen
höhlt den Stein, nicht mit Gewalt, sondern durch
häufiges Fallen.‘*

*Wenn sich einer wundern mag, daß das Pulver auf
den Diamanten, obwohl es nicht härter ist als dieser, einzuwirken vermag, während sonst das
Einwirkungsmittel härter als der Bearbeitungs-
stoff sein muß, dann wird er aufhören sich zu
wundern, wenn er sich klar macht, daß das
Bißchen, das eben ausgehöhlt wird, das Pulver, das
aushöhlt, nicht immer dasselbe ist. Denn deswegen wird er in Pulver überführt, daß die einzelnen Pulverteilchen ihre Aufgabe erfüllen können und den auszuhöhlenden Ort reiben können.
Wenn schließlich die Kraft des Pulvers nachläßt,
wird neueres und noch nicht stumpf gewordenes
eingesetzt. Das wird auch mit dem Schmirgel so
gemacht, mit dem weichere Steine poliert und
behandelt werden. Ein Skrupel (Diamant-)
Staub pflegt zehn Thaler zu kosten.“*

Die Erfindung des Diamantschliffs nahm im
Jahre 1661 R. de BERQUEN /36/ für einen
seiner Vorfahren in Anspruch und datierte sie in
das Jahr 1476; er schrieb:

*„Die Hebräer sind die ersten Urheber dieser fal-
schen Meinung, daß der Diamant auf Grund seiner Härte nicht gebändigt oder gebrochen werden
kann durch welche Kraft auch immer, und das ist
auch der Grund dafür, daß MONTANUS sagt,*

*daß in ihren frommen Schriften berichtet wird,
daß einer in Rom einen Diamanten gekauft habe
unter der Bedingung, daß er ihn auf dem Amboß
prüfen könne. Die Probe sei mit starken Hammerschlägen gemacht worden, und der Diamant habe
diesen Anstrengungen widerstanden, so daß er
dafür gern den Preis bezahlt habe, weil er durch
diese Prüfung sicher war, daß es sich um einen echten (Stein) handle. Andere machen sich noch mehr
lächerlich, wenn sie dafür halten, daß ein
Diamant, wenn man ihn in noch warmes
Bocksblut gebe, weich würde und sich leicht schneiden ließe. Und weiter sagt ein bestimmter Autor,
daß sie in Indien ihn (sc. den Diamanten) mit
Schmirgelpulver schnitten, wie wenn das Pulver
dieses Steines, der viel weicher ist als der
Diamant, etwas gegen diesen erreichen könnte.
LOUIS de BERQUEN, einer meiner Vorfahren,
hat darüber die Welt aufgeklärt. Er war es, der als
erster im Jahre 1476 die Erfindung des
Schneidens des Diamanten mit seinem eigenen
Pulver gemacht hat. Hier kurz die Geschichte, die,
wie ich glaube, in diesem Zusammenhang nicht
uninteressant ist. Bevor man jemals daran dachte,
die Diamanten schneiden zu können, war man,
ermüdet wie man war durch die vielfachen
Versuche, zu diesem Ziel zu kommen, gezwungen,
sie so zu verwenden, wie man sie in Indien am
Grund der Flüsse bei Niedrigwasser unter den
Feuersteinen antraf, das heißt als ‚pointes naives‘,
ganz roh also, unregelmäßig und unschön, wenn
nicht zufällig einige Flächen vorhanden waren,
unregelmäßig und wenig glatt, wie sie eben die
Natur hervorbringt, und wie man sie heute noch
sehen kann an den alten Behältnissen und
Reliquiaren in unseren Kirchen. Der Himmel
schenkte diesem LOUIS de BERQUEN, gebürtig
in Brügge, wie einem zweiten BEZELIER eine
so einmalige Intelligenz oder ein solches Genie,
daß er von selbst auf diese Erfindung kam und sie
glückhaft zu Ende brachte. Sein Vater, der ihn für
einen ganz anderen Beruf bestimmt hatte,
schickte ihn an die Universität von Paris, um dort
die ‚Lettres humaines‘ zu studieren. Aber weil sein
Geist die Hartnäckigkeit dieser anderen Denker
besaß, riß ihn die Kraft seiner Phantasie so weit
fort, daß er dabei keine Fortschritte machte: Im
Gegenteil, er verbrauchte seine ganze Zeit mit
abertausend Kleinigkeiten und Erfindungen, die*

weit entfernt waren vom Fleiß, den ein Scholar braucht. Der darüber unterrichtete Vater rief ihn nach Paris zurück und fand ihn mit Maschinen beschäftigt und zwar mit der Herstellung ganz außergewöhnlicher, deren Anwendung man keinesfalls begreifen konnte (die er in Frankreich hatte machen lassen und von dort mitgebracht hatte), er ließ aber seinem Geist völligen Freiraum, um in großer Freiheit eine große Sache ausführen zu können. Dieser Vater war ein Adliger, sowohl der Gesinnung als auch der Herkunft nach ... er ließ seinen Sohn also handeln ... - Dieser Sohn, also LOUIS de BERQUEN, brachte zur Ausführung, was er gleich zu Beginn seiner Untersuchungen sich ausgedacht hatte: Er faßte zwei Diamanten in Kitt, und, nachdem er sie, den einen gegen den anderen, gerieben hatte, sah er deutlich, daß man mittels des Pulvers, das dabei abfiel, und mit Hilfe einer Mühle mit verschiedenen Eisenscheiben, die er erfunden hatte, das Ziel würde erreichen können, sie vollkommen zu polieren, ja sogar sie zu schneiden in jeder beliebigen Weise. In der Tat, er führte das so glücklich aus, daß diese Erfindung seit ihrer Entstehung den Ruf genießt, die einzige (sc. Schleifmöglichkeit) zu sein, die wir bis zum heutigen Tag besitzen."

Es folgt dann der Bericht, daß KARL der KÜHNE von Burgund (1467 bis 1477) gleich drei große Diamanten beim Erfinder schleifen ließ und dafür 3000 Dukaten bezahlte.

Literatur:

/1/ Theophilus Presbyter, Schedula Diversarum Artium, Buch 3, Kap. 94, hrsg. von X. Ilg, Wien 1874, S. 370/5. - /2/ G.E. Pazurek, Belvedere 9, 2 (1930) 145/57, 15/94 laut Lit. 3. - /3/ H. Bethe in: E. Gall, L. H. Heydenreich, Reallexikon der deutschen Kunstgeschichte, Bd. 4, Spalte 714/42. - /4/ C. Hintze, Handbuch der Mineralogie, Erste Abteilung, Leipzig 1904, S. 15. - /5/ H. Blümner, Technologie und Terminologie der Gewerbe und Künste bei Griechen und Römern, Bd. 3, Leipzig 1884, S. 233. - /6/ P. Grodzinsky, Ind. Diamond Rev. 1953, Special Suppl. Nr. 1, S. 1. - /7/ G. Lenzen, Produktions- und Handelsgeschichte des Diamanten, Berlin 1966, 5/86/104. - /8/ Konrad von Megenberg, Das Buch der Natur, hrsg. von F. Pfeiffer 1861, S. 433. - /9/ F.M. Feldhaus, Ind. Diamond Rev. 12 (1952) 91. - /10/ Feldhaus-Archiv Heidelberg, am 23. 9. 1964 an G. Lenzen, Lit. 7, S. 86, Fußnote 6. - /11/ F.M. Feldhaus, Lexikon der Erfindungen und Entdeckungen auf den Gebieten der Naturwissenschaften und Technik in chronologischer Übersicht, Berlin 1904, S. 15. - /12/ F.M. Feldhaus, Ind. Diamond Rev. 12 (1952) 224. - /13/ Dr. Hirschmann, Stadtarchiv Nürnberg, Mitteilung vom 9. 4. 1964 an G. Lenzen, Lit. 7, S. 87, Fußnote 11. - /14/ K. Schloßmacher, Edelsteine und Perlen, 3. Aufl. Stuttgart 1962, S. 308. - /15/ L. Finot, Les Lapidaires Indiens, Paris 1896, S. 4/13; 59/63; 79/90. - /16/ Buddhabhatta, Ratnapariksa 48 laut Lit. 15. - /17/ M. Bauer, Edelsteinkunde, 2. Aufl., Leipzig 1908, S. 315. - /18/ Varâhamihira, Brhatsamhita laut Lit. 15, S.59/63. - /19/ Agastiya, Agastimata laut Lit. 15, S.79/90. - /20/ F. Corsi, Delle Pietre Antiche, 2. Aufl., Rom 1833, S. 270. - /21/ F. Freise, Z. Berg-, Hütten-, Salinenwesen Preuß. Staat. 56 (1908) 347/416, 405. - /22/ G. Agricola, De Natura Fossilium Libri X, Die Mineralien, deutsch von G. Fraustadt, Baden 1988, 152- /23/ A. Boetius de Boodt, Gemmarum et Lapidum Historia, Buch 2, Kap. 6, Hanau 1609, S. 69. - /24/ M. Lorenz, Die okkulte Bedeutung der Edelsteine, 2. und 3. Aufl., Leipzig 1922, 19/20. - /25/ G.F.H. Smith, C.F. Phillips, Gemstones, 13. Aufl., London 1958, S. 222/3, 237/3. - /26/ J.B. Tavernier, Beschreibung Der Sechs Reisen, welche Johan Baptista Tavernier, Ritter und Freyherr von Aubonne, In Türckey, Persien und Indien verrichtet, Anderer Theil, darinnen Indien und die Benachbarten Inseln beschrieben werden, in der Hoch-Teutschen Sprach ans Liecht gestellt durch Johann Herman Widerhold, Genff 1681, S. 328. - /27/. J.H. Krause, Pyrgoteles oder die edeln Steine der Alten im Bereich der Natur und der bildenden Kunst, Halle an der Saale 1856, S. 243. - /28/ A. Cornaro, Mercure de France 4 (1723) 925. - /29/ P. J. Mariette, Traité des Pierres Gravées, Bd. 1, Paris 1750, S. 90, 9, 130/1. - /30/ P.D. Lippert, Dactylotheca Universalis, das ist Sammlung geschnittener Steine der Alten aus den vornehmsten Museen in Europa, usw., Zweytes Historisches Tausend, Leipzig 1767, S. 116. - /31/ G.E. Lessing, Antiquarische Briefe, Erster Teil, Brief 26 in: Lessings Werke, 17. Teil, hrsg. von A. Schöne, Berlin-Leipzig-Wien-Stuttgart o.J. (1926) S. 131/2 (Erstausgabe Berlin 1758). - /32/ J. Gurlitt, Über die Gemmenkunde in: Archäologische Schriften, hrsg. von C. Müller, Altona 1831, S. 81/2 (Erstausgabe 1798). - /33/ H. Rollet in: B. Bucher, Geschichte der technischen Künste, Bd. 1, Stuttgart 1875/6, S. 281. - /34/ T. Garzoni, Piazza Universale, Das ist Allgemeiner Schauplatz, Marckt und Zusammenkunft aller Professionen, Künsten, Geschäften, Handeln und Handwerkern, 58. Diskurs, Von Jubelirern und edlen Steinen, Frankfurt am Main 1659, S. 598 (italienische Erstausgabe 1579). - /35/ P. Baron v. Stosch, Gemmae Antiquae Caelatae, Amsterdam 1724, S. XVII. - /36/ R. de Berquen, Les Merveilles des Indes Orientales et Occidentales ou Nouveau Traité des Pierres Précieuses, Paris 1661, S. 13. - /37/ C.W. King, The Natural History, Ancient and Modern, of Precious Stones and Gems, and Precious Metals, London 1865, S. 66, 106. - /38/ L. de Laborde, Glossaire Français du Moyen Âge, Paris 1972, S. 249 (50). - /39/ B. Laufer, The Diamond, Field Museum of Natural History, Publ. 184, Anthropol. Ser. 15 (1915) Nr. 1, S. 49. - /40/ D. Schlugleit, Geschiedenis van het Antwerpsche Diamantslijpersambacht (1582-1797), Antwerpen 1935, S. 9 laut Lit. 7. - /41/ O. Mugler, Edelsteinhandel im Mittelalter und im 16. Jahrhundert mit Excursen über den Levantehandel und asiatischen Handel überhaupt, München 1928, S. 54; 91/4 laut Lit. 7.

Verwendung des

Diamanten

Der Diamant als Schmuck

Die Wertschätzung des Diamanten war zu den verschiedenen Zeiten und in den verschiedenen Kulturkreisen recht unterschiedlich begründet, stets war dabei seine Seltenheit von hoher Bedeutung, oft kamen noch die ihm zugeschriebenen magischen Kräfte hinzu. Dies gilt vor allem bei seiner Verwendung als Schmuck in frühen Zeiten, bevor man es verstand, ihm durch Schleifen ein farbenprächtiges Glänzen zu entlocken. Oft genug wurden ihm die prächtig roten Rubine oder der leuchtend grüne Smaragd vorgezogen. Wenn auch M. BAUER /6/ feststellen darf: „Der Diamant gehört zu den bestkristallisierten Mineralien, die es gibt. Fast jeder einzelne Stein ist von mehr oder weniger regelmäßig ausgebildeten Flächen begrenzt", so war doch der Eindruck, den der natürliche, unbearbeitete Stein auf Käufer oder Finder machte, nicht sehr groß, wie die Entdeckungsgeschichte vieler Lagerstätten zeigt. Erst „Kenner" bemerkten den wahren Wert der unscheinbaren „Kiesel". In frühen Zeiten mögen wohl die Zauberkräfte, die man dem Unscheinbaren seiner außerordentlichen Härte wegen zuschrieb, und die sich im Sympathiezauber vom Amulett auf den Besitzer übertragen sollten, das Übergewicht gehabt haben. Der Weg vom Amulett zum Schmuck ist allerdings sehr kurz. Das bekannteste Beispiel dafür dürfte der Diamantschmuck KARLs des KÜHNEN, des Herzogs von Burgund, gewesen sein, der, mit mehreren großen (geschliffenen) Diamanten behängt, im Jahre 1477 in seine letzte Schlacht zog. In der Antike wurde der Stein nach L. FRIEDLÄNDER /2/ so gut wie gar nicht als Schmuck getragen, über Preise ist nichts bekannt, doch seien die Römer in der Wertschätzung den Indern gefolgt. Im Mittelalter

scheint er, seiner hohen Seltenheit wegen, nur spärlich in Kultgegenständen als Schmuck eingesetzt. M. PINDER /7/ weiß zum Beispiel noch zu berichten von vier Diamanten in unveränderter natürlicher Kristallform in einer Agraffe des französischen Krönungsmantels, die im Schatz der Abtei St. Denis aufbewahrt wurde, während die etwa gleichaltrige ungarische Reichskrone, wie aus einer Verpfändungsurkunde des Jahres 1440 hervorgeht, zwar 50 Rubine, einen Smaragd und 53 Saphire, aber keinen einzigen Diamanten enthielt. Wie M. E. GIARD /8/ zu berichten weiß, blieb der Stein zunächst dem männlichen Teil des Adels vorbehalten. Es gibt Erlasse des französischen Königs LUDWIG des HEILIGEN (1214 bis 1270), in denen es Frauen, seien es Prinzessinnen oder Bürgerliche, untersagt war, Diamanten zu tragen. Übrigens war der Juwelierberuf von den Zünften nicht anerkannt, er war nur ein Anhängsel an die Goldschmiedekunst, die nach ihrer Devise „In sacra inque coronas" vor allem an Kultgegenständen *(sacra)* und Kronen *(coronas)* arbeiten sollte. Nach Meinung LUDWIGs des HEILIGEN konnte nur MARIA die JUNGFRAU Diamanten tragen. Die erste Frau, die dieses fast mystische Verbot in Frankreich zu übertreten wagte, war - so wird mehrfach berichtet - AGNES SOREL (etwa 1422 bis 1450), die Geliebte König KARLs VII. von Frankreich; sie trug als erste Frau nichtköniglichen Geblüts einen Diamanten als Schmuck /1;4;8/. In der 11. Auflage der *Encyclopaedia Britannica* (1910) ist nachzulesen, wie die Affäre gedeutet worden ist, daß nämlich König KARL VII. keusch war, bis er AGNES SOREL traf, und dann nicht mehr. Sie war so schamlos, daß sie es wagte, Diamanten zu tragen, die Amulette, die bis dahin den Männern vorbehalten waren. Sie wurde dadurch nicht härter, sie starb jung.

Trotz ihres frühen Todes trug AGNES dazu bei, den Diamanten zum besten Freund der Kurtisane zu machen. Mätressen erhielten Diamanten früher als Bräute: Kaiser MAXIMILIAN I. soll der erste gewesen sein, der im Jahre 1477 seiner Verlobten, MARIA von BURGUND, einen diamantbesetzten Ring schenkte /1/.

Soweit man noch aus Urkunden urteilen kann, datiert eine der ersten Verwendungen des Diamanten als Schmuckstück aus der Mitte des 14. Jh. In dem 1379 verfaßten Mobiliarinventar des französischen Königs KARL V. (der Weise, 1364 bis 1380) findet sich folgende Aufzählung: „Ein Goldzepter, das der König in der Hand hält ... und der Apfel zu dem genannten hohen Stab von KARL dem GROSSEN, verziert mit drei Spinellen, drei Saphiren, drei Büscheln (d. s. Gruppen mit vier Perlen), eine davon mit vier großen Perlen und einem Diamanten in der Mitte."

In demselben Text wird erklärt, daß der Auftrag für das Zepter an SIMON de DAMMARTIN vergeben worden war, der im Jahre 1352 für die Königin (wahrscheinlich für JEANNE d'AUVERGNE, die zweite Gemahlin JOHANN des GUTEN, der von 1350 bis 1364 regierte) eine Knopflochleiste aus Gold mit 25 Knöpfen angefertigt hatte, wobei jeder Knopf aus vier Perlen und einem Diamanten in der Mitte bestand /8/. Gegen Ende des Mittelalters nahm offenbar die Zahl der Diamanten beträchtlich zu, nach PINDER /7/ führen ihn Fürsten im Wappen, er schien als der vornehmste Zierat im Palaste des COSIMO di MEDICI, in einem Scudo d'oro des ALESSANDRO MEDICI. Man sah ihn noch als „pointe naive" in einem Ring gefaßt auf Münzen des GIOVANNI GALEAZZO MARIA SFORZA, als Symbol des HERAKLES auf Münzen des ERCOLE d'ESTE und anderen Münzen, die deswegen die Gattungsbezeichnung ‚diamante' erhielten /7/.

Anders im fernen Osten: Die Perser setzten ihn in der Wertskala im 13. Jh. hinter Perle, Rubin, Smaragd und Chrysolith an die fünfte Stelle /2/. Auch zu Beginn der Neuzeit wurden noch farbige Steine dem Diamanten vorgezogen. So setzte ihn noch BENVENUTO CELLINI in der Einschätzung nach dem Rubin und Smaragd und nur zum achten Teil des Preises des ersten an /2/.

Und auch GARCIA da HORTO (1565), der sich lange in Indien aufgehalten hatte, erklärte den Stein zwar für den König der Edelsteine in betreff seiner Härte, doch in Bezug auf Wert und Schönheit stehe der Rubin an erster, der Smaragd an zweiter Stelle /2/, dann änderte sich die Einschätzung wohl mit der Zunahme der Zahl der Diamanten im Handel und der Verbesserung der Schleifkünste. Ein Beispiel dafür ist nach PINDER /7/ bezeichnend: Nämlich die Anekdote über König FRANZ I. von Frankreich (1515 bis 1547), der in ein Fenster des Schlosses Chambord mit dem Diamanten, den er in einem Ring trug, folgende Verse über den Wankelmut seiner Geliebten, der DUCHESSE d'ESTAMPES, eingegraben haben soll: „Oft ändert eine Frau ihre Meinung. Schlecht für den, der darauf vertraut" (vgl. S. 242).

Als Kronjuwelen in England werden Diamanten nach W. JONES /5/ erstmals unter König EDUARD VI. (1547 bis 1558) nachgewiesen: „The crown of EDWARD VI. was found in an iron chest in the Tower. It weighed two pounds one ounce and was enriched with a fine diamond valued at L 200; thirteen other diamonds, ten rubies, one emerald, one sapphire valued L 60, and seventy pearls. The gold was valued at L 73, 16 s, 8 d, and the whole of the jewels at L 355. This was probably the ‚very rich crown' which, we are told, was purposely made for the king, and the third with which he was crowned at Westminster."

·Nach P. de MADRAZO /3/ war König PHILIPP II. von Spanien im Jahre 1561 gezwungen, den Kaiserornat MAXIMILIANs I. und KARLs V. zu verkaufen. Aus einem Inventar ergibt sich, daß drei Kronen auf einmal verschleudert wurden - vielleicht war darunter auch die von FRIEDRICH III. Von einer Mitra, wie sie unter der Krone getragen wurde, wird erwähnt, daß sie aus Silberdraht bestand und mit Diamanten, Rubinen, Perlen und Perlenschmelz besetzt war. Damit stimmt überein, wenn S. TOLANSKY /4/ meint: „Up to about 1550 the diamond was still worn in some profusion by Kings and Princes rather then by Queens, but after that date was a slow change. True, the very largest of diamonds still continued to be worn by man, in sword and in crown, but gradually in personal adornement, by ring, brooch and collar, the ladies began to monopolize the diamond. This went to extremes in the nineteenth century with Mme. RECAMIER (1777 bis 1849, Gattin eines Bankiers und berühmte Gegnerin NAPO-LEONs) wearing diamonds even on her toes!"

Literatur

/1/ D.E. Koskoff, The Diamond World, New York 1981, deutsch: Der Stein des Glücks, Zürich 1983, S. 24. - /2/ L Friedländer, Darstellungen aus der Sittengeschichte Roms in den Zeiten von Augustus bis zum Ausgang der Antonine, B. Aufl., Bd. 3, Leipzig 1910, S. 82/3. - /3/ P. de Madrazo, Jahrbuch der Kunstsammlung des Allerhöchsten Kaiserhauses 30 (1889) 455ff. laut P.E. Schramm, Herrschaftszeichen und Staatssymbolik, Bd. 1, Stuttgart 1954, S. 93; Bd. 3, Stuttgart 1956, S. 1020. - /4/ S. Tolansky, J. Roy. Soc. Arts 109 (1961) 743/61, 749. - /5/ W. Jones, Crowns and Coronations, London 1883, S. 41. - /6/ M. Bauer, Edelsteinkunde, 2. Aufl., Leipzig 1909, S. 193. - /7/ M. Pinder in: J.S. Ersch, J.G. Gruber, Allgemeine Encyklopädie der Wissenschaften und Künste, Erste Section, 24. Land, Leipzig 1838, S. 456. - /8/ M.E. Giard in: J. Legrand, Der Diamant, Mythos, Magie und Wirklichkeit, deutsch von H. Jetter, Freiburg-Basel-Wien 1981, S. 255/7.

DER DIAMANT ALS WERKZEUG

Außer als Amulett und zu Schmuckzwecken sowie zur Gewinnung von Diamant-Pulver zu Schleifzwecken aller Art wird der Stein, insbesondere seine dunkel gefärbten Arten, zu Werkzeugen in den unterschiedlichsten Techniken verwendet. Die älteste Anwendung dürfte wohl die Diamant-Spitze („diamond point") der Steinschneider gewesen sein, der diese Handwerker dann die Verwendung des Diamantstaubes folgen ließen. Später kam der Stein zur Anwendung als Glasschneider und als Diamantbohrer in den verschiedensten Berufszweigen. Schließlich ersetzten durchbohrte Diamanten die Zieheisen beim Drahtziehen und die stählernen Schneidwerkzeuge der Dreher. So konnte schon im Jahre 1652 THOMAS NICOLS schreiben /36/: „The shivers and dust of a good, perfect, true diamond are of admirable vertue, and of very great worth, esteem and value: for by their hardnesse they do divide all gemms: in the engraving of all other gemms they are not only profitable but necessarie; for whatever precious stones have an excellent hardnesse joyned with their glorie, puritie, and beautie, they will want the help of these, or they will not easily be either cut, graven, or polisht."

Moderne handwerkliche und industrielle Fertigungsmethoden sind nicht mehr denkbar ohne die Kenntnis von der Verwendbarkeit des Diamanten als vielseitiges Werkzeug /7/. Es hat sich insbesondere in den dreißiger Jahren des 20. Jh. der Begriff des „Industriediamanten" gebildet als Kennzeichnung und Abgrenzung gegen den Diamanten für Schmuckzwecke. Die Bedeutung der Industriediamanten zeigt sich in der statistischen Angabe, daß heute 80% der Gewichtsmenge der Diamantförderung industriellen Zwecken dienen /10/ (und die modernen Synthesemethoden zur Gewinnung von Industrie-Diamanten eingesetzt werden). Diese Industrie-Diamanten werden in drei Typen unterteilt:

„1.) **Bort,** a trade name for diamond crystals too badly flawed or too offcolor to be used in jewelry /38/;

2.) **Carbonado** or black diamond, a closely knit aggregate of excessively small diamond crystals;

3.) **Ballas,** a globular mass of diamond crystals radiating from a common center.

Bort has the virtue of hardness and comparative cheapness, **carbonado** of extreme toughness, and **ballas** of hardness and toughness. **Bort** is a byproduct of all diamond mining and makes up about 80% of a normal year's production. **Carbonado** comes from Bahia, Brazil, and **ballas** from Brazil and certain of the South African mines. **Carbonado** occurs in pebbles of larger average size than the gem stone, although the largest ever found (3078 carats) only approached in size the famous Cullinan diamond" /13/.

Von der technologischen Seite her bedient man sich einer eigenen, auf den Verwendungszweck abgestellten Ordnung des Materials:

1.) „Rohsteine" im Gewicht von 0,1 bis 6 Carat, die keiner weiteren Bearbeitung unterzogen werden; hierher gehören Steine für Bohrkronen und Abrichtwerkzeuge;

2.) „bearbeite Steine", die durch Spalten oder Schleifen und Polieren mit einer oder mehreren Flächen versehen oder durchbohrt werden, hierher gehören Drehwerkzeuge und Ziehsteine.

3.) „Diamantkörnung" oder „-pulver", in Korngrößen von 0,3 bis 0,001 mm.

Die Diamantspitze

In der Antike

Umstritten wie die Frage, ob die klassische Antike den Diamanten kannte, ist auch, ob man ihn damals schon als Werkzeug, sei es als Spitze oder gar als Pulver, benutzt hat. Viele glauben, daß die frühe Anwendung der Diamant-Spitze, eines mit einem Bruchstück einer harten Substanz versehenen Bohrers, bei den Steinschneidern die frühe Kenntnis des Diamanten beweise; das Instrument wurde schon bei den Etruskern verwendet. Wenn man aber die Härte der damals bearbeiten Steine betrachtet, so hätte die Spitze auch mit Schmirgel besetzt sein können /8/. Anders meint aber J. H. KRAUSE /1/, schon zur Zeit des THEOPHRAST von Eresus (ca. 371 bis 287 v. Chr.) habe man Diamantsplitter zur Bearbeitung anderer Edelsteine benutzt und schloß dies aus einer Bemerkung des genannten Gelehrten in seinem Werk *De Lapidibus* („Über die Steine"), in dem davon die Rede ist, daß Steine, die mit eisernen Werkzeugen nicht bearbeitet werden konnten, mit anderen, hier nicht mit Namen genannten Steinen bearbeitet wurden.

Moderne Herausgeber /2/ des antiken Werkes halten den Einsatz von natürlichem Schmirgel für wahrscheinlicher, wie dies auch G. LENZEN /10/ tut, der sogar die Meinung vertritt, daß bei den antiken Steinschneidern das Wort „Adamas" noch den Stahl der Spitze der Graviernadel bezeichnet habe, und man nur „in Ausnahmefällen Korundsplitter, die dem als Schleifmittel bekannten Schmirgel aus Naxos entnommen wurden, eingesetzt habe". Andererseits übernimmt aber G. LENZEN die Meinung von C.W. KING /37/, der die Herstellung solcher mit Edelsteinspitzen besetzter Arbeitsgeräte auf Grund mangelnder Sachquellen in der Antike, insbesondere bezogen auf den Diamanten, bezweifelt. Auch wies schon der Gemmologe A. FURTWÄNGLER /3/ darauf hin, daß der Gebrauch eines gefaßten Diamantsplitters vor dem Indienzug ALEXANDERs des GROSSEN (325 bis 327 v. Chr.), der vielleicht erstmals eine größere Anzahl der Steine in den Westen brachte oder ihn auch vielleicht erst bekannt machte, kaum angenommen werden kann. Allerdings

lassen sich die bereits zitierten Verse des MANILIUS aus seinem astronomischen Lehrgedicht /21/ leicht als Diamantspitze eines Gravierwerkzeugs deuten, zumal dann PLINIUS (23/24 bis 79 n. Chr.) wirklich über die Verwendung der Diamantsplitter zu berichten wußte /4/: „Wenn es glücklich gelungen ist, ihn (sc. den Diamanten) zu zerbrechen, zerfällt er in so kleine Stückchen, daß man sie kaum wahrnehmen kann. Diese sind bei den Steinschneidern begehrt und werden in Eisen gefaßt, weil man damit jeden noch so harten Körper leicht durchbohren kann." Ihn wiederholte fast wörtlich SOLINUS (3. Jh.) /12/. Einen Beweis für die Anwendung der Diamantspitze in der Antike fand K.W. WIRBELAUER /14/. In einem fragmentarisch erhaltenen, den sonst nicht bekannten Autoren SOKRATES und DIONYSOS aus Ägypten zugeschriebenem *Steinbuch*, in dem als Besonderheit für jeden Edelstein die die Heilswirkung verstärkende Gravierung genannt und gefordert wird, findet sich die Anweisung zur Herstellung eines Skarabäus aus einem Smaragd: „Man muß ihn so zurichten: Wenn du den Stein erworben hast, befiehl, daß ein Kantharos (sc. Käfer, entspricht dem Zeichen des Krebses des hellenistischen Tierkreises) eingraviert werde und auf der Rückseite eine stehende Isis; dann durchbohre ihn der Länge nach, befestige ihn mit einer goldenen Halterung und trage ihn am Finger."

An einer römischen Gemme des British Museum (No. 562) und an einer griechischen (No. 464) glaubte J. R. MIDDLETON /16/ besonders an der Bearbeitung der Haartracht die Verwendung des Diamantsplitters nachweisen zu können. In welcher Weise die alten Künstler von der Diamantspitze Gebrauch machten, ob sie sie in das rotierende Schleifrad setzten oder mit ihr aus der freien Hand gravierten, bleibt aber völlig unklar, J. H. KRAUSE /1/ entschied sich für den Gebrauch der Spitze aus der freien Hand, und eine solche Anwendung ist von dem französischen Technologen L. NATTER /5/ an mehreren geschnittenen Steinen, darunter auch an einer etruskischen Gemme vermutet worden.

In seiner Abhandlung über Gemmenkunde schloß sich J. GURLITT dieser Meinung an und nannte weitere Fachleute, die der gleichen Überzeugung waren /17/. Sicherlich war die Diamantspitze ein nicht leicht zu erreichendes, darum kostbares und nicht häufig angewendetes Werkzeug /6/. Von ihm als einem „Glaserdiamanten" zu reden, wie F. M. FELDHAUS /23/ es tat, dürfte mehr als verfehlt sein. Die Diamantspitze scheint auch in den griechisch-lateinischen Übersetzungen des Propheten JEREMIAS /11/ gemeint zu sein /10/ *(vgl. S. 35f)*. Daß in der Spätantike die Diamantspitze wohl bekannt war, zeigt ein *Armenisches Steinbuch*, bei dem ein Mittel gegen den Verlust von Splittern bekannt gegeben wird: „Um einen Diamanten zu zerbrechen, legt man ihn zwischen zwei Bleifolien, um nicht Splitter zu verlieren, die ohne diese nach allen Seiten herumspringen würden" /28/. Es kann also nicht verwundern, wenn ISIDOR von Sevilla (560 bis 636) über den Diamanten schrieb /29/: „Dessen Bruchstücke benutzen die Steinschneider zum Gravieren und Durchbohren der Edelsteine." Zur Herstellung einer „Diamant-Spitze" werden auch heute noch, ganz, wie es schon PLINIUS beschrieben hat, beim Zerbrechen von Diamanten scharfe Stückchen ausgelesen, gefaßt und in handliche Instrumente eingefügt /9/.

Im Mittelalter

Das Wissen um die Verwendung von Diamantsplittern bei der Bearbeitung von Edelsteinen gab aus der Antike der Leiter der Klosterschule in Fulda HRABANUS MAURUS (789 bis 850) in seinem Lehrbuch *De Universo Libri XXII* (22 Bücher über das Weltall) weiter, als er vom Diamanten sagt: „Seine Bruchstücke (sc. erhalten nach Mazerierung des Steins in Bocksblut) werden von den Steinschneidern benutzt, um Edelsteine zu gravieren und zu durchbohren." /25/. Auch MARBOD von Rennes (1035 bis 1123) erzählt in seinem Gedicht *De Lapidibus* davon /22/: „Mit dessen scharfen Bruchstücken werden die Edelsteine graviert." ALBERTUS MAGNUS (1193 bis 1280) indessen hat in seinem Werk *De Mineralibus et Rebus Metallicis* („Über Mineralien und metallische Stoffe") einige Schwierigkeiten mit dem Diamantgriffel: „Diejenigen (Bilder), die der Kunst nach durch Schaben sichtbar werden, kön-

nen meiner Einsicht nach nur durch die Kunst und in keinerlei Weise durch die Natur entstehen, aber in sehr harte Edelsteine sollen sie nur durch spitze und härteste Diamant-Teile gemacht werden können nach den Angaben derer, die über Edelsteine schreiben; das halte ich aber keineswegs für wahr; denn zu solchen Zeichnungen muß man geschickt angepaßte Instrumente haben, was bei Diamant-Teilen nicht möglich ist, weil sie nur durch Bocksblut verformt werden können, und dann scheint uns der Aufwand viel zu hoch, um irgendwann einmal einen geringwertigen Edelstein zu bearbeiten" /18/.

Kürzer und eindeutig drückte sich um etwa dieselbe Zeit THOMAS von CANTIMPRÉ (1201 bis 1270) in seinem viel gelesenen Werk *De Natura Rerum* („Über die Natur der Dinge") aus, wenn er vom Adamas schrieb: „Mit seinen scharfen Bruchstücken werden die härtesten Edelsteine bearbeitet." /26/. Das Steinbuch des VOLMAR aus dem 15. Jh. sagt in Versen /27/: „und seine scharfen Eckchen, die soll man haben; damit kann man andere Steine reißen oder gravieren. Das ist von seinen Fähigkeiten die größte." Ein unbekannter spanischer Zeitgenosse, der ein Steinbuch in Prosa herausgab (Brit. Mus HS Add. 21245) /30/, weiß das auch und es ist ihm so wichtig, daß er zweimal darüber spricht, einmal: „ ... mit scharfen Stückchen, mit denen die anderen Edelsteine geschnitzt werden", und später: „und nach vielen Hammerschlägen auf die Spitze wird er zerbrochen, manche Stücke davon gebrauchen die Steinschneider, um die Steine herzurichten."

Die Beobachtung, daß das Ritzen von Glas auch mit den Spitzen geschliffener Steine möglich ist, rief anekdotische Berichte über die Entdeckung dieser Eigenschaft durch meist hochadelige Träger von Diamantringen hervor. So soll nach P. LE VIEIL /31/ König FRANZ I. von Frankreich (1515 bis 1547) in ein Fenster des Schloßes Chambord an der Loire mit dem Diamanten, den er im Ring trug, einige bereits zitierte Verse auf den Wankelmut seiner Geliebten, der DUCHESSE d'ESTAMPES, eingegraben haben *(vgl. S. 239)*. Dies scheint eher Fabel als Geschichte zu sein, denn der Berichterstatter J. BECKMANN /31/ sah sich außer Stande, die

Geschichte in irgendeinem anderen Werk nachzuweisen, das sich mit der Geschichte der französischen Könige befaßt. Am englischen Hofe
soll etwa im Jahre 1580 Sir WALTER
RALEIGH in ein Fenster geritzt haben: „Fain
would I climb but that I fear a fall", was Königin
ELISABETH I. mit: „If thy heart fall Thee, then
why climb at all?" beantwortet haben soll /13/.
Wahrscheinlich lassen sich im Anekdotenkreis
aller reichen Fürstenhöfe der Renaissance derartige Histörchen auffinden.

Bei den Arabern

In dem Steinbuch aus der *Kosmographie* des AL-
QAZWĪNĪ /32/ wird mit der Quellenangabe
ARISTOTELES ausgesagt: „Die Werkleute befestigen Stücke davon an den Rand des Bohrers
und bohren damit die harten Steine. Der
Philosoph (Arzt) ARISTOTELES sagt:
ALEXANDER erstaunte über die Steine und
ihre Eigenschaften; der Grund davon war, daß
man einen Menschen brachte, in dessen Blase
und Harnröhre ein Stein war. Da nahm ich ein
Diamantkörnchen, er befestigte es mit etwas
Mastix und führte es in seine Harnröhre ein;
da zog der Diamant den Stein an sich und zerbröckelte ihn mit Gottes Zulassung."

Zu Beginn der Neuzeit

GEORG AGRICOLA (1494 bis 1555) beschreibt das Instrument etwas genauer /33/:
„Schließlich fassen die Edelsteinschleifer Splitter
vom zerbrochenen Diamanten in Eisen und
durchbohren damit auch die härtesten Edelsteine
ganz leicht." Eine weitere Anwendung von Diamantspitzen schlägt ANSELMUS BOETIUS
de BOODT vor, die die Vorstellungen von der
Härte des Diamanten jener Zeiten klar erkennen
läßt /34/: „Eine Diamantspitze, wenn sie einem
Wurfgeschoß oder einem Pfeil aufgesetzt würde,
durchdringt leicht alle Schutzwaffen."

Der Diamant als Glasschneider

Die Behauptung, erst im 16. Jh. habe man begonnen, das Glas mit dem Diamanten zu schneiden /19/, ist sicher nicht zutreffend, denn der
berühmte Glasmaler-Meister ANTONIO da
PISA, der um das Jahr 1395 lebte, schrieb in seinem *Traktat über die Glasmalerei* bereits: „Der
erste (sc. von den Steinen, die Glas ritzen), ist der
Diamant und dieser ist der feinste und härteste,
welchen man verwenden kann, um das Glas zu
schneiden ..." /20/. Auch LEONARDO da
VINCI (1452 bis 1519) erwähnt nach F. M.
FELDHAUS /24/ in seinen Schriften die
Verwendung des Diamanten zum Schneiden von
Glas. Und 150 Jahre später schreibt T. NICOLS
/35/, schon BOETIUS de BOODT habe behauptet: „If a pointed Diamond be fitly fastened
in any convenient thing that a man may hold it
withall, he may not only cut glasse with it, but
also penetrate arms with it." Im Jahre 1781 wird
der Glaserdiamant in einem *Technologischen
Wörterbuch* wie eine selbstverständliche Sache
beschrieben /36/: „Rohe Steine, 20 bis 50 auf ein
Karat, werden von dem Goldschmied in eine
eiserne oder stählerne Hülse eingepaßt und mit
Zinn vergossen, so daß seine Spitze, die schneiden soll, etwas herausragt. Die Hülse wird auf
dem Bleyknecht (= hölzerner Werkzeughalter)
festgehalten." Es verwundert also, wenn man
liest, daß 1815 JOSHUA SHAW den „swivel-
type diamond glass cutter, in which an octahe-
dron-type diamond adjusts itself to the direction
of the cut" erfunden habe und daß man dieses
Werkzeug bis heute gebrauche /13/.

Diese Nachricht, gelegentlich als Beginn der
Kunst des Glasschneidens mit dem Diamanten
hingestellt, kann sich nur auf eine besondere Art
der Fassung des Schneidsteines beziehen, denn
am 2. Mai 1816 gab WILLIAM HYDE WOL-
LASTON (1766 bis 1828) der Royal Society
in London seine wissenschaftlichen Untersuchungen über das Schneiden von Glas mittels
des Diamanten bekannt /15/:

*„Wenn man bedenkt, seit wie langer Zeit man sich
der Diamanten zum Glasschneiden bedient hat, so
muß man sich verwundern, daß noch niemand
eine genügende Erklärung dieser merkwürdigen
Eigenschaft gegeben hat, und daß selbst die
Umstände, von denen die Wirkung abhängt, noch
nie gehörig untersucht worden sind. Es kennen in
der That nur wenige den Unterschied, der
zwischen ‚ritzen' und ‚schneiden' stattfindet.*

Beim Ritzen wird die Oberfläche unregelmäßig in Gestalt einer höckrigen Furche zerbrochen; beim Schneiden macht man eine flache gleichförmige Spalte, die sich von dem einen Ende der zu zerbrechenden Glastafel bis zu dem anderen ununterbrochen fortführen läßt. Der geschickte Künstler drückt nur an dem einen von den beiden Enden dieser Linie ein wenig, und die Spalte, die er hervorbringt, verlängert sich fast immer bis zu dem anderen Ende. Einige Körper, welche härter sind als Glas, haben die Eigenschaft, das Glas zu ritzen; die Eigenschaft aber, es zu schneiden, hat man allgemein geglaubt, sey dem Diamanten ausschließlich zu eigen; und soviel ist allerdings richtig, daß allein in ihm bey seiner großen Härte, dieses Vermögen dauerhaft ist. Diejenigen, welche die Diamanten zum Gebrauch der Glaser aussuchen, nehmen vorzugsweise gut krystallisirte und nennen sie ,sparks' (Flitter, so der Übersetzer GILBERT; besser wohl: Funkler); allein, nie ist es mir möglich gewesen, von ihnen zu erfahren, welcher Umstand hierbei den rohen Diamanten den Vorzug vor den künstlich geschliffenen giebt."

Nachdem er sich „eine hinreichende Menge Glas verschafft hatte," stellte er ausführliche Experimente an und kam zu dem Ergebnis:

„In den rohen Diamanten … deren sich die Glaser vorzugsweise bedienen, sind die Oberflächen mehrentheils gekrümmt, so daß ihre Durchschnitte krummlinige Kanten bilden. Stellt man den Diamant so, daß die eine seiner Kanten nahe an einen ihrer Enden die zu bildende Spalte zur berührenden Linie habe, und daß die beiden an der Kante anliegenden Flächen gegen die Oberfläche des Glases gleich geneigt sind, so hat man die Bedingungen erfüllt, von denen das leichte und sichere Gelingen abhängt. … Findet die Berührung gehörig statt, so erhält man eine bloße Spalte, die durch den Seitendruck der beiden Flächen des Diamanten hervorgebracht wird, welcher in diesem Fall an beiden Seiten sich gleich stark äußert. Und da dann die sich berührenden Glastheilchen der Oberfläche stärker sich zu trennen streben, als die Elasticität der untern Theilchen es erlaubt, so entsteht dadurch ein theilweises Trennen der kleinsten Glastheilchen und eine nicht tiefe Spalte … Die Tiefe der Spalte, welche der Diamant beim Schneiden in der Glasscheibe hervorbringt, scheint

nicht über 1/200 Zoll zu betragen … Ich hielt es für nicht unwahrscheinlich, daß auch andere hinreichend harte Mineralien ähnliche Erfolge äußern müßten, wenn man ihre Kanten ein wenig krumm machte. Mit einiger Mühe brachte ich es dahin, einem Saphir, einem Spinell und einem Stück Bergkrystall und einigen anderen Körpern eine solche Gestalt zu geben, und in der That fand sich, daß nun jeder derselben eine längere oder kürzere Zeit über die Eigenschaft besaß, reine Spalten in das Glas zu schneiden."

Literatur

/1/ J.H. Krause, Pyrgoteles oder die edeln Steine der Alten im Bereich der Natur und der bildenden Künste, Halle an der Saale 1856, S. 229 Fußnote 1; S. 231. - /2/ Theophrastus von Eresus, De Lapidibus 43 in: E.R. Caley, J.F.C. Richard, Theophrastus, On Stones, Introduction, Greek Text, English Translation and Commentary, The Ohio States University, Columbus Ohio 1956, S. 25, 54. - /3/ A. Furtwängler, Geschichte der Steinschneidekunst im klassisschen Altertum, Bd. 3, Leipzig 1910, (Neudruck Amsterdam-Osnabrück 1965) S. 403, 398. - /4/ C. Plinius Secundus, Naturalis Historiae Libri XXXVII, Buch 37, Kap. 16, 60 in: Pliny, Natural History Vol. X, ed. by E.D. Eichholz, The Loeb Classical Library, London-Cambridge Mass. 1962, S. 210/1. - /5/ L. Natter, Traité de la Méthode Antique de Graver en Pierres Fines, Comparée avec la Méthode Moderne, London 1754, S. 10, 35/6. - /6/ H. Blümner, Technologie und Terminologie der Gewerbe und Künste bei den Griechen und Römern, Bd. 3, Leipzig 1884, S. 265/6. - /7/ P. Grodzinski, Ind. Diamond Rev. 6 (1946) 79. - /8/ F.J. Mariette, Traité des Pierres Gravées, Paris 1750, S. 155/6. - /9/ S.H. Ball, Eng. Mining J. 119 (1925) 847/50, 850. - /10/ G. Lenzen, Produktions- und Handelsgeschichte des Diamanten, Berlin 1966, S. 29. - /11/ Jeremias 17, 1. - /12/ C. Julius Solinus, Collectanea Rerum Memorabilium, Kap. 52 hrsg. von E. Mommsen, Berlin 1896, S. 143/4. - /13/ P. Grodzinski, Ind. Diamond Rev. 6 (1946) 49. - /14/ K.-W. Wirbelauer, Antike Lapidarien, Diss. Univ. Berlin 1937, S. 31, 36. - /15/ W.H. Wollaston, Phil. Trans. Roy. Soc. London 106 (1816) 265/9; Anm. Physik Gilbert 28 (1818) 92/8. Zu den „Glastheilchen": Der Übersetzer GILBERT kommentiert in einer Fußnote: Die Glastheilchen der Oberfläche werden dann nicht aufgebrochen, sondern nur wie durch einen stumpfen Keil auseinander getrieben, und ist das geschehen, so reicht eine kleine Kraft, welche an dem einen Ende der Spalte angebracht wird, hin, diese durch die Dicke des Glases in ihrer ganzen Länge nach hindurchzuführen, da der Boden der Spalte eine bloße Linie und fast ohne Breite ist... - /16/ J.H. Middleton, The Engraved Gems of Classical Times, Cambridge 1891, S. 112. - /17/ J. Gurlitt, Über die Gemmenkunde in: Archäologische Schriften, hrsg. von C. Müller, Altona 1831, S. 81/2, 87/91 (Erstausgabe 1798). - /18/ Albertus Magnus, De Mineralibus et Rebus Metallicis Libri V, Buch 2, Traktat 3. Kap. 2, Köln 1569, S. 195/6. - /19/ G.C.

Busch, Versuch eines Handbuchs der Erfindungen, Bd. 1, Wien-Prag 1801, S. 212. - /20/ R. Bruck, Rep. Kunstwiss. 25 (1902) 240/69, 264. - /21/ M. Manilius Astronomica, Buch 4, Vers 923/6, hrsg. von G. P. Goold, Leipzig 1985, S. 112. - /22/ Marbod von Rennes, De Lapidibus, Buch 1, Vers 32 in: J.M. Riddle, Marbod of Rennes's De Lapidibus, Sudhoffs Archiv, Beiheft 20, Wiesbaden 1977, 1/144, 36. - /23/ F.M. Feldhaus, Die Technik der Antike und des Mittelalters, Potsdam 1931, Nachdruck Hildesheim 1955, S. 181. - /24/ F.M. Feldhaus, Die Technik der Vorzeit, der geschichtlichen Zeit und der Naturvölker, Leipzig-Berlin 1914, Spalte 126/7; 457/8. - /25/ Hrabanus Maurus, De Universo Libri XXII, Buch 18, Cap. 10 in: J.-P. Migne, Patrologiae Cursus Completus, Series latina, Vol. 111, Paris 1852, S 772. - /26/ Thomas Cantimpratensis, De Natura Rerum laut J. Evans, Magical Jewels of the Middle Ages and Renaissance particulary in England, Oxford 1922, S. 225. - /27/ H. Lambel, Volmar, das Steinbuch, ein altdeutsches Gedicht, Vers 289/340, Heilbronn 1877, S. 11/3. - /28/ F. de Mély, Les Lapidaires de l'Antiquite et du Moyen Âge, Bd, 1, Les Lapidaires Chinois, Introduction, Texte et Traduction, Paris 1846 S. LXI/III. - /29/ Isidorus von Sevilla, Etymologiarum sive Originum Libri XX, Buch 16, De Lapidibus et Metallis, Kap. 13, 2 in: hrsg. von W.M. Lindsay, Oxford 1911 o.S. - /30/ M. Steinschneider, Lapidarien, ein culturgeschichtlicher Versuch, in: Semitic Studies, London 1896, S. 1/72, 61/3. - /31/ P. Le Vieil, Die Kunst, auf Glas zu malen, aus dem Französischen, Nürnberg 1780, S. 19 laut J. Beckmann, Beyträge zur Geschichte der Erfindungen, Bd. 3, Leipzig 1790, S. 544. - /32/ J. Ruska, Das Steinbuch aus der Kosmographie des Zakarija ibn Mahmud al-Kazwini, Heidelberg 1896, S. 34/5. - /33/ G. Agricola, De Natura Fossilium Libri X, Buch 6 in: Opera, Basel 1558, S. 281. - /34/ A. Boetius de Boodt, Gemmarum et Lapidum Historia. Buch 2, Kap. 6, Hanau 1609, S. 69. - /35/ T. Nicols, A Lapidary or the History of Precious Stones, Cambridge 1652, S. 48. - /36/ J.K.G. Jacobsson, Technologisches Wörterbuch, hrsg. von O.L. Hartwig, Tl. 1, Berlin-Stettin 1781, S. 420/3. - /37/ C.W. King, The Natural History, Ancient and Modern, of Pretious Stones and Gems, and of Pretious Metals, London 1865, S, 211.- /38/ Andere englische und niederländische Schreibweise: Boart, Boort, abzuleiten vom französischen „bâtard" (= Bastard), siehe G. Lenzen, Produktions- und Handelsgeschichte des Diamanten, Berlin 1966, S. 16.

Diamanten in Pulverform

Vorbemerkung

Für den berühmten schwedischen Mineralogen JOHANN GOTTSCHALK WALLERIUS (1709 bis 1785) gehört es in seinem Werk *Systema Mineralogicum* zu den Kennzeichen des Diamanten, daß er ein „schwärzliches Pulver giebt" /17/. Daß Diamantstaub auch bei der Bearbeitung von Diamanten erhalten wird, beschrieb J. G. KRÜNITZ /18/: „Beim ersten Abreiben eines Rohdiamanten mittels anderer Diamanten entsteht ein Pulver, das Diamantbord genannt und sorgfältig in der ‚Schneidebüchse' gesammelt wird, weil es zum Polieren der Diamanten benutzt wird. Man hält es für ein Merkmal eines guten Diamants, wenn dieses Pulver nicht weiß oder gelblich, sondern grau ausfällt. Einige geben ein ganz dunkles oder schwarzgraues Pulver."

Die Entstehung des Pulvers bei der Bearbeitung des Diamanten war schon ROBERT BOYLE (1627 bis 1691) bekannt. Ein kleines Gerät zur Herstellung von Diamantpulver ohne Verluste aus Diamanten, die zu Schmucksteinen ungeeignet sind, bildete im Jahre 1776 P. D. LIPPERT /13/ in seiner *Dactylotheca* ab und empfiehlt, man solle alle beim Steinschneiden gebrauchten Werkzeuge „an ihrer Stirn aushöhlen, damit sie das Diamantpulver besser fassen." Heute wird der Hauptanteil der sogenannten Industrie-Diamanten, das sind die Steine, welche nicht zu Schmuckzwecken verwendet werden können, zur Gewinnung von Diamantpulver in Korngrößen von 0,3 bis 0,001 mm verbraucht; dieses wurde anfangs und auch heute noch als solches, später - vor allem in neuester Zeit - aber auch zur Herstellung von Spezialwerkzeugen mit Metallpulver, Kunststoff oder Glaspulver „gestreckt" und durch Wärme und Druck in Bindung, Festigkeit und die gewünschte Form gebracht. Auch kann zur Fertigung von Schleifflächen das Diamantkorn in einer elektrolytisch aufgetragenen Metallschicht gefaßt werden. Hinzu kommen die unter Verwendung von Diamantpulver hergestellten Polierpasten für Hartmetall, gehärteten Stahl und Edelsteine. Diamantstaub feinster Körnung, lose mit Öl angemacht, ist das Arbeitsmittel des Diamantschleifers /2/.

In der Antike

Über die Frage, ob Diamantpulver schon in der Antike zum Bearbeiten von Edelsteinen angewendet wurde, ist viel geschrieben worden. Im Jahre 1822 beispielsweise hat der Hofrath HIRTH /3/ sie bejaht unter Berufung auf des PLINIUS /4/ Bemerkung: „Andere Gemmen können mit dem Eisen nicht geschnitten werden, andere nur mit dem stumpfen Instrument, alle dagegen mit dem Diamanten, wobei die reibende Kraft des Bohrwerks hauptsächlich wirkt". Indessen hatte schon mehr als 50 Jahre vorher, veranlaßt durch das Schriftchen eines Zeitgenossen über geschnittene antike Edelsteine /9/, kein Geringerer als der deutsche Dichter und Kritiker GOTTHOLD EPHRAIM LESSING (1729 bis 1781) in ausführlichster Weise sich sowohl mit den antiken Angaben - auch mit der eben zitierten - über Diamantpulver und die Arbeitstechniken der antiken Steinschneider, als auch mit der Deutung dieser Stellen durch spätere Fachleute und Gelehrte in der größten Anzahl der Stücke des *Ersten Teils der Briefe antiquarischen Inhalts,* Berlin 1768, auseinandergesetzt und war zu folgendem Schluß gekommen: „Und nun lassen Sie es mich geradeheraus sagen: ich glaube die Alten haben das Diamantpulver ganz und gar nicht gekannt, denn nicht genug, daß die zwei einzigen Stellen, wo man dessen Erwähnung hat finden wollen, seiner nicht erwähnen; daß diese Stellen nicht von dem Diamantpulver, sondern von Diamantsplittern reden; ich getraue mir, die eine sogar zu einem klaren Beweis gegen das Diamantpulver zu machen" /5/.

LESSING meint damit die PLINIUS-Stelle /10/, in der von den Splittern des zerbrochenen Diamanten berichtet wird, daß diese von den Steinschneidern begehrt wurden: „ ... wenn es dann glücklich gelungen ist, ihn zu zerbrechen, zerfällt er in so kleine Stückchen, daß man sie kaum wahrnehmen kann. Diese sind bei den Steinschneidern begehrt und werden in Eisen gefaßt, weil man damit jeden noch so großen Körper leicht durchbohren kann."

LESSING sucht unter Berufung auf diese Stelle die Meinung von A. Y. GOGUET, A. C. FUGÈRE /11/ abzuwehren, die Alten hätten mit Diamantpulver gearbeitet. Doch muß man fairerweise sagen, daß auch bei Plinius nicht ganz klar ist, wie groß die Splitter tatsächlich waren. Einerseits sind sie mit bloßem Auge kaum zu erkennen, andererseits können sie aber von den Steinschneidern in Eisen gefaßt werden.

HIRTH rechnet diese Meinung LESSINGs zu den abzulehnenden „Launen, die dieser große kritische Kopf manchmal hatte, und die durch

den Widerspruch seiner Gegner nicht selten noch mehr angeregt wurden." /3/. Auch J. F. CHRIST, den LESSING persönlich kannte und auch zitierte, war im Jahre 1743 der Meinung, daß für die einschlägigen Arbeiten den antiken Künstlern der Schmirgel genügt habe /6/.

LESSINGs Kritik galt auch P. J. MARIETTE /7/, der im Jahre 1750 der Meinung war: „Man erkennt als Hintergrund dieses fabelhaften Berichtes (über das Bocksblut), daß die Alten wie wir den Diamanten zerbrachen, und es besteht kein Zweifel, daß diejenigen, die das Geheimnis kannten und die mit dem Diamantpulver Handel trieben, nur eine solche Lügengeschichte erfunden haben, um die Möglichkeit zu haben und um so sicherer im Besitz des Handels zu bleiben, der aufgehört hätte, für sie gewinnbringend zu sein, wenn sie ihn mit andern hätten teilen müssen."

Weitere Unterstützung seiner Ansichten fand G. E. LESSING /5/ bei dem französischen Steinschneider LAURENT NATTER /12/, wie er im 21. Brief seiner Sammlung darlegt. Außerdem weist G. E. LESSING /5/ auf die Fragwürdigkeit eines angeblichen antiken Beispiels für einen gravierten Diamanten hin, das PHILIPP DANIEL LIPPERT /13/ aufführte. Einen weiteren Grund für seine Meinung hat LESSING in diesen Schriften nicht veröffentlicht; allerdings fand sich unter den Entwürfen zu den *Briefen antiquarischen Inhalts* noch ein kleiner Zettel, auf dem der Dichter und Gelehrte noch folgende Gründe anmerkte, die ihm zu beweisen schienen, daß die Alten die Kraft des Diamantstaubes nicht gekannt haben /15/: „1. Weil PLINIUS nur von einer einzigen Art des Diamants, und nur von der, welche Diamant mehr heißt als ist, sagt, daß sie mit einem anderen Diamante durchbohrt werden könne (sc. der Siderites); die anderen könnten nur durch Bocksblut überwältigt werden. - 2. Weil er nicht allein von diesen andern, sondern auch von noch mehr Edelsteinen sagt, daß sie sich durchaus nicht schneiden lassen; z. B. von den skythischen und ägyptischen Smaragden, deren Härte so groß ist, daß sie nicht angegriffen werden kann."

Auch J. GURLITT /8/ im Jahre 1831 und 100 Jahre später wieder J.-E. HILLER /16/ sind, beide offenbar ebenfalls ohne Kenntnis der

LESSINGschen Texte, der Überzeugung, daß die antiken Steinschneider Diamantstaub zum Polieren anwendeten. Ob tatsächlich Diamantstaub in der Antike als Schleifmittel verwandt wurde, ist also offensichtlich umstritten, und - wie es den Anschein hat - auch durch die Pliniusstellen nicht eindeutig zu klären.

Im Mittelalter und zu Beginn der Neuzeit

Über die Verwendung von Diamantpulver, wie sie Steinschleifer im Verlauf des Mittelalters gelernt haben, berichtete ANSELMUS BOETIUS de BOODT (etwa 1560 bis 1634), in seinem Buch *Gemmarum et Lapidum Historia* („Geschichte der Gemmen und Steine") in einem bereits oben zitierten Text *(vgl. S. 235f)* /1/.

Literatur

/1/ A. Boetius de Boodt, Gemmarum et Lapidum Historia, Buch 2, Kap. 6, Hanau 1609, S. 69. - /2/ G. Lenzen, Produktions- und Handelsgeschichte des Diamanten, Berlin 1966, S. 16/8. - /3/ Hirth, Über die griechische Bildkunst, 5. und 6. Abschnitt, Die Steinschneidekunst in: C.A. Bötticher, Amalathea oder Museum der Kunstmythologie und bildenden Alterthumskunde, Bd. 2, Leipzig 1822, S. 3/18, 9. - /4/ C. Plinius Secundus, Naturalis Historiae Libri XXXVII, Buch 37, 76, 200 in: Pliny, Natural History, Vol. X, ed. by D.E. Eichholz, The Loeb Classical Library, London-Cambridge Mass. 1962, S. 326/7. - /5/ G. E. Lessing, Antiquarische Briefe, Erster Teil, Brief 32, 21, 26 in: Lessings Werke, 17. Teil. hrsg. von A. Schöne, Berlin-Leipzig-Wien-Stuttgart o. J. (1926), S. 165/6 136, 131/2 (Erstausgabe Berlin 1768). - /6/ J.F. Christ, De Murrinis Veterum Vasis Liber Singularis, Leipzig 1743, 1/56. - /7/ P.J. Mariette, Traité des Pierres Précieuses, Bd. 1, Paris 1750, S. 156. - /8/ J. Gurlitt, Über die Gemmenkunde in: Archäologische Schriften, hrsg. von C. Müller, Altona 1831, S. 90/1. - /9/ C.A. Klotz, Über den Nutzen und Gebrauch der alten Geschnittenen Steine und ihrer Abdrücke, Altendorf 1708, S. 92. - /10/ C. Plinius Secundus, Naturalis Historiae Libri XXXVII, Buch 37, 15, 60 in: Pliny, Natural History, Vol. X, ed. by D.E. Eichholz, The Loeb Classical Library, London-Cambridge Mass. 1962, S. 210/1. - /11/ A.Y. Goguet, A.C. Fugère, De l'Origine des Lois, des Arts et des Sciences et de leur Progrès chez les Anciens Peuples, Bd. 2, Paris 1758, S. 120. - /12/ L. Natter, Traité de la Méthode Antique de Graver en Pierres Fines, Comparé avec la Méthode Moderne, London 1754, Pref. XVI laut Lit. 5. - /13/ P.D. Lippert, Dactylotheca Universalis, 2. Tausend, Nr. 387, Leipzig 1756 laut Lit. 5. - /14/ wahrscheinlich A. Hill, Theophrastus's History of Stones, with an English Version and Notes, 2. Aufl., London 1774, S. 78/79/83. - /15/ A. Schöne, Lessings Werke, 17. Teil, Schriften zur antiken Kunstgeschichte, Entwürfe zu den Briefen antiquarischen Inhalts, 4, Berlin-Leipzig-Wien-Stuttgart o. J. (1926), S. 263/90, 272. - /16/ J.-E. Hiller, Arch. Geschichte Math. Naturwiss. Technik 13 (1930) 358/402. – /17/ J.G. Wallerius, Systema Mineralogicum, Bd. 1, Stockholm 1772. – /18/ J.G. Krünitz, Oeconomische Enzyclopädie oder allgemeines System der Land-, Haus- und Staats-Wirtschaft, Bd.9, Berlin 1776.

Das moderne

WISSEN

(von A. Haas)

Die natürliche Entstehung des Diamanten im Erdinneren

Die natürlich gefundenen Diamanten entstehen ähnlich wie die synthetischen unter hohen Drücken und Temperaturen *(vgl. Kap. „Die Entstehung des Diamanten", S. 221)*. In einer Tiefe von 140 bis 150 km (oberer Erdmantel) wird unter hohem Druck und entsprechender Gesteinstemperatur dort vorhandener Kohlenstoff zur charakteristischen Diamantstruktur zusammengepreßt *(siehe Abbildung. 8)*, so daß der Edelstein wachsen kann. Die Kohlenstoffquelle ist organischen Ursprungs. Infolge von Ablagerungen am Meeresboden schieben sich die Kohlenstoffquellen in Subduktionszonen und tauchen in den oberen Erdmantel ab. An die Oberfläche gelangen die dort gebildeten Diamanten durch gewaltige Vulkanausbrüche zusammen mit dem vulkanischen Gestein Kimberlit in Form vulkanischer Krater (genannt Kimberlitröhren).

Die bis in die Gegenwart gefundenen Diamanten sind auf diese Weise an die Erdoberfläche gelangt.

Vorstellungen über die Zeiträume ihrer Entstehung gibt es erst seit wenigen Jahren. Ein Team von Wissenschaftlern um STEVEN SHIREY /4/ (Carnegie Institution, Washington) hat auf der Basis akribisch durchgeführter Analysen an mikroskopisch kleinen Einschlüssen in mehr als 4000 Diamanten aus Südafrika gefunden, daß Diamanten mit einem niedrigen Anteil an Stickstoff in Einschlüssen aus kälteren Zonen des Erdmantels stammen. In wärmeren entstanden Diamanten mit einem höheren Stickstoffanteil. Radioaktive Altersbestimmungen zeigen, daß beide Gruppen aus unterschiedlichen Entstehungsphasen stammen. Eine Charge der südafrikanischen Diamanten entstand vor etwa 3,3 Milliarden Jahren, die andere vor etwa 2,9 bzw. 1,9 Milliarden Jahren.

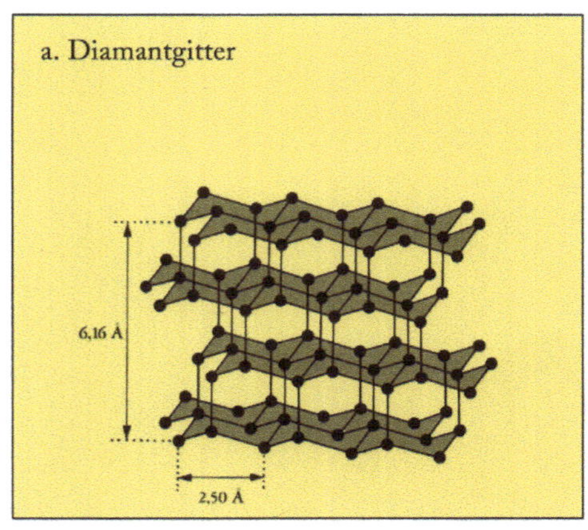

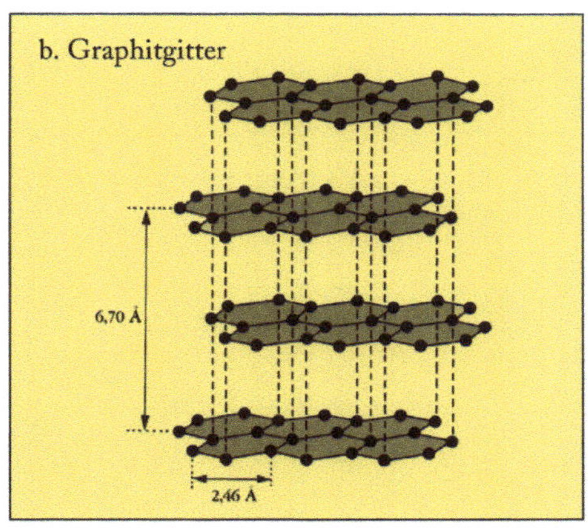

Abbildung 8 – Diamant- und Graphitgitter
Räumliche Anordnungen und Bindungen der Atome in a.) Diamant- und b.) Graphitgitter.

Danach änderte sich die Zusammensetzung des Erdmantels geringfügig und größere Mengen an Diamanten konnten nicht mehr entstehen. Da gewaltige Vulkanausbrüche aber auch heute noch jederzeit möglich sind, werden so nur Milliarden Jahre alte Diamanten zutage gefördert.

Diese allgemein akzeptierten Erklärungen zur Entstehung der Diamanten wurden durch die von KEN COLLERSON (Geochemiker der University of Queensland) /5/ entwickelten Vorstellungen erweitert. Diese basieren auf der Tatsache, daß vor etwa 50 Jahren ein australischer Geologe auf der kleinen Insel Malaita (Solomon-Archipel) Granate von teilweise erstaunlicher Größe gefunden hatte. Es ist allgemein bekannt, daß dort, wo Halbedelsteine gefunden werden, auch Diamanten auftreten. Konsequenterweise setzte eine 40jährige intensive, aber erfolglose Suche nach Diamanten ein. Die Lage änderte sich 1998, als COLLERSON Gesteinsproben aus Malaita erhielt, die winzige glasklare Einschlüsse aus Diamanten aufzuweisen hatten. Da auf Malaita kein Kimberlitgestein vorhanden ist, dürfen nach den allgemein geltenden Vorstellungen der Geologen keine Diamanten auftreten. Da dieses diamanthaltige Gestein sich in einer Tiefe von 600 bis 700 Kilometern bildet, müssen auch die Diamanteinschlüsse dort erfolgt sein. Diese Auffassung bedarf weiterer Beweise. Sie wird zur Zeit von den meisten Experten skeptisch aufgenommen. Deswegen braucht sie aber nicht falsch zu sein. Zukünftige Erkenntnisse werden darüber Aufschluß geben.

VORKOMMEN DER DIAMANTEN

Diamanten, auch in lupenreiner Form, sind schon vor 2000 Jahren in Indien und auf Borneo gefunden und als Schmucksteine geschätzt worden. Erst 1729 entdeckte man Fundstätten in Brasilien und 1867 in Südafrika in angeschwemmten Böden. Die primären Lagerstädten (Kimberlitröhren) werden vom in der Atmosphäre vorhandenen Wasser und von Chemikalien angegriffen und abgetragen. Es entstehen sekundäre Fundorte als Sedimente in Flußböden (Seifenlagerstätten), Schwemmlandebenen und Meersböden. Die sekundären Vorkommen sind meist ergiebige, konzentriertere Lagerstätten, wie man sie z.B. in der Fels- und Sandwüste von Namimb/Namibia findet. Die erste Kimberlitröhre fand man 1870. In der ersten Hälfte des 20. Jahrhunderts wurden weitere bedeutende Vorkommen in Afrika entdeckt, und zwar im Kongo (1907), in Namibia (1908), in der Republik Zentralafrika (1913), in Tansania (1913), Angola (1916), Ghana (1920) und in den dreißiger Jahren in Guinea, Sierra Leone sowie der Elfenbeinküste. Mitte des letzten Jahrhunderts wurden 99% der Weltproduktion in Afrika gefördert. Etwa zur gleichen Zeit wurden große Diamantvorkommen in Sibirien im Becken des Wiljui-Flusses in Yakutien entdeckt. Innerhalb von 10 Jahren förderte man Diamanten unter sibirischen Bedingungen aus mehr als 20 Vulkanschloten (Kimberlitröhren; *vgl. Abbildung 9, S. 250).* Neuere Funde bei Swerdlowsk (Ural) kamen hinzu. Erst 1978 wurden beachtliche Funde in Nordwest-Australien und später in Kanada gemacht. Die nachfolgende Tabelle gibt einen Überblick über die weltweite Produktion natürlicher Schmuck- und Industrie-Diamanten des Jahres 1974 *(siehe Tabelle 1).*

Tabelle 1:

Diamantenproduktion 1974 in Megakarat (Megakarat dividiert durch 5 = Tonnen)

	Welt	Zaire	UdSSR	Süda-frika	Bots-wana	Ghana	Angola	S.Leone	Namibia
Lupenrein	12,52	1,10	1,95	3,44	0,41	0,26	1,60	0,67	1,49
Technisch	31,57	11,90	7,85	4,07	2,31	2,32	0,50	1,00	0,08
Insgesamt	44,09	13,00	9,80	7,51	2,72	2,58	2,10	1,67	1,57

Abbildung 9: *Die gewaltigen Abbauterrassen einer Diamantmine (Kimberlitröhre) in Kanada (Ekati-Mine).*

Daraus wird ersichtlich, daß Südafrika in der Gesamtproduktion von Diamanten von Zaire und den Ländern der ehemaligen UdSSR übertroffen wurde.

Wie aus Tabelle 2 hervorgeht, ist die Weltproduktion natürlicher Diamanten in 2001 um mehr als das 2,5-fache gestiegen. Dies ist auf enorme Produktionszuwächse vor allem in Rußland und Botswana sowie auf die Entdeckung und Nutzung neuer Vorkommen insbesondere in Australien, im Kongo und in Canada zurückzuführen. In Tabelle 2 sind Schmuck- und Industriediamantenanteile nicht gesondert aufgeführt. Die Wertangabe in US-Dollar pro Karat kann aber als Maßstab für Qualität und somit als Hinweis auf ein ungefähres Verhältnis von Schmuck- und Industriediamanten angesehen werden. So werden in Namibia mit einem Wert von 215 US-Dollar/Karat hauptsächlich Schmuck- und im Kongo bzw. Australien mit Werten von 11 bzw. 25 US-Dollar/Karat fast ausschließlich Industriediamanten gefördert.

Tabelle 2:

Weltweite Fördermenge natürlicher Diamanten 2001
Tonnen = Megakarat dividiert durch 5

Land	Südafrika	Botswana	Rußland	Namibia	Angola	Australien	Kongo	Kanada	Summe
Megakarat	11,301	26,416	20,500	1,502	5,871	26,070	19,637	3,685	118,731
US-$ / ct	101	83	80	215	137	11	25	144	66[1]
Gesamtwert US-$ in Milliarden	1,144655	2,193870	1,650000	0,322340	0,803145	0,293700	0,496310	0,530640	7,885060
Anzahl Minen	10	3	3	3	4	2	2	2	29

[1] Ermittelt aus Gesamtwert dividiert durch Gesamtproduktion mal 1000. Die Einzelbeträge sind auf einen Dollar abgerundet. Eventuelle Abweichungen von den aufgeführten Gesamtwerten sind darauf zurückzuführen.

Die nachfolgend aufgeführten zwölf Staaten – Zentralafrikanische Republik, Ghana, Tansania, Elfenbeinküste, Liberia, Sierra Leone, Guinea, Lesotho, Brasilien, Venezuela, Guyana und China – produzierten in kleineren Minen 3,749 Megakarat mit einem Preis vom 120 US-$ pro Karat sowie einem Gesamtbetrag von 0,4504 Milliarden Dollar.

TECHNISCHE DIAMANTSYNTHESEN

Von den beschriebenen Versuchen, Graphit in Diamant umzuwandeln, ist das von MOISSAN bekannt gewordene Verfahren *(siehe Kap. „MOISSANs Diamant-Synthesen", S. 204ff)* aus heutiger Sicht als zukunftsweisend einzuordnen. Der in geschmolzenem Eisen gelöste Kohlenstoff scheidet sich beim Abkühlen aus und ist durch die Erstarrung des Eisens (Schmelzpunkt des reinen Eisens 1535°C) bei hoher Temperatur infolge der dabei eintretenden Volumenkontraktion hohen Drücken ausgesetzt. Somit hat MOISSAN zwei wichtige Kriterien heutiger Diamantsynthesen - hohe Temperaturen und hohe Drücke - vorweggenommen. Die farblosen harten Kriställchen, die er für Diamanten hielt, bestanden aber vermutlich aus dem damals unbekannten β-Siliciumcarbid, wobei der Bestandteil Silicium eine Verunreinigung des Eisens war (Si 0,5 bis 3%). Heute weiß man, daß die Eigenschaften des β-Siliciumcarbids denen des Diamanten sehr nahe kommen *(vgl. S. 254).*

Die Tatsache, daß das spezifische Gewicht (Dichte) des Graphits mit d = 2.266 g/cm³ kleiner ist als das des Diamanten mit d = 3.525 g/cm³, zeigt deutlich, daß die Kohlenstoffatome im Diamant wesentlich dichter gepackt sind als im Graphit. Diese Kenntnis allein erlaubt schon folgenden Schluß: Die Umwandlung von Graphit in Diamant wird durch hohe Drücke begünstigt. Hohe Temperaturen allein genügen nicht! Zusätzlich ist die räumliche Anordnung der Atome im Diamant (genannt Gitter) einheitlich, d.h. jedes Kohlenstoffatom (C) wird von vier weiteren tetraedrisch umgeben (koordiniert). Daraus folgt, daß der C-C-Abstand im Kristall einheitlich ist und 1.54 Ångström (1 Å = 10⁻¹⁰ meter) beträgt. Das Graphitgitter besteht dagegen aus planaren Schichten von regelmäßigen Sechsecken, in denen jedes C-Atom von drei anderen umgeben wird. Der C-C-Abstand beträgt 1.42 Å. Die einzelnen Schichten sind lose und 3.37 Å voneinander entfernt *(siehe Abb. 8, S. 248).* Daraus ergibt sich ein höheres Volumen des Graphits gegenüber dem Diamant bei gleicher Anzahl von Atomen in einem Gitterausschnitt. Kalorimetrische Messungen (Bestimmung von Verbrennungswärme) haben gezeigt, daß der Graphit bei 20°C und 1 Atmosphäre um 453 cal/mol (mol = 12g C) stabiler ist als der Diamant./1/

Thermodynamische Rechnungen ergaben, daß das Gleichgewicht für die Umwandlung von Graphit in Diamant und umgekehrt bei 1 Atmosphäre und allen Temperaturen, die dem Element Kohlenstoff zugemutet werden können (4000°C oder höher), die Graphitmodifikation (-Gestalt) begünstigt, so daß in diesen Bereichen nur Graphit beständig ist. Eine Veränderung dieses Zustands kann, wenn überhaupt, nur durch Druckerhöhung beeinflußt werden. Rechnerischen Abschätzungen zufolge ändert sich der Gleichgewichtsdruck von 20.000 Atm bei 200°C über 35.000 Atm bei 700°C zu 87.000 Atm bei 2700°C (heute in Kilobar angegeben; 1 Kilobar = 986,9 Atmosphären). Dies besagt, daß bei den angegebenen Temperaturen kaum vorstellbare hohe Drücke aufgewendet werden müssen, um eine Umwandlung Graphit in Diamant zu realisieren./1/

Diese mit relativ geringem experimentellem Aufwand erhaltenen Daten zeigen, daß es für die gewünschte Umwandlung von Vorteil wäre, jedes einzelne C-Atom aus dem Gitter des Graphits herauszulösen und in das des Diamanten einzubauen.

Kann dieser wünschenswerte Ablauf vollzogen werden?

Mit Hilfe eines geeigneten Lösemittels, das die Fähigkeit hat, Kohlenstoffatome des Graphits als individuelle Teilchen herauszulösen und sich unter Einfluß eines Katalysators, geeigneter Konzentrationsunterschiede sowie thermischer Gradienten als Diamanten andererorts auszuscheiden, kann man das bejahen.

Die ersten Versuche wurden mit geschmolzenem Eisensulfid (FeS) als Lösemittel durchgeführt. Später ersetzte man es durch Eisen (Fe), aber auch Nickel und Kobalt wurden bevorzugt eingesetzt. Vorteilhafterweise wirken die geschmolzenen Metalle, vermutlich über die Bildung metastabiler Carbide (Metall-Kohlenstoff-Verbindungen), auch als Katalysatoren./2/

Basierend auf Arbeiten des Amerikaners BRIDGMAN, der 1940 an der Harvard-Universität (USA) mit einer 1000-Tonnen-Hochdruckpresse im Reaktionsraum bei 3000°C Drücke von 30.000 Atm erreichte, gelang es 1955 Mitarbeitern der General Electric Co. (USA), mit einem speziell entwickelten Ultrahochdruckgerät *(siehe Abb. 10)* die ersten synthetischen Diamanten herzustellen.

Das Gerät besteht aus zwei konischen Kolben und einem ringförmigen Mittelstück. Eine entsprechend ausgelegte Presse drückt die Kolben zusammen. Der Reaktionsraum besteht aus äußerst hartem Wolframcarbid, um den Ringe aus Stahl gelegt sind. Sie werden ähnlich wie Radkränze an Eisenbahnrädern in der Hitze aufgezogen und kontrahieren beim Abkühlen. Dabei üben sie auf den Reaktionsraum einen Druck aus, der dem der Kolben entgegenwirkt. Die Druckübertragung ins Innere und eine elektrische Isolierung erzielt man durch Zugabe des Minerals Pyrophilit (einem Aluminiumsilikat), das unter hohem Druck diesen wie eine Flüssigkeit weitergeben kann. Die Heizung erfolgt elektrisch.

Mit dieser Apparatur werden künstliche Diamanten aus Graphit bei 1500 bis 1800°C und einem Druck von 53.000 bis 100.000 Atmosphären hergestellt, und zwar bis zu einer Tonne pro Jahr. Das Produkt fällt als Grieß an und wird hauptsächlich als Schleifpulver und zur Herstellung von Trennscheiben bzw. Bohrwerkzeugen verwendet. Inzwischen ist es auch nach diesen Verfahren gelungen, Diamanten von wenigen Karat (1 Karat = 0.200g) Gewicht und von ca. 3-4mm Durchmesser, die Schmuckqualität haben, herzustellen *(siehe Abb. 11)*.

Aufgrund der hohen Herstellungskosten sind diese Diamanten aber für die Schmuckindustrie immer noch uninteressant. Etwa gleichzeitig zu General Electric Co. veröffentlichte die schwedische Firma „Allmänna Svenska Elektriska Acticbolaget (ASEA)“ eine Apparatur zur Darstellung von künstlichen Diamanten, welche bis auf die Tatsache, daß hier mit sechs Kolben gearbeitet wird, der amerikanischen Apparatur ähnelt. Nach diesen beiden Verfahren werden heute jährlich 100 Millionen Karat (20 Tonnen) Diamanten mit einem Durchmesser von bis zu 1mm künstlich hergestellt.

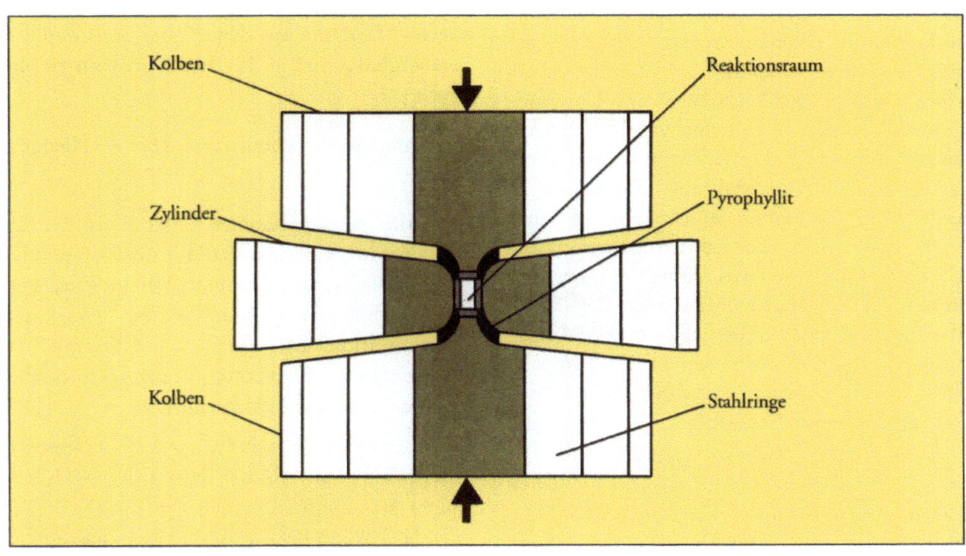

Abbildung 10: *Schematische Darstellung des Querschnitts durch eine Hochdruck-Hochtemperaturpresse vom Typ „Belt".*

Inzwischen ist es aber auch gelungen, dünne Diamantschichten bei Normaldruck und darunter - vorwiegend 10 bis 100 mbar - herzustellen. Die chemische Abscheidung des Kohlenstoffs erfolgt nach dem Chemical Vapour Deposition (CVD)-Verfahren. Danach werden kohlenstoffreiche Gase, z.B. Methan, in Gegenwart von Wasserstoff an heißen Metallflächen bei Temperaturen von mehr als 2000°C oder in Plasmaentladungen zersetzt und die dabei entstehenden Produkte auf geeignete Substrate (Flächen) kondensiert. Abhängig von den Reaktionsbedingungen scheidet sich kristalliner Diamant oder ein amorpher, sehr harter Film von diamantartigem Kohlenstoff ab. Basierend auf diesem Verfahren, haben britische und schwedische Wissenschaftler einheitliche kristalline Diamantschichten durch Pyrolyse von Methan erhalten, wobei das Pyrolysat auf hochreine Diamantunterlagen abgeschieden wird. Der Einbau von Boratomen oder anderen Dotierstoffen wird als Dotierung bezeichnet. Durch eine solche Dotierung des Diamantgitters erhält man ein Material mit beweglichen positiven Ladungsträgern. Die elektrische Leitfähigkeit dieser so dotierten Schichten des Diamanten ist denen des Siliciums bezüglich einer Reihe wichtiger elektrischer Kenngrößen überlegen, z.B. in der Mobilität der Leistungsträger (= Geschwindigkeit bezogen auf das elektrische Feld). Dadurch könnte eine Elekronik aus Diamant dort eingesetzt werden, wo die herkömmlichen Siliciumchips nicht ausreichen.

ANORGANISCHER DIAMANT (BORAZON)

Die Tatsache, daß die beiden Nachbarn des Kohlenstoffs im Periodensystem der Elemente - die Elemente Bor und Stickstoff - gemeinsam die gleiche Zahl von Elektronen und auch Protonen wie zwei Kohlenstoffatome aufweisen, erlaubt einen Austausch von C-C- gegen B-N-Einheiten unter Beibehaltung der Eigenschaften der organischen Basisverbindung. Hierfür gibt es eine beachtliche Anzahl von Beispielen in der Chemie. Ähnlich wie der Kohlenstoff in den Modifikationen Graphit / Diamant (C-C) vor-

Abbildung 11
Diamantkristalle, die nach dem Verfahren der General Electric Company hergestellt wurden.
Während der Hauptteil in Grießform (ca. 0,5mm) anfällt, gelang es in jüngster Zeit, Kristalle bis zu wenigen Karat
(1 Karat entspricht 0,2 g) und einer Größe von 5mm mit Schmuckqualität zu züchten.

kommt, kennt man auch von der polymeren Verbindung Bornitrid [(BN)$_y$] eine hexagonale Anordnung der Bor- und Stickstoffatome im Gitter, die der des Graphits entspricht. Man bezeichnet sie als α-Bornitrid, das verblüffend viele Eigenschaften des Graphits aufweist. Es wird aus Bortrichlorid oder -bromid und flüssigem Ammoniak synthetisiert. Primär bilden sich Bortriamide und - imide, die bei 750°C in α-Bornitrid übergehen.

Analog gibt es zum kubischen Diamant eine kubische B-N-Modifikation, die als β-Bornitrid (Borazon, anorganischer Diamant) bezeichnet wird. Dieser wird aus α-Bornitrid (anorganischer Graphit) bei 1500 bis 2200°C und einem Druck von 50 bis 90 Kilobar in Gegenwart geringer Mengen eines Katalysators z.B. Lithiumnitrid (Li₃N) bzw. Alkali- oder Erdalkalimetalle oder aber in dünnen Schichten durch Gasphasenabscheidung von Bornitrid auf entsprechenden Oberflächen (Gegenständen) hergestellt. Das Borazon ist fast so hart wie Diamant, beständiger gegenüber Oxydation (verbrennt an der Luft erst bei 1900°C) und behält seine Härte bis ca. 600°C. Damit ist Borazon dem Industriediamant auf einigen technischen Anwendungsgebieten überlegen.

NACHWEIS ECHTER DIAMANTEN UND ERKENNUNG VON FÄLSCHUNGEN

Während aller Versuche, Diamanten synthetisch herzustellen, spielte der eindeutige Nachweis ihrer Echtheit eine herausragende Rolle. Als einziger chemischer Beweis für die Echtheit diente die rückstandlose Verbrennung und die quantitative Bestimmung des gebildeten Kohlendioxids. Dieses aufwendige Verfahren wurde selten angewandt. Einfacher war es, physikalische Eigenschaften wie Durchsichtigkeit, Lichtbrechung, Härte, Dichte, Doppelbrechung, Dispersion und Kristallform zu bestimmen. Keiner der künstlich hergestellten Diamanten erfüllte alle diese Kriterien. Im allgemeinen stützten sich die Aussagen auf Bestimmung von Härte (siehe die MOHSsche Skala, *Abb. 4, Seite 34)* und Dichte.

Wie ähnlich die physikalischen Daten des Diamanten denen anderer Stoffe wie z.B. β-Siliciumcarbid (β-SiC) und Zirkonia (ZrO₂ + Y₃O₅) sind, zeigt die nachfolgende Tabelle:

Physikalische Eigenschaften von Diamanten und ähnlichen Kristallen:

	Diamant	Siliciumcarbid	Zirkonia
Bestandteile	C	ß-SiC	ZrO₂ + Y₃O₅
Dispersion	0.04	0.11	0.06
Doppelbrechung	0	+0.043	0
Härte (Mohssche Skala)	10	9.25	8.5
Kristallform	kubisch	hexagonal	kubisch
Lichtbrechungsindex	2.42	2.65	2.18
Dichte (g/cm3)	3.52	3.22	6.00

B. SCHRADER und Mitarbeiter /3/ konnten zeigen, daß die FT-Raman-Spektroskopie ein sicheres physikalisches Verfahren zur Erkennung von echten Diamanten und Unterscheidung von Fälschungen ist. *Abb. 12* zeigt das FT-Raman-Spektrum eines reinen Diamanten mit den dafür charakteristischen Absorptionen. In *Abb. 13* sind die Spektren der Mineralien aufgeführt, deren physikalische Daten denen des Diamanten am ähnlichsten sind. Zusätzlich ist auch das Spektrum einer mit Hilfe des CVD-Verfahrens *(vgl. Seite 252)* hergestellten Diamantschicht angegeben.

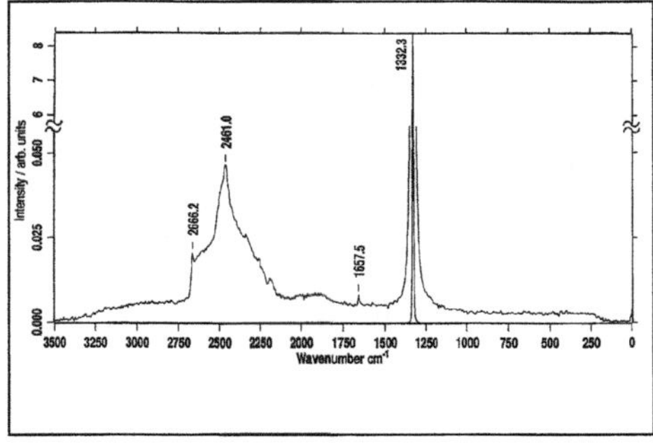

Abbildung 12

FT-Raman-Spektrum eines natürlichen Diamanten.

Die für den Diamanten typische scharfe Bande
bei 1332cm^{-1} wird auch von CVD-Diamanten
neben einer zusätzlichen breiten Absorption bei
1366cm^{-1}, 1184cm^{-1} und einer Schulter bei
1574cm^{-1} aufgezeigt. Die beiden Fälschungen
zeigen völlig unterschiedliche Spektren und lassen sich somit gut unterscheiden. Diese Methode
hat zusätzlich den Vorteil, daß die Probe völlig
unversehrt bleibt.

Literatur

/1/ R. Sappok, Chemie in unserer Zeit, 1970, 4, 145/51.-
/2/ H. T. Hall, J. Chem. Ed. 1961, 38, 484/9.- /3/ G. N.
Andreev, B. Schrader, R. Boese, P. Rademacher, L. von
Cranach, Fresenius J. Anal. Chem. (2001) 371,1018/22.
Weitere Informationen: Prof. Dr. B. Schrader, Soniusweg
20, D-45259 Essen-Heisingen, Germany. - /4/ B. Shirey,
Science, J. W. Harris, S. H. Richardson, M. J. Fouch,
D. E. James, P. Cartigny, P. Deines, F. Viljoen, Science
(2002) 297, 1683/6. - /5/ K. D. Collerson, S. Hapugoda,
B. S. Kamber, Q. Williams, Science (2000) 288,1215/23.

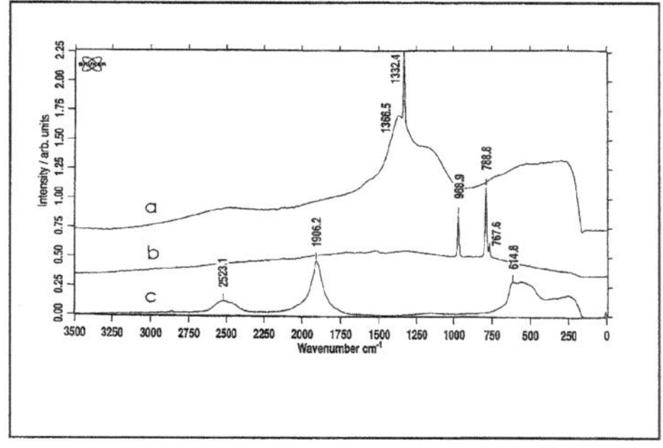

Abbildung 13

FT-Raman-Spektra; Linie a: ein synthetischer
Diamant produziert durch das CVD-Verfahren
(Fraunhofer Institute IAF, Freiburg); Linie b:
Moissanit, SiC; Linie C: Zirkonia, ZrO2 + Y3O5.